Python科学计算(第2版)

图1-10 使用as_png()将数组显示为PNG图像(左),将as_png()注册为数组的显示格式(右)

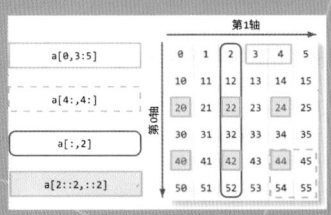

图2-1 使用数组切片语法访问多维数组中的元素

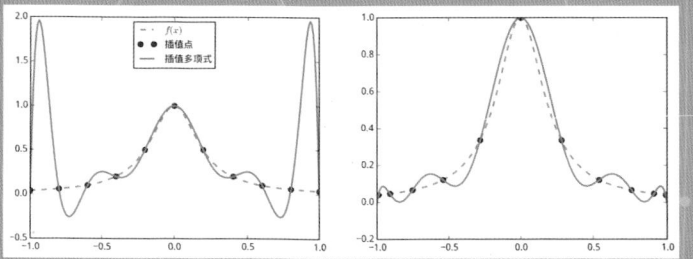

图2-12 等距离插值点(左)、切比雪夫插值点(右)

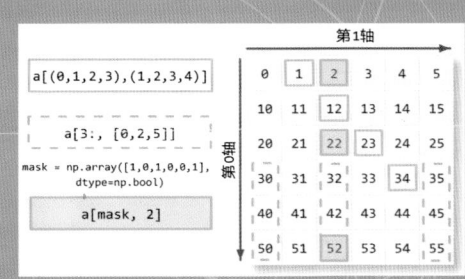

图2-2 使用整数序列和布尔数组访问多维数组中的元素

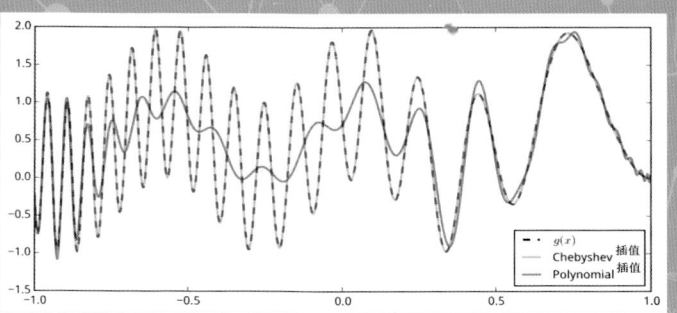

图2-13 Chebyshev插值与Polynomial插值比较

图2-6 使用ogrid计算二元函数的曲面

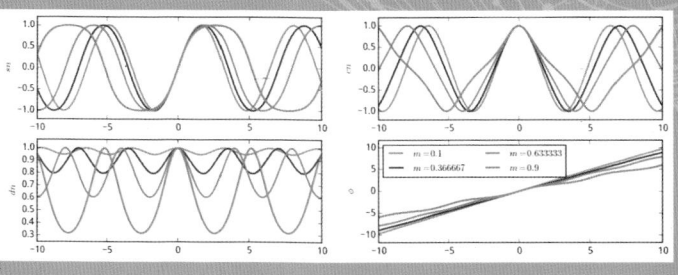

图3-1 使用广播计算得到的ellipj()返回值

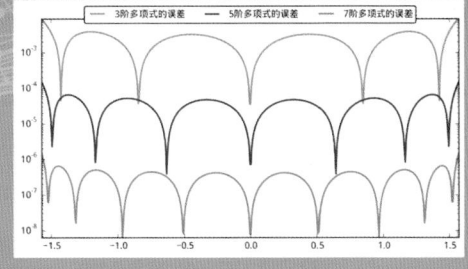

图2-10 各阶多项式近似正弦函数的误差

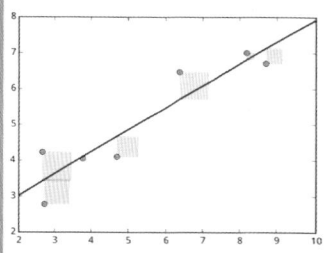

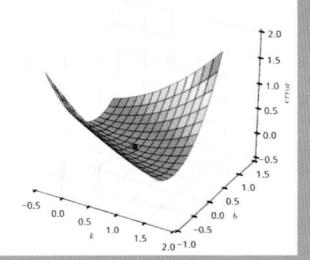

图3-2 最小化正方形面积之和(左),误差曲面(右)

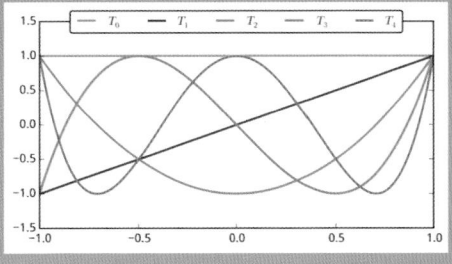

图2-11 0到4次切比雪夫多项式

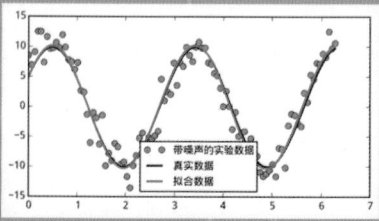

图3-3　带噪声的正弦波拟合

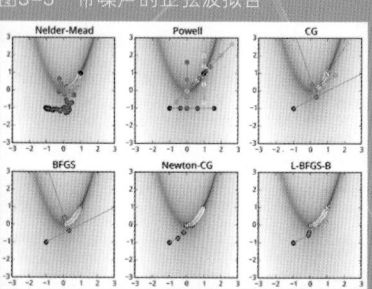

图3-4　各种优化算法的搜索路径

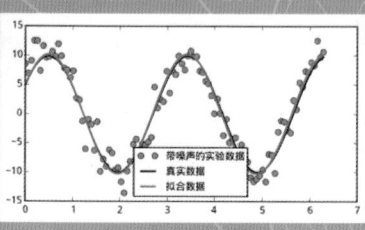

图3-5　用basinhopping()拟合正弦波

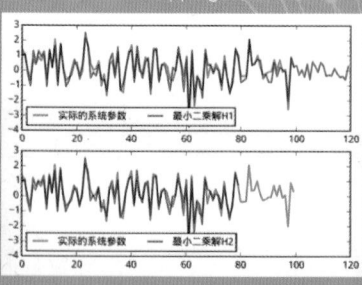

图3-6　实际的系统参数与最小二乘解的
　　　比较

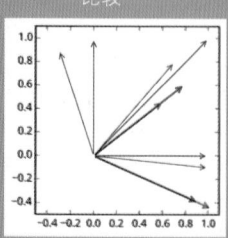

图3-7　线性变换将蓝色箭头变换为红色箭头

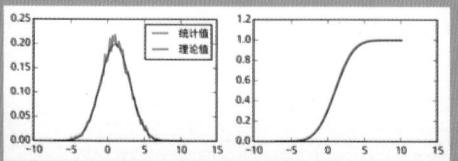

图3-11　正态分布的概率密度函数(左)和累积分
　　　布函数(右)

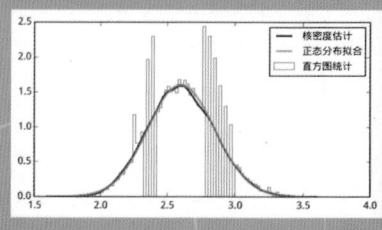

图3-12　核密度估计能更准确地表示随
　　　机变量的概率密度函数

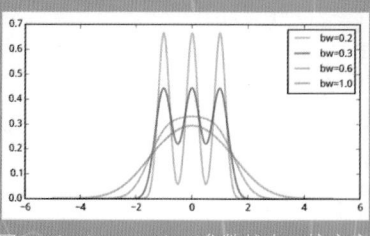

图3-13　bw_method参数越大，核密度
　　　估计曲线越平滑

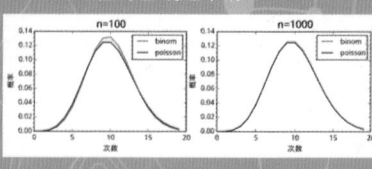

图3-14　当n足够大时二项分布和泊松
　　　分布近似相等

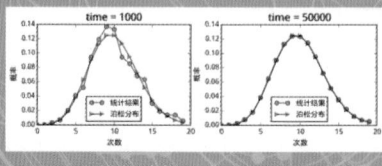

图3-15　模拟泊松分布

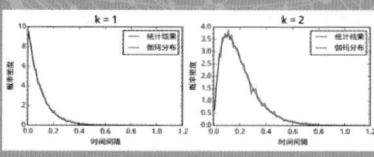

图3-16　模拟伽玛分布

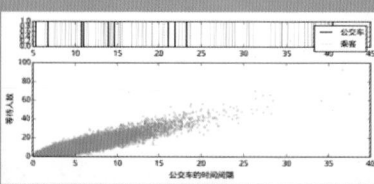

图3-17　观察者偏差

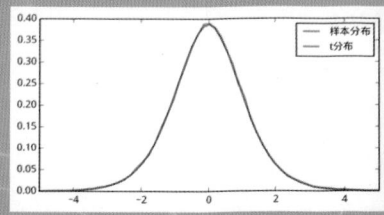

图3-18　模拟学生t-分布

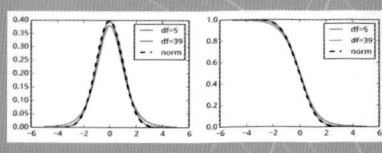

图3-19　当df增大时，学生t-分布趋向
　　　于正态分布

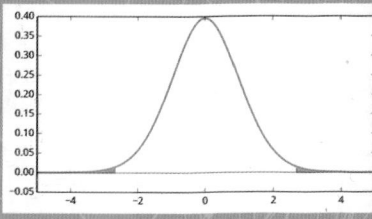

图3-20　红色部分为ttest_1samp()计算
　　　的p值

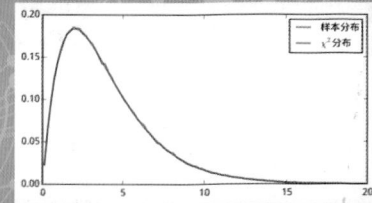

图3-21　使用随机数验证卡方分布

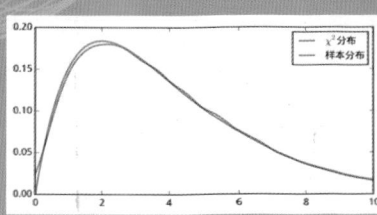

图3-22　模拟卡方分布

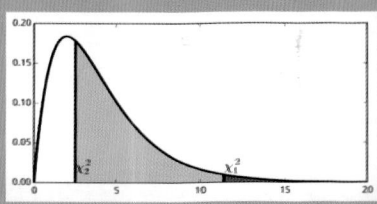

图3-23　卡方检验计算的概率为阴影部
　　　分的面积

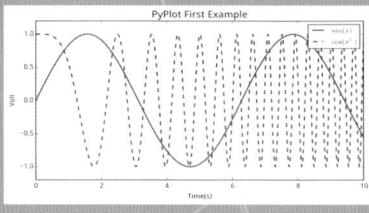

图4-1 使用pyplot模块快速将数据绘制成曲线

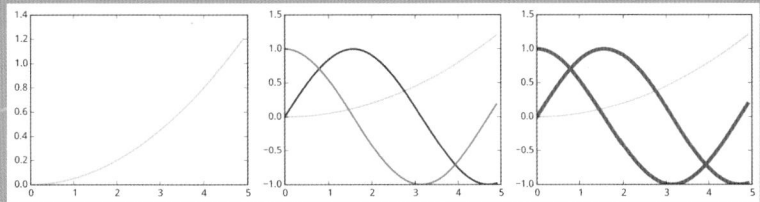

图4-2 配置绘图对象的属性

图4-19 使用LineCollection显示大量曲线

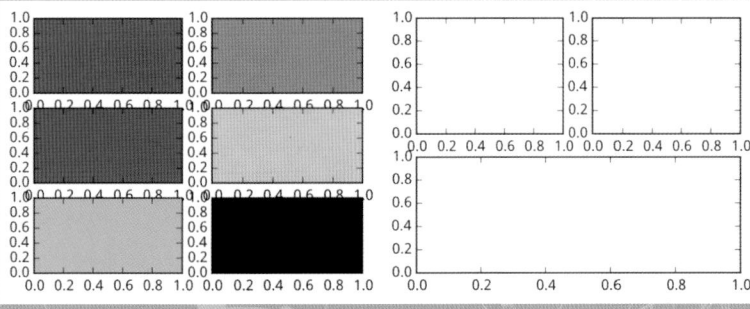

图4-3 在Figure对象中创建多个子图

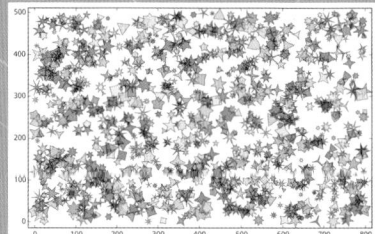

图4-21 用PolyCollection绘制大量多边形

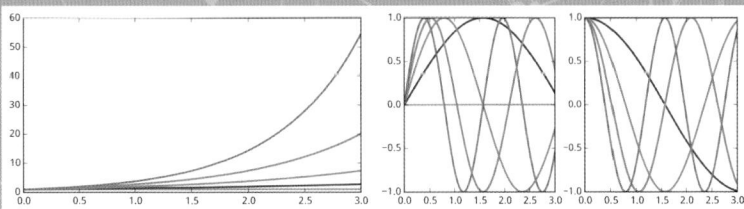

图4-4 同时在多幅图表、多个子图中进行绘图

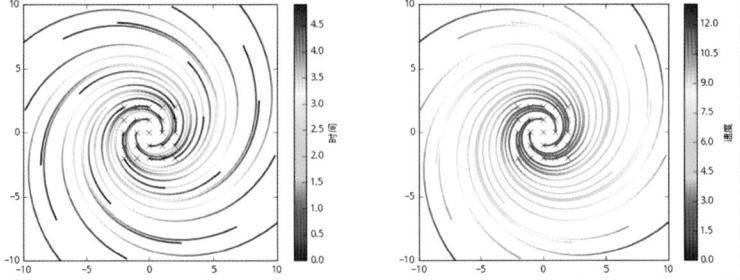

图4-20 使用LineCollection绘制颜色渐变的曲线

图4-23 使用DataCircleCollection绘制大量的圆形

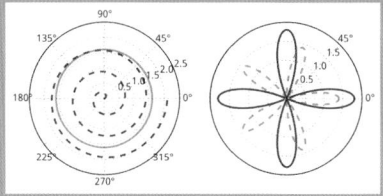

图4-25 极坐标中的圆、螺旋线和玫瑰线

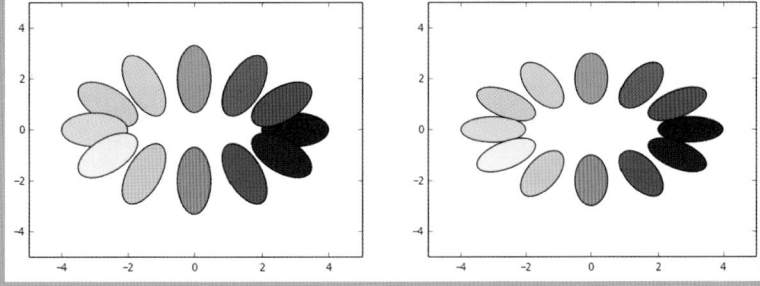

图4-22 EllipseColletion的unit参数：unit='x'（左图）、unit='xy'（右图）

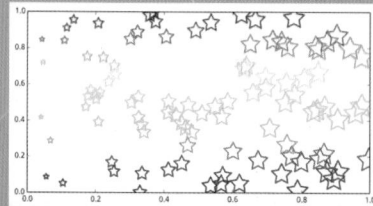

图4-27 可指定点的颜色和大小的散列

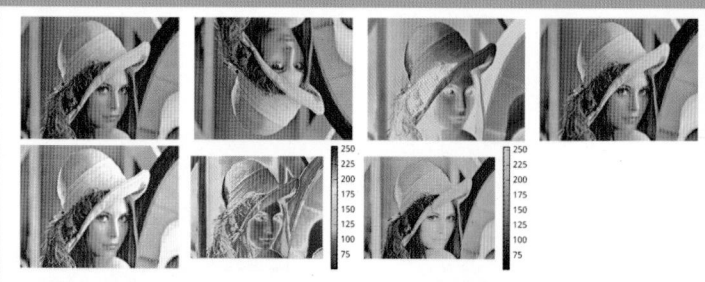

图4-28 用imread()和imshow()显示图像

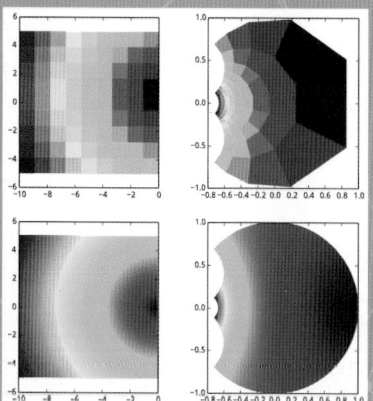

图4-33 使用pcolormesh()绘制复数平面上的坐标变换

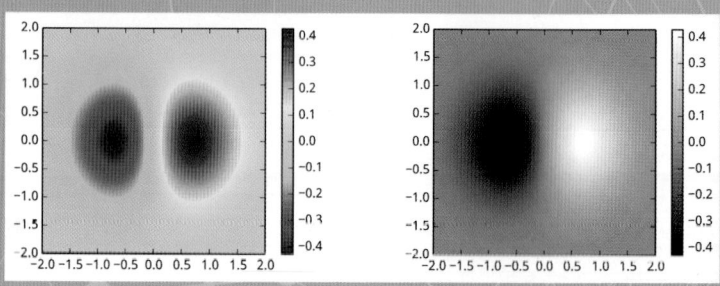

图4-29 使用imshow()可视化二元函数

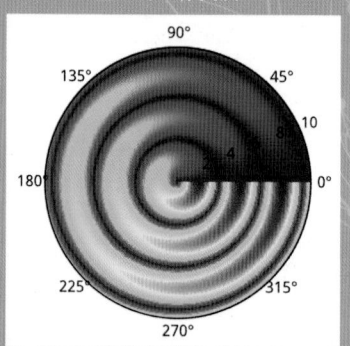

图4-34 使用pcolormesh()绘制极坐标中的网格

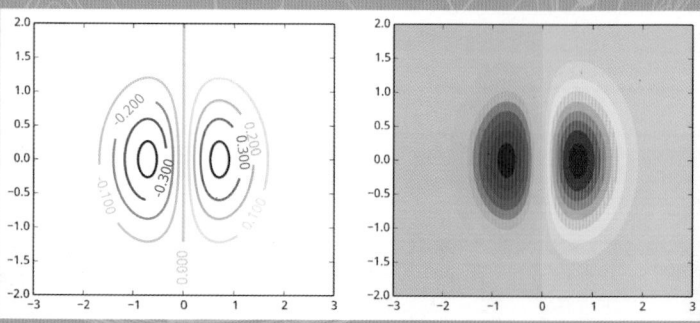

图4-30 用contour(左)和contourf(右)描绘等值线图

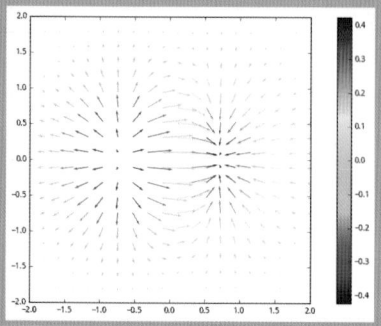

图4-36 用quiver()绘制矢量场

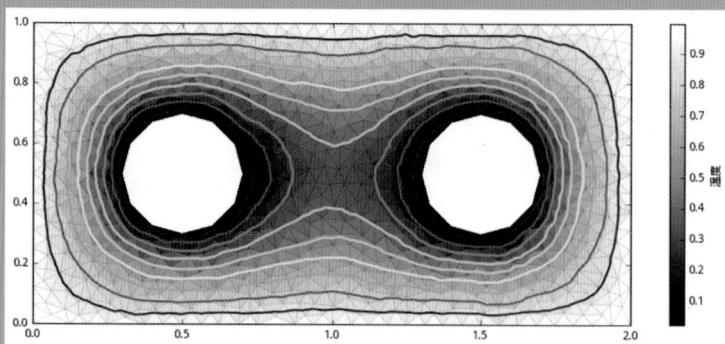

图4-35 使用tripcolor()和tricontour()绘制三角网格和等值线

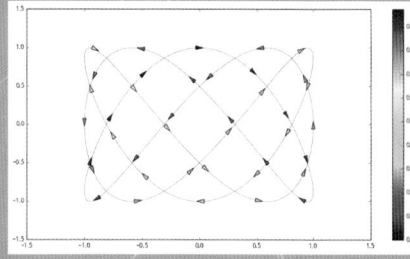

图4-38　使用箭头表示参数曲线的切线方向

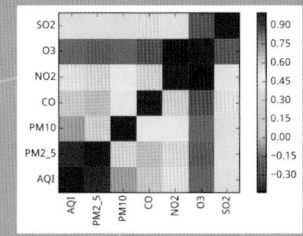

图5-13　空气质量参数之间的相关性

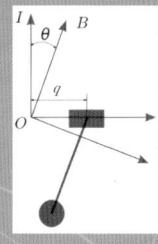

图6-3　滑块单摆系统的参照系示意图

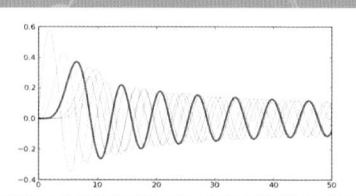

图4-44　高亮显示鼠标悬停曲线

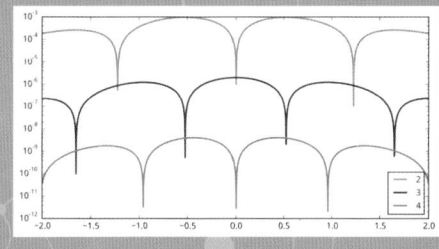

图6-1　比较不同点数的数值微分的误差

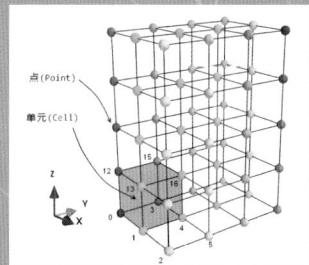

图8-9　单元和点之间的关系

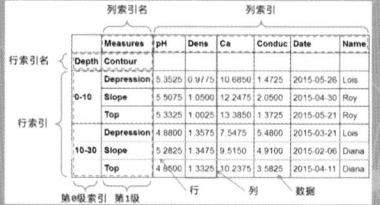

图5-1　DataFrame的结构

图8-16　使用等值面对标量场进行可视化

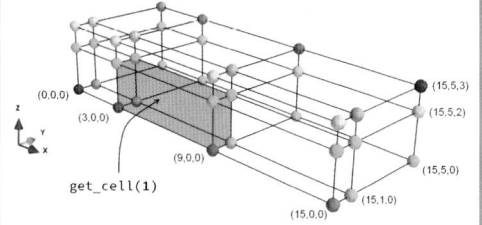

图8-10　使用RectilinearGrid创建分布不均匀的网格

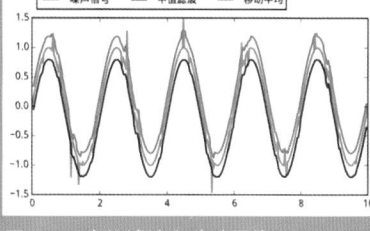

图5-3　中值滤波和移动平均

图8-17　在等值面上用颜色显示其他标量值

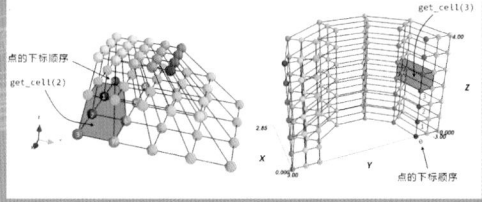

图8-11　用StructuredGrid创建的网格结构

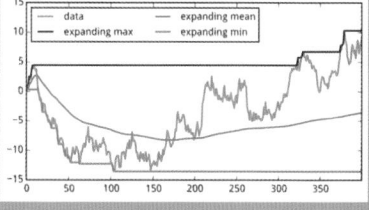

图5-4　用expanding_*计算历史最大值、平均值、最小值

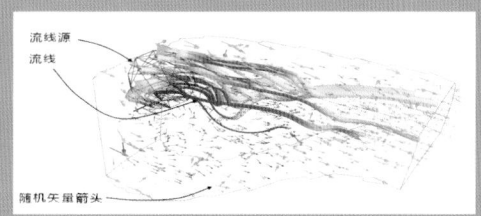

图8-18　矢量场的可视化

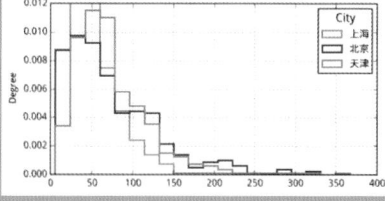

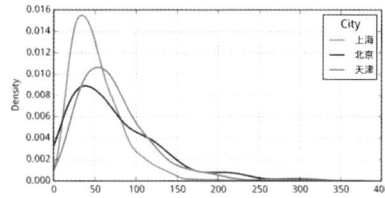

图5-14　每座城市的日平均PM2.5的分布图

Python科学计算(第2版)

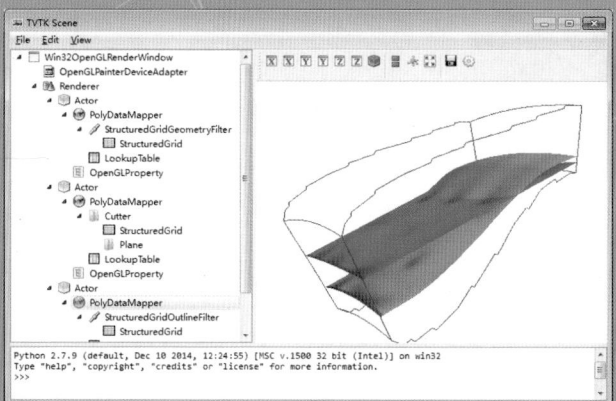

图8-14　使用切面观察StructuredGrid数据集

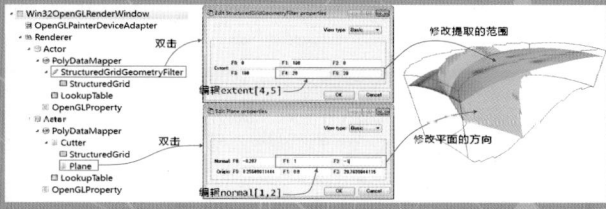

图8-15　通过编辑器修改切面的位置和方向

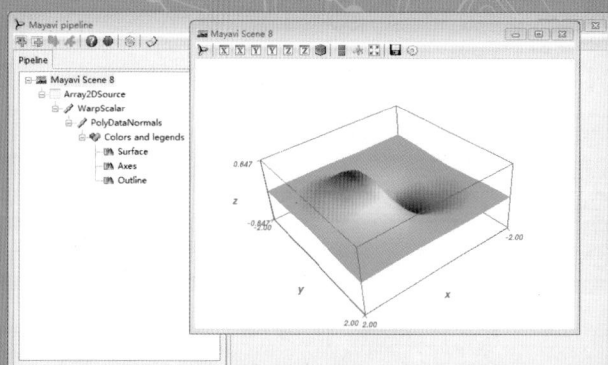

图8-26　surf()绘制的曲面及流水线对话框

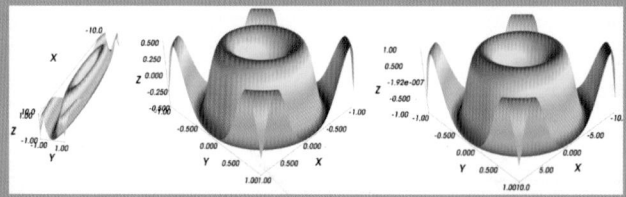

图8-27　修改坐标轴的显示比例

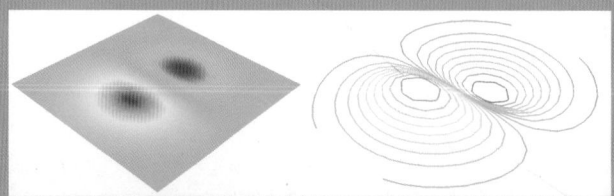

图8-28　用imshow绘制图像(左)，用contour_surf绘制等高线(右)

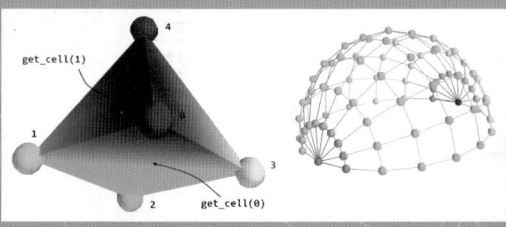

图8-13　用PolyData创建的多面体

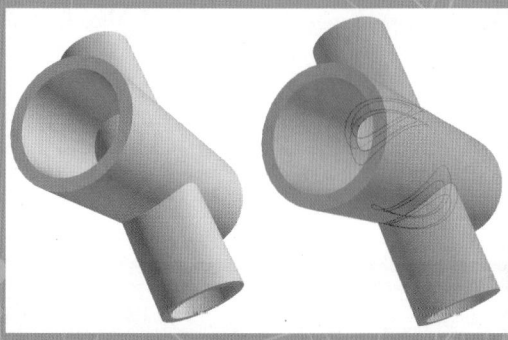

图8-19　两个互相垂直的圆管(左)，打通圆管并显示相贯线(右)

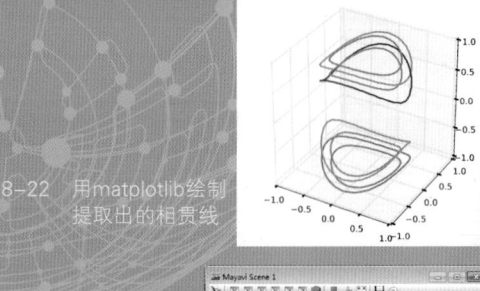

图8-22　用matplotlib绘制提取出的相贯线

图8-23　plot3d()绘制的洛伦茨吸引子，曲线使用很细的圆管绘制

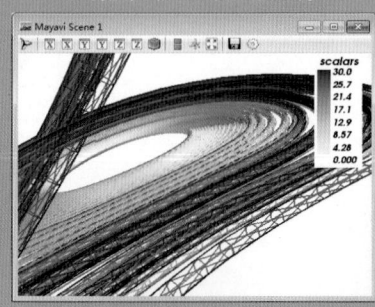

图8-25　在流水线对话框中修改了许多配置之后的洛伦茨吸引子轨迹

Python科学计算(第2版)

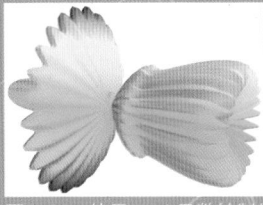

图8-29 使用mesh函数绘制的
3D旋转体

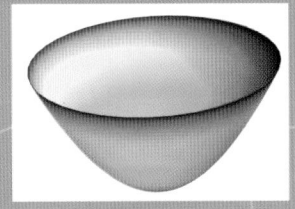

图8-31 用mesh()绘制旋转抛物面

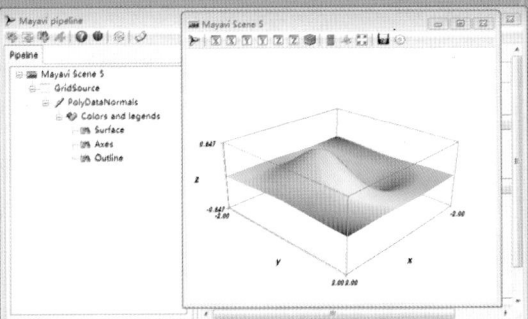

图8-32 用mesh()绘制高度和颜色不同的曲面

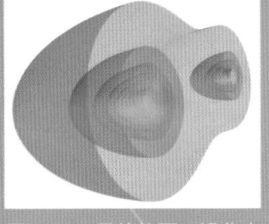

图8-34 用等值面可视化电
势场

图8-35 用体素呈像可视化电
势场: (左)缺省效果,
(右)通过vmin和vmax
指定电势值的润色范围

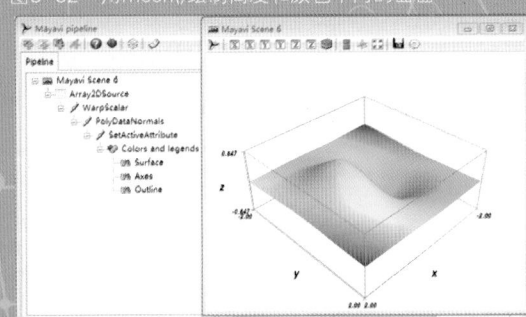

图8-33 用surf()绘制高度和颜色不同的曲面

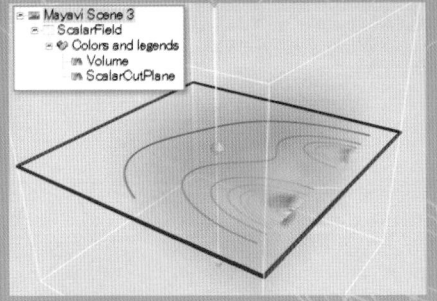

图8-36 用切面工具观察电势场

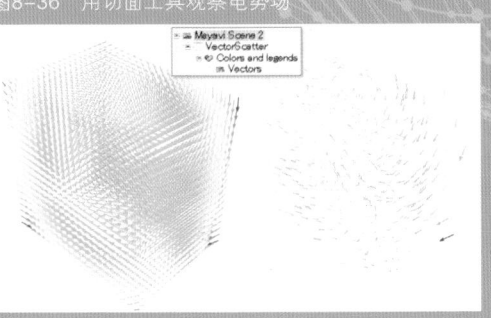

图8-37 用矢量箭头可视化矢量场

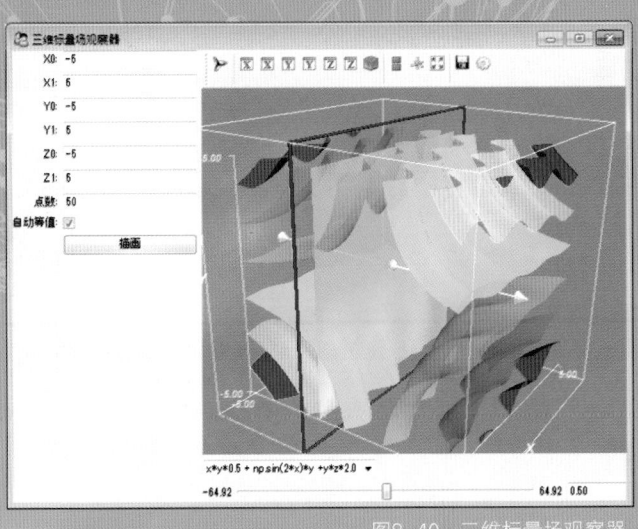

图8-40 三维标量场观察器

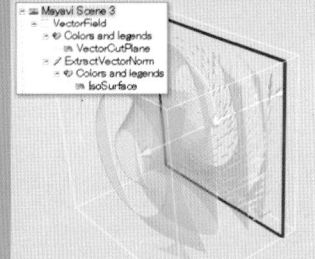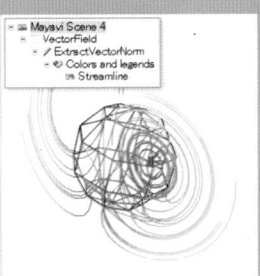

图8-38 用矢量切面和等模值面可视化矢量场(左), 用flow()观察轨迹(右)

图9-1 使用Image将imencode()编码的
结果直接嵌入Notebook中

图9-13 使用remap()实现
图像拖曳效果

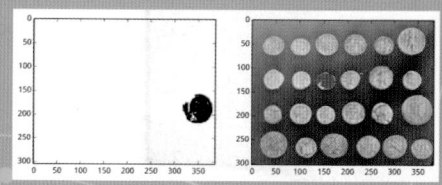

图9-5 演示floodFill()的填充效果

图9-3 使用filter2D()制作的各种图像处理效果

图9-6 填充演示程序的界面截图

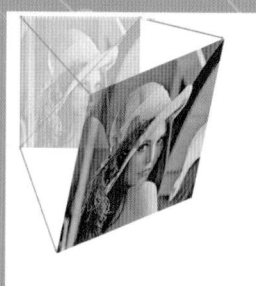

图9-8 对图像进行仿射变换

图9-14 lena.jpg的三个通道的直方图统计(左),
通道0和通道2的二维直方图统计(右)

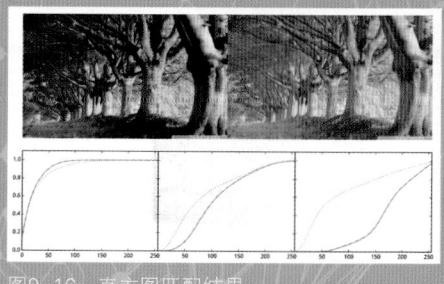

图9-16 直方图匹配结果

图9-9 对图像进行透视变换

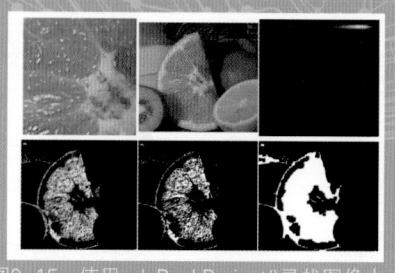

图9-15 使用calcBackProject()寻找图像中
的橙子部分

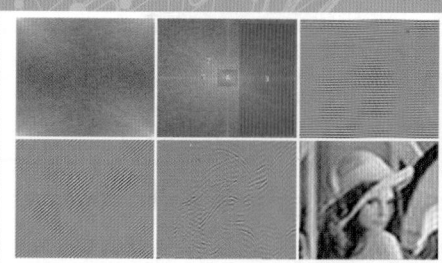

图9-17 (左上)用fft2()计算的频域信号,(中上)
使用fftshift()移位之后的频域信号,(其
他)各个领域所对应的空域信号

图9-11 使用三维曲面和remap()对图片进行变形

图9-20 使用VTK显示三维点云

图9-24　使用HoughLinesP()检测图像中的直线

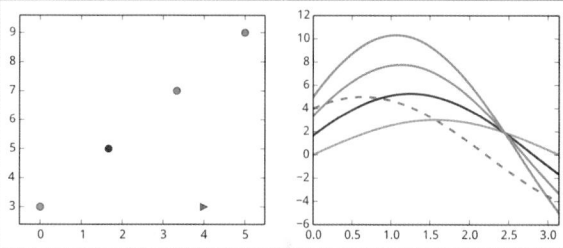

图9-23　霍夫变换示意图

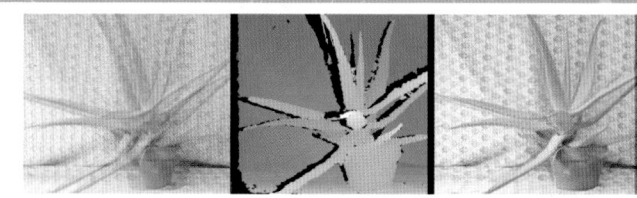

图9-19　用remap重叠左右两幅图像

图9-26　使用pyrMeanShiftFiltering()进行图像分割，从左到右参数sr
　　　　分别为20、40、80

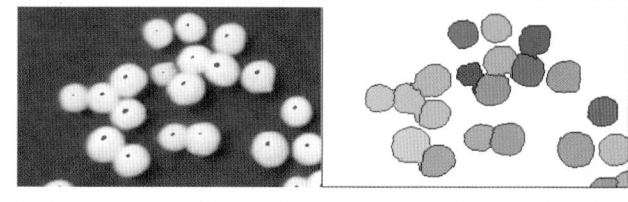

图9-27　使用watershed分割药丸

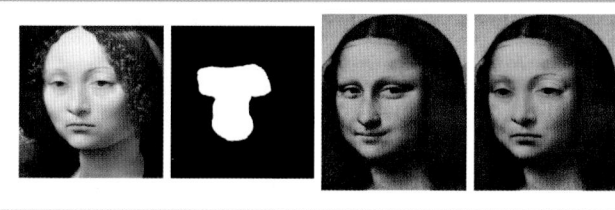

图11-2　使用泊松混合算法将吉内薇拉·班琪肖像中的眼睛和鼻子部
　　　　分复制到蒙娜丽莎的肖像之上

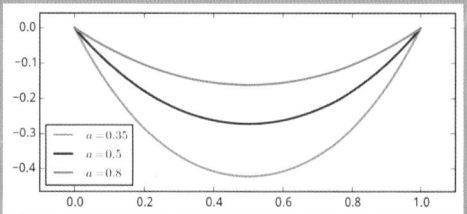

图11-4　各种长度的悬链线

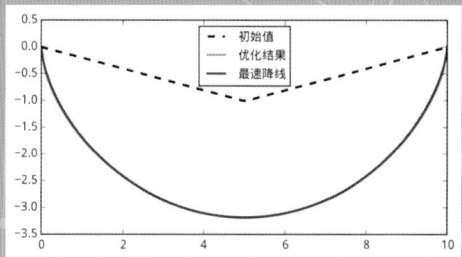

图11-9　使用优化算法计算最速降线

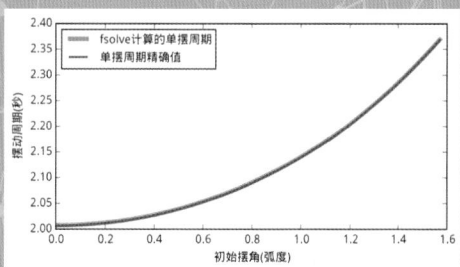

图11-12　单摆的摆动周期和初始角度的关系

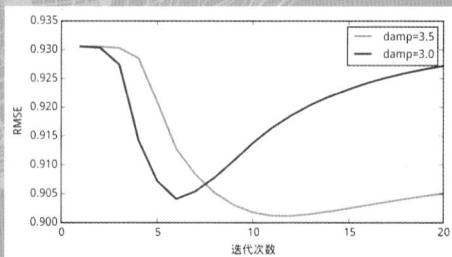

图11-13　damp系数对RMSE的影响

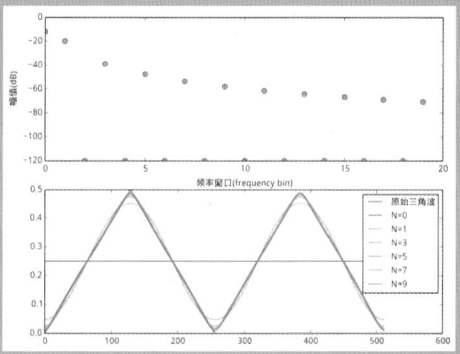

图11-16　三角波的频谱(上)，使用频谱中的部分频
　　　　率重建的三角波(下)

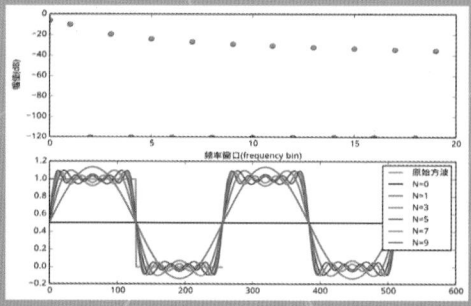

图11-17 方波的频谱，合成方波在跳变处出现抖动

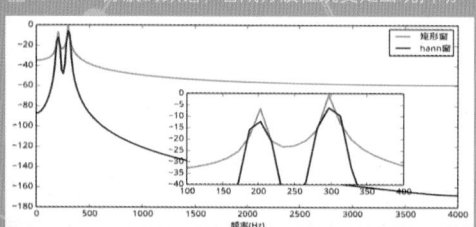

图11-24 加Hann窗前后的频谱，Hann窗能降低频谱泄漏

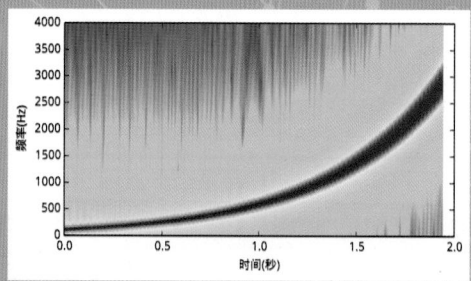

图11-27 频率扫描波的谱图

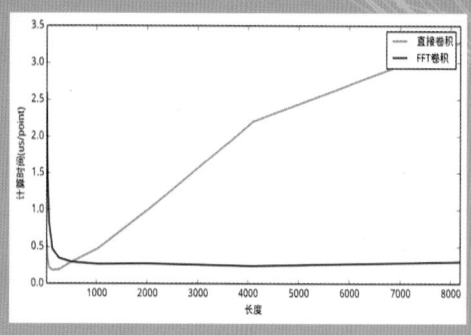

图11-29 比较直接卷积和FFT卷积的运算速度

图11-35 Mandelbrot集合，以5倍的倍率放大点(0.273, 0.595)附近

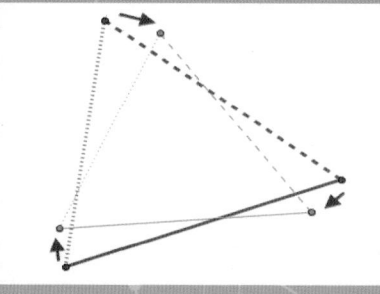

图11-39 两个三角形决定一个2D仿射变换的6个参数

图11-40 5个三角形的仿射方程绘制蕨类植物的叶子

图11-44 一维分形山脉曲线，衰减值越小，最大幅度的衰减越快，曲线越平滑

图11-38 函数迭代系统所绘制的蕨类植物的叶子

图11-46 二维中点移位法计算山脉曲面

图11-48 使用菱形方形算法计算山脉曲面

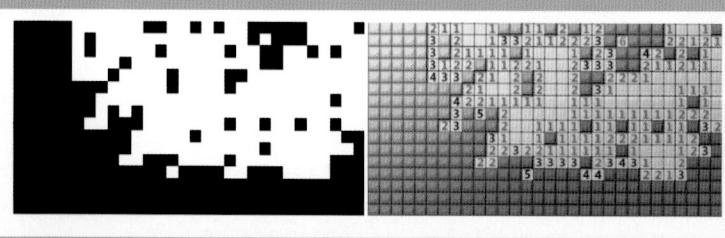

图11-32 计算已打开方块的位置

Python 科学计算

(第2版)

张若愚　著

清华大学出版社

北　京

内 容 简 介

本书详细介绍 Python 科学计算中最常用的扩展库 NumPy、SciPy、matplotlib、Pandas、SymPy、TTK、Mayavi、OpenCV、Cython，涉及数值计算、界面制作、三维可视化、图像处理、提高运算效率等多方面的内容。所附光盘中包含所有章节的 Notebook 以及便携式运行环境 WinPython，以方便读者运行书中所有实例。

图书在版编目(CIP)数据

Python 科学计算 / 张若愚 著. —2 版. —北京：清华大学出版社，2016（2023.4 重印）
ISBN 978-7-302-42658-5

Ⅰ. ①P…　Ⅱ. ①张…　Ⅲ. ①软件工具—程序设计　Ⅳ. ①TP311.56

中国版本图书馆 CIP 数据核字(2016)第 014000 号

责任编辑：李维杰
装帧设计：牛静敏
责任校对：成凤进
责任印制：杨　艳

出版发行：清华大学出版社
　　　　网　　　址：http ://www. tup. com. cn, http ://www.wqbook.com
　　　　地　　　址：北京清华大学学研大厦 A 座　　　邮　　编：100084
　　　　社　总　机：010-83470000　　　　　　　　邮　　购：010-62786544
　　　　投稿与读者服务：010-62776969, c-service@tup. tsinghua. edu. cn
　　　　质　量　反　馈：010-62772015, zhiliang@ tup. tsinghua. edu. cn
印　装　者：三河市铭诚印务有限公司
经　　　销：全国新华书店
开　　　本：185mm ×260mm　印　张：45.75　彩　插：6　字　　数：1083 千字
　　　　　　（附光盘 1 张）
版　　　次：2012 年 1 月第 1 版　　2016 年 4 月第 2 版　　印　　次：2023 年 4 月第 9 次印刷
定　　　价：118.00 元

产品编号：063818-01

Preface

Python is rightfully viewed as a general purpose language, well suited for web development, system administration, and general purpose business applications. It's has earned this reputation well by powering web sites such as YouTube, installation tools integral to Red Hat's operating system, and large corporate IT systems from cloud cluster management to investment banking. Python has also established itself firmly in the world of scientific computing covering a wide range of applications from seismic processing for oil exploration to quantum physics. This breadth of applicability is significant because these seemingly disparate uses often overlap in important ways. Applications that can easily connect to databases publish information to the web, and efficiently carry out complex calculations are now critical in many industries. Python's primary strength is that it allows developers to build such tools quickly.

Python's scientific computing roots actually go quite deep. Guido van Rossum created the language while at CWI, the Center for Mathematics and Computer Science, in the Netherlands. As interest developed outside the center, others began to contribute. The first several Python workshops, starting in 1994, were held an ocean away at scientific institutions such as NIST (National Institute of Instruments and Technology), the US Geological Society, and LLNL (Lawrence Livermore National Laboratories), all science centric institutions. At the time, Python 1.0 had recently been released and the attendees were just beginning to hammer out the design of its mathematical tools. A decade and a half later, it is gratifying to see how far we have come both in the amazing capabilities of the tool set and the diversity of the community. It is somehow fitting that the first comprehensive book (that I know of) covering the primary scientific computing tools for Python is composed and published, another ocean away, in Chinese. Looking forward a decade and a half, I can hardly wait to see what we will all build together.

Guido, himself, was not a scientist or engineer. He sat squarely in the computer science branch of CWI and created Python to ease the pain of building system administration tools for the Amoeba operating system. At the time, the tools were being written in C. Python was to be the tool that "bridged the gap between shell scripting and C." Operating system tools are not even in the same neighborhood as matrix inversions or fast Fourier transforms, but, as the language emerged, scientists around the world were some of its earliest adopters. Guido had succeeded in creating an elegantly expressive language that coupled nicely with their existing C and Fortran code. And, in Guido, they had a language designer willing to listen and add critical features, such as complex numbers, specifically for the scientific community. With the creation of Numeric, the precursor to NumPy, Python gained a fast and powerful number crunching tool that solidified Python's role as a leading computational language in the coming decades.

For some, the term "scientific programming" conjures up visions of intricate algorithms described from "Numerical Recipes in C" or forged in late night programming sessions by graduate students. But the reality is the domain encompasses a much wider range of programming tasks from low level algorithms to GUI development with advanced graphics. This latter topic is too often underestimated in terms of importance and effort. Fortunately, Ruoyu Zhang has done us the service of covering all facets of the scientific programming in this book. Beginning with the foundational Numpy library the algorithmic toolboxes in SciPy he provides the fundamental tools for any scientific application. He then aptly covers the 2D plotting and 3D visualization libraries provided by matplotlib, chaco, and mayavi. Application and GUI development with Traits and Traits UI, and coupling to legacy C libraries through Cython, Weave, ctypes, and SWIG are well covered as well. These core tools are rounded out by coverage of symbolic mathematics with SymPy and various other useful topics.

It's truly gratifying to see all of these topics aggregated into a single volume. It provides a one-stop shop that can lead you from the beginning steps to a polished and full featured application for analysis and simulation.

Eric Jones

2011/12/8

第 1 版序

Python 理所当然地被视为一门通用的程序设计语言，非常适合于网站开发、系统管理以及通用的业务应用程序。它为诸如 YouTube 这样的网站系统、Red Hat 操作系统中不可或缺的安装工具以及从云管理到投资银行等大型企业的 IT 系统提供技术支持，从而赢得了如此高的声誉。Python 还在科学计算领域建立了牢固的基础，覆盖了从石油勘探的地震数据处理到量子物理等范围广泛的应用场景。Python 这种广泛的适用性在于，这些看似不同的应用领域通常在某些重要的方面是重叠的。易于与数据库连接、在网络上发布信息并高效地进行复杂计算的应用程序对于许多行业是至关重要的，而 Python 最主要的长处就在于它能让开发者迅速地创建这样的工具。

实际上，Python 与科学计算的关系源远流长。吉多·范罗苏姆创建这门语言，还是在他在荷兰阿姆斯特丹的国家数学和计算机科学研究学会(CWI)的时候。当时只是作为"课余"的开发，但是很快其他人也开始为之做出贡献。从 1994 年开始的头几次 Python 研讨会，都是在大洋彼岸的科研机构举行的。例如国家标准技术研究所(NIST)、美国地质学会以及劳伦斯利福摩尔国家实验室(LLNL)，所有这些都是以科研为中心的机构。当时 Python 1.0 刚刚发布，与会者们就已经开始打造 Python 的数学计算工具。10 多年过去了，我们欣喜地看到，我们在开发具有惊人能力的工具集以及建设多彩的社区方面做出了如此多的成绩。很合时宜的是，就我所知的第一本涵盖了 Python 的主要科学计算工具的综合性著作，在另一个海洋之遥的中国编著并出版了。展望今后的十几年，我迫不及待地想看到我们能共同创建出怎样的未来。

吉多他本人并不是科学家或工程师。他在 CWI 的计算机科学部门时，为了缓解为阿米巴(Amoeba)操作系统创建系统管理工具的痛苦，他创建了 Python。当时那些系统管理工具都是用 C 语言编写的。于是 Python 就成了填补 shell 脚本和 C 语言之间空白的工具。操作系统工具与计算逆矩阵或快速傅立叶变换是完全不同的领域，但是从 Python 诞生开始，世界各地的许多科学家就成了它最早期的采用者。吉多成功地创建了一门能与他们的 C 和 Fortran 代码完美结合的、具有优雅表现力的程序语言。并且，吉多是一位愿意听取建议并添加关键功能的语言设计师，例如支持复数就是专门针对科学领域的。随着 NumPy 的前身——Numeric 的诞生，Python 获得了一个高效且强大的数值运算工具，它巩固了在未来几十年中，Python 作为领先的科学计算语言的地位。

对于一些人来说，"科学计算编程"会让人联想起 *Numerical Recipes in C* 中描述的那些复杂算法，或是研究生们在深夜中努力打造程序的场景。但是真实情况所涵盖的范围更广泛——从底层的算法设计到具有高级绘图功能的用户界面开发。而后者的重要性却常常被忽视了。幸运的是在本书中，作者为我们介绍了科学计算编程所需的各个方面。从 NumPy 库和 SciPy 算法工具库的基础开始，介绍了任何科学计算应用程序所需的基本工具。然后，本书很恰当地介绍了二维绘图以及三维可视化库——matplotlib、Chaco、Mayavi。用 Traits 和 TraitsUI 进行应用程序和界面开发，以及用 Cython、Weave、ctypes 和 SWIG 等与传统的 C 语言库相互结合等内容在书中也有很好的介绍。除了这些核心的工具之外，本书还介绍了使用 SymPy 进行数学符号运算以及其他的各种有用的主题。

所有这些主题都被汇编到一本书中真是一件令人欣喜的事情。本书所提供的一站式服务，能够指导读者从最初的入门直到创建一个漂亮的、全功能的分析与模拟应用程序。

Eric Jones
2011 年 12 月 8 日

关于序言作者

Eric Jones 是 Enthought 公司的 CEO，他在工程和软件开发领域拥有广泛的背景，指导 Enthought 公司的产品工程和软件设计。在共同创建 Enthought 公司之前，他在杜克大学电机工程学系从事数值电磁学以及遗传优化算法方面的研究，并获得了该系的硕士和博士学位。他教授过许多用 Python 做科学计算的课程，并且是 Python 软件基金会的成员。

关于 Enthought 公司

Enthought 是一家位于美国得克萨斯州首府奥斯汀的软件公司，主要使用 Python 从事科学计算工具的开发。本书中介绍的 NumPy、SciPy、Traits、TraitsUI、Chaco、TVTK 以及 Mayavi 均为该公司开发或维护的开源程序库。

前　言

Python 世界的发展日新月异，在本书第 1 版出版之后，Python 在数据分析、科学计算领域又出现了许多令人兴奋的进展：

- IPython 从增强的交互式解释器发展到 Jupyter Notebook 项目，它已经成为 Python 科学计算界的标准配置。
- Pandas 经过几个版本的更新，目前已经成为数据清洗、处理和分析的不二选择。
- OpenCV 官方的扩展库 cv2 已经正式发布，它的众多图像处理函数能直接对 NumPy 数组进行处理，编写图像处理、计算机视觉程序变得更方便、简洁。
- matplotlib 2.0 即将发布，它将使用更美观的默认样式。
- Cython 内置支持 NumPy 数组，它已经逐渐成为编写高效运算扩展库的首选工具。
- NumPy、SciPy 等也经历了几个版本的更新，许多计算变得更快捷，功能也更加丰富。
- WinPython、Anaconda 等新兴的 Python 集成环境无须安装，使得开发与共享 Python 程序更方便快捷。

本书第 2 版紧随各个扩展库的发展，将最新、最实用的内容呈现给读者。除了数值计算之外，本书还包含了界面制作、三维可视化、图像处理、提高运算效率等方面的内容。最后一章综合使用本书介绍的各个扩展库，完成几个有趣的实例项目。

本书完全采用 IPython Notebook 编写，保证了书中所有代码及输出的正确性。附盘中附带所有章节的 Notebook 以及便携式运行环境 WinPython，以方便读者运行书中所有实例。

本书适合于工科高年级本科生、研究生、工程技术人员以及计算机开发人员阅读，也适合阅读过第 1 版的读者了解各个扩展库的最新进展，进一步深入学习。

阅读本书的读者需要掌握 Python 语言的一些基础知识，Cython 章节需要读者能够阅读 C 语言代码。

除封面署名的作者外，参加本书编写的人员还有张佑林、张东等人，在此一并表示感谢。感谢清华大学出版社的李维杰编辑，为本书内容的提升提出了许多真知灼见，他在本书出版过程中表现出来的热心、耐心和敬业精神令我十分感动；同他合作，让人非常愉快！

目 录

第1章

Python科学计算环境的安装与简介

1.1 Python 简介

Python 是一种解释型、面向对象、动态的高级程序设计语言。自从 20 世纪 90 年代初 Python 语言诞生至今,它逐渐被广泛应用于处理系统管理任务和开发 Web 系统。目前 Python 已经成为最受欢迎的程序设计语言之一。

由于 Python 语言的简洁、易读以及可扩展性,在国外用 Python 做科学计算的研究机构日益增多,一些知名大学已经采用 Python 教授程序设计课程。众多开源的科学计算软件包都提供了 Python 的调用接口,例如计算机视觉库 OpenCV、三维可视化库 VTK、复杂网络分析库 igraph 等。而 Python 专用的科学计算扩展库就更多了,例如三个十分经典的科学计算扩展库:NumPy、SciPy 和 matplotlib,它们分别为 Python 提供了快速数组处理、数值运算以及绘图功能。因此 Python 语言及其众多的扩展库所构成的开发环境十分适合工程技术、科研人员处理实验数据、制作图表,甚至开发科学计算应用程序。近年随着数据分析扩展库 Pandas、机器学习扩展库 scikit-learn 以及 IPython Notebook 交互环境的日益成熟,Python 也逐渐成为数据分析领域的首选工具。

说起科学计算,首先会被提到的可能是 MATLAB。然而除了 MATLAB 的一些专业性很强的工具箱目前还无法替代之外,MATLAB 的大部分常用功能都可以在 Python 世界中找到相应的扩展库。和 MATLAB 相比,用 Python 做科学计算有如下优点:

- 首先,MATLAB 是一款商用软件,并且价格不菲。而 Python 完全免费,众多开源的科学计算库都提供了 Python 的调用接口。用户可以在任何计算机上免费安装 Python 及其绝大多数扩展库。
- 其次,与 MATLAB 相比,Python 是一门更易学、更严谨的程序设计语言。它能让用户编写出更易读、更易维护的代码。
- 最后,MATLAB 主要专注于工程和科学计算。然而即使在计算领域,也经常会遇到文件管理、界面设计、网络通信等各种需求。而 Python 有着丰富的扩展库,可以轻易完成各种高级任务,开发者可以用 Python 实现完整应用程序所需的各种功能。

1.1.1 Python2 还是 Python3

自从 2008 年发布以来,Python3 经历了 5 个小版本的更迭,无论是语法还是标准库都发展得十分成熟。许多重要的扩展库也已经逐渐同时支持 Python2 和 Python3。但是由于 Python3 不向下兼容，目前大多数开发者仍然在生产环境中使用 Python 2.7。在 PyCon2014 大会上，Python 之父宣布 Python 2.7 的官方支持延长至 2020 年。因此本书仍然使用 Python 2.7 作为开发环境。

在本书涉及的扩展库中，IPython、NumPy、SciPy、matplotlib、Pandas、SymPy、Cython、Spyder 和 OpenCV 等都已经支持 Python 3，而 Traits、TraitsUI、TVTK、Mayavi 等扩展库则尚未着手 Python 3 的移植。虽然一些新兴的三维可视化扩展库正朝着替代 Mayavi 的方向努力，但目前 Python 环境中尚未有能替代 VTK 和 Mayavi 的专业级别的三维可视化扩展库，因此本书仍保留第 1 版中相关的章节。

1.1.2 开发环境

和 MATLAB 等商用软件不同，Python 的众多扩展库由许多社区分别维护和发布，因此要一一将其收集齐全并安装到计算机中是一件十分耗费时间和精力的事情。本节介绍两个科学计算用的 Python 集成软件包。读者只需要下载并执行一个安装程序，就能安装好本书涉及的所有扩展库。

1. WinPython

https://winpython.github.io/
WinPython 的下载地址。

WinPython 只能在 Windows 系统中运行，其安装包不会修改系统的任何配置，各种扩展库的用户配置文件也保存在 WinPython 的文件夹之下。因此可将整个运行环境复制到 U 盘中，在任何安装了 Windows 操作系统的计算机上运行。WinPython 提供了一个安装扩展库的 WinPython Control Panel 界面程序，通过它可以安装 Python 的各种扩展库。可以通过下面的链接下载已经编译好的二进制扩展库安装包，然后通过 WinPython Control Panel 来安装。

http://www.lfd.uci.edu/~gohlke/pythonlibs/
从该网址可以下载各种 Python 扩展库的 Windows 安装文件。

图 1-1 显示了通过 WinPython Control Panel 安装本书介绍的几个扩展库。通过"Add packages"按钮添加扩展库的安装程序之后，单击"Install packages"按钮一次性安装勾选的所有扩展库。

虽然手动安装扩展库有些麻烦，不过这种方式适合没有网络连接或者网速较慢的计算机。例如在笔者的工作环境中，有大量的实验用计算机不允许连接互联网。

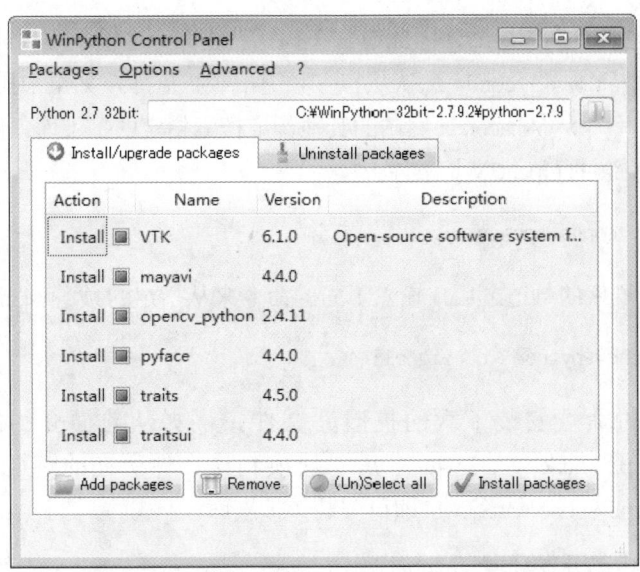

图 1-1 通过 WinPython Control Panel 安装扩展库

如果读者从 WinPython 的官方网站下载 WinPython 开发环境，为了运行本书的所有实例程序，还需要安装如下扩展库：

- VTK、Mayavi、pyface、Traits 和 TraitsUI：在图形界面以及三维可视化章节需要用到这些扩展库。
- OpenCV：在图像处理章节需要用到该扩展库。

2. Anaconda

 https://store.continuum.io/cshop/anaconda/
Anaconda 的下载地址。

由 CONTINUUM 开发的 Anaconda 开发环境支持 Windows、Linux 和 Mac OSX。安装时会提示是否修改 PATH 环境变量和注册表，如果希望手工激活 Anaconda 环境，请取消选择这两个选项。

在命令行中运行安装路径之下的批处理文件 Scripts\anaconda.bat 以启动 Anaconda 环境，然后就可以输入表 1-1 中的 conda 命令来管理扩展库了。

表 1-1 conda 命令及说明

命令	说明
conda list	列出所有的扩展库
conda update 扩展库名	升级扩展库
conda install 扩展库名	安装扩展库
conda search 模板	搜索符合模板的扩展库

conda 命令本身也是一个扩展库，因此通常在执行上述命令之前，可以先运行 conda update conda 来尝试升级到最新版本。conda 默认从官方频道下载扩展库，如果未找到指定的扩展库，还可以使用 anaconda 命令从 Anaconda 网站的其他频道搜索指定的扩展库。例如下面的命令用于搜索可使用 conda 安装的 OpenCV 扩展库：

```
binstar search -t conda opencv
```

找到包含目标扩展库的频道之后，输入下面的命令来从指定的频道 rsignell 安装：

```
conda install opencv-python -c rsignell
```

还可以使用 pip 命令安装下载的扩展库文件，例如从前面介绍的网址下载文件 opencv_python-2.4.11-cp27-none-win32.whl 之后，切换到该文件所在的路径并输入 pip install opencv_python-2.4.11-cp27-none-win32.whl 即可安装该扩展库。

3. 使用附赠光盘中的开发环境

本书的附赠光盘中包含了能运行本书所有实例程序的 WinPython 压缩包：winpython.zip。请读者将之解压到 C 盘根目录之下，该压缩包会创建 C:\WinPython-32bit-2.7.9.2 目录。

然后将本书附赠光盘中提供的代码目录 scipybook2 复制到计算机的硬盘中，为了保证代码正常运行，请确保该代码目录的完整路径中不包含空格和中文字符。在 scipybook2 中包含三个子目录：

- codes：其中的 scpy2 子目录下包含本书提供的示例程序，该示例程序库采用包的形式管理，因此需要将它添加进 Python 的包搜索路径环境变量 PYTHONPATH 中才能正确运行 scpy2 中的示例程序。在 scipybook2 目录下的批处理文件 run_console.bat 和 run_notebook.bat 中会自动设置该环境变量。
- notebooks：本书完全使用 IPython Notebook 编写，该目录下的 Notebook 文件中保存了本书所有章节的标题以及示例代码。读者可以通过 run_notebook.bat 批处理文件启动本书的编写环境。为了保护本书版权，除本章之外的其他所有章节的文字解说内容都已被删除。
- settings：其中保存了各种扩展库的配置文件。这些文件会保存在 HOME 环境变量所设置的目录之下，默认值为 C:\Users\用户名。为了避免与读者系统中的配置文件发生冲突，在批处理文件中将 HOME 环境变量修改为该 settings 目录。

为了确认开发环境正确安装，请读者运行 run_console.bat 批处理文件，然后在命令行中执行 python -m scpy2，并检查是否打印出开发环境中各个扩展库的版本信息。

 如果读者将 winpython.zip 文件解压到别的路径之下，可以修改 env.bat 文件中第二行中的路径。

```
!python -m scpy2

Welcome to Scpy2
Python: 2.7.9
executable: C:\WinPython-32bit-2.7.9.2\python-2.7.9\python.exe
Cython              : 0.22
matplotlib          : 1.4.3
numpy-MKL           : 1.9.1
opencv_python       : 2.4.11
pandas              : 0.16.0
scipy               : 0.15.0
sympy               : 0.7.6
```

1.1.3 集成开发环境(IDE)

本节介绍两个常用的 Python 集成开发环境,它们能实现自动完成、定义跳转、自动重构、调试等常用的 IDE 功能,并集成了 IPython 的交互环境以及查看数组、绘制图表等科学计算开发中常用的功能。熟练使用这些工具能极大地提高编程效率。

1. Spyder

Spyder 是由 WinPython 的作者开发的一个简单的集成开发环境,可通过 WinPython 的安装目录下的 Spyder.exe 来运行。如果读者希望在本书的开发环境中运行 Spyder,可以在 run_console.bat 开启的命令行中输入 spyder 命令。

和其他的 Python 开发环境相比,它最大的优点就是模仿 MATLAB 的"工作空间"的功能,可以很方便地观察和修改数组的值。图 1-2 是 Spyder 的界面截图。

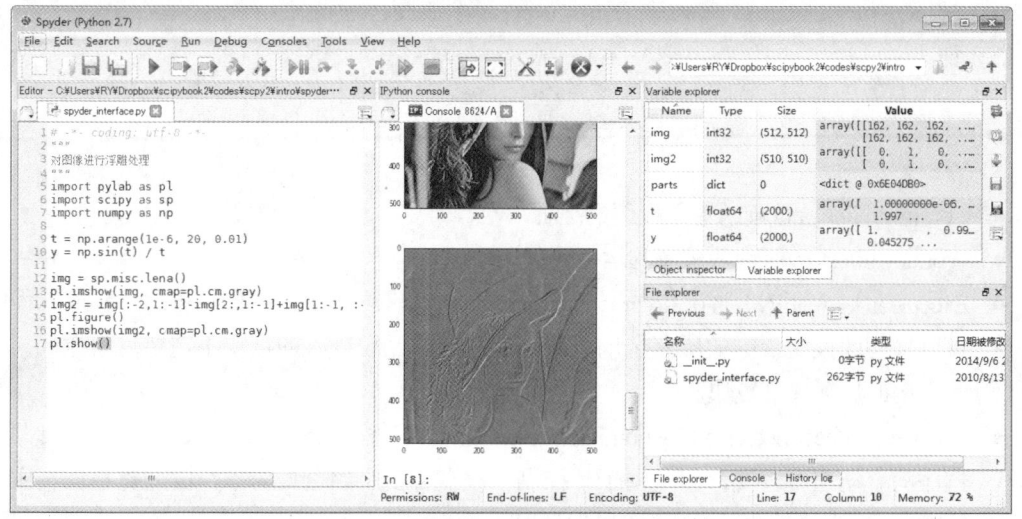

图 1-2 在 Spyder 中执行图像处理的程序

Spyder 的界面由许多泊坞窗口构成,用户可以根据自己的喜好调整它们的位置和大小。当多个窗口在一个区域中时,将使用标签页的形式显示。例如在图 1-2 中,可以看到"Editor"、

"Variable explorer"、"File explorer"、"IPython console"等窗口。在 View 菜单中可以设置是否显示这些窗口。表 1-2 中列出了 Spyder 的主要窗口及其作用：

表 1-2 Spyder 的主要窗口及其作用

窗口名	功能
Editor	编辑程序，以标签页的形式编辑多个程序文件
Console	在别的进程中运行的 Python 控制台
Variable explorer	显示 Python 控制台中的变量列表
Object inspector	查看对象的说明文档和源程序
File explorer	文件浏览器，用来打开程序文件或者切换当前路径

按 F5 键将在另外的控制台进程中运行当前编辑器中的程序。第一次运行程序时，将弹出一个如图 1-3 所示的运行配置对话框。在此对话框中可以对程序的运行进行如下配置：

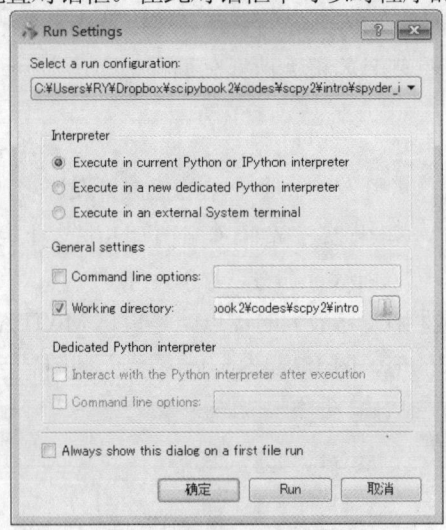

图 1-3 运行配置对话框

- Command line options：输入程序的运行参数。
- Working directory：输入程序的运行路径。
- Execute in current Python or IPython interpreter：在当前的 Python 控制台中运行程序。程序可以访问此控制台中的所有全局对象，控制台中已经载入的模块不需要重新载入，因此程序的启动速度较快。
- Execute in a new dedicated Python interpreter：新开一个 Python 控制台并在其中运行程序，程序的启动速度较慢，但是由于新控制台中没有多余的全局对象，因此更接近真实运行的情况。当选择此项时，还可以勾选"Interact with the Python interpreter after execution"，这样当程序结束运行之后，控制台进程继续运行，可以通过它查看程序运行之后的所有全局对象。此外，还可以在"Command line options"中输入新控制台的启动参数。
- Execute in an external System terminal：选择该选项则完全脱离 Spyder 运行程序。

运行配置对话框只会在第一次运行程序时出现，如果想修改程序的运行配置，可以按 F6 键来打开运行配置对话框。

控制台中的全局对象可以在"Variable explorer"窗口中找到。此窗口支持数值、字符串、元组、列表、字典以及 NumPy 的数组等对象的显示和编辑。图 1-4(左)是"Variable explorer"窗口的截图，列出了当前运行环境中的变量名、类型、大小及其内容。右键单击变量名，会弹出对此变量进行操作的菜单。在菜单中选择 Edit 选项，弹出图 1-4(右)所示的数组编辑窗口。此编辑窗口中的单元格的背景颜色直观地显示了数值的大小。当有多个控制台运行时，"Variable explorer"窗口显示当前控制台中的全局对象。

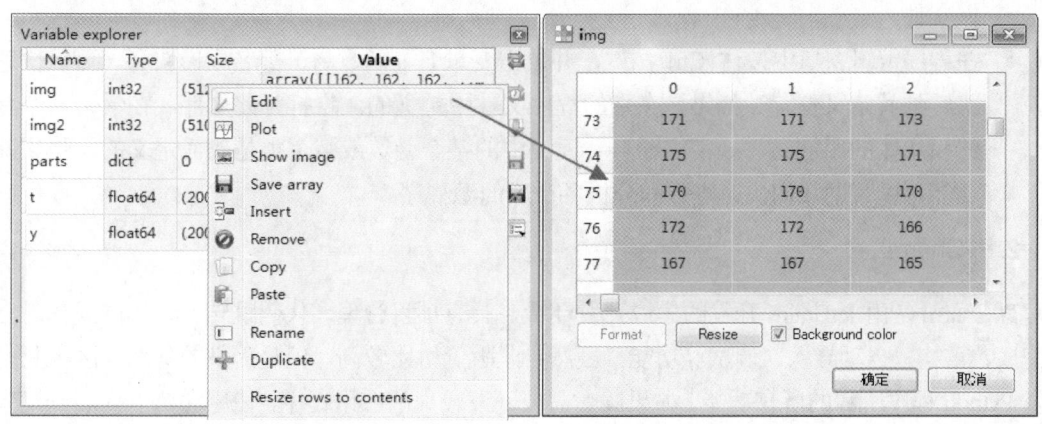

图 1-4 使用"Variable explorer"查看和编辑变量内容

选择菜单中的 Plot 选项，将弹出如图 1-5 所示的绘图窗口。在绘图窗口的工具栏中单击最右边的按钮，将弹出一个编辑绘图对象的对话框。图中使用此对话框修改了曲线的颜色和线宽。

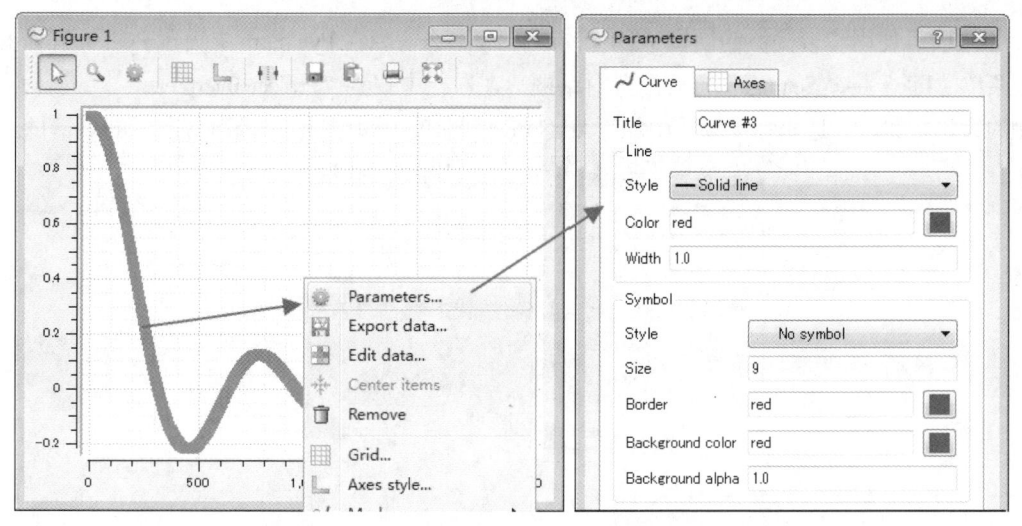

图 1-5 在"Variable explorer"中将数组绘制成曲线

Spyder 的功能比较多，这里仅介绍一些常用的功能和技巧：

- 默认配置下，"Variable explorer"中不显示大写字母开头的变量，可以单击工具栏中的配置按钮(最后一个按钮)，在菜单中取消"Exclude capitalized references"的勾选状态。

- 在控制台中，可以按 Tab 键自动补全。在变量名之后输入"?"，可以在"Object inspector"窗口中查看对象的说明文档。此窗口的 Options 菜单中的"Show source"选项可以开启显示函数的源程序。

- 可以通过"Working directory"工具栏修改工作路径，用户程序运行时，将以此工作路径作为当前路径。只需要修改工作路径，就可以用同一个程序处理不同文件夹下的数据文件。

- 在程序编辑窗口中按住 Ctrl 按键，并单击变量名、函数名、类名或模块名，可以快速跳转到其定义位置。如果是在别的程序文件中定义的，将打开此文件。在学习一个新的模块库的用法时，经常需要查看模块中的某个函数或某个类是如何定义的，使用此功能可以帮助我们快速查看和分析各个库的源程序。

2. PyCharm

PyCharm 是由 JetBrains 开发的集成开发环境，具有项目管理、代码跳转、代码格式化、自动完成、重构、自动导入、调试等功能。虽然专业版价格比较高，但是提供的免费社区版具有开发 Python 程序所需的所有功能。如果读者需要开发较大的应用程序，使用它可以提高开发效率，保证代码的质量。

 http://www.jetbrains.com/pycharm
PyCharm 的官方网站。

如果读者使用本书提供的便携 WinPython 版本，那么需要在 PyCharm 中设置 Python 解释器。通过菜单"File"→"Settings"打开配置对话框，在左栏中找到"Project Interpreter"，然后通过右侧的齿轮按钮，并选择弹出菜单中的"Add Local"选项，即可打开如图 1-6 所示的对话框。

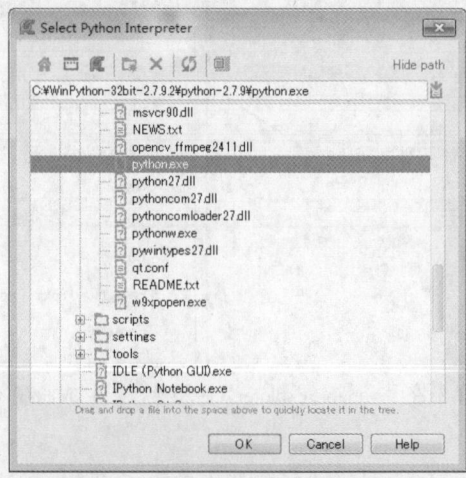

图 1-6 配置 Python 解释器的路径

由于本书提供的代码没有复制到 Python 的库搜索路径中，可以将 scpy2 的路径添加进 PYTHONPATH 环境变量，或者在 PyCharm 中将 scpy2 所在的路径添加进 Python 的库搜索路径。单击上面提到的齿轮按钮，并选择"More…"，将打开图 1-7 中左侧的对话框，选择解释器之后，单击右侧工具栏中最下方的按钮，打开路径配置对话框，通过此对话框添加本书提供的 scpy2 库所在的路径。

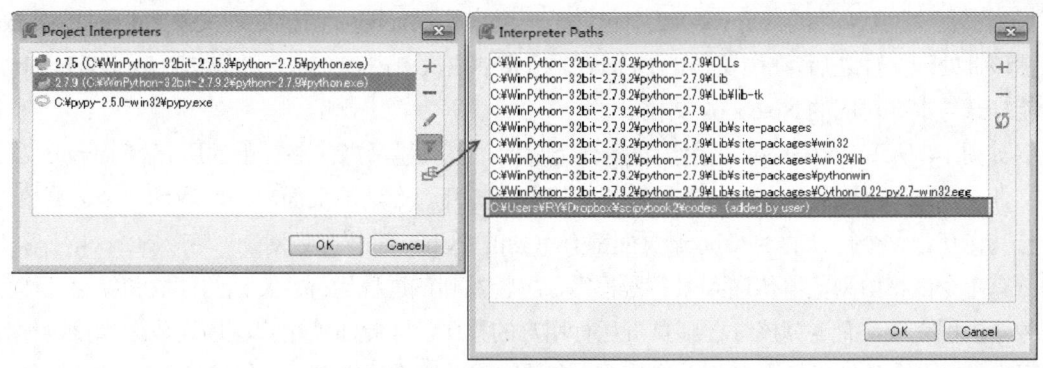

图 1-7 添加库搜索路径

1.2　IPython Notebook 入门

 与本节内容对应的 Notebook 为：01-intro/intro-200-ipython.ipynb。

自从 IPython 1.0 发布以来，越来越多的科学家、研究者、教师使用 IPython Notebook 处理数据、写研究报告，甚至编写书籍。可以使用下面的 nbviewer 网站查看在网络上公开的 Notebook：

 http://nbviewer.ipython.org/
通过这个网站可以快速查看网络上任何 Notebook 的内容。

在 IPython 的官方网站上收集了许多开发者发布的 Notebook：

 https://github.com/ipython/ipython/wiki/A-gallery-of-interesting-IPython-Notebooks
上面有许多有趣的 Notebook。

本节简要介绍 IPython Notebook 的基本使用方法、魔法命令以及显示系统等方面的内容。

1.2.1 基本操作

1. 运行 IPython Notebook

使用系统的命令行工具切换到保存 Notebook 文档的目录，输入 ipython notebook 命令即可启动 Notebook 服务器，并通过系统的默认浏览器打开地址 http://127.0.0.1:8888。建议读者最好使用 Firefox 或 Chrome 浏览 Notebook。

本书提供的代码目录 scipybook2 中包含了一个启动 Notebook 的批处理文件 run_notebook.bat。运行该批处理文件之后，在浏览器的 Notebook 列表中依次单击 01-intro→intro-100-ipython.ipynb，就能打开与本节对应的 Notebook 文档。

如图 1-8 所示，Notebook 采用浏览器作为界面，首页显示当前路径下的所有 Notebook 文档和文件夹。单击 "New Notebook" 按钮或文档名将打开一个新的页面，同时启动一个运算核进程与其交互。每个打开的 Notebook 页面都有单独的 Python 进程与之对应，在 Notebook 中输入的所有命令都将由浏览器传递到服务器程序，再转发到该进程运行。文档的读取和保存工作由服务器进程完成，而运算核进程则负责运行用户的程序。因此即使用户程序造成运算核进程异常退出，也不会丢失任何用户输入的数据。在关闭服务器进程之前，确保所有的 Notebook 都已保存。

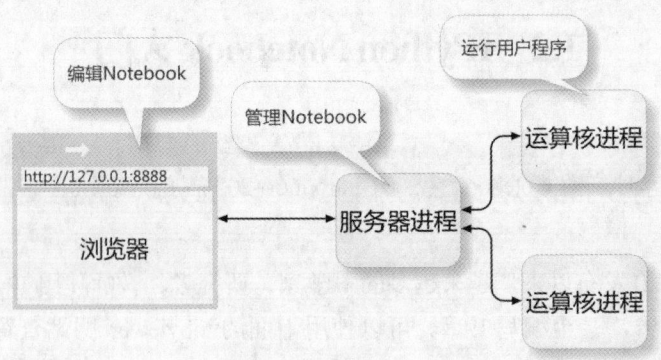

图 1-8 IPython Notebook 架构示意图

Notebook 有自动存档和恢复功能，可通过 File → Revert to Checkpoint 菜单恢复到以前的版本。此外为了确保安全，打开他人创建的 Notebook 时，不会运行其中的 Javascript 程序和显示 SVG 图像。如果确信来源可靠，可以通过 File → Trusted Notebook 信任该 Notebook。

2. 操作单元

 notebooks\01-intro\notebook-train.ipynb：Notebook 的操作教程，读者可以使用它练习 Notebook 的基本操作。

Notebook 由多个竖向排列的单元构成，每个单元可以有以下两种样式：

- Code：Code 单元中的文本将被作为代码执行，执行代码时按 Shift+Enter 快捷键，即同时按下 Shift 和 Enter 键。
- Markdown：使用 Markdown 的格式化文本，可以通过简单的标记表示各种显示格式。

单元的样式可以通过工具栏中的下拉框或快捷键来选择。为了快速操作这些单元格，需要掌握一些快捷键，完整的快捷键列表可以通过菜单 Help → Keyboard Shortcuts 查看。

Notebook 有两种编辑模式：命令模式和单元编辑模式。在命令模式中，被选中的单元格的边框为灰色。该模式用来对整个单元格进行操作，例如删除、添加、修改格式等。按 Enter 键进入单元编辑模式，边框的颜色变为绿色，并且上方菜单条的右侧会出现铅笔图标，表示目前处于编辑状态。按 Esc 键可返回命令模式。

3. 安装 MathJax

编写技术资料少不了输入数学公式，Notebook 使用 MathJax 将输入的 LaTeX 文本转换成数学公式。由于 MathJax 库较大，没有集成到 IPython 中，而是直接从 MathJax 官网载入，因此如果计算机没有联网，就无法正确显示数学公式。为了解决这个问题，可以在单元中输入如下程序，它将会下载 MathJax 到本地硬盘：

```
from IPython.external.mathjax import install_mathjax, default_dest
install_mathjax()
```

MathJax 完整解压之后，约需 100MB 空间，其中大都是为旧版浏览器准备的 PNG 字体图像文件。执行下面的语句可以快速删除存放 PNG 字体图片的文件夹：

```
from os import path
import shutil


png_path = path.join(default_dest, "fonts/HTML-CSS/TeX/png")
shutil.rmtree(png_path)
```

运行完上面的命令之后，在命令模式下按 m 键将单元样式切换到 Markdown。然后输入如下 LaTeX 文本：

```
$e^{i\pi} + 1 = 0$
```

按 Shift+Enter 快捷键之后，其内容将被转换成数学公式显示：$e^{i\pi} + 1 = 0$。

在本书提供的 scipybook2 下的 settings 目录下已经安装了 MathJax，因此不必联网也可以看到数学公式。

4. 操作运算进程

在代码单元中输入的代码都将在运算核进程的运行环境中执行。当执行某些代码出现问题时，可以通过 Kernel 菜单中的选项操作该进程：

- Interrupt：中断运行当前的程序，当程序进入死循环时可以通过它中断程序运行。

● **Restart:** 当运算核进程在扩展模块的程序中进入死循环,无法通过 Interrupt 菜单中断时,可以通过此选项重新启动运算核进程。

一旦运算核进程被关闭,运行环境中的对象将不复存在,此时可以通过 Cell → Run All 菜单再次执行所有单元中的代码。代码将按照从上到下的顺序执行。由于用户在编写 Notebook 时,可以按照任意顺序执行单元,因此为了保证能再现运行环境中的所有对象,请记住调整单元的先后顺序。

1.2.2 魔法(Magic)命令

IPython 提供了许多魔法命令,使得在 IPython 环境中的操作更加得心应手。魔法命令都以%或%%开头,以%开头的为行命令,以%%开头的为单元命令。行命令只对命令所在的行有效,而单元命令则必须出现在单元的第一行,对整个单元的代码进行处理。

执行%magic 可以查看关于各个命令的说明,而在命令之后添加?可以查看命令的详细说明。此外扩展库可以提供自己的魔法命令,这些命令可以通过%load_ext 载入。例如%load_ext cython 载入%%cython 命令,以该命令开头的单元将调用 Cython 编译其中的代码。

1. 显示 matplotlib 图表

matplotlib 是 Python 世界中最著名的绘图扩展库,支持输出多种格式的图形图像,并且可以使用多种 GUI 界面库交互式地显示图表。使用%matplotlib 命令可以将 matplotlib 的图表直接嵌入到 Notebook 中,或者使用指定的界面库显示图表,它有一个参数指定 matplotlib 图表的显示方式。

在下面的例子中,inline 表示将图表嵌入到 Notebook 中。因此由最后一行 pl.plot()创建的图表将直接显示在该单元之下:

```
%matplotlib inline
import pylab as pl
pl.seed(1)
data = pl.randn(100)
pl.plot(data)
```

内嵌图表的输出格式默认为 PNG,可以通过%config 命令修改这个配置。%config 命令可以配置 IPython 中的各可配置对象,其中 InlineBackend 对象为 matplotlib 输出内嵌图表时所使用的配置,我们配置它的 figure_format="svg",这样可将内嵌图表的输出格式修改为 SVG。

```
%config InlineBackend.figure_format="svg"
pl.plot(data)
```

内嵌图表很适合制作图文并茂的 Notebook,然而它们是静态的,无法进行交互。可以将图表输出模式修改为使用 GUI 界面库,下面的 qt4 表示使用 QT4 界面库显示图表。请读者根据自己系统的配置,选择合适的界面库:gtk、osx、qt、qt4、tk、wx。

执行下面的语句将弹出一个窗口显示图表，可以通过鼠标和键盘与此图表交互。请注意该功能只能在运行 IPython Kernel 的机器上显示图表。

```
%matplotlib qt4
pl.plot(data)
```

2.性能分析

性能分析对编写处理大量数据的程序非常重要，特别是 Python 这样的动态语言，一条语句可能会执行很多内容，有的是动态的，有的调用扩展库。不做性能分析，就无法对程序进行优化。IPython 提供了性能分析的许多魔法命令。

%timeit 调用 timeit 模块对单行语句重复执行多次，计算出执行时间。下面的代码测试修改列表的单个元素所需的时间：

```
a = [1,2,3]
%timeit a[1] = 10
10000000 loops, best of 3: 69.3 ns per loop
```

%%timeit 则用于测试整个单元中代码的执行时间。下面的代码测试空列表中循环添加 10 个元素所需的时间：

```
%%timeit
a = []
for i in xrange(10):
    a.append(i)
1000000 loops, best of 3: 1.82 µs per loop
```

timeit 命令会重复执行代码多次，而 time 则只执行一次代码，输出代码的执行情况。和 timeit 命令一样，time 可以作为行命令和单元命令。下面的代码统计往空列表中添加 10 万个元素所需的时间：

```
%%time
a = []
for i in xrange(100000):
    a.append(i)
Wall time: 18 ms
```

time 和 timeit 命令都使用 print 输出信息，如果希望用程序分析这些信息，可以使用%%capture 命令，将单元格的输出保存为一个对象。下面的程序对不同长度的列表调用 random.shuffle()以打乱顺序，用%time 记录下 shuffle()的运行时间：

```
%%capture time_results
import random
```

```
for n in [1000, 5000, 10000, 50000, 100000, 500000]:
    print "n={0}".format(n)
    alist = range(n)
    %time random.shuffle(alist)
```

time_results.stdout 属性保存标准输出管道中的输出信息：

```
print time_results.stdout
n=1000
Wall time: 1 ms
n=5000
Wall time: 5 ms
n=10000
Wall time: 10 ms
n=50000
Wall time: 40 ms
n=100000
Wall time: 62 ms
n=500000
Wall time: 400 ms
```

如果在调用%timeit 命令时添加-o 参数，则返回一个表示运行时间信息的对象。下面的程序对不同长度的列表调用 sorted()排序，并使用%timeit 命令统计排序所需的时间：

```
timeit_results = []
for n in [5000, 10000, 20000, 40000, 80000, 160000, 320000]:
    alist = [random.random() for i in xrange(n)]
    res = %timeit -o sorted(alist)
    timeit_results.append((n, res))
1000 loops, best of 3: 1.56 ms per loop
100 loops, best of 3: 3.32 ms per loop
100 loops, best of 3: 7.57 ms per loop
100 loops, best of 3: 16.4 ms per loop
10 loops, best of 3: 35.8 ms per loop
10 loops, best of 3: 81 ms per loop
10 loops, best of 3: 185 ms per loop
```

图 1-9 显示了排序的耗时结果。横坐标为对数坐标轴，表示数组的长度；纵坐标为平均每个元素所需的排序时间。可以看出每个元素所需的平均排序时间与数组长度的对数成正比，因此可以计算出排序函数 sorted()的时间复杂度为：O(nlogn)。

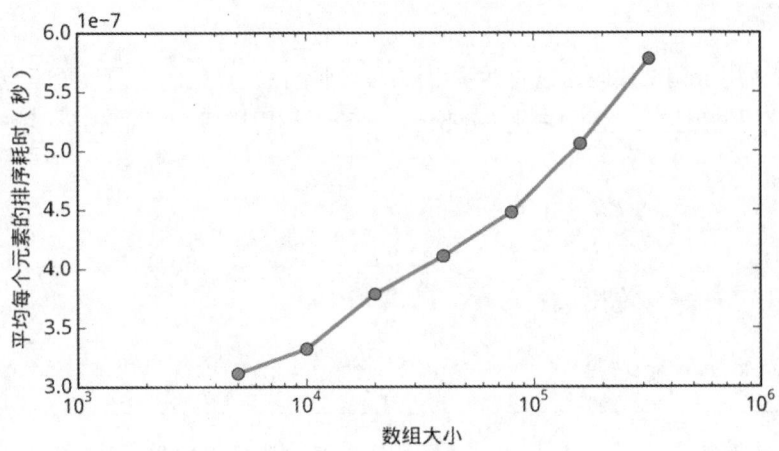

图1-9 sorted()函数的时间复杂度

%%prun 命令调用 profile 模块，对单元中的代码进行性能剖析。下面的性能剖析显示 fib()
运行了 21891 次，而 fib_fast() 则只运行了 20 次：

```
%%prun
def fib(n):
    if n < 2:
        return 1
    else:
        return fib(n-1) + fib(n-2)


def fib_fast(n, a=1, b=1):
    if n == 1:
        return b
    else:
        return fib_fast(n-1, b, a+b)


fib(20)
fib_fast(20)
```

```
         21913 function calls (4 primitive calls) in 0.007 seconds

   Ordered by: internal time

   ncalls  tottime  percall  cumtime  percall filename:lineno(function)
  21891/1    0.007    0.000    0.007    0.007 <string>:2(fib)
     20/1    0.000    0.000    0.000    0.000 <string>:8(fib_fast)
        1    0.000    0.000    0.007    0.007 <string>:2(<module>)
        1    0.000    0.000    0.000    0.000 {method 'disable' of '_lsprof.Profiler'
                                               objects}
```

3. 代码调试

%debug 命令用于调试代码，它有两种用法：一种是在执行代码之前设置断点进行调试；另一种则是在代码抛出异常之后，执行%debug 命令查看调用堆栈。下面先演示第二种用法：

```
import math

def sinc(x):
    return math.sin(x) / x


[sinc(x) for x in range(5)]
---------------------------------------------------------------------------
ZeroDivisionError                         Traceback (most recent call last)
<ipython-input-28-9b69eaad97fe> in <module>()
      4       return math.sin(x) / x
      5
----> 6 [sinc(x) for x in range(5)]

<ipython-input-28-9b69eaad97fe> in sinc(x)
      2
      3 def sinc(x):
----> 4       return math.sin(x) / x
      5
      6 [sinc(x) for x in range(5)]


ZeroDivisionError: float division by zero
```

上面的程序抛出了 ZeroDivisionError 异常，下面用%debug 查看调用堆栈。在调试模式下可以使用 pdb 模块提供的调试命令，例如用命令 p x 显示变量 x 的值：

```
%debug
><ipython-input-28-9b69eaad97fe>(4)sinc()
      3 def sinc(x):
----> 4       return math.sin(x) / x
      5

ipdb> p x
0
ipdb> q
```

还可以先设置断点，然后运行程序。但是%debug 的断点需要指定文件名和行号，使用起来并不是太方便。本书提供了%%func_debug 单元命令，可以通过它指定中断运行的函数。在下面的例子中，程序将在 numpy.unique()的第一行中断运行，然后通过输入命令 n 单步运行程序，最后输入命令 c 继续运行：

```
%%func_debug np.unique
np.unique([1, 2, 5, 4, 2])
Breakpoint 1 at
c:\winpython-32bit-2.7.9.2\python-2.7.9\lib\site-packages\numpy\lib\arraysetops.py:96
    NOTE: Enter 'c' at the ipdb>  prompt to continue execution.
> c:\winpython-32bit-2.7.9.2\python-2.7.9\lib\site-packages\numpy\lib\arraysetops.py(173)
unique()
    172         """
--> 173         ar = np.asanyarray(ar).flatten()
    174

ipdb> n
>c:\winpython-32bit-2.7.9.2\python-2.7.9\lib\site-packages\numpy\lib\arraysetops.py(175)
unique()
    174
--> 175         optional_indices = return_index or return_inverse
    176         optional_returns = optional_indices or return_counts

ipdb> c
```

4. 自定义的魔法命令

scpy2.utils.nbmagics：该模块中定义了本书提供的魔法命令，如果读者使用本书提供的批处理运行 Notebook，则该模块已经载入。notebooks\01-intro\scpy2-magics.ipynb 是这些魔法命令的使用说明。

IPython 提供了很方便的自定义魔法命令的方法。最简单的方法就是使用 register_line_magic 和 register_cell_magic 装饰器将函数转换为魔法命令。下面的例子使用 register_line_magic 定义了一个行魔法命令%find，它在指定的对象中搜索与目标匹配的属性名：

```
from IPython.core.magic import register_line_magic

@register_line_magic
def find(line):
    from IPython.core.getipython import get_ipython
    from fnmatch import fnmatch

    items = line.split() ❶
    patterns, target = items[:-1], items[-1]
    ipython = get_ipython() ❷
    names = dir(ipython.ev(target)) ❸
```

```
        results = []
        for pattern in patterns:
            for name in names:
                if fnmatch(name, pattern):
                    results.append(name)
        return results
```

当调用%find 行魔法命令时，魔法命令后面的所有内容都传递给 line 参数。❶按照空格对 line 进行分隔，除最后一个元素之外，其余的元素都作为搜索模板，而最后一个参数则为搜索的目标。❷通过 get_ipython()函数获得表示 IPython 运算核的对象，通过该对象可以操作运算核。❸调用运算核的 ev()方法对表达式 target 求值以得到实际的对象，并用 dir()获取该对象的所有属性名。

最后使用 fnmatch 模块对搜索模板和属性名进行匹配，将匹配结果保存到 results 并返回。下面使用%find 命令在 numpy 模块中搜索所有以 array 开头或包含 mul 的属性名：

```
import numpy as np
names = %find array* *mul* np
names
```

```
['array',              'array2string',        'array_equal',         'array_equiv',
 'array_repr',         'array_split',         'array_str',           'multiply',
 'polymul',            'ravel_multi_index']
```

下面的例子使用 register_cell_magic 注册%%cut 单元命令。在调试代码时，我们经常会添加 print 语句以输出中间结果。但如果输出的字符串太多，会导致浏览器的速度变慢甚至失去响应。此时可以使用%%cut 限制程序输出的行数和字符数。

cut()函数有两个参数：line 和 cell，其中 line 为单元第一行中除了魔法命令之外的字符串，而 cell 为除了单元中第一行之外的所有字符串。line 通常为魔法命令的参数，而 cell 则为需要执行的代码。IPython 提供了基于装饰器的参数分析函数。下面的例子使用 argument()声明了两个参数-l 和-c，它们分别指定最大行数和最大字符数，它们的默认值分别为 100 和 10000：

```
from IPython.core.magic import register_cell_magic
from IPython.core.magic_arguments import argument, magic_arguments, parse_argstring

@magic_arguments()
@argument('-l', '--lines', help='max lines', type=int, default=100)
@argument('-c', '--chars', help='max chars', type=int, default=10000)
@register_cell_magic
def cut(line, cell):
    from IPython.core.getipython import get_ipython
```

```
from sys import stdout
args = parse_argstring(cut, line)  ❶
max_lines = args.lines
max_chars = args.chars


counters = dict(chars=0, lines=0)

def write(string):
    counters["lines"] += string.count("\n")
    counters["chars"] += len(string)

    if counters["lines"] >= max_lines:
        raise IOError("Too many lines")
    elif counters["chars"] >= max_chars:
        raise IOError("Too many characters")
    else:
        old_write(string)

try:
    old_write, stdout.write = stdout.write, write  ❷
    ipython = get_ipython()
    ipython.run_cell(cell)  ❸
finally:
    del stdout.write  ❹
```

❶调用 parse_argstring()分析行参数，它的第一个参数是使用 argument 装饰器修饰过的魔法命令函数，第二个参数为行命令字符串。❷在调用单元代码之前，将 stdout.write()替换为限制输出行数和字符数的 write()函数。❸调用运算核对象的 run_cell()来运行单元代码。❹运行完毕之后将 stdout.write()删除，恢复到原始状态。

下面是使用%%cut 限制输出行数的例子：

```
%%cut -l 5
for i in range(10000):
    print "I am line", i
```

```
I am line 0
I am line 1
I am line 2
I am line 3
I am line 4
---------------------------------------------------------------------------
IOError                                   Traceback (most recent call last)
<ipython-input-9-5d2e5180be18> in <module>()
      1 for i in range(10000):
```

```
----> 2     print "I am line", i

<ipython-input-8-e0ddfb5e18b6> in write(string)
    20
    21          if counters["lines"] >= max_lines:
---> 22              raise IOError("Too many lines")
    23          elif counters["chars"] >= max_chars:
    24              raise IOError("Too many characters")

IOError: Too many lines
```

1.2.3　Notebook 的显示系统

若单元中代码的最后一行没有缩进，并且不以分号结尾，则在单元的输出栏中显示运行该代码后得到的对象。此外运算核的标准输出被重定向到单元的输出框中，因此可以使用 print 语句输出任何信息。例如在下面的程序中，使用循环进行累加计算，在循环体中使用 print 输出中间结果，而最后一行的运算结果就是变量 s 的值：

```
s = 0
for i in range(4):
    s += i
    print "i={}, s={}".format(i, s)
s
i=0, s=0
i=1, s=1
i=2, s=3
i=3, s=6
6
```

1. display 模块

由于 Notebook 采用浏览器作为界面,因此除了可以显示文本之外,还可以显示图像、动画、HTML 等多种形式的数据。有关显示方面的功能均在 IPython.display 模块中定义。其中提供了表 1-3 所示的对象，用于显示各种格式的数据。

表 1-3 IPython.display 模块提供的用于显示各种格式的数据的类

类名	说明
Audio	将二进制数据、文件或网址显示为播放声音的控件
FileLink	将文件夹路径显示为一个超链接
FileLinks	将文件夹路径显示为一组超链接
HTML	将字符串、文件或网址显示为 HTML
Image	将表示图像的二进制字符串、文件或网址显示为图像

类名	说明
Javascript	将字符串作为 Javascript 代码在浏览器中运行
Latex	将字符串作为 LaTeX 代码显示，主要用于显示数学公式
SVG	将字符串、文件或网址显示为 SVG 图形

当对单元中程序的最后一行求值并得到上述类型的对象时，将在单元的输出栏中显示对应的格式。也可以使用 display 模块中的 display() 函数在程序中输出这些对象。下面的程序使用 Latex 对象输出了 3 个数学公式，其中前两个使用 display() 输出，而由于最后一行的求值结果为 Latex() 对象，因此它也会被显示为数学公式。

```
from IPython import display

for i in range(2, 4):
    display.display(display.Latex("$x^{i} + y^{i}$".format(i=i)))
display.Latex("$x^4 + y^4$")
```

$$x^2 + y^2$$
$$x^3 + y^3$$
$$x^4 + y^4$$

Image 对象可以用于显示图像，当用 url 参数时，它会从指定的网址获取图像，并显示在 Notebook 中。如果 embed 参数为 True，图像的数据将直接嵌入到 Notebook 之中，这样此后打开此 Notebook 时，即使没有联网也可以显示该图像。

```
logourl = "https://www.python.org/static/community_logos/python-logo-master-v3-TM.png"
display.Image(url=logourl, embed=True)
```

在后续的章节中经常会将 NumPy 数组显示为图像，这时可以使用 matplotlib 中提供的函数将数组转换成 PNG 图像的字符串，然后通过 Image 将图像数据嵌入到 Notebook 中。下面的 as_png() 使用 matplotlib 中的 imsave() 将数组转换成 PNG 图像数据：

```
def as_png(img, **kw):
    "将数组转换成 PNG 格式的字符串数据"
    import io
    from matplotlib import image
    from IPython import display
    buf = io.BytesIO()
    image.imsave(buf, img, **kw)
    return buf.getvalue()
```

下面的程序通过公式 $\sin(x^2 + 2 \cdot y^2 + x \cdot y)$ 生成二维数组 z，并调用 as_png() 将其转换为字符串 png，查看该字符串的头 10 个字节，可以看出该字符串就是 PNG 图像文件中的数据。最后使用 Image() 将该字符串使用 PNG 图像显示出来，结果如图 1-10(左)所示。

```
import numpy as np
y, x = np.mgrid[-3:3:300j, -6:6:600j]
z = np.sin(x**2 + 2*y**2 + x*y)
png = as_png(z, cmap="Blues", vmin=-2, vmax=2)
print repr(png[:10])
display.Image(png)
```
```
'\x89PNG\r\n\x1a\n\x00\x00'
```

2. 自定义对象的显示格式

有两种方式可以自定义对象在 Notebook 中的显示格式：

* 给类添加相应的显示方法。
* 为类注册相应的显示函数。

当我们自己编写类的代码时，使用第一种方法最为便捷。和 Python 的 __str__() 方法类似，只需要定义 _repr_*_() 等方法即可，这里的*可以是 html、svg、javascript、latex、png 等格式的名称。

在下面的例子中，Color 类中定义了 IPython 用的两个显示方法：_repr_html_() 和 _repr_png_()，它们分别使用 HTML 和 PNG 图像显示颜色信息。

```
class Color(object):

    def __init__(self, r, g, b):
        self.rgb = r, g, b

    def html_color(self):
        return '#{:02x}{:02x}{:02x}'.format(*self.rgb)

    def invert(self):
        r, g, b = self.rgb
        return Color(255-r, 255-g, 255-b)

    def _repr_html_(self):
        color = self.html_color()
        inv_color = self.invert().html_color()
        template = '<span
            style="background-color:{c};color:{ic};padding:5px;">{c}</span>'
        return template.format(c=color, ic=inv_color)

    def _repr_png_(self):
        img = np.empty((50, 50, 3), dtype=np.uint8)
        img[:,:,:] = self.rgb
        return as_png(img)
```

下面创建 Color 对象，并直接查看它，IPython 会自动选择最合适的显示格式。由于 Notebook 是基于 HTML 的，HTML 格式的优先级别最高，因此查看 Color 对象时，_repr_html_()方法将被调用：

```
c = Color(255, 10, 10)
c
```

为了使用其他格式显示对象，可以调用 display.display_*()函数，这里调用 display_png()将 Color 对象转换成 PNG 图像显示：

```
display.display_png(c)
```

每种输出格式都对应一个 Formatter 对象，它们被保存在 DisplayFormatter 对象的 formatters 字典中，下面获取该字典中与 PNG 格式对应的 Formatter 对象：

```
shell = get_ipython()
png_formatter = shell.display_formatter.formatters[u'image/png']
```

调用 Formatter.for_type_by_name()可以为该输出格式添加指定的格式显示函数，其前两个参数分别为模块名和类名。由于使用字符串指定类，因此添加格式显示函数时不需要载入目标类。下面的代码为 NumPy 的数组添加显示函数 as_png()：

```
png_formatter.for_type_by_name("numpy", "ndarray", as_png)
```

下面查看前面创建的数组 z，它将以图像的形式呈现，结果如图 1-10(右)所示。

```
z
```

图 1-10 使用 as_png()将数组显示为 PNG 图像(左)，将 as_png()注册为数组的显示格式(右)

如果目标类已被载入，可以使用 for_type()方法为其添加格式显示函数。下面的代码将表示分数的 Fraction 类使用 LaTeX 的数学公式进行显示：

```
from fractions import Fraction
latex_formatter = shell.display_formatter.formatters[u"text/latex"]
def fraction_formatter(obj):
    return '$$\\frac{%d}{%d}$$' % (obj.numerator, obj.denominator)
```

```
latex_formatter.for_type(Fraction, fraction_formatter)
Fraction(3, 4) ** 4 / 3
```

$$\frac{27}{256}$$

1.2.4 定制 IPython Notebook

虽然 IPython 只提供了最基本的编辑、运行 Notebook 的功能,但是它具有丰富的可定制性,用户可以根据自己的需要打造出独特的 Notebook 开发环境。如图 1-8 所示,IPython Notebook 系统由浏览器、服务器和运算核三部分组成。IPython 分别提供了这三部分的定制方法。

1. 用户配置(profile)

每次启动 IPython 时都会从指定的用户配置(profile)文件夹下读取配置信息。下面的代码输出当前的用户配置文件夹的路径:该路径由 HOME 环境变量、.ipython 和 profile_配置名构成。

 在本书提供的运行 IPython Notebook 的批处理文件中配置了 HOME 环境变量,因此能将配置文件夹和 Notebook 文件一起打包。

```
import os
ipython = get_ipython()
print "HOME 环境变量:", os.environ["HOME"]
print "IPython 配置文件夹:", ipython.ipython_dir
print "当前的用户配置文件夹:", ipython.config.ProfileDir.location
```

```
HOME 环境变量: C:\Users\RY\Dropbox\scipybook2\settings
IPython 配置文件夹: C:\Users\RY\Dropbox\scipybook2\settings\.ipython
当前的用户配置文件夹:
    C:\Users\RY\Dropbox\scipybook2\settings\.ipython\profile_scipybook2
```

可以在命令行中输入如下命令来创建新的用户配置:

```
ipython profile create test
```

修改用户配置文件夹之下的配置文件之后,在启动 Notebook 时通过--profile 参数指定所采用的用户配置:

```
ipython notebook --profile test
```

2. 服务器扩展插件和 Notebook 扩展插件

在.ipython 文件夹之下还有两个子文件夹——extensions 和 nbextensions,它们分别用于保存服务器和浏览器的扩展程序。

- extensions: 存放用 Python 编写的服务器扩展程序。

● nbextensions：存放 Notebook 客户端的扩展程序，通常为 JavaScript 和 CSS 样式表文件。

Notebook 的服务器基于 tornado 服务器框架开发，因此编写服务器的扩展程序需要了解 tornado 框架，而开发 Notebook 客户端(浏览器的界面部分)的扩展程序则需要了解 HTML、JavaScript 和 CSS 样式表等方面的内容。这些内容与本书的主题无关，就不再详细叙述了。下面看看如何安装他人开发的扩展程序。

https://github.com/ipython-contrib/IPython-notebook-extensions/wiki/config-extension
安装 IPython 扩展程序的说明。

首先执行下面的语句来安装 Notebook 客户端的扩展程序，user 参数为 True 表示将扩展安装在 HOME 环境变量路径之下的.ipython 文件夹中：

```
import IPython.html.nbextensions as nb
ext= 'https://github.com/ipython-contrib/IPython-notebook-extensions/archive/3.x.zip'
nb.install_nbextension(ext, user=True)
```

上面的程序将在 nbextensions 文件夹下创建 IPython-notebook-extensions-3.x 文件夹，其中包含了许多客户端扩展程序。接下来按照如下步骤完成安装：

(1) 将 nbextensions\IPython-notebook-extensions-3.x\config 移到 nbextensions 文件夹之下。

(2) 将 nbextensions\config\nbextensions.py 移到 extensions 文件夹之下。

(3) 在.ipython 之下创建 templates 文件夹。

(4) 将 nbextensions\config\nbextensions.html 移到 templates 文件夹之下。

(5) 将 nbextensions\config\ipython_notebook_config.py 中的代码添加到 profile_default\ipython_notebook_config.py 中。

(6) 访问 http://localhost:8888/nbextensions/，在该页面上可以管理 nbextensions 文件夹下安装的客户端扩展程序。

当 Notebook 服务器启动时，会运行用户配置(profile)文件夹之下的 ipython_notebook_config.py 文件，并使用其中的配置。

下面是 ipython_notebook_config.py 中的配置代码。❶首先将 extensions 文件夹添加到 Python 的模块搜索路径之下，因此该路径之下的 nbextensions.py 文件可以通过 import nbextensions 载入。❷指定服务器扩展程序的模块名，由于之前添加了搜索路径，因此 Python 可以直接通过模块名 'nbextensions' 找到对应的文件 nbextensions.py。❸将 templates 文件夹添加到服务器扩展程序的网页模板的搜索路径，让服务器可以找到 nbextensions.html 文件。

```
from IPython.utils.path import get_ipython_dir
import os
import sys


ipythondir = get_ipython_dir()
```

```
extensions = os.path.join(ipythondir,'extensions')
sys.path.append( extensions ) ❶

c = get_config()
c.NotebookApp.server_extensions = [ 'nbextensions'] ❷
c.NotebookApp.extra_template_paths = [os.path.join(ipythondir,'templates')] ❸
```

    nbextensions 扩展程序为服务器添加了一个新的 URL——http://localhost:8888/nbextensions/，通过该路径可以开启或禁止指定的客户端扩展程序。nbextensions 扩展程序通过递归搜索 nbextensions 文件夹下的 YAML 文件识别客户端扩展程序，IPython-notebook-extensions-3.x 目录下只有部分扩展程序附带了 YAML 文件，读者可以仿照这些文件为其他的扩展程序添加相应的 YAML 文件，这样就可以通过 nbextensions 页面管理扩展程序了。

    3. 添加新的运算核

    由于执行用户代码的运算核与 Notebook 服务器是独立的进程，因此不同的 Notebook 可以使用不同版本的 Python，甚至是其他语言的运算核。IPython 的下一个版本将改名为 Jupyter，其目标是创建通用的科学计算的开发环境，支持 Julia、Python 和 R 等在数据处理领域流行的语言。下面以 Python3-64bit 为例介绍如何添加新的运算核。

    首先从 WinPython 的网址下载 WinPython-64bit-3.4.3.3.exe，并安装在 C 盘根目录之下。然后运行下面的代码来创建运算核配置文件：

```
import os
from os import path
import json

ipython = get_ipython()
kernels_folder = path.join(ipython.ipython_dir, "kernels")
if not path.exists(kernels_folder):
    os.mkdir(kernels_folder)

python3_path = "C:\\WinPython-64bit-3.4.3.3\\scripts\\python.bat"

kernel_settings = {
 "argv": [python3_path,
          "-m", "IPython.kernel", "-f", "{connection_file}"],
 "display_name": "Python3-64bit",
 "language": "python"
}

kernel_folder = path.join(kernels_folder, kernel_settings["display_name"])
if not path.exists(kernel_folder):
    os.mkdir(kernel_folder)
```

```
kernel_fn = path.join(kernel_folder, "kernel.json")

with open(kernel_fn, "w") as f:
    json.dump(kernel_settings, f, indent=4)
```

上面的代码创建.ipython\kernels\python3-64bit\kernel.json 文件，它是一个 JSON 格式的字典，其中"argv"键为运算核的启动命令，"display_name"为运算核的显示名称，"language"为运算核的语言。

刷新 Notebook 的索引页面之后，可以在"New"下拉菜单中找到"Python3-64bit"选项，单击它将打开一个以 Python3 64bit 解释器为运算核的 Notebook 页面。在 Notebook 页面中也可以使用"Kernel"菜单更改当前的运算核。运算核的配置保存在 Notebook 文件中，因此下一次开启 Notebook 时，将自动使用最后一次选择的运算核。

感兴趣的读者可以试试添加更多的运算核，笔者在 Windows 系统下成功地安装了 PyPy、Julia、R、NodeJS 等运算核。

1.3 扩展库介绍

 与本节内容对应的 Notebook 为：01-intro/intro-300-library.ipynb。

Python 科学计算方面的内容由许多扩展库构成。本书将对编写科学计算软件时常用的一些扩展库进行详细介绍，这里先简要介绍本书涉及的扩展库。

1.3.1 数值计算库

NumPy 为 Python 带来了真正的多维数组功能，并且提供了丰富的函数库来处理这些数组。在下面的例子中，使用如下公式计算π，可以看到在 NumPy 中使用数组运算替代通常需要借助循环的运算：

$$\pi = \frac{4}{1} - \frac{4}{3} + \frac{4}{5} - \frac{4}{7} + \frac{4}{9} - \frac{4}{11} + \frac{4}{13} - \cdots$$

```
import numpy as np
n = 100000
np.sum(4.0 / np.r_[1:n:4, -3:-n:-4])
```
3.141572653589833

SciPy 则在 NumPy 基础上添加了众多的科学计算所需的各种工具，它的核心计算部分都是一些久经考验的 Fortran 数值计算库，例如：

- 线性代数使用 LAPACK 库
- 快速傅里叶变换使用 FFTPACK 库
- 常微分方程求解使用 ODEPACK 库
- 非线性方程组求解以及最小值求解等使用 MINPACK 库

在下面的例子中，使用 SciPy 中提供的数值积分函数 quad()计算π：

```
from scipy.integrate import quad
quad(lambda x:(1-x**2)**0.5, -1, 1)[0] * 2

3.141592653589797
```

1.3.2 符号计算库

SymPy 是一套数学符号运算的扩展库，虽然与一些专门的符号运算软件相比，SymPy 的功能以及运算速度都还是较弱的，但是由于它完全采用 Python 编写，因此能够很好地与其他的科学计算库相结合。

下面用 SymPy 提供的符号积分函数 integrate()对上面的公式进行积分运算，可以看到运算的结果为符号表示的：

```
from sympy import symbols, integrate, sqrt
x = symbols("x")
integrate(sqrt(1-x**2), (x, -1, 1)) * 2

pi
```

1.3.3 绘图与可视化

matplotlib 是 Python 最著名的绘图库，它提供了一整套和 MATLAB 类似的绘图函数集，十分适合编写短小的脚本程序进行快速绘图。此外，matplotlib 采用面向对象的技术来实现，因此组成图表的各个元素都是对象，在编写较大的应用程序时通过面向对象的方式使用 matplotlib 将更加有效。

下面的程序绘制隐函数的曲线，结果如图 1-11 所示。

```
x, y = np.mgrid[-2:2:500j, -2:2:500j]
z = (x**2 + y**2 - 1)**3 - x**2 * y**3
pl.contourf(x, y, z, levels=[-1, 0], colors=["red"])
pl.gca().set_aspect("equal")
```

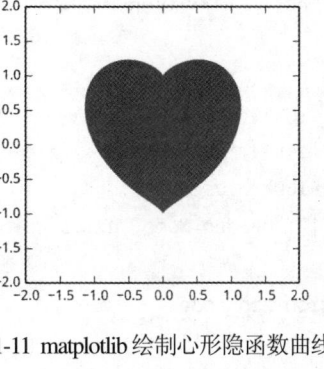

图 1-11 matplotlib 绘制心形隐函数曲线

VTK 是一套功能十分强大的三维数据可视化库，TVTK 库在标准的 VTK 库之上用 Traits 库进行封装。而 Mayavi2 则在 TVTK 的基础上添加了一套面向应用的方便工具，它既可以单独作为 3D 可视化程序使用，也可以很方便地嵌入到 TraitsUI 编写的界面程序中。在下面的例子中，使用 Mayavi 绘制如下隐函数的曲面，结果如图 1-12 所示。

$$(x^2 + \frac{9}{4}y^2 + z^2 - 1)^3 - x^2z^3 - \frac{9}{80}y^2z^3 = 0$$

```
%%mlab_plot
from mayavi import mlab
x, y, z = np.mgrid[-3:3:100j, -1:1:100j, -3:3:100j]
f = (x**2 + 9.0/4*y**2 + z**2 - 1)**3 - x**2 * z**3 - 9.0/80 * y**2 * z**3
contour = mlab.contour3d(x, y, z, f, contours=[0], color=(1, 0, 0))
```

图 1-12 使用 Mayavi 绘制心形隐函数曲面

1.3.4 数据处理和分析

Pandas 在 NumPy 的基础之上提供类似电子表格的数据结构 DataFrame，并以此为核心提供大量的数据的输入输出、清洗、处理和分析函数。其核心运算函数使用 Cython 编写，在不失灵活性的前提下保证了函数库的运算速度。

在下面的例子中，从电影打分数据 MovieLens 中读入用户数据文件 u.user，并显示其中的头 5 条数据：

```
import pandas as pd
columns = 'user_id', 'age', 'sex', 'occupation', 'zip_code'
df = pd.read_csv("../data/ml-100k/u.user",
                delimiter="|", header=None, names=columns)
print df.head()
   user_id  age sex   occupation zip_code
0        1   24   M   technician    85711
1        2   53   F        other    94043
2        3   23   M       writer    32067
3        4   24   M   technician    43537
4        5   33   F        other    15213
```

下面使用职业栏对用户数据进行分组，计算每组的平均年龄，按年龄排序之后将结果显示为柱状图，如图 1-13 所示。可以看到如此复杂的运算在 Pandas 中可以使用一行代码完成：

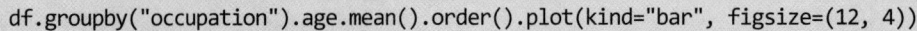

```
df.groupby("occupation").age.mean().order().plot(kind="bar", figsize=(12, 4))
```

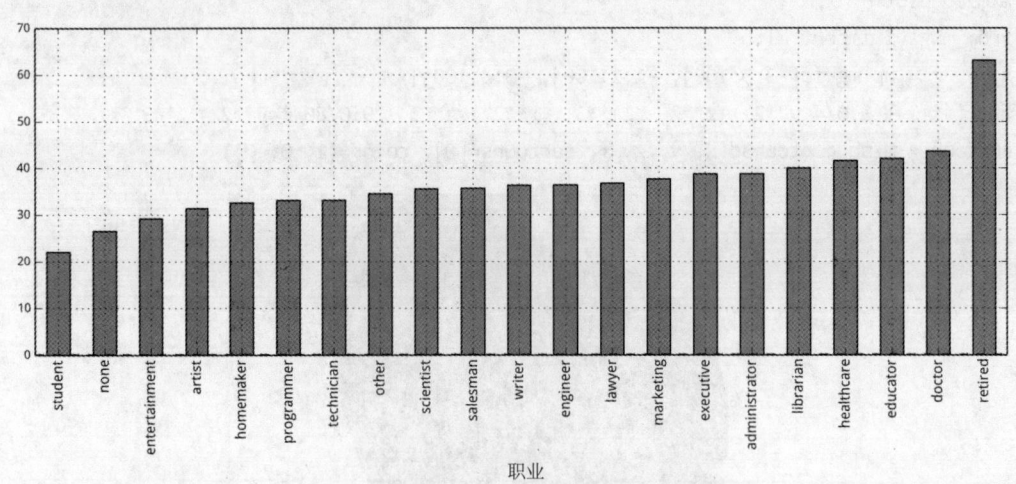

图 1-13 使用 Pandas 统计电影打分用户的职业

1.3.5 界面设计

Python 可以使用多种界面库编写 GUI 程序，例如标准库中自带的以 TK 为基础的 Tkinter、以 wxWidgets 为基础的 wxPython 和以 QT 为基础的 pyQt4 等界面库。但是使用这些界面库编写 GUI 程序仍然是一件十分繁杂的工作。为了让读者不在界面设计上耗费大量精力，从而能把注意力集中到如何处理数据上去，本书详细介绍了使用 Traits 库设计图形界面程序的方法。

Traits 库分为 Traits 和 TraitsUI 两大部分，Traits 为 Python 添加了类型定义的功能，使用它定义的 Trait 属性具有初始化、校验、代理、事件等诸多功能。

TraitsUI 库基于 Traits 库，使用 MVC(模型—视图—控制器)模式快速定义用户界面，在最简单的情况下，甚至不需要写一句界面相关的代码，就可以通过 Traits 的属性定义获得一个可以使用的图形界面。使用 TraitsUI 库编写的程序自动支持 wxPython 和 pyQt 两个经典的界面库。

1.3.6　图像处理和计算机视觉

OpenCV 是一套开源的跨平台计算机视觉库，可用于开发实时的图像处理、计算机视觉以及模式识别程序。它提供的 Python 包装模块可调用 OpenCV 提供的大部分功能。由于它采用 NumPy 数组表示图像，因此能很方便地与其他扩展库共享图像数据。

在下面的例子中，读入图像 moon.jpg，并转换为二值图像。找到二值图像中黑白区域相交的边线，并计算周长和面积。然后通过这两个参数计算π。

```
import cv2
img = cv2.imread("moon.jpg", cv2.IMREAD_GRAYSCALE)
_, bimg = cv2.threshold(img, 50, 255, cv2.THRESH_BINARY)
contour, _ = cv2.findContours(bimg, cv2.RETR_EXTERNAL, cv2.CHAIN_APPROX_TC89_L1)
contour = cv2.approxPolyDP(contour[0], epsilon=2, closed=False)
area = cv2.contourArea(contour)
perimeter = cv2.arcLength(contour, True)
perimeter**2 / (4 * area)
```
```
3.176088313869952
```

1.3.7　提高运算速度

Python 的动态特性虽然方便了程序的开发，但也会极大地降低程序的运行速度。使用 Cython 可以将添加了类型声明的 Python 程序编译成 C 语言源代码，再编译成扩展模块，从而提高程序的运算速度。使用 Cython 既能实现 C 语言的运算速度，也能使用 Python 的所有动态特性，极大地方便了扩展库的编写。

下面是按照前面介绍的公式使用循环计算 π 的源程序，使用 cdef 关键字定义变量的类型，从而提高程序的运行效率：

```
%%cython
import cython

@cython.cdivision(True)
def calc_pi(int n):
    cdef double pi = 0
    cdef int i
    for i in range(1, n, 4):
        pi += 4.0 / i
    for i in range(3, n, 4):
        pi -= 4.0 / i
    return pi
```

调用 calc_pi()来计算π的近似值：

```
calc_pi(1000000)
```
```
3.141590653589821
```

下面使用%timeit 比较 calc_pi()和 NumPy 库来计算π的运算时间：

```
n = 1000000
%timeit calc_pi(n)
%timeit np.sum(4.0 / np.r_[1:n:4, -3:-n:-4])
```
```
100 loops, best of 3: 3.9 ms per loop
100 loops, best of 3: 5.94 ms per loop
```

第2章

NumPy-快速处理数据

标准的 Python 中用列表(list)保存一组值，可以用来当作数组使用。但由于列表的元素可以是任何对象，因此列表中保存的是对象的指针。这样的话，为了保存一个简单的列表，比如[1,2,3]，需要三个指针和三个整数对象。对于数值运算来说，这种结构显然比较浪费内存和 CPU 计算时间。

此外，Python 还提供了 array 模块，它所提供的 array 对象和列表不同，能直接保存数值，和 C 语言的一维数组类似。但是由于它不支持多维数组，也没有各种运算函数，因此也不适合做数值运算。

NumPy 的诞生弥补了这些不足，NumPy 提供了两种基本的对象：

- ndarray：英文全称为 n-dimensional array object，它是存储单一数据类型的多维数组，后统一称之为数组。
- ufunc：英文全称为 universal function object，它是一种能够对数组进行处理的特殊函数。

本书采用 NumPy 1.9 版本，请读者运行下面的程序以查看 NumPy 的版本号：

```
import numpy
numpy.__version__
```
```
'1.9.0'
```

2.1   ndarray 对象

 与本节内容对应的 Notebook 为：02-numpy/numpy-100-ndarray.ipynb。

本书的示例程序假设用以下推荐的方式导入 NumPy 函数库：

```
import numpy as np
```

NumPy 中使用 ndarray 对象表示数组，它是整个库的核心对象，NumPy 中所有的函数都是围绕 ndarray 对象进行处理的。ndarray 的结构并不复杂，但是功能却十分强大。不但可以用它高效地存储大量的数值元素，从而提高数组计算的运算速度，还能用它与各种扩展库进行数据交换。本节的内容可能会有些枯燥，但是为了打下一个良好的基础，让我们从深入理解 ndarray 对象开始学习 Python 科学计算之旅。

2.1.1 创建

首先需要创建数组才能对其进行运算和操作。可以通过给 array()函数传递 Python 的序列对象来创建数组，如果传递的是多层嵌套的序列，将创建多维数组(下例中的变量 c)：

```
a = np.array([1, 2, 3, 4])
b = np.array((5, 6, 7, 8))
c = np.array([[1, 2, 3, 4], [4, 5, 6, 7], [7, 8, 9, 10]])
      b               c
------------   ------------------
[5, 6, 7, 8]   [[ 1,  2,  3,  4],
                [ 4,  5,  6,  7],
                [ 7,  8,  9, 10]]
```

数组的形状可以通过其 shape 属性获得，它是一个描述数组各个轴的长度的元组(tuple)：

```
a.shape   b.shape   c.shape
-------   -------   -------
(4,)      (4,)      (3, 4)
```

数组 a 的 shape 属性只有一个元素，因此它是一维数组。而数组 c 的 shape 属性有两个元素，因此它是二维数组，其中第 0 轴的长度为 3，第 1 轴的长度为 4。还可以通过修改数组的 shape 属性，在保持数组元素个数不变的情况下，改变数组每个轴的长度。下面的例子将数组 c 的 shape 属性改为(4,3)，注意从(3,4)改为(4,3)并不是对数组进行转置，而只是改变每个轴的大小，数组元素在内存中的位置并没有改变：

```
c.shape = 4, 3
c
array([[ 1,  2,  3],
       [ 4,  4,  5],
       [ 6,  7,  7],
       [ 8,  9, 10]])
```

当设置某个轴的元素个数为-1 时，将自动计算此轴的长度。由于数组 c 有 12 个元素，因此下面的程序将数组 c 的 shape 属性改成了(2,6)：

```
c.shape = 2, -1
c
array([[ 1,  2,  3,  4,  4,  5],
       [ 6,  7,  7,  8,  9, 10]])
```

使用数组的 reshape() 方法，可以创建指定形状的新数组，而原数组的形状保持不变：

```
d = a.reshape((2,2)) # 也可以用 a.reshape(2,2)
   d          a
------- ------------
[[1, 2],   [1, 2, 3, 4]
 [3, 4]]
```

数组 a 和 d 其实共享数据存储空间，因此修改其中任意一个数组的元素都会同时修改另一个数组的内容。注意在下面的例子中，数组 d 中的 2 也被改成了 100：

```
a[1] = 100      # 将数组 a 的第 1 个元素改为 100
         a              d
------------------- ------------
[  1, 100,   3,   4] [[  1, 100],
[  3,   4]]
```

2.1.2 元素类型

数组的元素类型可以通过 dtype 属性获得。在前面的例子中，创建数组所用的序列的元素都是整数，因此所创建的数组的元素类型是整型，并且是 32 位的长整型。这是因为笔者所使用的 Python 是 32 位的，如果使用 64 位的操作系统和 Python，那么默认整数类型的长度为64位。

```
c.dtype
dtype('int32')
```

可以通过 dtype 参数在创建数组时指定元素类型，注意 float 类型是 64 位的双精度浮点类型，而 complex 是 128 位的双精度复数类型：

```
ai32 = np.array([1, 2, 3, 4], dtype=np.int32)
af = np.array([1, 2, 3, 4], dtype=float)
ac = np.array([1, 2, 3, 4], dtype=complex)

  ai32.dtype        af.dtype           ac.dtype
-------------- ---------------- --------------------
dtype('int32')  dtype('float64')  dtype('complex128')
```

在上面的例子中，传递给 dtype 参数的都是类型(type)对象，其中 float 和 complex 为 Python 内置的浮点数类型和复数类型，而 np.int32 是 NumPy 定义的新的数据类型——32 位符号整数类型。

NumPy 也有自己的浮点数类型：float16、float32、float64 和 float128。当使用 float64 作为 dtype 参数时，其效果和内置的 float 类型相同。

在需要指定 dtype 参数时，也可以传递一个字符串来表示元素的数值类型。NumPy 中的每个数值类型都有几种字符串表示方式，字符串和类型之间的对应关系都存储在 typeDict 字典中。下面的程序获得与 float64 类型对应的所有键值：

```
[key for key, value in np.typeDict.items() if value is np.float64]
[12, 'd', 'float64', 'float_', 'float', 'f8', 'double', 'Float64']
```

完整的类型列表可以通过下面的语句得到，它将 typeDict 字典中所有的值转换为一个集合，从而去除其中的重复项：

```
set(np.typeDict.values())
{numpy.bool_,        numpy.object_,       numpy.string_,       numpy.unicode_,
 numpy.void,         numpy.int8,          numpy.int16,         numpy.int32,
 numpy.int32,        numpy.int64,         numpy.uint8,         numpy.uint16,
 numpy.uint32,       numpy.uint32,        numpy.uint64,        numpy.float16,
 numpy.float32,      numpy.float64,       numpy.float64,       numpy.datetime64,
 numpy.timedelta64,  numpy.complex64,     numpy.complex128,    numpy.complex128}
```

上面显示的数值类型与数组的 dtype 属性是不同的对象。通过 dtype 对象的 type 属性可以获得与其对应的数值类型：

```
c.dtype.type
numpy.int32
```

通过 NumPy 的数值类型也可以创建数值对象，下面创建一个 16 位的符号整数对象，它与 Python 的整数对象不同的是，它的取值范围有限，因此计算 200*200 会溢出，得到一个负数，这一点与 C 语言的 16 位整数的结果相同：

```
a = np.int16(200)
a*a
-25536
```

另外值得注意的是，NumPy 的数值对象的运算速度比 Python 的内置类型的运算速度慢很多，如果程序中需要大量地对单个数值运算，应当尽量避免使用 NumPy 的数值对象。下面比较了 Python 内置的 float 类型与 NumPy 的双精度浮点数值 float64 的乘法运算的速度：

```
v1 = 3.14
v2 = np.float64(v1)
%timeit v1*v1
%timeit v2*v2
10000000 loops, best of 3: 70.1 ns per loop
10000000 loops, best of 3: 178 ns per loop
```

使用 astype()方法可以对数组的元素类型进行转换，下面将浮点数数组 t1 转换为 32 位整数数组，将双精度的复数数组 t2 转换成单精度的复数数组：

```
t1 = np.array([1, 2, 3, 4], dtype=np.float)
t2 = np.array([1, 2, 3, 4], dtype=np.complex)
t3 = t1.astype(np.int32)
t4 = t2.astype(np.complex64)
```

2.1.3 自动生成数组

前面的例子都是先创建一个 Python 的序列对象，然后通过 array()将其转换为数组，这样做显然效率不高。因此 NumPy 提供了很多专门用于创建数组的函数。下面的每个函数都有一些关键字参数，具体用法请查看函数说明。

arange()类似于内置函数 range()，通过指定开始值、终值和步长来创建表示等差数列的一维数组，注意所得到的结果中不包含终值。例如下面的程序创建开始值为 0、终值为 1、步长为 0.1 的等差数组，注意终值 1 不在数组中：

```
np.arange(0, 1, 0.1)
array([ 0. , 0.1, 0.2, 0.3, 0.4, 0.5, 0.6, 0.7, 0.8, 0.9])
```

linspace()通过指定开始值、终值和元素个数来创建表示等差数列的一维数组，可以通过 endpoint 参数指定是否包含终值，默认值为 True，即包含终值。下面两个例子分别演示了 endpoint 为 True 和 False 时的结果，注意 endpoint 的值会改变数组的等差步长：

```
np.linspace(0, 1, 10) # 步长为1/9
array([ 0.        , 0.11111111, 0.22222222, 0.33333333, 0.44444444,
        0.55555556, 0.66666667, 0.77777778, 0.88888889, 1.        ])
```

```
np.linspace(0, 1, 10, endpoint=False) # 步长为1/10
array([ 0. , 0.1, 0.2, 0.3, 0.4, 0.5, 0.6, 0.7, 0.8, 0.9])
```

logspace()和 linspace()类似，不过它所创建的数组是等比数列。下面的例子产生从 10^0 到 10^2、有 5 个元素的等比数列，注意起始值 0 表示 10^0，而终值 2 表示 10^2：

```
np.logspace(0, 2, 5)
array([   1.        ,    3.16227766,   10.        ,   31.6227766 ,  100.        ])
```

基数可以通过 base 参数指定，其默认值为 10。下面通过将 base 参数设置为 2，并设置 endpoint 参数为 False，创建一个比例为 $2^{1/12}$ 的等比数组，此等比数组的比值是音乐中相差半音的两个音阶之间的频率比值，因此可以用它计算一个八度中所有半音的频率：

```
np.logspace(0, 1, 12, base=2, endpoint=False)
```

```
array([ 1.        ,  1.05946309,  1.12246205,  1.18920712,  1.25992105,
        1.33483985,  1.41421356,  1.49830708,  1.58740105,  1.68179283,
        1.78179744,  1.88774863])
```

zeros()、ones()、empty()可以创建指定形状和类型的数组。其中 empty()只分配数组所使用的内存，不对数组元素进行初始化操作，因此它的运行速度是最快的。下面的程序创建一个形状为(2,3)、元素类型为整数的数组，注意其中的元素值没有被初始化：

```
np.empty((2,3), np.int)
array([[1078523331, 1065353216, 1073741824],
       [1077936128, 1082130432, 1084227584]])
```

而 zeros()将数组元素初始化为 0，ones()将数组元素初始化为 1。下面创建一个长度为 4、元素类型为整数的一维数组，并且元素全部被初始化为 0：

```
np.zeros(4, np.int)
array([0, 0, 0, 0])
```

full()将数组元素初始化为指定的值：

```
np.full(4, np.pi)
array([ 3.14159265,  3.14159265,  3.14159265,  3.14159265])
```

此外，zeros_like()、ones_like()、empty_like()、full_like()等函数创建与参数数组的形状和类型相同的数组，因此 zeros_like(a)和 zeros(a.shape, a.dtype)的效果相同。

frombuffer()、fromstring()、fromfile()等函数可以从字节序列或文件创建数组。下面以 fromstring()为例介绍它们的用法，先创建含 8 个字符的字符串 s：

```
s = "abcdefgh"
```

Python 的字符串实际上是一个字节序列，每个字符占一个字节。因此如果从字符串 s 创建一个 8 位的整数数组，所得到的数组正好就是字符串中每个字符的 ASCII 编码：

```
np.fromstring(s, dtype=np.int8)
array([ 97,  98,  99, 100, 101, 102, 103, 104], dtype=int8)
```

如果从字符串 s 创建 16 位的整数数组，那么两个相邻的字节就表示一个整数，把字节 98 和字节 97 当作一个 16 位的整数，它的值就是 98*256+97 = 25185。可以看出，16 位的整数是以低位字节在前(little-endian)的方式保存在内存中的。

```
print 98*256+97
np.fromstring(s, dtype=np.int16)
25185
array([25185, 25699, 26213, 26727], dtype=int16)
```

如果把整个字符串转换为一个 64 位的双精度浮点数数组，那么它的值是：

```
np.fromstring(s, dtype=np.float)
array([  8.54088322e+194])
```

显然这个结果没有什么意义，但是如果我们用 C 语言的二进制方式写了一组 double 类型的数值到某个文件中，那就可以从此文件读取相应的数据，并通过 fromstring() 将其转换为 float64 类型的数组，或者直接使用 fromfile() 从二进制文件读取数据。

fromstring() 会对字符串的字节序列进行复制，而使用 frombuffer() 创建的数组与原始字符串共享内存。由于字符串是只读的，因此无法修改所创建的数组的内容：

```
buf = np.frombuffer(s, dtype=np.int16)
buf[1] = 10
---------------------------------------------------------------------------
ValueError                                Traceback (most recent call last)
<ipython-input-52-f523db231ae5> in <module>()
      1 buf = np.frombuffer(s, dtype=np.int16)
----> 2 buf[1] = 10

ValueError: assignment destination is read-only
```

Python 中还有一些类型也支持 buffer 接口，例如 bytearray、array.array 等。在后面的章节中，我们会介绍如何使用这些对象实现动态数组的功能。

还可以先定义一个从下标计算数值的函数，然后用 fromfunction() 通过此函数创建数组：

```
def func(i):
    return i % 4 + 1

np.fromfunction(func, (10,))
array([ 1.,  2.,  3.,  4.,  1.,  2.,  3.,  4.,  1.,  2.])
```

fromfunction() 的第一个参数是计算每个数组元素的函数，第二个参数指定数组的形状。因为它支持多维数组，所以第二个参数必须是一个序列。上例中第二个参数是长度为 1 的元组 (10,)，因此创建了一个有 10 个元素的一维数组。

下面的例子创建一个表示九九乘法表的二维数组，输出的数组 a 中的每个元素 a[i,j] 都等于 func2(i, j)：

```
def func2(i, j):
    return (i + 1) * (j + 1)
np.fromfunction(func2, (9,9))
array([[  1.,   2.,   3.,   4.,   5.,   6.,   7.,   8.,   9.],
       [  2.,   4.,   6.,   8.,  10.,  12.,  14.,  16.,  18.],
```

```
       [  3.,   6.,   9.,  12.,  15.,  18.,  21.,  24.,  27.],
       [  4.,   8.,  12.,  16.,  20.,  24.,  28.,  32.,  36.],
       [  5.,  10.,  15.,  20.,  25.,  30.,  35.,  40.,  45.],
       [  6.,  12.,  18.,  24.,  30.,  36.,  42.,  48.,  54.],
       [  7.,  14.,  21.,  28.,  35.,  42.,  49.,  56.,  63.],
       [  8.,  16.,  24.,  32.,  40.,  48.,  56.,  64.,  72.],
       [  9.,  18.,  27.,  36.,  45.,  54.,  63.,  72.,  81.]])
```

2.1.4　存取元素

可以使用和列表相同的方式对数组的元素进行存取：

```
a = np.arange(10)
a
array([0, 1, 2, 3, 4, 5, 6, 7, 8, 9])
```

- a[5]：用整数作为下标可以获取数组中的某个元素。
- a[3:5]：用切片作为下标获取数组的一部分，包括 a[3]但不包括 a[5]。
- a[:5]：切片中省略开始下标，表示从 a[0]开始。
- a[:-1]：下标可以使用负数，表示从数组最后往前数。

```
a[5]    a[3:5]       a[:5]              a[:-1]
----    ------    ----------------   --------------------------
5       [3, 4]    [0, 1, 2, 3, 4]    [0, 1, 2, 3, 4, 5, 6, 7, 8]
```

- a[1:-1:2]：切片中的第三个参数表示步长，2 表示隔一个元素取一个元素。
- a[::-1]：省略切片的开始下标和结束下标，步长为-1，整个数组头尾颠倒。
- a[5:1:-2]：步长为负数时，开始下标必须大于结束下标。

```
 a[1:-1:2]            a[::-1]                  a[5:1:-2]
------------    ------------------------------    ---------
[1, 3, 5, 7]    [9, 8, 7, 6, 5, 4, 3, 2, 1, 0]    [5, 3]
```

下标还可以用来修改元素的值：

```
a[2:4] = 100, 101
a
array([  0,   1, 100, 101,   4,   5,   6,   7,   8,   9])
```

和列表不同的是，通过切片获取的新的数组是原始数组的一个视图。它与原始数组共享同一块数据存储空间。下面的程序将 b 的第 2 个元素修改为-10，a 的第 5 个元素也同时被修改为-10，因为它们在内存中的地址相同。

```
b = a[3:7] # 通过切片产生一个新的数组 b，b 和 a 共享同一块数据存储空间
b[2] = -10 # 将 b 的第 2 个元素修改为-10
            b                              a
-------------------    --------------------------------------------------
[101,   4, -10,   6]  [  0,   1, 100, 101,   4, -10,   6,   7,   8,   9]
```

除了使用切片下标存取元素之外，NumPy 还提供了整数列表、整数数组和布尔数组等几种高级下标存取方法。

当使用整数列表对数组元素进行存取时，将使用列表中的每个元素作为下标。使用列表作为下标得到的数组不和原始数组共享数据：

```
x = np.arange(10, 1, -1)
x
array([10,  9,  8,  7,  6,  5,  4,  3,  2])
```

- x[[3, 3, 1, 8]]：获取 x 中的下标为 3、3、1、8 的 4 个元素，组成一个新的数组。
- x[[3, 3, -3, 8]]：下标可以是负数，-3 表示取倒数第 3 个元素(从 1 开始计数)。

```
a = x[[3, 3, 1, 8]]
b = x[[3, 3, -3, 8]]
      a             b
------------  -------------
[7, 7, 9, 2]  [7, 7, 4, 2]
```

下面修改 b[2]的值，但是由于它和 x 不共享内存，因此 x 的值不变：

```
b[2] = 100
           b                        x
-------------------    -----------------------------------
[  7,   7, 100,   2]  [10, 9, 8, 7, 6, 5, 4, 3, 2]
```

整数序列下标也可以用来修改元素的值：

```
x[[3,5,1]] = -1, -2, -3
x
array([10, -3,  8, -1,  6, -2,  4,  3,  2])
```

当使用整数数组作为数组下标时，将得到一个形状和下标数组相同的新数组，新数组的每个元素都是用下标数组中对应位置的值作为下标从原数组获得的值。当下标数组是一维数组时，结果和用列表作为下标的结果相同：

```
x = np.arange(10,1,-1)
x[np.array([3,3,1,8])]
```

```
array([7, 7, 9, 2])
```

而当下标是多维数组时，得到的也是多维数组：

```
x[np.array([[3,3,1,8],[3,3,-3,8]])]
array([[7, 7, 9, 2],
       [7, 7, 4, 2]])
```

可以将上述操作理解为：先将下标数组展平为一维数组，并作为下标获得一个新的一维数组，然后将其形状修改为下标数组的形状：

```
x[[3,3,1,8,3,3,-3,8]].reshape(2,4) # 改变数组形状
array([[7, 7, 9, 2],
       [7, 7, 4, 2]])
```

当使用布尔数组 b 作为下标存取数组 x 中的元素时，将获得数组 x 中与数组 b 中 True 对应的元素。使用布尔数组作为下标获得的数组不和原始数组共享数据内存，注意这种方式只对应于布尔数组，不能使用布尔列表。

```
x = np.arange(5,0,-1)
x
array([5, 4, 3, 2, 1])
```

布尔数组中下标为 0,2 的元素为 True，因此获取 x 中下标为 0,2 的元素：

```
x[np.array([True, False, True, False, False])]
array([5, 3])
```

如果是布尔列表，就把 True 当作 1，把 False 当作 0，按照整数序列方式获取 x 中的元素：

```
x[[True, False, True, False, False]]
array([4, 5, 4, 5, 5])
```

 在 NumPy 1.10 之后的版本中，布尔列表会被当作布尔数组，因此上面的运行结果会变成 array([5, 3])。

布尔数组的长度不够时，不够的部分都当作 False：

```
x[np.array([True, False, True, True])]
array([5, 3, 2])
```

布尔数组的下标也可以用来修改元素：

```
x[np.array([True, False, True, True])] = -1, -2, -3
x
```
```
array([-1,  4, -2, -3,  1])
```

布尔数组一般不是手工产生，而是使用布尔运算的 ufunc 函数产生，关于 ufunc 函数请参照下一节的介绍。下面我们举一个简单的例子说明布尔数组下标的用法：

```
x = np.random.randint(0, 10, 6) # 产生一个长度为6，元素值为0到9的随机整数数组
     x                        x > 5
------------------  --------------------------------------------
[8, 1, 5, 6, 2, 7] [ True, False, False,  True, False,  True]
```

表达式 x > 5 将数组 x 中的每个元素和 5 进行大小比较，得到一个布尔数组，True 表示 x 中对应的值大于 5。我们可以使用 x>5 所得到的布尔数组收集 x 中所有大于 5 的数值：

```
x[x > 5]
```
```
array([8, 6, 7])
```

2.1.5 多维数组

多维数组的存取和一维数组类似，因为多维数组有多个轴，所以它的下标需要用多个值来表示。NumPy 采用元组作为数组的下标，元组中的每个元素和数组的每个轴对应。图 2-1 显示了一个 shape 为 $(6, 6)$ 的数组 a，图中用不同颜色和线型标出各个下标所对应的选择区域。

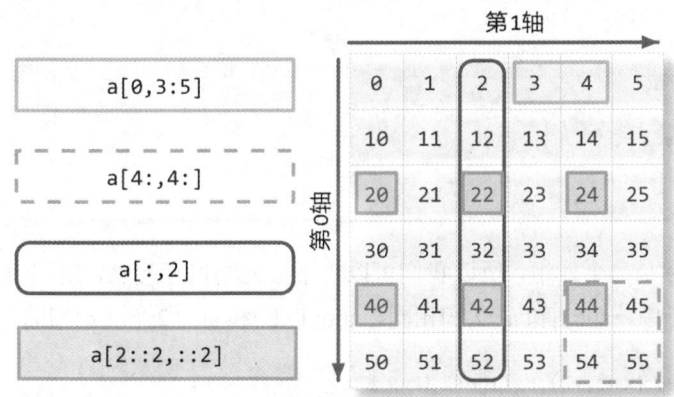

图 2-1 使用数组切片语法访问多维数组中的元素

为什么使用元组作为下标

Python 的下标语法(用[]存取序列中的元素)本身并不支持多维，但是可以使用任何对象作为下标，因此 NumPy 使用元组作为下标存取数组中的元素，使用元组可以很方便地表示多个轴的下标。虽然在 Python 程序中经常用圆括号将元组的元素括起来，但其实元组的语法只需要用逗号隔开元素即可，例如 x, y = y, x 就是用元组交换变量值的一个例子。因此 a[1, 2]和 a[(1, 2)]完全相同，都是使用元组(1,2)作为数组 a 的下标。

读者也许会对如何创建图中的二维数组感到好奇。它实际上是一个加法表,由纵向量(0, 10, 20, 30, 40, 50)和横向量(0, 1, 2, 3, 4, 5)的元素相加而得。可以用下面的语句创建它,至于其原理,将在后面的章节进行讨论。

```
a = np.arange(0, 60, 10).reshape(-1, 1) + np.arange(0, 6)
a
array([[ 0,  1,  2,  3,  4,  5],
       [10, 11, 12, 13, 14, 15],
       [20, 21, 22, 23, 24, 25],
       [30, 31, 32, 33, 34, 35],
       [40, 41, 42, 43, 44, 45],
       [50, 51, 52, 53, 54, 55]])
```

图 2-1 中的下标都是有两个元素的元组,其中的第 0 个元素与数组的第 0 轴(纵轴)对应,而第 1 个元素与数组的第 1 轴(横轴)对应。下面是图中各种多维数组切片的运算结果:

```
a[0, 3:5]   a[4:, 4:]                   a[:, 2]              a[2::2, ::2]
---------   ----------   ------------------------   --------------
[3, 4]      [[44, 45],   [ 2, 12, 22, 32, 42, 52]   [[20, 22, 24],
             [54, 55]]                                [40, 42, 44]]
```

如果下标元组中只包含整数和切片,那么得到的数组和原始数组共享数据,它是原数组的视图。下面的例子中,数组 b 是 a 的视图,它们共享数据,因此修改 b[0]时,数组 a 中对应的元素也被修改:

```
b = a[0, 3:5]
b[0] = -b[0]
a[0, 3:5]
array([-3,  4])
```

因为数组的下标是一个元组,所以我们可以将下标元组保存起来,用同一个元组存取多个数组。在下面的例子中,a[idx]和a[::2,2:]相同,a[idx][idx]和a[::2,2:][::2,2:]相同。

```
idx = slice(None, None, 2), slice(2,None)
     a[idx]        a[idx][idx]
----------------------------
[[ 2, -3,  4,  5],  [[ 4,  5],
 [22, 23, 24, 25],   [44, 45]]
 [42, 43, 44, 45]]
```

切片(slice)对象

根据 Python 的语法,在[]中可以使用以冒号隔开的两个或三个整数表示切片,但是单独生成切片对象时需要使用 slice()来创建。它有三个参数，分别为开始值、结束值和间隔步长，当这些值需要省略时可以使用 None。例如，a[slice(None,None,None),2]和 a[:, 2]相同。

用 Python 的内置函数 slice()创建下标比较麻烦，因此 NumPy 提供了一个 s_对象来帮助我们创建数组下标，请注意 s_实际上是 IndexExpression 类的一个对象：

```
np.s_[::2, 2:]
```
```
(slice(None, None, 2), slice(2, None, None))
```

s_为什么不是函数

根据 Python 的语法，只有在中括号[]中才能使用以冒号隔开的切片语法，如果 s_是函数，那么这些切片必须使用 slice()创建。类似的对象还有 mgrid 和 ogrid 等，后面我们会学习它们的用法。Python 的下标语法实际上会调用__getitem__()方法，因此我们可以很容易自己实现 s_对象的功能：

```
class S(object):
    def __getitem__(self, index):
        return index
```

在多维数组的下标元组中，也可以使用整数元组或列表、整数数组和布尔数组，如图 2-2 所示。当下标中使用这些对象时，所获得的数据是原始数据的副本，因此修改结果数组不会改变原始数组。

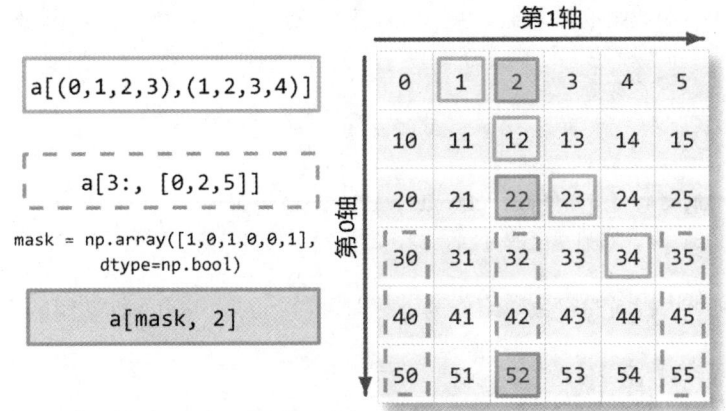

图 2-2 使用整数序列和布尔数组访问多维数组中的元素

在 a[(0,1,2,3),(1,2,3,4)]中，下标仍然是一个有两个元素的元组，元组中的每个元素都是一个整数元组，分别对应数组的第 0 轴和第 1 轴。从两个序列的对应位置取出两个整数组成下标，于是得到的结果是：a[0,1]、a[1,2]、a[2,3]、a[3,4]。

```
a[(0,1,2,3),(1,2,3,4)]
```
```
array([ 1, 12, 23, 34])
```

在 a[3:, [0,2,5]]中，第0轴的下标是一个切片对象，它选取第3行之后的所有行；第1轴的下标是整数列表，它选取第0、第2和第5列。

```
a[3:, [0,2,5]]
array([[30, 32, 35],
       [40, 42, 45],
       [50, 52, 55]])
```

在 a[mask, 2]中，第0轴的下标是一个布尔数组，它选取第0、第2和第5行；第1轴的下标是一个整数，它选取第2列。

```
mask = np.array([1,0,1,0,0,1], dtype=np.bool)
a[mask, 2]
array([ 2, 22, 52])
```

注意，如果 mask 不是布尔数组而是整数数组、列表或元组，就按照以整数数组作为下标的方式进行运算：

```
mask1 = np.array([1,0,1,0,0,1])
mask2 = [True,False,True,False,False,True]
     a[mask1, 2]               a[mask2, 2]
------------------------    ------------------------
[12,  2, 12,  2,  2, 12]  [12,  2, 12,  2,  2, 12]
```

当下标的长度小于数组的维数时，剩余的各轴所对应的下标是“:”，即选取它们的所有数据：

```
     a[[1,2],:]                    a[[1,2]]
--------------------------    --------------------------
[[10, 11, 12, 13, 14, 15],  [[10, 11, 12, 13, 14, 15],
 [20, 21, 22, 23, 24, 25]]   [20, 21, 22, 23, 24, 25]]
```

当所有轴都用形状相同的整数数组作为下标时，得到的数组和下标数组的形状相同：

```
x = np.array([[0,1],[2,3]])
y = np.array([[-1,-2],[-3,-4]])
a[x,y]
array([[ 5, 14],
       [23, 32]])
```

效果和下面的程序相同：

```
a[(0,1,2,3),(-1,-2,-3,-4)].reshape(2,2)
array([[ 5, 14],
```

```
            [23, 32]])
```

当没有指定第 1 轴的下标时，使用 ":" 作为下标，因此得到了一个三维数组：

```
a[x]
array([[[ 0,  1,  2, -3,  4,  5],
        [10, 11, 12, 13, 14, 15]],

       [[20, 21, 22, 23, 24, 25],
        [30, 31, 32, 33, 34, 35]]])
```

可以使用这种以整数数组作为下标的方式快速替换数组中的每个元素，例如有一个表示索引图像的数组 image，以及一个调色板数组 palette，则 palette[image]可以得到通过调色板着色之后的彩色图像：

```
palette = np.array( [ [0,0,0],
                      [255,0,0],
                      [0,255,0],
                      [0,0,255],
                      [255,255,255] ] )
image = np.array( [ [ 0, 1, 2, 0 ],
                    [ 0, 3, 4, 0 ] ] )
palette[image]
array([[[  0,   0,   0],
        [255,   0,   0],
        [  0, 255,   0],
        [  0,   0,   0]],

       [[  0,   0,   0],
        [  0,   0, 255],
        [255, 255, 255],
        [  0,   0,   0]]])
```

2.1.6　结构数组

在 C 语言中我们可以通过 struct 关键字定义结构类型，结构中的字段占据连续的内存空间。类型相同的两个结构所占用的内存大小相同，因此可以很容易定义结构数组。和 C 语言一样，在 NumPy 中也很容易对这种结构数组进行操作。只要 NumPy 中的结构定义和 C 语言中的结构定义相同，就可以很方便地读取 C 语言的结构数组的二进制数据，将其转换为 NumPy 的结构数组。

假设我们需要定义一个结构数组，它的每个元素都有 name、age 和 weight 字段。在 NumPy 中可以如下定义：

```
persontype = np.dtype({ ❶
    'names':['name', 'age', 'weight'],
    'formats':['S30','i', 'f']}, align=True)
a = np.array([("Zhang", 32, 75.5), ("Wang", 24, 65.2)], ❷
    dtype=persontype)
```

❶我们先创建一个 dtype 对象 persontype，它的参数是一个描述结构类型的各个字段的字典。字典有两个键：'names'和'formats'。每个键对应的值都是一个列表。'names'定义结构中每个字段的名称，而'formats'则定义每个字段的类型。这里我们使用类型字符串定义字段类型：

- 'S30'：长度为 30 个字节的字符串类型，由于结构中的每个元素的大小必须固定，因此需要指定字符串的长度。
- 'i'：32 位的整数类型，相当于 np.int32。
- 'f'：32 位的单精度浮点数类型，相当于 np.float32。

❷然后调用 array()以创建数组，通过 dtype 参数指定所创建的数组的元素类型为 persontype。下面查看数组 a 的元素类型：

```
a.dtype
dtype({'names':['name','age','weight'], 'formats':['S30','<i4','<f4'],
    'offsets':[0,32,36], 'itemsize':40}, align=True)
```

还可以用包含多个元组的列表来描述结构的类型：

```
dtype([('name', '|S30'), ('age', '<i4'), ('weight', '<f4')])
```

其中形如"(字段名,类型描述)"的元组描述了结构中的每个字段。类型字符串前面的'|'、'<'、'>'等字符表示字段值的字节顺序：

- |：忽视字节顺序。
- <：低位字节在前，即小端模式(little endian)。
- >：高位字节在前，即大端模式(big endian)。

结构数组的存取方式和一般数组相同，通过下标能够取得其中的元素，注意元素的值看上去像是元组，实际上是结构：

```
print a[0]
a[0].dtype
('Zhang', 32, 75.5)
dtype({'names':['name','age','weight'], 'formats':['S30','<i4','<f4'],
    'offsets':[0,32,36], 'itemsize':40}, align=True)
```

我们可以使用字段名作为下标获取对应的字段值：

```
a[0]["name"]
'Zhang'
```

a[0]是一个结构元素，它和数组 a 共享内存数据，因此可以通过修改它的字段来改变原始数组中对应元素的字段：

```
c = a[1]
c["name"] = "Li"
a[1]["name"]
'Li'
```

　　我们不但可以获得结构元素的某个字段，而且可以直接获得结构数组的字段，返回的是原始数组的视图，因此可以通过修改 b[0] 来改变 a[0]["age"]：

```
b=a["age"]
b[0] = 40
print a[0]["age"]
40
```

　　通过 a.tostring() 或 a.tofile() 方法，可以将数组 a 以二进制的方式转换成字符串或写入文件：

```
a.tofile("test.bin")
```

　　利用下面的 C 语言程序可以将 test.bin 文件中的数据读取出来。%%file 为 IPython 的魔法命令，它将该单元格中的文本保存成文件 read_struct_array.c：

```
%%file read_struct_array.c
#include <stdio.h>

struct person
{
    char name[30];
    int age;
    float weight;
};

struct person p[3];

void main ()
{
    FILE *fp;
    int i;
    fp=fopen("test.bin","rb");
    fread(p, sizeof(struct person), 2, fp);
    fclose(fp);
    for(i=0;i<2;i++)
    {
```

```
        printf("%s %d %f\n", p[i].name, p[i].age, p[i].weight);
    }
}
```

在 IPython 中可以通过!执行系统命令，下面调用 gcc 编译前面的 C 语言程序并执行：

```
!gcc read_struct_array.c -o read_struct_array.exe
!read_struct_array.exe
Zhang 40 75.500000
Li 24 65.199997
```

内存对齐

为了内存寻址方便，C 语言的结构类型会自动添加一些填充用的字节，这叫做内存对齐。例如上面 C 语言中定义的结构的 name 字段虽然是 30 个字节长，但是由于内存对齐问题，在 name 和 age 中间会填补两个字节。因此，如果数组中所配置的内存大小不符合 C 语言的对齐规范，将会出现数据错位。为了解决这个问题，在创建 dtype 对象时，可以传递参数 align=True，这样结构数组的内存对齐就和 C 语言的结构类型一致了。在前面的例子中，由于创建 persontype 时指定 align 参数为 True，因此它占用 40 个字节。

结构类型中可以包括其他的结构类型，下面的语句创建一个有一个字段 f1 的结构，f1 的值是另一个结构，它有字段 f2，类型为 16 位整数：

```
np.dtype([('f1', [('f2', np.int16)])])
dtype([('f1', [('f2', '<i2')])])
```

当某个字段类型为数组时，用元组的第三个元素表示其形状。在下面的结构体中，f1 字段是一个形状为(2, 3)的双精度浮点数组：

```
np.dtype([('f0', 'i4'), ('f1', 'f8', (2, 3))])
dtype([('f0', '<i4'), ('f1', '<f8', (2, 3))])
```

用下面的字典参数也可以定义结构类型，字典的键为结构的字段名，值为字段的类型描述。但是由于字典的键是没有顺序的，因此字段的顺序需要在类型描述中给出。类型描述是一个元组，它的第二个值给出字段的以字节为单位的偏移量，例如下例中的 age 字段的偏移量为 25 个字节：

```
np.dtype({'surname':('S25',0),'age':(np.uint8,25)})
dtype([('surname', 'S25'), ('age', 'u1')])
```

2.1.7 内存结构

下面让我们看看数组对象是如何在内存中存储的。如图 2-3 所示，数组的描述信息保存在一个数据结构中，这个结构引用两个对象：用于保存数据的存储区域和用于描述元素类型的 dtype 对象。

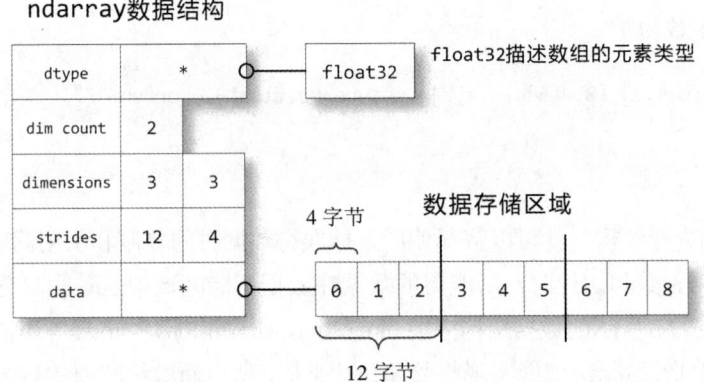

图 2-3 ndarray 数组对象在内存中的存储方式

数据存储区域保存着数组中所有元素的二进制数据，dtype 对象则知道如何将元素的二进制数据转换为可用的值。数组的维数和形状等信息都保存在 ndarray 数组对象的数据结构中。图 2-3 中显示的是下面的数组 a 的内存结构：

```
a = np.array([[0,1,2],[3,4,5],[6,7,8]], dtype=np.float32)
```

数组对象使用 strides 属性保存每个轴上相邻两个元素的地址差，即当某个轴的下标增加 1 时，数据存储区中的指针所增加的字节数。例如图 2-3 中的 strides 为(12,4)，即第 0 轴的下标增加 1 时，数据的地址增加 12 个字节。也就是 a[1,0]的地址比 a[0,0]的地址大 12，正好是 3 个单精度浮点数的总字节数。第 1 轴的下标增加 1 时，数据的地址增加 4 个字节，正好是一个单精度浮点数的字节数。

如果 strides 属性中的数值正好和对应轴所占据的字节数相同，那么数据在内存中是连续存储的。通过切片下标得到的新数组是原始数组的视图，即它和原始数组共享数据存储区域，但是新数组的 strides 属性会发生变化：

```
b = a[::2, ::2]
    b       b.strides
-----------  ---------
[[ 0.,  2.],  (24, 8)
 [ 6.,  8.]]
```

由于数组 b 和数组 a 共享数据存储区，而数组 b 中的第 0 轴和第 1 轴都是从 a 中隔一个元素取一个，因此数组 b 的 strides 变成了(24,8)，正好都是数组 a 的两倍。对照前面的图 2-3 很容易看出数据 0 和 2 的地址相差 8 个字节，而数据 0 和 6 的地址相差 24 个字节。

元素在数据存储区中的排列格式有两种：C 语言格式和 Fortran 语言格式。在 C 语言中，多

维数组的第 0 轴是最上位的, 即第 0 轴的下标增加 1 时, 元素的地址增加的字节数最多; 而 Fortran
语言中的多维数组的第 0 轴是最下位的, 即第 0 轴的下标增加 1 时, 地址只增加一个元素的字
节数。在 NumPy 中默认以 C 语言格式存储数据, 如果希望改为 Fortran 格式, 只需要在创建数
组时, 设置 order 参数为"F":

```
c = np.array([[0,1,2],[3,4,5],[6,7,8]], dtype=np.float32, order="F")
c.strides
(4, 12)
```

了解了数组的内存结构, 就可以解释使用下标取得数据时的复制和引用问题:

- 当下标使用整数和切片时, 所取得的数据在数据存储区域中是等间隔分布的。因为只
  需要修改图 2-3 所示的数据结构中的 dim count、dimensions、stride 等属性以及指向数据
  存储区域的指针 data, 就能实现整数和切片下标, 所以新数组和原始数组能够共享数据
  存储区域。
- 当使用整数序列、整数数组和布尔数组时, 不能保证所取得的数据在数据存储区域中
  是等间隔的, 因此无法和原始数组共享数据, 只能对数据进行复制。

数组的 flags 属性描述了数据存储区域的一些属性, 直接查看 flags 属性将输出各个标志的
值, 也可以单独获得其中的某个标志值:

```
print a.flags
print "c_contiguous:", a.flags.c_contiguous
  C_CONTIGUOUS : True
  F_CONTIGUOUS : False
  OWNDATA : True
  WRITEABLE : True
  ALIGNED : True
  UPDATEIFCOPY : False
c_contiguous: True
```

下面是几个比较重要的标志:

- C_CONTIGUOUS: 数据存储区域是否是 C 语言格式的连续区域。
- F_CONTIGUOUS: 数据存储区域是否是 Fortran 语言格式的连续区域。
- OWNDATA: 数组是否拥有此数据存储区域, 当一个数组是其他数组的视图时, 它不
  拥有数据存储区域。

由于数组 a 是通过 array()直接创建的, 因此它的数据存储区域是 C 语言格式的连续区域,
并且它拥有数据存储区域。下面我们看看数组 a 的转置标志, 数组的转置可以通过其 T 属性
获得, 转置数组将其数据存储区域看作 Fortran 语言格式的连续区域, 并且它不拥有数据存储
区域。

```
a.T.flags
```

```
  C_CONTIGUOUS : False
    F_CONTIGUOUS : True
    OWNDATA : False
    WRITEABLE : True
    ALIGNED : True
    UPDATEIFCOPY : False
```

下面查看数组 b 的标志,它不拥有数据存储区域,其数据也不是连续存储的。通过视图数组的 base 属性可以获得保存数据的原始数组:

```
b.flags
C_CONTIGUOUS : False
  F_CONTIGUOUS : False
  OWNDATA : False
  WRITEABLE : True
  ALIGNED : True
  UPDATEIFCOPY : False
id(b.base)    id(a)
----------    ---------
119627272    119627272
```

我们还可以通过 view()方法从同一块数据区创建不同的 dtype 的数组对象,也就是使用不同的数值类型查看同一段内存中的二进制数据:

```
a = np.array([[0, 1], [2, 3], [4, 5]], dtype=np.float32)
b = a.view(np.uint32)
c = a.view(np.uint8)
                  b                                c
-------------------------   ----------------------------------------------
[[         0, 1065353216], [[  0,   0,   0,   0,   0,   0, 128,  63],
 [1073741824, 1077936128],  [  0,   0,   0,  64,   0,   0,  64,  64],
 [1082130432, 1084227584]]  [  0,   0, 128,  64,   0,   0, 160,  64]]
```

由于数组 a 的元素类型是单精度浮点数,占用 4 个字节,通过 a.view(np.uint32),我们创建了一个新的数组,它和数组 a 使用同一段数据内存,但是它将每 4 个字节的数据当作无符号 32 位整数处理。而 a.view(np.uint8)将每个字节都当作一个单字节的无符号整数,因此得到一个形状为(3, 8)的数组。通过 view()方法获得的新数组与原数组共享内存,当 a[0, 0]被修改时,b[0, 0] 和 c[0, :4]都会改变:

```
a[0, 0] = 3.14
b[0, 0]          c[0, :4]
----------    --------------------
1078523331    [195, 245,  72,  64]
```

下面我们看一个使用 view() 方法的有趣的例子。在《雷神之锤 III：竞技场》的 C 语言源代码中有这样一个神奇的计算平方根倒数的函数 Q_rsqrt()。代码中使用牛顿迭代法计算平方根倒数，这并没有任何神奇之处，但是其中包含了一个神奇的数字 0x5f3759df，并将单精度浮点数当作 32 位的整数进行了一次令人毫无头绪的运算：

http://zh.wikipedia.org/wiki/平方根倒数速算法
维基百科关于《雷神之锤》中使用 0x5f3759df 计算平方根倒数算法的解释。

```
float Q_rsqrt( float number )
{
    long i;
    float x2, y;
    const float threehalfs = 1.5F;

    x2 = number * 0.5F;
    y  = number;
    i  = * ( long * ) &y;                      // 对浮点数的邪恶位级 hack
    i  = 0x5f3759df - ( i >> 1 );              // 这到底是怎么回事？
    y  = * ( float * ) &i;
    y  = y * ( threehalfs - ( x2 * y * y ) );  // 第一次牛顿迭代
    return y;
}
```

下面我们用 NumPy 实现同样的计算：

```
number = np.linspace(0.1, 10, 100)
y = number.astype(np.float32)  ❶
x2 = y * 0.5
i = y.view(np.int32)  ❷
i[:] = 0x5f3759df - (i >> 1)  ❸
y = y * (1.5 - x2 * y * y)  ❹
np.max(np.abs(1 / np.sqrt(number) - y))  ❺
```
```
0.0050456140410597428
```

❶ 由于 linspace() 创建的数组的类型为双精度浮点数，因此这里首先通过 astype() 方法将其转换成单精度浮点数数组 y。❷ 通过 view() 方法创建一个与 y 共享内存的 32 位整数数组 i。❸ 对整数数组 i 进行那段完全摸不着头脑的运算，并且将结果重新写入数组 i 中。由于 i 和 y 共享内存，此时 y 中的值也发生了变化。注意这里的赋值不能使用 i = 0x5f3759df −(i >> 1)，如果这样写，那么数组 i 就是一个全新的数组了。❹ 进行一次牛顿迭代运算，这里由于使用 y =...的写法，因此 y 将变成一个全新的数组，和原来的 i 不再共享内存。在这段代码中有很多数组运算，关于这方面的内容将在下一节进行详细说明。❺ 最后输出真实值和近似值之间的最大误差。图 2-4

第 2 章 NumPy—快速处理数据

显示了绝对误差与自变量的关系，当 number 很小时绝对误差较大，但此时的函数值也较大，因此相对误差的变化并不大。

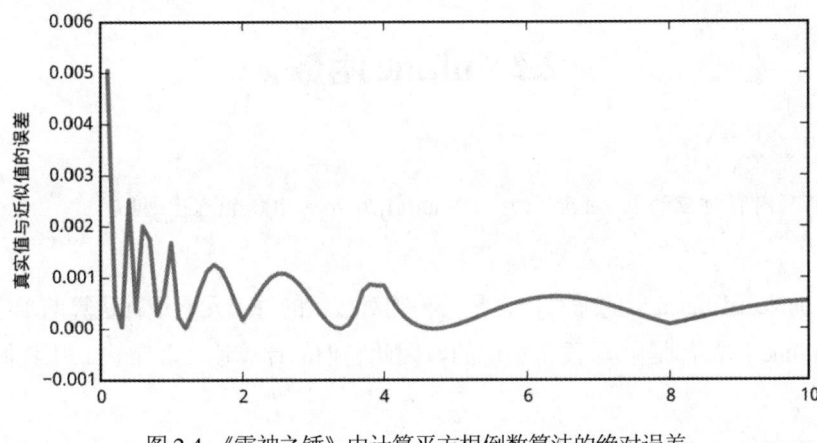

图 2-4　《雷神之锤》中计算平方根倒数算法的绝对误差

除了使用切片从同一块数据区创建不同的 shape 和 strides 的数组对象之外，还可以直接设置这些属性，从而得到用切片实现不了的效果，例如：

```
from numpy.lib.stride_tricks import as_strided
a = np.arange(6)
b = as_strided(a, shape=(4, 3), strides=(4, 4))

      a               b
------------------  -----------
[0, 1, 2, 3, 4, 5]  [[0, 1, 2],
[1, 2, 3],
[2, 3, 4],
[3, 4, 5]]
```

这个例子中，我们从 NumPy 的辅助模块中载入了 as_strided()函数，并使用它从一个长度为 6 的一维数组 a 创建了一个 shape 为(4, 3)的二维数组 b。由于通过 strides 参数直接指定了数组 b 的 strides 属性，因此不仅数组 b 和数组 a 共享数据区，而且 b 中的前后两行有两个元素是重合的。例如下面修改 a[2]的值，b 中的前三行中对应的元素也发生改变：

```
a[2] = 20
b
array([[ 0,  1, 20],
       [ 1, 20,  3],
       [20,  3,  4],
       [ 3,  4,  5]])
```

在对数据进行处理时，可能经常需要对数据进行分块处理，而且为了保持平滑，每块数据之间需要有一定的重叠部分。这时可以使用上面介绍的方法对数据进行带重叠的分块。需要注意的是，使用 as_strided()时 NumPy 不会进行内存越界检查，因此 shape 和 strides 设置不当可能会发生意想不到的错误。

2.2 ufunc 函数

 与本节内容对应的 Notebook 为：02-numpy/numpy-200-ufunc.ipynb。

ufunc 是 universal function 的缩写，它是一种能对数组的每个元素进行运算的函数。NumPy 内置的许多 ufunc 函数都是用 C 语言实现的，因此它们的计算速度非常快。让我们先看一个例子：

```
x = np.linspace(0, 2*np.pi, 10)
y = np.sin(x)
y

array([  0.00000000e+00,   6.42787610e-01,   9.84807753e-01,
       8.66025404e-01,   3.42020143e-01,  -3.42020143e-01,
      -8.66025404e-01,  -9.84807753e-01,  -6.42787610e-01,
      -2.44929360e-16])
```

先用 linspace()产生一个从 0 到2π的等差数组，然后将其传递给 np.sin()函数计算每个元素的正弦值。由于 np.sin()是一个 ufunc 函数，因此在其内部对数组 x 的每个元素进行循环，分别计算它们的正弦值，并返回一个保存各个计算结果的数组。运算之后数组 x 中的值并没有改变，而是新创建了一个数组来保存结果。也可以通过 out 参数指定保存计算结果的数组。因此如果希望直接在数组 x 中保存结果，可以将它传递给 out 参数：

```
t = np.sin(x, out=x)
t is x
True
```

ufunc 函数的返回值仍然是计算的结果，只不过它就是数组 x。下面比较 np.sin()和 Python 标准库的 math.sin()的计算速度：

```
import math

x = [i * 0.001 for i in xrange(1000000)]

def sin_math(x):
    for i, t in enumerate(x):
```

```
        x[i] = math.sin(t)

def sin_numpy(x):
    np.sin(x, x)

def sin_numpy_loop(x):
    for i, t in enumerate(x):
        x[i] = np.sin(t)

xl = x[:]
%time sin_math(x)

xa = np.array(x)
%time sin_numpy(xa)

xl = x[:]
%time sin_numpy_loop(x)
```
```
Wall time: 302 ms
Wall time: 30 ms
Wall time: 1.28 s
```

可以看出，np.sin()比 math.sin()快 10 倍多，这得益于 np.sin()在 C 语言级别的循环计算。

列表推导式比循环更快

事实上，标准 Python 中有比 for 循环更快的方案：使用列表推导式 x = [math.sin(t) for t in x]。但是列表推导式将产生一个新的列表，而不是直接修改原列表中的元素。

np.sin()同样也支持计算单个数值的正弦值。不过值得注意的是，对单个数值的计算，math.sin()则比 np.sin()快很多。在 Python 级别进行循环时，np.sin()的计算速度只有 math.sin()的 1/6。这是因为：np.sin()为了同时支持数组和单个数值的计算，其 C 语言的内部实现要比 math.sin()复杂很多。此外，对于单个数值的计算，np.sin()的返回值类型和 math.sin()的不同，math.sin()返回的是 Python 的标准 float 类型，而 np.sin()返回 float64 类型：

```
type(math.sin(0.5))  type(np.sin(0.5))
-------------------  -----------------
float                numpy.float64
```

通过下标运算获取的数组元素的类型为 NumPy 中定义的类型，将其转换为 Python 的标准类型还需要花费额外的时间。为了解决这个问题，数组提供了 item()方法，它用来获取数组中的单个元素，并且直接返回标准的 Python 数值类型：

```
a = np.arange(6.0).reshape(2, 3)
print a.item(1, 2), type(a.item(1, 2)), type(a[1, 2])
5.0 <type 'float'><type 'numpy.float64'>
```

通过上面的例子我们了解了如何最有效率地使用 math 模块和 NumPy 中的数学函数。由于它们各有优缺点，因此在导入时不建议使用 import *全部载入，而是应该使用 import numpy as np 载入，这样可以根据需要选择合适的函数。

2.2.1 四则运算

NumPy 提供了许多 ufunc 函数，例如计算两个数组之和的 add()函数：

```
a = np.arange(0, 4)
b = np.arange(1, 5)
np.add(a, b)
array([1, 3, 5, 7])
```

add()返回一个数组，它的每个元素都是两个参数数组的对应元素之和。如果没有指定 out 参数，那么它将创建一个新的数组来保存计算结果。如果指定了第三个参数 out，则不产生新的数组，而直接将结果保存进指定的数组。

```
np.add(a, b, a)
a
array([1, 3, 5, 7])
```

NumPy 为数组定义了各种数学运算操作符，因此计算两个数组相加可以简单地写为 a + b，而 np.add(a, b, a)则可以用 a += b 来表示。表 2-1 列出了数组的运算符以及与之对应的 ufunc 函数，注意除号的意义根据是否激活__future__.division 有所不同。

表 2-1 数组的运算符以及对应的 ufunc 函数

表达式	对应的 ufunc 函数
y = x1 + x2	add(x1, x2 [, y])
y = x1 − x2	subtract(x1, x2 [, y])
y = x1 * x2	multiply(x1, x2 [, y])
y = x1 / x2	divide(x1, x2 [, y])，如果两个数组的元素为整数，那么用整数除法
y = x1 / x2	true_divide(x1, x2 [, y])，总是返回精确的商
y = x1 // x2	floor_divide(x1, x2 [, y])，总是对返回值取整
y = −x	negative(x [,y])
y = x1**x2	power(x1, x2 [, y])
y = x1 % x2	remainder(x1, x2 [, y]), mod(x1, x2, [, y])

数组对象支持操作符，极大地简化了算式的编写，不过要注意如果算式很复杂，并且要运算的数组很大，将会因为产生大量的中间结果而降低程序的运算速度。例如，假设对 a、b、c 三个数组采用算式 x=a*b+c 加以计算，那么它相当于：

```
t = a * b
x = t + c
del t
```

也就是说，需要产生一个临时数组 t 来保存乘法的运算结果，然后再产生最后的结果数组 x。可以将算式分解为下面的两行语句，以减少一次内存分配：

```
x = a*b
x += c
```

2.2.2 比较运算和布尔运算

使用==、>等比较运算符对两个数组进行比较，将返回一个布尔数组，它的每个元素值都是两个数组对应元素的比较结果。例如：

```
np.array([1, 2, 3]) < np.array([3, 2, 1])
array([ True, False, False], dtype=bool)
```

每个比较运算符也与一个 ufunc 函数对应，表 2-2 是比较运算符与 ufunc 函数的对照表。

表 2-2 比较运算符与相应的 ufunc 函数

表达式	对应的 ufunc 函数
y = x1 == x2	equal(x1, x2 [, y])
y = x1 != x2	not_equal(x1, x2 [, y])
y = x1 < x2	less(x1, x2, [, y])
y = x1 <= x2	less_equal(x1, x2, [, y])
y = x1 > x2	greater(x1, x2, [, y])
y = x1 >= x2	greater_equal(x1, x2, [, y])

由于 Python 中的布尔运算使用 and、or 和 not 等关键字，它们无法被重载，因此数组的布尔运算只能通过相应的 ufunc 函数进行。这些函数名都以 logical_开头，在 IPython 中使用自动补全可以很容易地找到它们：

```
>>> np.logical # 按 Tab 键进行自动补全
np.logical_and np.logical_not np.logical_or  np.logical_xor
```

下面是一个使用 logical_or()进行"或运算"的例子：

```
a = np.arange(5)
b = np.arange(4, -1, -1)
print a == b
print a > b
print np.logical_or(a == b, a > b)  # 和 a>=b 相同
[False False  True False False]
[False False False  True  True]
[False False  True  True  True]
```

对两个布尔数组使用 and、or 和 not 等进行布尔运算，将抛出 ValueError 异常。因为布尔数组中有 True 也有 False，所以 NumPy 无法确定用户的运算目的：

```
a == b and a > b
------------------------------------------------------------------------
ValueError                                Traceback (most recent call last)
<ipython-input-13-99b8118687f0> in <module>()
----> 1 a == b and a > b

ValueError: The truth value of an array with more than one element is ambiguous. Use a.any()
or a.all()
```

错误信息告诉我们可以使用数组的 any()或 all()方法，在 NumPy 中同时也定义了 any()和 all() 函数，它们的用法和 Python 内置的 any()和 all()类似。只要数组中有一个元素值为 True，any() 就返回 True；而只有当数组的全部元素都为 True 时，all()才返回 True。

```
np.any(a == b)   np.any(a == b) and np.any(a > b)
--------------   --------------------------------
True             True
```

以 bitwise_开头的函数是位运算函数，包括 bitwise_and、bitwise_not、bitwise_or 和 bitwise_xor 等。也可以使用&、~、|和^等操作符进行计算。

对于布尔数组来说，位运算和布尔运算的结果相同。但在使用时要注意，位运算符的优先级比比较运算符高，因此需要使用括号提高比较运算符的运算优先级。例如：

```
(a == b) | (a > b)
array([False, False,  True,  True,  True], dtype=bool)
```

整数数组的位运算和 C 语言的位运算相同，在使用时要注意元素类型的符号，例如下面的 arange()所创建的数组的元素类型为 32 位符号整数，因此对正数按位取反将得到负数。以整数 0 为例，按位取反的结果是 0xFFFFFFFF，在 32 位符号整数中，这个值表示-1。

```
~ np.arange(5)
array([-1, -2, -3, -4, -5])
```

而如果对 8 位无符号整数数组进行按位取反运算：

```
~ np.arange(5, dtype=np.uint8)
array([255, 254, 253, 252, 251], dtype=uint8)
```

同样的整数 0，按位取反的结果是 0xFF，当它是 8 位无符号整数时，它的值是 255。

2.2.3　自定义 ufunc 函数

通过 NumPy 提供的标准 ufunc 函数，可以组合出复杂的表达式，在 C 语言级别对数组的每个元素进行计算。但有时这种表达式不易编写，而对每个元素进行计算的程序却很容易用 Python 实现，这时可以用 frompyfunc() 将计算单个元素的函数转换成 ufunc 函数，这样就可以方便地用所产生的 ufunc 函数对数组进行计算了。

例如，我们可以用一个分段函数描述三角波，三角波的形状如图 2-5 所示，它分为三段：上升段、下降段和平坦段。

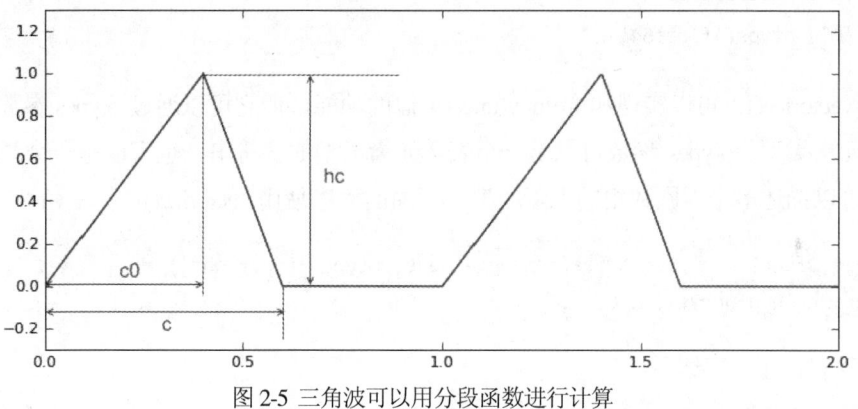

图 2-5　三角波可以用分段函数进行计算

根据图 2-5，我们很容易写出计算三角波上某点的 Y 坐标的函数。显然 triangle_wave() 只能计算单个数值，不能对数组直接进行处理。

```
def triangle_wave(x, c, c0, hc):
    x = x - int(x) # 三角波的周期为1，因此只取 x 坐标的小数部分进行计算
    if x >= c: r = 0.0
    elif x < c0: r = x / c0 * hc
    else: r = (c-x) / (c-c0) * hc
    return r
```

我们可以用下面的程序，先使用列表推导式计算出一个列表，然后用 array() 将列表转换为数组。这种做法每次都需要使用列表推导式语法调用函数，这对于多维数组很麻烦。

```
x = np.linspace(0, 2, 1000)
y1 = np.array([triangle_wave(t, 0.6, 0.4, 1.0) for t in x])
```

通过 frompyfunc() 可以将计算单个值的函数转换为能对数组的每个元素进行计算的 ufunc 函

数。frompyfunc()的调用格式为:

```
frompyfunc(func, nin, nout)
```

其中: func 是计算单个元素的函数, nin 是 func 的输入参数的个数, nout 是 func 的返回值的个数。下面的程序使用 frompyfunc()将 triangle_wave()转换为 ufunc 函数对象 triangle_ufunc1:

```
triangle_ufunc1 = np.frompyfunc(triangle_wave, 4, 1)
y2 = triangle_ufunc1(x, 0.6, 0.4, 1.0)
```

值得注意的是, triangle_ufunc1()所返回的数组的元素类型是 object, 因此还需要调用数组的astype()方法, 以将其转换为双精度浮点数组:

```
y2.dtype    y2.astype(np.float).dtype
----------  --------------------------
dtype('O') dtype('float64')
```

使用 vectorize()也可以实现和 frompyfunc()类似的功能, 但它可以通过 otypes 参数指定返回的数组的元素类型。otypes 参数可以是一个表示元素类型的字符串, 也可以是一个类型列表, 使用列表可以描述多个返回数组的元素类型。下面的程序使用 vectorize()计算三角波:

```
triangle_ufunc2 = np.vectorize(triangle_wave, otypes=[np.float])
y3 = triangle_ufunc2(x, 0.6, 0.4, 1.0)
```

最后我们验证一下结果:

```
np.all(y1 == y2)  np.all(y2 == y3)
----------------  ----------------
True              True
```

2.2.4 广播

当使用ufunc函数对两个数组进行计算时,ufunc 函数会对这两个数组的对应元素进行计算, 因此它要求这两个数组的形状相同。如果形状不同, 会进行如下广播(broadcasting)处理:

1)让所有输入数组都向其中维数最多的数组看齐,shape 属性中不足的部分都通过在前面加1 补齐。

2)输出数组的 shape 属性是输入数组的 shape 属性的各个轴上的最大值。

3)如果输入数组的某个轴的长度为1或与输出数组的对应轴的长度相同, 这个数组能够用来计算, 否则出错。

4)当输入数组的某个轴的长度为1时, 沿着此轴运算时都用此轴上的第一组值。

上述 4 条规则理解起来可能比较费劲, 下面让我们看一个实际的例子。

先创建一个二维数组 a, 其形状为(6,1):

```
a = np.arange(0, 60, 10).reshape(-1, 1)
```

a	a.shape
[[0],	(6, 1)
[10],	
[20],	
[30],	
[40],	
[50]]	

再创建一维数组 b，其形状为(5,):

```
b = np.arange(0, 5)
```

b	b.shape
[0, 1, 2, 3, 4]	(5,)

计算 a 与 b 的和，得到一个加法表，它相当于计算两个数组中所有元素对的和，得到一个形状为(6,5)的数组：

```
c = a + b
```

c	c.shape
[[0, 1, 2, 3, 4],	(6, 5)
[10, 11, 12, 13, 14],	
[20, 21, 22, 23, 24],	
[30, 31, 32, 33, 34],	
[40, 41, 42, 43, 44],	
[50, 51, 52, 53, 54]]	

由于 a 和 b 的维数不同，根据规则 1)，需要让 b 的 shape 属性向 a 对齐，于是在 b 的 shape 属性前加 1，补齐为(1,5)。相当于做了如下计算：

```
b.shape = 1, 5
```

b	b.shape
[[0, 1, 2, 3, 4]]	(1, 5)

这样，加法运算的两个输入数组的 shape 属性分别为(6,1)和(1,5)，根据规则 2)，输出数组的各个轴的长度为输入数组各个轴的长度的最大值，可知输出数组的 shape 属性为(6,5)。

由于 b 的第 0 轴的长度为 1，而 a 的第 0 轴的长度为 6，为了让它们在第 0 轴上能够相加，需要将 b 的第 0 轴的长度扩展为 6，这相当于：

```
b = b.repeat(6, axis=0)
        b            b.shape
----------------- -------
[[0, 1, 2, 3, 4], (6, 5)
 [0, 1, 2, 3, 4],
 [0, 1, 2, 3, 4],
 [0, 1, 2, 3, 4],
 [0, 1, 2, 3, 4],
 [0, 1, 2, 3, 4]]
```

这里的 repeat()方法沿着 axis 参数指定的轴复制数组中各个元素的值。由于 a 的第 1 轴的长度为 1，而 b 的第 1 轴的长度为 5，为了让它们在第 1 轴上能够相加，需要将 a 的第 1 轴的长度扩展为 5，这相当于：

```
a = a.repeat(5, axis=1)
           a              a.shape
---------------------- -------
[[ 0,  0,  0,  0,  0], (6, 5)
 [10, 10, 10, 10, 10],
 [20, 20, 20, 20, 20],
 [30, 30, 30, 30, 30],
 [40, 40, 40, 40, 40],
 [50, 50, 50, 50, 50]]
```

经过上述处理之后，a 和 b 就可以按对应元素进行相加运算了。当然，在执行 a+b 运算时，NumPy 内部并不会真正将长度为 1 的轴用 repeat()进行扩展，这样太浪费内存空间了。由于这种广播计算很常用，因此 NumPy 提供了 ogrid 对象，用于创建广播运算用的数组。

```
x, y = np.ogrid[:5, :5]
  x          y
----- -----------------
[[0], [[0, 1, 2, 3, 4]]
 [1],
 [2],
 [3],
 [4]]
```

此外，NumPy 还提供了 mgrid 对象，它的用法和 ogrid 对象类似，但是它所返回的是进行广播之后的数组：

```
x, y = np.mgrid[:5, :5]
        x                   y
----------------- -----------------
```

```
[[0, 0, 0, 0, 0],    [[0, 1, 2, 3, 4],
 [1, 1, 1, 1, 1],     [0, 1, 2, 3, 4],
 [2, 2, 2, 2, 2],     [0, 1, 2, 3, 4],
 [3, 3, 3, 3, 3],     [0, 1, 2, 3, 4],
 [4, 4, 4, 4, 4]]     [0, 1, 2, 3, 4]]
```

ogrid 是一个很有趣的对象,它像多维数组一样,用切片元组作为下标,返回的是一组可以用来广播计算的数组。其切片下标有两种形式:

- 开始值:结束值:步长,和 np.arange(开始值,结束值,步长)类似。
- 开始值:结束值:长度 j,当第三个参数为虚数时,它表示所返回的数组的长度,和 np.linspace(开始值,结束值,长度)类似。

```
x, y = np.ogrid[:1:4j, :1:3j]

      x                 y
---------------   --------------------
[[ 0.        ],   [[ 0. ,  0.5,  1. ]]
 [ 0.33333333],
 [ 0.66666667],
 [ 1.        ]]
```

利用 ogrid 的返回值,我们很容易计算二元函数在等间距网格上的值。下面是绘制三维曲面$f(x, y) = xe^{x^2 - y^2}$的程序:

```
x, y = np.ogrid[-2:2:20j, -2:2:20j]
z = x * np.exp( - x**2 - y**2)
```

图 2-6 为使用 ogrid 计算的三维曲面。

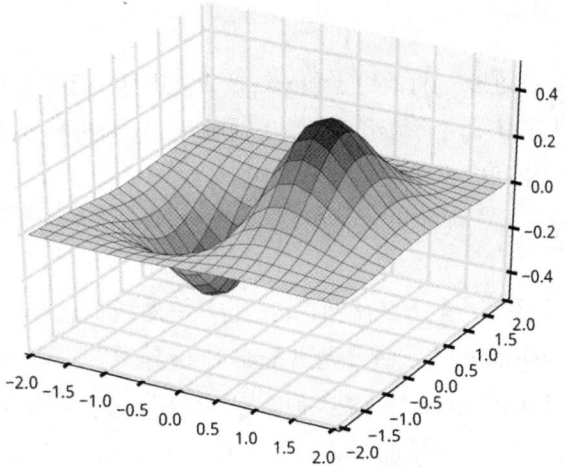

图 2-6 使用 ogrid 计算二元函数的曲面

为了充分利用 ufunc 函数的广播功能，我们经常需要调整数组的形状，因此数组支持特殊的下标对象 None，它表示在 None 对应的位置创建一个长度为 1 的新轴，例如对于一维数组 a，a[None, :]和 a.reshape(1, −1)等效，而 a[:, None]和 a.reshape(−1, 1)等效：

```
a = np.arange(4)
  a[None, :]    a[:, None]
-------------  ----------
[[0, 1, 2, 3]][[0],
[1],
[2],
[3]]
```

下面的例子利用 None 作为下标，实现广播运算：

```
x = np.array([0, 1, 4, 10])
y = np.array([2, 3, 8])
x[None, :] + y[:, None]
array([[ 2,  3,  6, 12],
       [ 3,  4,  7, 13],
       [ 8,  9, 12, 18]])
```

还可以使用 ix_()将两个一维数组转换成可广播的二维数组：

```
gy, gx = np.ix_(y, x)
       gx           gy        gx + gy
------------------  -----  ------------------
[[ 0,  1,  4, 10]]  [[2],  [[ 2,  3,  6, 12],
[3],   [ 3,  4,  7, 13],
[8]]   [ 8,  9, 12, 18]]
```

在上面的例子中，通过 ix_()将数组 x 和 y 转换成能进行广播运算的二维数组。注意数组 y 对应广播运算结果中的第 0 轴，而数组 x 与第 1 轴对应。ix_()的参数可以是 N 个一维数组，它将这些数组转换成 N 维空间中可广播的 N 维数组。

2.2.5 ufunc 的方法

ufunc 函数对象本身还有一些方法函数，这些方法只对两个输入、一个输出的 ufunc 函数有效，其他的 ufunc 对象调用这些方法时会抛出 ValueError 异常。

reduce()方法和 Python 的 reduce()函数类似，它沿着 axis 参数指定的轴对数组进行操作，相当于将<op>运算符插入到沿 axis 轴的所有元素之间：<op>.reduce(array, axis=0, dtype=None)。例如：

```
r1 = np.add.reduce([1, 2, 3])  # 1 + 2 + 3
r2 = np.add.reduce([[1, 2, 3], [4, 5, 6]], axis=1)  # (1+2+3),(4+5+6)
r1    r2
--    --------
6     [ 6, 15]
```

accumulate()方法和 reduce()类似，只是它返回的数组和输入数组的形状相同，保存所有的中间计算结果：

```
a1 = np.add.accumulate([1, 2, 3])
a2 = np.add.accumulate([[1, 2, 3], [4, 5, 6]], axis=1)
    a1           a2
---------   --------------
[1, 3, 6]   [[ 1,  3,  6],
             [ 4,  9, 15]]
```

reduceat()方法计算多组 reduce()的结果，通过 indices 参数指定一系列的起始和终止位置。它的计算有些特别，让我们通过例子详细解释一下：

```
a = np.array([1, 2, 3, 4])
result = np.add.reduceat(a, indices=[0, 1, 0, 2, 0, 3, 0])
result
array([ 1,  2,  3,  3,  6,  4, 10])
```

对于 indices 参数中的每个元素都会计算出一个值,因此最终的计算结果和 indices 参数的长度相同。结果数组 result 中除最后一个元素之外，都按照如下计算得出：

```
if indices[i] < indices[i+1]:
    result[i] = <op>.reduce(a[indices[i]:indices[i+1]])
else:
    result[i] = a[indices[i]]
```

而最后一个元素如下计算：

```
<op>.reduce(a[indices[-1]:])
```

因此在上面的例子中，数组 result 的每个元素按照如下计算得出：

```
1 : a[0] -> 1
2 : a[1] -> 2
3 : a[0] + a[1] -> 1 + 2
3 : a[2] -> 3
6 : a[0] + a[1] + a[2] ->  1 + 2 + 3 = 6
4 : a[3] -> 4
10: a[0] + a[1] + a[2] + a[4] -> 1 + 2 + 3 + 4 = 10
```

可以看出 result[::2]和 a 相等，而 result[1::2]和 np.add.accumulate(a)相等。

ufunc 函数对象的 outer()方法等同于如下程序：

```
a.shape += (1,)*b.ndim
<op>(a,b)
a = a.squeeze()
```

其中 squeeze()方法剔除数组 a 中长度为 1 的轴。让我们看一个例子：

```
np.multiply.outer([1, 2, 3, 4, 5], [2, 3, 4])
array([[ 2,  3,  4],
       [ 4,  6,  8],
       [ 6,  9, 12],
       [ 8, 12, 16],
       [10, 15, 20]])
```

可以看出通过 outer()计算的结果是如下乘法表：

```
*| 2  3  4
------------
1| 2  3  4
2| 4  6  8
3| 6  9 12
4| 8 12 16
5|10 15 20
```

如果将这两个数组按照等同程序一步一步地进行计算，就会发现乘法表最终是通过广播的方式计算出来的。

2.3 多维数组的下标存取

 与本节内容对应的 Notebook 为：02-numpy/numpy-300-mulitindex.ipynb。

在前面的介绍中，我们通过一些实例介绍了如何对多维数组进行下标访问。实际上，NumPy 提供的下标功能十分强大，在读者掌握了"广播"相关的知识之后，让我们再回过头来系统地学习数组的下标规则。

2.3.1 下标对象

首先，多维数组的下标应该是一个长度和数组的维数相同的元组。如果下标元组的长度比数组的维数大，就会出错；如果小，就会在下标元组的后面补":"，使得它的长度与数组维数相同。

如果下标对象不是元组，则 NumPy 会首先把它转换为元组。这种转换可能会和用户所希望的不一致，因此为了避免出现问题，请"显式"地使用元组作为下标。例如数组 a 是一个三维数组，下面使用一个二维列表 lidx 和二维数组 aidx 作为下标，得到的结果就不一样。

```
a = np.arange(3 * 4 * 5).reshape(3, 4, 5)
lidx = [[0], [1]]
aidx = np.array(lidx)
```

```
     a[lidx]               a[aidx]
---------------    --------------------------
[[5, 6, 7, 8, 9]]  [[[[ 0,  1,  2,  3,  4],
                      [ 5,  6,  7,  8,  9],
                      [10, 11, 12, 13, 14],
                      [15, 16, 17, 18, 19]]],


                    [[[20, 21, 22, 23, 24],
                      [25, 26, 27, 28, 29],
                      [30, 31, 32, 33, 34],
                      [35, 36, 37, 38, 39]]]]
```

这是因为 NumPy 将列表 lidx 转换成了([0],[1])，而将数组 aidx 转换成了(aidx, :, :)：

```
   a[tuple(lidx)]          a[aidx,:,:]
---------------    --------------------------
[[5, 6, 7, 8, 9]]  [[[[ 0,  1,  2,  3,  4],
                      [ 5,  6,  7,  8,  9],
                      [10, 11, 12, 13, 14],
                      [15, 16, 17, 18, 19]]],


                    [[[20, 21, 22, 23, 24],
                      [25, 26, 27, 28, 29],
                      [30, 31, 32, 33, 34],
                      [35, 36, 37, 38, 39]]]]
```

经过各种转换和添加":"之后得到了一个标准的下标元组。它的各个元素有如下几种类型：切片、整数、整数数组和布尔数组。如果元素不是这些类型，如列表或元组，就将其转换成整数数组。

如果下标元组的所有元素都是切片和整数，那么用它作为下标得到的是原始数组的一个视图，即它和原始数组共享数据存储空间。

2.3.2 整数数组作为下标

下面看看下标元组中的元素由切片和整数数组构成的情况。假设整数数组有 N_t 个，而切片有 N_s 个。$N_t + N_s$ 为数组的维数 D。

首先，这 N_t 个整数数组必须满足广播条件，假设它们进行广播之后的维数为 M，形状为 $(d_0, d_1, \ldots, d_{M-1})$。

如果 N_s 为 0，即没有切片元素时，则下标所得到的结果数组 result 的形状和整数数组广播之后的形状相同。它的每个元素值按照下面的公式获得：

$$result[i_0, i_1, \ldots, i_{M-1}] = X[ind_0[i_0, i_1, \ldots, i_{M-1}], \ldots, ind_{N_t-1}[i_0, i_1, \ldots, i_{M-1}]]$$

其中，ind_0 到 ind_{N_t-1} 为进行广播之后的整数数组。让我们看一个例子，从而加深对此公式的理解：

> 💡 若只需要沿着指定轴通过整数数组获取元素，可以使用 numpy.take()函数，其运算速度比整数数组的下标运算略快，并且支持下标越界处理。

```
i0 = np.array([[1, 2, 1], [0, 1, 0]])
i1 = np.array([[[0]], [[1]]])
i2 = np.array([[[2, 3, 2]]])
b = a[i0, i1, i2]
b
array([[[22, 43, 22],
        [ 2, 23,  2]],

       [[27, 48, 27],
        [ 7, 28,  7]]])
```

首先，i0、i1、i2 三个整数数组的 shape 属性分别为(2,3)、(2,1,1)、(1,1,3)。根据广播规则，先在长度不足 3 的 shape 属性前面补 1，使得它们的维数相同，广播之后的 shape 属性为各个轴的最大值：

```
(1, 2, 3)
(2, 1, 1)
(1, 1, 3)
---------
 2  2  3
```

即三个整数数组广播之后的 shape 属性为(2,2,3)，这也就是下标运算所得到的结果数组的维数：

```
b.shape
(2, 2, 3)
```

我们可以使用 broadcast_arrays() 查看广播之后的数组：

```
ind0, ind1, ind2 = np.broadcast_arrays(i0, i1, i2)
     ind0            ind1            ind2
-------------    -------------   -------------
[[[1, 2, 1],     [[[0, 0, 0],    [[[2, 3, 2],
  [0, 1, 0]],      [0, 0, 0]],      [2, 3, 2]],

 [[1, 2, 1],      [[1, 1, 1],     [[2, 3, 2],
  [0, 1, 0]]]      [1, 1, 1]]]     [2, 3, 2]]]
```

对于 b 中的任意一个元素 b[i,j,k]，它是数组 a 中经过 ind0、ind1 和 ind2 进行下标转换之后的值：

```
i, j, k = 0, 1, 2
print b[i, j, k], a[ind0[i, j, k], ind1[i, j, k], ind2[i, j, k]]

i, j, k = 1, 1, 1
print b[i, j, k], a[ind0[i, j, k], ind1[i, j, k], ind2[i, j, k]]
2 2
28 28
```

下面考虑 N_s 不为 0 的情况。当存在切片下标时，情况就变得更加复杂了。可以细分为两种情况：下标元组中的整数数组之间没有切片，即整数数组只有一个或连续的多个整数数组。这时结果数组的 shape 属性为：将原始数组的 shape 属性中整数数组所占据的部分替换为它们广播之后的 shape 属性。例如假设原始数组 a 的 shape 属性为(3,4,5)，i0 和 i1 广播之后的形状为(2,2,3)，则 a[1:3,i0,i1] 的形状为(2,2,2,3)：

```
c = a[1:3, i0, i1]
c.shape
(2, 2, 2, 3)
```

其中，c 的 shape 属性中的第一个 2 是切片 "1:3" 的长度，后面的(2,2,3)则是 i0 和 i1 广播之后的数组的形状：

```
ind0, ind1 = np.broadcast_arrays(i0, i1)
ind0.shape
(2, 2, 3)
```

```
i, j, k = 1, 1, 2
print c[:, i, j, k]
print a[1:3, ind0[i, j, k], ind1[i, j, k]]  # 和 c[:,i,j,k]的值相同
```

```
[21 41]
[21 41]
```

当下标元组中的整数数组不连续时，结果数组的 shape 属性为整数数组广播之后的形状后面添加上切片元素所对应的形状。例如 a[i0,:,i1]的 shape 属性为(2,2,3,4)，其中(2,2,3)是 i0 和 i1 广播之后的形状，而 4 是数组 a 的第 1 轴的长度：

```
d = a[i0, :, i1]
d.shape
```
```
(2, 2, 3, 4)
```

```
i, j, k = 1, 1, 2
    d[i,j,k,:]      a[ind0[i,j,k],:,ind1[i,j,k]]
----------------    ---------------------------
[ 1,  6, 11, 16]    [ 1,  6, 11, 16]
```

2.3.3 一个复杂的例子

下面让我们用所学的下标存取的知识，解决在 NumPy 邮件列表中提出的一个比较经典的问题。

 http://mail.scipy.org/pipermail/numpy-discussion/2008-July/035764.html
NumPy 邮件列表中原文的链接。

我们对问题进行一些简化，提问者想要实现的下标运算是：有一个形状为(I, J, K)的三维数组 v 和一个形状为(I, J)的二维数组 idx，idx 的每个值都是 0 到 K−L 的整数。他想通过下标运算得到一个数组 r，对于第 0 轴和第 1 轴的每个下标 i 和 j 都满足下面的条件：

r[i,j,:] = v[i,j,idx[i,j]:idx[i,j]+L]

如图 2-7 所示，左图中不透明的方块是我们希望获取的部分，通过下标运算之后将得到右侧所示的数组。

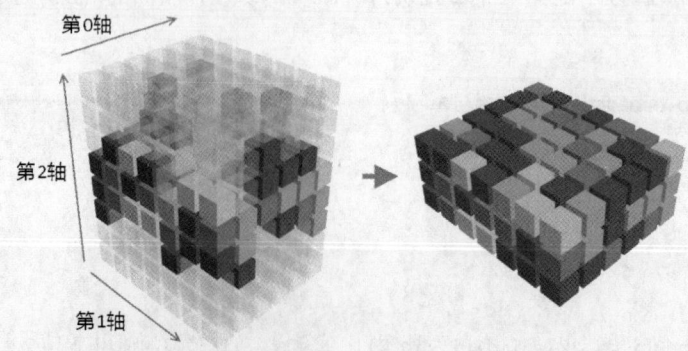

图 2-7 三维数组下标运算问题的示意图

首先创建一个方便调试的数组 v，它在第 2 轴上每一层的值就是该层的高度，即 v[:,:,i]的所有的元素值都为 i。然后随机产生数组 idx，它的每个元素的取值都在 0 到 K–L 之间：

```
I, J, K, L = 6, 7, 8, 3
_, _, v = np.mgrid[:I, :J, :K]
idx = np.random.randint(0, K - L, size=(I, J))
```

然后用数组 idx 创建第 2 轴的下标数组 idx_k，它是一个形状为(I,J,L)的三维数组。它的第 2 轴上的每一层的值都等于 idx 数组加上层的高度，即 idx_k[:,:,i] = idx[:,:] + i：

```
idx_k = idx[:, :, None] + np.arange(3)
idx_k.shape
```
```
(6, 7, 3)
```

然后分别创建第 0 轴和第 1 轴的下标数组，它们的 shape 分别为(I,1,1)和(1,J,1)：

```
idx_i, idx_j, _ = np.ogrid[:I, :J, :K]
```

使用 idx_i, idx_j, idx_k 对数组 v 进行下标运算即可得到结果：

```
r = v[idx_i, idx_j, idx_k]
i, j = 2, 3  # 验证结果，读者可以将之修改为使用循环验证所有的元素
r[i,j,:]  v[i,j,idx[i,j]:idx[i,j]+L]
---------  --------------------------
[0, 1, 2]  [0, 1, 2]
```

2.3.4 布尔数组作为下标

当使用布尔数组直接作为下标对象或者元组下标对象中有布尔数组时，都相当于用 nonzero()将布尔数组转换成一组整数数组，然后使用整数数组进行下标运算。

nonzero(a)返回数组 a 中值不为零的元素的下标，它的返回值是一个长度为 a.ndim(数组 a 的轴数)的元组，元组的每个元素都是一个整数数组，其值为非零元素的下标在对应轴上的值。例如对于一维布尔数组 b1，nonzero(a)所得到的是一个长度为 1 的元组，它表示 b1[0]和 b1[2]的值不为 0。

 若只需要沿着指定轴通过布尔数组获取元素，可以使用 numpy.compress()函数。

```
b1 = np.array([True, False, True, False])
np.nonzero(b1)
```
```
(array([0, 2]),)
```

对于二维数组 b2，nonzero(a)所得到的是一个长度为 2 的元组。它的第 0 个元素是数组 a 中

值不为0的元素的第0轴的下标,第1个元素则是第1轴的下标,因此从下面的结果可知b2[0,0]、b2[0,2]和b2[1,0]的值不为0:

```
b2 = np.array([[True, False, True], [True, False, False]])
np.nonzero(b2)
```
```
(array([0, 0, 1]), array([0, 2, 0]))
```

当布尔数组直接作为下标时,相当于使用由nonzero()转换之后的元组作为下标对象:

```
a = np.arange(3 * 4 * 5).reshape(3, 4, 5)

        a[b2]              a[np.nonzero(b2)]
--------------------  ----------------------
[[ 0,  1,  2,  3,  4],[[ 0,  1,  2,  3,  4],
 [10, 11, 12, 13, 14],[10, 11, 12, 13, 14],
 [20, 21, 22, 23, 24]][20, 21, 22, 23, 24]]
```

当下标对象是元组,并且其中有布尔数组时,相当于将布尔数组展开为由 nonzeros()转换之后的各个整数数组:

```
  a[1:3, b2]    a[1:3, np.nonzero(b2)[0], np.nonzero(b2)[1]]
--------------  ---------------------------------------------
[[20, 22, 25],  [[20, 22, 25],
 [40, 42, 45]]   [40, 42, 45]]
```

2.4　庞大的函数库

　与本节内容对应的 Notebook 为:　02-numpy/numpy-400-functions.ipynb。

除了前面介绍的 ndarray 数组对象和 ufunc 函数之外,NumPy 还提供了大量对数组进行处理的函数。充分利用这些函数,能够简化程序的逻辑,提高运算速度。本节通过一些较常用的例子,说明它们的一些使用技巧和注意事项。

2.4.1　随机数

本节介绍的函数如表 2-3 所示。

表 2-3 本节要介绍的函数

函数名	功能	函数名	功能
rand	0到1之间的随机数	randn	标准正态分布的随机数
randint	指定范围内的随机整数	normal	正态分布

函数名	功能	函数名	功能
uniform	均匀分布	poisson	泊松分布
permutation	随机排列	shuffle	随机打乱顺序
choice	随机抽取样本	seed	设置随机数种子

numpy.random 模块中提供了大量的随机数相关的函数，为了方便后面用随机数测试各种运算函数，让我们首先来看看如何产生随机数：

- rand() 产生 0 到 1 之间的随机浮点数，它的所有参数用于指定所产生的数组的形状。
- randn() 产生标准正态分布的随机数，参数的含义与 rand() 相同。
- randint() 产生指定范围的随机整数，包括起始值，但是不包括终值，在下面的例子中，产生 0 到 9 的随机数，它的第三个参数用于指定数组的形状：

```
from numpy import random as nr
np.set_printoptions(precision=2) # 为了节省篇幅，只显示小数点后两位数字
r1 = nr.rand(4, 3)
r2 = nr.randn(4, 3)
r3 = nr.randint(0, 10, (4, 3))
```

```
          r1                        r2                    r3
----------------------    -----------------------   -----------
[[ 0.87,  0.42,  0.34],   [[-1.32, -0.03, -0.05],   [[5, 9, 1],
 [ 0.25,  0.87,  0.42],    [ 0.34, -0.42, -0.41],    [2, 9, 8],
 [ 0.49,  0.18,  0.44],    [ 0.59, -0.49, -0.01],    [2, 6, 6],
 [ 0.53,  0.23,  0.81]]    [-1.92, -0.13, -1.34]]    [3, 8, 1]]
```

random 模块提供了许多产生符合特定随机分布的随机数的函数，它们的最后一个参数 size 都用于指定输出数组的形状，而其他参数都是分布函数的参数。例如：

- normal()：正态分布，前两个参数分别为期望值和标准差。
- uniform()：均匀分布，前两个参数分别为区间的起始值和终值。
- poisson()：泊松分布，第一个参数指定 λ 系数，它表示单位时间(或单位面积)内随机事件的平均发生率。由于泊松分布是一个离散分布，因此它输出的数组是一个整数数组。

```
r1 = nr.normal(100, 10, (4, 3))
r2 = nr.uniform(10, 20, (4, 3))
r3 = nr.poisson(2.0, (4, 3))
```

```
          r1                         r2                    r3
----------------------    --------------------------   -----------
[[ 102.89,  103.56,  111.46],[[ 19.  ,  18.69,  14.38],   [[3, 1, 5],
 [  83.54,  122.36,   98.31], [ 17.97,  10.16,  12.47],    [2, 2, 3],
 [  87.95,  106.89,   99.28], [ 19.36,  10.91,  19.65],    [2, 4, 4],
 [  92.66,  103.13,  106.28]] [ 16.79,  16.46,  16.32]]    [2, 2, 3]]
```

permutation()可以用于产生一个乱序数组，当参数为整数 n 时，它返回[0,n)这 n 个整数的随机排列；当参数为一个序列时，它返回一个随机排列之后的序列：

```
a = np.array([1, 10, 20, 30, 40])
print nr.permutation(10)
print nr.permutation(a)
[2 4 3 5 6 8 0 1 9 7]
[40  1 10 20 30]
```

permutation()返回一个新数组，而 shuffle()则直接将参数数组的顺序打乱：

```
nr.shuffle(a)
a
array([ 1, 20, 30, 10, 40])
```

choice()从指定的样本中随机进行抽取：

- size 参数用于指定输出数组的形状。
- replace 参数为 True 时，进行可重复抽取，而为 False 时进行不重复抽取，默认值为 True。所以在下面的例子中，c1 中可能有重复数值，而 c2 中的每个数值都是不同的。
- p 参数指定每个元素对应的抽取概率，如果不指定，所有的元素被抽取到的概率相同。在下面的例子中，值越大的元素被抽到的概率越大，因此 c3 中数值较大的元素比较多。

```
a = np.arange(10, 25, dtype=float)
c1 = nr.choice(a, size=(4, 3))
c2 = nr.choice(a, size=(4, 3), replace=False)
c3 = nr.choice(a, size=(4, 3), p=a / np.sum(a))
```

```
       c1                   c2                   c3
--------------------  --------------------  --------------------
[[ 12.,  22.,  17.],  [[ 10.,  14.,  23.],  [[ 21.,  24.,  23.],
 [ 24.,  13.,  14.],   [ 24.,  13.,  19.],   [ 19.,  18.,  19.],
 [ 19.,  23.,  23.],   [ 11.,  22.,  20.],   [ 24.,  21.,  22.],
 [ 17.,  19.,  22.]]   [ 15.,  17.,  18.]]   [ 22.,  21.,  21.]]
```

为了保证每次运行时能重现相同的随机数，可以通过 seed()函数指定随机数的种子。在下面的例子中，计算 r3 和 r4 之前，都使用 42 作为种子，因此得到的随机数组是相同的：

```
r1 = nr.randint(0, 100, 3)
r2 = nr.randint(0, 100, 3)
nr.seed(42)
r3 = nr.randint(0, 100, 3)
nr.seed(42)
r4 = nr.randint(0, 100, 3)
```

```
        r1             r2             r3             r4
----------    ----------    ----------    ----------
[84, 14, 46]  [23, 20, 66]  [51, 92, 14]  [51, 92, 14]
```

2.4.2 求和、平均值、方差

本节介绍的函数如表 2-4 所示。

表 2-4 本节要介绍的函数

函数名	功能	函数名	功能
sum	求和	mean	求期望
average	加权平均数	std	标准差
var	方差	product	连乘积

sum()计算数组元素之和，也可以对列表、元组等与数组类似的序列进行求和。当数组是多维时，它计算数组中所有元素的和。这里我们使用 random.randint()模块中的函数创建一个随机整数数组。

```
np.random.seed(42)
a = np.random.randint(0,10,size=(4,5))

        a            np.sum(a)
-----------------    ---------
[[6, 3, 7, 4, 6],    96
 [9, 2, 6, 7, 4],
 [3, 7, 7, 2, 5],
 [4, 1, 7, 5, 1]]
```

如果指定 axis 参数，则求和运算沿着指定的轴进行。在上面的例子中，数组 a 的第 0 轴的长度为 4，第 1 轴的长度为 5。如果 axis 参数为 1，则对每行上的 5 个数求和，所得的结果是长度为 4 的一维数组。如果参数 axis 为 0，则对每列上的 4 个数求和，结果是长度为 5 的一维数组。即结果数组的形状是原始数组的形状除去其第 axis 个元素：

```
np.sum(a, axis=1)   np.sum(a, axis=0)
-----------------   --------------------
[26, 28, 24, 18]    [22, 13, 27, 18, 16]
```

当 axis 参数是一个轴的序列时，对指定的所有轴进行求和运算。例如下面的程序对一个形状为(2,3,4)的三维数组的第 0 和第 2 轴求和，得到的结果为一个形状为(3,)的数组。由于数组的所有元素都为 1，因此求和的结果都是 8：

```
np.sum(np.ones((2, 3, 4)), axis=(0, 2))
array([ 8.,  8.,  8.])
```

有时我们希望能够保持原数组的维数，这时可以设置 keepdims 参数为 True：

```
np.sum(a, 1, keepdims=True)   np.sum(a, 0, keepdims=True)
--------------------------    ---------------------------
[[26],                        [[22, 13, 27, 18, 16]]
 [28],
 [24],
 [18]]
```

sum()默认使用和数组的元素类型相同的累加变量进行计算，如果元素类型为整数，则使用系统的默认整数类型作为累加变量，例如在 32 位系统中使用 32 位整数作为累加变量。因此对整数数组进行累加时可能会出现溢出问题，即数组元素的总和超过了累加变量的取值范围。下面的程序计算数组 a 中每个元素占其所在行总和的百分比。在调用 sum()函数时：

- 设置 dtype 参数为 float，这样得到的结果是浮点数组，能避免整数的整除运算。
- 设置 keepdims 参数为 True，这样 sum()得到的结果的形状为(4,1)，能够和原始数组进行广播运算。

```
pa = a / np.sum(a, 1, dtype=float, keepdims=True) * 100

                    pa                          pa.sum(1, keepdims=True)
----------------------------------------------  ------------------------
[[ 23.08,  11.54,  26.92,  15.38,  23.08],[[ 100.],
 [ 32.14,   7.14,  21.43,  25.  ,  14.29],[ 100.],
 [ 12.5 ,  29.17,  29.17,   8.33,  20.83],[ 100.],
 [ 22.22,   5.56,  38.89,  27.78,   5.56]][ 100.]]
```

对很大的单精度浮点数类型的数组进行计算时，也可能出现精度不够的现象，这时也可以通过 dtype 参数指定累加变量的类型。在下面的例子中，我们对一个元素都为 1.1 的单精度数组进行求和，比较单精度累加变量和双精度累加变量的计算结果：

```
np.set_printoptions(precision=8)
b = np.full(1000000, 1.1, dtype=np.float32) # 创建一个很大的单精度浮点数数组
b # 1.1 无法使用浮点数精确表示，存在一些误差
array([ 1.10000002,  1.10000002,  1.10000002, ...,  1.10000002,
        1.10000002,  1.10000002], dtype=float32)
```

使用单精度累加变量进行累加计算，误差将越来越大，而使用双精度浮点数则能够得到较精确的结果：

```
np.sum(b)   np.sum(b, dtype=np.double)
---------   --------------------------
1099999.3   1100000.0238418579
```

上面的例子将产生一个新的数组来保存求和的结果，如果希望将结果直接保存到另一个数组中，可以和 ufunc 函数一样使用 out 参数指定输出数组，它的形状必须和结果数组的形状相同。

mean()求数组的平均值，它的参数与 sum()相同。和 sum()不同的是：对于整数数组它使用双精度浮点数进行计算，而对于其他类型的数组，则使用和数组元素类型相同的累加变量进行计算：

```
np.mean(a, axis=1) # 整数数组使用双精度浮点数进行计算
array([ 5.2,  5.6,  4.8,  3.6])
```

```
np.mean(b)   np.mean(b, dtype=np.double)
----------   ---------------------------
1.0999993    1.1000000238418579
```

此外，average()也可以对数组进行平均计算。它没有 out 和 dtype 参数，但有一个指定每个元素权值的 weights 参数，可以用于计算加权平均数。例如有三个班级，number 数组中保存每个班级的人数，score 数组中保存每个班级的平均分，下面计算所有班级的加权平均分，得到整个年级的平均分：

```
score = np.array([83, 72, 79])
number = np.array([20, 15, 30])
print np.average(score, weights=number)
78.6153846154
```

相当于进行如下计算：

```
print np.sum(score * number) / np.sum(number, dtype=float)
78.6153846154
```

std()和 var()分别计算数组的标准差和方差，有 axis、out、dtype 以及 keepdims 等参数。方差有两种定义：偏样本方差(biased sample variance)和无偏样本方差(unbiased sample variance)。偏样本方差的计算公式为：

$$s_n^2 = \frac{1}{n}\sum_{i=1}^{n}(y_i - \overline{y})^2$$

而无偏样本方差的公式为：

$$s^2 = \frac{1}{n-1}\sum_{i=1}^{n}(y_i - \overline{y})^2$$

当 ddof 参数为 0 时，计算偏样本方差；当 ddof 为 1 时，计算无偏样本方差，默认值为 0。

下面我们用程序演示这两种方差的差别。

　　首先产生一个标准差为 2.0、方差为 4.0 的正态分布的随机数组。我们可以认为总体样本的方差为 4.0。假设从总体样本中随机抽取 10 个样本，我们分别计算这 10 个样本的两种方差，这里我们用一个二维数组重复上述操作 100000 次，然后计算所有这些方差的期望值：

```
a = nr.normal(0, 2.0, (100000, 10))
v1 = np.var(a, axis=1, ddof=0) #可以省略 ddof=0
v2 = np.var(a, axis=1, ddof=1)

   np.mean(v1)          np.mean(v2)
------------------   -------------------
3.6008566906846693   4.0009518785385216
```

可以看到无偏样本方差的期望值接近于总体方差 4.0，而偏样本方差比 4.0 小一些。

　　偏样本方差是正态分布随机变量的最大似然估计。如果有一个样本包含 n 个随机数，并且知道它们符合正态分布，通过该样本可以估算出正态分布的概率密度函数的参数。所估算的那组正态分布参数最符合给定的样本，就称为最大似然估计。

　　正态分布的概率密度函数的定义如下，其中 μ 表示期望，σ^2 表示方差：

$$f(x \mid \mu, \sigma^2) = \frac{1}{\sqrt{2\pi\sigma^2}} e^{-\frac{(x-\mu)^2}{2\sigma^2}}$$

所谓最大似然估计，就是找到一组参数使得下面的乘积最大，其中 x_i 为样本中的值：

$$f(x_1)f(x_2)\cdots f(x_n)$$

专业术语总是很难理解，下面我们还是用程序来验证：

```
def normal_pdf(mean, var, x):
    return 1 / np.sqrt(2 * np.pi * var) * np.exp(-(x - mean) ** 2 / (2 * var))

nr.seed(42)
data = nr.normal(0, 2.0, size=10)                          ❶
mean, var = np.mean(data), np.var(data)                    ❷
var_range = np.linspace(max(var - 4, 0.1), var + 4, 100)   ❸

p = normal_pdf(mean, var_range[:, None], data)             ❹
p = np.product(p, axis=1)                                  ❺
```

　　normal_pdf()为计算正态分布的概率密度的函数。❶产生 10 个正态分布的随机数。❷计算其最大似然估计的参数。❸以最大似然估计的方差为中心，产生一组方差值。❹用正态分布的概率密度函数计算每个样本、每个方差所对应的概率密度。由于使用了广播运算，得到的结果 p 是一个二维数组，它的第 0 轴对应 var_range 中的各个方差，第 1 轴对应 data 中的每个元素。❺沿着 p 的第 1 轴求所有概率密度的乘积。product()和 sum()的用法类似，用于计算数组所有元素的乘积。

下面绘制 var_range 中各个方差对应的似然估计值，并用一条竖线表示偏样本方差。由图
2-8 可以看到偏样本方差位于似然估计曲线的最大值处。

```
import pylab as pl
pl.plot(var_range, p)
pl.axvline(var, 0, 1, c="r")
pl.show()
```

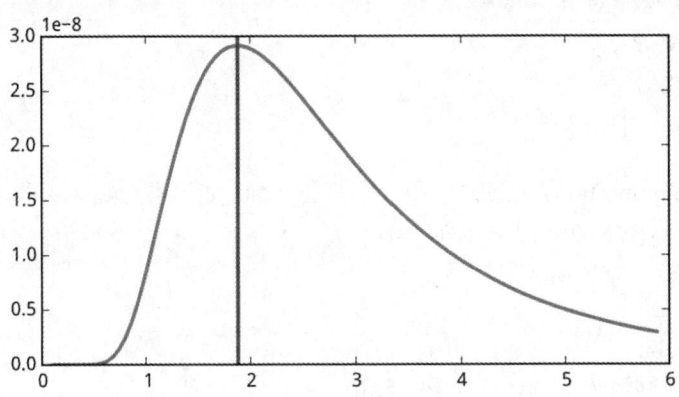

图 2-8 偏样本方差位于似然估计曲线的最大值处

2.4.3 大小与排序

与本节内容对应的 Notebook 为：02-numpy/numpy-410-functions-sort.ipynb。

本节介绍的函数如表 2-5 所示。

表 2-5 本节要介绍的函数

函数名	功能	函数名	功能
min	最小值	max	最大值
minimum	二元最小值	maximum	二元最大值
ptp	最大值与最小值的差	argmin	最小值的下标
argmax	最大值的下标	unravel_index	一维下标转换成多维下标
sort	数组排序	argsort	计算数组排序的下标
lexsort	多列排序	partition	快速计算前 k 位
argpartition	前 k 位的下标	median	中位数
percentile	百分位数	searchsorted	二分查找

用 min() 和 max() 可以计算数组的最小值和最大值，它们都有 axis、out、keepdims 等参数。

这些参数的用法和 sum()基本相同,但是 axis 参数不支持序列。此外,ptp()计算最大值和最小值之间的差,有 axis 和 out 参数。这里就不再多举例了,请读者自行查看函数的文档。minimum()和 maximum()用于比较两个数组对应下标的元素,返回数组的形状为两参数数组广播之后的形状。

```
a = np.array([1, 3, 5, 7])
b = np.array([2, 4, 6])
np.maximum(a[None, :], b[:, None])

array([[2, 3, 5, 7],
       [4, 4, 5, 7],
       [6, 6, 6, 7]])
```

用 argmax()和 argmin()可以求最大值和最小值的下标。如果不指定 axis 参数,则返回平坦化之后的数组下标,例如下面的程序找到 a 中最大值的下标,有多个最值时得到第一个最值的下标:

```
np.random.seed(42)
a = np.random.randint(0, 10, size=(4, 5))
max_pos = np.argmax(a)
max_pos

5
```

下面查看 a 平坦化之后的数组中下标为 max_pos 的元素:

```
a.ravel()[max_pos]  np.max(a)
------------------  ---------
9                   9
```

可以通过 unravel_index()将一维数组的下标转换为多维数组的下标,它的第一个参数为一维数组的下标,第二个参数是多维数组的形状:

```
idx = np.unravel_index(max_pos, a.shape)
idx    a[idx]
------ ------
(1, 0)  9
```

当使用 axis 参数时,可以沿着指定轴计算最大值的下标。例如下面的结果表示,在数组 a 中第 0 行的最大值的下标为 2,第 1 行的最大值的下标为 0:

```
idx = np.argmax(a, axis=1)
idx

array([2, 0, 1, 2])
```

使用下面的语句可以通过 idx 选出每行的最大值：

```
a[np.arange(a.shape[0]), idx]
array([7, 9, 7, 7])
```

数组的 sort() 方法对数组进行排序，它会改变数组的内容；而 sort() 函数则返回一个新数组，不改变原始数组。它们的 axis 默认值都为-1，即沿着数组的最终轴进行排序。sort() 函数的 axis 参数可以设置为 None，此时它将得到平坦化之后进行排序的新数组。在下面的例子中，np.sort(a) 对 a 中每行的数值进行排序，而 np.sort(a, axis=0) 对数组 a 每列上的数值进行排序。

```
    np.sort(a)      np.sort(a, axis=0)
---------------    ------------------
[[3, 4, 6, 6, 7],  [[3, 1, 6, 2, 1],
 [2, 4, 6, 7, 9],   [4, 2, 7, 4, 4],
 [2, 3, 5, 7, 7],   [6, 3, 7, 5, 5],
 [1, 1, 4, 5, 7]]   [9, 7, 7, 7, 6]]
```

argsort() 返回数组的排序下标，参数 axis 的默认值为-1：

```
sort_axis1 = np.argsort(a)
sort_axis0 = np.argsort(a, axis=0)
    sort_axis1          sort_axis0
----------------    ------------------
[[1, 3, 0, 4, 2],   [[2, 3, 1, 2, 3],
 [1, 4, 2, 3, 0],    [3, 1, 0, 0, 1],
 [3, 0, 4, 1, 2],    [0, 0, 2, 3, 2],
 [1, 4, 0, 3, 2]]    [1, 2, 3, 1, 0]]
```

为了使用 sort_axis0 和 sort_axis1 计算排序之后的数组，即 np.sort(a) 的结果，需要产生非排序轴的下标。下面使用 ogrid 对象产生第 0 轴和第 1 轴的下标 axis0 和 axis1：

```
axis0, axis1 = np.ogrid[:a.shape[0], :a.shape[1]]
```

然后使用这些下标数组得到排序之后的数组：

```
a[axis0, sort_axis1]   a[sort_axis0, axis1]
--------------------   --------------------
[[3, 4, 6, 6, 7],      [[3, 1, 6, 2, 1],
 [2, 4, 6, 7, 9],       [4, 2, 7, 4, 4],
 [2, 3, 5, 7, 7],       [6, 3, 7, 5, 5],
 [1, 1, 4, 5, 7]]       [9, 7, 7, 7, 6]]
```

使用这种方法可以对两个相关联的数组进行排序，即从数组 a 产生排序下标数组，然后使用它对数组 b 进行排序。排序相关的函数或方法还可以通过 kind 参数指定排序算法，对于结构数组可以通过 order 参数指定排序所使用的字段。

lexsort()类似于 Excel 中的多列排序。它的参数是一个形状为(k, N)的数组，或者包含 k 个长度为 N 的数组的序列，可以把它理解为 Excel 中 N 行 k 列的表格。lexsort()返回排序下标，注意数组中最后的列为排序的主键。在下面的例子中，按照"姓名-年龄"的顺序对数据排序：

```
names = ["zhang", "wang", "li", "wang", "zhang"]
ages = [37, 33, 32, 31, 36]
idx = np.lexsort([ages, names])
sorted_data = np.array(zip(names, ages), "O")[idx]
      idx           sorted_data
--------------    ---------------
[2, 3, 1, 4, 0][['li', 32],
['wang', 31],
['wang', 33],
['zhang', 36],
['zhang', 37]]
```

如果需要对一个 N 行 k 列的数组以第一列为主键进行排序，可以先通过切片下标::-1 反转数组的第 1 轴，然后对其转置进行 lexsort()排序：

```
b = np.random.randint(0, 10, (5, 3))
      b          b[np.lexsort(b[:, ::-1].T)]
-----------    ---------------------------
[[4, 0, 9],    [[3, 8, 2],
 [5, 8, 0],     [4, 0, 9],
 [9, 2, 6],     [4, 2, 6],
 [3, 8, 2],     [5, 8, 0],
 [4, 2, 6]]     [9, 2, 6]]
```

partition()和 argpartition()对数组进行分割，可以很快地找出排序之后的前 k 个元素，由于它不需要对整个数组进行完整排序，因此速度比调用 sort()之后再取前 k 个元素要快许多。下面从 10万个随机数中找出前 5 个最小的数,注意 partition()得到的前 5 个数值没有按照从小到大排序，如果需要，可以再调用 sort()对这 5 个数进行排序即可：

```
r = np.random.randint(10, 1000000, 100000)
   np.sort(r)[:5]     np.partition(r, 5)[:5]
--------------------  ----------------------
[15, 23, 25, 37, 47]  [15, 47, 25, 37, 23]
```

下面用%timeit 测试 sort()和 partition()的运行速度：

```
%timeit np.sort(r)[:5]
%timeit np.sort(np.partition(r, 5)[:5])
```

```
100 loops, best of 3: 6.02 ms per loop
1000 loops, best of 3: 348 µs per loop
```

用 median()可以获得数组的中值，即对数组进行排序之后，位于数组中间位置的值。当长度是偶数时，则得到正中间两个数的平均值。它也可以指定 axis 和 out 参数：

```
np.median(a, axis=1)
array([ 6.,  6.,  5.,  4.])
```

percentile()用于计算百分位数，即将数值从小到大排列，计算处于 p%位置上的值。下面的程序计算标准正态分布随机数的绝对值在 68.3%、95.4%以及 99.7%处的百分位数，它们应该约等于1倍、2倍和3倍的标准差：

```
r = np.abs(np.random.randn(100000))
np.percentile(r, [68.3, 95.4, 99.7])
array([ 1.00029686,  1.99473003,  2.9614485 ])
```

当数组中的元素按照从小到大的顺序排列时，可以使用 searchsorted()在数组中进行二分搜索。在下面的例子中，a 是一个已经排好序的列表，v 是需要搜索的数值列表。searchsorted()返回一个下标数组，将 v 中对应的元素插入到 a 中的位置，能够保持数据的升序排列。当 v 中的元素在 a 中出现时，通过 side 参数指定返回最左端的下标还是最右端的下标。在下面的例子中，16 放到 a 的下标为3、4、5的位置都能保持升序排列，side 参数为默认值"left"时返回3，而为"right"时返回5。

```
a = [2, 4, 8, 16, 16, 32]
v = [1, 5, 33, 16]
np.searchsorted(a, v)  np.searchsorted(a, v, side="right")
--------------------   ------------------------------------
[0, 2, 6, 3]           [0, 2, 6, 5]
```

searchsorted()可以用于在两个数组中查找相同的元素。下面看一个比较复杂的例子：有 x 和 y 两个一维数组，找到 y 中每个元素在 x 中的下标。若不存在，将下标设置为-1。

```
x = np.array([3, 5, 7, 1, 9, 8, 6, 10])
y = np.array([2, 1, 5, 10, 100, 6])

def get_index_searchsorted(x, y):
    index = np.argsort(x)                               ❶
    sorted_x = x[index]                                 ❷
    sorted_index = np.searchsorted(sorted_x, y)         ❸
    yindex = np.take(index, sorted_index, mode="clip")  ❹
    mask = x[yindex] != y                               ❺
    yindex[mask] = -1
```

```
    return yindex

get_index_searchsorted(x, y)
array([-1,  3,  1,  7, -1,  6])
```

❶由于 x 并不是按照升序排列,因此先调用 argsort()获得升序排序的下标 index。❷使用 index 获得将 x 排序之后的 sorted_x。❸使用 searchsorted()在 sorte_x 中搜索 y 中每个元素对应的下标 sorted_index。

❹如果搜索的值大于 x 的最大值,那么下标会越界,因此这里调用 take()函数,take(index, sorted_index)与 index[sorted_index]的含义相同,但是能处理下标越界的情况。通过设置 mode 参数为"clip",将下标限定在 0 到 len(x)-1 之间。

❺使用 yindex 获取 x 中的元素并和 y 比较,若值相同则表示该元素确实存在于 x 之中,否则表示不存在。

这段算法有些复杂,但由于利用了 NumPy 提供的数组操作函数,它的运算速度比使用字典的纯 Python 程序要快。下面我们用两个较大的数组测试运算速度。为了比较的公平性,我们调用 tolist()方法将数组转换成列表:

```
x = np.random.permutation(1000)[:100]
y = np.random.randint(0, 1000, 2000)
xl, yl = x.tolist(), y.tolist()

def get_index_dict(x, y):
    idx_map = {v:i for i,v in enumerate(x)}
    yindex = [idx_map.get(v, -1) for v in y]
    return yindex

yindex1 = get_index_searchsorted(x, y)
yindex2 = get_index_dict(xl, yl)
print np.all(yindex1 == yindex2)

%timeit get_index_searchsorted(x, y)
%timeit get_index_dict(xl, yl)
```
```
True
10000 loops, best of 3: 122 μs per loop
1000 loops, best of 3: 368 μs per loop
```

2.4.4 统计函数

 与本节内容对应的 Notebook 为: 02-numpy/numpy-420-functions-count.ipynb。

本节介绍的函数如表 2-6 所示。

表 2-6 本节要介绍的函数

函数名	功能	函数名	功能
unique	去除重复元素	bincount	对整数数组的元素计数
histogram	一维直方图统计	digitze	离散化

unique()返回其参数数组中所有不同的值，并且按照从小到大的顺序排列。它有两个可选参数：

- return_index：Ture 表示同时返回原始数组中的下标。
- return_inverse：True 表示返回重建原始数组用的下标数组。

下面通过几个例子介绍 unique()的用法。首先用 randint()创建有 10 个元素、值在 0 到 9 范围之内的随机整数数组，通过 unique(a)可以找到数组 a 中所有的整数，并按照升序排列：

```
np.random.seed(42)
a = np.random.randint(0, 8, 10)

            a                    np.unique(a)
----------------------------    -------------------
[6, 3, 4, 6, 2, 7, 4, 4, 6, 1]  [1, 2, 3, 4, 6, 7]
```

如果参数 return_index 为 True，则返回两个数组，第二个数组是第一个数组在原始数组中的下标。在下面的例子中，数组 index 保存的是数组 x 中每个元素在数组 a 中的下标：

```
x, index = np.unique(a, return_index=True)
       x                  index                a[index]
------------------    ------------------    -------------------
[1, 2, 3, 4, 6, 7]    [9, 4, 1, 2, 0, 5]    [1, 2, 3, 4, 6, 7]
```

如果参数 return_inverse 为 True，则返回的第二个数组是原始数组 a 的每个元素在数组 x 中的下标：

```
x, rindex = np.unique(a, return_inverse=True)
            rindex                       x[rindex]
----------------------------    ------------------------------
[4, 2, 3, 4, 1, 5, 3, 3, 4, 0]  [6, 3, 4, 6, 2, 7, 4, 4, 6, 1]
```

bincount()对整数数组中各个元素所出现的次数进行统计，它要求数组中的所有元素都是非负的。其返回数组中第 i 个元素的值表示整数 i 出现的次数。

```
np.bincount(a)
array([0, 1, 1, 1, 3, 0, 3, 1])
```

由上面的结果可知，在数组 a 中有 1 个 1、1 个 2、1 个 3、3 个 4、3 个 6 和 1 个 7，而 0、5 等数没有在数组 a 中出现。

通过 weights 参数可以指定每个数所对应的权值。当指定 weights 参数时，bincount(x, weights=w)返回数组 x 中的每个整数所对应的 w 中的权值之和。用文字解释比较难以理解，下面我们看一个实例：

```
x = np.array([0 ,   1,   2,   2,   1,   1,   0])
w = np.array([0.1, 0.3, 0.2, 0.4, 0.5, 0.8, 1.2])
np.bincount(x, w)
array([ 1.3,  1.6,  0.6])
```

在上面的结果中，1.3 是数组 x 中 0 所对应的 w 中的元素(0.1 和 1.2)之和，1.6 是 1 所对应的 w 中的元素(0.3、0.5 和 0.8)之和，而 0.6 是 2 所对应的 w 中的元素(0.2 和 0.4)之和。如果要求平均值，可以用求和的结果与次数相除：

```
np.bincount(x, w) / np.bincount(x)
array([ 0.65     ,  0.53333333,  0.3     ])
```

histogram()对一维数组进行直方图统计。其参数列表如下：

```
histogram(a, bins=10, range=None, weights=None, density=False)
```

其中 a 是保存待统计数据的数组，bins 指定统计的区间个数，即对统计范围的等分数。range 是一个长度为 2 的元组，表示统计范围的最小值和最大值，默认值为 None，表示范围由数据的范围决定，即(a.min(), a.max())。当 density 参数为 False 时，函数返回 a 中的数据在每个区间的个数，参数为 True 则返回每个区间的概率密度。weights 参数和 bincount()的类似。

histogram()返回两个一维数组—— hist 和 bin_edges，第一个数组是每个区间的统计结果，第二个数组的长度为 len(hist) + 1，每两个相邻的数值构成一个统计区间。下面我们看一个例子：

```
a = np.random.rand(100)
np.histogram(a, bins=5, range=(0, 1))
(array([28, 18, 17, 19, 18]), array([ 0. ,  0.2,  0.4,  0.6,  0.8,  1. ]))
```

首先创建了一个有 100 个元素的一维随机数组 a，取值范围在 0 到 1 之间。然后用 histogram()对数组 a 中的数据进行直方图统计。结果显示有 28 个元素的值在 0 到 0.2 之间，18 个元素的值在 0.2 到 0.4 之间。读者可以尝试用 rand()创建更大的随机数组，由统计结果可知每个区间出现的次数近似相等，因此 rand()所创建的随机数在 0 到 1 范围之间是平均分布的。

如果需要统计的区间的长度不等，可以将表示区间分隔位置的数组传递给 bins 参数，例如：

```
np.histogram(a, bins=[0, 0.4, 0.8, 1.0])
(array([46, 36, 18]), array([ 0. ,  0.4,  0.8,  1. ]))
```

结果表示 0 到 0.4 之间有 46 个值，0.4 到 0.8 之间有 36 个值。

如果用 weights 参数指定了数组 a 中每个元素所对应的权值，则 histogram() 对区间中数值所对应的权值进行求和。下面看一个使用 histogram() 统计男性青少年年龄和身高的例子。"height.csv"文件是 100 名年龄在 7 到 20 岁之间的男性青少年的身高统计数据。

首先用 loadtxt() 从数据文件载入数据。在数组 d 中，第 0 列是年龄，第 1 列是身高。可以看到年龄的范围在 7 到 20 之间：

```
d = np.loadtxt("height.csv", delimiter=",")
d.shape     np.min(d[:, 0])        np.max(d[:, 0])
--------    ------------------     ------------------
(100, 2)    7.0999999999999996     19.899999999999999
```

下面对数据进行统计，sums 是每个年龄段的身高总和，cnts 是每个年龄段的数据个数，因此很容易计算出每个年龄段的平均身高：

```
sums = np.histogram(d[:, 0], bins=range(7, 21), weights=d[:, 1])[0]
cnts = np.histogram(d[:, 0], bins=range(7, 21))[0]
sums / cnts
array([ 125.96      , 132.06666667, 137.82857143, 143.8       ,
        148.14      , 153.44      , 162.15555556, 166.86666667,
        172.83636364, 173.3       , 175.275     , 174.19166667, 175.075     ])
```

histogram2d() 和 histogramdd() 对二维和 N 维数据进行直方图统计，我们将在第 9 章介绍 OpenCV 时对 histogram2d() 进行详细介绍。

2.4.5 分段函数

本节介绍的函数如表 2-7 所示。

表 2-7 本节要介绍的函数

函数名	功能
where	矢量化判断表达式
piecewise	分段函数
select	多分支判断选择

在前面的小节中介绍过如何使用 frompyfunc() 函数计算三角波形。由于三角波形是分段函数，需要根据自变量的取值范围决定计算函数值的公式，因此无法直接通过 ufunc 函数计算。NumPy 提供了一些计算分段函数的方法。

在 Python 2.6 中新增加了如下判断表达式语法,当 condition 条件为 True 时,表达式的值为 y,否则为 z:

```
x = y if condition else z
```

在 NumPy 中,where()函数可以看作判断表达式的数组版本:

```
x = where(condition, y, z)
```

其中 condition、y 和 z 都是数组,它的返回值是一个形状与 condition 相同的数组。当 condition 中的某个元素为 True 时,x 中对应下标的值从数组 y 获取,否则从数组 z 获取:

```
x = np.arange(10)
np.where(x < 5, 9 - x, x)
array([9, 8, 7, 6, 5, 5, 6, 7, 8, 9])
```

如果 y 和 z 是单个数值或者它们的形状与 condition 的不同,将先通过广播运算使其形状一致:

```
np.where(x > 6, 2 * x, 0)
array([ 0,  0,  0,  0,  0,  0,  0, 14, 16, 18])
```

使用 where()很容易计算前面介绍过的三角波形:

```
def triangle_wave1(x, c, c0, hc):
    x = x - x.astype(np.int) # 三角波的周期为 1,因此只取 x 坐标的小数部分进行计算
    return np.where(x >= c,
                    0,
                    np.where(x < c0,
                             x / c0 * hc,
                             (c - x) / (c - c0) * hc))
```

由于三角波形分为三段,因此需要两个嵌套的 where()进行计算。由于所有的运算和循环都在 C 语言级别完成,因此它的计算效率比 frompyfunc()高。

随着分段函数的分段数量的增加,需要嵌套更多层 where()。这样不便于程序的编写和阅读。可以用 select()解决这个问题,它的调用形式如下:

```
select(condlist, choicelist, default=0)
```

其中 condlist 是一个长度为 N 的布尔数组列表,choicelist 是一个长度为 N 的存储候选值的数组列表,所有数组的长度都为 M。如果列表元素不是数组而是单个数值,那么它相当于元素值都相同、长度为 M 的数组。

对于从 0 到 M-1 的数组下标 i,从布尔数组列表中找出满足条件 condlist[j][i]==True 的 j 的最小值,则 out[i]=choicelist[j][i],其中 out 是 select()的返回数组。我们可以使用 select()计算三角

波形:

```
def triangle_wave2(x, c, c0, hc):
    x = x - x.astype(np.int)
    return np.select([x >= c, x < c0 , True              ],
                     [0     , x/c0*hc, (c-x)/(c-c0)*hc])
```

由于分段函数分为三段，因此每个列表都有三个元素。choicelist 的最后一个元素为 True，表示前面的所有条件都不满足时，将使用 choicelist 的最后一个数组中的值。也可以用 default 参数指定条件都不满足时的候选值数组:

```
return np.select([x>= c, x < c0      ],
                 [0     , x / c0 * hc],
                 default=(c-x)/(c-c0)*hc)
```

但是 where()和 select()的所有参数都需要在调用它们之前完成计算，因此 NumPy 会计算下面 4 个数组:

```
x >= c, x < c0, x / c0 * hc, (c - x) / (c -c0 ) * hc
```

在计算时还会产生许多保存中间结果的数组，因此如果输入的数组 x 很大，将会发生大量内存分配和释放。

为了解决这个问题，NumPy 提供了 piecewise()专门用于计算分段函数，它的调用参数如下:

```
piecewise(x, condlist, funclist)
```

参数 x 是一个保存自变量值的数组，condlist 是一个长度为 M 的布尔数组列表，其中的每个布尔数组的长度都和数组 x 相同。funclist 是一个长度为 M 或 M+1 的函数列表，这些函数的输入和输出都是数组。它们计算分段函数中的每个片段。如果不是函数而是数值，则相当于返回此数值的函数。每个函数与 condlist 中下标相同的布尔数组对应，如果 funclist 的长度为 M+1，则最后一个函数计算所有条件都为 False 时的值。下面是使用 piecewise()计算三角波形的程序:

```
def triangle_wave3(x, c, c0, hc):
    x = x - x.astype(np.int)
    return np.piecewise(x,
        [x >= c, x < c0],
        [0,  # x>=c
        lambda x: x / c0 * hc, # x<c0
        lambda x: (c - x) / (c - c0) * hc])  # else
```

使用 piecewise()的好处在于它只计算需要计算的值。因此在上面的例子中，表达式 x/c0*hc 和(c-x)/(c-c0)*hc 只对输入数组 x 中满足条件的部分进行计算。下面运行前面定义的三个分段函数，并使用%timeit 命令比较这三个函数的运行时间:

```
x = np.linspace(0, 2, 10000)
y1 = triangle_wave1(x, 0.6, 0.4, 1.0)
y2 = triangle_wave2(x, 0.6, 0.4, 1.0)
y3 = triangle_wave3(x, 0.6, 0.4, 1.0)
np.all(y1 == y2), np.all(y1 == y3)
(True, True)
```

```
%timeit triangle_wave1(x, 0.6, 0.4, 1.0)
%timeit triangle_wave2(x, 0.6, 0.4, 1.0)
%timeit triangle_wave3(x, 0.6, 0.4, 1.0)
1000 loops, best of 3: 614 µs per loop
1000 loops, best of 3: 736 µs per loop
1000 loops, best of 3: 311 µs per loop
```

2.4.6 操作多维数组

 与本节内容对应的 Notebook 为: 02-numpy/numpy-430-functions-array-op.ipynb。

本节介绍的函数如表 2-8 所示。

表 2-8 本节要介绍的函数

函数名	功能	函数名	功能
concatenate	连接多个数组	vstack	沿第 0 轴连接数组
hstack	沿第 1 轴连接数组	column_stack	按列连接多个一维数组
split、array_split	将数组分为多段	transpose	重新设置轴的顺序
swapaxes	交换两个轴的顺序		

concatenate()是连接多个数组的最基本的函数,其他函数都是它的快捷版本。它的第一个参数是包含多个数组的序列,它将沿着 axis 参数指定的轴(默认为第 0 轴)连接数组。所有这些数组的形状除了第 axis 轴之外都相同。

vstack()沿着第 0 轴连接数组,当被连接的数组是长度为 N 的一维数组时,将其形状改为 (1, N)。

hstack()沿着第 1 轴连接数组。当所有数组都是一维时,沿着第 0 轴连接数组,因此结果数组仍然为一维的。

column_stack()和 hstack()类似,沿着第 1 轴连接数组,但是当数组为一维时,将其形状改为 (N, 1),经常用于按列连接多个一维数组。

```
a = np.arange(3)
b = np.arange(10, 13)
```

```
v = np.vstack((a, b))
h = np.hstack((a, b))
c = np.column_stack((a, b))
```

v	h	c
[[0, 1, 2],	[0, 1, 2, 10, 11, 12]	[[0, 10],
[10, 11, 12]]		[1, 11],
[2, 12]]		

此外，c_[]对象也可以用于按列连接数组：

```
np.c_[a, b, a+b]
```
```
array([[ 0, 10, 10],
       [ 1, 11, 12],
       [ 2, 12, 14]])
```

split()和 array_split()的用法基本相同，将一个数组沿着指定轴分成多个数组，可以直接指定切分轴上的切分点下标。下面的代码把随机数组 a 切分为多个数组，保证每个数组中的元素都是升序排列的。注意通过 diff()和 nonzero()获得的下标是每个升序片段中最后一个元素的下标，而切分点为每个片段第一个元素的下标，因此需要+1。

```
np.random.seed(42)
a = np.random.randint(0, 10, 12)
idx = np.nonzero(np.diff(a) < 0)[0] + 1
```

a	idx	np.split(a, idx)
[6, 3, 7, 4, 6, 9, 2, 6,	[1, 3, 6, 9, 10]	[array([6]),
7, 4, 3, 7]		array([3, 7]),
array([4, 6, 9]),		
array([2, 6, 7]),		
array([4]),		
array([3, 7])]		

当第二个参数为整数时，表示分组个数。split()只能平均分组，而 array_split()能尽量平均分组：

```
np.split(a, 6)  np.array_split(a, 5)
```

np.split(a, 6)	np.array_split(a, 5)
[array([6, 3]),	[array([6, 3, 7]),
array([7, 4]),	array([4, 6, 9]),
array([6, 9]),	array([2, 6]),

```
array([2, 6]),   array([7, 4]),
array([7, 4]),   array([3, 7])]
array([3, 7])]
```

transpose()和 swapaxes()用于修改轴的顺序，它们得到的是原数组的视图。transpose()通过其第二个参数 axes 指定轴的顺序，默认时表示将整个形状翻转。而 swapaxes()通过两个整数指定调换顺序的轴。在下面的例子中：

- transpose()的结果数组的形状为$(3, 4, 2, 5)$，它们分别位于原数组形状$(2, 3, 4, 5)$的$(1, 2, 0, 3)$下标位置处。
- swapaxes()的结果数组的形状为$(2, 4, 3, 5)$，它是通过将原数组形状的中间两个轴对调得到的。

```
a = np.random.randint(0, 10, (2, 3, 4, 5))
print u"原数组形状:", a.shape
print u"transpose:", np.transpose(a, (1, 2, 0, 3)).shape
print u"swapaxes:", np.swapaxes(a, 1, 2).shape
原数组形状: (2, 3, 4, 5)
transpose: (3, 4, 2, 5)
swapaxes: (2, 4, 3, 5)
```

下面以将多个缩略图拼成一幅大图为例，帮助读者理解多维数组中变换轴的顺序。在 data/thumbnails 目录之下有 30 个 160×90 像素的 PNG 图标图像，需要将这些图像拼成一幅 6 行 5 列的大图像。首先调用 glob 和 cv2 模块中的函数，获得一个数组列表 imgs。cv2 库将在第 9 章介绍 OpenCV 时进行详细介绍。

```
import glob
import numpy as np
from cv2 import imread, imwrite

imgs = []
for fn in glob.glob("thumbnails/*.png"):
    imgs.append(imread(fn, -1))

print imgs[0].shape
(90, 160, 3)
```

imgs 中每个元素都是一个多维数组，它的形状为(90, 160, 3)，其中第 0 轴的长度为图像的高度，第 1 轴的长度为图像的宽度，第 2 轴为图像的通道数，彩色图像包含红、绿、蓝三个通道，所以第 2 轴的长度为 3。

调用 concatenate()将这些数组沿第 0 轴拼成一个大数组，结果 img 是一个宽为 160 像素、高为 2700 像素的图像：

```
img = np.concatenate(imgs, 0)
img.shape
(2700, 160, 3)
```

由于我们的最终目标是把它们拼成一幅如图 2-9(左)所示的 6 行 5 列的缩略图，因此需要将 img 的第 0 轴分解为 3 个轴，长度分别为(6, 5, 90)。下面使用 reshape()完成这个工作。使用 img1[i, j]可以获取第 i 行、第 j 列上的图像：

图 2-9 使用操作多维数组的函数拼接多幅缩略图

```
img1 = img.reshape(6, 5, 90, 160, 3)
img1[0, 1].shape
(90, 160, 3)
```

根据目标图像的大小，可以算出目标数组的形状为(540, 800, 3)，即(6*90, 5*160, 3)，也可以把它看作形状为(6, 90, 5, 160, 3)的多维数组。与 img1 的形状相比，可以看出需要交换 img1 的第 1 轴和第 2 轴。这个操作可以通过 img1.swapaxes()或 img1.transpose()完成。然后再通过 reshape()将数组的形状改为(540, 800, 3)。

```
img2 = img1.swapaxes(1, 2).reshape(540, 800, 3)
```

请读者思考下面的 img3 会得到怎样的图像：

```
img = np.concatenate(imgs, 0)
img3 = img.reshape(5, 6, 90, 160, 3) \
        .transpose(1, 2, 0, 3, 4)  \
        .reshape(540, 800, 3)
```

下面的程序将每幅缩略图的边沿上的两个像素填充为白色，效果如图 2-9(右)所示。❶这里使用一个形状与 img1 的前 4 个轴相同的 mask 布尔数组，该数组的初始值为 True。❷通过切片将 mask 中除去边框的部分设置为 False。❸将 img1 中与 mask 为 True 的对应像素填充为白色。

```
img = np.concatenate(imgs, 0)
img1 = img.reshape(6, 5, 90, 160, 3)
mask = np.ones(img1.shape[:-1], dtype=bool)          ❶
mask[:, :, 2:-2, 2:-2] = False                       ❷
img1[mask] = 230                                     ❸
img4 = img1.swapaxes(1, 2).reshape(540, 800, 3)
```

2.4.7　多项式函数

 与本节内容对应的 Notebook 为：02-numpy/numpy-450-functions-poly.ipynb。

多项式函数是变量的整数次幂与系数的乘积之和，可以用下面的数学公式表示：

$$f(x) = a_n x^n + a_{n-1} x^{n-1} + \cdots + a_2 x^2 + a_1 x + a_0$$

由于多项式函数只包含加法和乘法运算，因此它很容易计算，可用于计算其他数学函数的近似值。多项式函数的应用非常广泛，例如在嵌入式系统中经常会用它计算正弦、余弦等函数。在 NumPy 中，多项式函数的系数可以用一维数组表示，例如可以用下面的数组表示，其中 a[0] 是最高次的系数，a[-1] 是常数项，注意 x^2 的系数为 0。

```
a = np.array([1.0, 0, -2, 1])
```

我们可以用 poly1d()将系数转换为 poly1d(一元多项式)对象，此对象可以像函数一样调用，它返回多项式函数的值：

```
p = np.poly1d(a)
print type(p)
p(np.linspace(0, 1, 5))
<class 'numpy.lib.polynomial.poly1d'>
array([ 1.      , 0.515625, 0.125   , -0.078125, 0.       ])
```

对 poly1d 对象进行加减乘除运算相当于对相应的多项式函数进行计算。例如：

```
p + [-2, 1] # 和 p + np.poly1d([-2, 1]) 相同
poly1d([ 1.,  0., -4.,  2.])
```

```
p * p # 两个3次多项式相乘得到一个6次多项式
poly1d([ 1.,  0., -4.,  2.,  4., -4.,  1.])
```

```
p / [1, 1] # 除法返回两个多项式，分别为商式和余式
(poly1d([ 1., -1., -1.]), poly1d([ 2.]))
```

由于多项式的除法不一定能正好整除，因此它返回除法所得到的商式和余式。在上面的例子中，商式为$x^2 - x - 1$，余式为2。因此将商式和被除式相乘，再加上余式就等于原来的 p：

```
p == np.poly1d([ 1., -1., -1.]) * [1,1] + 2
True
```

多项式对象的 deriv() 和 integ() 方法分别计算多项式函数的微分和积分：

```
p.deriv()
poly1d([ 3.,  0., -2.])
```

```
p.integ()
poly1d([ 0.25, 0.  , -1.  , 1.  , 0.  ])
```

```
p.integ().deriv() == p
True
```

多项式函数的根可以使用 roots() 函数计算：

```
r = np.roots(p)
r
array([-1.61803399, 1.        ,  0.61803399])
```

```
p(r) # 将根带入多项式计算，得到的值近似为 0
array([ 2.33146835e-15,  1.33226763e-15,  1.11022302e-16])
```

而 poly() 函数可以将根转换回多项式的系数：

```
np.poly(r)
array([ 1.00000000e+00,  -1.66533454e-15,  -2.00000000e+00,
        1.00000000e+00])
```

除了使用多项式对象之外，也可以直接使用 NumPy 提供的多项式函数对表示多项式系数的数组进行运算。可以在 IPython 中使用自动补全查看函数名：

```
>>> np.poly # 按 Tab 键
np.poly     np.polyadd np.polydiv np.polyint np.polysub
np.poly1d   np.polyder np.polyfit np.polymul np.polyval
```

其中的 polyfit() 函数可以对一组数据使用多项式函数进行拟合，找到与这组数据的误差平方和最小的多项式的系数。下面的程序用它计算$-\pi/2 \sim \pi/2$区间与 sin(x) 函数最接近的多项式的系数：

```
np.set_printoptions(suppress=True, precision=4)

x = np.linspace(-np.pi / 2, np.pi / 2, 1000)  ❶
y = np.sin(x)  ❷

for deg in [3, 5, 7]:
    a = np.polyfit(x, y, deg)   ❸
    error = np.abs(np.polyval(a, x) - y)   ❹
    print "degree {}: {}".format(deg, a)
    print "max error of order %d:" % deg, np.max(error)
```

```
degree 3: [-0.145  -0.     0.9887  0.    ]
max error of order 3: 0.00894699376707
degree 5: [ 0.0076 -0.     -0.1658 -0.     0.9998 -0.    ]
max error of order 5: 0.000157408614187
degree 7: [-0.0002 -0.     0.0083  0.    -0.1667 -0.     1.     0.    ]
max error of order 7: 1.52682558063e-06
```

❶首先通过 linspace()将−π/2 ~ π/2区间等分为(1000−1)等份。❷计算拟合目标函数 sin(x) 的值。❸将表示目标函数的数组传递给 polyfit()进行拟合，第三个参数 deg 为多项式函数的最高阶数。polyfit()所得到的多项式和目标函数在给定的 1000 个点之间的误差最小，polyfit()返回多项式的系数数组。❹使用 polyval()计算多项式函数的值，并计算与目标函数的差的绝对值。

从程序的输出可以看到，由于正弦函数是一个奇函数，因此拟合的多项式系数中偶数次项的系数接近于0。图2-10显示了各阶多项式与正弦函数之间的误差，请注意图中Y轴为对数坐标。

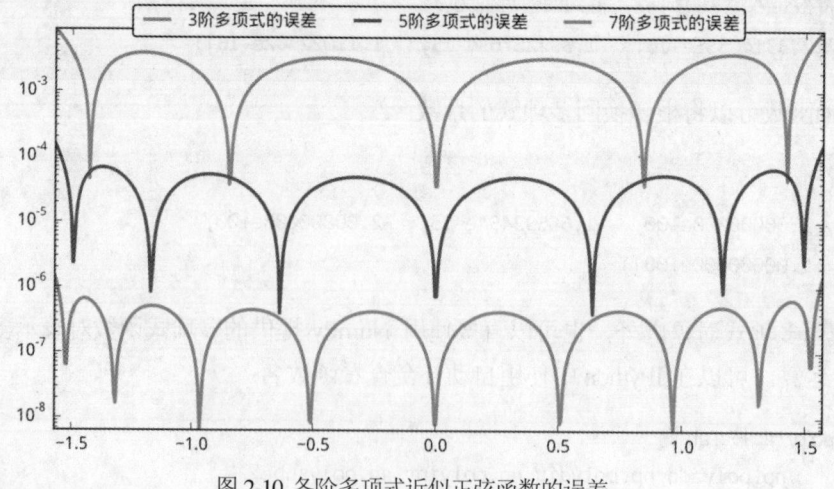

图 2-10 各阶多项式近似正弦函数的误差

2.4.8 多项式函数类

numpy.polynomial 模块中提供了更丰富的多项式函数类，例如 Polynomial、Chebyshev、Legendre 等。它们和前面介绍的 numpy.poly1d 相反，多项式各项的系数按照幂从小到大的顺序排列，下面使用 Polynomial 类表示多项式$x^3 - 2x + 1$，并计算$x = 2$处的值：

```
from numpy.polynomial import Polynomial, Chebyshev
p = Polynomial([1, -2, 0, 1])
print p(2.0)
```
```
5.0
```

Polynomial 对象提供了众多的方法对多项式进行操作，例如 deriv() 计算导函数：

```
p.deriv()
```
```
Polynomial([-2.,  0.,  3.], [-1.,  1.], [-1.,  1.])
```

切比雪夫多项式是一个正交多项式序列$T_i(x)$，一个 n 次多项式可以表示为多个切比雪夫多项式的加权和。在 NumPy 中，使用 Chebyshev 类表示由切比雪夫多项式组成的多项式$p(x)$：

$$p(x) = \sum_{i=0}^{n} c_i T_i(x)$$

$T_i(x)$多项式可以通过 Chebyshev.basis(i) 获得，图 2-11 显示了 0 到 4 次切比雪夫多项式。通过多项式类的 convert() 方法可以在不同类型的多项式之间相互转换，转换的目标类型由 kind 参数指定。例如下面将$T_4(x)$转换成 Polynomial 类。由结果可知：$T_4(x) = 1 - 8x^2 + 8x^4$。

```
Chebyshev.basis(4).convert(kind=Polynomial)
```
```
Polynomial([ 1.,  0., -8.,  0.,  8.], [-1.,  1.], [-1.,  1.])
```

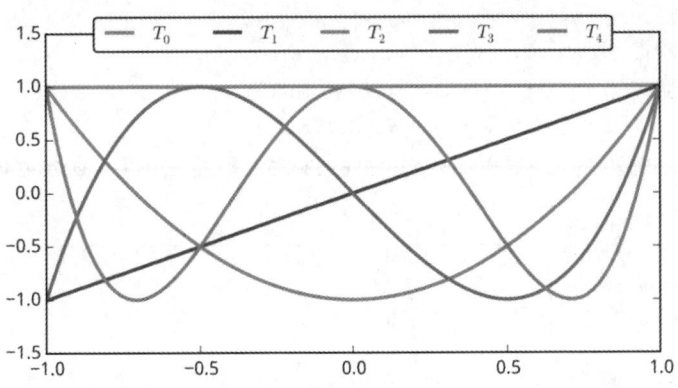

图 2-11 0 到 4 次切比雪夫多项式

切比雪夫多项式的根被称为切比雪夫节点，可以用于多项式插值。相应的插值多项式能最大限度地降低龙格现象，并且提供多项式在连续函数的最佳一致逼近。下面以$f(x) = \frac{1}{1+25x^2}$函数插值为例演示切比雪夫节点与龙格现象。

❶在[−1,1]区间上等距离取 n 个取样点。❷使用 n 阶切比雪夫多项式的根作为取样点。❸使用两种取样点分别对 f(x)进行多项式插值，即计算一个多项式经过所有的插值点。图 2-12 显示了两种插值点所得到的插值多项式，由左图可知等距离插值多项式在两端有非常大的振荡，这种现象被称为龙格现象，n 越大振荡也越大；而右图采用切比雪夫节点作为插值点，插值多项式的振荡明显减小，并且 n 越大振荡越小。

> ## 插值与拟合
> 所谓多项式插值就是找到一个多项式经过所有的插值点。一个 n 阶多项式有 n+1 个系数，因此可以通过解方程求解经过 n+1 个插值点的 n 阶多项式的系数。fit()方法虽然计算与目标点拟合的多项式系数，但是当使用 n 阶多项式拟合 n+1 的目标点时，多项式将经过所有目标点，因此其结果与多项式插值相同。

```
def f(x):
    return 1.0 / ( 1 + 25 * x**2)


n = 11
x1 = np.linspace(-1, 1, n) ❶
x2 = Chebyshev.basis(n).roots() ❷
xd = np.linspace(-1, 1, 200)

c1 = Chebyshev.fit(x1, f(x1), n - 1, domain=[-1, 1]) ❸
c2 = Chebyshev.fit(x2, f(x2), n - 1, domain=[-1, 1])

print u"插值多项式的最大误差: ",
print u"等距离取样点: ", abs(c1(xd) - f(xd)).max(),
print u"切比雪夫节点: ", abs(c2(xd) - f(xd)).max()
```

插值多项式的最大误差: 等距离取样点: 1.91556933029 切比雪夫节点: 0.109149825014

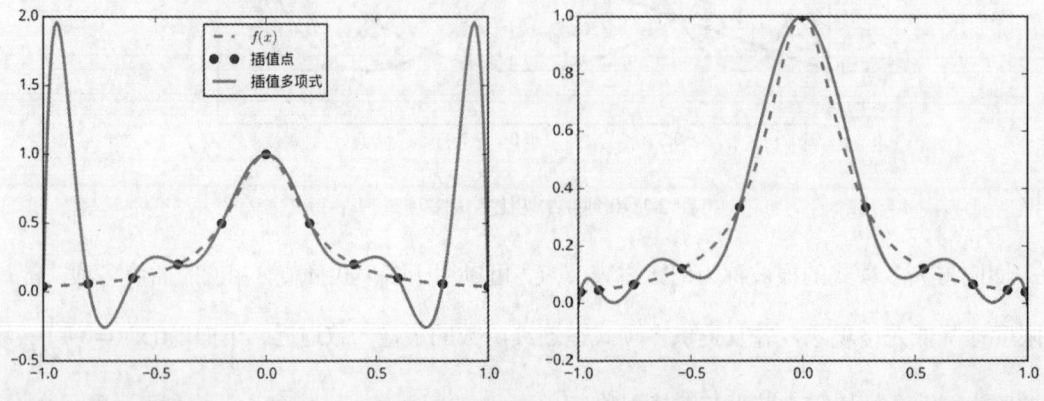

图 2-12 等距离插值点(左)、切比雪夫插值点(右)

在使用多项式逼近函数时，使用切比雪夫多项式进行插值的误差比一般多项式要小许多。在下面的例子中，对g(x)在100个切比雪夫节点之上分别使用Polynomial和Chebyshev进行插值，结果如图2-13所示。在使用Polynomial.fit()插值时，产生了RankWarning: The fit may be poorly conditioned警告，因此其结果多项式未能经过所有插值点。

```
def g(x):
    x = (x - 1) * 5
    return np.sin(x**2) + np.sin(x)**2


n = 100
x = Chebyshev.basis(n).roots()
xd = np.linspace(-1, 1, 1000)


p_g = Polynomial.fit(x, g(x), n - 1, domain=[-1, 1])
c_g = Chebyshev.fit(x, g(x), n - 1, domain=[-1, 1])


print "Max Polynomial Error:", abs(g(xd) - p_g(xd)).max()
print "Max Chebyshev Error:", abs(g(xd) - c_g(xd)).max()
```
```
Max Polynomial Error: 1.19560558744
Max Chebyshev Error: 6.47575726376e-09
```

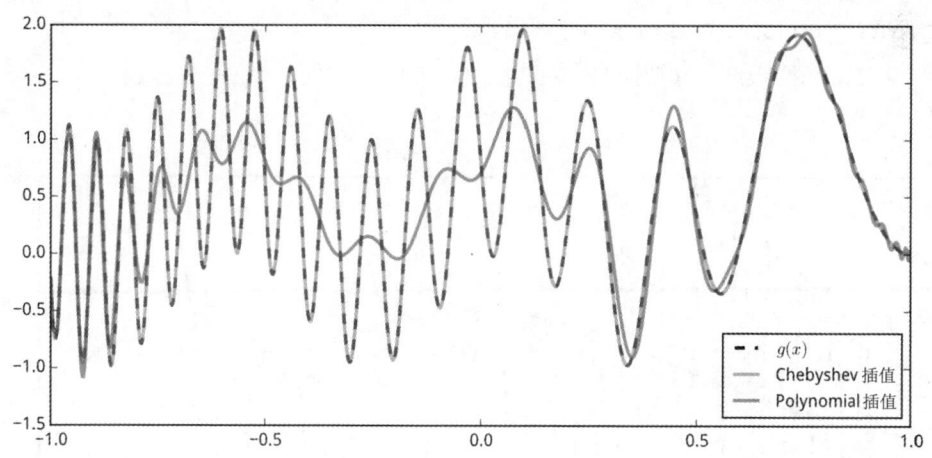

图 2-13 Chebyshev 插值与 Polynomial 插值比较

trim()方法可以降低多项式的次数，将尾部绝对值小于参数 tol 的高次系数截断。下面使用 trim()方法获取 c 中前 68 个系数，得到一个新的 Chebyshev 对象 c_trimed，其最大误差上升到 0.09 左右。

```
c_trimed = c_g.trim(tol=0.05)
print "degree:", c_trimed.degree()
print "error:", abs(g(xd) - c_trimed(xd)).max()
```

```
degree: 68
error: 0.0912094835458
```

下面用同样的方法对函数 h(x)进行 19 阶的切比雪夫多项式插值，得到插值多项式 c_h：

```
def h(x):
    x = 5 * x
    return np.exp(-x**2 / 10)


n = 20
x = Chebyshev.basis(n).roots()
c_h = Chebyshev.fit(x, h(x), n - 1, domain=[-1, 1])

print "Max Chebyshev Error:", abs(h(xd) - c_h(xd)).max()
Max Chebyshev Error: 1.66544267266e-09
```

多项式类支持四则运算，下面将 c_g 和 c_h 相减得到 c_diff，并调用其 roots()计算其所有根。然后找出其中所有的实数根 real_roots，它们就是 g(x)与 h(x)交点的横坐标。图 2-14 显示了这两条函数曲线以及通过插值多项式计算的交点：

```
c_diff = c_g - c_h
roots = c_diff.roots()
real_roots = roots[roots.imag == 0].real
print np.allclose(c_diff(real_roots), 0)
True
```

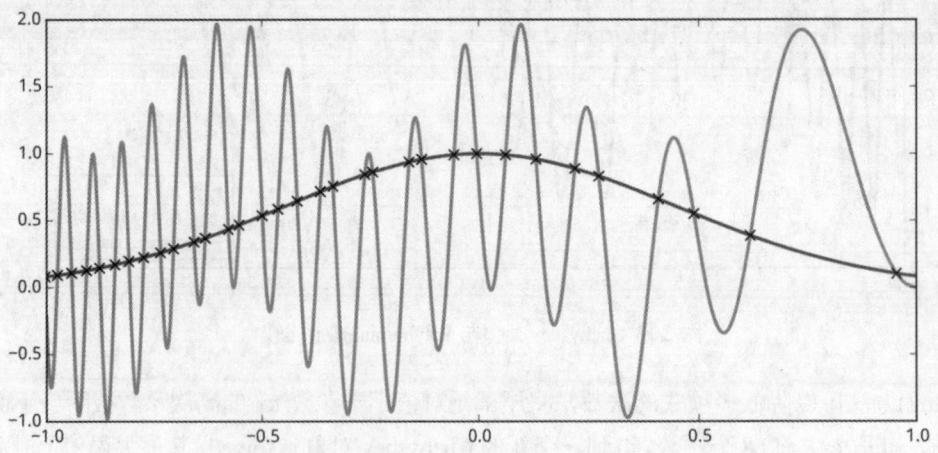

图 2-14 使用 Chebyshev 插值计算两条曲线在[-1, 1]之间的所有交点

切比雪夫多项式在区间[-1,1]上为正交多项式，因此只有在该区间才能对目标函数正确插值。为了对任何区域的目标函数进行插值，需要对自变量的区间进行缩放和平移变换。可以通过 domain 参数指定拟合点的区间。在下面的例子中，对 g2(x)在区间[-10,0]之内使用切比雪夫

多项式进行插值。❶为了产生目标区间的切比雪夫节点，在通过 basis() 方法创建 $T_n(x)$ 时，通过 domain 参数指定目标区间。❷在调用 fit() 方法进行拟合时，通过 domain 参数指定同样的区间。❸最后输出拟合得到的 c_g2 多项式在[−10,0]中与目标函数的最大误差。

```
def g2(x):
    return np.sin(x**2) + np.sin(x)**2

n = 100
x = Chebyshev.basis(n, domain=[-10, 0]).roots() ❶
xd = np.linspace(-10, 0, 1000)

c_g2 = Chebyshev.fit(x, g2(x), n - 1, domain=[-10, 0]) ❷

print "Max Chebyshev Error:", abs(g2(xd) - c_g2(xd)).max() ❸
Max Chebyshev Error: 6.47574571744e-09
```

2.4.9 各种乘积运算

 与本节内容对应的 Notebook 为：02-numpy/numpy-460-functions-dot.ipynb。

本节介绍的函数如表 2-9 所示。

表 2-9 本节要介绍的函数

函数名	功能	函数名	功能
dot	矩阵乘积	inner	内积
outter	外积	tensordot	张量乘积

矩阵的乘积可以使用 dot() 计算。对于二维数组，它计算的是矩阵乘积；对于一维数组，它计算的是内积。当需要将一维数组当作列矢量或行矢量进行矩阵运算时，先将一维数组转换为二维数组：

```
a = np.array([1, 2, 3])

a[:, None]     a[None, :]
----------     -----------
[[1],          [[1, 2, 3]]
 [2],
 [3]]
```

对于多维数组，dot() 的通用计算公式如下，即结果数组中的每个元素都是：数组 a 的最后轴上的所有元素与数组 b 的倒数第二轴上的所有元素的乘积和：

```
dot(a, b)[i,j,k,m] = sum(a[i,j,:] * b[k,:,m])
```

下面以两个三维数组的乘积演示 dot()的计算结果。首先创建两个三维数组，这两个数组的最后两轴满足矩阵乘积的条件：

```
a = np.arange(12).reshape(2, 3, 2)
b = np.arange(12, 24).reshape(2, 2, 3)
c = np.dot(a, b)
c.shape
```
```
(2, 3, 2, 3)
```

c 是数组 a 和 b 的多个子矩阵的乘积。我们可以把数组 a 看作两个形状为(3,2)的矩阵，而把数组 b 看作两个形状为(2,3)的矩阵。a 中的两个矩阵分别与 b 中的两个矩阵进行矩阵乘积，就得到数组 c，c[i,:,j,:]是 a 中第 i 个矩阵与 b 中第 j 个矩阵的乘积。

```
for i, j in np.ndindex(2, 2):
    assert np.alltrue( c[i, :, j, :] == np.dot(a[i], b[j]) )
```

对于两个一维数组，inner()和 dot()一样，计算两个数组对应下标元素的乘积和。而对于多维数组，它计算的结果数组中的每个元素都是：数组 a 和 b 的最后轴的内积。因此数组 a 和 b 的最后轴的长度必须相同：

```
inner(a, b)[i,j,k,m] = sum(a[i,j,:]*b[k,m,:])
```

下面是对 inner()的演示：

```
a = np.arange(12).reshape(2, 3, 2)
b = np.arange(12, 24).reshape(2, 3, 2)
c = np.inner(a, b)
c.shape
```
```
(2, 3, 2, 3)
```

```
for i, j, k, l in np.ndindex(2, 3, 2, 3):
    assert c[i, j, k, l] == np.inner(a[i, j], b[k, l])
```

outer()只对一维数组进行计算，如果传入的是多维数组，则先将此数组展平为一维数组之后再进行运算。它计算列向量和行向量的矩阵乘积：

```
a = np.array([1, 2, 3])
b = np.array([4, 5, 6, 7])
  np.outer(a, b)      np.dot(a[:, None], b[None, :])
------------------  ------------------------------
[[ 4,  5,  6,  7],  [[ 4,  5,  6,  7],
 [ 8, 10, 12, 14],  [ 8, 10, 12, 14],
 [12, 15, 18, 21]]  [12, 15, 18, 21]]
```

tensordot()将两个多维数组 a 和 b 指定轴上的对应元素相乘并求和，它是最一般化的乘积运算函数。下面通过一些例子逐步介绍其用法。下面计算两个矩阵的乘积：❶axes 参数有两个元素，第一个元素表示 a 中的轴，第二个元素表示 b 中的轴，这两个轴上对应的元素相乘之后求和。❷axes 也可以是一个整数，它表示把 a 中的后 axes 个轴和 b 中的前 axes 个轴进行乘积和运算，而对于乘积和之外的轴则保持不变。

```
a = np.random.rand(3, 4)
b = np.random.rand(4, 5)

c1 = np.tensordot(a, b, axes=[[1], [0]]) ❶
c2 = np.tensordot(a, b, axes=1)           ❷
c3 = np.dot(a, b)
assert np.allclose(c1, c3)
assert np.allclose(c2, c3)
```

对于多维数组的 dot()乘积，可以用 tensordot(a, b, axes=[[-1], [-2]])表示，即将 a 的最后轴和 b 中的倒数第二轴求乘积和：

```
a = np.arange(12).reshape(2, 3, 2)
b = np.arange(12, 24).reshape(2, 2, 3)
c1 = np.tensordot(a, b, axes=[[-1], [-2]])
c2 = np.dot(a, b)
assert np.alltrue(c1 == c2)
```

在下面的例子中，将 a 的第 1、第 2 轴与 b 的第 1、第 0 轴求乘积和，因此 c 中的每个元素都是按照如下表达式计算的：

```
c[i, j, k, l] = np.sum(a[i, :, :, j] * b[:, :, k, l].T)
```

注意由于 b 对应的 axes 中的轴是倒序的，因此需要做转置操作。

```
a = np.random.rand(4, 5, 6, 7)
b = np.random.rand(6, 5, 2, 3)
c = np.tensordot(a, b, axes=[[1, 2], [1, 0]])

for i, j, k, l in np.ndindex(4, 7, 2, 3):
    assert np.allclose(c[i, j, k, l], np.sum(a[i, :, :, j] * b[:, :, k, l].T))

c.shape
```
```
(4, 7, 2, 3)
```

2.4.10　广义 ufunc 函数

 与本节内容对应的 Notebook 为：02-numpy/numpy-470-gufuncs.ipynb。

从 NumPy 1.8 开始正式支持广义 ufunc 函数(generalized ufunc，以下简称 gufunc)。gufunc 是对 ufunc 的推广，所谓 ufunc 就是将对单个数值的运算通过广播运用到整个数组中的所有元素之上，而 gufunc 则是将对单个矩阵的运算通过广播运用到整个数组之上。例如 numpy.linalg.inv() 是求逆矩阵的 gufunc 函数。在其文档中描述其输入输出数组的形状如下：

```
ainv = inv(a)
a : (..., M, M)
ainv : (..., M, M)
```

输入数组 a 的形状中带有"..."，它表示 0 到任意多个轴。当它为空时，就是对单个矩阵求逆，gufunc 函数将对这些轴进行广播运算。最后两个轴的长度为 M，表示任意大小的方形矩阵。

 NumPy 中的线性代数模块 linalg 中提供的函数大都为广义 ufunc 函数。在 SciPy 中也提供了线性代数模块 linalg，但其中的函数都是一般函数，只能对单个矩阵进行计算。关于线性代数函数库的用法将在下一章进行详细介绍。

在输出数组 ainv 中，由于逆矩阵的形状与原矩阵相同，因此 ainv 的最后两轴的形状也是 (M,M)。"..."表示广播运算之后的形状，而由于矩阵求逆只对一个矩阵进行运算，因此"..."的形状和 a 中的"..."的形状相同。

在下面的例子中，a 的形状为(10, 20, 3, 3)，其中(10, 20)与"..."对应，3 与 M 对应。而 inv() 通过广播运算对 10×20 个形状为(3, 3)的矩阵求逆。得到的结果 ainv 的形状与 a 相同，也是(10, 20, 3, 3)。

```
a = np.random.rand(10, 20, 3, 3)
ainv = np.linalg.inv(a)
ainv.shape
```
```
(10, 20, 3, 3)
```

下面的程序验证第 i 行、第 j 列的矩阵及其逆矩阵的乘积，应该近似等于 3 阶单位矩阵：

```
i, j = 3, 4
np.allclose(np.dot(a[i, j], ainv[i, j]), np.eye(3))
```
```
True
```

numpy.linalg.det()计算矩阵的行列式，它也是一个 gufunc 函数。它的输入输出的形状为：

第 2 章　NumPy-快速处理数据

```
adet = det(a)
a : (..., M, M)
adet : (...)
```

由于矩阵的行列式是将一个M × M的矩阵映射到一个标量，因此输出 adet 的形状中只包含
"..."。

```
adet = np.linalg.det(a)
adet.shape
```
```
(10, 20)
```

下面以多个二次函数的数据拟合为例，介绍如何使用 gufunc 函数提高运算效率。首先通过随机数函数创建测试用的数据 x 和 y，这两个数组的形状都为(n,10)。其中的每行数据(x[i]和 y[i])构成一个曲线拟合的数据集，它们的关系为：$y = \beta_2 + \beta_1 x + \beta_0 x^2$。现在需要计算每对数据所对应的系数β。

```
n = 10000
np.random.seed(0)
beta = np.random.rand(n, 3)
x = np.random.rand(n, 10)
y = beta[:,2, None] + x*beta[:, 1, None] + x**2*beta[:, 0, None]
```

显然使用前面介绍过的 numpy.polyfit()可以很方便地完成这个任务，下面的程序输出第 42组的实际系数以及拟合的结果：

```
print beta[42]
print np.polyfit(x[42], y[42], 2)
```
```
[ 0.0191932   0.30157482  0.66017354]
[ 0.0191932   0.30157482  0.66017354]
```

只需要循环调用 n 次 numpy.polyfit()即可得到所需的结果，但是它的运算速度有些慢：

```
%time beta2 = np.vstack([np.polyfit(x[i], y[i], 2) for i in range(n)])
```
```
Wall time: 1.52 s
```

```
np.allclose(beta, beta2)
```
```
True
```

在 numpy.polyfit()内部实际上是通过调用最小二乘法函数 numpy.linalg.lstsq()来实现多项式拟合的，我们也可以直接调用 lstsq()计算系数：

```
xx = np.column_stack(([x[42]**2, x[42], np.ones_like(x[42])]))
print np.linalg.lstsq(xx, y[42])[0]
```

```
[ 0.0191932    0.30157482   0.66017354]
```

但遗憾的是，目前 numpy.linalg.lstsq()还不是 gufunc 函数，因此无法直接使用它计算所有数据组的拟合系数。然而 numpy.linalg 中对线性方程组求解的函数 solve()是一个 gufunc 函数。并且根据最小二乘法的公式：

$$\hat{\boldsymbol{\beta}} = (\mathbf{X}^T\mathbf{X})^{-1}\mathbf{X}^T\mathbf{y}$$

只需要求出$\mathbf{X}^T\mathbf{X}$和$\mathbf{X}^T\mathbf{y}$，就可以使用 numpy.linalg.solve()计算出$\hat{\boldsymbol{\beta}} = \text{solve}(\mathbf{X}^T\mathbf{X}, \mathbf{X}^T\mathbf{y})$。为了实现这个运算，还需要计算矩阵乘积的 gufunc 函数。然而 dot()并不是一个 gufunc 函数，因为它不遵循广播规则。NumPy 中目前还没有正式提供计算矩阵乘积的 gufunc 函数，不过在 umath_tests 模块中提供了一个测试用的函数：matrix_multiply()。下面的程序使用它和 solve()实现高速多项式拟合运算，它所需的时间约为 polyfit()版本的五十分之一。

```
%%time
X = np.dstack([x**2, x, np.ones_like(x)])
Xt = X.swapaxes(-1, -2)

import numpy.core.umath_tests as umath
A = umath.matrix_multiply(Xt, X)
b = umath.matrix_multiply(Xt, y[..., None]).squeeze()

beta3 = np.linalg.solve(A, b)

print np.allclose(beta3, beta2)
True
Wall time: 30 ms
```

在上面的运算中，X 的形状为(10000, 10, 3)，Xt 的形状为(10000, 3, 10)。matrix_multiply()的各个参数和返回值的形状如下：

```
c = matrix_multiply(a, b)
a : (..., M, N)
b : (..., N, K)
c : (..., M, K)
```

调用 matrix_multiply()对 Xt 和 X 中的每对矩阵进行乘积运算，得到的结果 A 的形状为(10000, 3, 3)。而为了计算$\mathbf{X}^T\mathbf{y}$，需要通过 y[..., None]将 y 变成形状为(10000,10,1)的数组。matrix_multiply(Xt, y[..., None])所得到的形状为(10000, 3, 1)。调用其 squeeze()，删除长度为 1 的轴。这样 b 的形状为(10000, 3)。

solve()的参数 b 支持两种形状，其中第一种情况的形状如下：

```
x = solve(a, b)
a : (..., M, M)
```

```
b : (..., M)
x : (..., M)
```

因此 solve() 的返回值 beta3 的形状为(10000, 3)。

前面的例子中，使用的都是最简单的广播规则。实际上 gufunc 函数支持所有的 ufunc 函数的广播规则。因此形状分别为(a, m, n)和(b, 1, n, k)的两个数组通过 matrix_multiply() 乘积之后得到的数组的形状为(b, a, m, k)。下面看一个使用 gufunc 函数广播运算的例子：

在二维平面上的旋转矩阵为：

$$M(\theta) = \begin{bmatrix} \cos\theta & -\sin\theta \\ \sin\theta & \cos\theta \end{bmatrix}$$

它能将平面上的某点的坐标围绕原点旋转θ。对于形状为(N, 2)的矩阵 P，可以表示平面上 N 个点的坐标。而矩阵乘积得到的则是将这 N 个点绕坐标原点旋转θ之后的坐标。下面的程序使用 matrix_multiply() 将 3 条曲线上的坐标点分别旋转 4 个角度，得到 12 条曲线。

调用 matrix_multiply() 时两个参数数组的形状分别为(3, 100, 2)和(4, 1, 2, 2)，其中广播轴的形状分别为(3,)和(4, 1)，运算轴的形状分别为(100, 2)和(2, 2)。广播轴进行广播之后的形状为(4, 3)，而运算轴进行矩阵乘积之后的形状为(100, 2)，因此结果 rpoints 的形状为(4, 3, 100, 2)。

```
M = np.array([[[np.cos(t), -np.sin(t)],
               [np.sin(t), np.cos(t)]]
              for t in np.linspace(0, np.pi, 4, endpoint=False)])

x = np.linspace(-1, 1, 100)
points = np.array((np.c_[x, x], np.c_[x, x**3], np.c_[x**3, x]))
rpoints = umath.matrix_multiply(points, M[:, None, ...])

print points.shape, M.shape, rpoints.shape
(3, 100, 2) (4, 2, 2) (4, 3, 100, 2)
```

将这 12 条曲线绘制成图表之后的效果如图 2-15 所示。

图 2-15 使用矩阵乘积的广播运算将 3 条曲线分别旋转 4 个角度

2.5　实用技巧

 与本节内容对应的 Notebook 为：02-numpy/numpy-900-tips.ipynb。

在编写应用程序时，可能经常会与其他的程序库交换大量数据。本节介绍一些通过 NumPy 数组共享内存的方法。

2.5.1　动态数组

NumPy 的数组对象不能像列表一样动态地改变其大小，在做数据采集的时候，需要频繁地往数组中添加数据时很不方便。而 Python 标准库中的 array 数组提供了动态分配内存的功能，而且它和 NumPy 数组一样直接将数值的二进制数据保存在一块内存中，因此我们可以先用 array 数组收集数据，然后通过 np.frombuffer() 将 array 数组的数据内存直接转换为 NumPy 数组。下面是一个例子：

```
import numpy as np
from array import array
a = array("d", [1,2,3,4])   # 创建一个 array 数组
# 通过 np.frombuffer()创建一个和 a 共享内存的 NumPy 数组
na = np.frombuffer(a, dtype=np.float)
print a
print na
na[1] = 20   # 修改 NumPy 数组中下标为 1 的元素
print a
array('d', [1.0, 2.0, 3.0, 4.0])
[ 1.  2.  3.  4.]
array('d', [1.0, 20.0, 3.0, 4.0])
```

array 数组只支持一维，如果我们需要采集多个通道的数据，可以将这些数据依次添加进 array 数组，然后通过 reshape()方法将 np.frombuffer()所创建的 NumPy 数组改为二维数组。在下面的例子中，我们通过 array 数组 buf 采集两个通道的数据，数据采集完毕之后，通过 np.frombuffer()将其转换为 NumPy 数组，并通过 reshape()将其形状改为二维数组：

```
import math
buf = array("d")
for i in range(5):
    buf.append(math.sin(i*0.1))
    buf.append(math.cos(i*0.1))

data = np.frombuffer(buf, dtype=np.float).reshape(-1, 2)
print data
```

```
[[ 0.          1.         ]
 [ 0.09983342  0.99500417]
 [ 0.19866933  0.98006658]
 [ 0.29552021  0.95533649]
 [ 0.38941834  0.92106099]]
```

下面是 Python 中实现 array 对象动态添加元素的算法：

- array 对象拥有一块用于保存数据的内存，其长度通常比数组中的所有数据的字节数要长。
- 当往 array 中添加数据时，如果数据内存中还有空余位置，则直接写入空余位置。
- 当数据内存中无空余位置时，则重新分配一块更大的数据内存，并将当前的数据都复制到这块新的数据内存中，而旧的数据内存则被释放掉。

根据上述算法可知，只要往 array 中添加元素，其数据内存的地址就可能发生改变。在此之前通过 np.frombuffer()创建的数组仍然引用旧的数据内存，从而成为"野指针"。下面的代码演示了这个过程。其中 array.buffer_info()获得数据内存的地址以及其中有效数据的个数。

```
a = array("d")
for i in range(10):
    a.append(i)
    if i == 2:
        na = np.frombuffer(a, dtype=float)
    print a.buffer_info(),
    if i == 4:
        print
(83088512, 1) (83088512, 2) (83088512, 3) (83088512, 4) (31531848, 5)
(31531848, 6) (31531848, 7) (31531848, 8) (34405776, 9) (34405776, 10)
```

由上面的结果可知，当数组 a 的长度为 5 和 9 时，数据内存被重新分配了。而 na 数组是在 a 的长度为 3 时通过 np.frombuffer()得到的，因此它的数据指针已经成为野指针。ndarray.ctypes.data 可以获得数组的数据内存的地址，可以看出 na 的数据内存地址仍然是 a 在重新分配之前的地址，而 na 中的数据也变成了随机的无效数据。

```
print na.ctypes.data
print na
83088512
[ 2.11777767e+161   6.24020631e-085   8.82069697e+199]
```

由上面的分析可知，每次动态数组的长度改变时，我们都需要重新调用 np.frombuffer()以创建一个新的 ndarray 数组对象来访问其中的数据。

当每个通道的数据类型不同时，就不能采用 array.array 对象了。这时可以使用 bytearray 收集数据。bytearray 是字节数组，因此首先需要通过 struct 模块将 Python 的数值转换成其字节表示形式。如果数据来自二进制文件或硬件，那么很可能得到的已经是字节数据了，这个步骤可以省略。下面是使用 bytearray 进行数据采集的例子：

```
import struct
buf = bytearray()
for i in range(5):
    buf += struct.pack("=hdd", i, math.sin(i*0.1), math.cos(i*0.1)) ❶

dtype = np.dtype({"names":["id","sin","cos"], "formats":["h", "d", "d"]}) ❷
data = np.frombuffer(buf, dtype=dtype) ❸
print data
[(0, 0.0, 1.0) (1, 0.09983341664682815, 0.9950041652780258)
 (2, 0.19866933079506122, 0.9800665778412416)
 (3, 0.2955202066613396, 0.955336489125606)
 (4, 0.3894183423086505, 0.9210609940028851)]
```

❶采集三个通道的数据，其中通道1是短整型数，其类型符号为"h"，通道2和3为双精度浮点数，其类型符号为"d"。类型格式字符串中的"="表示输出的字节数据不进行内存对齐。即一条数据的字节数为2+8+8=18，如果没有"="，那么一条数据的字节数为8+8+8=24。

❷定义一个 dtype 对象来表示一条数据的结构，dtype 对象默认不进行内存对齐。如果采集数据用的 bytearray 中的数据是内存对齐的话，只需要设置 dtype()的 align 参数为 True 即可。

❸最后通过 np.frombuffer()将 bytearray 转换为 NumPy 的结构数组。然后就可以通过 data["id"]、data["sin"]和 data["cos"]访问这三个通道的数据了。

2.5.2　和其他对象共享内存

在前面的章节中介绍过，当其他对象提供了获取其内部数据存取区的接口时，可以是用 numpy.frombuffer()创建一个数组与此对象共享数据内存。如果对象没有提供该接口，但是能够获取数据存储区的地址，可以通过 ctypes 和 numpy.ctypeslib 模块中提供的函数，创建与对象共享内存的数组。下面以 PyQt4 中的 QImage 对象为例，介绍如何创建一个与 QImage 对象共享内存的数组。

首先创建一个 QImage 对象，并载入"lena.png"文件中的内容。然后输出与图像相关的一些信息，为了创建与该图像共享内存的数组，我们需要使用这些信息。

```
from PyQt4.QtGui import QImage, qRgb
img = QImage("lena.png")
print "width & height:", img.width(), img.height()
```

```
print "depth:", img.depth() #每个像素的比特数
print "format:", img.format(), QImage.Format_RGB32
print "byteCount:", img.byteCount() #图像的总字节数
print "bytesPerLine:", img.bytesPerLine() #每行的字节数
print "bits:", int(img.bits()) #图像第一个字节的地址
```
```
width & height: 512 393
depth: 32
format: 4 4
byteCount: 804864
bytesPerLine: 2048
bits: 156041248
```

❶由于我们只知道数据的地址，首先需要使用 ctypes.cast()将整数转换为一个指向单字节类型的指针。❷然后使用 numpy.ctypeslib.as_array()将 ctypes 的指针指向的内存转换成 NumPy 的数组。as_array()的第二个参数是该数组的形状，注意数组的第 0 轴为图像的高，第 1 轴为图像的宽，第 2 轴为每个像素的字节数。

```
import ctypes
addr = int(img.bits())
pointer = ctypes.cast(addr, ctypes.POINTER(ctypes.c_uint8)) ❶
arr = np.ctypeslib.as_array(pointer, (img.height(), img.width(), img.depth()//8)) ❷
```

下面通过 arr 数组和 img 对象查看位于像素坐标(50,100)处的像素颜色值，可以看到二者是完全相同的：

```
x, y = 100, 50
b, g, r, a = arr[y, x]
print qRgb(r, g, b)
print img.pixel(x, y)
```
```
4289282380
4289282380
```

下面通过 arr 数组修改颜色值，并通过 img 对象查看修改的结果，由结果可知二者的确共享着同一块内存：

```
arr[y, x, :3] = 0x12, 0x34, 0x56
print hex(img.pixel(x, y))
```
```
0xff563412L
```

使用上述方法共享内存时需注意必须保持目标对象处于可访问状态。例如在上例中，如果执行 del img 语句引起 img 对象被垃圾回收，则通过 arr 数组将访问被释放掉的内存区域。为了解决这个问题，可以让数组的 base 属性引用目标对象，这样只要数组不被释放，则目标对象也不会被释放。为了能正确设置 base 属性，需要使用数组的__array_interface__接口。

❶在调用 array()将目标对象转换成数组时，如果目标对象拥有__array_interface__属性，则根据该属性的描述创建数组。它是一个具有特定键值的字典，参见表 2-10。

表 2-10 键值及含义

键值	含义
shape	所创建数组的形状
data	数据存储区的首地址，以及是否只读
strides	数组的 strides 属性
typestr	元素类型描述符
descr	如果创建结构数组，该键描述结构体各个字段名以及对应的数据类型
version	固定为 3

❷设置 copy 参数为 False，这样所创建的数组与目标对象共享内存，否则将复制目标对象的内存。❸在创建完数组之后，可以删除__array_interface__属性。❹所得到的数组 arr2 与 arr 相同，并且其 base 属性为 img 对象。

```
interface = {
    'shape': (img.height(), img.width(), 4),
    'data': (int(img.bits()), False),
    'strides': (img.bytesPerLine(), 4, 1),
    'typestr': "|u1",
    'version': 3,
}

img.__array_interface__ = interface  ❶

arr2 = np.array(img, copy=False)  ❷
del img.__array_interface__  ❸
print np.all(arr2 == arr), arr2.base is img  ❹
True True
```

如果目标对象只读，无法为其添加__array_interface__属性，可以创建一个代理用的 ArrayProxy 对象，在该代理对象中引用目标对象，使其不会被垃圾回收，同时提供__array_interface__属性，以供创建相应的数组。

```
class ArrayProxy(object):
    def __init__(self, base, interface):
        self.base = base
        self.__array_interface__ = interface

arr3 = np.array(ArrayProxy(img, interface), copy=False)
print np.all(arr3 == arr)
```

2.5.3 与结构数组共享内存

从结构数组获取某个字段时，得到的是原数组的视图，但是如果获取多个字段，将得到一个全新的数组，不与原数组共享内存。

```
persontype = np.dtype({
    'names':['name', 'age', 'weight', 'height'],
    'formats':['S30','i', 'f', 'f']}, align= True )
a = np.array([("Zhang", 32, 72.5, 167.0),
              ("Wang", 24, 65.2, 170.0)], dtype=persontype)

print a["age"].base is a  #视图
print a[["age", "height"]].base is None #复制
```

```
True
True
```

为了创建结构数组的多字段视图，可以使用下面的 fields_view() 函数。它通过原数组的 dtype 属性创建视图数组的 dtype 对象。然后通过 ndarray() 创建视图数组。

```
def fields_view(arr, fields):
    dtype2 = np.dtype({name:arr.dtype.fields[name] for name in fields})
    return np.ndarray(arr.shape, dtype2, arr, 0, arr.strides)

v = fields_view(a, ["age", "weight"])
print v.base is a

v["age"] += 10
print a
```

```
True
[('Zhang', 42, 72.5, 167.0) ('Wang', 34, 65.19999694824219, 170.0)]
```

dtype 对象的 fields 属性是一个以字段名为键、以字段类型和字节偏移量为值的字典，使用它创建新的 dtype 对象时，可以保持字段的偏移量：

```
print a.dtype.fields
print a.dtype
print v.dtype
```

```
{'age': (dtype('int32'), 32), 'name': (dtype('S30'), 0),
 'weight': (dtype('float32'), 36), 'height': (dtype('float32'), 40)}
{'names':['name','age','weight','height'], 'formats':['S30','<i4','<f4','<f4'],
  'offsets':[0,32,36,40], 'itemsize':44, 'aligned':True}
{'names':['age','weight'], 'formats':['<i4','<f4'], 'offsets':[32,36], 'itemsize':40}
```

如果这两个 dtype 对象的 itemsize 属性相同,那么可以使用数组的 view()方法创建视图对象。但是从上面的输出可以看到两个 dtype 对象的字节数并不相同,一个是 44 个字节,另一个是 40 个字节。遇到这种情况时,可以使用 ndarray()创建数组的视图,它的调用参数如下:

```
ndarray(shape, dtype=float, buffer=None, offset=0, strides=None, order=None)
```

- shape:所创建数组的形状。
- dtype:数组元素类型的 dtype 对象。
- buffer:拥有 buffer 接口的对象,所创建的数组将与该对象共享内存。
- offset:buffer 对象的数据内存中的起始地址的偏移量。
- strides:所创建数组的 strides 属性,即每个轴上的下标增加 1 时的地址增量。
- order:C 语言格式或 Fortran 语言格式。

在 fields_view()中,我们所创建的数组视图与原数组拥有相同的 shape、data 和 strides 属性。而 dtype 属性中的字段与原数组拥有相同的偏移量,显然这样的新数组能够与原数组共享内存。

SciPy-数值计算库

SciPy 在 NumPy 的基础上增加了众多的数学计算、科学计算以及工程计算中常用的模块，例如线性代数、常微分方程数值求解、信号处理、图像处理、稀疏矩阵等。在本章中，将通过实例介绍 SciPy 中常用的一些模块。为了方便读者理解，在实例程序中会使用 matplotlib、TVTK 以及 Mayavi 等扩展库绘制二维和三维的图表。在阅读实例的源程序时，读者可以忽略绘图部分，在后续的章节中，我们会对这些绘图库进行详细介绍。

本章的所有实例程序都在 SciPy 0.15 下调试通过，请读者在运行之前检查 SciPy 的版本：

```
import scipy
scipy.__version__
```
```
'0.15.0'
```

3.1　常数和特殊函数

 与本节内容对应的 Notebook 为：03-scipy/scipy-100-intro.ipynb。

SciPy 的 constants 模块包含了众多的物理常数：

```
from scipy import constants as C
print C.c # 真空中的光速
print C.h # 普朗克常数
```
```
299792458.0
6.62606957e-34
```

在字典 physical_constants 中，以物理常量名为键，对应的值是一个含有三个元素的元组，分别为常数值、单位以及误差，例如下面的程序用来查看电子的质量：

```
C.physical_constants["electron mass"]
```
```
(9.10938291e-31, 'kg', 4e-38)
```

除了物理常数之外，constants 模块中还包括许多单位信息，它们是 1 单位的量转换成标准单位时的数值：

```
# 1 英里等于多少米，1 英寸等于多少米，1 克等于多少千克，1 磅等于多少千克
    C.mile       C.inch  C.gram     C.pound
------------------   ------  ------  ------------------
1609.3439999999998   0.0254  0.001   0.45359236999999997
```

SciPy 的 special 模块是一个非常完整的函数库，其中包含了基本数学函数、特殊数学函数以及 NumPy 中出现的所有函数。由于函数数量众多，本节仅对其进行简要介绍。至于其具体所包含的函数列表，请读者参考 SciPy 的帮助文档。

伽玛(gamma)函数 Γ 是概率统计学中经常出现的一个特殊函数，它的计算公式如下：

$$\Gamma(z) = \int_0^\infty t^{z-1} e^{-t} dt$$

显然，要通过此公式计算 Γ(z) 的值是比较麻烦的，可以用 special 模块中的 gamma() 进行计算：

```
import scipy.special as S
print S.gamma(4)
print S.gamma(0.5)
print S.gamma(1+1j) # gamma 函数支持复数
print S.gamma(1000)

6.0
1.77245385091
(0.498015668118-0.154949828302j)
inf
```

Γ(z) 函数是阶乘函数在实数和复数系上的扩展，它的增长速度非常快，1000 的阶乘已经超过了双精度浮点数的表示范围，因此结果是无穷大。为了计算更大的范围，可以使用 gammaln() 计算 $\ln(|\Gamma(x)|)$ 的值，它使用特殊的算法，能直接计算 Γ 函数的对数值，因此可以表示更大的范围。

```
S.gammaln(1000)
5905.2204232091808
```

special 模块中的某些函数并不是数学意义上的特殊函数，例如 log1p(x) 计算 log(1+x) 的值。这是由于浮点数的精度有限，无法很精确地表示非常接近 1 的实数。例如无法用浮点数表示 1+1e-20 的值，因此 log(1+1e-20) 的值为 0，而当使用 log1p() 时，则可以很精确地计算：

```
print 1 + 1e-20
print np.log(1+1e-20)
print S.log1p(1e-20)

1.0
0.0
1e-20
```

实际上当 x 非常小时，log1p(x)约等于 x，这可以通过对 log(1+x)进行泰勒级数展开证明。在后续章节我们会学习如何用符号计算库 SymPy 进行泰勒级数展开。

这些特殊函数与 NumPy 中的一般数学函数一样，都是 ufunc 函数，支持数组的广播运算。例如 ellipj(u, m)计算雅可比椭圆函数，它有两个参数 u 和 m，返回 4 个值 sn、cn、dn 和 φ，其中 φ 满足下面的椭圆积分，而 $sn = \sin\phi$、$cn = \cos\phi$、$dn = \sqrt{1 - m\sin^2\phi}$。

$$u = \int_0^\phi \frac{d\theta}{\sqrt{1 - m\sin^2\theta}}$$

由于 ellipj()支持广播运算，因此下面的程序在调用它时传递的两个参数的形状分别为(200, 1)和(1, 5)，于是得到的 4 个结果数组的形状都为(200, 5)，图 3-1 显示了这些曲线。

```
m = np.linspace(0.1, 0.9, 4)
u = np.linspace(-10, 10, 200)
results = S.ellipj(u[:, None], m[None, :])

print [y.shape for y in results]
[(200, 4), (200, 4), (200, 4), (200, 4)]
```

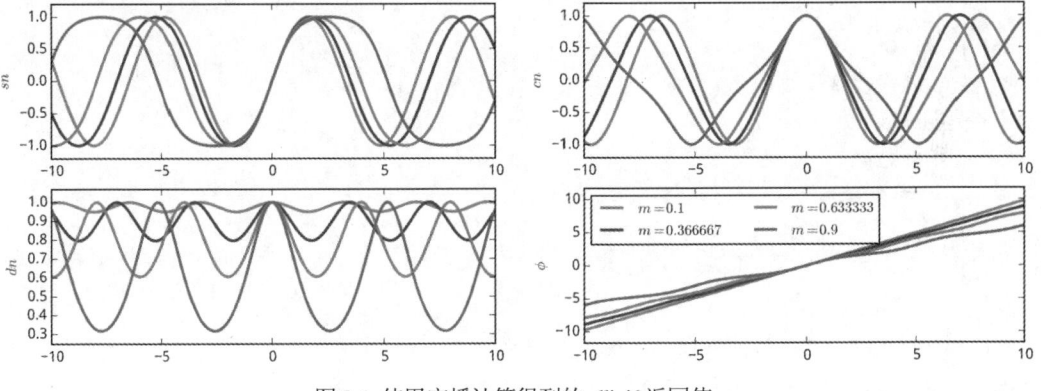

图 3-1 使用广播计算得到的 ellipj()返回值

3.2 拟合与优化-optimize

与本节内容对应的 Notebook 为：03-scipy/scipy-210-optimize.ipynb。

SciPy 的 optimize 模块提供了许多数值优化算法，本节对其中的非线性方程组求解、数据拟合、函数最小值等进行简单介绍。

3.2.1 非线性方程组求解

fsolve()可以对非线性方程组进行求解，它的基本调用形式为 fsolve(func, x0)。其中 func 是计算方程组误差的函数，它的参数 x 是一个数组，其值为方程组的一组可能的解。func 返回将 x 代入方程组之后得到的每个方程的误差，x0 为未知数的一组初始值。假设要对下面的方程组进行求解：

$$f1(u1, u2, u3) = 0, \ f2(u1, u2, u3) = 0, \ f3(u1, u2, u3) = 0$$

那么 func 函数可以定义如下：

```
def func(x):
u1,u2,u3 = x
    return [f1(u1,u2,u3), f2(u1,u2,u3), f3(u1,u2,u3)]
```

下面我们看一个对下列方程组求解的例子：

$$5x_1 + 3 = 0, \ 4x_0^2 - 2\sin(x_1 x_2) = 0, \ x_1 x_2 - 1.5 = 0$$

```
from math import sin, cos
from scipy import optimize

def f(x): ❶
    x0, x1, x2 = x.tolist() ❷
    return [
        5*x1+3,
        4*x0*x0 - 2*sin(x1*x2),
        x1*x2 - 1.5
    ]

# f 计算方程组的误差，[1,1,1]是未知数的初始值
result = optimize.fsolve(f, [1,1,1]) ❸
print result
print f(result)

[-0.70622057 -0.6         -2.5        ]
[0.0, -9.126033262418787e-14, 5.329070518200751e-15]
```

❶f()是计算方程组的误差的函数，x 参数是一组可能的解。fsolve()在调用 f()时，传递给 f()的参数是一个数组。❷先调用数组的 tolist()方法，将其转换为 Python 的标准浮点数列表，然后调用 math 模块中的函数进行运算。因为在进行单个数值的运算时，标准浮点类型比 NumPy 的浮点类型要快许多，所以把数值都转换成标准浮点数类型，能缩短一些计算时间。❸调用 fsolve()时，传递计算误差的函数 f()以及未知数的初始值。

在对方程组进行求解时，fsolve()会自动计算方程组在某点对各个未知数变量的偏导数，这些偏导数组成一个二维数组，数学上称之为雅可比矩阵。如果方程组中的未知数很多，而与每个方程有关联的未知数较少，即雅可比矩阵比较稀疏时，将计算雅可比矩阵的函数作为参数传

递给 fsolve()，这能大幅度提高运算速度。笔者在一个模拟计算的程序中需要求解有 50 个未知数的非线性方程组。每个方程平均与 6 个未知数相关，通过传递计算雅可比矩阵的函数使 fsolve() 的计算速度提高了 4 倍。

> **雅可比矩阵**
>
> 雅可比矩阵是一阶偏导数以一定方式排列的矩阵，它给出了可微分方程与给定点的最优线性逼近，因此类似于多元函数的导数。例如前面的函数 f1、f2、f3 和未知数 u1、u2、u3 的雅可比矩阵如下：
>
> $$\begin{bmatrix} \dfrac{\partial f1}{\partial u1} & \dfrac{\partial f1}{\partial u2} & \dfrac{\partial f1}{\partial u3} \\ \dfrac{\partial f2}{\partial u1} & \dfrac{\partial f2}{\partial u2} & \dfrac{\partial f2}{\partial u3} \\ \dfrac{\partial f3}{\partial u1} & \dfrac{\partial f3}{\partial u2} & \dfrac{\partial f3}{\partial u3} \end{bmatrix}$$

下面使用雅可比矩阵对方程组进行求解。❶计算雅可比矩阵的函数 j() 和 f() 一样，其 x 参数是未知数的一组值，它计算非线性方程组在 x 处的雅可比矩阵。❷通过 fprime 参数将 j() 传递给 fsolve()。由于本例中的未知数很少，因此计算雅可比矩阵并不能显著地提高计算速度。

```
def j(x):  ❶
    x0, x1, x2 = x.tolist()
    return [
        [0, 5, 0],
        [8*x0, -2*x2*cos(x1*x2), -2*x1*cos(x1*x2)],
        [0, x2, x1]
    ]


result = optimize.fsolve(f, [1,1,1], fprime=j)  ❷
print result
print f(result)
```
```
[-0.70622057 -0.6        -2.5        ]
[0.0, -9.126033262418787e-14, 5.329070518200751e-15]
```

3.2.2 最小二乘拟合

假设有一组实验数据(x_i, y_i)，我们事先知道它们之间应该满足某函数关系：$y_i = f(x_i)$。通过这些已知信息，需要确定函数 f() 的一些参数。例如，如果函数 f() 是线性函数 $f(x) = k x + b$，那么参数 k 和 b 就是需要确定的值。

如果用**p**表示函数中需要确定的参数，则目标是找到一组**p**使得函数 S 的值最小：

$$S(\mathbf{p}) = \sum_{i=1}^{m} [y_i - f(x_i, \mathbf{p})]^2$$

这种算法被称为最小二乘拟合(least-square fitting)。在 optimize 模块中，可以使用 leastsq()对数据进行最小二乘拟合计算。leastsq()的用法很简单，只需要将计算误差的函数和待确定参数的初始值传递给它即可。下面是用 leastsq()对线性函数进行拟合的程序：

```python
import numpy as np
from scipy import optimize

X = np.array([ 8.19,  2.72,  6.39,  8.71,  4.7 ,  2.66,  3.78])
Y = np.array([ 7.01,  2.78,  6.47,  6.71,  4.1 ,  4.23,  4.05])

def residuals(p): ❶
    "计算以 p 为参数的直线和原始数据之间的误差"
    k, b = p
    return Y - (k*X + b)

# leastsq 使得 residuals()的输出数组的平方和最小，参数的初始值为[1,0]
r = optimize.leastsq(residuals, [1, 0]) ❷
k, b = r[0]
print "k =",k, "b =",b

k = 0.613495349193 b = 1.79409254326
```

图 3-2(左)直观地显示了原始数据、拟合直线以及它们之间的误差。❶residuals()的参数p是拟合直线的参数，函数返回的是原始数据和拟合直线之间的误差。图中用数据点到拟合直线在Y轴上的距离表示误差。❷leastsq()使得这些误差的平方和最小，即图中所有正方形的面积之和最小。

由前面的函数S的公式可知，对于直线拟合来说，误差的平方和是直线参数k和b的二次多项式函数，因此可以用如图 3-2(右)所示的曲面直观地显示误差平方和与两个参数之间的关系。图中用红色圆点表示曲面的最小点，它的 X-Y 轴的坐标就是 leastsq()的拟合结果。

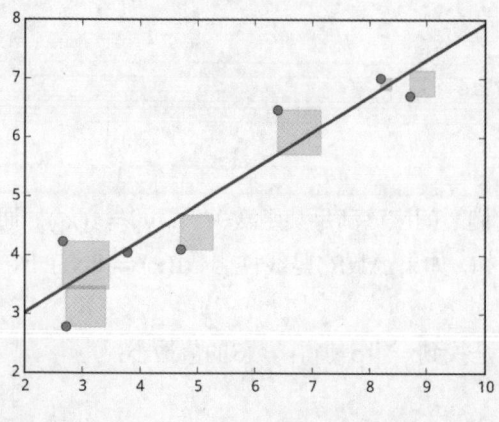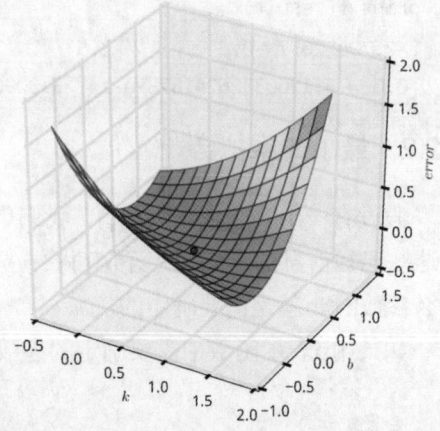

图 3-2 最小化正方形面积之和(左)，误差曲面(右)

接下来，让我们再看一个对正弦波数据进行拟合的例子：

```python
def func(x, p):  ❶
    """
    数据拟合所用的函数: A*sin(2*pi*k*x + theta)
    """
    A, k, theta = p
    return A*np.sin(2*np.pi*k*x+theta)

def residuals(p, y, x):  ❷
    """
    实验数据 x, y 和拟合函数之间的差，p 为拟合需要找到的系数
    """
    return y - func(x, p)

x = np.linspace(0, 2*np.pi, 100)
A, k, theta = 10, 0.34, np.pi/6 # 真实数据的函数参数
y0 = func(x, [A, k, theta]) # 真实数据
# 加入噪声之后的实验数据
np.random.seed(0)
y1 = y0 + 2 * np.random.randn(len(x))  ❸

p0 = [7, 0.40, 0] # 第一次猜测的函数拟合参数

# 调用 leastsq 进行数据拟合
# residuals 为计算误差的函数
# p0 为拟合参数的初始值
# args 为需要拟合的实验数据
plsq = optimize.leastsq(residuals, p0, args=(y1, x))  ❹

print u"真实参数:", [A, k, theta]
print u"拟合参数", plsq[0] # 实验数据拟合后的参数

pl.plot(x, y1, "o", label=u"带噪声的实验数据")
pl.plot(x, y0, label=u"真实数据")
pl.plot(x, func(x, plsq[0]), label=u"拟合数据")
pl.legend(loc="best")
```
```
真实参数: [10, 0.34, 0.5235987755982988]
拟合参数 [ 10.25218748   0.3423992    0.50817424]
```

图 3-3 显示了带噪声的正弦波拟合。

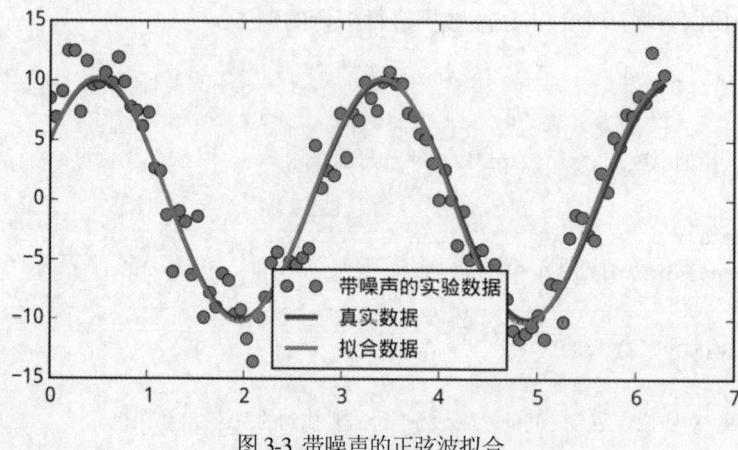

图 3-3 带噪声的正弦波拟合

　　程序中，❶要拟合的目标函数 func()是一个正弦函数，它的参数 p 是一个数组，包含决定正弦波的三个参数 A、k、theta，分别对应正弦函数的振幅、频率和相角。❸待拟合的实验数据是一组包含噪声的数据(x, y1)，其中数组 y1 为标准正弦波数据 y0 加上随机噪声。

　　❹用 leastsq()对带噪声的实验数据(x, y1)进行数据拟合，它可以找到数组 x 和 y0 之间的正弦关系，即确定 A、k、theta 等参数。和前面的直线拟合程序不同的是，这里我们将(y1, x)传递给 args 参数。leastsq()会将这两个额外的参数传递给 residuals()。❷因此 residuals()有三个参数，p 是正弦函数的参数，y 和 x 是表示实验数据的数组。

　　对于这种一维曲线拟合，optimize 库还提供了一个 curve_fit()函数，下面使用此函数对正弦波数据进行拟合。它的目标函数与 leastsq()稍有不同，各个待优化参数直接作为函数的参数传入。

```
def func2(x, A, k, theta):
    return A*np.sin(2*np.pi*k*x+theta)


popt, _ = optimize.curve_fit(func2, x, y1, p0=p0)
print popt
[ 10.25218748   0.3423992    0.50817424]
```

　　如果频率的初值和真实值的差别较大，拟合结果中的频率参数可能无法收敛于实际的频率。在下面的例子中，由于频率初值的选择不当，导致 curve_fit()未能收敛到真实的参数。这时可以通过其他方法先估算一个频率的近似值，或者使用全局优化算法。在后面的例子中，我们会使用全局优化算法重新对正弦波数据进行拟合。

```
popt, _ = optimize.curve_fit(func2, x, y1, p0=[10, 1, 0])
print u"真实参数:", [A, k, theta]
print u"拟合参数", popt
真实参数: [10, 0.34, 0.5235987755982988]
拟合参数 [ 0.71093473   1.02074599  -0.1277666 ]
```

3.2.3 计算函数局域最小值

optimize 库还提供了许多求函数最小值的算法: Nelder-Mead、Powell、CG、BFGS、Newton-CG、L-BFGS-B 等。下面我们用一个实例观察这些优化函数是如何找到函数的最小值的。在本例中，要计算最小值的函数 f(x,y)为:

$$f(x, y) = (1 - x)^2 + 100(y - x^2)^2$$

这个函数叫作 Rosenbrock 函数，它经常用来测试最小化算法的收敛速度。它有一个十分平坦的山谷区域，收敛到此山谷区域比较容易，但是在山谷区域搜索到最小点则比较困难。根据函数的计算公式不难看出此函数的最小值是 0，在(1,1)处。

为了提高运算速度和精度，有些算法带有一个 fprime 参数，它是计算目标函数 f()对各个自变量的偏导数的函数。f(x,y)对变量 x 和 y 的偏导函数为:

$$\frac{\partial f}{\partial x} = -2 + 2x - 400x(y - x^2)$$

$$\frac{\partial f}{\partial y} = 200y - 200x^2$$

而 Newton-CG 算法则需要计算海森矩阵，它是一个由自变量为向量的实值函数的二阶偏导数构成的方块矩阵，对于函数 $f(x_1, x_2, ..., x_n)$，其海森矩阵的定义如下:

$$\begin{bmatrix} \frac{\partial^2 f}{\partial x_1^2} & \frac{\partial^2 f}{\partial x_1 \partial x_2} & \cdots & \frac{\partial^2 f}{\partial x_1 \partial x_n} \\ \frac{\partial^2 f}{\partial x_2 \partial x_1} & \frac{\partial^2 f}{\partial x_2^2} & \cdots & \frac{\partial^2 f}{\partial x_2 \partial x_n} \\ \vdots & \vdots & \vdots & \vdots \\ \frac{\partial^2 f}{\partial x_n \partial x_1} & \frac{\partial^2 f}{\partial x_n \partial x_2} & \cdots & \frac{\partial^2 f}{\partial x_n^2} \end{bmatrix}$$

对于本例来说，海森矩阵为一个二阶矩阵:

$$\begin{bmatrix} 2(600x^2 - 200y + 1) & -400x \\ -400x & 200 \end{bmatrix}$$

下面使用各种最小值优化算法计算 f(x,y)的最小值，根据其输出可知有些算法需要较长的收敛时间，而有些算法则利用导数信息更快地找到最小点。

```
def target_function(x, y):
    return (1-x)**2 + 100*(y-x**2)**2


class TargetFunction(object):

    def __init__(self):
        self.f_points = []
        self.fprime_points = []
        self.fhess_points = []
```

```python
    def f(self, p):
        x, y = p.tolist()
        z = target_function(x, y)
        self.f_points.append((x, y))
        return z

    def fprime(self, p):
        x, y = p.tolist()
        self.fprime_points.append((x, y))
        dx = -2 + 2*x - 400*x*(y - x**2)
        dy = 200*y - 200*x**2
        return np.array([dx, dy])

    def fhess(self, p):
        x, y = p.tolist()
        self.fhess_points.append((x, y))
        return np.array([[2*(600*x**2 - 200*y + 1), -400*x],
[-400*x, 200]])


def fmin_demo(method):
    target = TargetFunction()
    init_point =(-1, -1)
    res = optimize.minimize(target.f, init_point,
                    method=method,
                    jac=target.fprime,
hess=target.fhess)
    return res, [np.array(points) for points in
            (target.f_points, target.fprime_points, target.fhess_points)]


methods = ("Nelder-Mead", "Powell", "CG", "BFGS", "Newton-CG", "L-BFGS-B")
for method in methods:
    res, (f_points, fprime_points, fhess_points) = fmin_demo(method)
    print "{:12s}: min={:12g}, f count={:3d}, fprime count={:3d}, "\
        "fhess count={:3d}".format(
            method, float(res["fun"]), len(f_points),
            len(fprime_points), len(fhess_points))
```

```
Nelder-Mead : min= 5.30934e-10, f count=125, fprime count=  0, fhess count=  0
Powell      : min=           0, f count= 52, fprime count=  0, fhess count=  0
CG          : min=  7.6345e-15, f count= 34, fprime count= 34, fhess count=  0
BFGS        : min= 2.31605e-16, f count= 40, fprime count= 40, fhess count=  0
Newton-CG   : min= 5.22666e-10, f count= 60, fprime count= 97, fhess count= 38
L-BFGS-B    : min=  6.5215e-15, f count= 33, fprime count= 33, fhess count=  0
```

图 3-4 显示了各种优化算法的搜索路径，图中用圆点表示调用 f()时的坐标点，圆点的颜色表示调用顺序；叉点表示调用 fprime()时的坐标点。图中用图像表示二维函数的值，值越大则颜色越浅，值越小则颜色越深。为了更清晰地显示函数的山谷区域，图中显示的实际上是通过对数函数 log10()对 f(x,y)进行处理之后的结果。

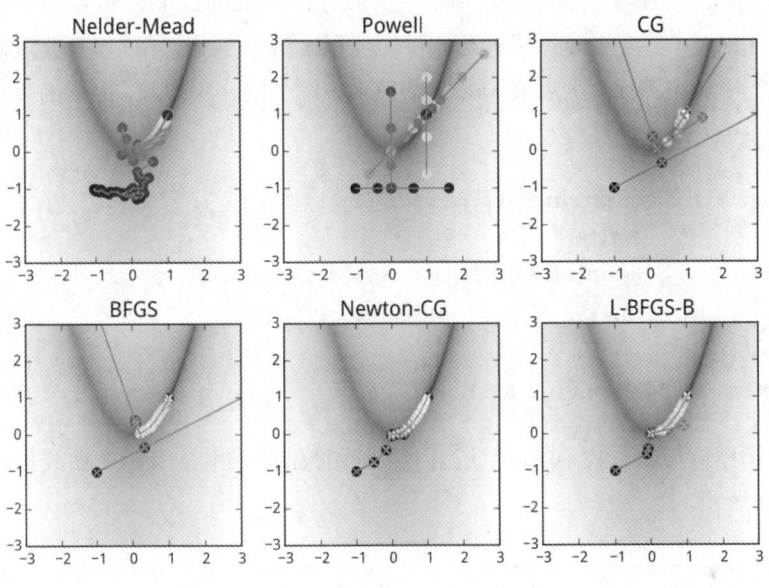

图 3-4 各种优化算法的搜索路径

3.2.4 计算全域最小值

前面介绍的几种最小值优化算法都只能计算局域的最小值，optimize 库还提供了几种能进行全局优化的算法，下面以前面的正弦波拟合为例，演示全局优化函数的用法。在使用 leastsq()对正弦波进行拟合时，误差函数 residuals()返回一个数组，表示各个取样点的误差。而函数最小值算法则只能对一个标量值进行最小化，因此最小化的目标函数 func_error()返回所有取样点的误差的平方和。

```python
def func(x, p):
    A, k, theta = p
    return A*np.sin(2*np.pi*k*x+theta)


def func_error(p, y, x):
    return np.sum((y - func(x, p))**2)


x = np.linspace(0, 2*np.pi, 100)
A, k, theta = 10, 0.34, np.pi/6
y0 = func(x, [A, k, theta])
np.random.seed(0)
y1 = y0 + 2 * np.random.randn(len(x))
```

我们使用 optimize.basinhopping()全域优化函数找出正弦波的三个参数。它的前两个参数和其他求最小值的函数一样：目标函数和初始值。由于它是全局优化函数，因此初始值的选择并不是太重要。niter 参数是全域优化算法的迭代次数，迭代的次数越多，就越有可能找到全域最优解。

在 basinhopping()内部需要调用局域最小值函数，其 minimizer_kwargs 参数决定了所采用的局域最小值算法以及传递给此函数的参数。下面的程序指定使用 L-BFGS-B 算法搜索局域最小值，并且将两个对象 y1 和 x 传递给该局域最小值求解函数的 args 参数，而该函数会将这两个参数传递给 func_error()。

```
result = optimize.basinhopping(func_error, (1, 1, 1),
                      niter = 10,
                      minimizer_kwargs={"method":"L-BFGS-B",
                                       "args":(y1, x)})
print result.x
[ 10.25218694  -0.34239909   2.63341582]
```

虽然频率和相位与原系数不同，但是由于正弦函数的周期性，其拟合曲线是和原始数据重合的，如图 3-5 所示。

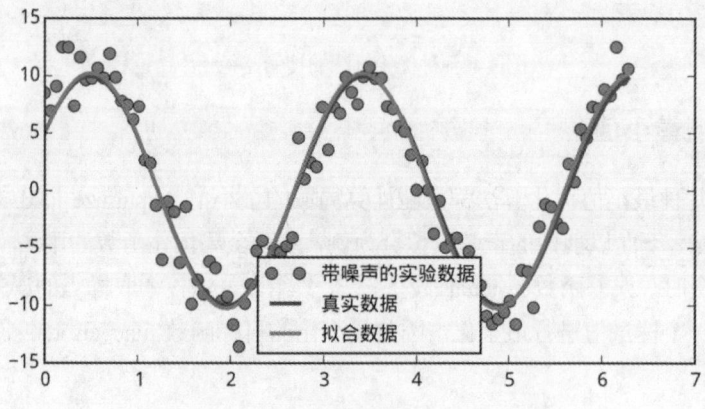

图 3-5 用 basinhopping()拟合正弦波

3.3 线性代数-linalg

与本节内容对应的 Notebook 为：03-scipy/scipy-310-linalg.ipynb。

NumPy 和 SciPy 都提供了线性代数函数库 linalg，SciPy 的线性代数库比 NumPy 更加全面。

3.3.1 解线性方程组

numpy.linalg.solve(A, b)和 scipy.linalg.solve(A, b)可以用来解线性方程组$\mathbf{A}x = b$，也就是计算 $x = \mathbf{A}^{-1}b$。这里，$\mathbf{A}$是m × n的方形矩阵，x和b是长为m的向量。有时候$\mathbf{A}$是固定的，需要对多组b进行求解，因此第二个参数也可以是m × n的矩阵$\mathbf{B}$。这样计算出来的$\mathbf{X}$也是m × n的矩阵，相当于计算$\mathbf{A}^{-1}\mathbf{B}$。

在一些矩阵公式中经常会出现类似于$\mathbf{A}^{-1}\mathbf{B}$的运算，它们都可以用 solve(A,B)计算，这要比直接计算逆矩阵然后做矩阵乘法更快捷一些，下面的程序比较 solve()和逆矩阵的运算速度：

```python
import numpy as np
from scipy import linalg

m, n = 500, 50
A = np.random.rand(m, m)
B = np.random.rand(m, n)
X1 = linalg.solve(A, B)
X2 = np.dot(linalg.inv(A), B)
print np.allclose(X1, X2)
%timeit linalg.solve(A, B)
%timeit np.dot(linalg.inv(A), B)
```
```
True
100 loops, best of 3: 10.1 ms per loop
10 loops, best of 3: 20 ms per loop
```

若需要对多组$\mathbf{B}$进行求解，但是又不好将它们合并成一个矩阵，例如某些矩阵公式中可能会有$\mathbf{A}^{-1}\mathbf{B}$、$\mathbf{A}^{-1}\mathbf{C}$、$\mathbf{A}^{-1}\mathbf{D}$等乘法，而$\mathbf{B}$、$\mathbf{C}$、$\mathbf{D}$是通过某种方式逐次计算的。这时可以采用 lu_factor()和 lu_solve()。先调用 lu_factor(A)对矩阵$\mathbf{A}$进行 LU 分解，得到一个元组：(LU 矩阵, 排序数组)。将这个元组传递给 lu_solve()，即可对不同的$\mathbf{B}$进行求解。由于已经对$\mathbf{A}$进行了 LU 分解，lu_solve()能够很快得出结果。

```python
luf = linalg.lu_factor(A)
X3 = linalg.lu_solve(luf, B)
np.allclose(X1, X3)
```
```
True
```

除了使用 lu_factor()和 lu_solve()之外，可以先通过 inv()计算逆矩阵，然后通过 dot()计算矩阵乘积。下面比较二者的速度，可以看出 lu_factor()比 inv()要快很多，而 lu_solve()和 dot()的运算速度几乎相同：

```python
M, N = 1000, 100
np.random.seed(0)
A = np.random.rand(M, M)
```

```
B = np.random.rand(M, N)
Ai = linalg.inv(A)
luf = linalg.lu_factor(A)
%timeit linalg.inv(A)
%timeit np.dot(Ai, B)
%timeit linalg.lu_factor(A)
%timeit linalg.lu_solve(luf, B)
```

```
10 loops, best of 3: 131 ms per loop
100 loops, best of 3: 9.65 ms per loop
10 loops, best of 3: 52.6 ms per loop
100 loops, best of 3: 13.8 ms per loop
```

3.3.2 最小二乘解

lstsq()比 solve()更一般化，它不要求矩阵 A 是正方形的，也就是说方程的个数可以少于、等于或多于未知数的个数。它找到一组解 x，使得||b − **A**x||最小。我们称得到的结果为最小二乘解，即它使得所有等式的误差的平方和最小。下面以求解离散卷积的逆运算为例，介绍 lstsq() 的用法。

首先简单介绍一下离散卷积的相关知识和计算方法。对于离散的线性时不变系统 h，如果它的输入是 x，那么其输出 y 可以用 x 和 h 的卷积表示：y = x * h。

离散卷积的计算公式如下：

$$y[n] = \sum h[m]\, x[n − m]$$

假设 h 的长度为 n，x 的长度为 m，则卷积计算所得到的 y 的长度将为 n+m-1。它的每个值都是按照下面的公式计算得到的：

```
y[0] = h[0]*x[0]
y[1] = h[0]*x[1] + h[1]*x[0]
y[2] = h[0]*x[2] + h[1]*x[1] + h[2]*x[0]
y[3] = h[0]*x[3] + h[1]*x[2] + h[2]*x[1]
...
y[n+m-1] = h[n-1]*x[m-1]
```

所谓卷积的逆运算就是指：假设已知 x 和 y，需要求解 h。由于 h 的长度为 n，于是有 n 个未知数，而由于 y 的长度为 n+m-1，因此这 n 个未知数需要满足 n+m-1 个线性方程。由于方程数比未知数多，卷积的逆运算不一定有精确解，因此问题就变成了找到一组 h，使得 x*h 与 y 之间的误差最小，显然它就是最小二乘解。下面的程序演示了如何使用 lstsq()计算卷积的逆运算：

❶首先 make_data()创建所需的数据，它使用随机数函数 standard_normal()初始化数组 x 和 h。在实际的系统中 h 通常是未知的，并且值会逐渐衰减。make_data()返回系统的输入信号 x 以及添加了随机噪声的输出信号 yn。为了和最小二乘法的结果相比较，我们同时也输出了系统的系数 h。

❷solve_h()使用最小二乘法计算系统的参数 h，因为通常我们不知道未知系统的系数的长度，因此这里用 N 表示所求系数的长度。

观察前面的卷积方程组可知，在 n+m-1 个方程中，中间的 n-m+1 个方程使用了 h 的所有系数。为了程序计算方便，我们对这 m-n+1 个方程进行最小二乘运算。❸根据 h 的长度，需要将一维数组 x 变换成一个形状为(m-n+1, n)的二维数组 X，它的每行相对于上一行都左移了一个元素。这个二维数组可以很容易地使用第 2 章中介绍过的 as_strided()得到。❹我们取出输出数组 y 中与数组 X 每行对应的部分，❺然后调用 lstsq()对这 m-n+1 个方程进行最小二乘运算。❻lstsq()返回一个元组，它的第 0 个元素是最小二乘解，注意得到的结果顺序是颠倒的，因此还需要对其进行翻转。

```python
from numpy.lib.stride_tricks import as_strided

def make_data(m, n, noise_scale):  ❶
    np.random.seed(42)
    x = np.random.standard_normal(m)
    h = np.random.standard_normal(n)
    y = np.convolve(x, h)
    yn = y + np.random.standard_normal(len(y)) * noise_scale * np.max(y)
    return x, yn, h

def solve_h(x, y, n):       ❷
    X = as_strided(x, shape=(len(x)-n+1, n), strides=(x.itemsize, x.itemsize))  ❸
    Y = y[n-1:len(x)]        ❹
    h = linalg.lstsq(X, Y)  ❺
    return h[0][::-1]        ❻
```

接下来对长度为 100 的未知系统系数 h，分别计算长度为 80 和 120 的最小二乘解。由于我们对系统的输出添加了一些噪声信号，因此二者并不完全吻合。图 3-6 比较了这两个解与真实系数。

```python
x, yn, h = make_data(1000, 100, 0.4)
H1 = solve_h(x, yn, 120)
H2 = solve_h(x, yn, 80)

print "Average error of H1:", np.mean(np.abs(H[:100] - h))
print "Average error of H2:", np.mean(np.abs(h[:80] - H2))
Average error of H1: 0.301548854044
Average error of H2: 0.295842215834
```

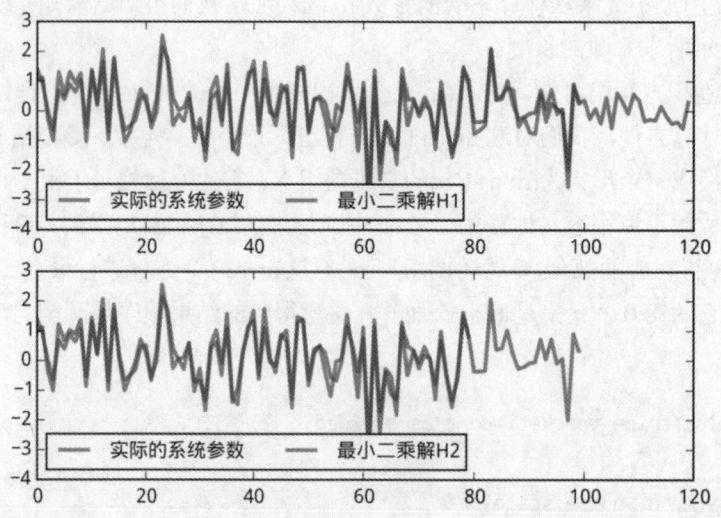

图 3-6 实际的系统参数与最小二乘解的比较

3.3.3　特征值和特征向量

　　n×n的矩阵**A**可以看作n维空间中的线性变换。若**x**为n维空间中的一个向量，那么**A**与**x**的矩阵乘积就是对**x**进行线性变换之后的向量。如果**x**是线性变换的特征向量，那么经过这个线性变换之后，得到的新向量仍然与原来的**x**保持在同一方向上，但其长度也许会改变。特征向量的长度在该线性变换下缩放的比例称为其特征值。即特征向量**x**满足如下等式，λ的值可以是一个任意复数：

$$\mathbf{Ax} = \lambda\mathbf{x}$$

　　下面以二维平面上的线性变换矩阵为例，演示特征值和特征变量的几何含义。通过linalg.eig(A)计算矩阵**A**的两个特征值 evalues 和特征向量 evectors，在 evectors 中，每一列是一个特征向量。

```
A = np.array([[1, -0.3], [-0.1, 0.9]])
evalues, evectors = linalg.eig(A)

            evalues                          evectors
---------------------------------  ----------------------------
[ 1.13027756+0.j,  0.76972244+0.j]  [[ 0.91724574,  0.79325185],
[-0.3983218 ,  0.60889368]]
```

　　图 3-7 显示了变换前后的向量。在图中，蓝色箭头为变换之前的向量，红色箭头为变换之后的向量。粗箭头为变换前后的特征向量。可以看出特征向量变换前后方向没有改变，只是长度发生了变化。长度的变化倍数由特征值决定：一个变为原来的 1.13 倍长，一个变为原来的 0.77 倍长。

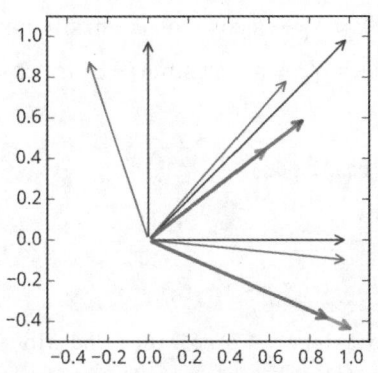

图 3-7 线性变换将蓝色箭头变换为红色箭头

numpy.linalg 模块中也有 eig() 函数，与之不同的是，scipy.linalg 模块中的 eig() 函数支持计算广义特征值和广义特征向量，它们满足如下等式，其中 **B** 是一个 $n \times n$ 的矩阵：

$$\mathbf{Ax} = \lambda \mathbf{Bx}$$

广义特征向量可以用于椭圆拟合，椭圆拟合的公式与原理可以参考下面的论文：

http://research.microsoft.com/pubs/67845/ellipse-pami.pdf
用广义特征向量计算椭圆拟合。

椭圆上的点满足如下方程，其中 a, b, c, d, e, f 为椭圆的参数，(x, y) 为平面上的坐标点：

$$f(x, y) = ax^2 + bxy + cy^2 + dx + ey + f = 0$$

所谓椭圆拟合，就是指给出一组平面上的点 (x_i, y_i)，找到一组椭圆参数，使得 $\sum f(x_i, y_i)^2$ 最小。显然这是一个最小化问题，可以使用上节介绍的优化算法 optimize.leastsq() 求解。为了避免参数全为 0 的平凡解，需要一点小技巧，请读者自行演练一下。下面给出论文中用广义特征向量计算椭圆拟合的方法：

首先定义 $\mathbf{x_i} = [x_i^2, x_i y_i, y_i^2, x_i, y_i, 1]^T$，$\mathbf{D} = [\mathbf{x_1}, ..., \mathbf{x_n}]$。**D** 是一个 $n \times 6$ 的矩阵，其中 n 为点的个数，**D** 中的每一行与一个坐标点相对应。**a** 为拟合椭圆的系数：$\mathbf{a} = [a, b, c, d, e, f]^T$。则 **a** 满足如下方程：

$$\mathbf{D^T D a} = \lambda \mathbf{Ca}$$

其中 **C** 是一个 6×6 的矩阵：

$$\mathbf{C} = \begin{bmatrix} 0 & 0 & 2 & 0 & 0 & 0 \\ 0 & -1 & 0 & 0 & 0 & 0 \\ 2 & 0 & 0 & 0 & 0 & 0 \\ 0 & 0 & 0 & 0 & 0 & 0 \\ 0 & 0 & 0 & 0 & 0 & 0 \\ 0 & 0 & 0 & 0 & 0 & 0 \end{bmatrix}$$

显然上式符合广义特征向量的等式，因此可以用 linalg.eig() 求解。下面首先使用椭圆的参数方程计算某个椭圆上随机的 60 个点，并引入一些随机噪声：

$$X(t) = X_c + a\cos t\cos\varphi - b\sin t\sin\varphi$$
$$Y(t) = Y_c + a\cos t\sin\varphi + b\sin t\cos\varphi$$

```
np.random.seed(42)
t = np.random.uniform(0, 2*np.pi, 60)

alpha = 0.4
a = 0.5
b = 1.0
x = 1.0 + a*np.cos(t)*np.cos(alpha) - b*np.sin(t)*np.sin(alpha)
y = 1.0 + a*np.cos(t)*np.sin(alpha) - b*np.sin(t)*np.cos(alpha)
x += np.random.normal(0, 0.05, size=len(x))
y += np.random.normal(0, 0.05, size=len(y))
```

第 3 章　SciPy-数值计算库

❶当传递第二个参数时，eig()计算广义特征值和向量。evectors 中共有 6 个特征向量，❷将这 6 个特征向量代入椭圆方程中，计算平均误差，❸并挑选误差最小的特征向量作为椭圆的参数 p。图 3-8 显示了参数 p 所表示的椭圆以及数据点。

```
D = np.c_[x**2, x*y, y**2, x, y, np.ones_like(x)]
A = np.dot(D.T, D)
C = np.zeros((6, 6))
C[[0, 1, 2], [2, 1, 0]] = 2, -1, 2
evalues, evectors = linalg.eig(A, C)          ❶
evectors = np.real(evectors)
err = np.mean(np.dot(D, evectors)**2, 0)       ❷
p = evectors[:, np.argmin(err) ]               ❸
print p
```
```
[-0.55214278  0.5580915  -0.23809922  0.54584559 -0.08350449 -0.14852803]
```

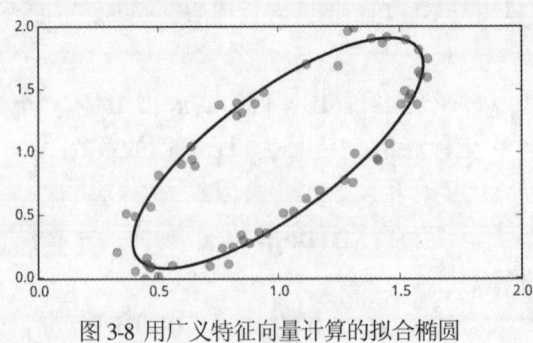

图 3-8 用广义特征向量计算的拟合椭圆

3.3.4　奇异值分解-SVD

奇异值分解是线性代数中一种重要的矩阵分解，在信号处理、统计学等领域都有重要应用。假设 **M** 是一个 m × n 阶矩阵，存在一个分解使得：$\mathbf{M} = \mathbf{U\Sigma V}^*$。其中 **U** 是 m × m 阶酉矩阵；**Σ** 是半正定 m × n 阶对角矩阵；而 $\mathbf{V}^*$，即 **V** 的共轭转置，是 n × n 阶酉矩阵。这样的分解就称作 **M** 的奇异值分解。Σ对角线上的元素为**M**的奇异值。通常奇异值按照从大到小的顺序排列。

奇异值的数学描述读起来有些难懂，让我们通过一个实例说明奇异值分解的用途。下面的例子对一幅灰度图像进行奇异值分解，然后从三个分解矩阵中提取奇异值较大的部分数据还原原始图像。首先读入一幅图像，并通过其红绿蓝三个通道计算灰度图像 img，图像的宽为 375 个像素、高为 505 个像素。

```
r, g, b = np.rollaxis(pl.imread("vinci_target.png"), 2).astype(float)
img = 0.2989 * r + 0.5870 * g + 0.1140 * b
img.shape
```
```
(505, 375)
```

调用 scipy.linalg.svd()对图像矩阵进行奇异值分解，得到三个分解部分：

- U：对应于公式中的**U**。
- s：对应于公式中的**Σ**，由于它是一个对角矩阵，只有对角线上的元素非零，因此 s 是一个一维数组，保存对角线上的非零元素。
- Vh：对应于公式中的**V***。

下面的程序查看这三个数组的形状：

```
U, s, Vh = linalg.svd(img)

U.shape          s.shape          Vh.shape
----------       -------          ----------

(505, 505)       (375,)           (375, 375)
```

s 中的每个值与 Vh 的行向量以及 U 中的列向量对应，默认按照从大到小的顺序排列，它表示与其对应的向量的重要性。由图 3-9 可知 s 中的奇异值大小差别很大，注意 Y 轴是对数坐标系。

```
pl.semilogy(s, lw=3)
```

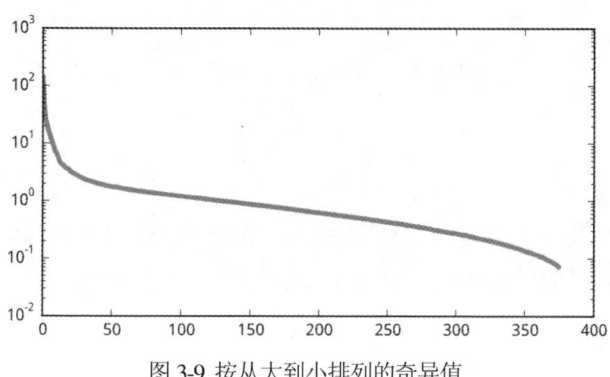

图 3-9 按从大到小排列的奇异值

下面的 composite()选择 U 和 Vh 中的前 n 个向量重新合成矩阵，当用上所有向量时，重新合成的矩阵和原始矩阵相同：

```
def composite(U, s, Vh, n):
    return np.dot(U[:, :n], s[:n, np.newaxis] * Vh[:n, :])


print np.allclose(img, composite(U, s, Vh, len(s)))
True
```

下面演示选择前 10 个、20 个以及 50 个向量合成时的效果，如图 3-10 所示，可以看到使用的向量越多，结果就越接近原始图像：

```
img10 = composite(U, s, Vh, 10)
img20 = composite(U, s, Vh, 20)
img50 = composite(U, s, Vh, 50)


%array_image img; img10; img20; img50
```

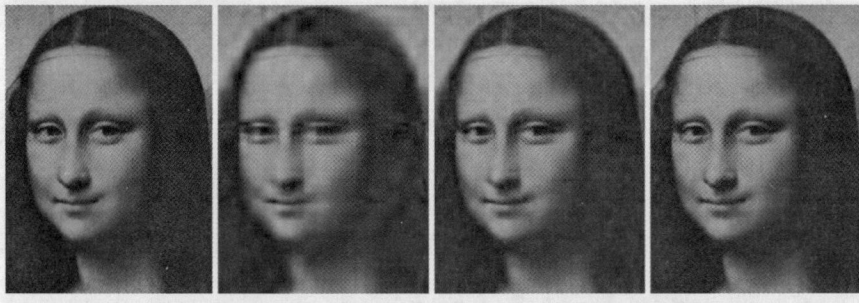

图 3-10 原始图像以及使用 10 个、20 个、50 个向量合成的图像(从左到右)

3.4　统计-stats

 与本节内容对应的 Notebook 为：　03-scipy/scipy-400-stats.ipynb。

SciPy 的 stats 模块包含了多种概率分布的随机变量(随机变量是指概率论中的概念，不是 Python 中的变量)，随机变量分为连续和离散两种。所有的连续随机变量都是 rv_continuous 的派生类的对象，而所有的离散随机变量都是 rv_discrete 的派生类的对象。

3.4.1　连续概率分布

可以使用下面的语句获得 stats 模块中所有的连续随机变量：

```
from scipy import stats
[k for k, v in stats.__dict__.items() if isinstance(v, stats.rv_continuous)]
```

```
['genhalflogistic',    'triang',            'rayleigh',          'betaprime',
 'levy',               'foldnorm',          'genlogistic',       'gilbrat',
 'lognorm',            'anglit',            'truncnorm',         'erlang',
 'norm',               'nakagami',          'weibull_min',       'cosine',
 'logistic',           'fisk',              'genpareto',         'tukeylambda',
 'dgamma',             'pareto',            'halflogistic',      'semicircular',
 'ksone',              'mielke',            'ncx2',              'gengamma',
 'johnsonsu',          'powernorm',         'powerlaw',          'burr',
 'johnsonsb',          'beta',              'gamma',             'wald',
 'arcsine',            'maxwell',           'invgauss',          'gausshyper',
 'rice',               'vonmises_line',     'loglaplace',        'levy_stable',
 'exponweib',          'pearson3',          'chi',               't',
 'cauchy',             'truncexpon',        'kstwobign',         'recipinvgauss',
 'frechet_l',          'foldcauchy',        'wrapcauchy',        'ncf',
 'genexpon',           'expon',             'reciprocal',        'f',
 'lomax',              'loggamma',          'invgamma',          'powerlognorm',
 'laplace',            'vonmises',          'frechet_r',         'dweibull',
 'rdist',              'gumbel_r',          'gompertz',          'halfcauchy',
 'invweibull',         'exponpow',          'weibull_max',       'gumbel_l',
 'halfnorm',           'fatiguelife',       'chi2',              'nct',
 'uniform',            'genextreme',        'alpha',             'hypsecant',
 'bradford',           'levy_l']
```

连续随机变量对象都有如下方法：

- rvs：对随机变量进行随机取值，可以通过 size 参数指定输出的数组的大小。
- pdf：随机变量的概率密度函数。
- cdf：随机变量的累积分布函数，它是概率密度函数的积分。
- sf：随机变量的生存函数，它的值是 1-cdf(t)。
- ppf：累积分布函数的反函数。
- stat：计算随机变量的期望值和方差。
- fit：对一组随机取样进行拟合，找出最适合取样数据的概率密度函数的系数。

下面以正规分布为例，简单地介绍随机变量的用法。下面的语句获得默认正规分布的随机变量的期望值和方差，我们看到默认情况下它是一个均值为 0、方差为 1 的随机变量：

```
stats.norm.stats()
(array(0.0), array(1.0))
```

norm 可以像函数一样调用，通过 loc 和 scale 参数可以指定随机变量的偏移和缩放参数。对于正态分布的随机变量来说，这两个参数相当于指定其期望值和标准差，标准差是方差的算术平方根，因此标准差为 2.0 时，方差为 4.0：

```
X = stats.norm(loc=1.0, scale=2.0)
X.stats()
```
```
(array(1.0), array(4.0))
```

下面调用随机变量 X 的 rvs()方法，得到包含一万次随机取样值的数组 x，然后调用 NumPy 的 mean()和 var()计算此数组的均值和方差，其结果符合随机变量 X 的特性：

```
x = X.rvs(size=10000) # 对随机变量取 10000 个值
np.mean(x), np.var(x) # 期望值和方差
```
```
(1.0043406567303883, 3.8899572813426553)
```

也可以使用 fit()方法对随机取样序列 x 进行拟合，它返回的是与随机取样值最吻合的随机变量的参数：

```
stats.norm.fit(x) # 得到随机序列的期望值和标准差
```
```
(1.0043406567303883, 1.9722974626923433)
```

在下面的例子中，计算取样值 x 的直方图统计以及累积分布，并与随机变量的概率密度函数和累积分布函数进行比较。

❶其中 histogram()对数组 x 进行直方图统计，它将数组 x 的取值范围分为 100 个区间，并统计 x 中的每个值落入各个区间的次数。histogram()返回两个数组 pdf 和 t，其中 pdf 表示各个区间的取样值出现的频数，由于 normed 参数为 True，因此 pdf 的值是正规化之后的结果，其结果应与随机变量的概率密度函数一致。

❷t 表示区间，由于其中包括区间的起点和终点，因此 t 的长度为 101。计算每个区间的中间值，然后调用 X.pdf(t)和 X.cdf(t)计算随机变量的概率密度函数和累积分布函数的值，并与统计值比较。❸计算样本的累积分布时，需要与区间的大小相乘，这样才能保证其结果与累积分布函数相同。

```
pdf, t = np.histogram(x, bins=100, normed=True)  ❶
t = (t[:-1] + t[1:]) * 0.5 ❷
cdf = np.cumsum(pdf) * (t[1] - t[0]) ❸
p_error = pdf - X.pdf(t)
c_error = cdf - X.cdf(t)
print "max pdf error: {}, max cdf error: {}".format(
    np.abs(p_error).max(), np.abs(c_error).max())
```
```
max pdf error: 0.0217211429624, max cdf error: 0.0209887986472
```

图 3-11(左)显示了概率密度函数和直方图统计的结果，可以看出二者是一致的。右图显示了随机变量 X 的累积分布函数和数组 pdf 的累加结果。

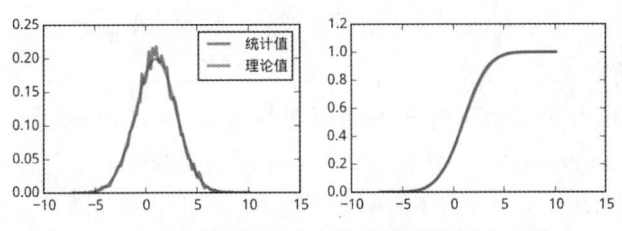

图 3-11 正态分布的概率密度函数(左)和累积分布函数(右)

有些随机分布除了 loc 和 scale 参数之外，还需要额外的形状参数。例如伽玛分布可用于描述等待 k 个独立随机事件发生所需的时间，k 就是伽玛分布的形状参数。下面计算形状参数 k 为 1 和 2 时的伽玛分布的期望值和方差：

```
print stats.gamma.stats(1.0)
print stats.gamma.stats(2.0)
(array(1.0), array(1.0))
(array(2.0), array(2.0))
```

伽玛分布的尺度参数 θ 和随机事件发生的频率相关，由 scale 参数指定：

```
stats.gamma.stats(2.0, scale=2)
(array(4.0), array(8.0))
```

根据伽玛分布的数学定义可知其期望值为 $k\theta$，方差为 $k\theta^2$。上面的程序验证了这两个公式。

当随机分布有额外的形状参数时，它所对应的 rvs()、pdf() 等方法都会增加额外的参数来接收形状参数。例如下面的程序调用 rvs()对 $k = 2$、$\theta = 2$ 的伽玛分布取 4 个随机值：

```
x = stats.gamma.rvs(2, scale=2, size=4)
x
array([ 2.47613445,  1.93667652,  0.85723572,  9.49088092])
```

接下来调用 pdf()查看与上面 4 个随机值对应的概率密度：

```
stats.gamma.pdf(x, 2, scale=2)
array([ 0.17948513,  0.18384555,  0.13960273,  0.02062186])
```

也可以先创建将形状参数和尺度参数固定的随机变量，然后再调用其 pdf()计算概率密度：

```
X = stats.gamma(2, scale=2)
X.pdf(x)
array([ 0.17948513,  0.18384555,  0.13960273,  0.02062186])
```

3.4.2　离散概率分布

当分布函数的值域为离散时我们称之为离散概率分布。例如投掷有六个面的骰子时，只能获得1到6的整数，因此所得到的概率分布为离散的。对于离散随机分布，通常使用概率质量函数(PMF)描述其分布情况。

在 stats 模块中所有描述离散分布的随机变量都从 rv_discrete 类继承，也可以直接用 rv_discrete 类自定义离散概率分布。例如假设有一个不均匀的骰子，它的各点出现的概率不相等。我们可以用下面的数组 x 保存骰子的所有可能值，数组 p 保存每个值出现的概率：

```
x = range(1, 7)
p = (0.4, 0.2, 0.1, 0.1, 0.1, 0.1)
```

然后创建表示这个特殊骰子的随机变量 dice，并调用其 rvs()方法投掷此骰子 20 次，获得符合概率 p 的随机数：

```
dice = stats.rv_discrete(values=(x, p))
dice.rvs(size=20)
array([1, 6, 3, 1, 2, 2, 4, 1, 1, 1, 2, 5, 6, 2, 4, 2, 5, 2, 1, 4])
```

下面我们用程序验证概率论中的中心极限定理：大量相互独立的随机变量，其均值的分布以正态分布为极限。我们计算上面那个特殊骰子投掷 50 次的平均值，由于每次投掷骰子都可以看作一个独立的随机事件，因此投掷 50 次的平均值可以看作"大量相互独立的随机变量"，其平均值的分布应该十分接近正态分布。仍然通过 rvs()获得取样值，其结果是一个形状为(20000, 50)的数组，沿着第一轴计算每行的平均值，得到 samples_mean：

```
np.random.seed(42)
samples = dice.rvs(size=(20000, 50))
samples_mean = np.mean(samples, axis=1)
```

3.4.3 核密度估计

在上面的例子中，由于每个取样都是离散的，因此其平均值也是离散的，对这样的数据进行直方图统计很容易出现许多离散点恰巧聚集到同一区间的现象。为了更平滑地显示样本的概率密度，可以使用 kde.gaussian_kde()进行核密度估计。在图 3-12 中，直方图统计的结果有很大的起伏，而核密度估计与拟合的正态分布十分接近，因此验证了中心极限定理。

```
_, bins, step = pl.hist(
    samples_mean, bins=100, normed=True, histtype="step", label=u"直方图统计")
kde = stats.kde.gaussian_kde(samples_mean)
x = np.linspace(bins[0], bins[-1], 100)
pl.plot(x, kde(x), label=u"核密度估计")
mean, std = stats.norm.fit(samples_mean)
pl.plot(x, stats.norm(mean, std).pdf(x), alpha=0.8, label=u"正态分布拟合")
pl.legend()
```

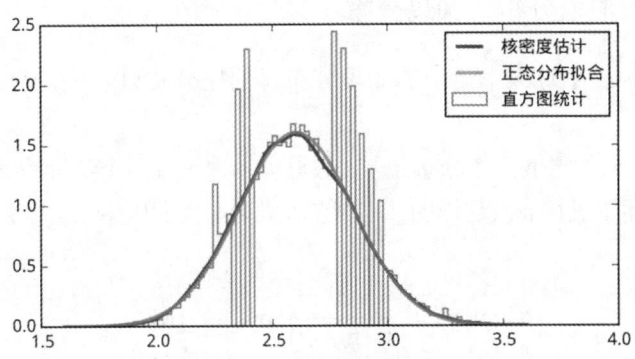

图 3-12 核密度估计能更准确地表示随机变量的概率密度函数

核密度估计算法在每个数据点处放置一条核函数曲线，最终的核密度估计就是所有这些核函数曲线的叠加。gaussian_kde()的核函数为高斯曲线，其 bw_method 参数决定核函数的宽度，即高斯曲线的方差。bw_method 参数可以是如下几种情况：

- 当为'scott'、'silverman'时将采用相应的公式根据数据个数和维数决定核函数的宽度系数。
- 当为函数时将调用此函数计算曲线宽度系数，函数的参数为 gaussian_kde 对象。
- 当为数值时，将直接使用此数值作为宽度系数。

核函数的方差由数据的方差和宽度系数决定。

下面的程序比较宽度系数对核密度估计的影响。当宽度系数较小时，可以看到在三个数据点处的高斯曲线的峰值，而当宽度逐渐变大时，这些峰值就合并成一个统一的峰值了。

```python
for bw in [0.2, 0.3, 0.6, 1.0]:
    kde = stats.gaussian_kde([-1, 0, 1], bw_method=bw)
    x = np.linspace(-5, 5, 1000)
    y = kde(x)
    pl.plot(x, y, lw=2, label="bw={}".format(bw), alpha=0.6)
pl.legend(loc="best")
```

图 3-13 显示 bw_method 参数越大，核密度估计曲线越平滑。

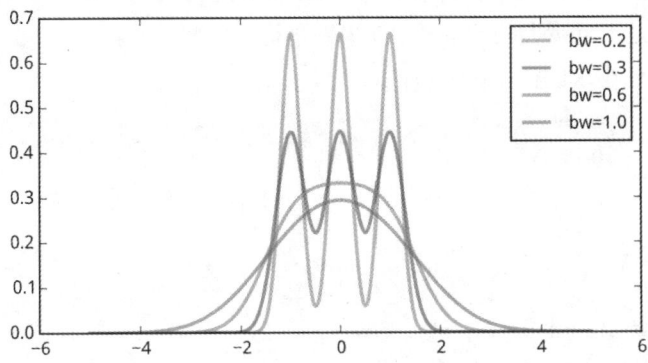

图 3-13 bw_method 参数越大，核密度估计曲线越平滑

3.4.4 二项分布、泊松分布、伽玛分布

本节用几个实例程序对概率论中的二项分布、泊松分布以及伽玛分布进行一些实验和讨论。

二项分布是最重要的离散概率分布之一。假设有一种只有两个结果的试验，其成功概率为 p，那么二项分布描述了进行 n 次这样的独立试验，成功 k 次的概率。二项分布的概率质量函数公式如下：

$$f(k; n, p) = \frac{n!}{k! \, (n-k)!} \, p^k (1-p)^{n-k}$$

例如，可以通过二项分布的概率质量公式计算投掷 5 次骰子出现 3 次 6 点的概率。投掷一次骰子，点数为 6 的概率(即试验成功的概率)为 p = 1/6，试验次数为 n = 5。使用二项分布的概率质量函数 pmf() 可以很容易计算出现 k 次 6 点的概率。和概率密度函数 pdf() 类似，pmf() 的第一个参数为随机变量的取值，后面的参数为描述随机分布所需的参数。对于二项分布来说，参数分别为 n 和 p，而取值范围则为 0 到 n 之间的整数。下面的程序计算 k 为 0 到 6 时对应的概率：

```
stats.binom.pmf(range(6), 5, 1/6.0)
array([  4.01877572e-01,   4.01877572e-01,   1.60751029e-01,
         3.21502058e-02,   3.21502058e-03,   1.28600823e-04])
```

由结果可知：出现 0 或 1 次 6 点的概率为 40.2%，而出现 3 次 6 点的概率为 3.215%。

在二项分布中，如果试验次数 n 很大，而每次试验成功的概率 p 很小，乘积 np 比较适中，那么试验成功次数的概率可以用泊松分布近似描述。

在泊松分布中使用 λ 描述单位时间(或单位面积)中随机事件的平均发生率。如果将二项分布中的试验次数 n 看作单位时间中所做的试验次数，那么它和事件出现的概率 p 的乘积就是事件的平均发生率 λ，即 λ = n · p。泊松分布的概率质量函数公式如下：

$$f(k; \lambda) = \frac{e^{-\lambda} \lambda^k}{k!}$$

下面的程序分别计算二项分布和泊松分布的概率质量函数，结果如图 3-14 所示。可以看出当 n 足够大时，二者是十分接近的。程序中的事件平均发生率 λ 恒等于 10。根据二项分布的试验次数 n，计算每次事件出现的概率 p = λ/n。

```
lambda_ = 10.0
x = np.arange(20)

n1, n2 = 100, 1000

y_binom_n1 = stats.binom.pmf(x, n1, lambda_ / n1)
y_binom_n2 = stats.binom.pmf(x, n2, lambda_ / n2)
y_poisson = stats.poisson.pmf(x, lambda_)
```

```
print np.max(np.abs(y_binom_n1 - possion))
print np.max(np.abs(y_binom_n2 - possion))
```
```
0.00675531110335
0.000630175404978
```

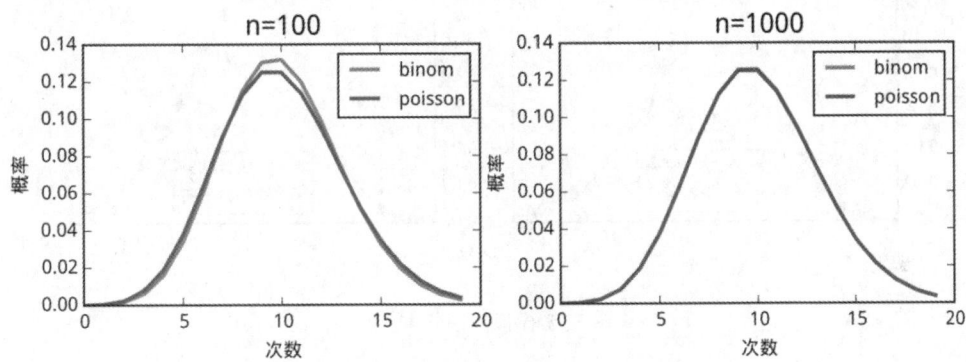

图 3-14 当 n 足够大时二项分布和泊松分布近似相等

泊松分布适合描述单位时间内随机事件发生的次数的分布情况。例如某个设施在一定时间内的使用次数、机器出现故障的次数、自然灾害发生的次数等。

为了加深读者对泊松分布概念的理解，下面我们使用随机数模拟泊松分布，并与概率质量函数进行比较，结果如图 3-15 所示。图中，每秒内事件的平均发生次数为 10，即 $\lambda = 10$。其中左图的观察时间为 1000 秒，而右图的观察时间为 50000 秒。可以看出观察时间越长，每秒内事件发生的次数越符合泊松分布。

```
np.random.seed(42)

def sim_poisson(lambda_, time):
    t = np.random.uniform(0, time, size=lambda_ * time) ❶
    count, time_edges = np.histogram(t, bins=time, range=(0, time))  ❷
    dist, count_edges = np.histogram(count, bins=20, range=(0, 20), density=True) ❸
    x = count_edges[:-1]
    poisson = stats.poisson.pmf(x, lambda_)
    return x, poisson, dist


lambda_ = 10
times = 1000, 50000
x1, poisson1, dist1 = sim_poisson(lambda_, times[0])
x2, poisson2, dist2 = sim_poisson(lambda_, times[1])
max_error1 = np.max(np.abs(dist1 - poisson1))
max_error2 = np.max(np.abs(dist2 - poisson2))
print "time={}, max_error={}".format(times[0], max_error1)
print "time={}, max_error={}".format(times[1], max_error2)
```

```
time=1000, max_error=0.019642302016
time=50000, max_error=0.00179801289496
```

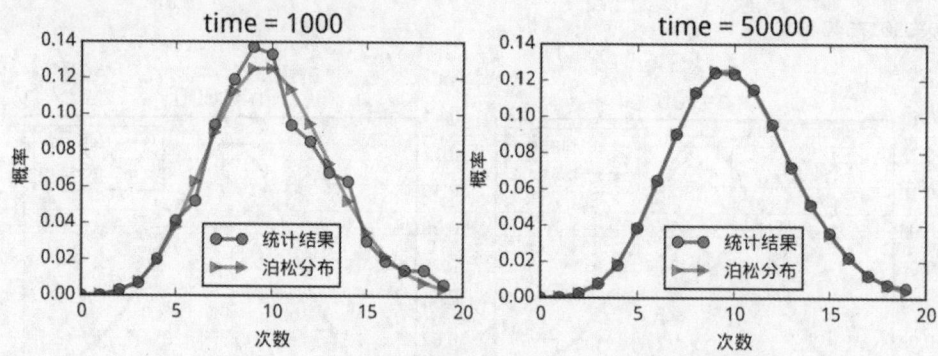

图 3-15 模拟泊松分布

❶可以用 NumPy 的随机数生成函数 uniform()产生平均分布于 0 到 time 之间的 lambda_*time 个事件所发生的时刻。❷用 histogram()可以统计数组 t 中每秒之内的事件发生的次数 count，根据泊松分布的定义，count 数组中的数值的分布情况应该符合泊松分布。❸接下来统计事件次数在 0 到 20 区间内的概率分布。当 histogram()的 density 参数为 True 时，结果和概率质量函数相等。

还可以换个角度看随机事件的分布问题。我们可以观察相邻两个事件之间的时间间隔的分布情况，或者隔 k 个事件的时间间隔的分布情况。根据概率论，事件之间的时间间隔应符合伽玛分布，由于时间间隔可以是任意数值，因此伽玛分布是连续概率分布。伽玛分布的概率密度函数公式如下，它描述第 k 个事件发生所需的等待时间的概率分布。Γ(k)是伽玛函数，当k为整数时，它的值和k的阶乘k!相等。

$$f(X; k, \lambda) = \frac{X^{(k-1)}\lambda^k e^{(-\lambda X)}}{\Gamma(k)}$$

下面的程序模拟了事件的时间间隔的伽玛分布，结果如图 3-16 所示。图中的观察时间为 1000 秒，平均每秒产生 10 个事件。左图中k = 1，它表示相邻两个事件间的间隔的分布，而k = 2 则表示相隔一个事件的两个事件间的间隔的分布，可以看出它们都符合伽玛分布。

```
def sim_gamma(lambda_, time, k):
    t = np.random.uniform(0, time, size=lambda_ * time) ❶
    t.sort() ❷
    interval = t[k:] - t[:-k] ❸
    dist, interval_edges = np.histogram(interval, bins=100, density=True) ❹
    x = (interval_edges[1:] + interval_edges[:-1])/2 ❺
    gamma = stats.gamma.pdf(x, k, scale=1.0/lambda_) ❺
    return x, gamma, dist


lambda_ = 10.0
```

```
time = 1000
ks = 1, 2
x1, gamma1, dist1 = sim_gamma(lambda_, time, ks[0])
x2, gamma2, dist2 = sim_gamma(lambda_, time, ks[1])
```

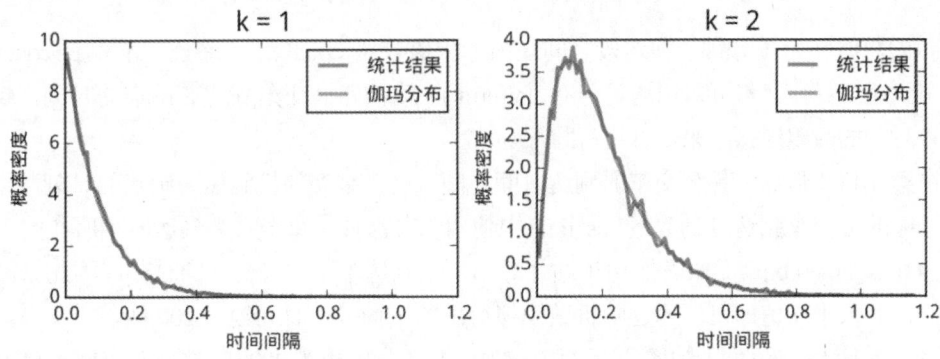

图 3-16 模拟伽玛分布

❶首先在 1000 秒之内产生 10000 个随机事件发生的时刻。因此事件的平均发生次数为每秒
10 次。❷为了计算事件前后的时间间隔，需要先对随机时刻进行排序，❸然后再计算 k 个事件
之间的时间间隔。❹对该时间间隔调用 histogram() 进行概率统计，设置 density 为 True 可以直接
计算概率密度。histogram() 返回的第二个值为统计区间的边界，❺接下来用 gamma.pdf() 计算伽
玛分布的概率密度时，使用各个区间的中值进行计算。pdf() 的第二个参数为 k 值，scale 参数
为 $1/\lambda$。

接下来我们看一道关于伽玛分布的概率题：有 A 和 B 两路公交车，平均发车间隔时间分
别是 5 分钟和 10 分钟，某乘客在站点 S 可以任意选择两者之一乘坐，假设 A 和 B 到达 S 的时
刻无法确定，计算该乘客的平均等待公交车的时间。

可以将"假设 A 和 B 到达 S 的时刻无法确定"理解为公交车到达 S 站点的时刻是完全随机
的，因此单位时间之内到达 S 站点的公交车次数符合泊松分布，而前后两辆公交车的时间差符
合 k=1 的伽玛分布。下面我们先用随机数模拟的方法求出近似解，然后推导出解的公式。

```
T = 100000
A_count = T / 5
B_count = T / 10


A_time = np.random.uniform(0, T, A_count) ❶
B_time = np.random.uniform(0, T, B_count)


bus_time = np.concatenate((A_time, B_time)) ❷
bus_time.sort()


N = 200000
```

```
passenger_time = np.random.uniform(bus_time[0], bus_time[-1], N) ❸

idx = np.searchsorted(bus_time, passenger_time) ❹
np.mean(bus_time[idx] - passenger_time) * 60      ❺
```
199.12512768644049

模拟的总时间为 T 分钟，在这段之间之内，应该有 A_count 次 A 路公交车和 B_count 次 B
路公交车到达 S 站点。❶可以用均匀分布 uniform()产生两路公交车到达 S 站点的时刻，❷将这
两个保存时刻的数组连接起来，并进行排序。

❸在第一趟和最后一趟公交车的到达时间之间，产生乘客随机到达 S 站点的时刻数组。❹
在已经排序的公交车到达时刻数组 bus_time 中使用二分法搜索每个乘客到达时刻所在的下标数
组 idx。❺bus_time[idx]就是乘客到达车站之后第一个到达车站的公交车的时刻，因此只需要计
算其差值，并求平均值即可。通过随机数模拟得出的平均等待时间约为 200 秒。

将 A 和 B 两路汽车一起考虑，前后两个车次的平均间隔也为 200 秒。这似乎有些不可思议，
直觉上我们可能期待一个小于平均间隔的等待时间。

```
np.mean(np.diff(bus_time)) * 60
```
199.98208112933918

这是因为存在观察者偏差，即会有更多的乘客出现在时间间隔较长的时间段。我们可以想
象如果公交车因为事故晚点很长时间，那么通常车站上会挤满等待的人。在图 3-17(上)中，蓝
色竖线代表公交车的到站时刻，红色竖线代表乘客的到站时刻。可以看出，两条蓝色竖线之间
的距离越大，其间的红色竖线就会越多。图 3-17(下)的横轴是前后两辆公交车的时间差，纵轴
是这段时间差之内的等待人数，可以看出二者成正比关系。

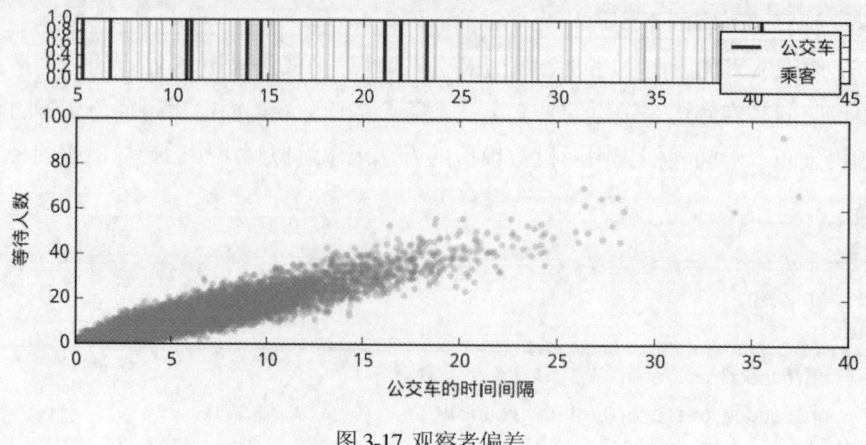

图 3-17 观察者偏差

通过以上分析，不难写出计算平均等待时间的计算公式：

$$\frac{\int_0^{+\infty} \frac{x}{2} xf(x)dx}{\int_0^{+\infty} xf(x)dx}$$

在公式中，x 是两辆公交车之间的间隔时间，f(x)dx 是时间间隔为 x 出现的概率。由于观察者效应，乘客出现在较长时间间隔的概率也较大，因此 xf(x)dx 可以看作与乘客出现在时间间隔为 x 时段的概率成比例的量，分母的积分将其归一化。而分子中的 x/2 是在该时间间隔段到达车站所需的平均等待时间。下面我们计算该公式，由图 3-17 可知，公交车的间隔几乎不会超过30 分钟，因此虽然公式中的积分上限为 +∞，但在实际计算时只需要指定一个较大的数即可。在本章后续的小节中会详细介绍数值积分 quad() 的用法。

```
from scipy import integrate
t = 10.0 / 3   # 两辆公交车之间的平均时间间隔
bus_interval = stats.gamma(1, scale=t)
n, _ = integrate.quad(lambda x: 0.5 * x * x * bus_interval.pdf(x), 0, 1000)
d, _ = integrate.quad(lambda x: x * bus_interval.pdf(x), 0, 1000)
n / d * 60
```
```
200.0
```

3.4.5 学生 t-分布与 t 检验

从均值为 μ 的正态分布中，抽取有 n 个值的样本，计算样本均值 $\bar{x}$ 和样本方差 s：

$$\bar{x} = \frac{x_1 + \cdots + x_n}{n}, \quad s^2 = \frac{1}{n-1}\sum_{i=1}^{n}(x_i - \bar{x})^2$$

则 $t = \frac{\bar{x} - \mu}{s/\sqrt{n}}$ 符合 $df = n - 1$ 的学生 t-分布。t 值是抽选的样本的平均值与整体样本的期望值之差经过正规化之后的数值，可以用来描述抽取的样本与整体样本之间的差异。

下面的程序模拟学生 t-分布(参见图 3-18)，❶创建一个形状为 (100000, 10) 的正态分布的随机数数组，❷使用上面的公式计算 t 值，❸统计 t 值的分布情况并与 stats.t 的概率密度函数进行比较。如果我们使用 10 个样本计算 t 值，则它应该符合 df=9 的学生 t-分布。

```
mu = 0.0
n = 10
samples = stats.norm(mu).rvs(size=(100000, n))  ❶
t_samples = (np.mean(samples, axis=1) - mu) / np.std(samples, ddof=1, axis=1) * n**0.5  ❷
sample_dist, x = np.histogram(t_samples, bins=100, density=True)  ❸
x = 0.5 * (x[:-1] + x[1:])
t_dist = stats.t(n-1).pdf(x)
print "max error:", np.max(np.abs(sample_dist - t_dist))
```

```
max error: 0.00658734287935
```

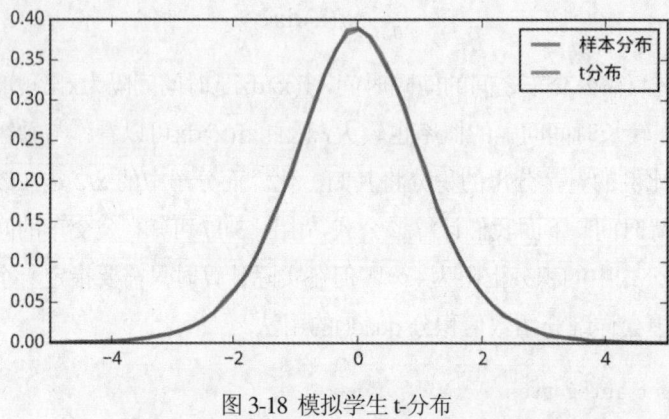

图 3-18 模拟学生 t-分布

图 3-19 绘制 df 为 5 和 39 的概率密度函数和生存函数,当 df 增大时,学生 t-分布趋向于正态分布。

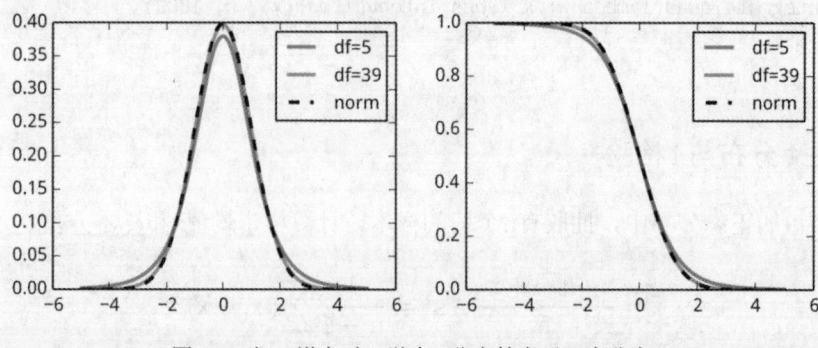

图 3-19 当 df 增大时,学生 t-分布趋向于正态分布

学生 t-分布可以用于检测样本的平均值,下面我们从一个期望值为 1 的正态分布的随机变量中取 30 个数值:

```
n = 30
np.random.seed(42)
s = stats.norm.rvs(loc=1, scale=0.8, size=n)
```

我们建立整体样本的期望值为 0.5 的零假设,并用 stats.ttest_1samp()检验零假设是否能够被推翻。stats.ttest_1samp()返回的第一个值为使用前述公式计算的 t 值,第二个值被称为 p 值。当 p 值小于 0.05 时,通常我们认为零假设不成立。因此下面的测试表明我们可以拒绝整体样本的期望值为 0.5 的假设。

零假设

在统计学中,零假设或虚无假设(null hypothesis)是做统计检验时的一类假设。零假设的内容一般是希望被证明为错误的假设或是需要着重考虑的假设。

```
t = (np.mean(s) - 0.5) / (np.std(s, ddof=1) / np.sqrt(n))
print t, stats.ttest_1samp(s, 0.5)
```
```
2.65858434088 (2.6585843408822241, 0.012637702257091229)
```

下面我们检验期望值是否为 1.0，由于 p 值大于 0.05，我们不能推翻期望值为 1.0 的零假设，但这并不意味着可以接受该假设，因为期望值为 0.9 的假设对应的 p 值也大于 0.05，甚至比 1.0 的 t 值还大。

```
print (np.mean(s) - 1) / (np.std(s, ddof=1) / np.sqrt(n))
print stats.ttest_1samp(s, 1), stats.ttest_1samp(s, 0.9)
```
```
-1.14501736704
(-1.1450173670383303, 0.26156414618801477) (-0.38429702545421962, 0.70356191034252025)
```

通过 ttest_1samp() 计算的 p 值就是图 3-20 中红色部分的面积。可以这样理解 p 值的含义：如果随机变量的期望值真的和假设的相同，那么从这个随机变量中随机抽取 n 个数值，其 t 值比测试样本的 t 值还极端(绝对值大)的可能性为 p。因此当 p 很小时，我们可以推断假设不太可能成立。反过来当 p 值较大时，则不能推翻零假设，注意不能推翻假设并不代表能接受该假设。

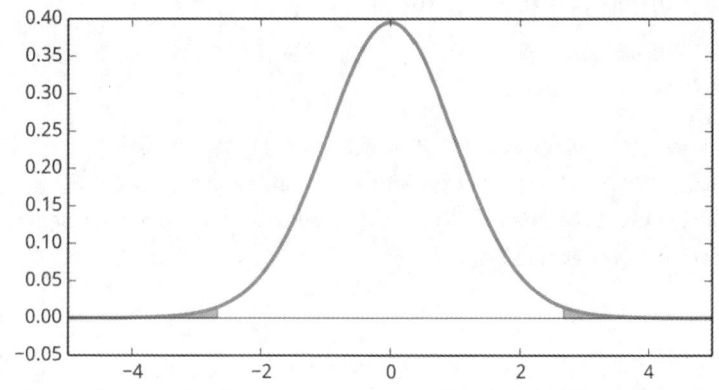

图 3-20 红色部分为 ttest_1samp() 计算的 p 值

拿上面期望值为 0.5 的测试为例：如果整体样本的期望值真的是 0.5，那么抽取到 t 值大于 2.65858 或小于−2.65858 的样本的概率为 0.0126377。由于这个概率太小，因此整体样本的期望值应该不是 0.5。也可以这样理解：如果整体样本的期望值为 0.5，那么随机抽取比 s 更极端的样本的概率为 0.0126377。

```
x = np.linspace(-5, 5, 500)
y = stats.t(n-1).pdf(x)
plt.plot(x, y, lw=2)
t, p = stats.ttest_1samp(s, 0.5)
mask = x > np.abs(t)
plt.fill_between(x[mask], y[mask], color="red", alpha=0.5)
```

```
mask = x < -np.abs(t)
plt.fill_between(x[mask], y[mask], color="red", alpha=0.5)
plt.axhline(color="k", lw=0.5)
plt.xlim(-5, 5)
```

下面用 scipy.integrate.trapz()积分验证 p 值，由于左右两块红色面积是相等的，下面的积分只需要计算其中一块的面积：

```
from scipy import integrate
x = np.linspace(-10, 10, 100000)
y = stats.t(n-1).pdf(x)
mask = x >= np.abs(t)
integrate.trapz(y[mask], x[mask])*2
```
```
0.012633433707685974
```

下面我们用随机数验证前面计算的 p 值，我们创建 m 组随机数，每组都有 n 个数值，然后计算假设总体样本期望值为 0.5 时每组随机数对应的 t 值 tr，它是一个长度为 m 的数组。将 tr 与样本的 t 值 ts 进行绝对值大小比较，当$|t_r| > |t_s|$时，就说明该组随机数比样本更极端，统计极端组出现的概率，可以看到它和 p 值是相同的。

```
m = 200000
mean = 0.5
r = stats.norm.rvs(loc=mean, scale=0.8, size=(m, n))
ts = (np.mean(s) - mean) / (np.std(s, ddof=1) / np.sqrt(n))
tr = (np.mean(r, axis=1) - mean) / (np.std(r, ddof=1, axis=1) / np.sqrt(n))
np.mean(np.abs(tr) > np.abs(ts))
```
```
0.012695
```

如果 s1 和 s2 是两个独立的来自正态分布总体的样本，可以通过 ttest_ind()检验这两个总体的均值是否存在差异。通过 equal_var 参数指定两个总体的方差是否相同。在下面的例子中，❶由于 s1 和 s2 样本来自不同方差的总体，因此 equal_var 参数为 False。由于$p < 0.05$，因此认为两个总体的均值存在差异。❷s2 和 s3 来自相同方差的总体，因此 equal_var 参数为 True，所得到的 p 值很大，因此无法推翻零假设，也就无法否定两个总体的均值相同的零假设。

```
np.random.seed(42)

s1 = stats.norm.rvs(loc=1, scale=1.0, size=20)
s2 = stats.norm.rvs(loc=1.5, scale=0.5, size=20)
s3 = stats.norm.rvs(loc=1.5, scale=0.5, size=25)

print stats.ttest_ind(s1, s2, equal_var=False) ❶
print stats.ttest_ind(s2, s3, equal_var=True) ❷
```

```
(-2.2391470627176755, 0.033250866086743665)
(-0.59466985218561719, 0.55518058758105393)
```

3.4.6 卡方分布和卡方检验

卡方分布(χ^2)是概率论与统计学中常用的一种概率分布。k 个独立的标准正态分布变量的平方和服从自由度为 k 的卡方分布。下面通过随机数验证该分布，结果如图 3-21 所示：

```
a = np.random.normal(size=(300000, 4))
cs = np.sum(a**2, axis=1)

sample_dist, bins = np.histogram(cs, bins=100, range=(0, 20), density=True)
x = 0.5 * (bins[:-1] + bins[1:])
chi2_dist = stats.chi2.pdf(x, 4)
print "max error:", np.max(np.abs(sample_dist - chi2_dist))
max error: 0.00340194486328
```

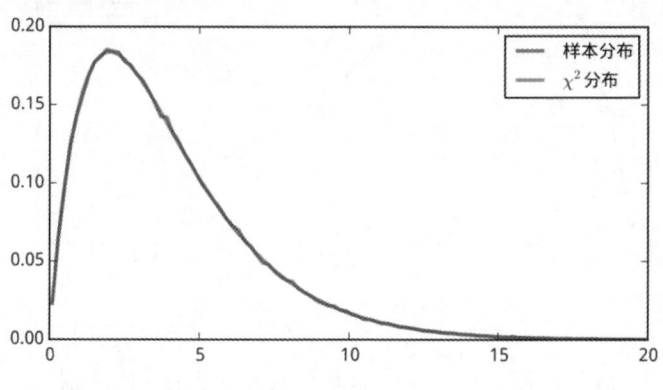

图 3-21 使用随机数验证卡方分布

卡方分布可以用来描述这样的概率现象：袋子里有 5 种颜色的球，抽到每种球的概率相同，从中选 N 次，并统计每种颜色的次数 O_i。则下面的 χ^2 符合自由度为 4 的卡方分布，其中 $E = N/5$ 为每种球被抽选的期望次数：

$$\chi^2 = \sum_{i=1}^{k} \frac{(O_i - E)^2}{E}$$

下面用程序模拟这个过程，结果如图 3-22 所示。❶首先调用 randint()创建从 0 到 5 的随机数，其结果 ball_ids 的第 0 轴表示实验次数，第 1 轴为每次实验抽取的 100 个球的编号。❷使用 bincount()统计每次实验中每个编号出现的次数，由于它不支持多维数组，因此这里使用 apply_along_axis()对第 1 轴上的数据循环调用 bincount()。为了保证每行的统计结果的长度相同，设置 minlength 参数为 5，apply_along_axis()会将所有关键字参数传递给进行实际运算的函数。❸使用上面的公式计算 χ^2 统计量 cs2，❹并用 gaussian_kde()计算 cs2 的分布情况。

```
repeat_count = 60000
n, k = 100, 5

np.random.seed(42)
ball_ids = np.random.randint(0, k, size=(repeat_count, n)) ❶
counts = np.apply_along_axis(np.bincount, 1, ball_ids, minlength=k) ❷
cs2 = np.sum((counts - n/k)**2.0/(n/k), axis=1) ❸
k = stats.kde.gaussian_kde(cs2) ❹
x = np.linspace(0, 10, 200)
pl.plot(x, stats.chi2.pdf(x, 4), lw=2, label=u"$\chi ^{2}$分布")
pl.plot(x, k(x), lw=2, color="red", alpha=0.6, label=u"样本分布")
pl.legend(loc="best")
pl.xlim(0, 10)
```

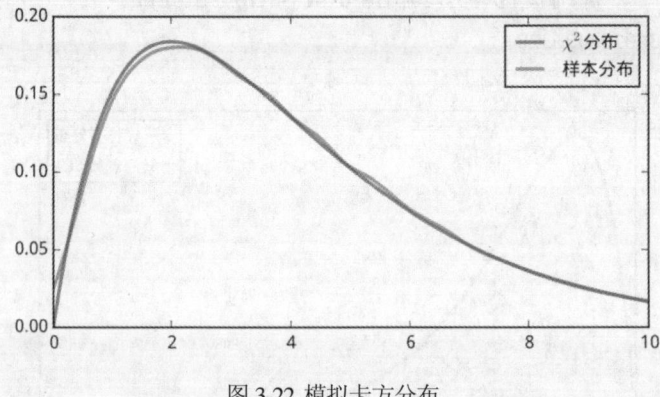

图 3-22 模拟卡方分布

卡方检验可以用来评估观测值与理论值的差异是否只是因为随机误差造成的。在下面的例子中，袋子中各种颜色的球按照 probabilities 参数指定的概率分布，choose_balls(probabilities, size) 从袋中选择 size 次并返回每种球被选中的次数。袋子 1 中的球的概率分布为: 0.18、0.24、0.25、0.16、0.17。袋子 2 中各种颜色的球的个数一样多。通过调用 choose_balls()得到两组数字: 80 93 97 64 66 和 89 76 79 71 85。现在需要判断袋子中的球是否是平均分布的。

```
def choose_balls(probabilities, size):
    r = stats.rv_discrete(values=(range(len(probabilities)), probabilities))
    s = r.rvs(size=size)
    counts = np.bincount(s)
    return counts

np.random.seed(42)
counts1 = choose_balls([0.18, 0.24, 0.25, 0.16, 0.17], 400)
counts2 = choose_balls([0.2]*5, 400)
    counts1              counts2
```

```
------------------   -------------------
[80, 93, 97, 64, 66]  [89, 76, 79, 71, 85]
```

使用 chisquare()进行卡方检验，它的参数为每种球被选中次数的列表，如果没有设置检验的目标概率，就测试它们是否符合平均分布。卡方检验的零假设为样本符合目标概率，由下面的检验结果可知，第一个袋子对应的 p 值只有 0.02，也就是说如果第一个袋子中的球真的符合平均分布，那么得到的观测结果 80 93 97 64 66 的概率只有 2%，因此可以推翻零假设，即袋子中的球不太可能是平均分布的。第二个袋子对应的 p 值为 0.64，无法推翻零假设，即我们的结论是不能否定第二个袋子中的球是平均分布的。注意，和前面介绍的 t 检验一样，零假设只能用来否定，因此不能根据观测结果 89 76 79 71 85 得出袋子中的球是符合平均分布的结论。

```python
chi1, p1 = stats.chisquare(counts1)
chi2, p2 = stats.chisquare(counts2)

print "chi1 =", chi1, "p1 =", p1
print "chi2 =", chi2, "p2 =", p2
chi1 = 11.375 p1 = 0.0226576012398
chi2 = 2.55 p2 = 0.635705452704
```

卡方检验是通过卡方分布进行计算的。图3-23显示自由度为4的卡方分布的概率密度函数，以及 chi1 和 chi2 对应的位置χ_1^2和χ_2^2。p_1是χ_1^2右侧部分的面积，而p_2是χ_2^2右侧的面积。

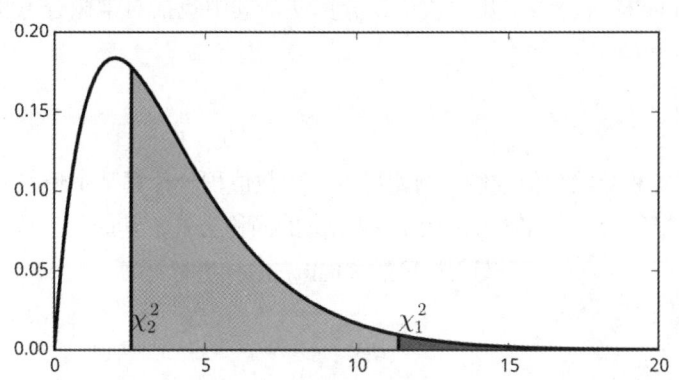

图 3-23 卡方检验计算的概率为阴影部分的面积

卡方检验还可以用于二维数据。前面介绍的彩色球的例子中，只是按照球的颜色分组，而二维数据则按照样本的两个属性分组，统计学上称之为列联表。例如下面是性别与惯用手的列联表，我们希望知道这个统计结果能否说明性别与惯用手之间存在某种联系。

	右手	左手
男性	43	9
女性	44	4

下面使用 chi2_contingency()对列联表进行卡方检验，零假设为性别与惯用手之间不存在联

系，即男性与女性惯用左右手的概率相同。由于 p 值为 0.3，因此不能推翻零假设，即该实验
数据中没有明显证据表明男性和女性在使用左右手习惯上存在区别。

```
table = [[43, 9], [44, 4]]
chi2, p, dof, expected = stats.chi2_contingency(table)
     chi2                   p
----------------   -------------------
1.0724852071005921   0.30038477039056899
```

对于上面的 2×2 的数值较小的列联表，可以使用 fisher_exact()计算出精确的 p 值：

```
stats.fisher_exact(table)
(0.43434343434343436, 0.23915695682225618)
```

3.5 数值积分-integrate

 与本节内容对应的 Notebook 为：03-scipy/scipy-500-integrate.ipynb。

SciPy 的 integrate 模块提供了几种数值积分算法，其中包括对常微分方程组(ODE)的数值
积分。

3.5.1 球的体积

数值积分是对定积分的数值求解，例如可以利用数值积分计算某个形状的面积。让我们先
考虑一下如何计算半径为 1 的半圆的面积。根据圆的面积公式，其面积应该等于$\pi/2$。单位半
圆的曲线方程为$y = \sqrt{1 - x^2}$，可以通过下面的 half_circle()进行计算：

```
def half_circle(x):
    return (1-x**2)**0.5
```

最简单的数值积分算法就是将要积分的面积分为许多小矩形，然后计算这些矩形的面积之
和。下面使用这种方法，将 X 轴上-1 到 1 的区间分为 10000 等份，然后计算面积和：

```
N = 10000
x = np.linspace(-1, 1, N)
dx = x[1] - x[0]
y = half_circle(x)
2 * dx * np.sum(y) # 面积的两倍
3.1415893269307373
```

也可以用 NumPy 的 trapz()计算半圆上的各点所构成的多边形的面积，trapz()计算的是以(x,y)为顶点坐标的折线与 X 轴所夹的面积：

```
np.trapz(y, x) * 2 # 面积的两倍
3.1415893269315975
```

如果使用 integrate.quad()进行数值积分，就能得到非常精确的结果：

```
from scipy import integrate
pi_half, err = integrate.quad(half_circle, -1, 1)
pi_half * 2
3.141592653589797
```

计算多重定积分可以通过多次调用 quad()实现，为了调用方便，integrate 模块提供了 dblquad()进行二重定积分，提供了 tplquad()进行三重定积分。下面以计算单位半球体积为例，说明 dblquad()的用法。

单位半球面上的点(x, y, z)满足方程$x^2 + y^2 + z^2 = 1$，因此下面的 half_sphere()可以通过 X-Y 轴坐标计算球面上的点的 Z 轴坐标值：

```
def half_sphere(x, y):
    return (1-x**2-y**2)**0.5
```

X-Y 轴平面与此球体的交线为一个单位圆，因此二重积分的计算区间为此单位圆。即对于 X 轴从-1 到 1 进行积分，而对于 Y 轴则从-half_circle(x)到 half_circle(x)进行积分。因此半球体积的二重积分公式为：

$$\int_{-1}^{1} \int_{-\sqrt{1-x^2}}^{\sqrt{1-x^2}} \sqrt{1 - x^2 - y^2}\, dy\, dx$$

下面的程序使用 dblquad()计算半球体积：

```
volume, error = integrate.dblquad(half_sphere, -1, 1,
        lambda x:-half_circle(x),
        lambda x:half_circle(x))

print volume, error, np.pi*4/3/2
2.09439510239 2.32524566534e-14 2.09439510239
```

dblquad()的调用参数为：dblquad(func2d, a, b, gfun, hfun)。其中，func2d 是需要进行二重积分的函数，它有两个参数，假设分别为 x 和 y。a 和 b 参数指定被积分函数的第一个变量 x 的积分区间，而 gfun 和 hfun 参数指定第二个变量 y 的积分区间。gfun 和 hfun 是函数，它们通过变量 x 计算出变量 y 的积分区间，这样可以对 X-Y 平面上的任何区间对 func2d 进行积分。

图 3-24 是半球体积的积分的示意图。从此示意图可以看出，X 轴的积分区间为-1.0 到 1.0，对于 X 轴上的某点 x0，通过对 Y 轴的积分可以计算出图中深色的垂直切面的面积，因此 Y 轴

的积分区间如图中的点线所示。

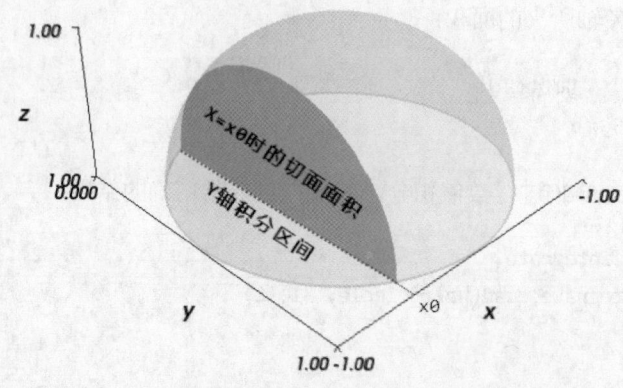

图 3-24 半球体二重积分示意图

3.5.2　解常微分方程组

integrate 模块还提供了对常微分方程组进行积分的函数 odeint()。下面我们看看如何用它计算洛伦茨吸引子的轨迹。洛伦茨吸引子由下面的三个微分方程定义：

$$\frac{dx}{dt} = \sigma \cdot (y - x), \quad \frac{dy}{dt} = x \cdot (\rho - z) - y, \quad \frac{dz}{dt} = xy - \beta z$$

这三个方程定义了三维空间中各个坐标点上的速度矢量。从某个坐标开始沿着速度矢量进行积分，就可以计算出无质量点在此空间中的运动轨迹。其中 σ、ρ、β 为三个常数，不同的参数可以计算出不同的运动轨迹：x(t)、y(t)、z(t)。当参数为某些值时，轨迹出现混沌现象。即微小的初值差别也会显著地影响运动轨迹。下面是洛伦茨吸引子的轨迹计算和绘制程序。

❶程序中先定义一个函数 lorenz()，它的任务是计算出某个坐标点的各个方向上的微分值，它可以直接根据洛伦茨吸引子的公式得出。

❷❸使用不同的位移初始值两次调用 odeint()，对微分方程求解。odeint()有许多参数，这里用到的 4 个参数分别为：

- lorenz：它是计算某个位置上的各个方向的速度的函数。
- (0.0, 1.0, 0.0)：位置初始值，它是计算常微分方程所需的各个变量的初始值。
- t：表示时间的数组，odeint()对此数组中的每个时间点进行求解，得出所有时间点的位置。
- args：这些参数直接传递给 lorenz()，因此它们在整个积分过程中都是常量。

图 3-25 显示了 odeint()所得到的轨迹。由结果可知，即使初始值只相差 0.01，两条运动轨迹也是完全不同的。

http://bzhang.lamost.org/website/archives/lorenz_attactor
洛伦茨吸引子的详细介绍。

```
from scipy.integrate import odeint
import numpy as np

def lorenz(w, t, p, r, b): ❶
    # 给出位置矢量 w 和三个参数 p、r、b
    # 计算出 dx/dt、dy/dt、dz/dt 的值
    x, y, z = w.tolist()
    # 直接与 lorenz 的计算公式对应
    return p*(y-x), x*(r-z)-y, x*y-b*z

t = np.arange(0, 30, 0.02) # 创建时间点
# 调用 ode 对 lorenz 进行求解，用两个不同的初始值
track1 = odeint(lorenz, (0.0, 1.00, 0.0), t, args=(10.0, 28.0, 3.0)) ❷
track2 = odeint(lorenz, (0.0, 1.01, 0.0), t, args=(10.0, 28.0, 3.0)) ❸
```

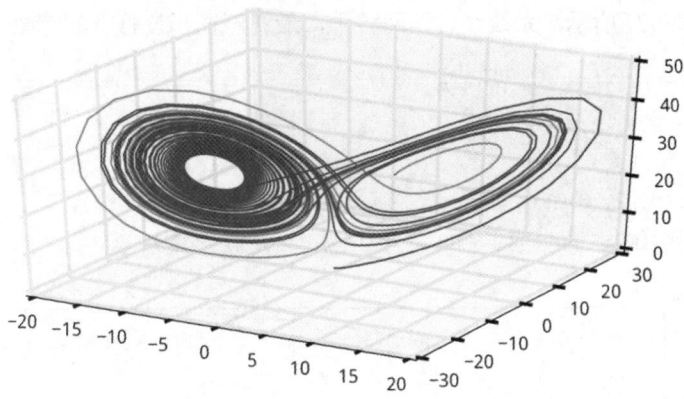

图 3-25 洛伦茨吸引子：微小的初值差别也会显著地影响运动轨迹

3.5.3　ode 类

使用 odeint()可以很方便地计算微分方程组的数值解，只需调用一次 odeint()就能计算出一组时间点上的系统状态。但是有时我们希望一次只前进一个时间片段，从而对求解对象进行更精确的控制。在下面的例子中，我们通过 ode 类模拟如图 3-26 所示的弹簧系统每隔 1ms 周期的系统状态，并通过 PID 控制器控制滑块的位置。

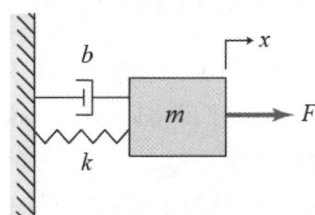

图 3-26 质量-弹簧-阻尼系统

该系统的微分方程为：$m\ddot{x} + b\dot{x} + kx = F$。其中 x 为滑块的位移，$\ddot{x}$为位移对时间的二次导数，即滑块的加速度，$\dot{x}$为滑块的速度，m 为滑块的质量，b 为阻尼系数，k 为弹簧的系数，F 为外部施加于滑块的控制力。这是一个二次微分方程，为了使用 ode 对系统求解，需要将其转换成如下一阶微分方程组：

$$\dot{x} = u, \quad \dot{u} = (F - kx - bu)/m$$

其中 x 为滑块的位移，u 为滑块的速度。这两个变量构成了系统的状态，它们对时间的导数可以通过这两个方程直接算出。

```python
def mass_spring_damper(xu, t, m, k, b, F):
    x, u = xu.tolist()
    dx = u
    du = (F - k*x - b*u)/m
    return dx, du
```

下面使用 odeint() 对该系统进行求解，初值为滑块在位移 0.0 处，起始速度为 0，外部控制力恒为 1.0。如图 3-27 所示，系统经过约两秒钟，最终停在了位移 0.05 米处。

```python
m, b, k, F = 1.0, 10.0, 20.0, 1.0
init_status = 0.0, 0.0
args = m, k, b, F
t = np.arange(0, 2, 0.01)
result = odeint(mass_spring_damper, init_status, t, args)
```

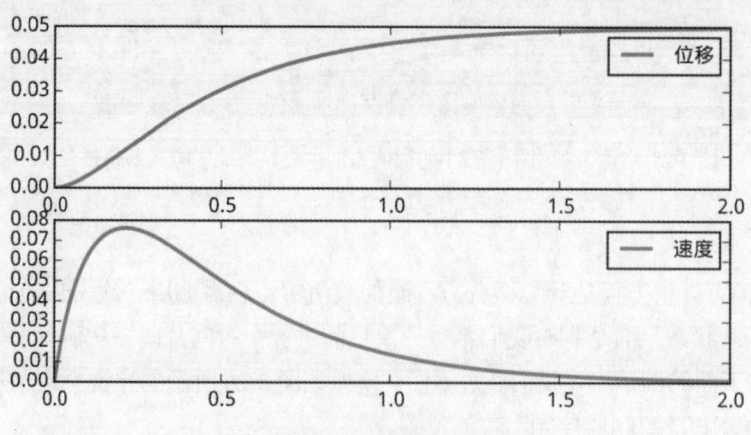

图 3-27 滑块的速度和位移曲线

我们希望通过控制外力 F，使得滑块更迅速地停在位移 1.0 处，这时可以使用 PID 控制器进行控制。在介绍 PID 控制器之前，首先让我们用 ode 类重写 odeint() 模拟的部分。ode 类和 odeint() 一样，也需要一个计算各个状态的导数的函数。

❶这里使用 MassSpringDamper 类的方法 f() 计算状态点处的导数。注意该方法的参数顺序和 odeint() 所需的函数 mass_spring_damper() 不同，第一个参数为时间，第二个参数为系统状态。并

且该方法必须返回一个列表来表示各个状态的导数，不能返回元组。这里使用 MassSpringDamper 类将系统的各个参数 M、k、b 以及 F 等包装在对象内部。

❷创建 ode 对象之后，通过 set_integrator() 设置积分器相关的参数。它的第一个参数为积分器的算法，其后的关键字参数设置该积分器算法的各个参数。关于各个参数的具体含义请读者参阅 ode 类的文档说明。然后调用 set_initial_value() 设置系统的初始状态和初始时间。

❸在 while 循环中，以 dt 为间隔对系统进行积分求解。ode 对象的属性 r.t 为当前的模拟时间，调用 r.integrate(r.t + dt) 计算 r.t + dt 处的状态。系统的状态保存在 r.y 中。我们用两个列表 t 和 result 分别保存模拟时间和系统状态。

由 allclose() 的比较结果可知使用 ode 的结果与 odeint() 的完全相同。

```python
from scipy.integrate import ode

class MassSpringDamper(object):  ❶

    def __init__(self, m, k, b, F):
        self.m, self.k, self.b, self.F = m, k, b, F

    def f(self, t, xu):
        x, u = xu.tolist()
        dx = u
        du = (self.F - self.k*x - self.b*u)/self.m
        return [dx, du]

system = MassSpringDamper(m=m, k=k, b=b, F=F)
init_status = 0.0, 0.0
dt = 0.01

r = ode(system.f)  ❷
r.set_integrator('vode', method='bdf')
r.set_initial_value(init_status, 0)

t = []
result2 = [init_status]
while r.successful() and r.t + dt < 2:  ❸
    r.integrate(r.t + dt)
    t.append(r.t)
    result2.append(r.y)

result2 = np.array(result2)
np.allclose(result, result2)
```
```
True
```

由于在 while 循环中我们逐点对系统的状态进行模拟,因此可以在其中增加控制代码,改变作用于滑块上的力,从而使滑块更迅速地停在目标位置。这里我们将采用控制理论中最常用的控制方法:PID 控制。采用 PID 控制器的系统框图如图 3-28 所示。

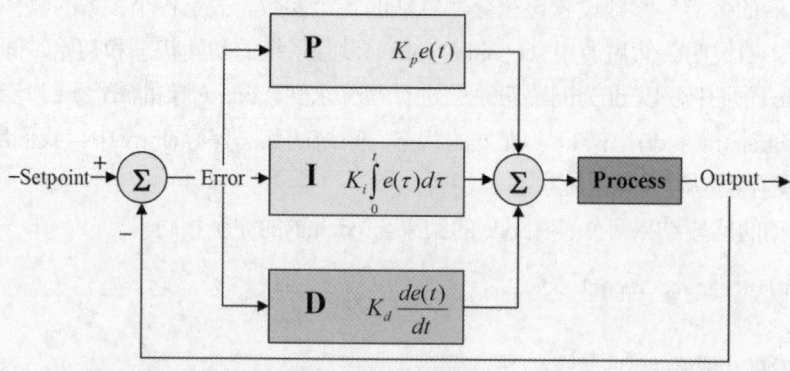

图 3-28 PID 控制系统

图 3-28 中,Setpoint 为控制的目标状态,在本例中为滑块的目标位移,控制目标系统 Process(即质量-弹簧-阻尼系统)的输出 Output 为系统的输出,在本例中为滑块的实际位移,二者的误差 Error 作为 PID 系统的输入。PID 控制器由三个独立的部分构成:

- P:比例项,输出和误差成正比。
- I:积分项,输出和误差的积分成正比。
- D:微分项,输出和误差的微分成正比。

三项之和作为 PID 控制器的输出,在本例中控制器的输出为作用在滑块之上的外力 F。系统框图中使用积分和微分符号表示积分项和微分项,在实际的控制系统中,我们以一定的时间间隔计算控制器的输出,这时积分项可以用累加变量 self.status 表示,而微分项可以用当前的误差以及前次的误差 self.last_error 之间的差进行计算。

下面是 PID 控制器的程序,我们使用类把 kp、ki、kd、dt 等参数、累加变量 status 以及上一次的误差 last_error 等包装起来。

```python
class PID(object):

    def __init__(self, kp, ki, kd, dt):
        self.kp, self.ki, self.kd, self.dt = kp, ki, kd, dt
        self.last_error = None
        self.status = 0.0

    def update(self, error):
        p = self.kp * error
        i = self.ki * self.status
        if self.last_error is None:
            d = 0.0
```

```
        else:
            d = self.kd * (error - self.last_error) / self.dt
        self.status += error * self.dt
        self.last_error = error
        return p + i + d
```

下面的程序使用 PID 控制器对系统进行控制，让滑块更快地停在位移 1.0 处，为了后续调用优化工具自动搜索合适的 PID 参数，这里将整个系统模拟用函数 pid_control_system()封装起来，函数的参数为 PID 控制器的三个参数。

程序的基本构造与前面的无控制的程序相同，只是增加了 PID 控制器方面的运算：❶计算目标位置 1.0 与当前位置之间的误差，❷使用该误差更新 PID 控制器，获得控制器的输出 F，❸更新目标系统中的控制力。

由程序的输出可知，由于 PID 控制器的控制，系统在两秒之内就已经停在了位移 1.0 处，如图 3-29 所示。

```
def pid_control_system(kp, ki, kd, dt, target=1.0):
    system = MassSpringDamper(m=m, k=k, b=b, F=0.0)
    pid = PID(kp, ki, kd, dt)
    init_status = 0.0, 0.0

    r = ode(system.f)
    r.set_integrator('vode', method='bdf')
    r.set_initial_value(init_status, 0)

    t = [0]
    result = [init_status]
    F_arr = [0]

    while r.successful() and r.t + dt < 2.0:
        r.integrate(r.t + dt)
        err = target - r.y[0]      ❶
        F = pid.update(err)        ❷
        system.F = F               ❸
        t.append(r.t)
        result.append(r.y)
        F_arr.append(F)

    result = np.array(result)
    t = np.array(t)
    F_arr = np.array(F_arr)
    return t, F_arr, result
```

```
t, F_arr, result = pid_control_system(50.0, 100.0, 10.0, 0.001)
print u"控制力的终值:", F_arr[-1]
```

控制力的终值: 19.9434046839

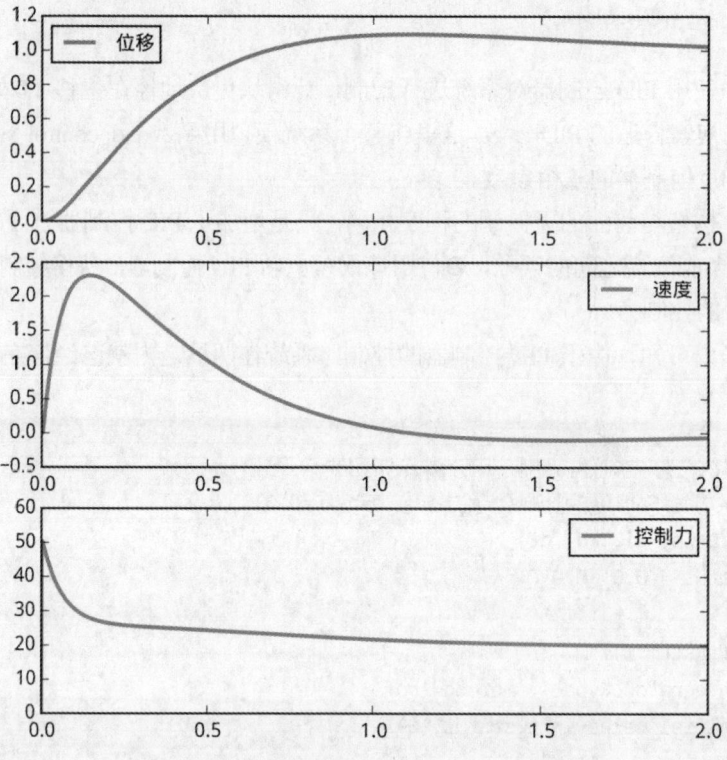

图 3-29 使用 PID 控制器让滑块停在位移 1.0 处

通过调节 PID 控制器的三个参数可以获得最佳的控制效果，这里我们使用前面介绍过的 optimize 库中的函数自动寻找最优的 PID 参数。为了使用最优化函数，需要编写一个对控制结果进行评价的函数。由于我们的目标是让滑块尽快地停在位移 1.0 处，因此可以用前两秒钟滑块位移与目标位移差的绝对值之和作为控制结果的评价，该值越小表示控制得越好。为了让最优化运行得快一些，这里将控制器的时间间隔改为 0.01 秒。

```
%%time
from scipy import optimize

def eval_func(k):
    kp, ki, kd = k
    t, F_arr, result = pid_control_system(kp, ki, kd, 0.01)
    return np.sum(np.abs(result[:, 0] - 1.0))


kwargs = {"method":"L-BFGS-B",
 "bounds":[(10, 200), (10, 100), (1, 100)],
```

```
"options":{"approx_grad":True}}

opt_k = optimize.basinhopping(eval_func, (10, 10, 10),
                              niter=10,
                              minimizer_kwargs=kwargs)
print opt_k.x
```
```
[ 199.81255771  100.          15.20382074]
Wall time: 1min 15s
```

下面使用优化器的输出作为 PID 的参数对系统进行模拟，可以看到控制开始 0.5 秒之后滑块已经基本上稳定在了位移 1.0 处，如图 3-30 所示。

```
kp, ki, kd = opt_k.x
t, F_arr, result = pid_control_system(kp, ki, kd, 0.01)
idx = np.argmin(np.abs(t - 0.5))
x, u = result[idx]
print "t={}, x={:g}, u={:g}".format(t[idx], x, u)
```
```
t=0.5, x=0.979592, u=0.00828481
```

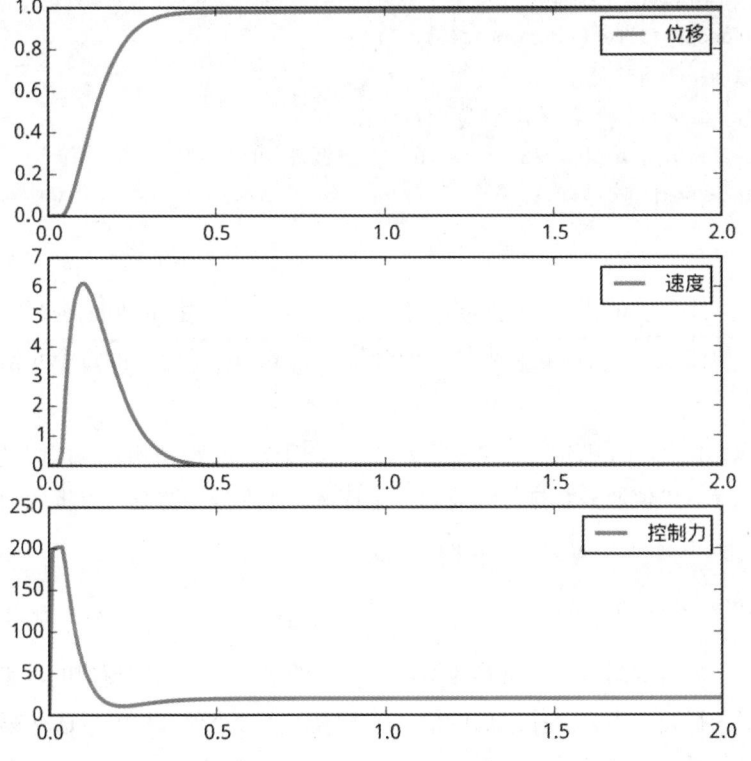

图 3-30 优化 PID 的参数以降低控制响应时间

3.6 信号处理–signal

 与本节内容对应的 Notebook 为：03-scipy/scipy-600-signal.ipynb。

SciPy 的 signal 模块提供了信号处理方面的许多函数，包括卷积运算、B 样条、滤波以及滤波器设计等方面的内容。

3.6.1 中值滤波

中值滤波能够比较有效地消除声音信号中的瞬间噪声或者图像中的斑点噪声。在 signal 模块中，medfilt()对一维信号进行中值滤波，而 medfilt2d()对二维信号进行中值滤波。在 scipy.ndimage 模块中另有针对多维图像的中值滤波器，这里简单演示 medfilt()的效果。

```
t = np.arange(0, 20, 0.1)
x = np.sin(t)
x[np.random.randint(0, len(t), 20)] += np.random.standard_normal(20)*0.6 ❶
x2 = signal.medfilt(x, 5) ❷
x3 = signal.order_filter(x, np.ones(5), 2)
print np.all(x2 == x3)
pl.plot(t, x, label=u"带噪声的信号")
pl.plot(t, x2 + 0.5, alpha=0.6, label=u"中值滤波之后的信号")
pl.legend(loc="best")
```
```
True
```

❶首先创建一个带有随机的瞬间噪声的正弦波，❷然后调用 medfilt()进行中值滤波，第二个参数为计算中值的窗口大小，它必须是一个奇数。medfilt()将信号中的每个元素都替换为其窗口内的中值。

最后绘制原始信号和滤波信号，为了便于比较，图中将滤波之后的信号统一向上偏移了 0.5，结果如图 3-31 所示。中值滤波是排序滤波的一个特例。使用排序滤波可以将元素替换为其窗口内指定排序顺序的元素。其调用形式如下：

```
order_filter(a, domain, rank)
```

其中 a 是一个多维数组，domain 是维数和 a 相同的数组，它指定窗口的范围，rank 是一个非负整数，用来选择窗口中元素排序后的值，0 表示选择最小值，1 表示选择第二小的值。中值滤波也可以用 order_filter()计算，注意 domain 参数是一个长度为 5、值全为 1 的数组。

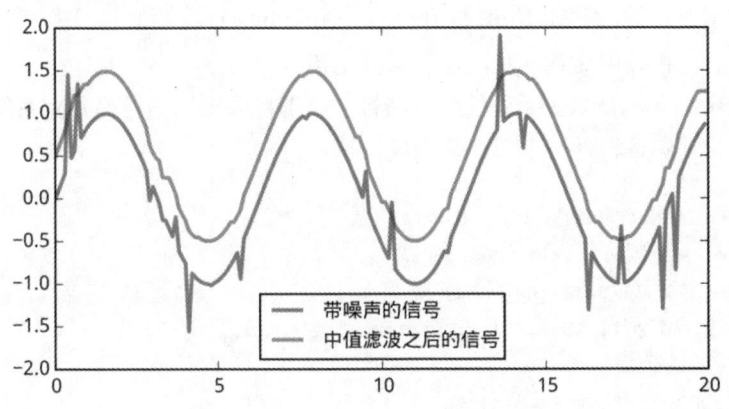

图 3-31 使用中值滤波剔除瞬间噪声

3.6.2 滤波器设计

signal 模块提供了许多滤波器设计的函数。在下面的实例中，我们设计一个 IIR 带通滤波器，并查看其频率响应，最后使用它对频率扫描信号进行滤波计算。

```
sampling_rate = 8000.0


# 设计一个带通滤波器：
# 通带为 0.2*4000 - 0.5*4000
# 阻带为<0.1*4000, >0.6*4000
# 通带增益的最大衰减值为 2dB
# 阻带的最小衰减值为 40dB
b, a = signal.iirdesign([0.2, 0.5], [0.1, 0.6], 2, 40) ❶


# 使用 freq 计算滤波器的频率响应
w, h = signal.freqz(b, a) ❷


# 计算增益
power = 20*np.log10(np.clip(np.abs(h), 1e-8, 1e100)) ❸
freq = w / np.pi * sampling_rate / 2
```

❶首先用 iirdesign()设计一个 IIR 带通滤波器。这个滤波器的通带为 $0.2f_0$ 到 $0.5f_0$，阻带为小于 $0.1f_0$ 和大于 $0.6f_0$，其中 f_0 为信号取样频率的一半。如果取样频率为 8kHz，那么这个带通滤波器的通带为 800Hz 到 2kHz。通带的最大增益衰减为 2dB，阻带的最小增益衰减为 40dB，即通带的增益浮动在 2dB 之内，阻带至少有 40dB 的衰减。

iirdesgin()返回两个数组 b 和 a，它们分别是 IIR 滤波器的分子和分母部分的系数。其中 a[0] 恒等于 1。❷调用 freqz()计算所得到的滤波器的频率响应。freqz()返回两个数组 w 和 h，其中 w 是圆频率数组，通过 $\omega f_0/\pi$ 可以计算出与其对应的实际频率。h 是 w 中对应频率点的响应，它是一个复数数组，其幅值表示滤波器的增益特性，相角表示滤波器的相位特性。

❸计算 h 的增益特性，并使用 dB 进行度量。由于 h 中存在幅值几乎为 0 的值，因此先用 clip()对其裁剪之后，再调用对数函数，避免计算出错。

在实际运用中为了测量未知系统的频率特性，经常将频率扫描波输入到系统中，观察系统的输出，从而计算其频率特性。下面让我们模拟这一过程：

```
# 产生两秒钟的取样频率为 sampling_rate Hz 的频率扫描信号
# 开始频率为 0，结束频率为 sampling_rate/2
t = np.arange(0, 2, 1/sampling_rate) ❶
sweep = signal.chirp(t, f0=0, t1=2, f1=sampling_rate/2) ❷
# 对频率扫描信号进行滤波
out = signal.lfilter(b, a, sweep) ❸
# 将波形转换为能量
out = 20*np.log10(np.abs(out)) ❹
# 找到所有局部最大值的下标
index = signal.argrelmax(out, order=3) ❺
# 绘制滤波之后的波形的增益
pl.figure(figsize=(8, 2.5))
pl.plot(freq, power, label=u"带通 IIR 滤波器的频率响应")
pl.plot(t[index]/2.0*4000, out[index], label=u"频率扫描波测量的频谱", alpha=0.6) ❻
pl.legend(loc="best")
```

❶为了调用 chirp()产生频率扫描波形的数据，首先需要产生一个表示取样时间的等差数组，这里产生两秒的取样频率为 8kHz 的取样时间数组。❷然后调用 chirp()得到两秒的频率扫描波形的数据。频率扫描波的开始频率 f0 为 0Hz，结束频率 f1 为 4kHz，到达 4kHz 的时间为两秒，使用数组 t 作为取样时间点。❸最后调用 lfilter()计算频率扫描波形经过带通滤波器之后的结果。

❹为了和系统的增益特性图进行比较，需要获取输出波形的包络，因此先将输出波形数据转换为能量值。❺为了计算包络，调用 argrelmax()找到 out 数组中所有局部最大值的下标，order 参数指定局域最大值的范围，这里的值为 3 表示所有的局域最大值都是连续 7 个元素(前后各三个元素)中的最大值。❻最后将时间转换为对应的频率，绘制所有局部最大点的能量值。

图 3-32 显示了 freqz()计算的频谱和频率扫描波得到的频率特性，可以看到结果是一致的。

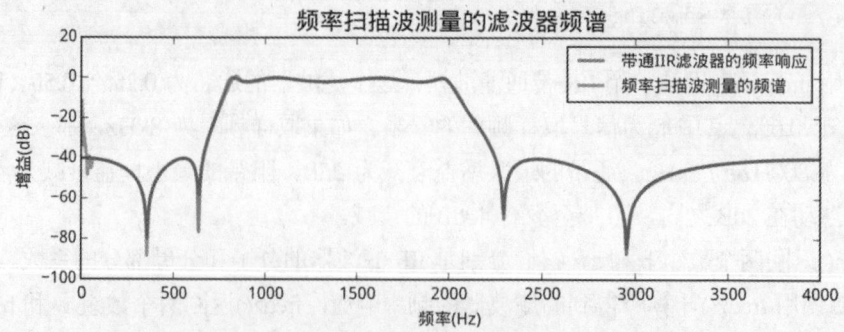

图 3-32 用频率扫描波测量的频率响应

3.6.3 连续时间线性系统

在上一节中，我们使用 odeint() 对质量-弹簧-阻尼系统的微分方程组进行了数值积分，并且进行了 PID 控制模拟。该系统的微分方程为：$m\ddot{x} + b\dot{x} + kx = f$。通过拉普拉斯变换可以将微分方程化为容易求解的代数方程：$ms^2X(s) + bsX(s) + kX(s) = F(s)$。其中 $F(s)$ 是 $f(t)$ 的拉普拉斯变换，$X(s)$ 是 $x(t)$ 的拉普拉数变换，而 n 次微分变成了 s^n。$F(s)$ 是输入信号，而 $X(s)$ 是输出信号，将等式改写为输入除以输出的形式，就得到了系统的传递函数 $P(s)$：

$$P(s) = \frac{X(s)}{F(s)} = \frac{1}{ms^2 + bs + k}$$

连续时间系统的传递函数是两个 s 的多项式的商。通过连续时间系统的传递函数，很容易计算某输入信号对应的输出信号。在下面的例子中，使用 signal 模块计算质量-弹簧-阻尼系统对阶跃信号以及正弦波信号的响应输出。❶创建 lti 对象，可以使用控制理论中的多种形式表示连续时间线性系统，这里使用的是传递函数分子和分母多项式的系数。多项式的系数与 numpy.poly1d 的约定相同，即下标为 0 的元素是最高次项的系数。❷调用 lti.step() 方法计算系统的阶跃响应。T 参数为计算响应的时间数组。❸调用 signal.lsim() 计算系统对正弦波信号的响应，它的第一个参数为 lti 对象，也可以直接传递(numerator, denominator)。U 参数为保存输入信号的数组。step() 和 lsim() 计算结果中的第二项为系统的输出信号，这里忽略其余的输出。

图 3-33 显示阶跃响应最终稳定在 x=0.05 处，这时的 kx=1。

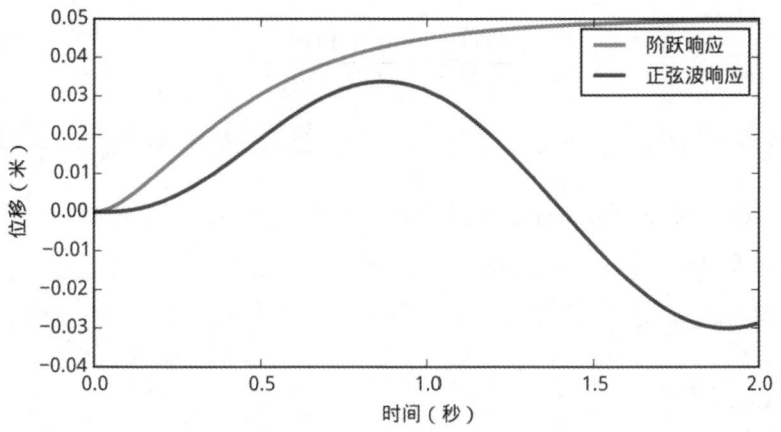

图 3-33 系统的阶跃响应和正弦波响应

```
m, b, k = 1.0, 10, 20

numerator = [1]
denominator = [m, b, k]

plant = signal.lti(numerator, denominator) ❶
```

```
t = np.arange(0, 2, 0.01)
_, x_step = plant.step(T=t) ❷
_, x_sin, _ = signal.lsim(plant, U=np.sin(np.pi*t), T=t) ❸
```

传递函数的代数运算可以表示由多个连续时间系统组成的系统，例如两个系统的级联的传递函数是各个系统的传递函数的乘积。而传递函数由分子和分母两个多项式构成，因此传递函数的四则运算可以使用 NumPy 的 poly1d 相关的函数实现。下面的 SYS 类通过定义__mul__、__add__、__sadd__、__div__等魔法方法，让它支持四则运算。

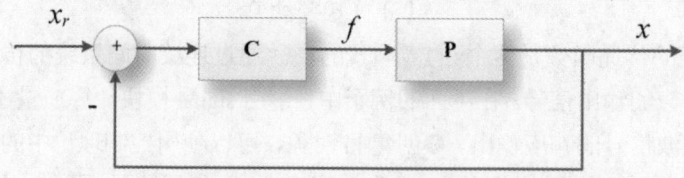

图 3-34 反馈控制系统框图

❶feedback()方法计算与之对应的反馈系统的传递函数。在图 3-34 中，P是被控制的系统，C是控制器，C的输入信号是目标信号与实际输入的差$x_r - x$。我们从x_r到x的传递函数就是这个反馈系统的传递函数。根据图示可以列出如下拉普拉斯变换之后的代数方程：

$$X(s) = (X_r(s) - X(s)) \cdot C(s) \cdot P(s)$$

整理可得：

$$\frac{X(s)}{X_r(s)} = \frac{C(s) \cdot P(s)}{1 + C(s) \cdot P(s)}$$

如果将$C(s) \cdot P(s)$看作系统$Y(s)$，那么可以得出反馈系统的传递函数为：$\frac{Y(s)}{1+Y(s)}$。

❷为了让 SYS 对象能作为 step()、lsim()等函数的第一个表示系统的参数，需要定义__iter__()魔法方法返回传递函数的分子与分母的多项式系数。

```
from numbers import Real

def as_sys(s):
    if isinstance(s, Real):
        return SYS([s], [1])
    return s


class SYS(object):
    def __init__(self, num, den):
        self.num = num
        self.den = den

    def feedback(self): ❶
```

```
        return self / (self + 1)

    def __mul__(self, s):
        s = as_sys(s)
        num = np.polymul(self.num, s.num)
        den = np.polymul(self.den, s.den)
        return SYS(num, den)

    def __add__(self, s):
        s = as_sys(s)
        den = np.polymul(self.den, s.den)
        num = np.polyadd(np.polymul(self.num, s.den),
                         np.polymul(s.num, self.den))
        return SYS(num, den)

    def __sadd__(self, s):
        return self + s

    def __div__(self, s):
        s = as_sys(s)
        return self * SYS(s.den, s.num)

    def __iter__(self): ❷
        return iter((self.num, self.den))
```

下面我们用 SYS 类计算使用 PI 控制器控制质量-弹簧-阻尼系统时的阶跃响应。PI 控制器的传递函数为：

$$C = \frac{K_p s + K_i}{s}$$

注意上节中介绍的 PI 控制器是离散时间的，使用累加器近似计算积分器的输出，而本节采用连续时间系统的系统响应模拟控制系统。

❶质量-弹簧-阻尼系统的传递函数为 plant，❷PI 控制器的传递函数为 pi_ctrl，为了 step()不抛出 LinAlgError 异常，这里将 PI 控制器的传递函数的分母常数项设置为一个非常小的值。❸计算反馈系统的传递函数 feedback。由图 3-35 可以看出K_i为 0 时，系统的输出位移与目标位移之间存在一定的差距，K_p越大差距越小，但是会出现过冲现象。适当调节K_p与K_i可以减弱过冲现象，但是仍然会有超过目标位移的时刻。

```
M, b, k = 1.0, 10, 20
plant = SYS([1], [M, b, k]) ❶

pi_settings = [(10, 1e-10), (200, 1e-10),
               (200, 100), (50, 100)]
```

169

```
fig, ax = pl.subplots(figsize=(8, 3))

for pi_setting in pi_settings:
    pi_ctrl = SYS(pi_setting, [1, 1e-6]) ❷
    feedback = (pi_ctrl * plant).feedback() ❸
    _, x = signal.step(feedback, T=t)
    label = "$K_p={:d}, K_i={:3.0f}$".format(*pi_setting)
    ax.plot(t, x, label=label)

ax.legend(loc="best", ncol=2)
ax.set_xlabel(u"时间(秒)")
ax.set_ylabel(u"位移(米)")
```

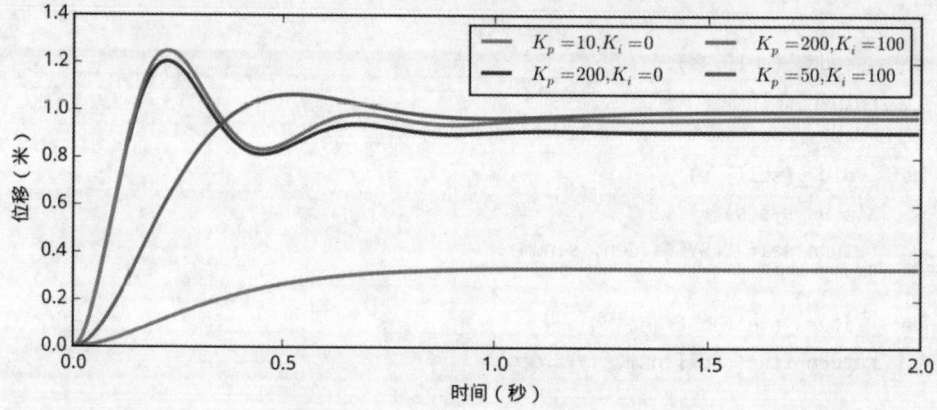

图 3-35 使用 PI 控制器的控制系统的阶跃响应

为了计算施加于质量的控制力，可以将误差信号传递给 lsim() 计算控制器的输出：

```
_, f, _ = signal.lsim(pi_ctrl, U=1-x, T=t)
```

为了彻底消除过冲现象，需要使用 PID 控制，PID 控制器的传递函数为：

$$C = \frac{K_d s^2 + K_p s + K_i}{s}$$

下面计算 PID 控制器构成的反馈系统的阶跃响应。由于 PID 控制器需要对输入信号进行微分，而阶跃输入信号会导致 PID 的输出中包含脉冲输出，即时间无限短、值无限大的信号。

```
kd, kp, ki = 30, 200, 400
pid_ctrl = SYS([kd, kp, ki], [1, 1e-6])
feedback = (pid_ctrl * plant).feedback()
_, x2 = signal.step(feedback, T=t)
```

为了让 PID 控制器的输出在限定的范围之内，可以在反馈系统之前添加一个低通滤波器，一阶低通滤波器的传递函数为：$\frac{1}{a \cdot s+1}$。添加低通滤波器之后，PID 控制器的输入就是连续信号了，如图 3-36 所示。

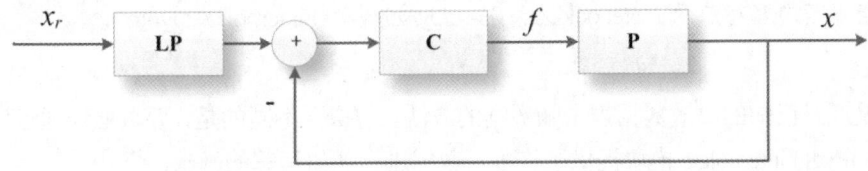

图 3-36 带低通滤波器的反馈控制系统框图

```
lp = SYS([1], [0.2, 1])
lp_feedback = lp * (pid_ctrl * plant).feedback()
_, x3 = signal.step(lp_feedback, T=t)
```

由于 PID 控制器的传递函数的分子阶数高于分母阶数，因此无法使用 lsim() 计算。我们可以把 x_r 当作系统的输入，把 f 当作输出，通过下面的方程计算从 x_r 到 f 的传递函数：

$$F(s) = (X_r(s) \cdot LP(s) - F(s) \cdot P(s)) \cdot C(s)$$

得到的传递函数为：

$$\frac{F(s)}{X_r(s)} = \frac{C(s) \cdot LP(s)}{C(s) \cdot P(s) + 1}$$

下面根据上面的公式计算带低通滤波器的控制系统中控制器的输出：

```
pid_out = (pid_ctrl * lp) / (pid_ctrl * plant + 1)
_, f3 = signal.step(pid_out, T=t)
```

图 3-37 显示了上述 PI 控制、PID 控制以及带低通滤波的 PID 控制等系统中滑块的位移以及控制力。由于 PID 控制的控制力存在脉冲信号，因此无法在图中正确显示。由位移曲线可以看出低通+PID 控制可以有效抑制过冲现象。

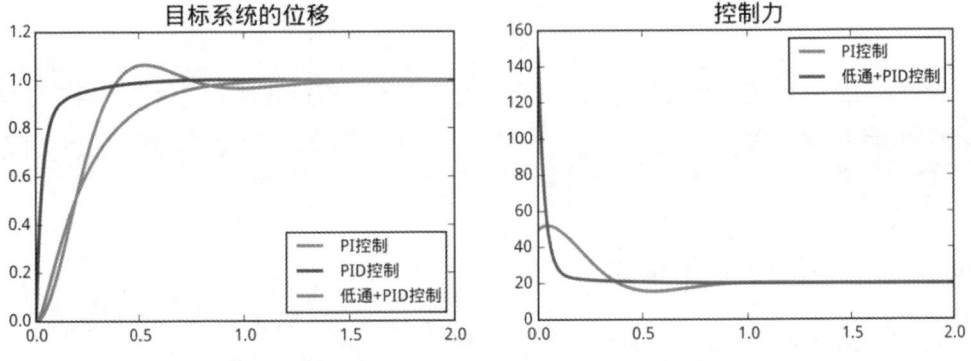

图 3-37 滑块的位移以及控制力

3.7 插值-interpolate

 与本节内容对应的 Notebook 为：03-scipy/scipy-700-interpolate.ipynb。

插值是通过已知的离散数据求未知数据的方法。与拟合不同的是，要求曲线通过所有的已知数据。SciPy 的 interpolate 模块提供了许多对数据进行插值运算的函数。

3.7.1 一维插值

一维数据的插值运算可以通过 interp1d() 完成。其调用形式如下，它实际上不是函数而是一个类：

```
interp1d(x, y, kind='linear', ...)
```

其中，x 和 y 参数是一系列已知的数据点，kind 参数是插值类型，可以是字符串或整数，它给出插值的 B 样条曲线的阶数，可以有如下候选值：

- 'zero'、'nearest'：阶梯插值，相当于 0 阶 B 样条曲线。
- 'slinear'、'linear'：线性插值，用一条直线连接所有的取样点，相当于一阶 B 样条曲线，'slinear' 使用扩展库中的相关函数计算，而 'linear' 则直接使用 Python 编写的函数进行运算，其结果一样。
- 'quadratic'、'cubic'：二阶和三阶 B 样条曲线，更高阶的曲线可以直接使用整数值指定。

interp1d 对象可以计算 x 的取值范围之内任意点的函数值。它可以像函数一样直接调用，和 NumPy 的 ufunc 函数一样能对数组中的每个元素进行计算，并返回一个新的数组。

下面的程序演示了 kind 参数以及与其对应的插值曲线，结果如图 3-38 所示。程序中我们使用循环对相同的数据进行 4 种不同阶数的插值运算。❶首先使用数据点创建一个 interp1d 对象 f，通过 kind 参数指定其阶数。❷调用 f() 计算出一系列的插值结果。本例中，决定插值曲线的数据点一共有 11 个，插值之后的曲线数据点有 101 个。

 高次 interp1d() 插值的运算量很大，因此对于点数较多的数据，建议使用后面介绍的 UnivariateSpline()。

```
from scipy import interpolate

x = np.linspace(0, 10, 11)
y = np.sin(x)
```

```
xnew = np.linspace(0, 10, 101)
pl.plot(x,y,'ro')
for kind in ['nearest', 'zero', 'slinear', 'quadratic']:
    f = interpolate.interp1d(x,y,kind=kind) ❶
    ynew = f(xnew) ❷
    pl.plot(xnew, ynew, label=str(kind))

pl.legend(loc='lower right')
```

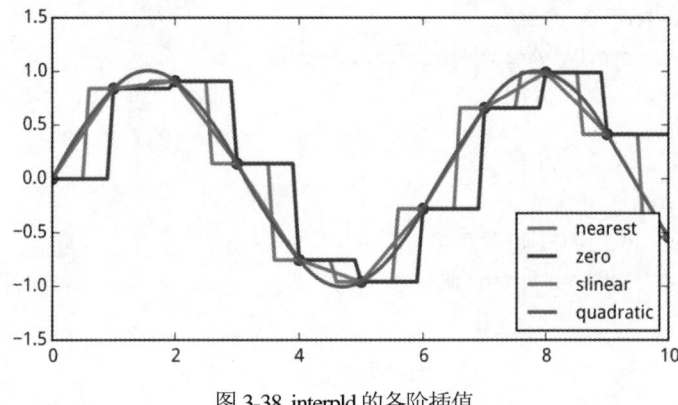

图 3-38 interp1d 的各阶插值

1. 外推和 Spline 拟合

上节所介绍的 interp1d 类要求其参数 x 是一个递增的序列，并且只能在 x 的取值范围之内进行内插计算，不能用它进行外推运算，即计算 x 的取值范围之外的数据点。UnivariateSpline 类的插值运算比 interp1d 更高级，它支持外推和拟合运算，其调用形式如下：

```
UnivariateSpline(x, y, w=None, bbox=[None, None], k=3, s=None)
```

- x、y 是保存数据点的 X-Y 坐标的数组，其中 x 必须是递增序列。
- w 是为每个数据点指定的权重值。
- k 为样条曲线的阶数。
- s 是平滑系数，它使得最终生成的样条曲线满足条件：$\sum_{i=1}^{n}(w_i \cdot (y_i - \text{spline}(x_i)))^2 \leq s$。即当 s > 0 时，样条曲线并不一定通过各个数据点。为了让曲线通过所有数据点，必须将 s 参数设置为 0。此外，还可以使用 InterpolatedUnivariateSpline 类，它与 UnivariateSpline 的唯一区别就是它通过所有的数据点，相当于将 s 设置为 0。

下面的程序演示了使用 UnivariateSpline 对数据进行插值、外推以及样条曲线拟合：

❶如图 3-39(上)所示，UnivariateSpline 能够进行外推运算，虽然输入数据中没有 X 轴大于 10 的点，但是它能计算出 X 轴在 0 到 12 的插值结果。在 X 轴大于 10 的部分，样条曲线仍然呈现出和正弦波类似的形状，越远离输入数据范围，误差会越大，因此外推的范围是有限的。由于 s 参数为 0，因此插值曲线经过所有的数据点。

❷图 3-39(下)则显示了 s 参数不为零时的结果，对于带噪声的输入数据，选择合适的 s 参数

能够使得样条曲线接近无噪声时的波形，可以把它看作使用样条曲线对数据进行拟合运算。

```python
x1 = np.linspace(0, 10, 20)
y1 = np.sin(x1)
sx1 = np.linspace(0, 12, 100)
sy1 = interpolate.UnivariateSpline(x1, y1, s=0)(sx1) ❶

x2 = np.linspace(0, 20, 200)
y2 = np.sin(x2) + np.random.standard_normal(len(x2))*0.2
sx2 = np.linspace(0, 20, 2000)
spline2 = interpolate.UnivariateSpline(x2, y2, s=8) ❷
sy2 = spline2(sx2)

pl.figure(figsize=(8, 5))
pl.subplot(211)
pl.plot(x1, y1, ".", label=u"数据点")
pl.plot(sx1, sy1, label=u"spline 曲线")
pl.legend()

pl.subplot(212)
pl.plot(x2, y2, ".", label=u"数据点")
pl.plot(sx2, sy2, linewidth=2, label=u"spline 曲线")
pl.plot(x2, np.sin(x2), label=u"无噪声曲线")
pl.legend()
```

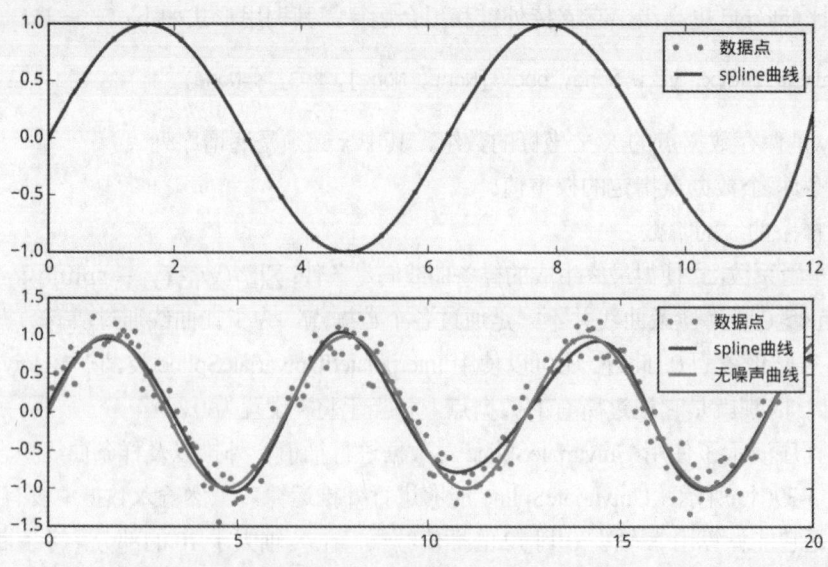

图 3-39 使用 UnivariateSpline 进行插值：外推(上)和数据拟合(下)

当曲线为三阶曲线时，UnivariateSpline.roots()可以用于计算曲线与 y = 0 的交点横坐标。下面显示了图 3-39(下)中的曲线与 X 轴的 6 个交点的横坐标：

```
print np.array_str( spline2.roots(), precision=3 )
[  3.288    6.329    9.296  12.578  15.75    18.805]
```

如果需要计算曲线与任意横线的交点，可以事先将曲线的拟合数据在 Y 轴方向上进行平移。但若要计算与多条 y=c 横线的交点，则需要对同样的数据进行平移和拟合多次。

❶下面的 root_at()通过直接修改拟合曲线的参数，实现曲线的平移，从而可以计算与任意横线的交点。❷将 roots_at()动态添加为 UnivariateSpline 类的方法。❸对多条横线求交点，并进行绘图，其结果如图 3-40 所示。

```
def roots_at(self, v): ❶
    coeff = self.get_coeffs()
    coeff -= v
    try:
        root = self.roots()
        return root
    finally:
        coeff += v

interpolate.UnivariateSpline.roots_at = roots_at ❷

pl.plot(sx2, sy2, linewidth=2, label=u"spline 曲线")

ax = pl.gca()
for level in [0.5, 0.75, -0.5, -0.75]:
    ax.axhline(level, ls=":", color="k")
    xr = spline2.roots_at(level) ❸
    pl.plot(xr, spline2(xr), "ro")
```

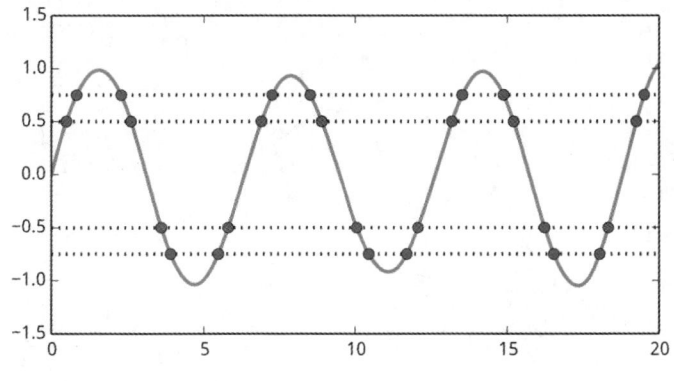

图 3-40 计算 Spline 与水平线的交点

2. 参数插值

前面介绍的插值函数都需要 X 轴的数据是按照递增顺序排列的,就像一般的 y=f(x)函数曲线一样。数学上还有一种参数曲线,它使用参数 t 和两个函数 x=f(t)、y=g(t)来定义二维平面上的一条曲线,例如圆形、心形等曲线都是参数曲线。参数曲线的插值可以通过 splprep()和 splev()实现,这组函数支持高维空间的曲线的插值,这里以二维曲线为例介绍其用法。

❶首先调用 splprep(),其第一个参数为一组一维数组,每个数组是各点在对应轴上的坐标。s 参数为平滑系数,与 UnivariateSpline 的含义相同。splprep()返回两个对象,其中 tck 是一个元组,它包含了插值曲线的所有信息。t 是自动计算出的参数曲线的参数数组。

❷调用 splev()进行插值运算,其第一个参数为一个新的参数数组,这里将 t 的取值范围等分 200 份,第二个参数为 splprep()返回的第一个对象。实际上,参数数组 t 是正规化之后的各个线段长度的累计,因此 t 的范围为 0 到 1。

其结果如图 3-41 所示,图中比较了平滑系数为 0 和 1e-4 时的插值曲线。当平滑系数为 0 时,插值曲线通过所有的数据点。

```python
x = [ 4.913, 4.913, 4.918, 4.938, 4.955, 4.949, 4.911,
      4.848, 4.864, 4.893, 4.935, 4.981, 5.01 , 5.021]

y = [ 5.2785, 5.2875, 5.291 , 5.289 , 5.28 , 5.26 , 5.245 ,
      5.245 , 5.2615, 5.278 , 5.2775, 5.261 , 5.245 , 5.241]

pl.plot(x, y, "o")

for s in (0, 1e-4):
    tck, t = interpolate.splprep([x, y], s=s)  ❶
    xi, yi = interpolate.splev(np.linspace(t[0], t[-1], 200), tck)  ❷
    pl.plot(xi, yi, lw=2, label=u"s=%g" % s)

pl.legend()
```

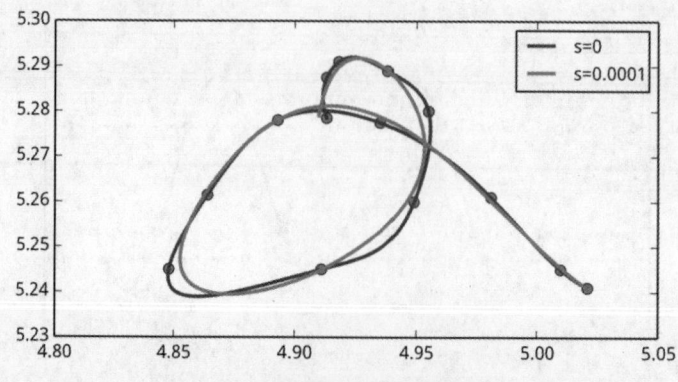

图 3-41 使用参数插值连接二维平面上的点

3. 单调插值

前面介绍的几种插值方法不能保证数据点的单调性，即曲线的最值可能出现在数据点之外的地方。PchipInterpolator 类(别名 pchip)使用单调三次插值，能够保证曲线的所有最值都出现在数据点之上。下面的程序用 pchip()对数据点进行插值，并绘制其一阶导数曲线，由图 3-42 的导数曲线可知，所有最值点处的导数都为 0。

```python
x = [0, 1, 2, 3, 4, 5]
y = [1, 2, 1.5, 2.5, 3, 2.5]
xs = np.linspace(x[0], x[-1], 100)
curve = interpolate.pchip(x, y)
ys = curve(xs)
dys = curve.derivative(xs)
pl.plot(xs, ys, label=u"pchip")
pl.plot(xs, dys, label=u"一阶导数")
pl.plot(x, y, "o")
pl.legend(loc="best")
pl.grid()
pl.margins(0.1, 0.1)
```

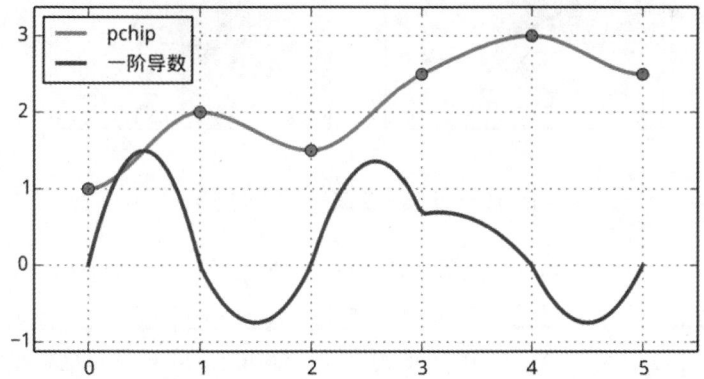

图 3-42 单调插值能保证两个点之间的曲线为单调递增或递减

3.7.2 多维插值

使用 interp2d()可以进行二维插值运算。它的调用形式如下：

```python
interp2d(x, y, z, kind='linear', ...)
```

其中 x、y、z 都是一维数组，如果传入的是多维数组，则先将其转为一维数组。kind 参数指定插值运算的阶数，可以为'linear'、'cubic'、'quintic'。

下面的例子对某个函数曲面上的网格点进行二维插值，效果如图 3-43 所示。其中左图显示插值之前的数据，而右图显示插值运算后得到的结果。

```
def func(x, y):  ❶
    return (x+y)*np.exp(-5.0*(x**2 + y**2))

# X-Y 轴分为 15*15 的网格
y, x = np.mgrid[-1:1:15j, -1:1:15j]  ❷
fvals = func(x, y) # 计算每个网格点上的函数值

# 二维插值
newfunc = interpolate.interp2d(x, y, fvals, kind='cubic')  ❸

# 计算 100*100 的网格上的插值
xnew = np.linspace(-1,1,100)
ynew = np.linspace(-1,1,100)
fnew = newfunc(xnew, ynew)  ❹
```

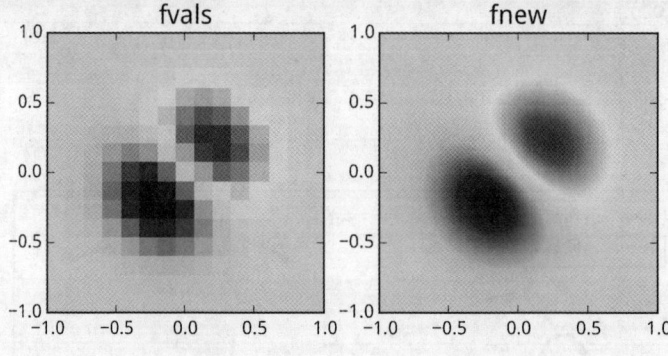

图 3-43 使用 interp2d 类进行二维插值

❶func 是计算曲面上各点高度的函数。❷计算 X、Y 轴在-1 到 1 范围之内，大小为 15×15 的等间距网格上各点的高度。注意所得到的二维数组 fvals 的第 0 轴与 Y 轴对应，第一轴与 X 轴对应。❸使用网格上各点的 X、Y 和 Z 轴的坐标创建 interp2d 对象，这里我们使用二阶插值曲面。❹interp2d 对象可以像函数一样调用，我们用它计算插值曲面在一个更密网格中的高度值。注意这里的参数是两个一维数组，分别指定网格的 X-Y 轴坐标，而不需要通过 mgrid 创建网格坐标数组。

1. griddata

interp2d 类只能对网格形状的取样值进行插值运算，如果需要对随机散列的取样点进行插值，则可以使用 griddata()。其调用形式如下：

```
griddata(points, values, xi, method='linear', fill_value=nan)
```

其中 points 表示 K 维空间中的坐标，它可以是形状为(N, k)的数组，也可以是一个有 k 个数组的序列，N 为数据的点数。values 是 points 中每个点对应的值。xi 是需要进行插值运算的坐标，

其形状为(M, k)。method 有三个选项——'nearest'、'linear'、'cubic'，分别对应 0 阶、1 阶以及 3 阶插值。

下面是 griddata()的演示程序，其输出如图 3-44 所示。左图与'nearest'算法对应，平面上每个点都被填充为与它最近的采样点的数据，因此图中由许多相同颜色的色块构成。'linear'和'cubic'算法只对采样点构成的凸包区域进行插值，区域之外采用 fill_value 进行填充。中图和右图中的白色区域为插值的凸包区域之外。

 griddata()使用欧几里得距离计算插值。如果 K 维空间中每个维度的取值范围相差较大，则应先将数据正规化，然后使用 griddata()进行插值运算。

```python
# 计算随机 N 个点的坐标，以及这些点对应的函数值
N = 200
np.random.seed(42)
x = np.random.uniform(-1, 1, N)
y = np.random.uniform(-1, 1, N)
z = func(x, y)

yg, xg = np.mgrid[-1:1:100j, -1:1:100j]
xi = np.c_[xg.ravel(), yg.ravel()]

methods = 'nearest', 'linear', 'cubic'

zgs = [interpolate.griddata((x, y), z, xi, method=method).reshape(100, 100)
    for method in methods]
```

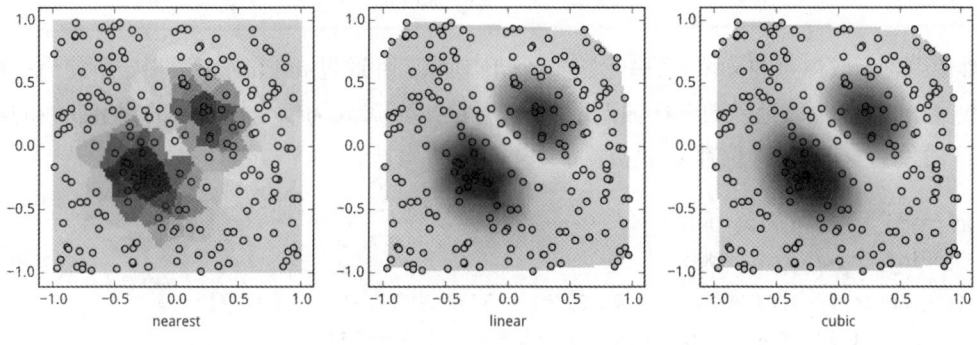

图 3-44 使用 gridata 进行二维插值

2. 径向基函数插值

径向基函数(radial basis function)插值算法也可以用于高维随机散布点的插值。所谓径向基函数，是指函数值只与某特定点的距离相关的一类函数$\phi(\|\mathbf{x} - \mathbf{x}_i\|)$，其中$\mathbf{x}_i$是某个给定取样点的

坐标。使用这些 φ 函数,可以近似表示 N 维空间中的函数:

$$y(\mathbf{x}) = \sum_{i=1}^{N} w_i \ \phi(\parallel \mathbf{x} - \mathbf{x}_i \parallel)$$

为了方便读者理解 RBF,下面先看一个一维插值的例子,结果如图 3-45 所示。图中显示了三种 φ 函数对应的插值曲线:multiquadric、gaussian 和 linear。

```
from scipy.interpolate import Rbf

x1 = np.array([-1, 0, 2.0, 1.0])
y1 = np.array([1.0, 0.3, -0.5, 0.8])

funcs = ['multiquadric', 'gaussian', 'linear']
nx = np.linspace(-3, 4, 100)
rbfs = [Rbf(x1, y1, function=fname) for fname in funcs] ❶
rbf_ys = [rbf(nx) for rbf in rbfs] ❷
```

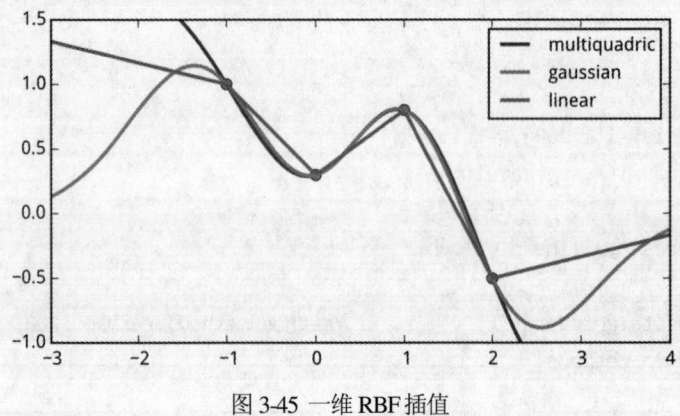

图 3-45 一维 RBF 插值

❶使用表示取样点的 x 和 y 数组创建一个 rbf 对象,并通过 function 参数指定所使用的径向基函数。❷rbf 对象可以像函数一样被调用,我们用它计算以 nx 为横坐标对应的插值曲线的值。

rbf 对象的 nodes 属性保存 w_i 系数:

```
for fname, rbf in zip(funcs, rbfs):
    print fname, rbf.nodes
multiquadric [ -3.79570791   9.82703701   5.08190777 -11.13103777]
gaussian [ 1.78016841 -1.83986382 -1.69565607  2.5266374 ]
linear [-0.26666667  0.6          0.73333333 -0.9        ]
```

下面的程序演示二维径向基函数插值,效果如图 3-46 所示。

```
rbfs = [Rbf(x, y, z, function=fname) for fname in funcs]
rbf_zg = [rbf(xg, yg).reshape(xg.shape) for rbf in rbfs]
```

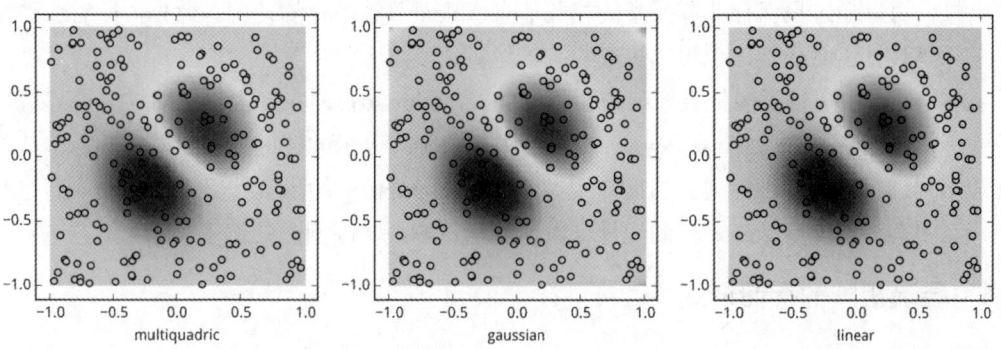

图 3-46 二维径向基函数插值

　　某些径向基函数可以通过 epsilon 参数指定其作用范围,该值越大每个插值点的作用范围越广,所得到的曲面也就越平滑。下面的代码演示 gaussian 径向基函数的 epsilon 参数与插值结果的关系,效果如图 3-47 所示。

```
epsilons = 0.1, 0.15, 0.3
rbfs = [Rbf(x, y, z, function="gaussian", epsilon=eps) for eps in epsilons]
zgs = [rbf(xg, yg).reshape(xg.shape) for rbf in rbfs]
```

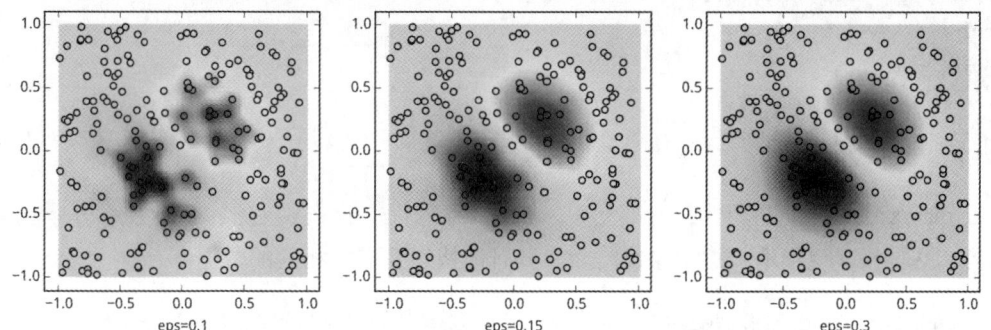

图 3-47 epsilon 参数指定径向基函数中数据点的作用范围

3.8　稀疏矩阵-sparse

与本节内容对应的 Notebook 为: 03-scipy/scipy-810-sparse.ipynb。

　　在科学与工程领域求解线性模型时经常出现许多大型的矩阵,这些矩阵中大部分的元素都为 0,被称为稀疏矩阵。用 NumPy 的 ndarray 数组保存这样的矩阵会很浪费内存,由于矩阵的稀疏特性，可以通过只保存非零元素的相关信息，从而节约内存的使用。此外，针对这种特殊结构的矩阵设计运算函数，也可以提高矩阵的运算速度。

scipy.sparse 中提供了多种表示稀疏矩阵的格式，scipy.sparse.linalg 提供了对这些矩阵进行线性代数运算的函数，scipy.sparse.csgraph 提供对用稀疏矩阵表示的图进行搜索的函数。本节首先介绍表示稀疏矩阵的各种格式，然后介绍如何使用 csgraph 中的函数搜索最佳路径，而在本书最后一章中会介绍使用稀疏矩阵的线性代数运算函数解决实际问题的例子。

3.8.1 稀疏矩阵的存储形式

scipy.sparse 中提供了多种表示稀疏矩阵的格式，每种格式都有不同的用处，其中 dok_matrix 和 lil_matrix 适合逐渐添加元素。

dok_matrix 从 dict 继承而来，它采用字典保存矩阵中的非零元素：字典的键是一个保存元素(行,列)信息的元组，其对应的值为矩阵中位于(行,列)中的元素值。显然字典格式的稀疏矩阵很适合单个元素的添加、删除和存取操作。通常用来逐个添加非零元素，然后转换成其他支持快速运算的格式。

```
from scipy import sparse
a = sparse.dok_matrix((10, 5))
a[2:5, 3] = 1.0, 2.0, 3.0
print a.keys()
print a.values()
```

```
[(2, 3), (3, 3), (4, 3)]
[1.0, 2.0, 3.0]
```

lil_matrix 使用两个列表保存非零元素。data 保存每行中的非零元素，rows 保存非零元素所在的列。这种格式也很适合逐个添加元素，并且能快速获取行相关的数据。

```
b = sparse.lil_matrix((10, 5))
b[2, 3] = 1.0
b[3, 4] = 2.0
b[3, 2] = 3.0
print b.data
print b.rows
```

```
[[] [] [1.0] [3.0, 2.0] [] [] [] [] [] []]
[[] [] [3] [2, 4] [] [] [] [] [] []]
```

coo_matrix 采用三个数组 row、col 和 data 保存非零元素的信息。这三个数组的长度相同，row 保存元素的行，col 保存元素的列，data 保存元素的值。coo_matrix 不支持元素的存取和增删，一旦创建后，除了将之转换成其他格式的矩阵，几乎无法对其做任何操作和矩阵运算。

coo_matrix 支持重复元素，即同一行列坐标可以出现多次，当转换为其他格式的矩阵时，将对同一行列坐标对应的多个值进行求和。在下面的例子中，(2,3)对应两个值：1 和 10。在将

第3章 SciPy-数值计算库

其转换为 ndarray 数组时把这两个值加在一起，所以最终矩阵中(2, 3)坐标上的值为 11。

许多稀疏矩阵的数据都是采用这种格式保存在文件中的，例如某个 CSV 文件中可能有这样三列："用户 ID，商品 ID，评价值"。采用 numpy.loadtxt 或 pandas.read_csv 将数据读入之后，可以通过 coo_matrix 快速将其转换成稀疏矩阵：矩阵的每行对应一位用户，每列对应一件商品，而元素值为用户对商品的评价。

```
row = [2, 3, 3, 2]
col = [3, 4, 2, 3]
data = [1, 2, 3, 10]
c = sparse.coo_matrix((data, (row, col)), shape=(5, 6))
print c.col, c.row, c.data
print c.toarray()
```
```
[3 4 2 3] [2 3 3 2] [ 1  2  3 10]
[[ 0  0  0  0  0  0]
 [ 0  0  0  0  0  0]
 [ 0  0  0 11  0  0]
 [ 0  0  3  0  2  0]
 [ 0  0  0  0  0  0]]
```

3.8.2 最短路径

稀疏矩阵 w 可以用于表示图，w[i, j]保存图中节点 i 和节点 j 之间路径的权值。若节点 i 与 j 之间没有直接路径，则稀疏矩阵不包含该下标，因此使用稀疏矩阵可以表示权值为 0 的路径。

我们对图 3-48 中 A、B、C、D 这 4 个节点分别编号为 0、1、2、3，于是可以构造如下稀疏矩阵。注意当将稀疏矩阵转换为数组显示时，矩阵中未设置的值默认为 0，这并不表示图中有权值为 0 的边。当用稀疏矩阵表示无向图时，只需要设置 w[i, j]或 w[j, i]中的一个即可。

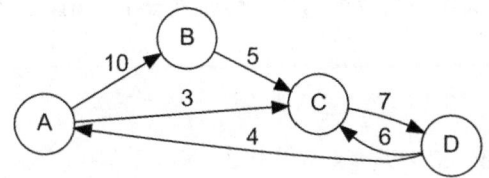

图 3-48 使用稀疏矩阵可以表示有向图

```
w = sparse.dok_matrix((4, 4))

edges = [(0, 1, 10), (1, 2, 5), (0, 2, 3),
         (2, 3,  7), (3, 0, 4), (3, 2, 6)]

for i, j, v in edges:
    w[i, j] = v

w.todense()
```

```
matrix([[  0., 10.,   3.,   0.],
        [  0.,  0.,   5.,   0.],
        [  0.,  0.,   0.,   7.],
        [  4.,  0.,   6.,   0.]])
```

使用 scipy.sparse.scgraph 模块可以在图中寻找最短路径,下面通过一个例子说明最短路径函数的用法。

图 3-49(左)是一幅迷宫图像,其中的黑色曲线是用 scgraph 模块求得的从坐标(sx, sy)到(ex, ey)的最短路径。❶为了方便计算,下面先将彩色迷宫图像通过阈值转换为黑白二值图像,黑色表示墙壁,白色表示通路。❷为了避免将迷宫外部的余白当作通路,下面的程序在中部两侧添加了两条黑色线段,将余白分隔为上下两个部分。经过上述处理之后的迷宫如图 3-49(右)所示。

```
img = pl.imread("maze.png")
sx, sy = (400, 979)
ex, ey = (398,  25)
bimg = np.all(img > 0.81, axis=2) ❶
H, W = bimg.shape

x0, x1 = np.where(bimg[H//2, :]==0)[0][[0, -1]] ❷
bimg[H//2, :x0] = 0
bimg[H//2, x1:] = 0
```

我们将迷宫中所有的像素都当作图中的节点,节点序号与像素坐标(x, y)的关系使用 idx = y * W + x 计算。❶找到所有上下相邻、左右相邻的白色像素对,将其对应的节点序号保存在形状为(N, 2)的 edges 数组中,N 为图所包含的边数。❷通过 coo_matrix()创建稀疏矩阵,所有边的权值均为 1。

```
#上下相邻的白色像素
mask = (bimg[1:, :] & bimg[:-1, :])
idx = np.where(mask.ravel())[0]
vedge = np.c_[idx, idx + W]
pl.imsave("tmp.png", mask, cmap="gray")

#左右相邻的白色像素
mask = (bimg[:, 1:] & bimg[:, :-1])
y, x = np.where(mask)
idx = y * W + x
hedge = np.c_[idx, idx + 1]
```

```
edges = np.vstack([vedge, hedge]) ❶

values = np.ones(edges.shape[0])
w = sparse.coo_matrix((values, (edges[:, 0], edges[:, 1]))),    ❷
                        shape=(bimg.size, bimg.size))
```

接下来导入 csgraph 模块，并调用 dijkstra() 计算从编号为 startid 的节点出发到达所有其他节点的最短路径。directed 参数为 False 表示无向图，为了计算最短路径，需要设置 return_predecessors 参数为 True。所返回的数组 d 和 p 的形状为(indices 参数的长度，图的总节点数)。

```
from scipy.sparse import csgraph
startid = sy * W + sx
endid   = ey * W + ex
d, p = csgraph.dijkstra(w, indices=[startid], return_predecessors=True, directed=False)

   d.shape       p.shape
  -----------   -----------
  (1, 801600)   (1, 801600)
```

d[i, j]保存从编号为 indices[i]的节点到编号为 j 的节点的距离。如果两个节点之间无路径联通，值为 inf。下面计算从起点无法到达的节点数，这些节点包括迷宫中黑色像素表示的墙壁以及被黑色像素完全包围的区域。

```
np.isinf(d[0]).sum()
322324
```

p[i, j]保存节点 indices[i]到节点 j 的路径中最后一个节点的编号。下面的代码从编号为 endid 的节点开始回溯，直到找到 startid 节点为止。将访问过的节点保存到 path 中，将 path 反转即可得到从起点到终点的路径。

```
path = []
node_id = endid
while True:
    path.append(node_id)
    if node_id == startid or node_id < 0:
        break
    node_id = p[0, node_id]
path = np.array(path)
```

最后，在原来的迷宫图像中将 path 经过的像素涂黑，得到图 3-49(左)中的路径。

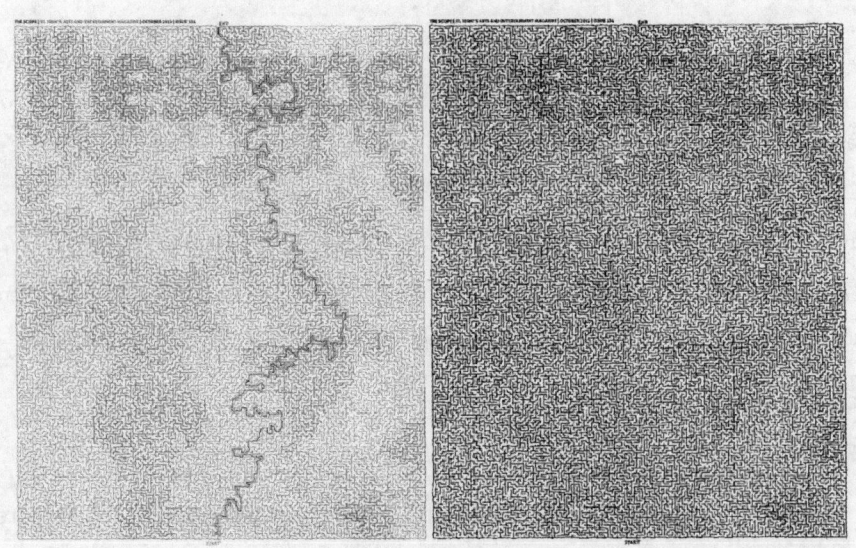

图 3-49 用 dijkstra 计算最短路径

  scpy2.scipy.hrd_solver 使用 csgraph 计算华容道游戏"横刀立马"布局步数最少的解法。

在上面的迷宫中，两个相邻白色像素之间的路径权值均为 1，因此搜索到的最佳路径为最短路径。而许多游戏地图中的路径搜索会考虑地形因素，这时可以根据不同的地形设置不同大小的路径权值，这样最佳路径就是使所有权值之和最小的路径。

3.9　图像处理-ndimage

  与本节内容对应的 Notebook 为：03-scipy/scipy-900-ndimage.ipynb。

scipy.ndimage 是一个处理多维图像的函数库，其中又包括以下几个模块：

- filters：图像滤波器。
- fourier：傅立叶变换。
- interpolation：图像的插值、旋转以及仿射变换等。
- measurements：图像相关信息的测量。
- morphology：形态学图像处理。

> **更强大的图像处理库**
>
> scipy.ndimage 只提供了一些基础的图像处理功能，下面是一些更强大的图像处理库：
>
> - **OpenCV**：它是使用 C/C++开发的计算机视觉库，本书将用一整章的篇幅介绍 OpenCV 提供的 Python 调用接口的用法。
> - **SimpleCV**：对多个计算机视觉库进行包装，提供了一套更方便、统一的 Python 调用接口。
> - **scikit-image**：使用 Python 开发的图像处理库，高速运算部分多采用 Cython 编写。
> - **Mahotas**：采用 Python 和 C++开发的图像处理库。

3.9.1　形态学图像处理

本节介绍如何使用 morphology 模块实现二值图像处理。二值图像中每个像素的颜色只有两种：黑色和白色。在 NumPy 中可以用二维布尔数组表示：False 表示黑色，True 表示白色。也可以用无符号单字节整型(uint8)数组表示：0 表示黑色，非 0 表示白色。

下面的两个函数用于显示形态学图像处理的结果：

```python
import numpy as np

def expand_image(img, value, out=None, size = 10):
    if out is None:
        w, h = img.shape
        out = np.zeros((w*size, h*size),dtype=np.uint8)

    tmp = np.repeat(np.repeat(img,size,0),size,1)
    out[:,:] = np.where(tmp, value, out)
    out[::size,:] = 0
    out[:,::size] = 0
    return out


def show_image(*imgs):
    for idx, img in enumerate(imgs, 1):
        ax = pl.subplot(1, len(imgs), idx)
        pl.imshow(img, cmap="gray")
        ax.set_axis_off()
    pl.subplots_adjust(0.02, 0, 0.98, 1, 0.02, 0)
```

1. 膨胀和腐蚀

二值图像最基本的形态学运算是膨胀和腐蚀。膨胀运算是将与某物体(白色区域)接触的所有背景像素(黑色区域)合并到该物体中的过程。简单来说，就是对于原始图像中的每个白色像素进行处理，将其周围的黑色像素都设置为白色像素。这里的"周围"是一个模糊概念，在实际运算时，需要明确给出"周围"的定义。图 3-50 是膨胀运算的一个例子，其中左图是原始图像，中间的图是四连通定义的"周围"的膨胀效果，右图是八连通定义的"周围"的膨胀效果。图中用灰色方块表示由膨胀处理添加进物体的像素。

```python
from scipy.ndimage import morphology

def dilation_demo(a, structure=None):
    b = morphology.binary_dilation(a, structure)
    img = expand_image(a, 255)
    return expand_image(np.logical_xor(a,b), 150, out=img)

a = pl.imread("scipy_morphology_demo.png")[:,:,0].astype(np.uint8)
img1 = expand_image(a, 255)

img2 = dilation_demo(a)
img3 = dilation_demo(a, [[1,1,1],[1,1,1],[1,1,1]])
show_image(img1, img2, img3)
```

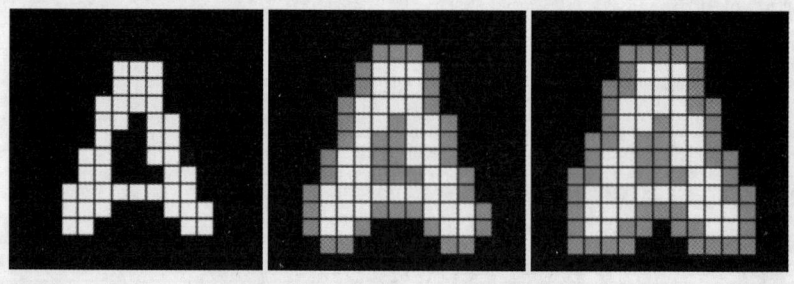

图 3-50 四连通和八连通的膨胀运算

四连通包括上下左右 4 个像素，而八连通则还包括 4 个斜线方向上的邻接像素。它们都可以使用下面的正方形矩阵定义，其中正中心的元素表示当前要进行运算的像素，而其周围的 1 和 0 表示对应位置的像素是否算作其"周围"像素。这种矩阵描述了周围像素和当前像素之间的关系，被称作结构元素(structuring element)。

```
四连通八连通
0 1 0    1 1 1
1 1 1    1 1 1
0 1 0    1 1 1
```

假设数组 a 是一个表示二值图像的数组，可以用如下语句对其进行膨胀运算：

```python
binary_dilation(a)
```

binary_dilation()默认使用四连通进行膨胀运算，通过 structure 参数可以指定其他的结构元素。下面是进行八连通膨胀运算的语句：

```
binary_dilation(a, structure=[[1,1,1],[1,1,1],[1,1,1]])
```

通过设置不同的结构元素，能够实现各种不同的效果，图 3-51 显示了三种不同结构元素的膨胀效果。图中的结构元素分别为：

```
左中右
0 0 0    0 1 0    0 1 0
1 1 1    0 1 0    0 1 0
0 0 0    0 1 0    0 0 0
```

```
img4 = dilation_demo(a, [[0,0,0],[1,1,1],[0,0,0]])
img5 = dilation_demo(a, [[0,1,0],[0,1,0],[0,1,0]])
img6 = dilation_demo(a, [[0,1,0],[0,1,0],[0,0,0]])
show_image(img4, img5, img6)
```

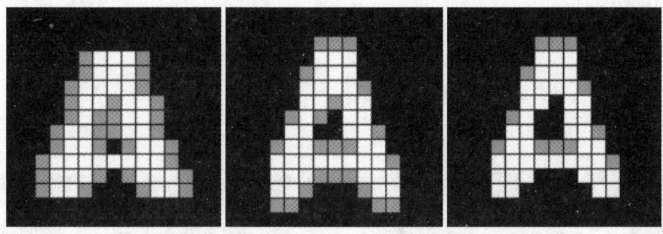

图 3-51 不同结构元素的膨胀效果

binary_erosion()的腐蚀运算正好和膨胀相反，它将"周围"有黑色像素的白色像素设置为黑色。图 3-52 是四连通和八连通腐蚀的效果，图中用灰色方块表示被腐蚀的像素。

```
def erosion_demo(a, structure=None):
    b = morphology.binary_erosion(a, structure)
    img = expand_image(a, 255)
    return expand_image(np.logical_xor(a,b), 100, out=img)

img1 = expand_image(a, 255)
img2 = erosion_demo(a)
img3 = erosion_demo(a, [[1,1,1],[1,1,1],[1,1,1]])
show_image(img1, img2, img3)
```

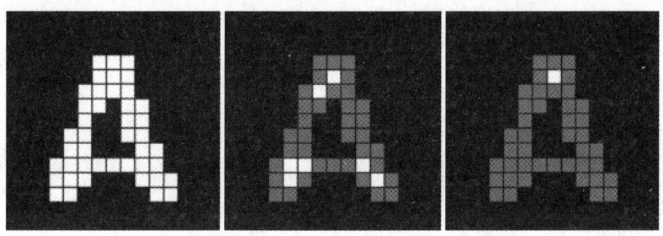

图 3-52 四连通和八连通的腐蚀运算

2. Hit 和 Miss

Hit 和 Miss 是二值形态学图像处理中最基本的运算,因为几乎所有其他的运算都可以用 Hit 和 Miss 的组合推演出来。它对图像中的每个像素周围的像素进行模式判断,如果周围像素的黑白模式符合指定的模式,将此像素设为白色,否则设置为黑色。因为它需要同时对白色和黑色像素进行判断,因此需要指定两个结构元素。进行 Hit 和 Miss 运算的 binary_hit_or_miss() 的调用形式如下:

```
binary_hit_or_miss(input, structure1=None, structure2=None, ...)
```

其中 structure1 参数指定白色像素的结构元素,而 structure2 参数则指定黑色像素的结构元素。图 3-53 是 binary_hit_or_miss() 的运算结果。其中左图为原始图像,中图为使用下面两个结构元素进行运算的结果:

```
白色结构元素    黑色结构元素
 0 0 0          1 0 0
 0 1 0          0 0 0
 1 1 1          0 0 0
```

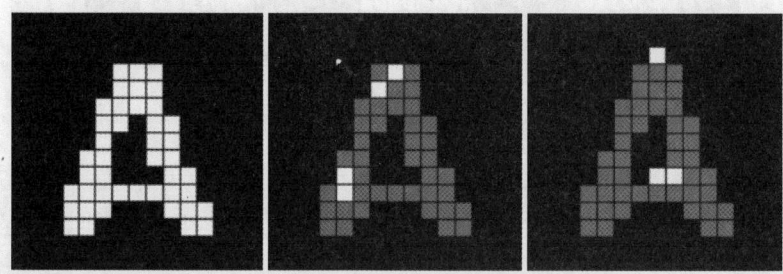

图 3-53 Hit 和 Miss 运算

在这两个结构元素中,0 表示不关心其对应位置的像素的颜色,1 表示其对应位置的像素必须为结构元素所表示的颜色。因此通过这两个结构元素可以找到"下方三个像素为白色,并且左上像素为黑色的白色像素"。

与右图对应的结构元素如下,通过它可以找到"下方三个像素为白色、左上像素为黑色的黑色像素"。

```
白色结构元素    黑色结构元素
 0 0 0          1 0 0
 0 0 0          0 1 0
 1 1 1          0 0 0
```

```python
def hitmiss_demo(a, structure1, structure2):
    b = morphology.binary_hit_or_miss(a, structure1, structure2)
    img = expand_image(a, 100)
    return expand_image(b, 255, out=img)
```

```
img1 = expand_image(a, 255)

img2 = hitmiss_demo(a, [[0,0,0],[0,1,0],[1,1,1]], [[1,0,0],[0,0,0],[0,0,0]])
img3 = hitmiss_demo(a, [[0,0,0],[0,0,0],[1,1,1]], [[1,0,0],[0,1,0],[0,0,0]])

show_image(img1, img2, img3)
```

使用 Hit 和 Miss 运算的组合，可以实现复杂的图像处理。例如文字识别中常用的细线化运算就可以用一系列的 Hit 和 Miss 运算实现。图 3-54 显示了细线化处理的效果，实现程序如下：

```
def skeletonize(img):
    h1 = np.array([[0, 0, 0],[0, 1, 0],[1, 1, 1]]) ❶
    m1 = np.array([[1, 1, 1],[0, 0, 0],[0, 0, 0]])
    h2 = np.array([[0, 0, 0],[1, 1, 0],[0, 1, 0]])
    m2 = np.array([[0, 1, 1],[0, 0, 1],[0, 0, 0]])
    hit_list = []
    miss_list = []
    for k in range(4): ❷
        hit_list.append(np.rot90(h1, k))
        hit_list.append(np.rot90(h2, k))
        miss_list.append(np.rot90(m1, k))
        miss_list.append(np.rot90(m2, k))
    img = img.copy()
    while True:
        last = img
        for hit, miss in zip(hit_list, miss_list):
            hm = morphology.binary_hit_or_miss(img, hit, miss) ❸
            # 从图像中删除 hit_or_miss 所得到的白色点
            img = np.logical_and(img, np.logical_not(hm)) ❹
        # 如果处理之后的图像和处理前的图像相同，则结束处理
        if np.all(img == last): ❺
            break
    return img

a = pl.imread("scipy_morphology_demo2.png")[:,:,0].astype(np.uint8)
b = skeletonize(a)
```

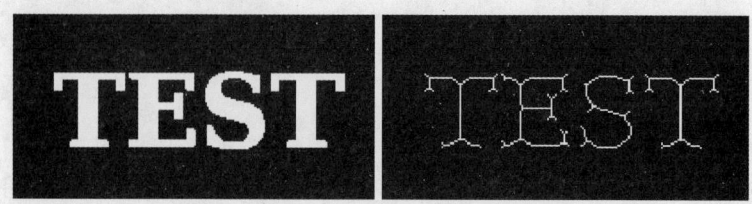

图 3-54 使用 Hit 和 Miss 进行细线化运算

❶以图 3-55 所示的两个结构元素为基础，构造 4 个形状为(3, 3)的二维数组：h1、m1、h2、m2。其中 h1 和 m1 对应图中左边的结构元素，而 h2 和 m2 对应图中右边的结构元素，h1 和 h2 对应白色结构元素，m1 和 m2 对应黑色结构元素。❷将这些结构元素进行 90°、180°、270°旋转之后一共得到 8 个结构元素。

❸依次使用这些结构元素进行 Hit 和 Miss 运算，❹并从图像中删除运算所得到的白色像素，其效果就是依次从 8 个方向删除图像的边缘上的像素。❺重复运算直到没有像素可删除为止。

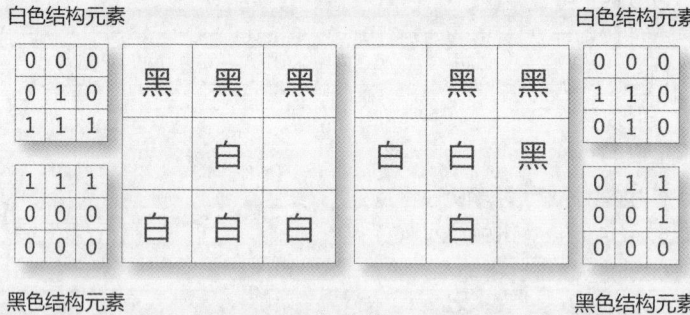

图 3-55 细线化算法的 4 个结构元素

3.9.2 图像分割

下面以矩形区域识别为例，介绍如何使用 measurements 和 morphology 进行图像区域分割。我们要抽取矩形信息的图像如图 3-56 所示。这个图像是二值图像，其中矩形区域为白色，背景为黑色。但是由于它采用 JPEG 格式储存，因此用 pyplot.imread()读取的是一个形状为(高, 宽, 3)的三通道图像。下面的程序使用其中的第 0 通道将其转换成二值数组 squares，将矩形区域设置为 1，将背景设置为 0。结果如图 3-56(左上)所示。

```
squares = pl.imread("suqares.jpg")
squares = (squares[:,:,0] < 200).astype(np.uint8)
```

由于许多矩形都有一些小凸起与邻近的矩形连在一起，我们需要先将每块矩形与其周围的矩形分离出来。可以使用上节介绍的二值腐蚀函数 morphology.binary_erosion()实现这一功能。不过这里我们采用另外的方法。

morphology.distance_transform_cdt(image)计算二值图像中每个像素到最近的黑色像素的距离，返回一个保存所有距离的数组。图像上两点之间的距离有很多定义方式，此函数默认采用切比

雪夫距离。两点之间的切比雪夫距离定义为其各坐标数值差的最大值，即 $D_{Chess} = \max(|x_2 - x_1|, |y_2 - y_1|)$。

下面调用 distance_transform_cdt(squares) 得到距离数组 squares_dt，并绘制成图。图中颜色越红的像素表示该点距离黑色背景越远，而原图中值为 0 的像素对应的距离为 0，离黑色背景最远的距离为 27 个像素。如果将距离数组当作图像输出，显示效果如图 3-56(中上)所示。

```
from scipy.ndimage import morphology
squares_dt = morphology.distance_transform_cdt(squares)
print "各种距离值", np.unique(squares_dt)
各种距离值 [ 0  1  2  3  4  5  6  7  8  9 10 11 12 13 14 15 16 17 18 19 20 21 22 23 24
 25 26 27]
```

只需要选择合适的阈值将距离数组 squares_dt 转换成二值数组，就可以实现矩形区域的分离，其效果和腐蚀算法类似。squares_core 中每个矩形区域都缩得足够小，以至于没有任何两块区域之间有连通的路径。其效果如图 3-56(右上)所示，可以看到所有的区域都和其相邻的区域分割开了。

```
squares_core = (squares_dt > 8).astype(np.uint8)
```

下面调用 measurements 中的 label() 和 center_of_mess() 对各个独立的白色区域进行染色，并计算各个区域的重心坐标。

labels() 对二值图像中每个独立的白色区域使用唯一的整数进行填充，这相当于将每块区域染上不同的"颜色"。这里所谓的"颜色"是指为每个区域指定的一个整数，而不是指图像中像素的真正颜色。

labels() 返回的结果数组可以用于计算各个区域的一些统计信息。例如可以调用 center_of_mass() 计算每个区域的重心。其第一个参数为各个像素的权值(可以认为是每个像素的质量密度)，第二个参数为 labels() 输出的染色数组，第三个参数为需要计算重心的区域的标签列表。在下面的程序中，权值数组和染色数组相同，因此可以计算区域中所有白色像素的重心。

如果直接使用 imshow() 显示 labels() 输出的染色数组，将会得到一个区域颜色逐渐变化的图像，这样的图像不利于肉眼识别各个区域。因此下面的程序用 random_palette() 为每个整数分配一个随机颜色。其结果如图 3-56(左下)所示，每个区域的重心使用白色小圆点表示。

```
from scipy.ndimage.measurements import label, center_of_mass

def random_palette(labels, count, seed=1):
    np.random.seed(seed)
    palette = np.random.rand(count+1, 3)
    palette[0,:] = 0
    return palette[labels]

labels, count = label(squares_core)
```

```
h, w = labels.shape
centers = np.array(center_of_mass(labels, labels, index=range(1, count+1)), np.int)
cores = random_palette(labels, count)
```

我们几乎完成了区域识别的任务，但是每个矩形区域都比原始图像中的要小一圈。下面将染色之后的矩形区域恢复到原始图像中的大小。即对于原始图像中为白色、腐蚀之后的图像中为黑色的每个像素，将其颜色设置为染色数组中与之最近的区域的颜色。具体的计算步骤如下：

❶将腐蚀之后的图像 square_core 反转，并调用 distance_transform_cdt()。这样可以找到 square_core 中距离每个黑色像素最近的白色像素的坐标。为了让其返回坐标信息，需要设置参数 return_indices 为 True。由于这里不需要距离信息，因此可以设置参数 return_distances 为 False。其返回值 index 是一个形状为(2, 高, 宽)的三维数组。index[0]为最近像素的第 0 轴(纵轴)坐标，index[1]为最近像素的第 1 轴(横轴)坐标。

❷使用 index[0]和 index[1]获取 labels 中对应坐标的颜色，得到 near_labels。

❸创建一个布尔数组 mask，其中的每个 True 值对应 squares 中为白色、squares_core 中为黑色的像素。将 labels 复制一份到 labels2，最后将 mask 中 True 对应的 near_labels 中的颜色值复制到 labels2 中。

图 3-56(中下)是使用 random_palette()随机着色之后的结果。

```
index = morphology.distance_transform_cdt(1-squares_core,
                                          return_distances=False,
                                          return_indices=True) ❶
near_labels = labels[index[0], index[1]] ❷

mask = (squares - squares_core).astype(bool)
labels2 = labels.copy()
labels2[mask] = near_labels[mask] ❸
separated = random_palette(labels2, count)
```

图 3-56 矩形区域分割算法各个步骤的输出图像

3.10 空间算法库-spatial

与本节内容对应的 Notebook 为：03-scipy/scipy-A00-spatial.ipynb。

本节介绍 scipy.spatial 模块中提供的 K-d 树、凸包、沃罗诺伊图、德劳内三角化等空间算法类的使用方法。

3.10.1 计算最近旁点

众所周知，对于一维的已排序的数值，可以使用二分法快速找到与指定数值最近的数值。在下面的例子中，在一个升序排序的随机数数组 x 中，使用 numpy.searchsorted()搜索离 0.5 最近的数。排序算法的时间复杂度为 O(NlogN)，而每次二分搜索的时间复杂度为 O(logN)。

```
x = np.sort(np.random.rand(100))
idx = np.searchsorted(x, 0.5)
print x[idx], x[idx - 1] #距离 0.5 最近的数是这两个数中的一个
0.542258714465 0.492205345391
```

类似的算法可以推广到 N 维空间，spatial 模块提供的 cKDTree 类使用 K-d 树快速搜索 N 维空间中的最近点。在下面的例子中，用平面上随机的 100 个点创建 cKDTree 对象，并对其搜索与 targets 中每个点距离最近的 3 个点。cKDTree.query()返回两个数组 dist 和 idx，dist[i, :]是距离 targets[i]最近的 3 个点的距离，而 idx[i, :]是这些最近点的下标：

```
from scipy import spatial
np.random.seed(42)
N = 100
points = np.random.uniform(-1, 1, (N, 2))
kd = spatial.cKDTree(points)

targets = np.array([(0, 0), (0.5, 0.5), (-0.5, 0.5), (0.5, -0.5), (-0.5, -0.5)])
dist, idx = kd.query(targets, 3)
                dist                          idx
------------------------------------------    --------------
[[ 0.15188266,  0.21919416,  0.27647793],     [[48, 73, 81],
 [ 0.09595807,  0.15745334,  0.22855398],      [37, 78, 43],
 [ 0.05009422,  0.17583445,  0.1807312 ],      [79, 22, 92],
 [ 0.11180181,  0.16618122,  0.18127473],      [35, 58,  6],
 [ 0.19015485,  0.19060739,  0.19361173]]      [83,  7, 42]]
```

cKDTree.query_ball_point()搜索与指定点在一定距离之内的所有点，它只返回最近点的下标，

由于每个目标点的近旁点数不一定相同，因此 idx2 数组中的每个元素都是一个列表：

```
r = 0.2
idx2 = kd.query_ball_point(targets, r)
idx2
array([[48], [37, 78], [79, 92, 22], [58, 35, 6], [7, 55, 83, 42]], dtype=object)
```

cKDTree.query_pairs()找到 points 中距离小于指定值的每一对点，它返回的是一个下标对的集合对象。下面的程序使用集合差集运算找出所有距离在 0.08 到 0.1 之间的点对：

```
idx3 = kd.query_pairs(0.1) - kd.query_pairs(0.08)
idx3
{(1, 46),    (3, 21),    (3, 82),    (3, 95),    (5, 16),    (9, 30),
 (10, 87),   (11, 42),   (11, 97),   (18, 41),   (29, 74),   (32, 51),
 (37, 78),   (39, 61),   (41, 61),   (50, 84),   (55, 83),   (73, 81)}
```

在图 3-57 中，与 target 中的每个点(用五角星表示)最近的点用与其相同的颜色标识：

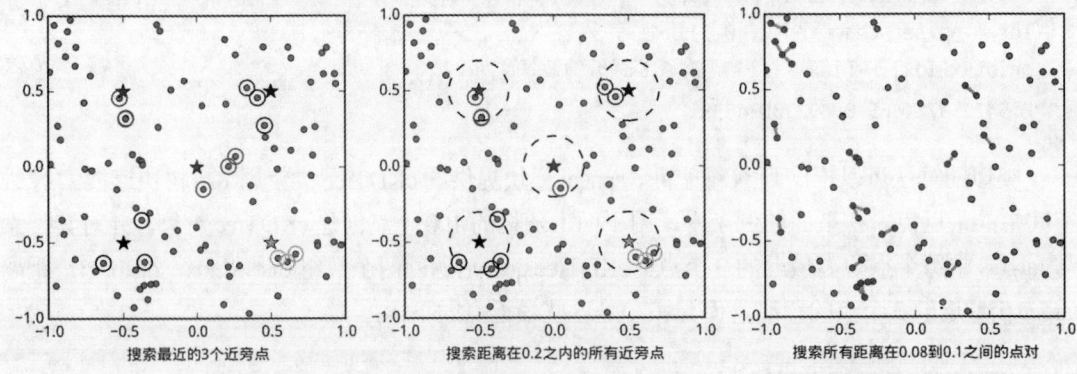

图 3-57 用 cKDTree 寻找近旁点

cKDTree 的所有搜索方法都有一个参数 p，用于定义计算两点之间距离的函数。读者可以尝试使用不同的 p 参数，观察图 3-57 的变化：

- p = 1：绝对值之和作为距离
- p = 2：欧式距离
- p = np.inf：最大坐标差值作为距离

此外，cKDTree.query_ball_tree()可以在两棵 K-d 树之间搜索距离小于给定值的所有点对。

distance 子模块中的 pdist()计算一组点中每对点的距离，而 cdist()计算两组点中每对点的距离。由于 pdist()返回的是一个压缩之后的一维数组，需要用 squareform()将其转换成二维数组。dist1[i, j]是 points 中下标为 i 和 j 的两个点的距离，dist2[i, j]是 points[i]和 targets[j]之间的距离。

```
from scipy.spatial import distance
dist1 = distance.squareform(distance.pdist(points))
dist2 = distance.cdist(points, targets)
```

```
dist1.shape   dist2.shape
-----------   -----------
(100, 100)    (100, 5)
```

下面使用 np.min() 在 dist2 中搜索 points 中与 targets 距离最近的点,其结果与 cKDTree.query() 的结果相同:

```
print dist[:, 0] # cKDTree.query()返回的与 targets 最近的距离
print np.min(dist2, axis=0)
[ 0.15188266  0.09595807  0.05009422  0.11180181  0.19015485]
[ 0.15188266  0.09595807  0.05009422  0.11180181  0.19015485]
```

为了找到 points 中最近的点对,需要将 dist1 对角线上的元素填充为无穷大:

```
dist1[np.diag_indices(len(points))] = np.inf
nearest_pair = np.unravel_index(np.argmin(dist1), dist1.shape)
print nearest_pair, dist1[nearest_pair]
(22, 92) 0.00534621024816
```

用 cKDTree.query()可以快速找到这个距离最近的点对:在 K-d 树中搜索它自己包含的点,找到与每个点最近的两个点,其中距离最近的点就是它本身,距离为 0,而距离第二近的点就是每个点的最近旁点,然后只需要找到这些距离中最小的那个即可:

```
dist, idx = kd.query(points, 2)
print idx[np.argmin(dist[:, 1])], np.min(dist[:, 1])
[22 92] 0.00534621024816
```

让我们看一个使用 K-d 树提高搜索速度的实例。下面的 start 和 end 数组保存用户登录和离开网站的时间,对于任意指定的时刻 time,计算该时刻在线用户的数量。

```
N = 1000000
start = np.random.uniform(0, 100, N)
span = np.random.uniform(0.01, 1, N)
span = np.clip(span, 2, 100)
end = start + span
```

下面的 naive_count_at()采用逐个比较的方法计算指定时间的在线用户数量:

```
def naive_count_at(start, end, time):
    mask = (start < time) & (end > time)
    return np.sum(mask)
```

图 3-58 显示了如何使用 K-d 树实现快速搜索。图中每点的横坐标为 start,纵坐标为 end。由于 end 大于 start,因此所有的点都在 y=x 斜线的上方。图中阴影部分表示满足(start < time) & (end

> time)条件的区域。该区域中的点数为时刻 time 时的在线人数。

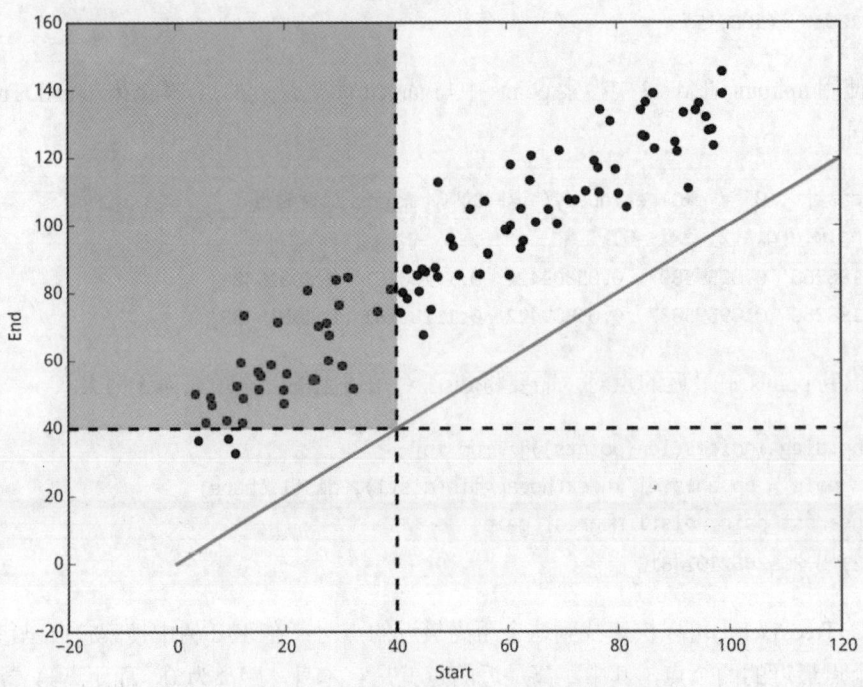

图 3-58 使用二维 K-d 树搜索指定区间的在线用户

tree.count_neighbors(other, r, p=2)可以统计 tree 中到 other 的距离小于 r 的点数，其中 p 为计算距离的范数。距离按照如下公式计算：

$$N_p(x) = \| x \|_p = (|x_1|^p + |x_2|^p + \cdots + |x_n|^p)^{\frac{1}{p}}$$

当p = 2时，上面的公式就是欧几里得空间中的向量长度。当p = ∞时，该距离变为各个轴上的最大绝对值：

$$N_\infty(x) = \| x \|_\infty = \max(|x_1|, |x_2| \cdots, |x_n|)$$

当使用p = ∞时可以计算某正方形区域之内的点数。我们将该正方形的中心设置为(time − max_time, time + max_time)，正方形的边长为 2 * max_time，即 r = max_time。其中 max_time 为 end 中的最大值。下面的 KdSearch 类实现了该算法：

```python
class KdSearch(object):
    def __init__(self, start, end, leafsize=10):
        self.tree = spatial.cKDTree(np.c_[start, end], leafsize=leafsize)
        self.max_time = np.max(end)

    def count_at(self, time):
        max_time = self.max_time
```

```
            to_search = spatial.cKDTree([[time - max_time, time + max_time]])
            return self.tree.count_neighbors(to_search, max_time, p=np.inf)
```

```
naive_count_at(start, end, 40) == KdSearch(start, end).count_at(40)
```
```
True
```

下面比较运算时间，由结果可知创建 K-d 树需要约 0.5 秒时间，K-d 树的搜索速度则为线性搜索的 17 倍左右。

 请读者研究点数 N 和 leafsize 参数与创建 K-d 树和搜索时间之间的关系。

```
%time ks = KdSearch(start, end, leafsize=100)
%timeit naive_search(start, end, 40)
%timeit ks.count_at(40)
```
```
Wall time: 484 ms
100 loops, best of 3: 3.85 ms per loop
1000 loops, best of 3: 221 μs per loop
```

3.10.2 凸包

所谓凸包是指 N 维空间中的一个区域，该区域中任意两点之间的线段都完全被包含在该区域之中，二维平面上的凸多边形就是典型的凸包。ConvexHull 可以快速计算包含 N 维空间中点的集合的最小凸包。下面先看一个二维的例子：points2d 是一组二维平面上的随机点，ch2d 是这些点的凸包对象。ConvexHull.simplices 是凸包的每条边线的两个顶点在 points2d 中的下标，由于它的形状为 $(5, 2)$，因此凸包由 5 条线段构成。对于二维的情况，ConvexHull.vertices 是凸多边形的每个顶点在 points2d 中的下标，按逆时针方向的顺序排列。

```
np.random.seed(42)
points2d = np.random.rand(10, 2)
ch2d = spatial.ConvexHull(points2d)
```
```
ch2d.simplices    ch2d.vertices
--------------    ---------------
[[2, 5],          [5, 2, 6, 1, 0]
 [2, 6],
 [0, 5],
 [1, 6],
 [1, 0]]
```

使用 matplotlib 中的 Polygon 对象可以绘制如图 3-59 所示的多边形。

```
poly = pl.Polygon(points2d[ch2d.vertices], fill=None, lw=2, color="r", alpha=0.5)
ax = pl.subplot(aspect="equal")
pl.plot(points2d[:, 0], points2d[:, 1], "go")
for i, pos in enumerate(points2d):
    pl.text(pos[0], pos[1], str(i), color="blue")
ax.add_artist(poly)
```

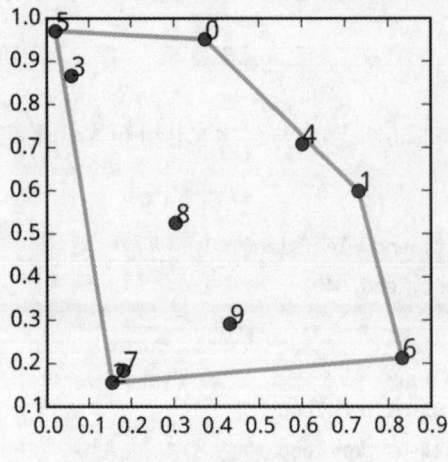

图 3-59　二维平面上的凸包

三维空间中的凸包是一个凸多面体，每个面都是一个三角形。在下面的例子中，由 simplices 的形状可知，所得到的凸包由 38 个三角形面构成：

```
np.random.seed(42)
points3d = np.random.rand(40, 3)
ch3d = spatial.ConvexHull(points3d)
ch3d.simplices.shape
```
```
(38, 3)
```

下面的程序用 TVTK 直观地显示凸包，图 3-60 中所有的绿色圆球表示 points3d 中的点，由红色线段构成的三角形面表示凸多面体上的面。没有和红色线段相连的点就是凸包之内的点：

```
from scpy2 import vtk_convexhull, vtk_scene, vtk_scene_to_array
actors = vtk_convexhull(ch3d)
scene = vtk_scene(actors, viewangle=22)
%array_image vtk_scene_to_array(scene)
scene.close()
```

200

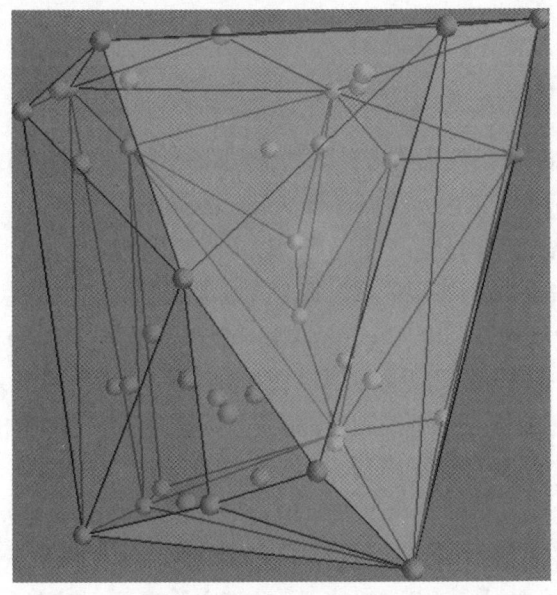

图 3-60 三维空间中的凸包

如果读者希望采用三维交互界面，可以在 Notebook 中执行如下代码：

```
%gui qt
from scpy2 import ivtk_scene
ivtk_scene(actors)
```

3.10.3 沃罗诺伊图

沃罗诺伊图(Voronoi Diagram)是一种空间分割算法，它根据指定的 N 个胞点将空间分割为 N 个区域，每个区域中的所有坐标点都与该区域对应的胞点最近。

```
points2d = np.array([[0.2, 0.1], [0.5, 0.5], [0.8, 0.1],
[0.5, 0.8], [0.3, 0.6], [0.7, 0.6], [0.5, 0.35]])
vo = spatial.Voronoi(points2d)
```

vo.vertices	vo.regions	vo.ridge_vertices
[[0.5 , 0.045],	[[-1, 0, 1],	[[-1, 0],
[0.245 , 0.351],	[-1, 0, 2],	[0, 1],
[0.755 , 0.351],	[],	[-1, 1],
[0.3375, 0.425],	[6, 4, 3, 5],	[0, 2],
[0.6625, 0.425],	[5, -1, 1, 3],	[-1, 2],
[0.45 , 0.65],	[4, 2, 0, 1, 3],	[3, 5],
[0.55 , 0.65]]	[6, -1, 2, 4],	[3, 4],
	[6, -1, 5]]	[4, 6],
		[5, 6],
		[1, 3],

```
                          [-1,  5],
                          [2,  4],
                          [-1,  6]]
```

使用 voronoi_plot_2d()可以将沃罗诺伊图显示为图表，效果如图 3-61(左)所示。图中蓝色小圆点为 points2d 指定的胞点，红色大圆点表示 Voronoi.vertices 中的点，图中为每个 vertices 点标注了下标。由虚线和实线将空间分为 7 个区域，以虚线为边的区域为无限大的区域，一直向外延伸，全部由实线构成的区域为有限区域。每个区域都以 vertices 中的点为顶点。

Voronoi.regions 是区域列表，其中每个区域由一个列表(忽略空列表)表示，列表中的整数为 vertices 中的序号，包含-1 的区域为无限区域。例如[6, 4, 3, 5]为图中正中心的那块区域。

Voronoi.ridge_vertices 是区域分割线列表，每条分割线由 vertices 中的两个序号构成，包含-1 的分割线为图中的虚线，其长度为无限长。

如果希望将每块区域以不同颜色填充，但由于外围的区域是无限大的，因此无法使用 matplotlib 绘图，可以在外面添加 4 个点将整个区域围起来，这样每个 points2d 中的胞点都对应一个有限区域。在图 3-61(右)中，黑圈点为 points2d 指定的胞点，将空间中与其最近的区域填充成胞点的颜色。

```
bound = np.array([[-100, -100], [-100,  100],
                  [ 100,  100], [ 100, -100]])
vo2 = spatial.Voronoi(np.vstack((points2d, bound)))
```

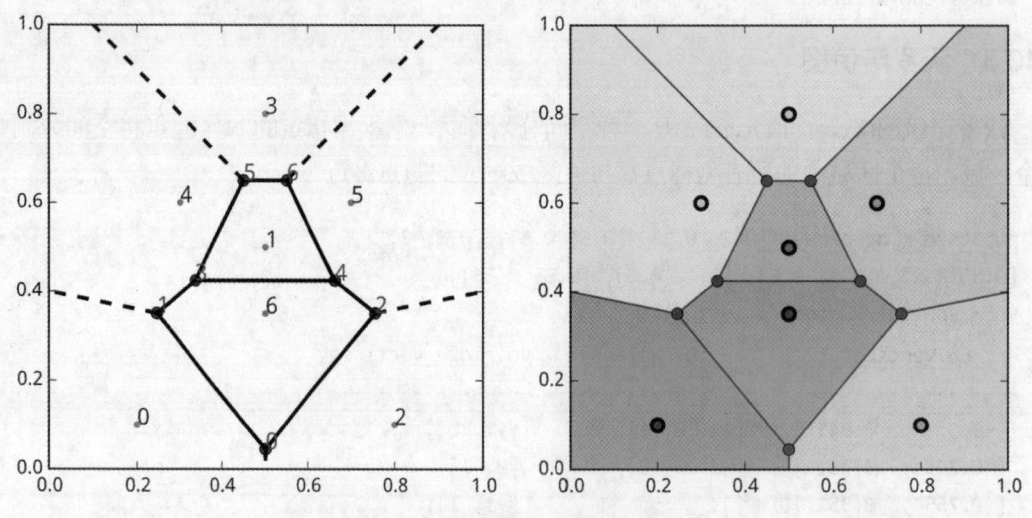

图 3-61 沃罗诺伊图将空间分割为多个区域

使用沃罗诺伊图可以解决最大空圆问题：找到一个半径最大的圆，使得其圆心在一组点的凸包区域之内，并且圆内没有任何点。根据图 3-61 可知最大空圆必定是以 vertices 为圆心，以与最近胞点的距离为半径的圆中的某一个。为了找到胞点与 vertices 之间的联系，可以使用 Voronoi.point_region 属性。point_region[i]是与第 i 个胞点(points2d[i])最近的区域的编号。例如由下面的输出可知，下标为 5 的蓝色点与下标为 6 的区域对应，而由 Voronoi.regions[6]可知，该区域由编号为 6、2、4 的三个 vertices 点(图中红色的点)构成。因此 vertices 中与胞点 points2d[5]最近的点的序号为[2, 4, 6]。

```
print vo.point_region
print vo.regions[6]

[0 3 1 7 4 6 5]
[6, -1, 2, 4]
```

下面是计算最大空圆的程序，效果如图 3-62 所示。程序中：❶使用 pylab.Polygon.contains_point()判断用 ConvexHull 计算的凸包多边形是否包含 vertices 中的点，用以在❷处剔除圆心在凸包之外的圆。

❸vertice_point_map 是一个字典，它的键为 vertices 点的下标，值为与其最近的几个 points2d点的序号。整个字典使用 point_region 和 regions 构建，注意这里剔除了所有在凸包之外的 vertices 点。

❹对于 vertice_point_map 中的每一对点，找到距离最大的那对点，即可得出圆心坐标和圆的半径。

```
from collections import defaultdict

n = 50
np.random.seed(42)
points2d = np.random.rand(n, 2)
vo = spatial.Voronoi(points2d)
ch = spatial.ConvexHull(points2d)
poly = pl.Polygon(points2d[ch.vertices]) ❶
vs = vo.vertices
convexhull_mask = [poly.contains_point(p, radius=0) for p in vs] ❷

vertice_point_map = defaultdict(list) ❸
for index_point, index_region in enumerate(vo.point_region):
    region = vo.regions[index_region]
    if -1 in region: continue
    for index_vertice in region:
        if convexhull_mask[index_vertice]:
            vertice_point_map[index_vertice].append(index_point)

def dist(p1, p2):
    return ((p1-p2)**2).sum()**0.5

max_cicle = max((dist(points2d[pidxs[0]], vs[vidx]), vs[vidx]) ❹
                for vidx, pidxs in vertice_point_map.iteritems())
```

```
r, center = max_cicle
print "r = ", r, ", center = ", center
```

```
r =  0.174278456762 , center =  [ 0.46973363  0.59356531]
```

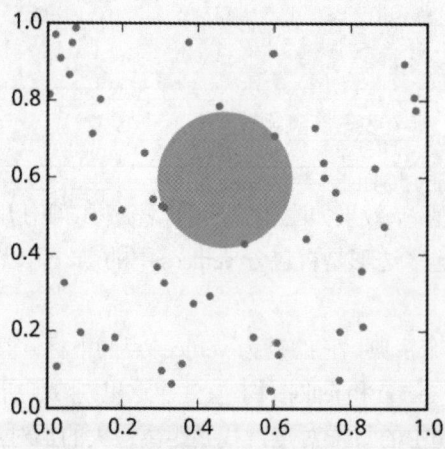

图 3-62 使用沃罗诺伊图计算最大空圆

3.10.4 德劳内三角化

德劳内三角化算法对给定的点集合的凸包进行三角形分割，使得每个三角形的外接圆都不含任何点。下面的程序演示了德劳内三角化的效果：

Delaunay 对象 dy 的 simplices 属性是每个三角形的顶点在 points2d 中的下标。可以通过三角形的顶点坐标计算其外接圆的圆心，不过这里使用同一点集合的沃罗诺伊图的 vertices 属性，vertices 就是每个三角形的外接圆的圆心。

```
x = np.array([46.445, 263.251, 174.176, 280.899, 280.899,
              189.358, 135.521, 29.638, 101.907, 226.665])
y = np.array([287.865, 250.891, 287.865, 160.975, 54.252,
              160.975, 232.404, 179.187, 35.765, 71.361])
points2d = np.c_[x, y]
dy = spatial.Delaunay(points2d)
vo = spatial.Voronoi(points2d)
```

```
dy.simplices        vo.vertices
------------        -------------------------------
[[8, 5, 7],         [[ 104.58977484,  127.03566055],
 [1, 5, 3],          [ 235.1285    ,  198.68143374],
 [5, 6, 7],          [ 107.83960707,  155.53682482],
 [6, 0, 7],          [  71.22104881,  228.39479887],
 [0, 6, 2],          [ 110.3105    ,  291.17642838],
 [6, 1, 2],          [ 201.40695449,  227.68436282],
 [1, 6, 5],          [ 201.61895891,  226.21958623],
```

```
         [9, 5, 8],      [ 152.96231864,   93.25060083],
         [4, 9, 8],      [ 205.40381294,  -90.5480267 ],
         [5, 9, 3],      [ 235.1285     ,  127.45701644],
         [9, 4, 3]]      [ 267.91709907,  107.6135     ]]
```

下面是用 delaunay_plot_2d()绘制德劳内三角化的结果，此外还绘制每个外接圆及其圆心。可以看到三角形的所有顶点都不在任何外接圆之内，效果如图 3-63 所示：

```
cx, cy = vo.vertices.T

ax = pl.subplot(aspect="equal")
spatial.delaunay_plot_2d(dy, ax=ax)
ax.plot(cx, cy, "r.")
for i, (cx, cy) in enumerate(vo.vertices):
    px, py = points2d[dy.simplices[i, 0]]
    radius = np.hypot(cx - px, cy - py)
    circle = pl.Circle((cx, cy), radius, fill=False, ls="dotted")
    ax.add_artist(circle)
ax.set_xlim(0, 300)
ax.set_ylim(0, 300)
```

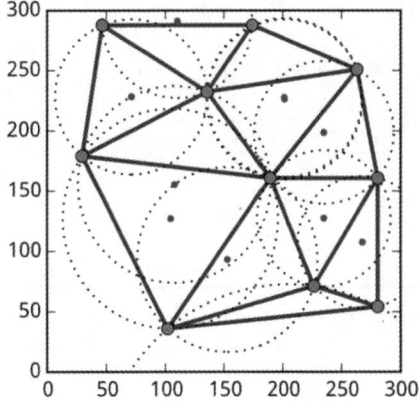

图 3-63 德劳内三角形的外接圆与圆心

matplotlib-绘制精美的图表

matplotlib 是 Python 最著名的绘图库，它提供了一整套和 MATLAB 类似的绘图函数集，十分适合编写短小的脚本程序以进行快速绘图。matplotlib 的文档十分完备，并且其展示页面中有上百幅图表的缩略图及其源程序。因此如果读者需要绘制某种类型的图表，只需要在 http://matplotlib.sourceforge.net/gallery.html 上"浏览/复制/粘贴"一下，基本上都能快速解决。

本章在简单介绍 matplotlib 的快速绘图功能之后，将较深入地挖掘几个实例，让读者从中学习和理解 matplotlib 绘图的一些基本概念。相信读者在了解本章的内容之后，应该能够根据官方的文档和演示程序使用 matplotlib 完美地展示数据。

4.1 快速绘图

 与本节内容对应的 Notebook 为：04-matplotlib/matplotlib-100-fastdraw.ipynb。

matplotlib 采用面向对象的技术来实现，因此组成图表的各个元素都是对象，在编写较大的应用程序时通过面向对象的方式使用 matplotlib 将更加有效。但是使用这种面向对象的调用接口进行绘图比较烦琐，因此 matplotlib 还提供了快速绘图的 pyplot 模块。本节首先介绍该模块的使用方法。

为了将 matplotlib 绘制的图表嵌入 Notebook 中，需要执行下面的命令：

```
%matplotlib inline
```

使用 inline 模式在 Notebook 中绘制的图表会自动关闭，为了在 Notebook 的多个单元格内操作同一幅图表，需要运行下面的魔法命令：

```
%config InlineBackend.close_figures = False
```

4.1.1 使用 pyplot 模块绘图

matplotlib 的 pyplot 模块提供了与 MATLAB 类似的绘图函数调用接口，方便用户快速绘制二维图表。我们先看一个简单的例子：

pylab 模块

matplotlib 还提供了一个名为 pylab 的模块，其中包括了许多 NumPy 和 pyplot 模块中常用的函数，方便用户快速进行计算和绘图，十分适合在 IPython 交互式环境中使用。本书使用 import pylab as pl 载入 pylab 模块。

```python
import matplotlib.pyplot as plt ❶

x = np.linspace(0, 10, 1000)
y = np.sin(x)
z = np.cos(x**2)

plt.figure(figsize=(8,4)) ❷

plt.plot(x,y,label="$sin(x)$",color="red",linewidth=2) ❸
plt.plot(x,z,"b--",label="$cos(x^2)$") ❹

plt.xlabel("Time(s)") ❺
plt.ylabel("Volt")
plt.title("PyPlot First Example")
plt.ylim(-1.2,1.2)
plt.legend()

plt.show() ❻
```

程序的输出如图 4-1 所示。

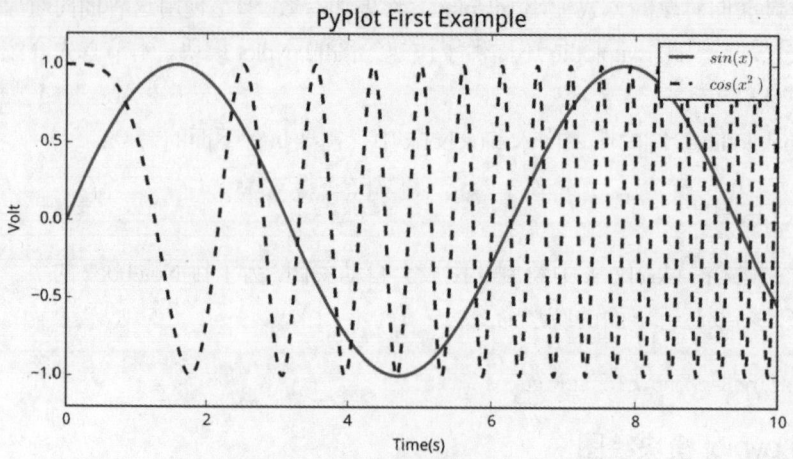

图 4-1 使用 pyplot 模块快速将数据绘制成曲线

❶首先载入 matplotlib 的绘图模块 pyplot，并且重命名为 plt。❷调用 figure() 创建一个 Figure(图表)对象，并且它将成为当前 Figure 对象。也可以不创建 Figure 对象而直接调用接下来的 plot()

进行绘图，这时 matplotlib 会自动创建一个 Figure 对象。figsize 参数指定 Figure 对象的宽度和高度，单位为英寸。此外还可以用 dpi 参数指定 Figure 对象的分辨率，即每英寸所表示的像素数，这里使用默认值 80。因此本例中所创建的 Figure 对象的宽度为 8*80＝640 个像素。

❸创建 Figure 对象之后，接下来调用 plot()在当前的 Figure 对象中绘图。实际上 plot()是在 Axes(子图)对象上绘图，如果当前的 Figure 对象中没有 Axes 对象，将会为之创建一个几乎充满整个图表的 Axes 对象，并且使此 Axes 对象成为当前的 Axes 对象。plot()的前两个参数是分别表示 X、Y 轴数据的对象，这里使用的是 NumPy 数组。使用关键字参数可以指定所绘制曲线的各种属性：

● label: 给曲线指定一个标签，此标签将在图示中显示。如果标签字符串的前后有字符'$'，matplotlib 会使用内嵌的 LaTeX 引擎将其显示为数学公式。

● color：指定曲线的颜色，颜色可以用英文单词或以'#'字符开头的 6 位十六进制数表示，例如'#ff0000'表示红色。或者使用值在 0 到 1 范围之内的三个元素的元组来表示，例如 (1.0, 0.0, 0.0)也表示红色。

● linewidth：指定曲线的宽度，可以不是整数，也可以使用缩写形式的参数名 lw。

 使用 LaTeX 语法绘制数学公式会极大地降低图表的描绘速度。

❹直接通过第三个参数'b--'指定曲线的颜色和线型，它通过一些易记的符号指定曲线的样式。其中'b'表示蓝色，'--'表示线型为虚线。在 IPython 中输入 plt.plot?可以查看格式化字符串以及各个参数的详细说明。

❺接下来通过一系列函数设置当前 Axes 对象的各个属性：

● xlabel、ylabel：分别设置 X、Y 轴的标题文字。

● title：设置子图的标题。

● xlim、ylim：分别设置 X、Y 轴的显示范围。

● legend：显示图示，即图中表示每条曲线的标签(label)和样式的矩形区域。

❻最后调用 plt.show()显示绘图窗口，在 Notebook 中可以省略此步骤。在通常的运行情况下，show()将会阻塞程序的运行，直到用户关闭绘图窗口。

还可以调用 plt.savefig()将当前的 Figure 对象保存成图像文件，图像格式由图像文件的扩展名决定。下面的程序将当前的图表保存为 test.png，并且通过 dpi 参数指定图像的分辨率为 120，因此输出图像的宽度为 8*120＝960 个像素。

```
plt.savefig("test.png", dpi=120)
```

 如果关闭了图表窗口，则无法使用 savefig()保存图像。实际上不需要调用 show()显示图表，可以直接用 savefig()将图表保存成图像文件。使用这种方法可以很容易编写批量输出图表的程序。

savefig()的第一个参数可以是文件名，也可以是和 Python 的文件对象有相同调用接口的对象。例如可以将图像保存到 io.BytesIO 对象中，这样就得到了一个表示图像内容的字符串。这里需要使用 fmt 参数指定保存的图像格式。

```
import io
buf = io.BytesIO() # 创建一个用来保存图像内容的 BytesIO 对象
plt.savefig(buf, fmt="png") # 将图像以 png 格式保存到 buf 中
buf.getvalue()[:20] # 显示图像内容的前 20 个字节
'\x89PNG\r\n\x1a\n\x00\x00\x00\rIHDR\x00\x00\x03 '
```

4.1.2 面向对象方式绘图

matplotlib 实际上是一套面向对象的绘图库，它所绘制的图表中的每个绘图元素，例如线条、文字、刻度等在内存中都有一个对象与之对应。为了方便快速绘图，matplotlib 通过 pyplot 模块提供了一套和 MATLAB 类似的绘图 API，将众多绘图对象所构成的复杂结构隐藏在这套 API 内部。我们只需要调用 pyplot 模块所提供的函数就可以实现快速绘图以及设置图表的各种细节。pyplot 模块虽然用法简单，但不适合在较大的应用程序中使用，因此本章将着重介绍如何使用 matplotlib 的面向对象方式编写绘图程序。

为了将面向对象的绘图库包装成只使用函数的 API，pyplot 模块的内部保存了当前图表以及当前子图等信息。可以使用 gcf()和 gca()获得这两个对象，它们分别是 "Get Current Figure" 和 "Get Current Axes" 开头字母的缩写。gcf()获得的是表示图表的 Figure 对象，而 gca()获得的则是表示子图的 Axes 对象。

```
fig = plt.gcf()
axes = plt.gca()
print fig, axes
Figure(640x320) Axes(0.125,0.1;0.775x0.8)
```

在 pyplot 模块中，许多函数都是对当前的 Figure 或 Axes 对象进行处理，例如前面介绍的 plot()、xlabel()、savefig()等。我们可以在 IPython 中输入函数名并加 "??"，查看这些函数的源代码以了解它们是如何调用各种对象的方法进行绘图处理的。例如下面的例子查看 plot()函数的源程序，可以看到 plot()函数实际上会通过 gca()获得当前的 Axes 对象 ax，然后再调用它的 plot()方法来实现真正的绘图。请读者使用类似的方法查看 pyplot 模块的其他函数是如何对各种绘图对象进行包装的。

```
def plot(*args, **kwargs):
ax = gca()
    ...
    try:
        ret = ax.plot(*args, **kwargs)
        ...
```

```
finally:
    ax.hold(washold)
```

4.1.3 配置属性

　　matplotlib 所绘制图表的每个组成部分都和一个对象对应,可以通过调用这些对象的属性设置方法 set_*()或者 pyplot 模块的属性设置函数 setp()来设置它们的属性值。例如 plot()返回一个元素类型为 Line2D 的列表,下面的例子设置 Line2D 对象的属性:

```
plt.figure(figsize=(4, 3))
x = np.arange(0, 5, 0.1)
line = plt.plot(x, 0.05*x*x)[0] # plot 返回一个列表
line.set_alpha(0.5) # 调用 Line2D 对象的 set_*()方法来设置属性值
```

　　上面的例子中,通过调用 Line2D 对象的 set_alpha(),修改它在图表中对应曲线的透明度。下面的语句同时绘制正弦和余弦两条曲线,lines 是一个有两个 Line2D 对象的列表:

```
lines = plt.plot(x, np.sin(x), x, np.cos(x))
```

　　调用 setp()可以同时配置多个对象的属性,这里同时设置两条曲线的颜色和线宽:

```
plt.setp(lines, color="r", linewidth=4.0)
```

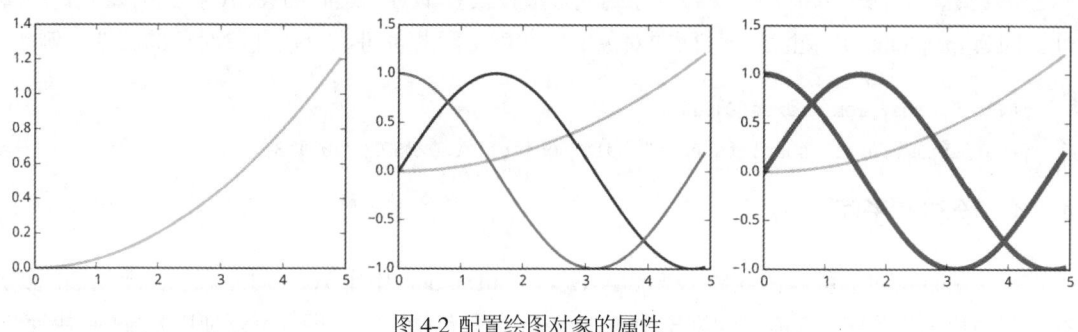

图 4-2 配置绘图对象的属性

　　同样,可以通过调用 Line2D 对象的 get_*()或者通过 plt.getp()来获取对象的属性值:

```
print line.get_linewidth()
print plt.getp(lines[0], "color") # 返回 color 属性
2.0
r
```

　　注意 getp()和 setp()不同,它只能对一个对象进行操作,它有两种用法:

● 指定属性名:返回对象的某个属性的值。

● 不指定属性名:输出对象的所有属性和值。

　　下面通过 getp()查看 Figure 对象的属性:

```
f = plt.gcf()
plt.getp(f)
    agg_filter = None
    alpha = None
    animated = False
    axes = [<matplotlib.axes._subplots.AxesSubplot object at ...
    ...
```

Figure 对象的 axes 属性是一个列表，它保存图表中的所有子图对象。下面的程序查看当前图表的 axes 属性，它就是 gca()所获得的当前子图对象：

```
print plt.getp(f, "axes"), plt.getp(f, "axes")[0] is plt.gca()
[<matplotlib.axes._subplots.AxesSubplot object at 0x05DE5790>] True
```

用 plt.getp()可以继续获取 AxesSubplot 对象的属性，例如它的 lines 属性为子图中的 Line2D 对象列表：

```
alllines = plt.getp(plt.gca(), "lines")
print alllines, alllines[0] is line # 其中的第一条曲线就是最开始绘制的那条曲线
<a list of 3 Line2D objects> True
```

通过这种方法可以很容易查看对象的属性值以及各个对象之间的关系，找到需要配置的属性。因为 matplotlib 实际上是一套面向对象的绘图库，因此也可以直接获取对象的属性，例如：

```
print f.axes, len(f.axes[0].lines)
[<matplotlib.axes._subplots.AxesSubplot object at 0x05DE5790>] 3
```

4.1.4　绘制多子图

一个 Figure 对象可以包含多个子图(Axes)，在 matplotlib 中用 Axes 对象表示一个绘图区域，在本书中称之为子图。在前面的例子中，Figure 对象只包括一个子图。可以使用 subplot()快速绘制包含多个子图的图表，它的调用形式如下：

```
subplot(numRows, numCols, plotNum)
```

图表的整个绘图区域被等分为 numRows 行和 numCols 列，然后按照从左到右、从上到下的顺序对每个区域进行编号，左上区域的编号为 1。plotNum 参数指定所创建 Axes 对象的区域。如果 numRows、numCols 和 plotNum 三个参数都小于 10，则可以把它们缩写成一个整数，例如 subplot(323)和 subplot(3,2,3)的含义相同。如果新创建的子图和之前创建的子图区域有重叠的部分，之前的子图将被删除。

下面的程序创建如图 4-3(左)所示的 3 行 2 列共 6 个子图，并通过 axisbg 参数给每个子图设置不同的背景颜色。

```
for idx, color in enumerate("rgbyck"):
    plt.subplot(321+idx, axisbg=color)
```

如果希望某个子图占据整行或整列，可以如下调用 subplot()，程序的输出如图4-3(右)所示。

```
plt.subplot(221) # 第一行的左图
plt.subplot(222) # 第一行的右图
plt.subplot(212) # 第二整行
```

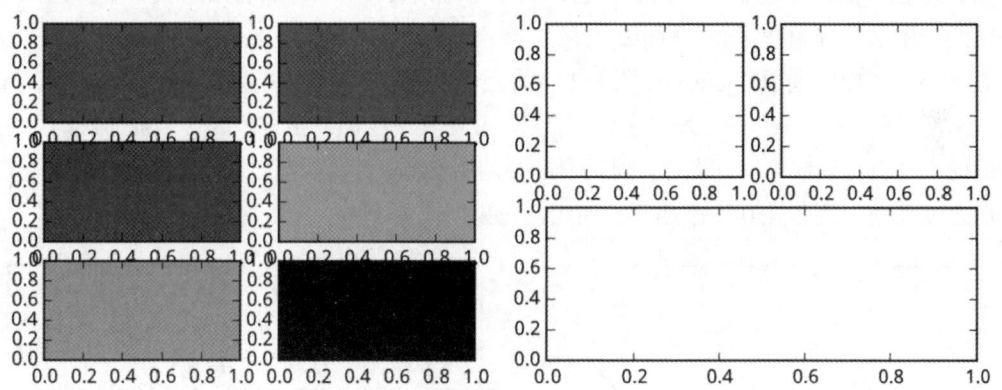

图 4-3 在 Figure 对象中创建多个子图

在绘图窗口的工具栏中，有一个名为 "Configure Subplots" 的按钮，单击它会弹出调节子图间距和子图与图表边框距离的对话框。也可以在程序中调用 subplots_adjust() 调节这些参数，它有 left、right、bottom、top、wspace 和 hspace 共 6 个参数，这些参数与对话框中的各个控件对应。参数的取值范围为 0 到 1，它们是以图表绘图区域的宽和高进行正规化之后的坐标或长度。

subplot() 返回它所创建的 Axes 对象，我们可以将这些对象用变量保存起来，然后用 sca() 交替让它们成为当前 Axes 对象，并调用 plot() 在其中绘图。如果需要同时绘制多幅图表，可以给 figure() 传递一个整数参数来指定 Figure 对象的序号。如果序号所指定的 Figure 对象已经存在，将不创建新的对象，而只是让它成为当前的 Figure 对象。下面的程序演示了依次在不同图表的不同子图中绘制曲线：

```
plt.figure(1) # 创建图表 1
plt.figure(2) # 创建图表 2
ax1 = plt.subplot(121) # 在图表 2 中创建子图 1
ax2 = plt.subplot(122) # 在图表 2 中创建子图 2

x = np.linspace(0, 3, 100)
for i in xrange(5):
    plt.figure(1)    ❶选择图表 1
    plt.plot(x, np.exp(i*x/3))
    plt.sca(ax1)     ❷选择图表 2 的子图 1
```

```
    plt.plot(x, np.sin(i*x))
    plt.sca(ax2)   # 选择图表 2 的子图 2
    plt.plot(x, np.cos(i*x))
```

 也可以不调用 sca()指定当前子图，而直接调用 ax1 和 ax2 的 plot()方法来绘图。

首先通过 figure()创建了两个图表，它们的序号分别为 1 和 2。然后在图表 2 中创建了左右并排的两个子图，并用变量 ax1 和 ax2 保存。

在循环中，❶先调用 figure(1)让图表 1 成为当前图表，并在其中绘图。❷然后调用 sca(ax1) 和 sca(ax2)分别让子图 ax1 和 ax2 成为当前子图，并在其中绘图。当它们成为当前子图时，包含它们的图表 2 也自动成为当前图表，因此不需要调用 figure(2)。这样依次在图表 1 和图表 2 的两个子图之间切换，逐步在其中添加新的曲线，效果如图 4-4 所示。

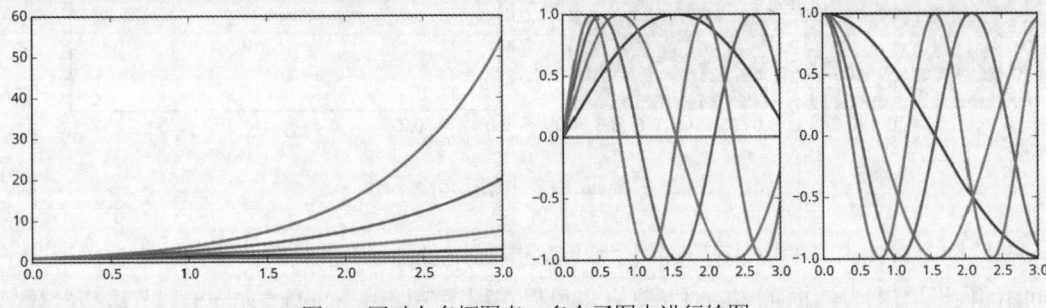

图 4-4 同时在多幅图表、多个子图中进行绘图

此外 subplots()可以一次生成多个子图，并返回图表对象和保存子图对象的数组。在下面的例子中，axes 是一个形状为(2, 3)的数组，每个元素都是一个子图对象，可以利用 Python 的赋值功能将这个数组中的每个元素用一个变量表示：

```
fig, axes = plt.subplots(2, 3)
[a, b, c], [d, e, f] = axes
print axes.shape
print b

(2, 3)
Axes(0.398529,0.536364;0.227941x0.363636)
```

还可以调用 subplot2grid()进行更复杂的表格布局。表格布局和在 Excel 或 Word 中绘制表格十分类似，其调用参数如下：

```
subplot2grid(shape, loc, rowspan=1, colspan=1, **kwargs)
```

其中，shape 为表示表格形状的元组: (行数,列数)。loc 为子图左上角所在的坐标: (行,列)。rowspan 和 colspan 分别为子图所占据的行数和列数。在下面的例子中，在 3×3 的网格上创建 5

个子图，在每个子图中间显示该子图对应的变量名，如图4-5所示：

```
fig = plt.figure(figsize=(6, 6))
ax1 = plt.subplot2grid((3, 3), (0, 0), colspan=2)
ax2 = plt.subplot2grid((3, 3), (0, 2), rowspan=2)
ax3 = plt.subplot2grid((3, 3), (1, 0), rowspan=2)
ax4 = plt.subplot2grid((3, 3), (2, 1), colspan=2)
ax5 = plt.subplot2grid((3, 3), (1, 1))
```

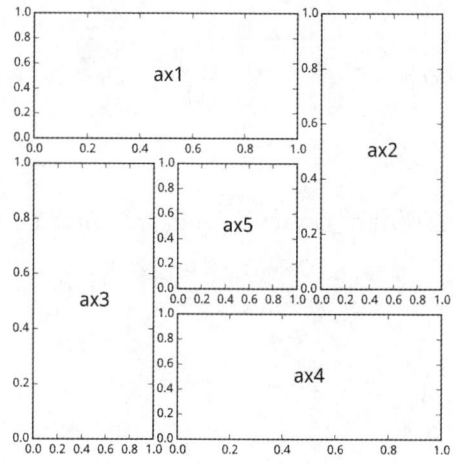

图 4-5 使用 subplot2grid()创建表格布局

4.1.5 配置文件

绘制一幅图需要对许多对象的属性进行配置，例如颜色、字体、线型等。在前面的绘图程序中，并没有逐一对这些属性进行配置，而是直接采用 matplotlib 的默认配置。matplotlib 将这些默认配置保存在一个名为 matplotlibrc 的配置文件中，通过修改配置文件，可以修改图表的默认样式。

在 matplotlib 中可以使用多个 matplotlibrc 配置文件，它们的搜索顺序如下：顺序靠前的配置文件将会被优先采用。

- 当前路径：程序的当前路径。
- 用户配置路径：通常在用户文件夹的 .matplotlib 目录下，可以通过环境变量 MATPLOTLIBRC 修改它的位置。
- 系统配置路径：保存在 matplotlib 的安装目录下的 mpl-data 中。

通过下面的语句可以获取用户配置路径：

```
from os import path
path.abspath(matplotlib.get_configdir())
```

```
u'C:\\Users\\RY\\Dropbox\\scipybook2\\settings\\.matplotlib'
```

通过下面的语句可以获得目前使用的配置文件的路径：

```
path.abspath(matplotlib.matplotlib_fname())
```
```
u'C:\\Users\\RY\\Dropbox\\scipybook2\\settings\\.matplotlib\\matplotlibrc'
```

如果使用文本编辑器打开此配置文件，就会发现它实际上是一个字典。为了对众多的配置进行区分，字典的键根据配置的种类，用"."分为多段。配置文件的读入可以使用 rc_params()，它返回一个配置字典：

```
print(matplotlib.rc_params())
agg.path.chunksize: 0
animation.avconv_args: []
animation.avconv_path: avconv
animation.bitrate: -1
...
```

在 matplotlib 模块载入时会调用 rc_params()，并把得到的配置字典保存到 rcParams 变量中：

```
print(matplotlib.rcParams)
agg.path.chunksize: 0
animation.avconv_args: []
animation.avconv_path: avconv
animation.bitrate: -1
...
```

matplotlib 将使用 rcParams 字典中的配置进行绘图。用户可以直接修改此字典中的配置，所做的改变会反映到此后创建的绘图元素。例如下面的脚本所绘制的折线将带有圆形的点标识符：

```
matplotlib.rcParams["lines.marker"] = "o"
plt.plot([1,2,3,2])
```

为了方便对配置字典进行设置，可以使用 rc()。下面的例子同时配置点标识符、线宽和颜色：

```
matplotlib.rc("lines", marker="x", linewidth=2, color="red")
```

如果希望恢复到 matplotlib 载入时从配置文件读入的默认配置，可以调用 rcdefaults()：

```
matplotlib.rcdefaults()
```

如果手工修改了配置文件，希望重新从配置文件载入最新的配置，可以调用：

```
matplotlib.rcParams.update( matplotlib.rc_params() )
```

 通过 pyplot 模块也可以使用 rcParams、rc 和 rcdefaults。

matplotlib.style 模块提供绘图样式切换功能，所有可选样式可以通过 available 获得：

```
from matplotlib import style
print style.available
[u'dark_background', u'bmh', u'grayscale', u'ggplot', u'fivethirtyeight']
```

调用 use()函数即可切换样式，例如下面使用 ggplot 样式绘图，效果如图 4-6 所示。

```
style.use("ggplot")
```

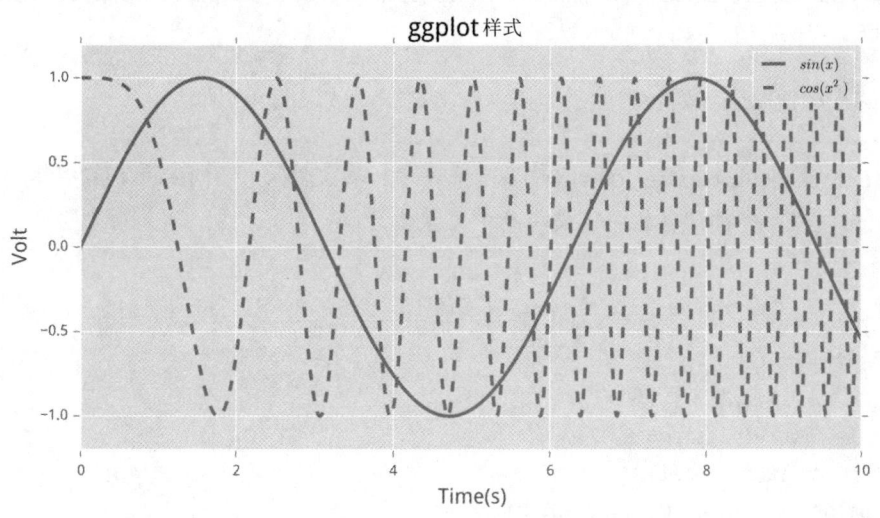

图 4-6 使用 ggplot 样式绘图

4.1.6 在图表中显示中文

matplotlib 的默认配置文件中所使用的字体无法正确显示中文，可以通过下面几种方法设置中文字体：

- 在程序中直接指定字体。
- 在程序开头修改配置字典 rcParams。
- 修改配置文件。

在 matplotlib 中可以通过字体名指定字体，而每个字体名都与一个字体文件相对应。通过下面的程序可以获得所有可用字体的列表：

```
from matplotlib.font_manager import fontManager
fontManager.ttflist[:6]
[<Font 'cmss10' (cmss10.ttf) normal normal 400 normal>,
 <Font 'cmb10' (cmb10.ttf) normal normal 400 normal>,
 <Font 'cmex10' (cmex10.ttf) normal normal 400 normal>,
 <Font 'STIXSizeFourSym' (STIXSizFourSymBol.ttf) normal normal 700 normal>,
```

```
<Font 'Bitstream Vera Serif' (VeraSeBd.ttf) normal normal 700 normal>,
<Font 'Bitstream Vera Sans' (VeraIt.ttf) oblique normal 400 normal>]
```

ttflist 是 matplotlib 的系统字体列表。其中每个元素都是表示字体的 Font 对象，下面的程序显示了第一个字体文件的全路径和字体名，由路径可知它是 matplotlib 自带的字体：

```
print fontManager.ttflist[0].name
print fontManager.ttflist[0].fname
```

```
cmss10
C:\WinPython-32bit-2.7.9.2\python-2.7.9\lib\site-packages\matplotlib\mpl-data\fonts\ttf
\cmss10.ttf
```

下面的程序使用字体列表中的字体显示中文文字，效果图 4-7 所示。

 scpy2/matplotlib/chinese_fonts.py: 显示系统中所有文件大于 1MB 的 TTF 字体，请读者使用该程序查询计算机中可使用的中文字体名。

```
import os
from os import path

fig = plt.figure(figsize=(8, 7))
ax = fig.add_subplot(111)
plt.subplots_adjust(0, 0, 1, 1, 0, 0)
plt.xticks([])
plt.yticks([])
x, y = 0.05, 0.05
fonts = [font.name for font in fontManager.ttflist if
            path.exists(font.fname) and os.stat(font.fname).st_size>1e6] ❶
font = set(fonts)
dy = (1.0 - y) / (len(fonts) // 4 + (len(fonts)%4 != 0))

for font in fonts:
    t = ax.text(x, y + dy / 2, u"中文字体",
                {'fontname':font, 'fontsize':14}, transform=ax.transAxes) ❷
    ax.text(x, y, font, {'fontsize':12}, transform=ax.transAxes)
    x += 0.25
    if x >= 1.0:
        y += dy
        x = 0.05
plt.show()
```

中文字体	中文字体	中文字体	中文字体
LiSu	STXihei	FZShuTi	DengXian
中文字体	中文字体	????	????
Yu Gothic	YouYuan	Linux Biolinum G	Gabriola
中文字体	中文字体	中文字体	????
WenQuanYi Micro Hei	FangSong	Yu Gothic	Linux Libertine G
中文字体	中文字体	中文字体	中文字体
STCaiyun	Microsoft MHei	STXingkai	Arial Unicode MS
中文字体	????	????	????
STLiti	Linux Biolinum G	Linux Libertine G	Linux Libertine G
中文字体	????	中文字体	中文字体
WenQuanYi Micro Hei	Linux Biolinum G	STZhongsong	STCaiyun
中文字体	中文字体	????	????
Yu Gothic	FZYaoTi	Linux Libertine G	Linux Libertine G
中文字体	????	中文字体	中文字体
Microsoft MHei	Linux Libertine Display G	FZShuTi	DengXian
中文字体	????	中文字体	????
STZhongsong	Linux Biolinum G	STXinwei	Gabriola
????	中文字体	中文字体	????
Linux Libertine G	Microsoft MHei	Microsoft JhengHei	Linux Biolinum G
????	????	????	????
Linux Libertine G	Linux Biolinum G	Linux Libertine G	SimSun-ExtB
中文字体	????	????	????
STHupo	Linux Libertine G	Linux Libertine G	Malgun Gothic
中文字体	中文字体	中文字体	中文字体
STSong	Yu Gothic	SimHei	STHupo
中文字体		中文字体	中文字体
STSong	Yahei Mono	Arial Unicode MS	STFangsong
中文字体	中文字体	中文字体	中文字体
Microsoft JhengHei	STKaiti	STLiti	LiSu
中文字体	中文字体	????	中文字体
STXihei	STFangsong	Linux Libertine G	Microsoft YaHei
中文字体	中文字体	中文字体	中文字体
Microsoft MHei	STKaiti	DFKai-SB	YouYuan
中文字体	????	中文字体	中文字体
Microsoft YaHei	Linux Libertine Display G	STXinwei	FZYaoTi
中文字体	????	????	中文字体
KaiTi	Malgun Gothic	Linux Libertine G	STXingkai

图 4-7 显示系统中所有的中文字体名

❶利用 os 模块中的 stat()获取字体文件的大小,并保留字体列表中所有大于 1MB 的字体文件。由于中文字体文件通常都很大,因此使用这种方法可以粗略地找出所有的中文字体文件。

❷调用子图对象的 text()在其中添加文字,注意文字必须是 Unicode 字符串。通过一个描述字体的字典指定文字的字体:'fontname'键对应的值就是字体名。

由于 matplotlib 只搜索 TTF 字体文件,因此无法通过上述方法使用系统中安装的许多复合 TTC 字体文件。可以直接创建使用字体文件的 FontProperties 对象,并使用此对象指定图表中的各种文字的字体。下面是一个例子:

```
from matplotlib.font_manager import FontProperties
font = FontProperties(fname=r"c:\windows\fonts\simsun.ttc", size=14) ❶
t = np.linspace(0, 10, 1000)
y = np.sin(t)
plt.close("all")
plt.plot(t, y)
plt.xlabel(u"时间", fontproperties=font) ❷
plt.ylabel(u"振幅", fontproperties=font)
plt.title(u"正弦波", fontproperties=font)
plt.show()
```

❶创建一个描述字体属性的 FontProperties 对象,并设置其 fname 属性为字体文件的绝对路

径。❷通过 fontproperties 参数将 FontProperties 对象传递给显示文字的函数。

还可以通过字体工具将 TTC 字体文件分解为多个 TTF 字体文件,并将其复制到系统的字体文件夹中。为了缩短启动时间,matplotlib 不会每次启动时都重新扫描所有的字体文件并创建字体列表,因此在复制完字体文件之后,需要运行下面的语句重新创建字体列表:

```
from matplotlib.font_manager import _rebuild
_rebuild()
```

还可以直接修改配置字典,设置默认字体,这样就不需要在每次绘制文字时设置字体了。例如:

```
plt.rcParams["font.family"] = "SimHei"
plt.plot([1,2,3])
plt.xlabel(0.5 ,0.5, u"中文字体")
```

或者修改上节介绍的配置文件,修改其中的 font.family 配置为 SimHei,注意 SimHei 是字体名,请读者运行前面的代码来查看系统中所有可用的中文字体名。

4.2　Artist 对象

 与本节内容对应的 Notebook 为:04-matplotlib/matplotlib-200-artists.ipynb

matplotlib 是一套面向对象的绘图库,它有三个层次:

● backend_bases.FigureCanvas:绘图用的画布。

● backend_bases.Renderer:知道如何在 FigureCanvas 对象上绘图。

● artist.Artist:知道如何使用 Renderer 在 FigureCanvas 对象上绘图。

FigureCanvas 和 Renderer 需要处理底层的绘图操作,例如在 wxPython 界面库所生成的界面上绘图,或者使用 PostScript 在 PDF 文件中绘图。Artist 对象则处理所有的高层结构,例如处理图表、文字和曲线等各种绘图元素的绘制和布局。通常我们只和 Artist 对象打交道,而不需要关心底层是如何实现绘图细节的。

Artist 对象分为简单类型和容器类型两种。简单类型的 Artist 对象是标准的绘图元件,例如 Line2D、Rectangle、Text、AxesImage 等。而容器类型则可以包含多个 Artist 对象,使它们组织成一个整体,例如 Axis、Axes、Figure 等。

直接创建 Artist 对象进行绘图的流程如下:

(1) 创建 Figure 对象。

(2) 为 Figure 对象创建一个或多个 Axes 对象。

(3) 调用 Axes 对象的方法来创建各种简单类型的 Artist 对象。

在下面的程序中，首先调用 figure()创建 Figure 对象，figure()是一个辅助函数，帮助我们创建 Figure 对象，它会进行许多初始化操作，因此不建议直接使用 Figure()创建。然后调用 Figure 对象的 add_axes()在其中创建一个 Axes 对象，add_axes()的参数是一个形如[left, bottom, width, height]的列表，这些数值分别指定所创建的 Axes 对象在 Figure 对象中的位置和大小，各个值的取值范围都在 0 到 1 之间：

```
from matplotlib import pyplot as plt
fig = plt.figure()
ax = fig.add_axes([0.15, 0.1, 0.7, 0.3])
```

然后调用 Axes 对象的 plot()来绘制曲线，并且返回表示此曲线的 Line2D 对象。

```
line = ax.plot([1, 2, 3], [1, 2, 1])[0]   # 返回的是只有一个元素的列表
print line is ax.lines[0]
True
```

Axes 对象的 lines 属性是一个包含所有曲线的列表，如果继续运行 ax.plot()，所创建的 Line2D 对象都会添加到此列表中。如果想删除某条曲线，直接从此列表中删除即可。

Axes 对象还包括许多其他的 Artists 对象，例如可以通过 set_xlabel()设置其 X 轴上的标题：

```
ax.set_xlabel("time")
```

如果查看 set_xlabel()的源代码，就会发现它是通过下面的语句实现的：

```
self.xaxis.set_label_text(xlabel)
```

如果一直跟踪下去，就会发现 Axes 对象的 xaxis 属性是一个 XAxis 对象，其 label 属性是一个 Text 对象，而 Text 对象的_text 属性为我们设置的值：

```
print ax.xaxis
print ax.xaxis.label
print ax.xaxis.label._text
XAxis(72.000000,24.000000)
Text(0.5,2.2,u'time')
time
```

Axes、XAxis 和 Text 类都从 Artist 继承，也可以调用它们的 get_*()以获得相应的属性值：

```
ax.get_xaxis().get_label().get_text()
u'time'
```

4.2.1　Artist 的属性

通过前面的介绍我们已经知道，图表中的每个绘图元素都用一个 Artist 对象表示，而每个

Artist 对象都有许多属性控制其显示效果。例如 Figure 对象和 Axes 对象都有 patch 属性作为其背景，它是一个 Rectangle 对象。通过设置它的属性可以修改图表的背景色或透明度，下面的例子将图表的背景色设置为绿色：

```
fig = plt.figure()
fig.patch.set_color("g") # 设置背景色为绿色
```

注意当代码作为单独程序运行时，调用 set_color()设置好背景色之后，并不会立即在界面上显示出来，还需要调用 fig.canvas.draw()才能更新界面显示。

表 4-1 是所有 Artist 对象都拥有的一些属性。

表 4-1 所有 Artist 对象都拥有的一些属性

属性	说明
alpha	透明度，值在 0 到 1 之间，0 为完全透明，1 为完全不透明
animated	布尔值，在绘制动画效果时使用
axes	拥有此 Artist 对象的 Axes 对象，可能为 None
clip_box	对象的裁剪框
clip_on	是否裁剪
clip_path	裁剪的路径
contains	判断指定点是否在对象之上的函数
figure	拥有此 Artist 对象的 Figure 对象，可能为 None
label	文本标签
picker	控制 Artist 对象选取
transform	控制偏移、旋转、缩放等坐标变换
visible	控制是否可见
zorder	控制绘图顺序

Artist 对象的所有属性都可以通过相应的 get_*()和 set_*()方法进行读写，例如下面的语句将新绘制的曲线对象的 alpha 属性设置 0.5，使它变成半透明：

```
line = plt.plot([1, 2, 3, 2, 1], lw=4)[0]
line.set_alpha(0.5)
```

可以使用 set()一次设置多个属性：

```
line.set(alpha=0.5, zorder=2)
```

使用前面介绍的 getp()可以方便地输出 Artist 对象的所有属性名以及与之对应的值：

```
plt.getp(fig.patch)
```

```
aa = False
agg_filter = None
alpha = None
animated = False
...
```

4.2.2 Figure 容器

现在我们知道如何观察和修改 Artist 对象的属性，接下来要解决的问题是如何找到指定的 Artist 对象。前面介绍过 Artist 对象有容器类型和简单类型两种，这一节让我们详细看看容器类型。

在构成图表的各种 Artist 对象中，最上层的 Artist 对象是 Figure，它包含组成图表的所有元素。当调用 add_subplot()或 add_axes()方法往图表中添加子图时，这些子图都将添加到 axes 属性列表中，同时这两个方法也返回新创建的 Axes 对象。注意 add_subplot()和 add_axes()所返回对象的类型有所不同，分别为 AxesSubplot 和 Axes，AxesSubplot 是 Axes 的派生类。

```
fig = plt.figure()
ax1 = fig.add_subplot(211)
ax2 = fig.add_axes([0.1, 0.1, 0.7, 0.3])
print ax1 in fig.axes and ax2 in fig.axes
True
```

为了支持 gca()等函数，Figure 对象内部保存有当前轴的信息，因此不建议直接对 axes 属性进行列表操作，而应该使用 add_subplot()、add_axes()、delaxes()等方法进行子图的添加和删除操作。但是使用 for 循环对 axes 属性中的每个元素进行操作是没有问题的，下面的语句打开所有子图的栅格显示。

```
for ax in fig.axes:
    ax.grid(True)
```

Figure 对象可以拥有自己的文字、线条以及图像等简单类型的 Artist 对象。默认的坐标系统以像素点为单位，但是可以通过设置 Artist 对象的 transform 属性修改其所使用的坐标系。例如 Figure 对象的坐标系是以图表的左下角为坐标原点(0,0)，右上角的坐标为(1,1)，关于坐标变换在后面的章节还会进行详细介绍。下面的程序创建一个 Figure 对象，并在其中添加两条直线：

```
from matplotlib.lines import Line2D
fig = plt.figure()
line1 = Line2D(
    [0, 1], [0, 1], transform=fig.transFigure, figure=fig, color="r")
line2 = Line2D(
    [0, 1], [1, 0], transform=fig.transFigure, figure=fig, color="g")
fig.lines.extend([line1, line2])
```

为了让所创建的 Line2D 对象使用 Figure 对象的坐标系，我们将 Figure 对象的 transFigure 属性赋给 Line2D 对象的 transform 属性。为了让 Line2D 对象知道它是在 Figure 对象中，还设置其 figure 属性为 fig。最后还需要将这两个 Line2D 对象添加到 Figure 对象的 lines 属性列表中。

表 4-2 列出了 Figure 对象中包含其他 Artist 对象的属性：

表 4-2 包含其他 Artist 对象的 Figure 对象属性

属性	说明
axes	Axes 对象列表
patch	作为背景的 Rectangle 对象
images	FigureImage 对象列表
lcgcnds	Legend 对象列表
lines	Line2D 对象列表
patches	Patch 对象列表
texts	Text 对象列表，用于显示文字

4.2.3 Axes 容器

Axes 容器(子图)是整个 matplotlib 的核心，它包含了组成图表的众多 Artist 对象，并且有许多方法函数帮助我们创建和修改这些对象。和 Figure 容器一样，它有一个 patch 属性作为背景，当它是笛卡尔坐标时，patch 属性是一个 Rectangle 对象；而当它是极坐标时，patch 属性则是 Circle 对象。例如下面的语句将 Axes 对象的背景色设置为绿色：

```
fig = plt.figure()
ax = fig.add_subplot(111)
ax.patch.set_facecolor("green")
```

当调用 Axes 对象的绘图方法 plot()时，它将创建一组 Line2D 对象，并将它们添加进 Axes 对象的 lines 属性中，最后返回包含所有创建的 Line2D 对象的列表。plot()的所有关键字参数都将传递给这些 Line2D 对象以设置它们的属性：

```
x, y = np.random.rand(2, 100)
line = ax.plot(x, y, "-", color="blue", linewidth=2)[0]
line is ax.lines[0]
True
```

注意 plot()返回的是一个 Line2D 对象列表，因为可以传递多组 X-Y 轴的数据给 plot()，同时绘制多条曲线。

与 plot()类似，绘制柱状图的函数 bar()和绘制直方统计图的函数 hist()将创建一个 Patch 对象的列表，每个元素实际上都是从 Patch 类派生的 Rectangle 对象，所创建的 Patch 对象都被添加进了 Axes 对象的 patches 属性中：

```
fig, ax = plt.subplots()
n, bins, rects = ax.hist(np.random.randn(1000), 50, facecolor="blue")
rects[0] is ax.patches[0]
```
```
True
```

一般我们不会直接对 lines 或 patches 属性进行操作，而是调用 add_line()或 add_patch()等方法，这些方法帮助我们完成许多属性的设置工作。下面首先创建 Axes 对象 ax 和 Rectangle 对象 rect：

```
fig, ax = plt.subplots()
rect = plt.Rectangle((1,1), width=5, height=12)
```

然后通过 add_patch()将 rect 添加进 ax 中：

```
ax.add_patch(rect) # 将 rect 添加进 ax
rect.get_axes() is ax
```
```
True
```

接下来，为了完整显示 rect，调用 ax 的 autoscale_view()方法让它自动调节 X-Y 轴的显示范围：

```
print ax.get_xlim() # ax 的 X 轴范围为 0 到 1，无法显示完整的 rect
print ax.dataLim._get_bounds() # 数据的范围和 rect 的大小一致
ax.autoscale_view() # 自动调整坐标轴的范围
print ax.get_xlim() # 于是 X 轴可以完整显示 rect
```
```
(0.0, 1.0)
(1.0, 1.0, 5.0, 12.0)
(1.0, 6.0)
```

表 4-3 列出了 Axes 对象中可以包含其他 Artist 对象的属性：

表 4-3 包含其他 Artist 对象的 Axes 对象属性

属性	说明
artists	Artist 对象列表
patch	作为 Axes 背景的 Patch 对象，可以是 Rectangle 或 Circle
collections	Collection 对象列表
images	AxesImage 对象列表
legends	Legend 对象列表

属性	说明
lines	Line2D 对象列表
patches	Patch 对象列表
texts	Text 对象列表
xaxis	XAxis 对象
yaxis	YAxis 对象

表 4-4 列出了 Axes 对象的各种创建其他 Artist 对象的方法：

表 4-4 Axes 对象提供的创建其他 Artist 对象的方法

Axes 的方法	所创建的对象	添加进的列表
annotate	Annotate	texts
bars	Rectangle	patches
errorbar	Line2D、Rectangle	lines,patches
fill	Polygon	patches
hist	Rectangle	patches
imshow	AxesImage	images
legend	Legend	legends
plot	Line2D	lines
scatter	PolygonCollection	collections
text	Text	texts

例如下面的程序调用 scatter()绘制散列图，它返回的是一个 PathCollection 对象，该对象被添加进 ax.collections 列表：

```
fig, ax = plt.subplots()
t = ax.scatter(np.random.rand(20), np.random.rand(20))
print t, t in ax.collections
<matplotlib.collections.PathCollection object at 0x082339B0> True
```

4.2.4 Axis 容器

Axis 容器包括坐标轴上的刻度线、刻度文本、坐标网格以及坐标轴标题等内容。刻度包括主刻度和副刻度，分别通过 get_major_ticks()和 get_minor_ticks()方法获得。每个刻度线都是一个 XTick 或 YTick 对象，它包括实际的刻度线和刻度文本。为了方便访问刻度线和文本，Axis 对象提供了 get_ticklabels()和 get_ticklines()方法来直接获得刻度线和刻度文本。

下面先创建一个子图并获得其 X 轴对象 axis：

```
fig, ax = plt.subplots()
axis = ax.xaxis
```

下面获得 axis 对象的刻度位置的列表：

```
axis.get_ticklocs()
array([ 0. ,  0.2,  0.4,  0.6,  0.8,  1. ])
```

下面获得 axis 对象的刻度标签以及标签中的文字：

```
print axis.get_ticklabels() # 获得刻度标签的列表
print [x.get_text() for x in axis.get_ticklabels()] # 获得刻度的文本字符串
<a list of 6 Text major ticklabel objects>
[u'0.0', u'0.2', u'0.4', u'0.6', u'0.8', u'1.0']
```

下面获得轴上表示主刻度线的列表，可以看到 X 轴上共有 12 条刻度线，它们是子图的上下两个 X 轴上的所有刻度线：

```
axis.get_ticklines()
<a list of 12 Line2D ticklines objects>
```

而由于图中没有副刻度线，因此副刻度线列表的长度为 0：

```
axis.get_ticklines(minor=True) # 获得副刻度线列表
<a list of 0 Line2D ticklines objects>
```

获得刻度线或刻度标签之后，可以设置其各种属性，下面设置刻度线为绿色粗线，文本为红色并且旋转 45°。最终结果如图 4-8 所示：

```
for label in axis.get_ticklabels():
    label.set_color("red")
    label.set_rotation(45)
    label.set_fontsize(16)

for line in axis.get_ticklines():
    line.set_color("green")
    line.set_markersize(25)
    line.set_markeredgewidth(3)
fig
```

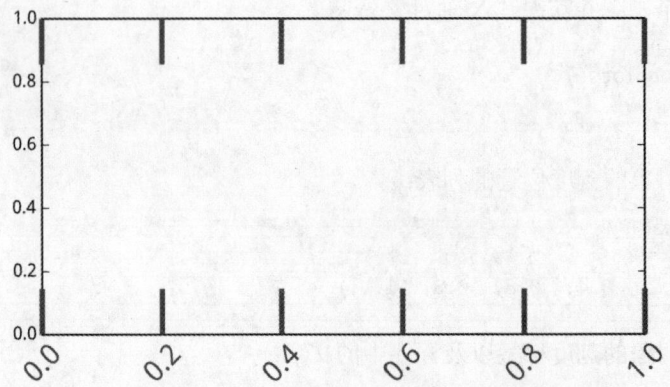

图 4-8 配置 X 轴的刻度线和刻度文本的样式

这个例子只是为了演示 Artist 对象的各种属性，实际上使用 pyplot 模块中的 xticks()能够更快地完成 X 轴上的刻度文本的配置。不过，xticks()只能设置刻度文本的属性，不能设置刻度线的属性。感兴趣的读者可以在 IPython 中输入 plt.xticks??来查看源代码。

```
plt.xticks(fontsize=16, color="red", rotation=45)
```

在前面的例子中，副刻度线列表为空，这是因为用于计算副刻度位置的对象默认为NullLocator，它不产生任何刻度线。而计算主刻度位置的对象为 AutoLocator，它会根据当前的缩放等配置自动计算刻度的位置：

```
print axis.get_minor_locator() # 计算副刻度位置的对象
print axis.get_major_locator() # 计算主刻度位置的对象

<matplotlib.ticker.NullLocator object at 0x08364F50>
<matplotlib.ticker.AutoLocator object at 0x084285D0>
```

matplotlib 提供了多种配置刻度线位置的 Locator 类和控制刻度文本显示的 Formatter 类。下面的程序设置 X 轴的主刻度为π/4，副刻度为π/20，并且主刻度上的文本用数学符号显示π。程序的输出如图 4-9 所示。

```
from fractions import Fraction
from matplotlib.ticker import MultipleLocator, FuncFormatter ❶
x = np.arange(0, 4*np.pi, 0.01)
fig, ax = plt.subplots(figsize=(8,4))
plt.plot(x, np.sin(x), x, np.cos(x))

def pi_formatter(x, pos): ❷
    frac = Fraction(int(np.round(x / (np.pi/4))), 4)
    d, n = frac.denominator, frac.numerator
    if frac == 0:
        return "0"
```

```
    elif frac == 1:
        return "$\pi$"
    elif d == 1:
        return r"${%d} \pi$" % n
    elif n == 1:
        return r"$\frac{\pi}{%d}$" % d
    return r"$\frac{%d \pi}{%d}$" % (n, d)

# 设置两个坐标轴的范围
plt.ylim(-1.5,1.5)
plt.xlim(0, np.max(x))

# 设置图的底边距
plt.subplots_adjust(bottom = 0.15)

plt.grid() #开启网格

# 主刻度为 pi/4
ax.xaxis.set_major_locator( MultipleLocator(np.pi/4) ) ❸

# 主刻度文本用 pi_formatter 函数计算
ax.xaxis.set_major_formatter( FuncFormatter( pi_formatter ) ) ❹

# 副刻度为 pi/20
ax.xaxis.set_minor_locator( MultipleLocator(np.pi/20) ) ❺

# 设置刻度文本的大小
for tick in ax.xaxis.get_major_ticks():
    tick.label1.set_fontsize(16)
```

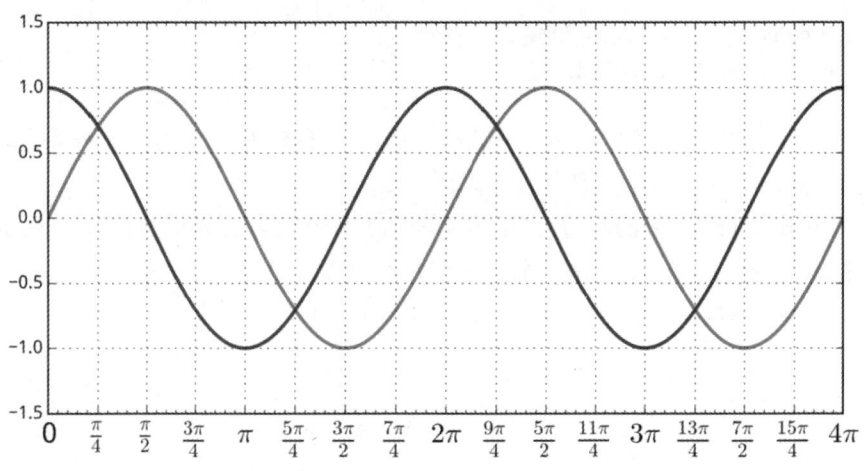

图 4-9 配置 X 轴的刻度线的位置和文本，并开启副刻度线

❶刻度定位和文本格式化相关的类都在 matplotlib.ticker 模块中定义，程序从中载入了如下两个类：

- MultipleLocator：❸❺以指定值的整数倍为刻度放置主副刻度线。
- FuncFormatter：❹使用指定的函数计算刻度文本，它会将刻度值和刻度的序号作为参数传递给计算刻度文本的函数。❷程序中通过 pi_formatter()计算出与刻度值对应的刻度文本。

4.2.5 Artist 对象的关系

为了方便读者理解图表中各种 Artist 对象之间的关系，本书提供了一个输出 Artist 对象关系图的小程序。

 scpy2.common.GraphvizMatplotlib：将 matplotlib 的对象关系输出成如图 4-10 所示的关系图。

为了生成关系图，读者可以从 Graphviz 的官方网站下载 Graphviz 软件包，或者使用 Graphviz 的在线编辑器。下面看一个例子：

```
fig = plt.figure()
plt.subplot(211)
plt.bar([1, 2, 3], [1, 2, 3])
plt.subplot(212)
plt.plot([1, 2, 3])
```

下面调用 GraphvizMatplotlib.graphviz()，将 fig 内部各个 Artist 对象的关系输出为 dot 代码，并使用%dot 魔法命令将其转换为 SVG 图像，显示在 Notebook 中。结果为图 4-10 所示的关系图：

```
from scpy2.common import GraphvizMatplotlib
%dot GraphvizMatplotlib.graphviz(fig)
```

图 4-10 中以灰色填充矩形表示列表，其他的矩形表示各种 Artist 对象。Artist 对象之间的关系使用带箭头的细线表示，细线旁边的文本为属性名。

例如从 Figure 矩形到 Rectangle 矩形的箭头表示 Figure 对象的 patch 属性是一个 Rectangle 对象。而 Figure 对象的 axes 属性是一个有两个元素的列表，每个元素都是一个 AxesSubplot 对象。请读者仔细观察图 4-10，并在 IPython 中输入相应的语句，确认各个 Artist 对象之间的关系。

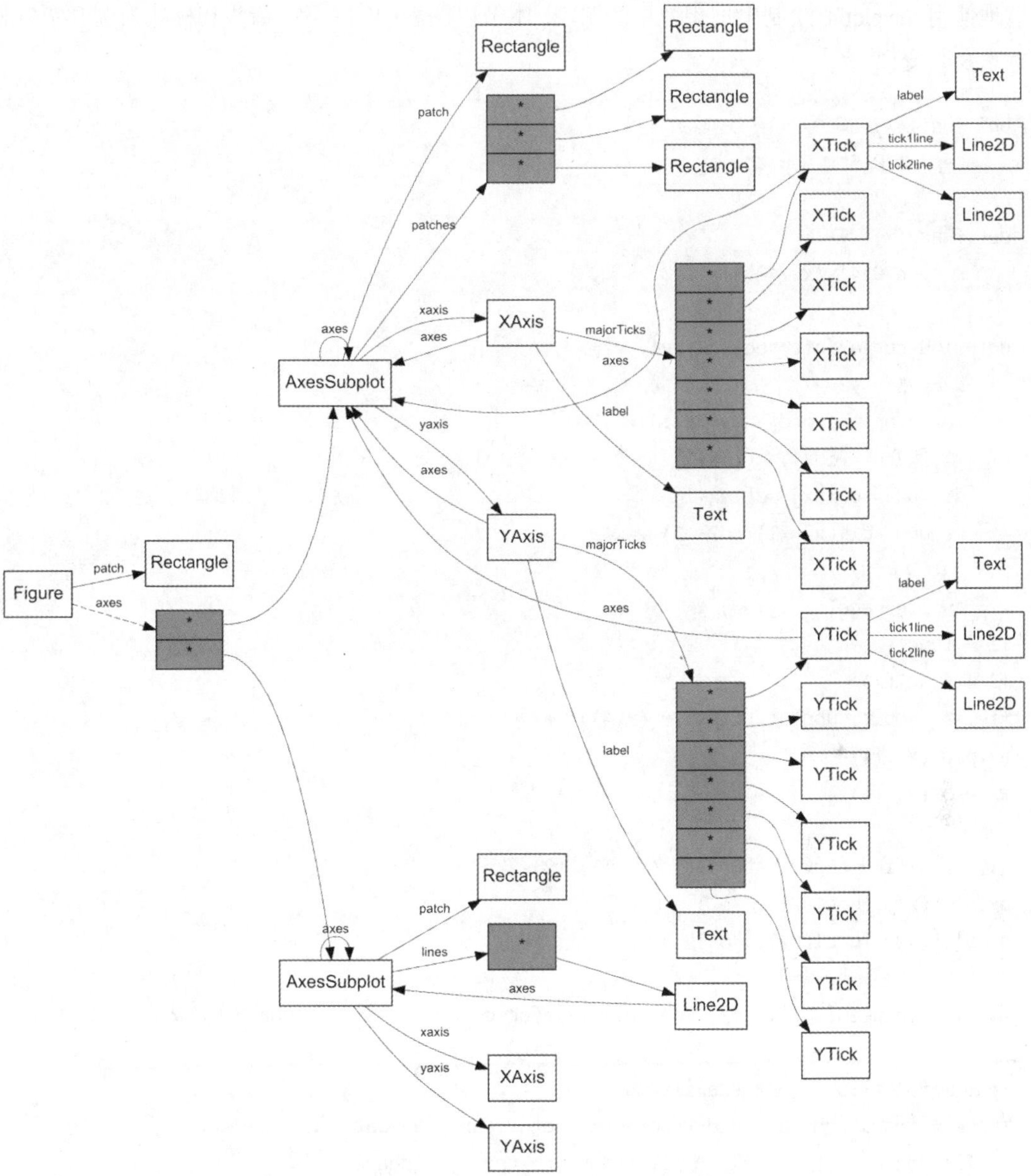

图 4-10 使用 GraphvizMatplotlib 生成图表对象中各个 Artist 对象之间的关系图

4.3 坐标变换和注释

与本节内容对应的 Notebook 为：04-matplotlib/matplotlib-300-transform.ipynb。

一幅图表中涉及多种坐标系以及坐标变换，理解各种坐标系的含义并掌握其用法才能随心所欲地使用 matplotlib 绘制出理想效果的图表。本节以图表中的文字、箭头和标注为例介绍各种坐标系及其变换。

```python
def func1(x):            ❶
    return 0.6*x + 0.3

def func2(x):            ❶
    return 0.4*x*x + 0.1*x + 0.2

def find_curve_intersects(x, y1, y2):
    d = y1 - y2
    idx = np.where(d[:-1]*d[1:]<=0)[0]
    x1, x2 = x[idx], x[idx+1]
    d1, d2 = d[idx], d[idx+1]
    return -d1*(x2-x1)/(d2-d1) + x1

x = np.linspace(-3,3,100)  ❷
f1 = func1(x)
f2 = func2(x)
fig, ax = plt.subplots(figsize=(8,4))
ax.plot(x, f1)
ax.plot(x, f2)

x1, x2 = find_curve_intersects(x, f1, f2)  ❸
ax.plot(x1, func1(x1), "o")
ax.plot(x2, func1(x2), "o")

ax.fill_between(x, f1, f2, where=f1>f2, facecolor="green", alpha=0.5)  ❹

from matplotlib import transforms
trans = transforms.blended_transform_factory(ax.transData, ax.transAxes)
ax.fill_between([x1, x2], 0, 1, transform=trans, alpha=0.1)  ❺

a = ax.text(0.05, 0.95, u"直线和二次曲线的交点",    ❻
    transform=ax.transAxes,
    verticalalignment = "top",
    fontsize = 18,
    bbox={"facecolor":"red","alpha":0.4,"pad":10}
)

arrow = {"arrowstyle":"fancy,tail_width=0.6",
        "facecolor":"gray",
        "connectionstyle":"arc3,rad=-0.3"}
```

```
ax.annotate(u"交点", ❼
    xy=(x1, func1(x1)), xycoords="data",
    xytext=(0.05, 0.5), textcoords="axes fraction",
    arrowprops = arrow)

ax.annotate(u"交点", ❼
    xy=(x2, func1(x2)), xycoords="data",
    xytext=(0.05, 0.5), textcoords="axes fraction",
    arrowprops = arrow)

xm = (x1+x2)/2
ym = (func1(xm) - func2(xm))/2+func2(xm)
o = ax.annotate(u"直线大于曲线区域", ❼
    xy =(xm, ym), xycoords="data",
    xytext = (30, -30), textcoords="offset points",
    bbox={"boxstyle":"round", "facecolor":(1.0, 0.7, 0.7), "edgecolor":"none"},
    fontsize=16,
    arrowprops={"arrowstyle":"->"}
)
```

程序的输出如图 4-11 所示。在图 4-11 中演示了下面列出的标注效果：

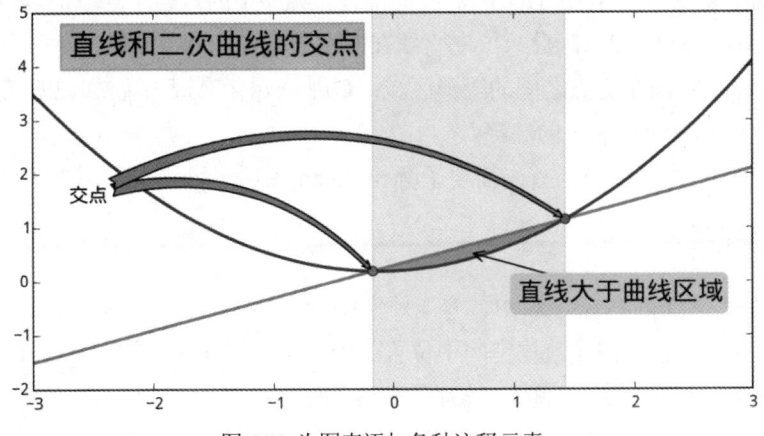

图 4-11　为图表添加各种注释元素

- 用两个小圆点表示直线和曲线的两个交点。
- 对两个交点之间、位于直线和曲线之间的面积进行了填充。
- 使用一个高为整个子图高度、左右边位于两个交点的矩形表示两个交点之间的区间。
- 在图 4-11 的左上角放置了说明文字。
- 对两个交点和填充面积使用了带箭头的注释说明。

首先，❶定义了两个函数 func1 和 func2，它们分别是计算一条直线和一条二次曲线的函数。

❷然后计算这两个函数在区间(-3, 3)上的值，并且调用 plot()绘制成曲线图。

❸为了标出两个交点，我们用 find_curve_intersects()计算两条曲线 f1 和 f2 的交点所对应的 X 轴坐标 x1 和 x2。交点处的小圆点仍然使用 plot()进行绘制，这时所传递的 X-Y 轴的数据为单一的数值，并且以'o'为样式进行绘图。

如何计算两条曲线的交点

当两条曲线的 Y 轴坐标值 y1 和 y2 使用相同的 X 轴坐标数组 x 计算时，很容易计算它们的交点。首先计算两条曲线在 Y 轴的差值 d = y1-y2，然后找到符号相反的两个连续的差值的下标 idx 和 idx + 1。计算直线(x[idx],d[idx])~(x[idx+1],d[idx+1])和 X 轴的交点就可得到两条曲线交点的 X 轴坐标 xc。如果要计算交点的 Y 轴坐标，只需要调用 np.interp(xc, x, y1)对曲线进行线性插值即可。

---

❹接下来调用 fill_between()绘制 X 轴上在两个交点之间、Y 轴上在两条曲线之间的面积部分，并通过 facecolor 和 alpha 参数指定填充的颜色和透明度。fill_between()的调用参数如下：

```
fill_between(x, y1, y2=0, where=None)
```

其中，x 参数是长度为 N 的数组，y1 和 y2 参数是长度为 N 的数组或单个数值。当 y1 或 y2 为单个数值时，它们相当于一个长度为 N、元素数值都相同的数组。fill_between()将填充 Y 轴在 y1 和 y2 之间的部分。如果 where 参数为 None，就对数组 x 中的所有元素进行填充；如果 where 是一个布尔数组，则只填充其中 True 所对应的部分。程序中的数组 x 的取值范围为(-3, 3)，由于设置了条件 where = f1 > f2，因此只绘制直线在二次曲线之上的部分。

❺绘制 X 轴上在两个交点之间的矩形区域；❻用 text()在图表中添加说明文字；❼最后用 annotate()为图表添加三个带箭头的注释。

为了真正理解程序的细节，首先需要了解 matplotlib 中坐标变换的工作原理。

4.3.1　4 种坐标系

在 matplotlib 所绘制的一幅图表中，有 4 种坐标系：

- 数据坐标系：它是描述数据空间中位置的坐标系，例如对于图 4-11，它的数据坐标系的范围为 X 轴在(-3, 3)之间，Y 轴在(-2, 5)之间。
- 子图坐标系：描述子图中位置的坐标系，子图的左下角坐标为(0, 0)，右上角坐标为(1, 1)。
- 图表坐标系：一幅图表可以包含多个子图，并且子图周围都有一定的余白，因此还需要用图表坐标系描述图表显示区域中的某个点，图表的左下角坐标为(0, 0)，右上角坐标为(1, 1)。
- 窗口坐标系：它是绘图窗口中以像素为单位的坐标系。左下角坐标为(0, 0)，右上角坐标为(width, height)。其中的 width 和 height 分别是以像素为单位的绘图窗口的内宽和内高，不包括标题栏、工具条以及状态栏等部分。

Axes 对象的 transData 属性是数据坐标变换对象，transAxes 属性是子图坐标变换对象。Figure

对象的 transFigure 属性是图表坐标变换对象。

通过上述坐标变换对象的 transform()方法，可以将此坐标系下的坐标转换为窗口坐标系中的坐标。下面的程序计算数据坐标系中的坐标点(-3, -2)和(3, 5)在绘图窗口中的坐标：

```
print type(ax.transData)
ax.transData.transform([(-3,-2), (3,5)])

<class 'matplotlib.transforms.CompositeGenericTransform'>
array([[  80.,   32.],
 [ 576.,  288.]])
```

下面的程序计算子图坐标系中的坐标点(0, 0)和(1, 1)在绘图窗口中的位置，得到的结果和上面的相同。即子图的左下角坐标(0, 0)和数据坐标系中的坐标(-3, -2)在屏幕上是一个点。观察图4-11可以知道这显然是正确的。

```
ax.transAxes.transform([(0,0), (1,1)])
array([[  80.,   32.],
        [ 576.,  288.]])
```

最后计算图表坐标系中坐标点(0, 0)和(1, 1)在绘图窗口中的位置，可以看出绘图区域的宽为640个像素，高为320个像素：

```
fig.transFigure.transform([(0,0), (1,1)])
array([[   0.,    0.],
        [ 640.,  320.]])
```

通过坐标变换对象的 inverted()方法，可以获得它的逆变换对象。例如下面的程序计算绘图窗口中的坐标点(320, 160)在数据坐标系中的坐标，结果为(-0.09677419, 1.5)：

```
inv = ax.transData.inverted()
print type(inv)
inv.transform((320, 160))

<class 'matplotlib.transforms.CompositeGenericTransform'>
array([-0.09677419,  1.5       ])
```

请读者仔细观察程序所输出的图表，子图的上下余白相同，而左侧余白略大于右侧余白，因此绘图区域的中心点(320, 160)并不是数据区域的中心点(0, 1.5)。

当调用 set_xlim()修改子图所显示的 X 轴范围之后，它的数据坐标变换对象也同时发生了变化：

```
print ax.set_xlim(-3, 2) # 设置 X 轴的范围为-3 到 2
print ax.transData.transform((3, 5)) # 数据坐标变换对象已经发生了变化

(-3, 2)
[ 675.2  288. ]
```

下面回头看看图 4-11 中绘制矩形区间的程序：

```
from matplotlib import transforms
trans = transforms.blended_transform_factory(ax.transData, ax.transAxes)
ax.fill_between([x1, x2], 0, 1, transform=trans, alpha=0.1)
```

矩形区间使用 fill_between()绘制。由于所绘制矩形的左右两边要始终经过两个交点，因此矩形的 X 轴坐标必须使用数据坐标系中的坐标：x1 和 x2。而由于矩形的高度始终充满整个子图的高度，因此矩形的 Y 轴坐标必须是子图坐标系中的坐标：0 和 1。

 使用 axvspan()和 axhspan()可以快速绘制垂直方向和水平方向上的区间。

程序中，使用 blended_transform_factory()创建这种混合坐标系。它的两个参数都是坐标变换对象，它从第一个参数获得 X 轴的坐标变换，从第二个参数获得 Y 轴的坐标变换。因此它所返回的坐标变换对象 trans 的 X 轴使用数据坐标系，而 Y 轴使用子图坐标系。程序中，将混合坐标变换对象 trans 传递给 fill_between()的 transform 参数，这样所绘制的填充区域就能始终保持左右边通过两个交点，而上下边位于子图边框之上。

4.3.2 坐标变换的流水线

从一个坐标系变换到另一个坐标系，中间需要经过几个步骤。而且数据坐标系不一定是笛卡尔坐标系，它可能是极坐标系或对数坐标系。因此坐标系的变换并不是简单的二维仿射变换(2D Affine Transformation)。让我们从最简单的图表坐标变换对象 transFigure 开始，介绍 matplotlib 的坐标变换是如何进行的。

通过本书提供的 GraphvizMPLTransform 可以将坐标变换对象显示为关系图，图 4-12 显示了 fig.transFigure 的内部结构。

```
from scpy2.common import GraphvizMPLTransform
%dot GraphvizMPLTransform.graphviz(fig.transFigure)
```

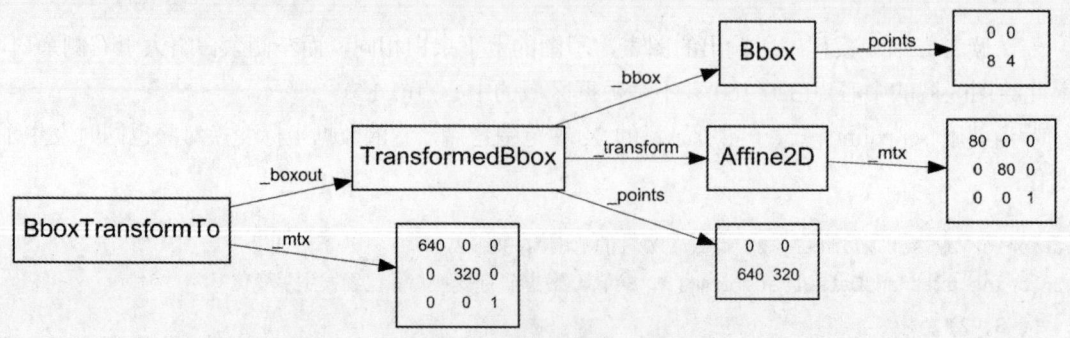

图 4-12 图表坐标变换对象的内部结构

这个坐标变换对象的内容有些复杂，它是一个 BboxTransformTo 对象，其中包含一个 TransformedBbox 对象，而 TransformedBbox 对象又包含一个 Bbox 对象和一个 Affine2D 对象：

- Bbox：定义一个矩形区域——[[x0, y0], [x1, y1]]。在本例中，矩形的两个顶点坐标分别为(0, 0)和(8 ,4)，它是窗口的英寸大小，通过 figsize 参数传递给 figure()。
- Affine2D：二维仿射变换对象，它是一个矩阵，通过它和齐次向量相乘得到变换之后的坐标。由于矩阵中只有对角线上的值不为零，因此该仿射变换只进行缩放变换。它将坐标(x, y)变换为(80*x, 80*y)。

仿射变换

二维空间的仿射变换矩阵的大小为 3×3，为了进行仿射变换需要使用齐次坐标，即用三维向量(x, y, 1)表示二维平面上的点(x, y)。仿射变换就是仿射矩阵和向量的乘积。由于变换矩阵最下一行的数值始终是(0, 0, 1)，因此有时也将它写成 2×3 的矩阵形式。

- TransformedBbox：将矩形区域通过仿射变换之后得到一个新的矩形区域。例子中，所得到的矩形区域的两个顶点为(0, 0)和(640, 320)。为了避免重复运算，它的_points 属性缓存了这两个顶点的坐标。它正好是以像素点为单位的窗口的大小，因此仿射变换矩阵中的数值 80 实际上是 Figure 对象的 dpi 属性。
- BboxTransformTo: 它是一个从单位矩形区域转换到指定的矩形区域的变换。在本例中，它是一个将矩形区域(0, 0)-(1, 1)变换到矩形区域(0, 0)-(640, 320)的坐标变换对象，因此它能将坐标从图表坐标系转换为窗口坐标系中的坐标。其_mtx 属性缓存了该变换矩阵。

fig.transFigure 中的仿射变换对象可以通过 fig.dpi_scale_trans 获得：

```
fig.dpi_scale_trans == fig.transFigure._boxout._transform
```
```
True
```

接下来我们查看子图坐标变换对象的内容(内容结构参见图 4-13)：

```
%dot GraphvizMPLTransform.graphviz(ax.transAxes)
```

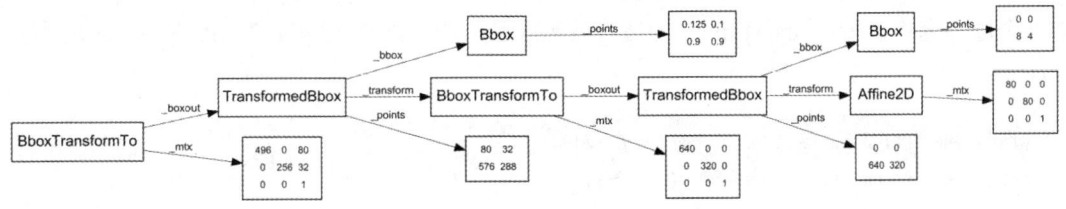

图 4-13 子图坐标变换对象的内部结构

ax.transAxes 是一个 BboxTransformTo 对象，因此它也将(0, 0)-(1, 1)区域变换为另一个区域。而此区域是一个 TransformedBbox 对象，它是将矩形区域(0.125, 0.1)-(0.9, 0.9)通过 fig.transFigure 变换之后的区域。因此在 transAxes 对象内部使用了 transFigure 变换：

```
ax.transAxes._boxout._transform == fig.transFigure
True
```

而此变换中的矩形区域(0.125, 0.1)-(0.9, 0.9)是子图在图表坐标系中的位置:

```
ax.get_position()
Bbox('array([[ 0.125,  0.1 ],\n       [ 0.9 ,  0.9 ]])')
```

子图在窗口坐标系中的矩形区域为:

```
ax.transAxes._boxout.bounds
(80.0, 31.999999999999993, 496.0, 256.0)
```

因此 ax.transAxes 实际上是一个将矩形区域(0,0)-(1,1)变换到矩形区域(80.0,32)-(496.0, 256.0)的坐标变换对象。

最后我们观察数据坐标系的变换对象 ax.transData(内部结构参见图 4-14)。它由 ax.transScale、ax.transLimits 和 ax.transAxes 共同构成,因此先看看 ax.transLimits 和 ax.transScale 的内容。transLimits 是一个 BboxTransformFrom 对象,它是一个将指定的矩形区域变换为(0,0)-(1,1)矩形区域的变换对象。

```
%dot GraphvizMPLTransform.graphviz(ax.transLimits)
```

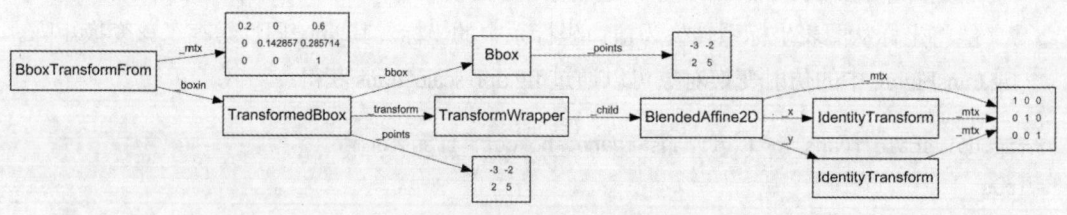

图 4-14 数据坐标变换对象的内部结构

而 transLimits 的源矩形区域为一个 TransformedBbox 对象,它是一个将矩形区域(-3, -2)-(2, 5)通过坐标变换之后的矩形区域。而此处的变换由 TransformWrapper 对象定义,在图 4-14 中它是一个恒等变换。因此 transLimits 的最终效果就是将矩形区域(-3,-2)-(2, 5)变换为矩形区域(0, 0)-(1, 1):

```
print ax.transLimits.transform((-3, -2))
print ax.transLimits.transform((2, 5))
[ 0.  0.]
[ 1.  1.]
```

而矩形区域(-3, -2)-(2, 5)由 X 轴和 Y 轴的显示范围决定:

```
print ax.get_xlim() # 获得 X 轴的显示范围
print ax.get_ylim() # 获得 Y 轴的显示范围
```

```
(-3.0, 2.0)
(-2.0, 5.0)
```

由于 transLimits 将数据坐标系的显示范围变换为单位矩形，而 transAxes 将单位矩形变换为以像素为单位的窗口矩形范围，因此这两个变换的综合效果就是将数据坐标变换为窗口坐标。可以用 "+" 号将两个变换连接起来创建一个新的变换对象，例如 ax.transLimits + ax.transAxes 表示先进行 ax.transLimits 变换，然后进行 ax.transAxes 变换，变换对象就像流水线上生产产品一样，一步一步地对坐标点进行变换。下面的程序比较它和 ax.transData 的变换结果：

```
t = ax.transLimits + ax.transAxes
print t.transform((0,0))
print ax.transData.transform((0,0))
[ 377.6          105.14285714]
[ 377.6          105.14285714]
```

为了支持不同比例的坐标轴，transData 中还包括一个 transScale 变换，即 transData = transScale + transLimits + transAxes。本例中 transScale 是一个恒等变换，因此 ax.transLimits + ax.transAxes 和 ax.transData 的变换效果一样：

```
ax.transScale
TransformWrapper(BlendedAffine2D(IdentityTransform(),IdentityTransform()))
```

当使用 semilogx()、semilogy() 以及 loglog() 等绘图函数绘制对数坐标轴的图表时，或者使用 Axes 的 set_xscale() 和 set_yscale() 等方法将坐标轴设置为对数坐标时，transScale 就不再是恒等变换了，其内部结构如图 4-15 所示。

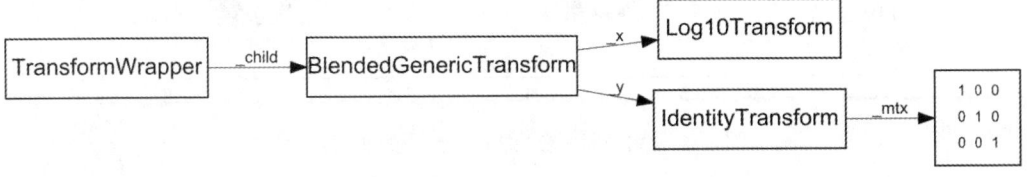

图 4-15 X 轴为对数坐标时 transScale 对象的内部结构

 由于本例中 X 轴的取值范围包含负数，因此如果将 X 轴改为对数坐标，并且重新绘图，会产生很多错误信息。

```
ax.set_xscale("log") # 将 X 轴改为对数坐标
%dot GraphvizMPLTransform.graphviz(ax.transScale)
ax.set_xscale("linear") # 将 X 轴改为线性坐标
```

4.3.3 制作阴影效果

下面用上节介绍的坐标变换绘制带阴影效果的曲线。完整程序如下，效果如图4-16所示：

```
fig, ax = plt.subplots()
x = np.arange(0., 2., 0.01)
y = np.sin(2*np.pi*x)

N = 7 # 阴影的条数
for i in xrange(N, 0, -1):
    offset = transforms.ScaledTranslation(i, -i, transforms.IdentityTransform())  ❶
    shadow_trans = plt.gca().transData + offset  ❷
    ax.plot(x,y,linewidth=4,color="black",
        transform=shadow_trans,   ❸
        alpha=(N-i)/2.0/N)

ax.plot(x,y,linewidth=4,color='black')
ax.set_ylim((-1.5, 1.5))
```

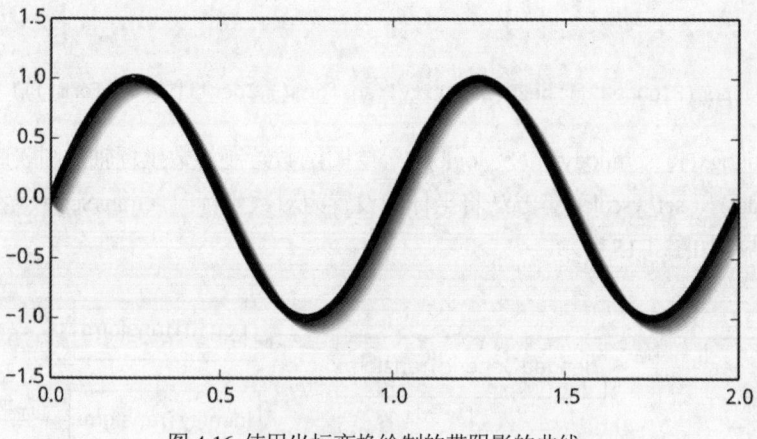

图4-16 使用坐标变换绘制的带阴影的曲线

首先使用循环绘制N条透明度和偏移量逐渐变化的曲线，然后绘制实际的曲线，以实现阴影效果。

❶offset 是一个 ScaledTranslation 对象，它的前两个参数决定了 X 轴和 Y 轴的偏移量，而第三个参数是一个坐标变换对象，经过它变换之后，再进行偏移变换。由于程序中的第三个参数是一个恒等变换，因此 offset 实际上是一个单纯的偏移变换：对 X 轴坐标增加 i，对 Y 轴坐标减少 i。

下面查看 i 为 1 时的 offset：

```
offset.transform((0,0)) # 将(0,0)变换为(1,-1)
array([ 1., -1.])
```

❷阴影曲线的坐标变换由 shadow_trans 完成,它由数据坐标变换对象 transData 和 offset 组成。

```
print ax.transData.transform((0,0)) # 对(0,0)进行数据坐标变换
print shadow_trans.transform((0,0)) # 对(0,0)进行数据坐标变换和偏移变换
```

```
[  60.  120.]
[  61.  119.]
```

❸最后通过参数 transform 将 shadow_trans 传递给 plot()绘图。由于 shadow_trans 是在完成数据坐标到窗口坐标的变换之后,再进行偏移变换,因此无论当前的缩放比例如何,阴影效果将始终保持一致。

4.3.4 添加注释

在 pyplot 模块中提供了两个绘制文字的函数:text()和 figtext()。它们分别调用当前 Axes 对象和当前 Figure 对象的 text()方法进行绘图。text()默认在数据坐标系中添加文字,而 figtext()则默认在图表坐标系中添加文字。可以通过 transform 参数改变文字所在的坐标系,下面的程序演示了在数据坐标系、子图坐标系以及图表坐标系中添加文字:

```
x = np.linspace(-1,1,10)
y = x**2

fig, ax = plt.subplots(figsize=(8,4))
ax.plot(x,y)

for i, (_x, _y) in enumerate(zip(x, y)):
    ax.text(_x, _y, str(i), color="red", fontsize=i+10) ❶

ax.text(0.5, 0.8, u"子图坐标系中的文字", color="blue", ha="center",
    transform=ax.transAxes) ❷

plt.figtext(0.1, 0.92, u"图表坐标系中的文字", color="green") ❸
```

❶由于没有设置 transform 参数,text()默认在数据坐标系中创建文字,这里通过 fontsize 参数修改文字的大小。❷通过 transform 参数将文字的坐标变换改为 ax.transAxes,因此文字在子图坐标系中。ha 参数为 'center' 表示坐标点 (0.5,0.8) 在水平方向上是文字的中心,ha 是 horizontalalignment 的缩写,其含义是水平对齐。❸调用 figtext()在图表坐标系中添加文字。

程序的输出如图 4-17 所示。请读者使用缩放和平移工具改变子图的显示范围,你会发现数据坐标系中的文字将跟随曲线变动,而其他两个坐标系中的文字位置不变。单击绘图窗口工具栏中的倒数第二个图标按钮,打开 "Subplot Configuration Tool" 对话框,调节 top、right、bottom 和 left 等参数,你会发现子图坐标系中的文字也会跟着改变位置,水平方向上它和子图的中心始终保持一致。而图表坐标系中文字的位置,只有在改变窗口大小时才会发生变化。

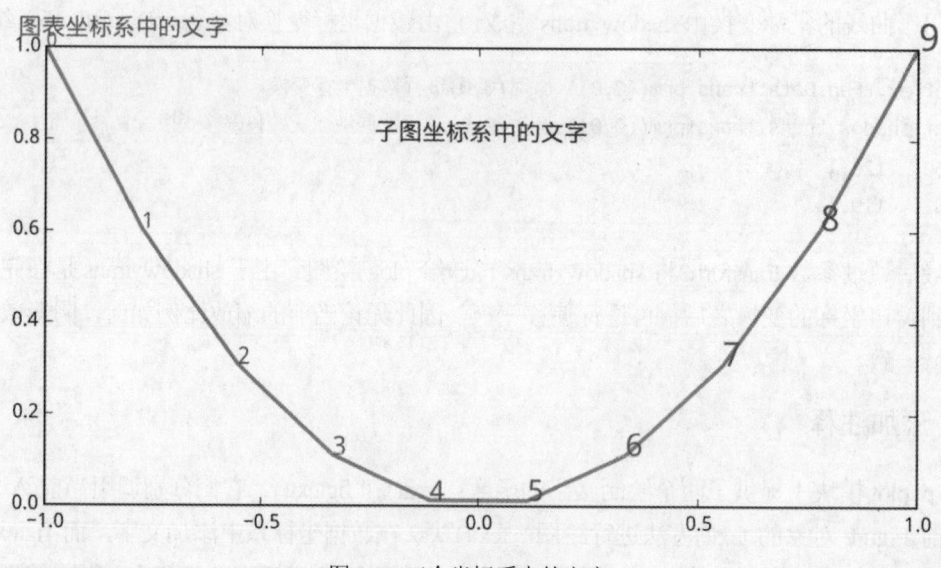

图 4-17 三个坐标系中的文字

绘制文字的函数还有许多关键字参数用于设置文字、外框的样式，请读者参考 matplotlib 的用户手册，这里就不再详细介绍了。

通过 pyplot 模块的 annotate() 绘制带箭头的注释文字，其调用参数如下：

```
annotate(s, xy, xytext=None, xycoords='data', textcoords='data', arrowprops=None, ...)
```

其中 s 参数是注释文本，xy 是箭头所指处的坐标，xytext 是注释文本所在的坐标。xycoords 和 textcoords 分别指定箭头坐标和注释文本坐标的坐标变换方式。

带箭头的注释需要指定两个坐标：箭头所指处的坐标和注释文字所在的坐标。而这两个坐标可以使用不同的坐标变换。参数 xycoords 和 textcoords 都是字符串，它们可以有表 4-5 所示的几种选项：

表 4-5 属性值与相应的坐标变换方式

属性值	坐标变换方式
figure points	以点为单位，相对于图表左下角的坐标
figure pixels	以像素为单位，相对于图表左下角的坐标
figure fraction	图表坐标系中的坐标
axes points	以点为单位，相对于子图左下角的坐标
axes pixels	以像素为单位，相对于子图左下角的坐标
axes fraction	子图坐标系中的坐标
data	数据坐标系中的坐标
offset points	以点为单位，相对于点 xy 的坐标
polar	数据坐标系中的极坐标

其中'figure fraction'、'axes fraction'和'data'分别表示使用图表坐标系、子图坐标系和数据坐标系中的坐标变换对象。由于图表和子图坐标系都是正规化之后的坐标，使用起来不太方便，因此对于图表和子图还分别提供了以点为单位和以像素为单位的坐标变换方式。点和像素的单位类似，但是它不会随着图表的 dpi 属性值而发生变化，它始终以每英寸 72 个点进行计算。

上述几种坐标变换都以固定的点为原点进行变换，有时我们希望以距离箭头的偏移量指定文字的坐标，这时可以使用'offset points'选项。

在图 4-11 中，所有注释的箭头坐标都采用'data'，因此无论如何放大或平移绘图区域，箭头始终指向数据坐标系中的固定点。而注释文本"交点"的坐标变换方式采用'axes fraction'，因此"交点"始终保持在子图中的固定位置。而"直线大于曲线区域"注释文本的坐标采用'offset points'变换，因此文字和箭头的相对位置始终保持不变。

最后，arrowprops 参数是一个描述箭头样式的字典。关于注释样式的详细配置请参考 matplotlib 的相关文档。

4.4 块、路径和集合

 与本节内容对应的 Notebook 为：04-matplotlib/matplotlib-400-patch-collections.ipynb。

本节介绍构成绘图元素的几个重要的类，熟练掌握这些类的用法可以绘制出标准的绘图函数无法实现的效果，并且能极大地提高绘图速度。

4.4.1 Path 与 Patch

Patch 对象(块)是一种拥有填充和边线的 Artist 对象，例如多边形、椭圆等都是 Patch 对象，它的边线由 Path 对象描述。而 Path 对象的 vertices 和 codes 属性是两个数组，分别用于描述坐标点和每个坐标点对应的绘图命令代码。表 4-6 列出了各种命令代码：

表 4-6 命令代码及说明

代码	定义	说明
0	STOP	停止绘图
1	MOVETO	将当前位置移动到对应的坐标点
2	LINETO	从当前位置绘制直线到对应的坐标点
3	CURVE3	使用 2 个坐标点绘制曲线
4	CURVE4	使用 3 个坐标点绘制曲线
79	CLOSEPOLY	关闭多边形

下面创建一个左下角位于(0, 1)、宽为 2、高为 1 的 Rectangle 矩形对象，并查看与之对应的
Path 对象的 vertices 和 codes 属性：

```
rect_patch = plt.Rectangle((0, 1), 2, 1)
rect_path = rect_patch.get_path()

rect_path.vertices     rect_path.codes
------------------     --------------------
[[ 0.,   0.],          [ 1,  2,  2,  2, 79]
 [ 1.,   0.],
 [ 1.,   1.],
 [ 0.,   1.],
 [ 0.,   0.]]
```

对照前面的命令代码表，很容易理解矩形是如何绘制出来的。但是细心的读者会发现，
vertices 中的坐标并不是我们创建矩形时指定的 4 个顶点坐标。这是因为所有的矩形对象都共用
同一个 Path 对象，然后通过前面介绍过的 transform 对象将单位矩形的 Path 对象变换到指定的
坐标之上。下面通过 get_patch_transform()获得 Patch 的坐标变换对象，并用它将单位矩形的顶点
坐标变换为我们所创建矩形的顶点坐标：

```
tran = rect_patch.get_patch_transform()
tran.transform(rect_path.vertices)

array([[ 0.,   1.],
       [ 2.,   1.],
       [ 2.,   2.],
       [ 0.,   2.],
       [ 0.,   1.]])
```

对于表示复杂曲线的 Patch 对象，可以通过诸如 InkScape 的矢量图设计软件绘制并将曲
线保存成 SVG 文档，然后从 SVG 文档中提取曲线信息，创建相应的 Patch 对象。本书提供了
从简单的 SVG 文件中获取路径的 read_svg_path()函数，下面是用它绘制的 Python 图标，参见
图 4-18：

 scpy2.matplotlib.svg_path: 从 SVG 文件中获取简单的路径信息。可以使用该模块将矢
量绘图软件创建的图形转换为 Patch 对象。

```
from scpy2.matplotlib.svg_path import read_svg_path

ax = plt.gca()
patches = read_svg_path("python-logo.svg")
```

```
for patch in patches:
    ax.add_patch(patch)

ax.set_aspect("equal")
ax.invert_yaxis()
ax.autoscale()
```

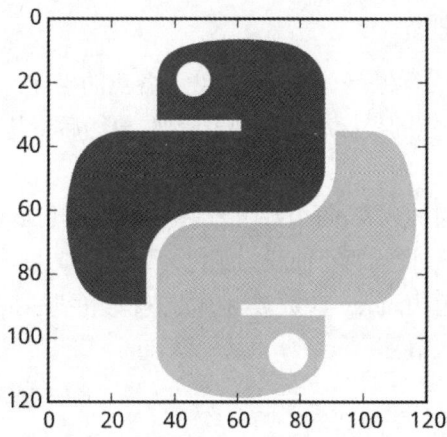

图 4-18 使用本书提供的 read_svg_path() 读入 SVG 文件中的路径并显示为 Patch 对象

4.4.2 集合

当需要绘制大量图形时，可以使用从 Collection 类派生的各种集合对象。在绘制图形时，Collection 对象会将其中多个保存绘图信息的列表传递给 C++编写的绘图函数，从而提高绘图速度。表 4-7 列出了这些列表属性，当列表长度不统一时，短列表中的元素将被循环使用。

表 4-7 Collection 类的列表属性及说明

属性	说明
paths	绘图路径
transforms	坐标变换对象
edgecolors	边线颜色
facecolors	填充颜色
linewidths	边线宽度
offsets	坐标偏移量

Collection 对象中的路径从路径坐标到屏幕坐标要进行三次坐标变换：

- transform：主坐标变换。
- transforms：与 Collection 中每条路径对应的路径变换。

- transOffset 和 offsets：坐标偏移用的变换对象和偏移量，对 offsets 中的每个坐标采用 transOffset 进行坐标变换得到实际的坐标偏移量。

根据 offset_position 参数的值，分为如下两种情况：screen(默认值)和 data。

- screen：坐标变换的顺序为——路径变换、主变换、坐标偏移。
- data：坐标变换的顺序为——坐标偏移、路径变换、主变换。

下面通过几个实例帮助读者理解上述各种属性和变换。

1. 曲线集合(LineCollection)

在文件"butterfly.txt"中每一行保存一条封闭曲线上各点的坐标：x0 y0 x1 y1 x2 y2 ...。❶在循环读入这些坐标时，将第一个点的坐标添加到列表尾部，❷然后将其转换为形状为(N, 2)的数组，其中 N 为曲线上的点数加 1。

lines 是一个保存多个数组的列表，每个数组表示一条曲线。可以通过 LineCollection 绘制 lines 保存的曲线集合。❸colors 参数设置所有曲线的颜色为黑色，❹也可以通过 cmap 参数设置所使用的颜色映射表，曲线的颜色由 array 参数数组中的值和颜色映射表决定。这里将曲线的点数的对数作为颜色映射表的输入值。

```
from matplotlib import collections as mc
lines = []
with open("butterfly.txt", "r") as f:
    for line in f:
        points = line.strip().split()
        points.extend(points[:2]) ❶
        points = np.array(points).reshape(-1, 2) ❷
        lines.append(points)


fig, (ax1, ax2) = plt.subplots(1, 2, figsize=(8, 4))
lc1 = mc.LineCollection(lines, colors="k", linewidths=1) ❸
lc2 = mc.LineCollection(lines, cmap="Paired", linewidths=1, ❹
    array=np.log2(np.array([len(line) for line in lines])))
ax1.add_collection(lc1)
ax2.add_collection(lc2)


for ax in ax1, ax2:
    ax.set_aspect("equal")
    ax.autoscale()
    ax.axis("off")
```

图 4-19 使用 LineCollection 显示大量曲线

lc1 和 lc2 中都有 145 条路径，lc1 的 edgecolors 属性长度为 1，因此所有的曲线都采用相同的颜色。而 lc2 的 edgecolors 属性长度为 145，其中的每个颜色都是通过 norm() 和 cmap() 计算得到的。

```
print "number of lc1 paths:", len(lc1.get_paths())
print "number of lc1 colors:", len(lc1.get_edgecolors())
print "number of lc2 colors:", len(lc2.get_edgecolors())
print np.all(lc2.get_edgecolors() == lc2.cmap(lc2.norm(lc2.get_array())))
number of lc1 paths: 145
number of lc1 colors: 1
number of lc2 colors: 145
True
```

下面显示路径变换、主变换、坐标偏移，可以看到唯一起作用的是主变换，它就是数据坐标变换对象，它将曲线上各个点的坐标从数据坐标系转换到屏幕坐标系。

```
print lc1.get_transforms() # 路径变换
print lc1.get_transform() is ax1.transData # 主变换为数据坐标变换对象
print lc1.get_offset_transform(), lc1.get_offsets()
[]
True
IdentityTransform() [[ 0.  0.]]
```

使用 LineCollection 可以绘制颜色或宽度渐变的曲线，例如下面对一个二维平面上的矢量场积分，并将所得的路径保存到 streams 列表中。它的长度为 25，其中每个数组表示一条积分路径，形状为(50, 2)。

```
from scipy.integrate import odeint

def field(s, t):
    x, y = s
```

```
        return 0.3 * x - y, 0.3 * y + x
        return [u, v]

X, Y = np.mgrid[-2:2:5j, -2:2:5j]
init_pos = np.c_[X.ravel(), Y.ravel()]
t = np.linspace(0, 5, 50)

streams = []
for pos in init_pos:
    r = odeint(field, pos, t)
    streams.append(r)

print len(streams), streams[0].shape
25 (50, 2)
```

　　为了采用渐变颜色显示每条积分路径，先将 streams 转换成一个三维数组 lines，形状为 (25*(50-1), 2, 2)，也就是由 1225 条线段组成的集合。我们使用两种数值作为颜色映射表的输入：time_value 和 speed_value。其中 time_value 为到达对应坐标点所需的时间，speed_value 为对应坐标点处的速度大小，效果如图 4-20 所示。

```
lines = np.concatenate([
    np.concatenate((r[:-1, None, :], r[1:, None, :]), axis=1)
    for r in streams], axis=0)

time_value = np.concatenate([t[:-1]] * len(streams))
x, y = lines.mean(axis=1).T
u, v = field([x, y], 0)
speed_value = np.sqrt(u ** 2 + v ** 2)

fig, (ax1, ax2) = plt.subplots(1, 2, figsize=(10, 3.5))
fig.subplots_adjust(0, 0, 1, 1)
ax1.plot(init_pos[:, 0], init_pos[:, 1], "x")
ax2.plot(init_pos[:, 0], init_pos[:, 1], "x")

lc1 = mc.LineCollection(lines, linewidths=2, array=time_value)
lc2 = mc.LineCollection(lines, linewidths=2, array=speed_value)

ax1.add_collection(lc1)
ax2.add_collection(lc2)

plt.colorbar(ax=ax1, mappable=lc1, label=u"时间")
plt.colorbar(ax=ax2, mappable=lc2, label=u"速度")
```

```
for ax in ax1, ax2:
    ax.plot(init_pos[:, 0], init_pos[:, 1], "x")
    ax.autoscale()
    ax.set_aspect("equal")
    ax.set_xlim(-10, 10)
    ax.set_ylim(-10, 10)
```

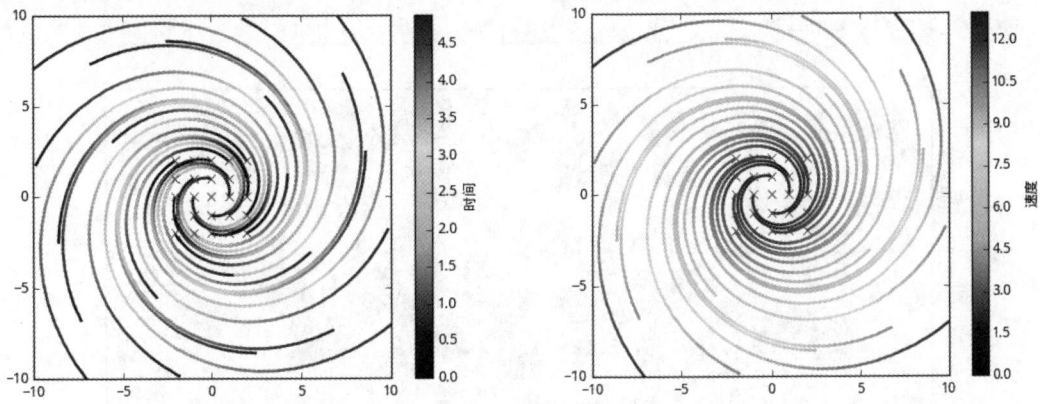

图 4-20 使用 LineCollection 绘制颜色渐变的曲线

2. 多边形集合(PolyCollection)

多边形集合 PolyCollection 的用法和 LineCollection 类似，不过它会自动封闭并填充颜色。下面的 star_polygon()创建以(x, y)为中心、r 为半径、旋转 theta 的 N 角星，s 参数为内圆的半径与外圆半径的比值，效果如图 4-21 所示。在随机创建 1000 个 N 角星后，调用 PolyCollection 绘制。

```
from numpy.random import randint, rand, uniform

def star_polygon(x, y, r, theta, n, s):
    angles = np.arange(0, 2*np.pi, 2*np.pi/2/n) + theta
    xs = r * np.cos(angles)
    ys = r * np.sin(angles)
    xs[1::2] *= s
    ys[1::2] *= s
    xs += x
    ys += y
    return np.vstack([xs, ys]).T


stars = []
for i in range(1000):
    star = star_polygon(randint(800), randint(500),
                        uniform(5, 20), uniform(0, 2*np.pi),
                        randint(3, 9), uniform(0.1, 0.7))
```

```
    stars.append(star)

fig, ax = plt.subplots(figsize=(10, 5))
polygons = mc.PolyCollection(stars, alpha=0.5, array=np.random.rand(len(stars)))
ax.add_collection(polygons)
ax.autoscale()
ax.margins(0)
ax.set_aspect("equal")
```

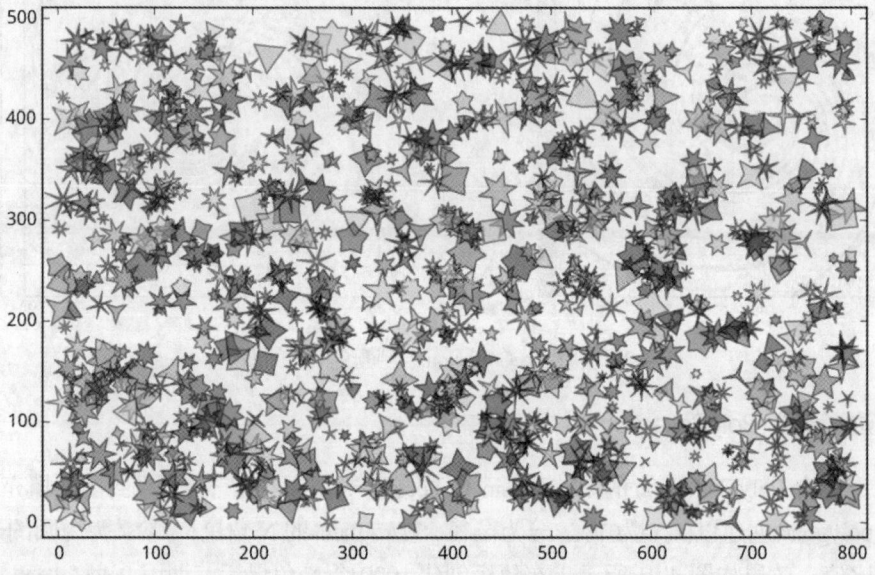

图 4-21 用 PolyCollection 绘制大量多边形

每个多边形的填充颜色由颜色映射表决定，因此 facecolors 的长度与多边形的个数相同，而所有的多边形共用边线颜色，所以 edgecolors 的长度为 1。PolyCollection 的坐标变换方式与 LineCollection 相同，就不再重复了。

```
print "length of facecolors:", len(polygons.get_facecolors())
print "length of edgecolors:", len(polygons.get_edgecolors())
length of facecolors: 1000
length of edgecolors: 1
```

3. 路径集合(PathCollection)

scatter()用于绘制散列图，它返回的是一个 PathCollection 对象：

```
N = 30
np.random.seed(42)
x = np.random.rand(N)
y = np.random.rand(N)
```

```
size = np.random.randint(20, 60, N)
value = np.random.rand(N)

fig, ax = plt.subplots()
pc = ax.scatter(x, y, s=size, c=value)
```

 pc 是一个 PathCollection 对象，它的 facecolors 长度为散列点数，颜色由颜色映射表决定。edgecolors 的长度为 1，所以每个圆形的边线颜色相同。

 所有散列点的形状都是相似的，因此 paths 属性的长度为 1。每个散列点的大小由路径变换 transforms 决定，它是一个形状为(30, 3, 3)的三维数组。每个散列点对应其中的一个 3×3 的变换矩阵。下面是下标为 0 的散列点的路径变换对象，它将路径在 X 轴和 Y 轴方向上放大 5.916 倍：

```
print pc.get_transforms().shape
print pc.get_transforms()[0] #下标为 0 的点对应的缩放矩阵
(30, 3, 3)
[[ 5.91607978  0.          0.         ]
 [ 0.          5.91607978  0.         ]
 [ 0.          0.          1.         ]]
```

 散列点的中心位置为 offsets 经过 offset_transform 变换之后的坐标。由下面的结果可以看出 offset_transform 变换就是数据坐标变换对象，它将数据空间中的坐标变换为以像素为单位的屏幕坐标，因此 offsets 中保存的就是数据坐标系中的坐标偏移量。

```
print pc.get_offsets()[0] #下标为 0 的点对应的中心坐标
#计算下标为 0 的点对应的屏幕坐标
print pc.get_offset_transform().transform(pc.get_offsets())[0]
print pc.get_offset_transform() is ax.transData
[ 0.37454012  0.60754485]
[ 212.66351729  134.74900826]
True
```

 transforms 决定散列点的大小，offset_transform 和 offsets 决定散列点的位置，因此主变换 transform 对象无须做任何变换，它是一个恒等变换。

```
print pc.get_transform()
IdentityTransform()
```

 由于 offset_position 的值为 screen，因此坐标变换的顺序为：路径变换、主变换、坐标偏移。路径变换对单位圆进行缩放，而坐标偏移则把圆形移动到指定的位置。

```
pc.get_offset_position()
u'screen'
```

4. 椭圆集合(EllipseCollection)

EllipseCollection 用于绘制大量的椭圆，每个椭圆都可以拥有独立的长轴和短轴长度以及旋转角度。它的参数如下：

```
EllipseCollection(self, widths, heights, angles, units='points', **kwargs)
```

其中 widths、heights 和 angles 是三个长度相同的数组，分别为每个椭圆的两个轴的长度以及旋转角度。而 units 参数则指定 widths 和 heights 的单位，有如下选项：

```
'points' | 'inches' | 'dots' | 'width' | 'height' | 'x' | 'y' | 'xy'
```

其中'points'、'inches'和'dots'为屏幕坐标系中的长度，'dots'的单位为像素点，而'points'和'inches'则根据图表对象的 DPI 属性按照不同的比例变换为'dots'单位。'width'和'height'分别用子图的宽度或高度作为长度单位，'x'和'y'则采用数据坐标系中的 X 轴或 Y 轴长度，'xy'表示采用数据坐标系中的 X 轴和 Y 轴的长度单位。如果子图的 X 轴和 Y 轴的长度单位不同，椭圆呈现的旋转角度与 angles 指定的值也会有所不同。

下面的程序演示了 unit 为'x'和'xy'的区别，效果如图 4-22 所示，左图中椭圆的长度单位为'x'，宽度为 X 轴上的两个单位距离，高度为 X 轴上的一个单位距离。由于高度和宽度采用同样的单位，因此椭圆显示的角度与 angles 指定的值相同。当 unit 为'xy'时，椭圆的高度采用 Y 轴的单位距离，由于 Y 轴的单位距离的像素点数小于 X 轴的单位距离，因此右图中的椭圆比左图的更扁一些，而且由于两个方向上的长度单位不同，椭圆呈现的方向也与 angles 指定的值不同。如果使用 axes[1].set_aspect("equal")将 X 和 Y 轴的单位长度设置为相同，则椭圆的角度和 angles 指定的角度相同，图中的 12 个椭圆将均匀地分布在一个正圆的圆周上。

```python
angles = np.linspace(0, 2*np.pi, 12, endpoint=False)
offsets = np.c_[3*np.cos(angles), 2*np.sin(angles)]
angles_deg = np.rad2deg(angles)
widths = np.full_like(angles, 2)
heights = np.full_like(angles, 1)

fig, axes = plt.subplots(1, 2, figsize=(12, 4))

ec0 = mc.EllipseCollection(widths, heights, angles_deg, units="x", array=angles,
                           offsets=offsets, transOffset=axes[0].transData)
axes[0].add_collection(ec0)
axes[0].axis((-5, 5, -5, 5))

ec1 = mc.EllipseCollection(widths, heights, angles_deg, units="xy", array=angles,
                           offsets=offsets, transOffset=axes[1].transData)
axes[1].add_collection(ec1)
axes[1].axis((-5, 5, -5, 5))
#axes[1].set_aspect("equal")
```

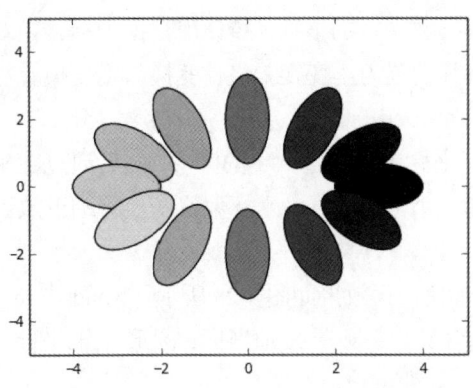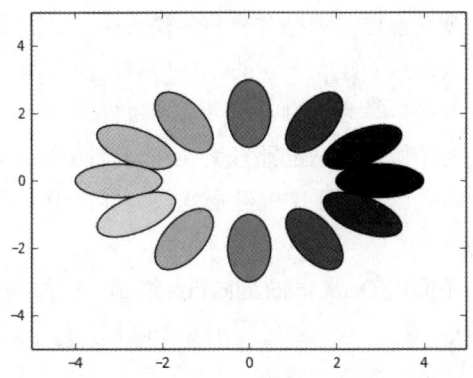

图 4-22 EllipseColletion 的 unit 参数：unit='x'(左图)、unit='xy'(右图)

5. 数据空间中的圆形集合对象

仿照图 4-22(右)，可以使用 EllipseCollection 绘制以数据空间中的长度为半径的圆的集合，只需要将 widths 和 heights 设置为圆形的直径即可。虽然在 collections 模块中还有一个 CircleCollection 类，但是它所设置的圆的大小是屏幕空间中的大小，无法控制其在数据空间中的大小。

下面我们自定义一个能绘制数据空间中圆形集合的 DataCircleCollection 类：

```python
from matplotlib.collections import CircleCollection, Collection
from matplotlib.transforms import Affine2D

class DataCircleCollection(CircleCollection):

    def set_sizes(self, sizes):
        self._sizes = sizes

    def draw(self, render):
        ax = self.axes
        ms = np.zeros((len(self._sizes), 3, 3))
        ms[:, 0, 0] = self._sizes
        ms[:, 1, 1] = self._sizes
        ms[:, 2, 2] = 1
        self._transforms = ms ❶

        m = ax.transData.get_affine().get_matrix().copy()
        m[:2, 2:] = 0
        self.set_transform(Affine2D(m)) ❷

        return Collection.draw(self, render)
```

❶设置每个圆形对应的路径变换，它们将圆形缩放指定的倍数。❷使用数据坐标转换对象的缩放系数创建一个新的二维仿射变换对象，并将其设置为主变换。路径变换与主变换叠加起来，就将半径为 1 的单位圆缩放为数据空间中半径为 sizes 的圆形。

每个圆形对应的路径变换将单位圆变换为数据坐标系中指定大小的圆形，然后通过主坐标变换将数据坐标系中的圆形变换为屏幕坐标系中的大小，最后再由坐标偏移变换将圆形放到指定的位置。

下面用 DataCircleCollection 绘制一幅漂亮的圆形拼图，效果如图 4-23 所示。"venus-face.csv" 中的每一行有 6 个数值表示一个圆形，每个数值的含义为：圆形 X 轴坐标、圆形 Y 轴坐标、半径、红色、绿色和蓝色。

```python
data = np.loadtxt("venus-face.csv", delimiter=",")
offsets = data[:, :2]
sizes = data[:, 2] * 1.05
colors = data[:, 3:] / 256.0

fig, axe = plt.subplots(figsize=(8, 8))
axe.set_rasterized(True)
cc = DataCircleCollection(sizes, facecolors=colors, edgecolors="w", linewidths=0.1,
                          offsets=offsets, transOffset=axe.transData)

axe.add_collection(cc)
axe.axis((0, 512, 512, 0))
axe.axis("off")
```

图 4-23 使用 DataCircleCollection 绘制大量的圆形

4.5 绘图函数简介

与本节内容对应的 Notebook 为：04-matplotlib/matplotlib-500-plot-functions.ipynb。

本节介绍如何使用 matplotlib 绘制一些常用的图表。matplotlib 的每个绘图函数都有许多关键字参数用来设置图表的各种属性，由于篇幅有限，本书不能对其一一进行介绍。一般来说，如果读者需要对图表进行某种特殊的设置，可以在绘图函数的说明文档或者 matploblib 的演示页面中找到相关的说明。

4.5.1 对数坐标图

前面介绍过如何使用 plot() 绘制曲线图，所绘制图表的 X-Y 轴坐标都是算术坐标。下面我们看看如何在对数坐标系中绘图。

绘制对数坐标图的函数有三个：semilogx()、semilogy()、loglog()。它们分别绘制 X 轴为对数坐标、Y 轴为对数坐标以及两个轴都为对数坐标的图表。

下面的程序使用 4 种不同的坐标系绘制低通滤波器的频率响应曲线，结果如图 4-24 所示。其中，左上图为 plot() 绘制的算术坐标系，右上图为 semilogx() 绘制的 X 轴对数坐标系，左下图为 semilogy() 绘制的 Y 轴对数坐标系，右下图为 loglog() 绘制的双对数坐标系。使用双对数坐标系表示的频率响应曲线通常被称为波特图。

```python
w = np.linspace(0.1, 1000, 1000)
p = np.abs(1/(1+0.1j*w)) # 计算低通滤波器的频率响应

fig, axes = plt.subplots(2, 2)

functions = ("plot", "semilogx", "semilogy", "loglog")

for ax, fname in zip(axes.ravel(), functions):
    func = getattr(ax, fname)
    func(w, p, linewidth=2)
    ax.set_ylim(0, 1.5)
```

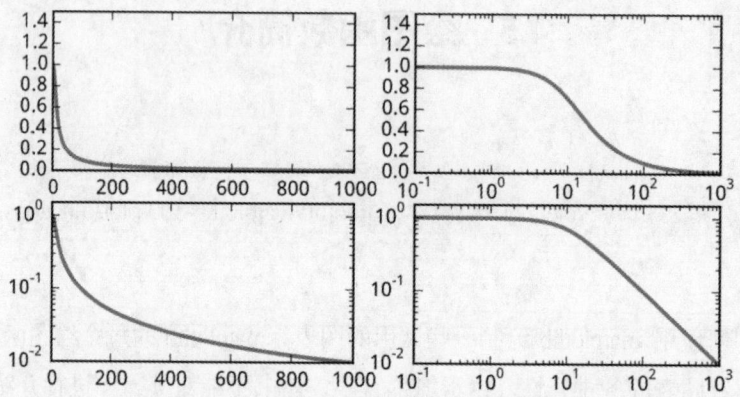

图 4-24 低通滤波器的频率响应：算术坐标(左上)、X 轴对数坐标(右上)、Y 轴对数坐标(左下)、双对数坐标(右上)

4.5.2　极坐标图

极坐标系是和笛卡尔坐标系完全不同的坐标系，极坐标系中的点由一个夹角和一段相对中心点的距离表示。下面的程序绘制极坐标图，效果如图 4-25 所示。

```python
theta = np.arange(0, 2*np.pi, 0.02)

plt.subplot(121, polar=True) ❶
plt.plot(theta, 1.6*np.ones_like(theta), linewidth=2) ❷
plt.plot(3*theta, theta/3, "--", linewidth=2)

plt.subplot(122, polar=True)
plt.plot(theta, 1.4*np.cos(5*theta), "--", linewidth=2)
plt.plot(theta, 1.8*np.cos(4*theta), linewidth=2)
plt.rgrids(np.arange(0.5, 2, 0.5), angle=45) ❸
plt.thetagrids([0, 45]) ❹
```

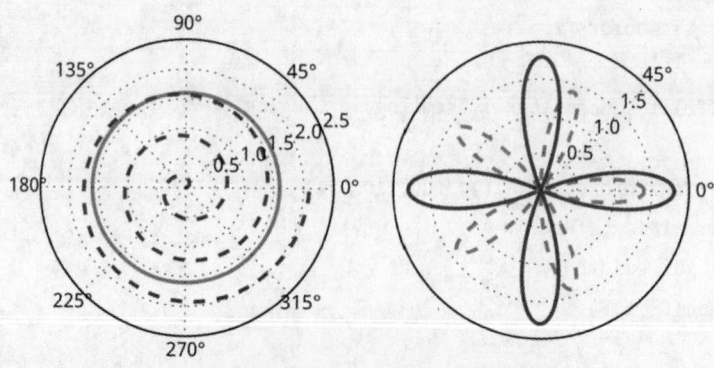

图 4-25 极坐标中的圆、螺旋线和玫瑰线

❶调用 subplot()创建子图时通过设置 polar 参数为 True，创建一个极坐标子图。❷然后调用 plot()在极坐标子图中绘图。也可以使用 polar()直接创建极坐标子图并在其中绘制曲线。

❸rgrids()设置同心圆栅格的半径大小和文字标注的角度。因此右图中的虚线圆圈有三个，半径分别为 0.5、1.0 和 1.5，这些文字沿着 45°线排列。❹thetagrids()设置放射线栅格的角度，因此右图中只有两条放射线栅格线，角度分别为 0°和 45°。

4.5.3 柱状图

柱状图用其每根柱子的长度表示值的大小，它们通常用来比较两组或多组值。下面的程序从文件中读入中国人口的年龄的分布数据(人口分布数据由维基百科提供，仅供参考，不保证正确性)，并使用柱状图比较男性和女性的年龄分布，效果如图 4-26 所示。

```
data = np.loadtxt("china_population.txt")
width = (data[1,0] - data[0,0])*0.4 ❶
plt.figure(figsize=(8, 4))
c1, c2 = plt.rcParams['axes.color_cycle'][:2]
plt.bar(data[:,0]-width, data[:,1]/1e7, width, color=c1, label=u"男") ❷
plt.bar(data[:,0], data[:,2]/1e7, width, color=c2, label=u"女") ❸
plt.xlim(-width, 100)
plt.xlabel(u"年龄")
plt.ylabel(u"人口(千万)")
plt.legend()
```

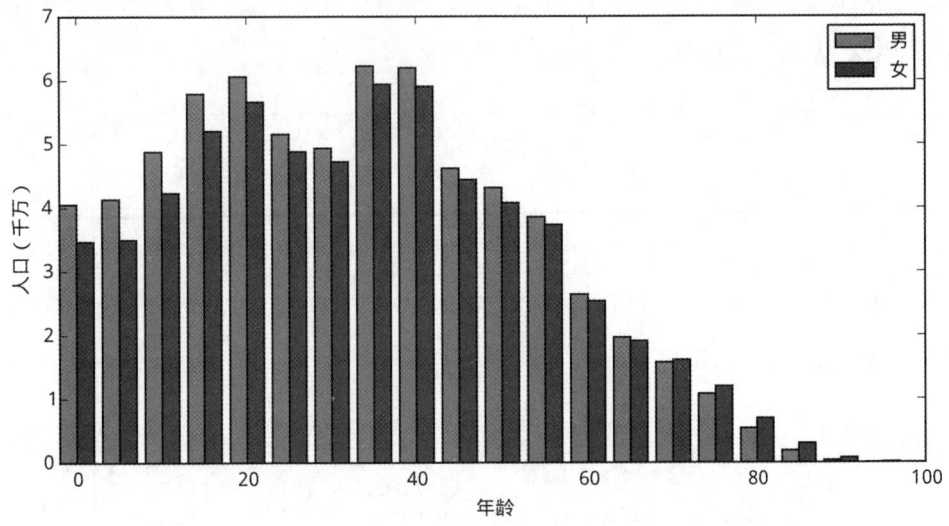

图 4-26 中国男女人口的年龄分布图

读入的数据中，第一列为年龄，它将作为柱状图的横坐标。❶首先计算柱状图中每根柱子的宽度，因为要在每个年龄段上绘制两根柱子，因此柱子的宽度应该小于年龄段的二分之一。这里以年龄段的 0.4 倍作为柱子的宽度。

❷调用 bar()绘制男性人口分布的柱状图。它的第一个参数为每根柱子的左边缘的横坐标，为了让男性和女性的柱子以年龄刻度为中心，这里让每根柱子左侧的横坐标为"年龄减去柱子的宽度"。bar()的第二个参数为每根柱子的高度，第三个参数指定所有柱子的宽度。当第三个参数为序列时，可以为每根柱子指定宽度。

❸绘制女性人口分布的柱状图，这里以年龄为柱子的左边缘横坐标，因此女性和男性的人口分布图以年龄刻度为中心。由于 bar()不自动修改颜色，因此程序中通过 color 参数设置两个柱状图的颜色。

4.5.4 散列图

使用 plot()绘图时，如果指定样式参数为只绘制数据点，那么所绘制的就是一幅散列图。例如：

```
plt.plot(np.random.random(100), np.random.random(100), "o")
```

但是这种方法所绘制的点无法单独指定颜色和大小。scatter()所绘制的散列图可以指定每个点的颜色和大小。下面的程序演示了 scatter()的用法，效果如图 4-27 所示。

```
plt.figure(figsize=(8, 4))
x = np.random.random(100)
y = np.random.random(100)
plt.scatter(x, y, s=x*1000, c=y, marker=(5, 1),
        alpha=0.8, lw=2, facecolors="none")
plt.xlim(0, 1)
plt.ylim(0, 1)
```

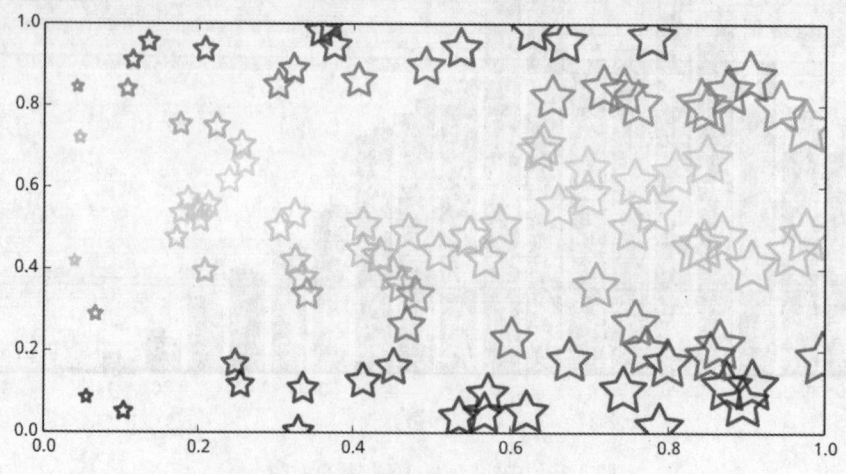

图 4-27 可指定点的颜色和大小的散列

scatter()的前两个参数是两个数组，分别指定每个点的 X 轴和 Y 轴的坐标。s 参数指定点的大小，其值和点的面积成正比，可以是单个数值或数组。

c 参数指定每个点的颜色，也可以是数值或数组。这里使用一维数组为每个点指定了一个数值。通过颜色映射表，每个数值都会与一个颜色相对应。默认的颜色映射表中蓝色与最小值对应，红色与最大值对应。当 c 参数是形状为(N, 3)或(N, 4)的二维数组时，则直接表示每个点的 RGB 颜色。

marker 参数设置点的形状，可以是一个表示形状的字符串，或是表示多边形的两个元素的元组，第一个元素表示多边形的边数，第二个元素表示多边形的样式，取值范围为 0、1、2、3。0 表示多边形，1 表示星形，2 表示放射形，3 表示忽略边数显示为圆形。

最后，通过 alpha 参数设置点的透明度，lw 参数设置线宽，它是 linewidth 的缩写。facecolors 参数为"none"表示散列点没有填充色。

4.5.5 图像

imread()和 imshow()提供了简单的图像载入和显示功能。imread()可以从图像文件读入数据，得到一个表示图像的 NumPy 数组。它的第一个参数是文件名或文件对象，format 参数指定图像类型，如果省略则由文件的扩展名决定图像类型。对于灰度图像，它返回一个形状为(M, N)的数组；对于彩色图像，它返回形状为(M, N, C)的数组。其中 M 为图像的高度，N 为图像的宽度，C 为 3 或 4，表示图像的通道数。下面的程序从 lena.jpg 中读入图像数据，效果如图 4-28 所示。所得到的数组 img 是一个形状为(393, 512, 3)的单字节无符号整数数组。这是因为通常所使用的图像采用单字节分别保存每个像素的红、绿、蓝三个通道的分量：

```
img = plt.imread("lena.jpg")
print img.shape, img.dtype
(393, 512, 3) uint8
```

下面使用 imshow()显示 img 所表示的图像：

❶imshow()可以用来显示 imread()所返回的数组。如果数组是表示多通道图像的三维数组，则每个像素的颜色由各个通道的值决定。

❷imshow()所绘制图表的 Y 轴的正方向是从上往下的。如果设置 imshow()的 origin 参数为"lower"，则所显示图表的原点在左下角，但是整个图像就上下颠倒了。

❸如果三维数组的元素类型为浮点数，则元素值的取值范围为 0.0 到 1.0，与颜色值 0 到 255 对应。超过这个范围可能会出现颜色异常的像素。下面的例子将数组 img 转换为浮点数组并用 imshow()进行显示，由于数值范围超过了 0.0~1.0，因此颜色显示异常。

❹而取值在 0.0~1.0 的浮点数组和原始图像完全相同。

❺使用 clip()将超出范围的值限制在取值范围之内，可以使整个图像变亮。

❻如果 imshow()的参数是二维数组，则使用颜色映射表决定每个像素的颜色。这里显示图像中的红色通道，它是一个二维数组。其显示效果比较吓人，因为默认的图像映射将最小值映射为蓝色、将最大值映射为红色。可以使用 colorbar()将颜色映射表在图表中显示出来。

❼通过 imshow()的 cmap 参数可以修改显示图像时所采用的颜色映射表，使用名为 copper 的颜色映射表显示图像的红色通道。

```
img = plt.imread("lena.jpg")
fig, axes = plt.subplots(2, 4, figsize=(11, 4))
fig.subplots_adjust(0, 0, 1, 1, 0.05, 0.05)

axes = axes.ravel()

axes[0].imshow(img)                              ❶
axes[1].imshow(img, origin="lower")              ❷
axes[2].imshow(img * 1.0)                        ❸
axes[3].imshow(img / 255.0)                      ❹
axes[4].imshow(np.clip(img / 200.0, 0, 1)) ❺

axe_img = axes[5].imshow(img[:, :, 0])           ❻
plt.colorbar(axe_img, ax=axes[5])

axe_img = axes[6].imshow(img[:, :, 0], cmap="copper") ❼
plt.colorbar(axe_img, ax=axes[6])

for ax in axes:
    ax.set_axis_off()
```

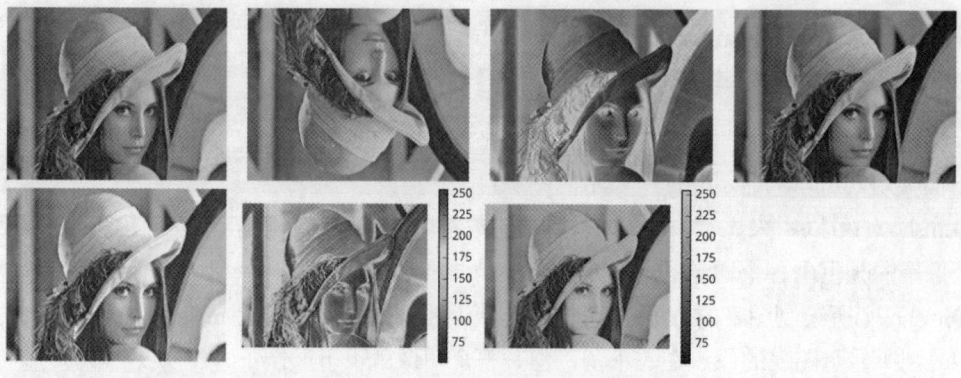

图 4-28 用 imread()和 imshow()显示图像

颜色映射表是一个 ColorMap 对象，matplotlib 中已经预先定义了很多颜色映射表，可以通过下面的语句找到这些颜色映射表的名字：

```
import matplotlib.cm as cm
cm._cmapnames[:5]
```
```
['Spectral', 'copper', 'RdYlGn', 'Set2', 'summer']
```

使用 imshow()可以显示任意的二维数据，例如下面的程序使用图像直观地显示了二元函数 $f(x, y) = xe^{x^2 - y^2}$，效果如图 4-29 所示。

```
y, x = np.ogrid[-2:2:200j, -2:2:200j]
z = x * np.exp( - x**2 - y**2) ❶

extent = [np.min(x), np.max(x), np.min(y), np.max(y)] ❷

plt.figure(figsize=(10,3))
plt.subplot(121)
plt.imshow(z, extent=extent, origin="lower") ❸
plt.colorbar()
plt.subplot(122)
plt.imshow(z, extent=extent, cmap=cm.gray, origin="lower")
plt.colorbar()
```

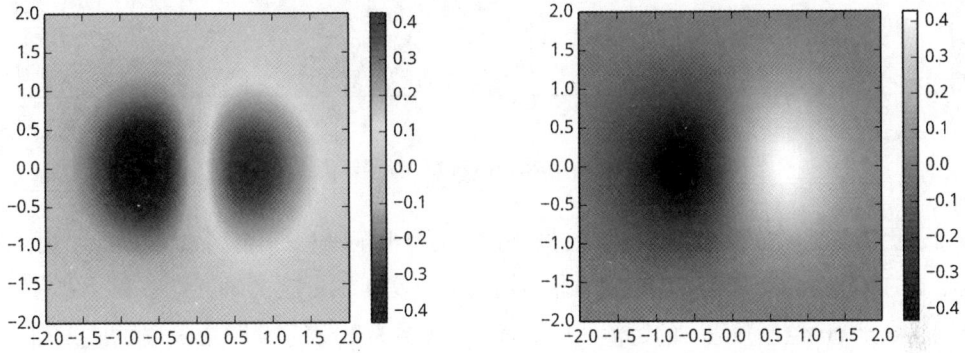

图 4-29 使用 imshow()可视化二元函数

❶首先通过数组的广播功能计算出表示函数值的二维数组 z，注意它的第 0 轴表示 Y 轴、第 1 轴表示 X 轴。❷然后将 X、Y 轴的取值范围保存到 extent 列表中。❸将 extent 列表传递给 imshow()的 extent 参数，这样图表的 X、Y 轴的刻度标签将使用 extent 列表指定的范围。

4.5.6　等值线图

还可以使用等值线图表示二元函数。所谓等值线，是指由函数值相等的各点连成的平滑曲线。等值线可以直观地表示二元函数值的变化趋势，例如等值线密集的地方表示函数值在此处的变化较大。matplotlib 中可以使用 contour()和 contourf()描绘等值线，它们的区别是 contourf()所得到的是带填充效果的等值线。下面的程序演示了这两个函数的用法，效果如图 4-30 所示：

```
y, x = np.ogrid[-2:2:200j, -3:3:300j] ❶
z = x * np.exp( - x**2 - y**2)

extent = [np.min(x), np.max(x), np.min(y), np.max(y)]

plt.figure(figsize=(10,4))
plt.subplot(121)
```

```
cs = plt.contour(z, 10, extent=extent) ❷
plt.clabel(cs) ❸
plt.subplot(122)
plt.contourf(x.reshape(-1), y.reshape(-1), z, 20) ❹
```

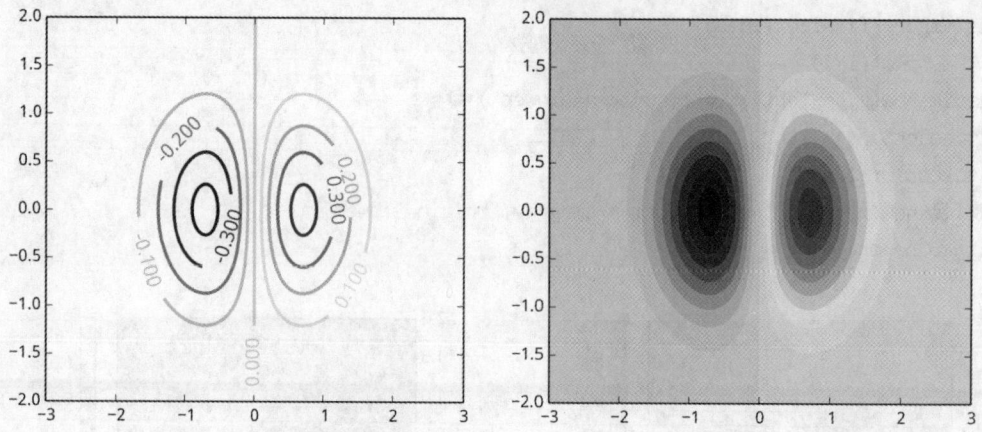

图 4-30 用 contour(左)和 contourf(右)描绘等值线图

❶为了更清楚地区分 X 轴和 Y 轴，这里让它们的取值范围和等分次数均不相同。这样所得到的数组 z 的形状为(200, 300)，它的第 0 轴对应 Y 轴，第 1 轴对应 X 轴。

❷调用 contour()绘制数组 z 的等值线图，第二个参数为 10 表示将整个函数的取值范围等分为 10 个区间，即其所显示的等值线图中将有 9 条等值线。和 imshow()一样，可以使用 extent 参数指定等值线图的 X 轴和 Y 轴的数据范围。❸contour()所返回的是一个 QuadContourSet 对象，将它传递给 clabel()，为其中的等值线标上对应的值。

❹调用 contourf()绘制带填充效果的等值线图。这里演示了另一种设置 X、Y 轴取值范围的方法。它的前两个参数分别是计算数组 z 时所使用的 X 轴和 Y 轴上的取样点，这两个数组必须是一维数组或是形状与数组 z 相同的数组。

 如果需要对散列点数据绘制等值线图，可以先使用 scipy.interpolate 模块中提供的插值函数将散列点数据插值为网格数据。

还可以使用等值线绘制隐函数曲线。所谓隐函数，是指在一个方程中，若令 x 在某一区间内取任意值时总有相应的 y 满足此方程，则可以说方程在该区间上确定了 x 的隐函数 y，如隐函数 $x^2 + y^2 - 1 = 0$ 表示一个单位圆。

显然无法像绘制一般函数那样，先创建一个等差数组表示变量 x 的取值点，然后计算出数组中每个 x 所对应的 y 值。可以使用等值线解决这个问题，显然隐函数的曲线就是值等于 0 的那条等值线。下面的程序绘制函数：

$$f(x,y) = (x^2 + y^2)^4 - (x^2 - y^2)^2$$

在f(x, y) = 0和f(x, y) − 0.1 = 0时的曲线，效果如图 4-31(左)所示。

```
y, x = np.ogrid[-1.5:1.5:200j, -1.5:1.5:200j]
f = (x**2 + y**2)**4 - (x**2 - y**2)**2


plt.figure(figsize=(9, 4))
plt.subplot(121)
extent = [np.min(x), np.max(x), np.min(y), np.max(y)]
cs = plt.contour(f, extent=extent, levels=[0, 0.1],       ❶
    colors=["b", "r"], linestyles=["solid", "dashed"], linewidths=[2, 2])


plt.subplot(122)
for c in cs.collections:  ❷
    data = c.get_paths()[0].vertices
    plt.plot(data[:,0], data[:,1],
        color=c.get_color()[0],  linewidth=c.get_linewidth()[0])
```

❶在调用 contour()绘制等值线时，可以通过 levels 参数指定等值线所对应的函数值，这里设置 levels 参数为[0, 0.1]，因此最终将绘制两条等值线。通过 colors、linestyles、linewidths 等参数可以分别指定每条等值线的颜色、线型以及线宽。

仔细观察图 4-31(左)会发现，表示隐函数f(x, y) = 0的蓝色实线并不是完全连续的，在图的中间部分它由许多孤立的小段构成。因为等值线在原点附近无限靠近，所以无论对函数 f 的取值空间如何进行细分，总是会有无法分开的地方，最终造成了图中的那些孤立的细小区域，而表示隐函数f(x, y) − 0.1 = 0的红色虚线则是闭合且连续的。

❷从等值线集合 cs 中找到表示等值线的路径，并使用 plot()将其绘制出来，效果如图 4-31(右)所示。

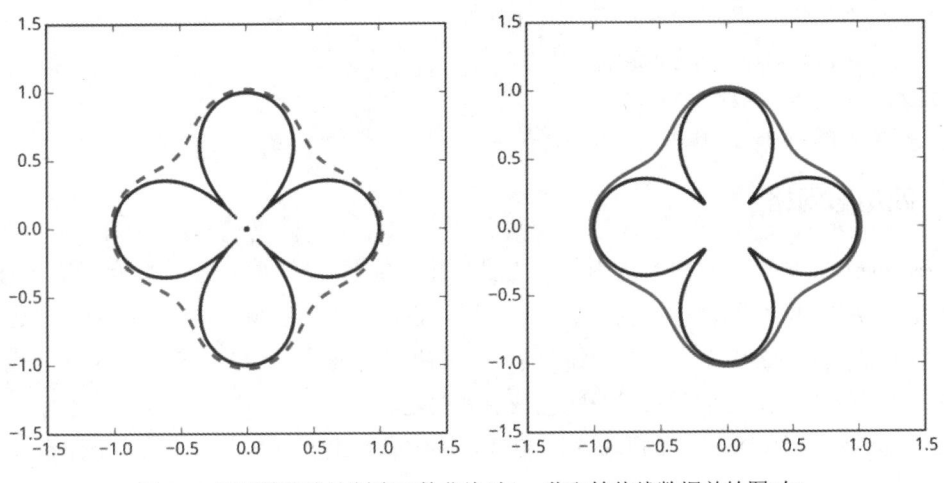

图 4-31 使用等值线绘制隐函数曲线(左)，获取等值线数据并绘图(右)

contour()返回一个 QuadContourSet 对象，其 collections 属性是一个等值线列表，每条等值线用一个 LineCollection 对象表示：

```
print cs
cs.collections

<matplotlib.contour.QuadContourSet instance at 0x057EFC10>
<a list of 2 mcoll.LineCollection objects>
```

每个 LineCollection 对象都有它自己的颜色、线型、线宽等属性，注意这些属性所获得结果的外面还有一层包装，要获得其第 0 个元素才是真正的配置：

```
print cs.collections[0].get_color()[0]
print cs.collections[0].get_linewidth()[0]
[ 0.  0.  1.  1.]
2
```

在前面的章节介绍过 LineCollection 对象是一组曲线的集合，因此它可以表示蓝色实线那样由多条线构成的等值线。它的 get_paths()方法获得构成等值线的所有路径，本例中蓝色实线所表示的等值线由 42 条路径构成：

```
len(cs.collections[0].get_paths())
42
```

路径是一个 Path 对象，通过它的 vertices 属性可以获得路径上所有点的坐标：

```
path = cs.collections[0].get_paths()[0]
path.vertices
array([[-0.08291457, -0.98938936],
       [-0.09039269, -0.98743719],
       [-0.09798995, -0.98513674],
       ...,
       [-0.05276382, -0.99548781],
[-0.0678392 , -0.99273907],
       [-0.08291457, -0.98938936]])
```

4.5.7 四边形网格

pcolormesh(X, Y, C)绘制由 X、Y 和 C 三个数组定义的四边形网格。这三个数组是二维数组，X 和 Y 的形状相同，C 的形状可以和 X、Y 相同，也可以比它们少一行一列。每个四边形的 4 个顶点的 X 轴坐标由 X 中上下左右相邻的 4 个元素决定，Y 轴坐标由 Y 中对应的 4 个元素决定。四边形的颜色由 C 中对应的元素以及颜色映射表决定。

在下面的例子中，X 和 Y 的形状都是(2, 3)，其中有两组上下左右相邻的 4 个元素，定义两个四边形的 4 个顶点：

第一个四边形的顶点 第二个四边形的顶点

```
==================        =================
(0, 0), (1, 0.2)          (1, 0.2), (2, 0)
(0, 1), (1, 0.8)          (1, 0.8), (2, 1)
```

每个四边形的填充颜色与 Z 中的一个元素对应:

```
X = np.array([[0, 1, 2],
              [0, 1, 2]])
Y = np.array([[0, 0.2, 0],
              [1, 0.8, 1]])
Z = np.array([[0.5, 0.8]])
```

下面将 X 和 Y 平坦化之后用 plot() 绘制出这些顶点的坐标,然后调用 pcolormesh() 绘制这两个四边形。与左边的四边形对应的颜色映射值为 0.5,与右边的四边形对应的颜色映射值为 0.8,因此一个显示为蓝色,另一个显示为红色。

```
plt.plot(X.ravel(), Y.ravel(), "ko")
plt.pcolormesh(X, Y, Z)
plt.margins(0.1)
```

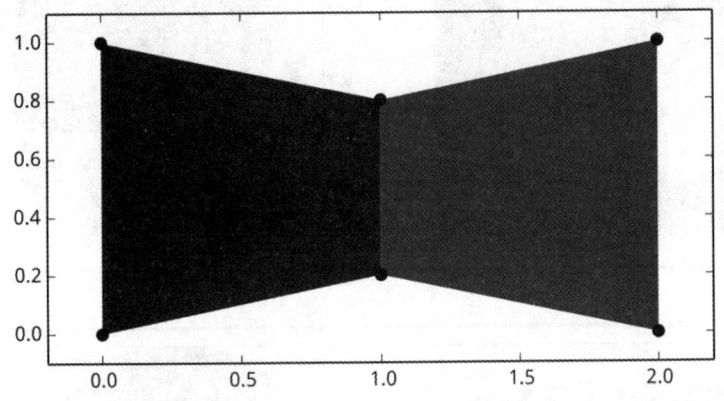

图 4-32 演示 pcolormesh() 绘制的四边形及其填充颜色

在下面的例子中,使用 pcolormesh() 绘制复数平面上的坐标变换。在图 4-33 中,左侧的图表显示 s 平面上的矩形区域,右侧的图表显示通过公式 $z = \frac{2+s}{2-s}$ 坐标变换之后的网格,左侧中的矩形被变换成右侧同颜色的四边形。由于 axes[2] 和 axes[3] 中的网格由近 4 万个四边形组成,为了在输出 SVG 图像时提高绘图速度,这里将 rasterized 参数设置为 True,这些四边形将作为一幅点阵图像输出到 SVG 图像中。

```
def make_mesh(n):
    x, y = np.mgrid[-10:0:n*1j, -5:5:n*1j]
```

```
        s = x + 1j*y
        z = (2 + s) / (2 - s)
        return s, z

fig, axes = plt.subplots(2, 2, figsize=(8, 8))
axes = axes.ravel()
for ax in axes:
    ax.set_aspect("equal")

s1, z1 = make_mesh(10)
s2, z2 = make_mesh(200)
axes[0].pcolormesh(s1.real, s1.imag, np.abs(s1))
axes[1].pcolormesh(z1.real, z1.imag, np.abs(s1))
axes[2].pcolormesh(s2.real, s2.imag, np.abs(s2), rasterized=True)
axes[3].pcolormesh(z2.real, z2.imag, np.abs(s2), rasterized=True)
```

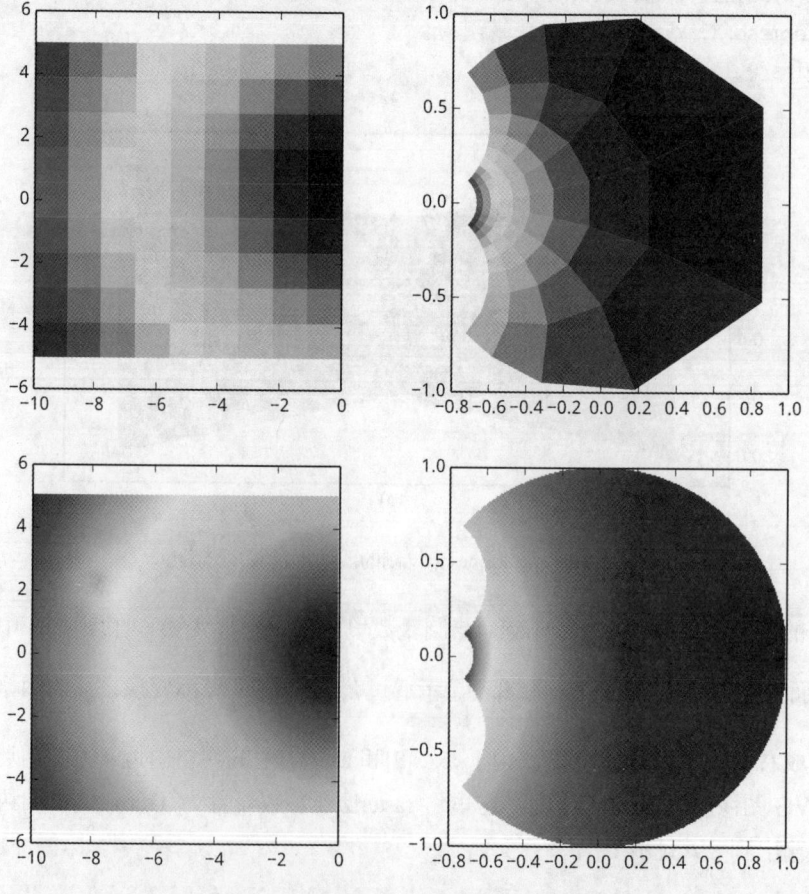

图 4-33 使用 pcolormesh()绘制复数平面上的坐标变换

还可以在极坐标中使用 pcolormesh()绘制网格，下面的例子使用 mgrid[]创建极坐标中的等间隔网格，然后在 projection 为 polar 的子图中绘制这个网格：

```
def func(theta, r):
    y = theta * np.sin(r)
    return np.sqrt(y*y)


T, R = np.mgrid[0:2*np.pi:360j, 0:10:100j]
Z = func(T, R)


ax=plt.subplot(111, projection="polar", aspect=1.)
ax.pcolormesh(T, R, Z, rasterized=True)
```

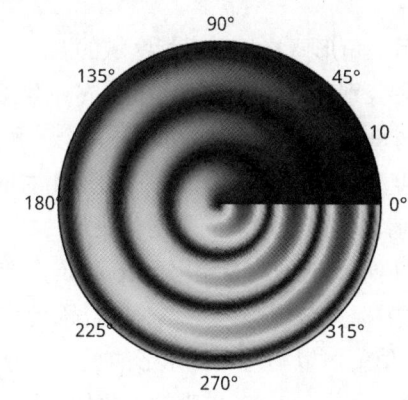

图 4-34 使用 pcolormesh()绘制极坐标中的网格

4.5.8 三角网格

在工业工程设计与分析中，经常将分析对象使用三角网格离散化，然后用有限元法进行模拟。在 matplotlib 中提供了下面的三角网格绘制函数：

- triplot()：绘制三角网格的边线。
- tripcolor()：与 pcolormesh()类似，绘制填充颜色的三角网格。
- tricontour()和 tricontourf()：绘制三角网格的等高线。

diffusion.txt 是使用 FiPy 对二维稳态热传导问题进行有限元模拟的结果。该文件分为三个部分：

- 以#points 开头的部分是一个形状为(N_points, 2)的数组，保存 N_points 个点的坐标。
- 以#triangles 开头的部分是一个形状为(N_triangles, 3)的数组，保存每个三角形三个顶点在 points 数组中的下标。
- 以#values 开头的部分是一个形状为(N_triangles, 1)的数组，保存每个三角形对应的温度。

下面的程序将这些数据读入 data 字典：

```
with open("diffusion.txt") as f:
    data = {"points":[], "triangles":[], "values":[]}
    values = None
    for line in f:
        line = line.strip()
        if not line:
            continue
if line.startswith("#"):
            values = data[line[1:]]
            continue
        values.append([float(s) for s in line.split()])

data = {key:np.array(data[key]) for key in data}
```

然后就可以调用 trip*()，用三角形网格显示目标区域的温度，结果如图 4-35 所示。

❶tripcolor()的参数从左到右分别为各点的 X 轴坐标、Y 轴坐标、三角形顶点下标、标量数组。标量数组中的每个值可以与每个顶点对应，也可以与每个三角形对应。在本例中由于 values 的长度与 triangles 的第 0 轴长度相同，因此每个值与三角形相对应。若标量数组的长度与顶点数相同，则每个三角形对应的值由其三个顶点的平均值决定。

❷调用 triplot()绘制所有三角形的边线。❸调用 tricontour()绘制等高线。由于要求标量数组与三角形顶点相对应，而本例中标量数组与三角形对应，因此先计算每个三角形的重心坐标 Xc 和 Yc，这样 values 中的每个值就可以与每个三角形的重心对应。在调用 tricontour()时没有传递三角形顶点下标信息，这时会调用 matplotlib 自带的三角化算法计算出每个三角形对应的顶点。

```
X, Y = data["points"].T
triangles = data["triangles"].astype(int)
values = data["values"].squeeze()

fig, ax = plt.subplots(figsize=(12, 4.5))
ax.set_aspect("equal")

mapper = ax.tripcolor(X, Y, triangles, values, cmap="gray")  ❶
plt.colorbar(mapper, label=u"温度")

plt.triplot(X, Y, triangles, lw=0.5, alpha=0.3, color="k")  ❷

Xc = X[triangles].mean(axis=1)
Yc = Y[triangles].mean(axis=1)
plt.tricontour(Xc, Yc, values, 10)  ❸
```

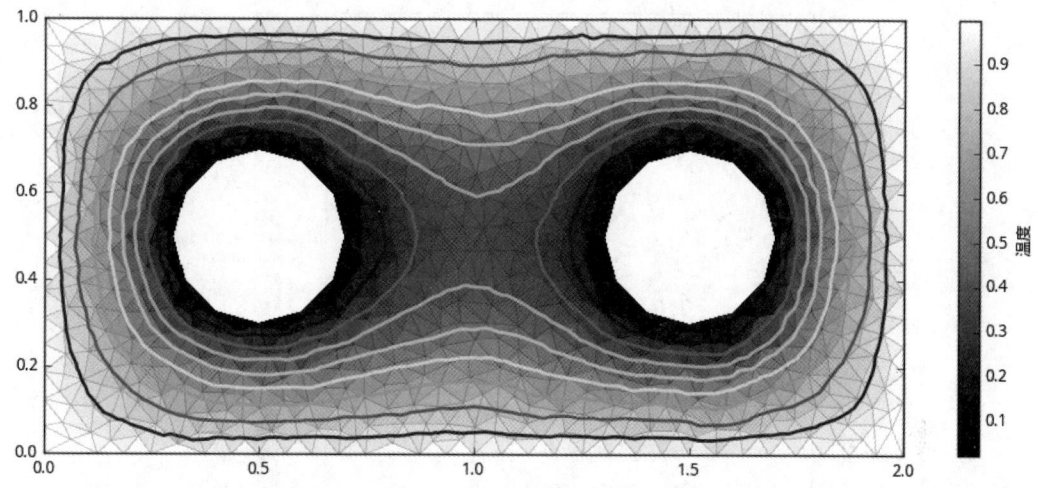

图 4-35 使用 tripcolor()和 tricontour()绘制三角网格和等值线

4.5.9 箭头图

使用 quiver()可以用大量的箭头表示矢量场。下面的程序显示$f(x, y) = xe^{x^2-y^2}$的梯度场，结果如图 4-36 所示。vec_field(f, x, y)近似计算函数 f 在 x 和 y 处的偏导数。

quiver()的前 5 个参数中，X、Y 是箭头起点的 X 轴和 Y 轴坐标，U、V 是箭头方向和大小的矢量，C 是箭头对应的值。

```
def f(x, y):
    return x * np.exp(- x**2 - y**2)


def vec_field(f, x, y, dx=1e-6, dy=1e-6):
    x2 = x + dx
    y2 = y + dy
    v = f(x, y)
    vx = (f(x2, y) - v) / dx
    vy = (f(x, y2) - v) / dy
    return vx, vy


X, Y = np.mgrid[-2:2:20j, -2:2:20j]
C = f(X, Y)
U, V = vec_field(f, X, Y)
plt.quiver(X, Y, U, V, C)
plt.colorbar();
plt.gca().set_aspect("equal")
```

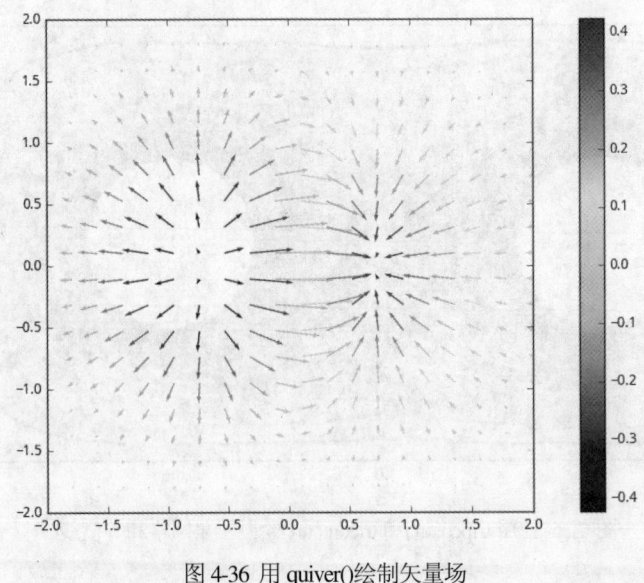

图 4-36 用 quiver()绘制矢量场

此外，quiver()还提供许多参数来配置箭头的大小和方向：

- 箭头的长度由 scale 和 scale_units 决定。其中 scale 为数值，表示箭头的缩放尺度，而 scale_units 为箭头的长度单位，可选单位有'width'、'height'、'dots'、'inches'、'x'、'y'、'xy' 等。其中'width'、'height'为子图的宽和高，'dots'和'inches'以点和英寸为单位，'x'、'y'、'xy' 则以数据坐标系的 X 轴、Y 轴或单位矩形的对角线为单位。箭头的长度按照"UV 矢量 的长度 * 箭头的长度单位/缩放尺度"计算。例如，如果 scale 为 2，scale_units 为'x'，而 UV 矢量的长度为 3，则对应的箭头的长度为 1.5 个 X 轴的单位长度。

- width、headwidth、headlength 和 headaxislength 等参数决定箭头的杆部分粗细、箭头部分 的大小以及长度，而 units 参数决定这些参数的单位，可选值与 scale_units 相同。这些 参数的含义如图 4-37 所示。

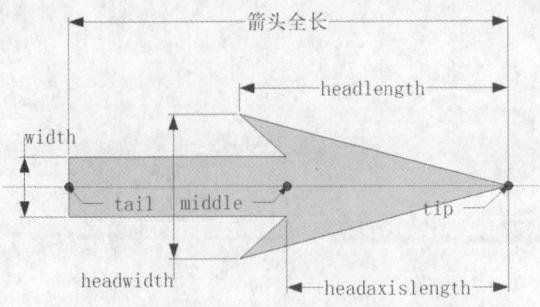

图 4-37 quiver 箭头的各个参数的含义

- pivot 参数决定箭头旋转的中心，可以为'tail'、'middle'、'tip'等值，在图 4-37 中使用灰色 圆点表示这些旋转点。

- angles 参数决定箭头的方向。正方形可能由于 X 轴和 Y 轴的缩放尺度不同而显示为长方形，因此方向有两种计算方式：'uv'和'xy'。其中'uv'只采用 U 和 V 的值计算方向，因此若 U 和 V 的值相同，则方向为 45 度；而'xy'在使用 U 和 V 计算角度时考虑 X 轴和 Y 轴的缩放尺度。

下面通过两个例子帮助读者理解这些参数的用法，如图 4-38 所示。首先绘制了一条参数曲线，然后沿着该曲线绘制了 40 个等分曲线的箭头，箭头的方向表示箭头处曲线的切线方向，颜色表示箭头所在处参数的大小。计算部分留给读者自行分析，下面仔细分析这些参数是如何决定箭头的大小和方向的。

箭头的长度和其他尺寸的单位由 scale_units 和 units 决定，在本例中均为'dots'，即以像素点为单位。dx 和 dy 为描述箭头的矢量，长度为 1，将 scale 参数设置为 1.0/arrow_size，这样所有箭头的长度均为 arrow_size 个像素点。箭杆的宽度由 width 参数指定，本例中的宽度为 1 个像素。而 headwidth、headlength 和 headaxislength 等参数决定箭头部分的宽度、长度以及箭头与箭杆接触部分的长度，这些参数为对应长度与箭杆宽度的比例系数。在本例中，由于箭杆宽度为 1 个像素，因此箭头宽度为 arrow_size * 0.5 个像素，而箭头部分的长度和箭头的长度相同，因此图中的箭头没有箭杆部分。

由于子图的 X 轴和 Y 轴的缩放比例不同，因此设置 angles 参数为"xy"，这样箭头的方向才能与曲线的切线方向相同。

```
n = 40
arrow_size = 16
t = np.linspace(0, 1, 1000)
x = np.sin(3*2*np.pi*t)
y = np.cos(5*2*np.pi*t)
line, = plt.plot(x, y, lw=1)

lengths = np.cumsum(np.hypot(np.diff(x), np.diff(y)))
length = lengths[-1]
arrow_locations = np.linspace(0, length, n, endpoint=False)
index = np.searchsorted(lengths, arrow_locations)
dx = x[index + 1] - x[index]
dy = y[index + 1] - y[index]
ds = np.hypot(dx, dy)
dx /= ds
dy /= ds
plt.quiver(x[index], y[index], dx, dy, t[index],
        units="dots", scale_units="dots",
        angles="xy", scale=1.0/arrow_size, pivot="middle",
        edgecolors="black", linewidths=1,
        width=1, headwidth=arrow_size*0.5,
        headlength=arrow_size, headaxislength=arrow_size,
```

```
                zorder=100)
plt.colorbar()
plt.xlim([-1.5, 1.5])
plt.ylim([-1.5, 1.5])
```

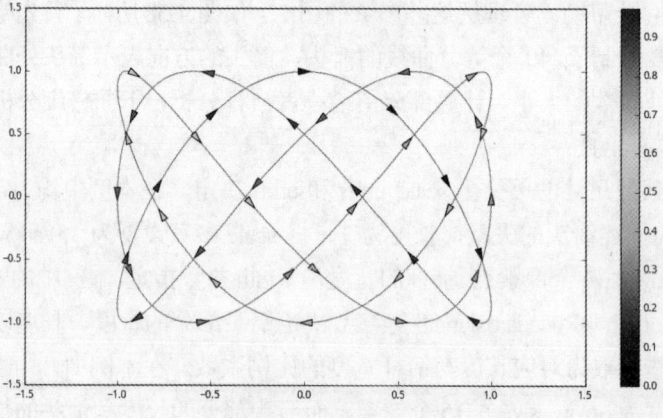

图 4-38 使用箭头表示参数曲线的切线方向

　　还可以用 quiver()绘制起点和终点的箭头集合。下面的例子绘制神经网络结构示意图，效果如图 4-39 所示。为了让箭头能够连接两个神经节点，将 scale_units 设置为"xy"，将 angles 设置为"xy"，并且将 scale 设置为 1。这样箭头的长度就为箭头对应的矢量在数据空间中的长度。

```
levels = [4, 5, 3, 2]
x = np.linspace(0, 1, len(levels))

for i in range(len(levels) - 1):
    j = i + 1
    n1, n2 = levels[i], levels[j]
    y1, y2 = np.mgrid[0:1:n1*1j, 0:1:n2*1j]
    x1 = np.full_like(y1, x[i])
    x2 = np.full_like(y2, x[j])
    plt.quiver(x1, y1, x2-x1, y2-y1,
               angles="xy", units="dots", scale_units="xy",
               scale=1, width=2, headlength=10,
               headaxislength=10, headwidth=4)

yp = np.concatenate([np.linspace(0, 1, n) for n in levels])
xp = np.repeat(x, levels)
plt.plot(xp, yp, "o", ms=12)
plt.gca().axis("off")
plt.margins(0.1, 0.1)
```

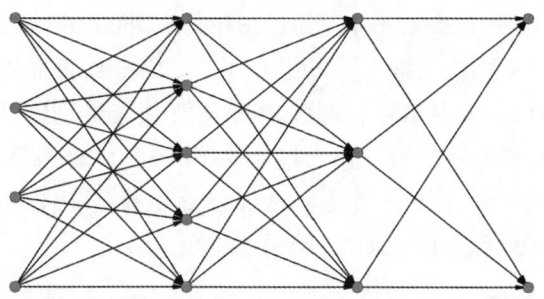

图 4-39 使用 quiver() 绘制神经网络结构示意图

4.5.10 三维绘图

mpl_toolkits.mplot3d 模块在 matplotlib 的基础上提供了三维作图的功能。由于它使用 matplotlib 的二维绘图功能实现三维图形的绘制工作，因此绘图速度有限，不适合用于大规模数据的三维绘图。如果读者需要更复杂的三维数据可视化功能，请阅读 TVTK 与 Mayavi 章节。

下面是绘制三维曲面的程序，程序的输出如图 4-40 所示。

```
import mpl_toolkits.mplot3d ❶

x, y = np.mgrid[-2:2:20j, -2:2:20j] ❷
z = x * np.exp( - x**2 - y**2)

fig = plt.figure(figsize=(8, 6))
ax = plt.subplot(111, projection='3d') ❸
ax.plot_surface(x, y, z, rstride=2, cstride=1, cmap = plt.cm.Blues_r) ❹
ax.set_xlabel("X")
ax.set_ylabel("Y")
ax.set_zlabel("Z")
```

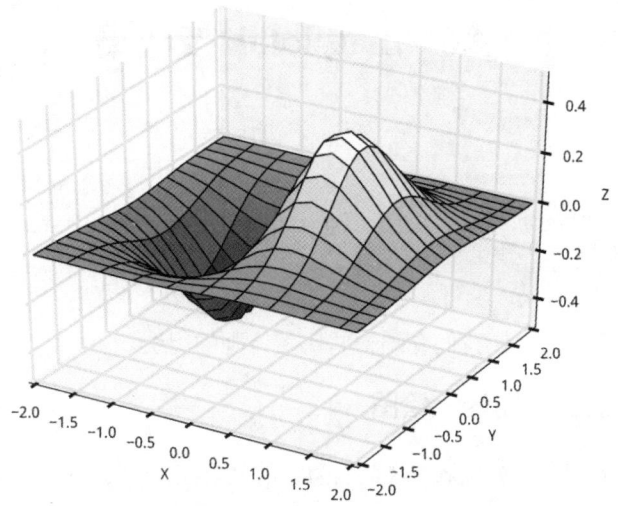

图 4-40 使用 mplot3D 绘制的三维曲面图

❶首先载入 mplot3d 模块，matplotlib 中三维绘图相关的功能均在此模块中定义。❷使用 mgrid
创建 X-Y 平面的网格并计算网格上每点的高度 z。由于绘制三维曲面的函数要求其 X、Y 和 Z
轴的数据都用相同形状的二维数组表示，因此这里不能使用 ogrid 创建。和之前的 imshow()不同，
数组的第 0 轴可以表示 X 和 Y 轴中的任意一个，在本例中第 0 轴表示 X 轴，第 1 轴表示 Y 轴。

❸在当前图表中创建一个子图，通过 projection 参数指定子图的投影模式为"3d"，这样
subplot()将返回一个用于三维绘图的 Axes3D 子图对象。

> **投影模式**
>
> 投影模式决定了点从数据坐标转换为屏幕坐标的方式。可以通过下面的语句获得当前有效
> 的投影模式的名称：
>
> ```
> >>> from matplotlib import projections
> >>> projections.get_projection_names()
> ['3d', 'aitoff', 'hammer', 'lambert', 'mollweide', 'polar', 'rectilinear']
> ```
>
> 只有在载入 mplot3d 模块之后此列表中才会出现'3d'投影模式。'aitoff'、'hammer'、'lambert'、
> 'mollweide'等均为地图投影，'polar'为极坐标投影，'rectilinear'则是默认的直线投影模式。

❹调用 Axes3D 对象的 plot_surface()绘制三维曲面图。其中参数 x、y、z 都是形状为(20, 20)
的二维数组。数组 x 和 y 构成了 X-Y 平面上的网格，而数组 z 则是网格上各点在曲面上的取值。
通过 cmap 参数指定值和颜色之间的映射，即曲面上各点的高度值与其颜色的对应关系。rstride
和 cstride 参数分别是数组的第 0 轴和第 1 轴的下标间隔。对于很大的数组，使用较大的间隔可
以提高曲面的绘制速度。

除了绘制三维曲面之外，Axes3D 对象还提供了许多其他的三维绘图方法。请读者在官方
网站查看各种三维绘图的演示程序。

4.6　matplotlib 技巧集

与本节内容对应的 Notebook 为：04-matplotlib/matplotlib-600-tips.ipynb。

作为本章的最后一节，让我们介绍一些比较特别的用法。

4.6.1　使用 agg 后台在图像上绘图

matplotlib 绘制的图表十分细腻，这是因为它的后台绘图库是用 C++开发的高质量反锯齿二
维绘图库：Anti-Grain Geometry (AGG)。如果想绘制一些二维图形，但不需要 matplotlib 的图表

功能，我们可以直接在内存中绘制图像，然后将其转换成 NumPy 数组。

下面的代码载入 RendererAgg(画布)，并创建一个长宽都是 250 个像素的 RendererAgg 对象，其第三个参数为 DPI，该参数不影响画布的大小。其 buffer_rgba()方法获得画布中保存绘图结果的缓存，通过 frombuffer()将该缓存转换为 NumPy 数组，并按照画布的大小调用 reshape()。最后得到的数组 arr 的形状为(250, 250, 4)，其中第 2 轴的 4 表示画布有 4 个通道：红、绿、蓝、透明。

```
import numpy as np
from matplotlib.backends.backend_agg import RendererAgg


w, h = 250, 250
renderer = RendererAgg(w, h, 90)
buf = renderer.buffer_rgba()
arr = np.frombuffer(buf, np.uint8).reshape(h, w, -1)
print arr.shape
```
```
(250, 250, 4)
```

RendererAgg 对象提供了一些 draw_*()方法用于在画布上绘图，例如下面的代码首先创建一个 Path 对象，然后调用 renderer.draw_path()在画布上绘制该 Path 对象，如图 4-41 所示。其第一个参数为一个 GraphicsContextBase 对象，用来设置绘图时的一些属性，例如线宽、线条颜色等。第三个参数是一个坐标变换对象，在本例中使用恒等变换，第 4 个参数为路径的填充颜色。

```
from matplotlib.path import Path
from matplotlib import transforms


path_data = [
    (Path.MOVETO, (179, 1)),
    (Path.CURVE4, (117, 75)),
    (Path.CURVE4, (12, 230)),
    (Path.CURVE4, (118, 230)),
    (Path.LINETO, (142, 187)),
    (Path.CURVE4, (210, 290)),
    (Path.CURVE4, (250, 132)),
    (Path.CURVE4, (200, 105)),
    (Path.CLOSEPOLY, (179, 1)),
]


code, points = zip(*path_data)
path = Path(points, code)


gc = renderer.new_gc()
gc.set_linewidth(2)
gc.set_foreground((1, 0, 0))
```

```
gc.set_antialiased(True)
renderer.draw_path(gc, path, transforms.IdentityTransform(), (0, 1, 0))
```

也可以使用 matplotlib 中提供的 Artist 对象绘图。下面首先创建一个 Circle 对象和一个 Text 对象，然后调用它们的 draw()方法在画布上绘图。由于 Text 对象在绘图时需要获取画布的 dpi 属性，因此在调用 draw()之前先将其 figure 属性设置为 renderer。

```
from matplotlib.patches import Circle
from matplotlib.text import Text

c = Circle((w/2, h/2), 50, edgecolor="blue", facecolor="yellow", linewidth=2, alpha=0.5)
c.draw(renderer)

text = Text(w/2, h/2, "Circle", va="center", ha="center")
text.figure = renderer
text.draw(renderer)
```

为了在 IPython Notebook 中显示 arr 所表示的图像，可以调用 pypolt.imsave()。其第一个参数可以是文件名或者拥有文件接口的对象，这里使用 BytesIO 对象将 PNG 图像的内容保存在 png_buf 中。然后使用 IPython 的 display_png()显示该内存中的 PNG 图像。

```
from io import BytesIO
from IPython.display import display_png
png_buf = BytesIO()
plt.imsave(png_buf, arr, format="png")
display_png(png_buf.getvalue(), raw=True)
```

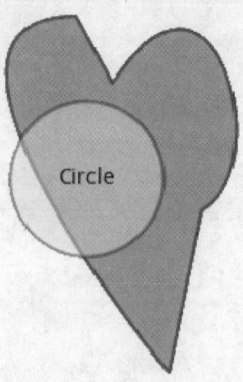

图 4-41 直接使用 RendererAgg 绘图

本书提供了一个可以在图像上绘图的 ImageDrawer 类。下面使用 ImageDrawer 在图像上绘制标记、文字、直线、圆形、矩形以及椭圆，并使用本书提供的%array_image 魔法命令将结果图像显示在 Notebook 中，结果如图 4-42 所示。

ImageDrawer 的 reverse 参数决定 Y 轴的方向，默认值为 True，表示 Y 轴方向向下，和图像的像素坐标系方向相同，False 表示 Y 轴方向向上，和数学上的笛卡尔坐标系的定义相同。

 scpy2.matplotlib.ImageDrawer: 使用 RendererAgg 直接在图像上绘图，以方便用户在图像上标注信息。

```
from scpy2.matplotlib import ImageDrawer
img = plt.imread("vinci_target.png")
drawer = ImageDrawer(img)
drawer.set_parameters(lw=2, color="white", alpha=0.5)
drawer.line(8, 60, 280, 60)
drawer.circle(123, 130, 50, facecolor="yellow", lw=4)
drawer.markers("x", [82, 182], [218, 218], [50, 100])
drawer.rectangle(81, 330, 100, 30, facecolor="blue")
drawer.text(10, 50, u"Mona Lisa", fontsize=40)
drawer.ellipse(119, 255, 200, 100, 100, facecolor="red")
%array_image drawer.to_array()
```

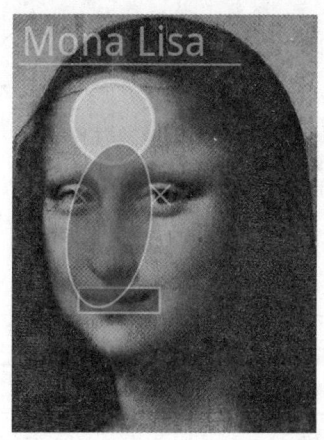

图 4-42 使用本书提供的 ImageDrawer 在图像上绘图

4.6.2 响应鼠标与键盘事件

 为了在 Notebook 中执行本节代码，需要启动 GUI 事件处理线程，例如执行%gui qt 和%matplotlib qt，将启动 Qt 的 GUI 线程，并将 Qt4Agg 设置为 matplotlib 的绘图后台。如果希望切换到嵌入模式，可以再执行%matplotlib inline。

界面中的事件绑定都是通过 Figure.canvas.mpl_connect()进行的，它的第一个参数为事件名，第二个参数为事件响应函数，当指定的事件发生时，将调用指定的函数。

```
%gui qt
%matplotlib qt
```

1. 键盘事件

下面的程序响应键盘按键，并输出按键的值：

 scpy2.matplotlib.key_event_show_key：显示触发键盘按键事件的按键名称。

```
import sys

fig, ax = plt.subplots()

def on_key_press(event):
    print event.key
    sys.stdout.flush()

fig.canvas.mpl_connect('key_press_event', on_key_press)
control
ctrl+a
alt
alt+l
```

可以通过 mpl_connect 的帮助文档查看所有的事件名称。表 4-8 列出了其支持的所有事件名：

表 4-8 支持的事件名及含义

事件名	含义
button_press_event	按下鼠标按键
button_release_event	释放鼠标按键
draw_event	界面重新绘制
key_press_event	按下键盘上的按键
key_release_event	释放键盘按键
motion_notify_event	鼠标移动
pick_event	鼠标点选绘图对象
scroll_event	鼠标滚轴事件
figure_enter_event	鼠标移进图表

事件名	含义
figure_leave_event	鼠标移出图表
axes_enter_event	鼠标移进子图
axes_leave_event	鼠标移出子图
close_event	关闭图表

当前所有注册的响应函数可以通过 Figure.canvas.callbacks.callbacks 查看。下面的程序输出所有的事件响应函数，响应函数的执行按照显示的顺序进行，可以看出除了我们绑定的响应函数之外，matplotlib 还绑定了处理快捷键的键盘响应函数。

```
for key, funcs in fig.canvas.callbacks.callbacks.iteritems():
    print key
    for cid, wrap in sorted(funcs.items()):
        func = wrap.func
        print "    {0}:{1}.{2}".format(cid, func.__module__, func)
key_press_event
    3:matplotlib.backend_bases.<function key_press at 0x093A4C30>
    6:__main__.<function on_key_press at 0x09B05FB0>
motion_notify_event
    4:matplotlib.backend_bases.<function mouse_move at 0x093A4FB0>
scroll_event
    2:matplotlib.backend_bases.<function pick at 0x093A40F0>
button_press_event
    1:matplotlib.backend_bases.<function pick at 0x093A40F0>
```

下面的程序通过键盘按键修改曲线的颜色。由于某些按键与默认的快捷键重复，因此这里通过 mpl_disconnect()取消默认快捷键的响应函数的绑定，其参数为调用 mpl_connect()时所返回的整数。默认快捷键的响应函数对应的整数可以通过 Figure.canvas.manager.key_press_handler_id 获得。

❶在响应函数中通过 line.set_color()修改曲线的颜色，❷并调用 Figure.canvas.draw_idle()重新绘制整个图表。

scpy2.matplotlib.key_event_change_color: 通过按键修改曲线的颜色。

```
fig, ax = plt.subplots()
x = np.linspace(0, 10, 1000)
line, = ax.plot(x, np.sin(x))
```

```
def on_key_press(event):
    if event.key in 'rgbcmyk':
        line.set_color(event.key)      ❶
    fig.canvas.draw_idle()             ❷


fig.canvas.mpl_disconnect(fig.canvas.manager.key_press_handler_id)
fig.canvas.mpl_connect('key_press_event', on_key_press)
```

2. 鼠标事件

当鼠标在子图范围内产生动作时，将触发鼠标事件。鼠标事件分为三种：

- 'button_press_event'：鼠标按键按下时触发。
- 'button_release_event'：鼠标按键释放时触发。
- 'motion_notify_event'：鼠标移动时触发。

鼠标事件的相关信息可以通过 event 对象的属性获得：

- name：事件名。
- button：鼠标按键，1、2、3 表示左中右按键，None 表示无按键。
- x, y：鼠标在图表中的像素坐标。
- xdata, ydata：鼠标在数据坐标系中的坐标。

下面的程序显示了鼠标事件的各种信息：

 scpy2.matplotlib.mouse_event_show_info：显示子图中的鼠标事件的各种信息。

```
import sys
fig, ax = plt.subplots()
text = ax.text(0.5, 0.5, "event", ha="center", va="center", fontdict={"size":20})


def on_mouse(event):
    global e
    e = event
    info = "{}\nButton:{}\nFig x,y:{}, {}\nData x,y:{:3.2f}, {:3.2f}".format(
    event.name, event.button, event.x, event.y, event.xdata, event.ydata)
    text.set_text(info)
    fig.canvas.draw()


fig.canvas.mpl_connect('button_press_event', on_mouse)
fig.canvas.mpl_connect('button_release_event', on_mouse)
fig.canvas.mpl_connect('motion_notify_event', on_mouse)
```

程序的执行结果如图 4-43 所示:

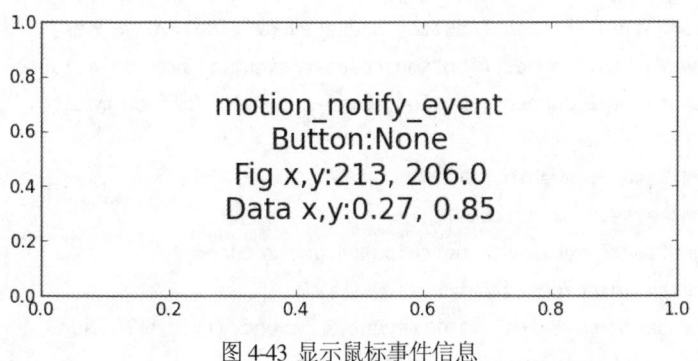

图 4-43 显示鼠标事件信息

下面的例子通过响应上述三个鼠标事件,实现图表中形状的移动。我们将所有的事件响应封装到 PatchMover 类中,它有三个内部使用的属性:

- selected_patch: 保存当前被选中的 Patch 对象。
- start_mouse_pos: 保存 Patch 对象被选中时鼠标在子图中的坐标。
- start_patch_pos: 保存 Patch 对象被选中时在子图中的坐标。

❶在 on_press() 中,对子图中的所有 Patch 对象进行循环判断,这里采用 zorder 属性排序之后的逆序循环,保证在最上层的 Patch 对象优先被选中。❷通过 Patch.contains_point() 判断当前的鼠标坐标是否在 Patch 对象之内,注意这里需要使用图表坐标系中的像素坐标。一旦判断鼠标在当前的 Patch 对象之中,则保存当前 Patch 对象,以及相关的坐标信息。注意我们保存数据坐标系的坐标,因为 Patch 对象的移动是在数据坐标系中进行的。

❸在 on_motion() 中,通过当前的鼠标坐标计算被选中 Patch 对象的当前位置,所有的计算都在数据坐标系中进行。❹调用 Figure.canvas.draw_idle() 重新绘制整个图表。

❺在 on_release() 中,取消被选中的 Patch 对象。

scpy2.matplotlib.mouse_event_move_polygon: 演示通过鼠标移动 Patch 对象。

```python
from numpy.random import rand, randint
from matplotlib.patches import RegularPolygon


class PatchMover(object):
    def __init__(self, ax):
        self.ax = ax
        self.selected_patch = None
        self.start_mouse_pos = None
        self.start_patch_pos = None
```

```
        fig = ax.figure
        fig.canvas.mpl_connect('button_press_event', self.on_press)
        fig.canvas.mpl_connect('button_release_event', self.on_release)
        fig.canvas.mpl_connect('motion_notify_event', self.on_motion)

    def on_press(self, event):  ❶
        patches = self.ax.patches[:]
        patches.sort(key=lambda patch:patch.get_zorder())
        for patch in reversed(patches):
            if patch.contains_point((event.x, event.y)):  ❷
                self.selected_patch = patch
                self.start_mouse_pos = np.array([event.xdata, event.ydata])
                self.start_patch_pos = patch.xy
                break

    def on_motion(self, event):  ❸
        if self.selected_patch is not None:
            pos = np.array([event.xdata, event.ydata])
            self.selected_patch.xy = self.start_patch_pos + pos - self.start_mouse_pos
            self.ax.figure.canvas.draw_idle()  ❹

    def on_release(self, event):  ❺
        self.selected_patch = None


fig, ax = plt.subplots()
ax.set_aspect("equal")
for i in range(10):
    poly = RegularPolygon(rand(2), randint(3, 10), rand() * 0.1 + 0.1, facecolor=rand(3),
                        zorder=randint(10, 100))
    ax.add_patch(poly)
ax.relim()
ax.autoscale()
pm = PatchMover(ax)

plt.show()
```

3. 点选事件

上面通过 Patch.contains_point()判断鼠标的点击事件是否发生在 Patch 对象内部。但是对于曲线这样的对象，没有类似的判断方法。为了响应鼠标点选图形的事件，可以设置图形对象的 picker 属性为 True，然后在'pick_event'事件响应函数中加以处理。

在下面的例子中，创建了一个 Rectangle 对象和一个 Line2D 对象，并分别设置其 picker 属性，表示这两个图形对象支持点选事件。由于 Rectangle 占据一块面积，因此只需要设置为 True 即可；而对于表示曲线的 Line2D 对象，为了方便点选，在调用 plot()创建曲线时通过 picker 参数设置了一个容错值，鼠标坐标到曲线的距离小于 8.0 就认为该曲线被点选。

在点选事件处理函数 on_pick()中，我们修改曲线的线宽和矩形的填充颜色。

 scpy2.matplotlib.pick_event_demo：演示绘图对象的点选事件。

```python
fig, ax = plt.subplots()
rect = plt.Rectangle((np.pi, -0.5), 1, 1, fc=np.random.random(3), picker=True)
ax.add_patch(rect)
x = np.linspace(0, np.pi*2, 100)
y = np.sin(x)
line, = plt.plot(x, y, picker=8.0)


def on_pick(event):
    artist = event.artist
    if isinstance(artist, plt.Line2D):
        lw = artist.get_linewidth()
        artist.set_linewidth(lw % 5 + 1)
    else:
        artist.set_fc(np.random.random(3))
    fig.canvas.draw_idle()

fig.canvas.mpl_connect('pick_event', on_pick)
```

4. 实时高亮显示曲线

为了方便用户分辨多条曲线，可以通过响应鼠标事件，当鼠标靠近某条曲线时，高亮显示该曲线。下面的例子中，我们采用面向对象的设计模式，将鼠标事件处理函数包装在 CurveHighLighter 内部。它的 alpha 参数为非高亮显示时曲线的透明度，alpha 为 1 表示完全不透明，0 表示完全透明；linewidth 参数为高亮显示曲线时曲线的宽度。

❶绑定鼠标移动事件 motion_notify_event 到 on_move()方法之上。当鼠标在图表中移动时将调用 on_move()方法。

❷所有高亮显示的逻辑判断都在 highlight()中进行，其参数 target 为高亮显示的 Line2D 对象，如果为 None 表示取消高亮显示。

- 当无高亮显示时，将所有曲线的 alpha 属性和 linewidth 设置为 1。
- 当有高亮显示时，将高亮显示的曲线的 alpha 属性设置为 1，将 linewidth 设置为 3；将非高亮显示的曲线的 alpha 属性设置为 0.3，将 linewidth 设置为 1。

- 若有任意一条曲线的属性被修改，则需要调用 Figure.canvas.draw_idle()重新绘制整个图表，它会等到空闲时重绘。

❸子图中的所有曲线(Line2D 对象)都在其属性 lines 列表中，对此列表中的 Line2D 对象进行循环。Line2D.contains()可以用于判断事件是否发生在此对象内部。当鼠标坐标离曲线的像素距离小于其 pickradius 属性时，将会判断事件发生在 Line2D 对象之上。contains()返回一个有两个元素的元组，其第 0 个元素为判断结果，第 1 个元素为保存详细信息的字典。

 scpy2.matplotlib.mouse_event_highlight_curve: 鼠标移到曲线之上时高亮显示该曲线。

```python
import matplotlib.pyplot as plt
import numpy as np

class CurveHighLighter(object):

    def __init__(self, ax, alpha=0.3, linewidth=3):
        self.ax = ax
        self.alpha = alpha
        self.linewidth = 3

        ax.figure.canvas.mpl_connect('motion_notify_event', self.on_move)  ❶

    def highlight(self, target):  ❷
        need_redraw = False
        if target is None:
            for line in self.ax.lines:
                line.set_alpha(1.0)
                if line.get_linewidth() != 1.0:
                    line.set_linewidth(1.0)
                    need_redraw = True
        else:
            for line in self.ax.lines:
                lw = self.linewidth if line is target else 1
                if line.get_linewidth() != lw:
                    line.set_linewidth(lw)
                    need_redraw = True
                alpha = 1.0 if lw == self.linewidth else self.alpha
                line.set_alpha(alpha)

        if need_redraw:
            self.ax.figure.canvas.draw_idle()
```

```
    def on_move(self, evt):
        ax = self.ax
        for line in ax.lines:
if line.contains(evt)[0]: ❸
self.highlight(line)
break
        else:
            self.highlight(None)


fig, ax = plt.subplots()
x = np.linspace(0, 50, 300)

from scipy.special import jn

for i in range(1, 10):
    ax.plot(x, jn(i, x))

ch = CurveHighLighter(ax)
```

图 4-44 为实际运行效果, 当鼠标悬停到某条曲线之上时, 该曲线加粗显示, 而其他曲线则变为半透明显示。

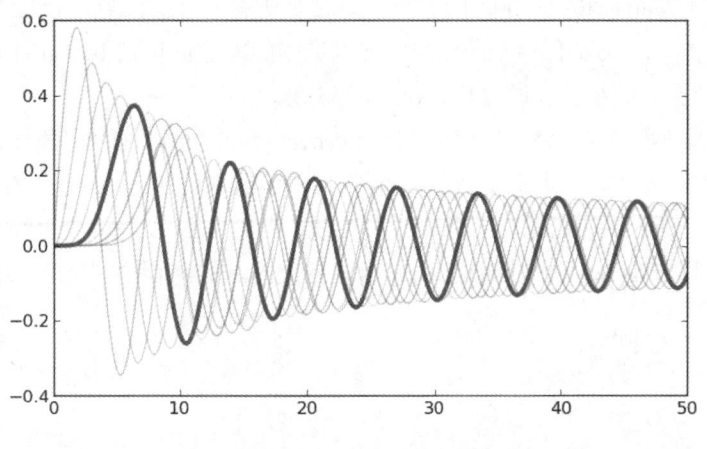

图 4-44 高亮显示鼠标悬停曲线

4.6.3 动画

通过修改图形元素的各种属性并重新绘制图表, 可以实现简单的动画效果。在下面的例子中: ❶首先创建一个 50 毫秒的定时器 timer, 并调用其 add_callback()添加定时事件, 其第一个参数为定时事件发生时调用的函数, 第二个参数为传递给此函数的对象。由于我们需要对图表中曲线的数据进行修改, 因此需要将 Line2D 对象 line 传递给 update_data()。❷调用

Line2D.set_ydata()设置曲线的 Y 轴数据。❸调用 Figure.canvas.draw()重绘整张图表。

```python
import numpy as np
import matplotlib.pyplot as plt

fig, ax = plt.subplots()
x = np.linspace(0, 10, 1000)
line, = ax.plot(x, np.sin(x), lw=2)

def update_data(line):
    x[:] += 0.1
    line.set_ydata(np.sin(x))          ❷
    fig.canvas.draw()                  ❸

timer = fig.canvas.new_timer(interval=50)  ❶
timer.add_callback(update_data, line)
timer.start()
```

1. 使用缓存快速重绘图表

然而 Figure.canvas.draw()的绘图速度较慢，为了提高重绘速度，可以快速重绘图表中的静态元素，只更新有动态效果的元素。在下面的例子中：

❶创建绘图元素时，设置其 animated 属性为 True。❷在调用 Figure.canva.draw()重绘整个图表时，会忽略所有 animated 为 True 的对象。❸这时所有的静态元素都已经绘制完毕，调用 Figure.canvas.copy_from_bbox()保存子图对象对应区域中的图像信息到 background 中。子图对象在图表对象中的位置和大小可以通过其 bbox 属性获得。

在时钟事件处理函数中，❹首先调用 Figure.canvas.restore_region()恢复所保存的图像信息，这相当于擦除所有动态元素，重新绘制了所有的静态元素。❺在更新曲线的 Y 轴数据之后，调用子图对象的 draw_artist()在 Canvas 对象中绘制曲线，此时 Canvas 对象中已经是一幅完整的图表的图像了。❻调用 Figure.canvas.blit()将 Canvas 中指定区域的内容绘制到屏幕上。

```python
fig, ax = plt.subplots()
x = np.linspace(0, 10, 1000)
line, = ax.plot(x, np.sin(x), lw=2, animated=True)  ❶

fig.canvas.draw()  ❷
background = fig.canvas.copy_from_bbox(ax.bbox)  ❸

def update_data(line):
    x[:] += 0.1
    line.set_ydata(np.sin(x))
    fig.canvas.restore_region(background)      ❹
```

```
        ax.draw_artist(line)       ❺
        fig.canvas.blit(ax.bbox)   ❻

timer = fig.canvas.new_timer(interval=50)
timer.add_callback(update_data, line)
timer.start()
```

2. animation 模块

通过前面两个简单的例子，我们了解了在 matplotlib 中制作动画的原理，不过在实际使用中，一般会使用 animation 模块制作动画效果。例如 FuncAnimation 对象将定期调用用户定义的函数来更新图表中的元素。

❶创建曲线对象时，设置 animated 参数为 True。❷在动画回调函数 update_line()中设置所有动画元素的数据，它有一个参数为当前的显示帧数，这里使用帧数修改波形的相位，并返回一个包含所有动画元素的序列。❸创建 FuncAnimation 对象定时调用 update_line()，interval 参数为每秒的帧数，blit 为 True 表示使用缓存加速每帧图像的绘制。frames 参数设置最大帧数，update_line()的帧数参数将在 0 到 99 之间循环变化。

```
import numpy as np
from matplotlib import pyplot as plt
from matplotlib.animation import FuncAnimation

fig, ax = plt.subplots()

x = np.linspace(0, 4*np.pi, 200)
y = np.sin(x)
line, = ax.plot(x, y, lw=2, animated=True) ❶

def update_line(i):
    y = np.sin(x + i*2*np.pi/100)
    line.set_ydata(y)
    return [line] ❷

ani = FuncAnimation(fig, update_line, blit=True, interval=25, frames=100) ❸
```

若想将动画保存成动画文件，可以调用如下方法：

 matplotlib 会使用系统中安装的视频压缩软件(如 ffmpeg.exe)生成视频文件。请读者确认视频压缩软件的可执行文件的路径是否在 PATH 环境变量中。

```
ani.save('sin_wave.mp4', fps=25)
```

4.6.4 添加 GUI 面板

在 matplotlib 的主页中可以找到将图表嵌入各种主流界面库的演示程序，这些程序都是首先创建一个 GUI 窗口，然后将图表作为控件嵌入窗口中。本节介绍一种更加简洁的方法：为 matplotlib 图表窗口添加 GUI 控件的控制面板。

scpy2.matplotlib.gui_panel: 提供了 TK 与 QT 界面库的滑标控件面板类 TkSliderPanel 和 QtSliderPanel。tk_panel_demo.py 和 qt_panel_demo.py 为其演示程序。

下面是使用 TkSliderPanel 的一个例子。❶首先调用 matplotlib.use()将后台界面库设置为 "TkAgg"，该语句必须在 matplotlib 的其他函数之前被调用。❷我们希望绘制的曲线函数由 exp_sin() 定义，其第一个参数为自变量，其余参数为函数中的各个系数。❸update()函数接收新的系数，并调用 exp_sin()计算新系数对应的函数值。❹然后调用 line.set_data()更新曲线的数据。在更新子图的显示范围之后，❺调用 fig.canvas.draw_idle()重新绘制整个图表。

❻创建一个 TkSliderPanel 对象，它的第一个参数为图表对象，第二个参数定义控制面板中的滑标名称以及取值范围，第三个参数为回调函数。当某个滑标控件的值发生变化时，将调用此函数。❼最后调用其 set_parameters()设置各个滑标控件的初始值。程序的运行结果如图 4-45(左)所示，而右图则是采用 QtSliderPanel 时的界面截图。❽为了在 Notebook 中显示 TK 界面库的窗口，需要执行%gui tk 魔法命令，然后调用 fig.show()显示图表窗口。如果是在单独的进程中运行该程序，则需要调用 pl.show()以显示窗口。

由于程序涉及 GUI 库的用法，限于篇幅这里不再详细叙述，请感兴趣的读者查看本书提供的相关源代码。

```
%gui tk
import numpy as np
import matplotlib


matplotlib.use("TkAgg")  ❶


import pylab as pl


def exp_sin(x, A, f, z, p):  ❷
    return A * np.sin(2 * np.pi * f * x + p)  * np.exp(z * x)


fig, ax = pl.subplots()


x = np.linspace(1e-6, 1, 500)
pars = {"A":1.0, "f":2, "z":-0.2, "p":0}
y = exp_sin(x, **pars)
```

```
line, = pl.plot(x, y)

def update(**kw): ❸
    y = exp_sin(x, **kw)
    line.set_data(x, y) ❹
    ax.relim()
    ax.autoscale_view()
    fig.canvas.draw_idle() ❺

from scpy2.matplotlib.gui_panel import TkSliderPanel

panel = TkSliderPanel(fig,    ❻
                      [("A", 0, 10), ("f", 0, 10), ("z", -3, 0), ("p", 0, 2*np.pi)],
                      update, cols=2, min_value_width=80)
panel.set_parameters(**pars) ❼
fig.show() ❽
```

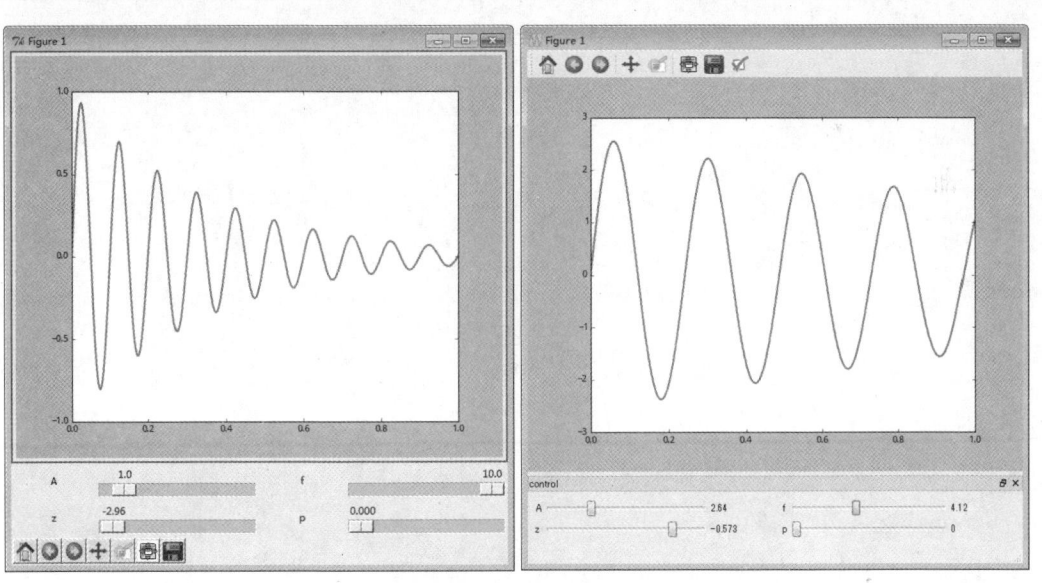

图 4-45 为图表添加 GUI 控件：TK(左图)和 QT(右图)

## 第 5 章

Pandas-方便的数据分析库

NumPy 虽然提供了方便的数组处理功能，但它缺少数据处理、分析所需的许多快速工具。Pandas 基于 NumPy 开发，提供了众多更高级的数据处理功能。Pandas 的帮助文档十分全面，因此本章主要介绍 Pandas 的一些基本概念和帮助文档中说明不够详细的部分。希望读者在阅读本章之后能更容易阅读官方文档。

```
import pandas as pd
pd.__version__
```

```
'0.16.2'
```

5.1 Pandas 中的数据对象

 与本节内容对应的 Notebook 为：05-pandas/pandas-100-dataobjects.ipynb。

Series 和 DataFrame 是 Pandas 中最常用的两个对象。本节介绍这两种对象的基本概念以及常用属性，在后续章节将介绍对它们进行操作和运算的各种函数和方法。

5.1.1 Series 对象

Series 是 Pandas 中最基本的对象，它定义了 NumPy 的 ndarray 对象的接口__array__()，因此可以用 NumPy 的数组处理函数直接对 Series 对象进行处理。Series 对象除了支持使用位置作为下标存取元素之外，还可以使用索引标签作为下标存取元素，这个功能与字典类似。每个 Series 对象实际上都由两个数组组成：

- index：它是从 ndarray 数组继承的 Index 索引对象，保存标签信息。若创建 Series 对象时不指定 index，将自动创建一个表示位置下标的索引。
- values：保存元素值的 ndarray 数组，NumPy 的函数都对此数组进行处理。

下面创建一个 Series 对象，并查看上述两个属性：

```
s = pd.Series([1, 2, 3, 4, 5], index=["a", "b", "c", "d", "e"])
print u"  索引:", s.index
print u"值数组:", s.values
```

```
    索引: Index([u'a', u'b', u'c', u'd', u'e'], dtype='object')
    值数组: [1 2 3 4 5]
```

Series 对象的下标运算同时支持位置和标签两种形式：

```
print u"位置下标    s[2]:", s[2]
print u"标签下标 s['d']:", s['d']
```
```
位置下标    s[2]: 3
标签下标 s['d']: 4
```

Series 对象还支持位置切片和标签切片。位置切片遵循 Python 的切片规则，包括起始位置，但不包括结束位置；但标签切片则同时包括起始标签和结束标签。

```
    s[1:3]          s['b':'d']
------------      ------------
b   2            b   2
c   3            c   3
dtype: int64     d   4
                 dtype: int64
```

和 ndarray 数组一样，还可以使用位置列表或位置数组存取元素，同样也可以使用标签列表和标签数组。

```
s[[1,3,2]]       s[['b','d','c']]
------------      ----------------
b   2            b   2
d   4            d   4
c   3            c   3
dtype: int64     dtype: int64
```

Series 对象同时具有数组和字典的功能，因此它也支持字典的一些方法，例如 Series.iteritems()：

```
list(s.iteritems())
```
```
[('a', 1), ('b', 2), ('c', 3), ('d', 4), ('e', 5)]
```

当两个 Series 对象进行操作符运算时，Pandas 会按照标签对齐元素，也就是说运算操作符会对标签相同的两个元素进行计算。在下面的例子中，s 中标签为'b'的元素和 s2 中标签为'b'的元素相加得到结果中的 22。当某一方的标签不存在时，默认以 NaN(Not a Number)填充。由于 NaN 是浮点数中的一个特殊值，因此输出的 Series 对象的元素类型被转换为 float64。

```
s2 = pd.Series([20,30,40,50,60], index=["b","c","d","e","f"])
    s              s2              s+s2
------------     ------------     --------------
```

```
a    1           b    20          a    nan
b    2           c    30          b    22
c    3           d    40          c    33
d    4           e    50          d    44
e    5           f    60          e    55
dtype: int64    dtype: int64     f    nan
                                 dtype: float64
```

5.1.2 DataFrame 对象

DataFrame 对象(数据表)是 Pandas 中最常用的数据对象。Pandas 提供了将许多数据结构转换为 DataFrame 对象的方法，还提供了许多输入输出函数来将各种文件格式转换成 DataFrame 对象。在介绍这些函数之前，我们需要先理解 DataFrame 对象中的一些概念。

1. DataFrame 的各个组成元素

下面的程序调用 read_csv()从 Soils-simple.csv 读入数据，通过 index_col 参数指定第 0 和第 1 列为行索引，用 parse_dates 参数指定进行日期转换的列。在指定列时可以使用列的序号或列名。所得到的 DataFrame 对象如图 5-1 所示，图中标识出了 DataFrame 的各个组成部分的名称。

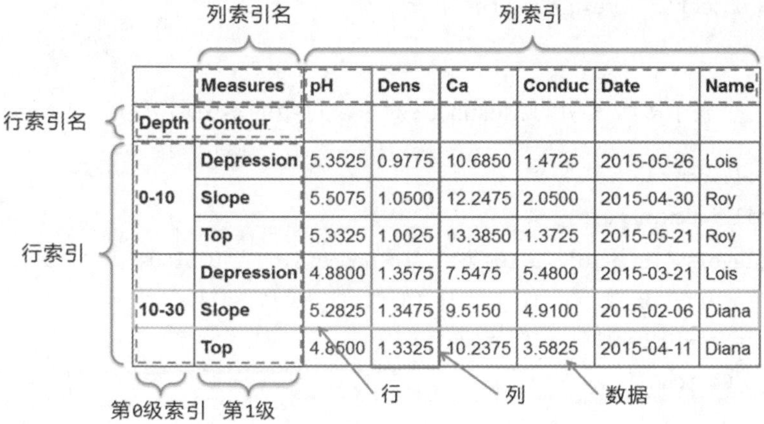

图 5-1 DataFrame 的结构

```
df_soil = pd.read_csv("data/Soils-simple.csv", index_col=[0, 1], parse_dates=["Date"])
df_soil.columns.name = "Measures"
```

由图 5-1 可知 DataFrame 对象是一个二维表格。其中，每列中的元素类型必须一致，而不同的列可以拥有不同的元素类型。在本例中，有 4 列浮点数类型、1 列日期类型和 1 列 object 类型。object 类型的列可以保存任何 Python 对象，在 Pandas 中字符串列使用 object 类型。dtypes 属性可以获得表示各个列类型的 Series 对象：

```
df_soil.dtypes
Measures
pH                float64
```

```
Dens            float64
Ca              float64
Conduc          float64
Date      datetime64[ns]
Name            object
dtype: object
```

与数组类似，通过 shape 属性可以得到 DataFrame 的行数和列数：

```
df_soil.shape
(6, 6)
```

DataFrame 对象拥有行索引和列索引，可以通过索引标签对其中的数据进行存取。index 属性保存行索引，而 columns 属性保存列索引。在本例中列索引是一个 Index 对象，索引对象的名称可以通过其 name 属性存取：

```
print df_soil.columns
print df_soil.columns.name
Index([u'pH', u'Dens', u'Ca', u'Conduc', u'Date', u'Name'],
    dtype='object', name=u'Measures')
Measures
```

行索引是一个表示多级索引的 MultiIndex 对象，每级的索引名可以通过 names 属性存取：

```
print df_soil.index
print df_soil.index.names
MultiIndex(levels=[[u'0-10', u'10-30'], [u'Depression', u'Slope', u'Top']],
        labels=[[0, 0, 0, 1, 1, 1], [0, 1, 2, 0, 1, 2]],
        names=[u'Depth', u'Contour'])
[u'Depth', u'Contour']
```

与二维数组相同，DataFrame 对象也有两个轴，它的第 0 轴为纵轴，第 1 轴为横轴。当某个方法或函数有 axis、orient 等参数时，该参数可以使用整数 0 和 1 或者"index"和"columns"来表示纵轴方向和横轴方向。

[]运算符可以通过列索引标签获取指定的列,当下标是单个标签时,所得到的是 Series 对象,例如 df_soil["pH"],而当下标是列表时,则得到一个新的 DataFrame 对象,例如 df_soil[["Dens", "Ca"]]:

```
     df_soil["pH"]                  df_soil[["Dens", "Ca"]]
------------------------      ---------------------------
Depth  Contour                Measures          Dens   Ca
0-10   Depression    5.4      Depth  Contour
       Slope         5.5      0-10   Depression  0.98   11
       Top           5.3             Slope       1.1    12
```

```
10-30  Depression     4.9                    Top              1    13
       Slope          5.3          10-30  Depression    1.4  7.5
       Top            4.8                 Slope         1.3  9.5
Name: pH, dtype: float64                  Top           1.3  10
```

    .loc[]可通过行索引标签获取指定的行,例如 df.loc["0-10","Top"]获得 Depth 为"0-10"、Contour 为"Top"的行,而 df.loc["10-30"]获取 Depth 为"10-30"的所有行。当结果为一行时得到的是 Series 对象,结果为多行时得到的是 DataFrame 对象。注意由于原数据中列的类型不统一,因此得到的 Series 对象的类型被转换为最通用的 object 类型。.loc[]的用法非常丰富,下一节还会详细介绍它的各种用法。

```
  df_soil.loc["0-10", "Top"]            df_soil.loc["10-30"]
-------------------------------    --------------------------------------------------
Measures                           Measures    pH  Dens  Ca  Conduc       Date    Name
pH                         5.3     Contour
Dens                         1     Depression  4.9  1.4  7.5    5.5  2015-03-21   Lois
Ca                          13     Slope       5.3  1.3  9.5    4.9  2015-02-06  Diana
Conduc                     1.4     Top         4.8  1.3   10    3.6  2015-04-11  Diana
Date       2015-05-21 00:00:00
Name                       Roy
Name: (0-10, Top), dtype: object
```

    values 属性将 DataFrame 对象转换成数组,由于本例中的列类型不统一,所得到的数组是一个元素类型为 object 的数组。

```
df_soil.values.dtype
```
```
dtype('O')
```

2. 将内存中的数据转换为 DataFrame 对象

    调用 DataFrame()可以将多种格式的数据转换成 DataFrame 对象,它的三个参数 data、index 和 columns 分别为数据、行索引和列索引。data 参数可以是:

- 二维数组或者能转换为二维数组的嵌套列表。
- 字典:字典中的每对"键-值"将成为 DataFrame 对象的列。值可以是一维数组、列表或 Series 对象。

    在下面的程序中,❶将一个形状为(4, 2)的二维数组转换成 DataFrame 对象,通过 index 和 columns 参数指定行和列的索引。❷将字典转换为 DataFrame 对象,其列索引由字典的键决定,行索引由 index 参数指定。❸将结构数组转换为 DataFrame 对象,其列索引由结构数组的字段名决定,行索引默认为从 0 开始的整数序列。

```
df1 = pd.DataFrame(np.random.randint(0, 10, (4, 2)), ❶
                   index=["A", "B", "C", "D"],
```

```
                    columns=["a", "b"])

df2 = pd.DataFrame({"a":[1, 2, 3, 4], "b":[5, 6, 7, 8]},  ❷
                    index=["A", "B", "C", "D"])

arr = np.array([("item1", 1), ("item2", 2), ("item3", 3), ("item4", 4)],
               dtype=[("name", "10S"), ("count", int)])

df3 = pd.DataFrame(arr) ❸
   df1         df2             df3
   -------     -------         ---------------
   a  b        a  b            name   count
A  2  6     A  1  5         0  item1     1
B  3  1     B  2  6         1  item2     2
C  5  9     C  3  7         2  item3     3
D  8  0     D  4  8         3  item4     4
```

此外还可以调用以 from_开头的类方法，将特定格式的数据转换成 DataFrame 对象。from_dict()将字典转换为 DataFrame 对象，其 orient 参数可以指定字典键对应的方向，默认值为 "columns"，表示把字典的键转换为列索引，即字典中的每个值与一列对应。而 orient 参数为"index" 时，字典中的每个值与一行对应。当字典为嵌套字典，即字典的值为字典时，另外一个轴的索引值由第二层字典中的键决定。下面分别将列表字典和嵌套字典转换为 DataFrame 对象。嵌套字典中缺失的数据使用 NaN 表示：

```
dict1 = {"a":[1, 2, 3], "b":[4, 5, 6]}
dict2 = {"a":{"A":1, "B":2}, "b":{"A":3, "C":4}}
df1 = pd.DataFrame.from_dict(dict1, orient="index")
df2 = pd.DataFrame.from_dict(dict1, orient="columns")
df3 = pd.DataFrame.from_dict(dict2, orient="index")
df4 = pd.DataFrame.from_dict(dict2, orient="columns")
   df1          df2         df3                df4
   ----------   -------     ---------------    -----------
   0  1  2      a  b        A  B   C           a  b
a  1  2  3   0  1  4     a  1  2  nan     A  1   3
b  4  5  6   1  2  5     b  3  nan  4     B  2  nan
             2  3  6                      C  nan  4
```

from_items()将"(键,值)"序列转换为 DataFrame 对象，其中"值"是表示一维数据的列表、数组或 Series 对象。当其 orient 参数为"index"时，需要通过 columns 指定列索引。

```
items = dict1.items()
df1 = pd.DataFrame.from_items(items, orient="index", columns=["A", "B", "C"])
df2 = pd.DataFrame.from_items(items, orient="columns")
```

```
    df1         df2
    ----------  -------
    A B C       a b
a   1 2 3     0 1 4
b   4 5 6     1 2 5
              2 3 6
```

3. 将 DataFrame 对象转换为其他格式的数据

to_dict()方法将 DataFrame 对象转换为字典，它的 orient 参数决定字典元素的类型：

```
print df2.to_dict(orient="records") #字典列表
print df2.to_dict(orient="list") #列表字典
print df2.to_dict(orient="dict") #嵌套字典
```
```
[{'a': 1, 'b': 4}, {'a': 2, 'b': 5}, {'a': 3, 'b': 6}]
{'a': [1, 2, 3], 'b': [4, 5, 6]}
{'a': {0: 1, 1: 2, 2: 3}, 'b': {0: 4, 1: 5, 2: 6}}
```

to_records()方法可以将 DataFrame 对象转换为结构数组，若其 index 参数为 True(默认值)，则其返回的数组中包含行索引数据：

```
print df2.to_records().dtype
print df2.to_records(index=False).dtype
```
```
[('index', '<i8'), ('a', '<i8'), ('b', '<i8')]
[('a', '<i8'), ('b', '<i8')]
```

Pandas 还提供了许多全局函数来从各种格式的文件读取数据，而各种以 to 开头的方法可以将其输出到文件中，关于文件的输入输出将在后面详细介绍。

5.1.3 Index 对象

Index 对象保存索引标签数据，它可以快速找到标签对应的整数下标，这种将标签映射到整数下标的功能与 Python 的字典类似。其 values 属性可以获得保存标签的数组，与 Series 一样，字符串使用 object 类型的数组保存：

```
index = df_soil.columns
index.values
```
```
array(['pH', 'Dens', 'Ca', 'Conduc', 'Date', 'Name'], dtype=object)
```

Index 对象可当作一维数组，通过与 NumPy 数组相同的下标操作可以得到一个新的 Index 对象，但是 Index 对象是只读的，因此一旦创建就无法修改其中的元素。

```
print index[[1, 3]]
print index[index > 'c']
print index[1::2]
```

```
Index([u'Dens', u'Conduc'], dtype='object', name=u'Measures')
Index([u'pH'], dtype='object', name=u'Measures')
Index([u'Dens', u'Conduc', u'Name'], dtype='object', name=u'Measures')
```

Index 对象也具有字典的映射功能，它将数组中的值映射到其位置：

- Index.get_loc(value)：获得单个值 value 的下标。
- Index.get_indexer(values)：获得一组值 values 的下标，当值不存在时，得到-1。

```
print index.get_loc('Ca')
print index.get_indexer(['Dens', 'Conduc', 'nothing'])
2
[ 1  3 -1]
```

可以直接调用 Index()来创建 Index 对象，然后传递给 DataFrame()的 index 或 columns 参数。由于 Index 是不可变对象，因此多个数据对象的索引可以是同一个 Index 对象。

```
index = pd.Index(["A", "B", "C", "D", "E"], name="level")
s1 = pd.Series([1, 2, 3, 4, 5], index=index)
df1 = pd.DataFrame({"a":[1, 2, 3, 4, 5], "b":[6, 7, 8, 9, 10]}, index=index)
print s1.index is df1.index
True
```

5.1.4 MultiIndex 对象

MultiIndex 表示多级索引，它从 Index 继承，其中的多级标签采用元组对象来表示。下面通过[]获取其中的单个元素，调用 get_loc()和 get_indexer()以获取单个标签和多个标签对应的下标。

```
mindex = df_soil.index
print mindex[1]
print mindex.get_loc(("0-10", "Slope"))
print mindex.get_indexer([("10-30", "Top"), ("0-10", "Depression"), "nothing"])
('0-10', 'Slope')
1
[ 5  0 -1]
```

在 MultiIndex 内部并不直接保存元组对象，而是使用多个 Index 对象保存索引中每级的标签：

```
print mindex.levels[0]
print mindex.levels[1]
Index([u'0-10', u'10-30'], dtype='object', name=u'Depth')
Index([u'Depression', u'Slope', u'Top'], dtype='object', name=u'Contour')
```

然后使用多个整数数组保存这些标签的下标：

```
print mindex.labels[0]
print mindex.labels[1]
```
```
FrozenNDArray([0, 0, 0, 1, 1, 1], dtype='int8')
FrozenNDArray([0, 1, 2, 0, 1, 2], dtype='int8')
```

下面的代码通过 levels 和 labels 属性得到多级索引中所有元组的列表，该列表也可以通过 tolist()方法获得：

```
level0, level1 = mindex.levels
label0, label1 = mindex.labels
zip(level0[label0], level1[label1])
```
```
[('0-10', 'Depression'),
 ('0-10', 'Slope'),
 ('0-10', 'Top'),
 ('10-30', 'Depression'),
 ('10-30', 'Slope'),
 ('10-30', 'Top')]
```

当将一个元组列表传递给 Index()时，将自动创建 MultiIndex 对象。若希望创建元素类型为元组的 Index 对象，可以设置 tupleize_cols 参数为 False：

```
pd.Index([("A", "x"), ("A", "y"), ("B", "x"), ("B", "y")], name=["class1", "class2"])
```
```
MultiIndex(levels=[[u'A', u'B'], [u'x', u'y']],
           labels=[[0, 0, 1, 1], [0, 1, 0, 1]],
           names=[u'class1', u'class2'])
```

此外可以使用以 from_开头的 MultiIndex 类方法从特定的数据结构创建 MultiIndex 对象。例如 from_arrays()方法从多个数组创建 MultiIndex 对象：

```
class1 = ["A", "A", "B", "B"]
class2 = ["x", "y", "x", "y"]
pd.MultiIndex.from_arrays([class1, class2], names=["class1", "class2"])
```
```
MultiIndex(levels=[[u'A', u'B'], [u'x', u'y']],
           labels=[[0, 0, 1, 1], [0, 1, 0, 1]],
           names=[u'class1', u'class2'])
```

from_product()则从多个集合的笛卡尔积创建 MultiIndex 对象。下面的程序将所创建的 MultiIndex 对象传递给 index 和 columns 参数，所创建的 DataFrame 对象的行和列使用同一个多级索引对象：

```
midx = pd.MultiIndex.from_product([["A", "B", "C"], ["x", "y"]],
                                  names=["class1", "class2"])
df1 = pd.DataFrame(np.random.randint(0, 10, (6, 6)), columns=midx, index=midx)
```

```
            df1
-----------------------------
class1          A     B     C
class2          x  y  x  y  x  y
class1 class2
A       x       3  0  8  2  7  3
        y       9  7  6  9  2  4
B       x       8  8  0  4  8  3
        y       8  3  7  6  3  9
C       x       2  0  4  0  6  4
        y       0  7  5  6  0  5
```

5.1.5　常用的函数参数

在后续章节我们会详细介绍各种常用函数的用法。表 5-1 列出了一些常用的函数参数。

表 5-1　常用的函数参数

参数名	常用值	说明
axis	0、1	运算对应的轴
level	整数或索引的级别名	指定运算对应的级别
fill_value	数值	指定运算中出现的 NaN 的替代填充值
skipna	布尔值	运算是否跳过 NaN
index	序列	指定行索引
columns	序列	指定列索引
numeric_only	布尔值	是否只针对数值进行运算
func	可调用对象	指定回调函数
inplace	布尔值	是否原地更新，若为否，则返回新对象
encoding	"utf8"	指定文本编码
dropna	布尔值	是否删除包含 NaN 的行

例如 mean()函数计算平均值，如果不指定 axis 参数，则沿着第 0 轴计算每列的平均值。如果指定 axis 参数为 1，则计算每行的平均值。如果指定 level 参数，则针对多级索引中指定级别中相同标签对应的元素的平均值：

```
df_soil.mean()      df_soil.mean(axis=1)            df_soil.mean(level=1)
--------------      --------------------------      --------------------------------
Measures            Depth  Contour                  Measures     pH  Dens  Ca  Conduc
pH        5.2       0-10   Depression    4.6        Contour
Dens      1.2              Slope         5.2        Depression  5.1  1.2  9.1    3.5
Ca        11              Top           5.3        Slope       5.4  1.2  11     3.5
```

Conduc	3.1	10-30	Depression	4.8	Top		5.1	1.2	12	2.5
dtype: float64			Slope	5.3						
			Top	5						
			dtype: float64							

5.1.6　DataFrame 的内部结构

DataFrame 对象内部使用 NumPy 数组保存数据，因此也会出现和数组相同的共享数据存储区的问题。为了帮助读者理解 Pandas 的内存管理，让我们看看 DataFrame 对象的内部结构。

下面的程序通过本书提供的 GraphvizDataFrame 绘制 df_soil 的内部结构，结果如图 5-2 所示。图中的实线箭头表示一般属性，虚线箭头表示由 property 创建的属性，读取这些属性时实际上是获得它们对应的函数的返回值。在分析 DataFrame 对象的内部结构时，我们重点关注实线箭头所表示的属性。

```
from scpy2.common import GraphvizDataFrame
%dot GraphvizDataFrame.graphviz(df_soil)
```

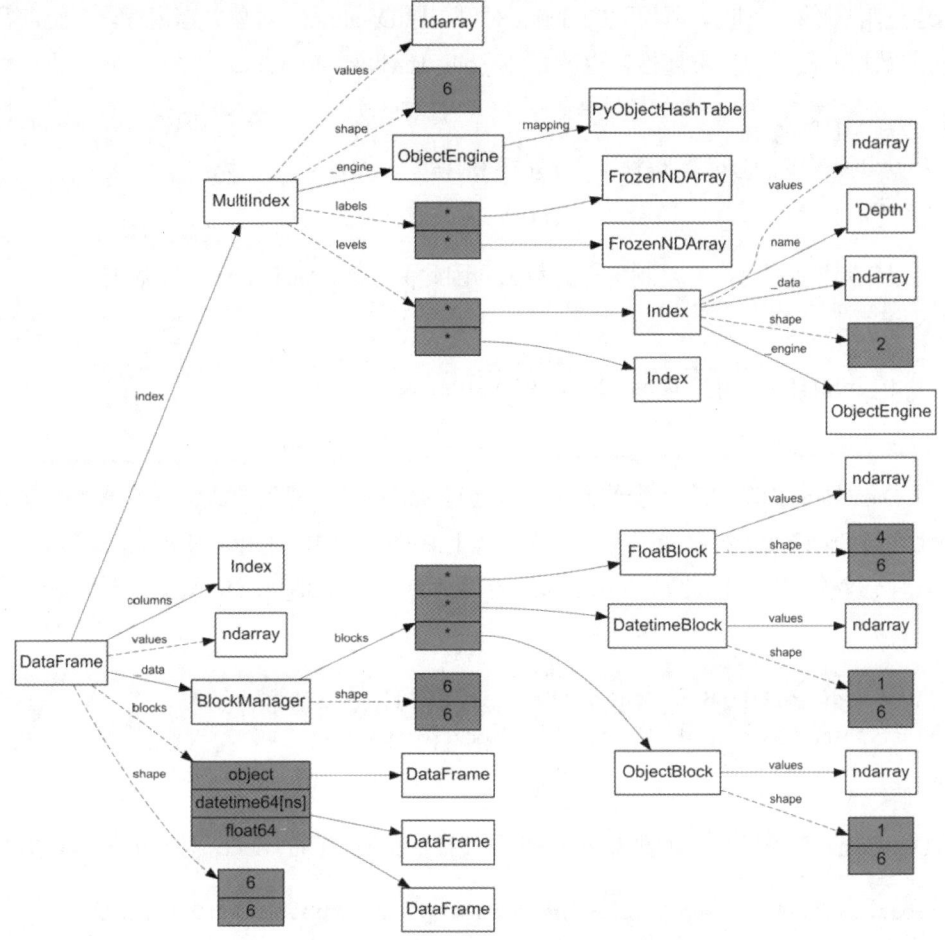

图 5-2 DataFrame 对象的内部结构

DataFrame 对象的 columns 属性是 Index 对象，而 index 属性是表示多级索引的 MultiIndex 对象。Index 对象的索引功能由其_engine 属性——一个 ObjectEngine 对象提供，该对象使用一个哈希表 PyObjectHashTable 对象将标签映射到与其对应的整数下标。下面的代码获取列标签"Date"对应的整数下标：

```
df_soil.columns._engine.mapping.get_item("Date")
4
```

DataFrame 对象的数据都保存在_data 属性中，它是一个 BlockManager 对象，其 blocks 属性是一个列表，其中有一个 FloatBlock 对象、一个 DatetimeBlock 对象和一个 ObjectBlock 对象。这些对象是管理实际数据的数据块，其 values 属性是保存数据的数组。

DataFrame 对象尽量用一个数组保存相同类型的列，而将不同类型的列保存在不同的数组中。这些数组的形状为(4, 6)、(1, 6)和(1, 6)。它们的第 0 轴的长度对应 4 个浮点数列、1 个时间列和 1 个字符串列。由此可知 DataFrame 中的整列数据是保存在连续的内存空间中，这有助于提高数据的存取速度。

当通过[]获取某一列时，所得到的 Series 对象与原 DataFrame 对象共享内存。下面查看保存 Series 对象数据的数组的 base 属性，也就是 df_soil._data.blocks[0].values：

```
s = df_soil["Dens"]
s.values.base is df_soil._data.blocks[0].values
True
```

当通过[]获取多列时，将复制所有的数据，因此保存新 DataFrame 对象数据的数组的 base 属性为 None：

```
print df_soil[["Dens"]]._data.blocks[0].values.base
None
```

如果 DataFrame 对象只有一个数据块，则通过 values 属性得到的数组是数据块中数组的转置，因此它与 DataFrame 对象共享内存。例如在下面的程序中，df_float 中所有列的元素类型相同，它只有一个数据块，因此 df_float.values 所得到的数组与 df_float 中保存数据的数组共享内存。

```
df_float = df_soil[['pH', 'Dens', 'Ca', 'Conduc']]
df_float.values.base is df_float._data.blocks[0].values
True
```

当 DataFrame 对象只有一个数据块时，获取其行数据所得到的 Series 对象也与其共享内存：

```
df_float.loc["0-10", "Top"].values.base is df_float._data.blocks[0].values
True
```

而当 BlockManager 中使用多个数组保存数据时，则返回这些数据的拷贝，数组的元素类型为最通用的元素类型，以保存各种格式的数据。在下面的例子中，df.values 的元素类型为 object，因为它需要同时保存浮点数、时间和字符串。

```
df_soil.values.dtype

dtype('O')
```

5.2 下标存取

 与本节内容对应的 Notebook 为：05-pandas/pandas-200-getset.ipynb。

Series 和 DataFrame 提供了丰富的下标存取方法，除了直接使用[]运算符之外，还可以使用.loc[]、.iloc[]、.at[]、.iat[]和.ix[]等存取器存取其中的元素。

下面的表 5-2 总结了 DataFrame 对象的各种存取方法：

表 5-2 DataFrame 对象的各种存取方法

方法	说明
[col_label]	以单个标签作为下标，获取与标签对应的列，返回 Series 对象
[col_labels]	以标签列表作为下标，获取对应的多个列，返回 DataFrame 对象
[row_slice]	整数切片或标签切片，得到指定范围之内的行
[row_bool_array]	选择布尔数组中 True 对应的行
.get(col_label, default)	与字典的 get()方法的用法相同
.at[index_label, col_label]	选择行标签和列标签对应的值，返回单个元素
.iat[index, col]	选择行编号和列编号对应的值，返回单个元素
.loc[index, col]	通过单个标签值、标签列表、标签数组、布尔数组、标签切片等选择指定行与列上的数据
.iloc[index, col]	通过单个整数值、整数列表、整数数组、布尔数组、整数切片选择指定行与列上的数据
.ix[index, col]	同时拥有.loc[]和.iloc[]的功能，既可以使用标签下标也可以使用整数下标
.lookup(row_labels, col_labels)	选择行标签列表与列标签列表中每对标签对应的元素值
.get_value(row_label, col_label)	与.at[]的功能类似，不过速度更快
.query()	通过表达式选择满足条件的行
.head()	获取头部 N 行数据
.tail()	获取尾部 N 行数据

```
np.random.seed(42)
df = pd.DataFrame(np.random.randint(0, 10, (5, 3)),
                  index=["r1", "r2", "r3", "r4", "r5"],
columns=["c1", "c2", "c3"])
```

5.2.1 []操作符

通过[]操作符对 DataFrame 对象进行存取时，支持以下 5 种下标对象：

- 单个索引标签：获取标签对应的列，返回一个 Series 对象。
- 多个索引标签：获取以列表、数组(注意不能是元组)表示的多个标签对应的列，返回一个 DataFrame 对象。
- 整数切片：以整数下标获取切片对应的行。
- 标签切片：当使用标签作为切片时包含终值。
- 布尔数组：获取数组中 True 对应的行。
- 布尔 DataFrame：将 DataFrame 对象中 False 对应的元素设置为 NaN。

下面显示整数切片和标签切片的结果，注意标签切片包含终值"r4"：

```
      df              df[2:4]          df["r2":"r4"]
--------------     --------------     --------------
    c1  c2  c3          c1  c2  c3          c1  c2  c3
r1   6   3   7     r3    2   6   7     r2    4   6   9
r2   4   6   9     r4    4   3   7     r3    2   6   7
r3   2   6   7                         r4    4   3   7
r4   4   3   7
r5   7   2   5
```

df.c1 > 4 是一个布尔序列，因此 df[df.c1 > 4]获得该序列中 True 对应的行。df > 2 是一个布尔 DataFrame 对象，df[df > 2]将其中 False 对应的元素置换为 NaN：

```
df[df.c1 > 4]          df[df > 2]
--------------     ----------------
    c1  c2  c3          c1   c2  c3
r1   6   3   7     r1    6    3   7
r5   7   2   5     r2    4    6   9
                   r3  nan    6   7
                   r4    4    3   7
                   r5    7  nan   5
```

5.2.2   .loc[]和.iloc[]存取器

.loc[]的下标对象是一个元组，其中的两个元素分别与 DataFrame 的两个轴相对应。若下标不是元组，则该下标对应第 0 轴，:对应第 1 轴。每个轴的下标对象都支持单个标签、标签列表、标签切片以及布尔数组。

df.loc["r2"]获得"r2"对应的行，它返回一个 Series 对象。df.loc["r2","c2"]获得"r2"行"c2"列的元素，它返回单个元素值。

```
      df.loc["r2"]            df.loc["r2","c2"]
----------------------        -----------------
c1    4                       6
c2    6
c3    9
Name: r2, dtype: int32
```

df.loc[["r2", "r3"]]获得"r2"和"r3"对应的行。df.loc[["r2","r3"],["c1","c2"]]则获得"r2"和"r3"行、"c1"和"c2"列上的数据，所得到的数据都是新的 DataFrame 对象。

```
df.loc[["r2","r3"]]      df.loc[["r2","r3"],["c1","c2"]]
------------------       ------------------------------
    c1  c2  c3               c1  c2
r2  4   6   9           r2  4   6
r3  2   6   7           r3  2   6
```

在下面的程序中，第 0 轴的下标分别为标签切片和布尔数序列：

```
df.loc["r2":"r4", ["c2","c3"]]      df.loc[df.c1>2, ["c1","c2"]]
------------------------------      ----------------------------
    c2  c3                              c1  c2
r2  6   9                           r1  6   3
r3  6   7                           r2  4   6
r4  3   7                           r4  4   3

r5  7   2
```

.iloc[]和 loc[]类似，不过它使用整数下标：

```
df.iloc[2]         df.iloc[[2,4]]      df.iloc[[1,3]]      df.iloc[[1,3],[0,2]]
----------------   --------------      --------------      --------------------
c1    2                c1  c2  c3          c1  c2  c3          c1  c3
c2    6            r3  2   6   7       r2  4   6   9       r2  4   9
c3    7            r5  7   2   5       r4  4   3   7       r4  4   7
Name: r3, dtype: int32


df.iloc[2:4, [0,2]]      df.iloc[df.c1.values>2, [0,1]]
------------------       ------------------------------
    c1  c3                   c1  c2
r3  2   7                r1  6   3
r4  4   7                r2  4   6
r4  4   3
r5  7   2
```

此外.ix[]的存取器可以混用标签和位置下标，例如：

```
df.ix[2:4, ["c1", "c3"]]     df.ix["r1":"r3", [0, 2]]
------------------------     ------------------------
    c1  c3                       c1  c3
r3   2   7                   r1   6   7
r4   4   7                   r2   4   9
 r3  2   7
```

如果 DataFrame 对象有整数索引，则应该使用.loc[]和.iloc[]以避免混淆。

5.2.3 获取单个值

.at[]和.iat[]分别使用标签和整数下标获取单个值，此外 get_value()与.at[]类似，不过其执行速度要快一些：

```
df.at["r2", "c2"]   df.iat[1, 1]   df.get_value("r2", "c2")
-----------------   ------------   ------------------------
6                   6              6
```

当.loc[]的下标对象是两个标签列表时，所获得的是这两个列表形成的网格上的元素，这与NumPy 的数组下标操作不一样。如果希望获取两个列表中每对标签所对应的元素，可以使用lookup()，它返回一个包含指定元素的数组：

```
df.lookup(["r2", "r4", "r3"], ["c1", "c2", "c1"])
array([4, 3, 2])
```

5.2.4 多级标签的存取

.loc[]和.at[]的下标可以指定多级索引中每级索引上的标签。这时多级索引轴对应的下标是一个下标元组，该元组中的每个元素与索引中的每级索引对应。若下标不是元组，则将其转换为长度为1的元组，若元组的长度比索引的层数少，则在其后面补 slice(None)。

```
soil_df = pd.read_csv("data/Soils-simple.csv", index_col=[0, 1], parse_dates=["Date"])
```

在下面的例子中，"10-30"为第0轴的标签，根据前面的规则，将其转换为("10-30", slice(None))，即选择第0级中"10-30"对应的行：

```
soil_df.loc["10-30", ["pH", "Ca"]]
----------------------------------
            pH   Ca
Contour
Depression  4.9  7.5
Slope       5.3  9.5
Top         4.8  10
```

如果需要选择第1级中"Top"对应的行,则需要把 slice(None)作为第0级的下标。由于 Python 中只有直接在[]中才能使用以:分隔的切片语法,因此这里使用np.s_对象创建第0轴对应的下标:(slice(None), "Top")。

```
soil_df.loc[np.s_[:, "Top"], ["pH", "Ca"]]
----------------------------------------
              pH   Ca
Depth Contour
0-10  Top    5.3   13
10-30 Top    4.8   10
```

5.2.5 query()方法

当需要根据一定的条件对行进行过滤时,通常可以先创建一个布尔数组,使用该数组获取 True 对应的行,例如下面的程序获得 pH 值大于5、Ca 含量小于11%的行。由于 Python 中无法自定义 not、and 和 or 等关键字的行为,因此需要改用~、&、|等位运算符。然而这些运算符的优先级比比较运算符要高,因此需要用括号将比较运算括起来:

```
soil_df[(soil_df.pH > 5) & (soil_df.Ca < 11)]
```

使用 query()可以简化上述程序:

```
print soil_df.query("pH > 5 and Ca < 11")
                  pH  Dens  Ca  Conduc      Date   Name
Depth Contour
0-10  Depression  5.4  0.98  11     1.5  2015-05-26  Lois
10-30 Slope       5.3  1.3  9.5     4.9  2015-02-06  Diana
```

query()的参数是一个运算表达式字符串。其中可以使用 not、and 和 or 等关键字进行向量布尔运算,表达式中的变量名表示与其对应的列。如果希望在表达式中使用其他全局或局域变量的值,可以在变量名之前添加@,例如:

```
pH_low = 5
Ca_hi = 11
print soil_df.query("pH > @pH_low and Ca < @Ca_hi")
```

5.3 文件的输入输出

 与本节内容对应的 Notebook 为: 05-pandas/pandas-300-io.ipynb。

本节介绍表 5-3 中的输入输出函数:

表 5-3 输入输出函数

函数名	说明
read_csv()	从 CSV 格式的文本文件读取数据
read_excel()	从 Excel 文件读入数据
HDFStore()	使用 HDF5 文件读写数据
read_sql()	从 SQL 数据库的查询结果载入数据
read_pickle()	读入 Pickle 序列化之后的数据

5.3.1 CSV 文件

read_csv()从文本文件读入数据,它的可选参数非常多,下面只简要介绍一些常用参数:

- sep 参数指定数据的分隔符号,可以使用正则表达式,默认值为逗号。有时 CSV 文件为了便于阅读,在逗号之后添加了一些空格以对齐每列的数据。如果希望忽略这些空格,可以将 skipinitialspace 参数设置为 True。
- 如果数据使用空格或制表符分隔,可以不设置 sep 参数,而将 delim_whitespace 参数设置为 True。
- 默认情况下第一行文本被作为列索引标签,如果数据文件中没有保存列名的行,可以设置 header 参数为 0。
- 如果数据文件之前包含一些说明行,可以使用 skiprows 参数指定数据开始的行号。
- na_values、true_values 和 false_values 等参数分别指定 NaN、True 和 False 对应的字符串列表。
- 如果希望从字符串读入数据,可以使用 io.BytesIO(string)将字符串包装成输入流。
- 如果希望将字符串转换为时间,可以使用 parse_dates 指定转换为时间的列。
- 如果数据中包含中文,可以使用 encoding 参数指定文件的编码,例如"utf-8"、"gbk"等。指定编码之后得到的字符串列为 Unicode 字符串。
- 可以使用 usecols 参数指定需要读入的列。
- 当文件很大时,可以用 chunksize 参数指定一次读入的行数。当使用 chunksize 时,read_csv()返回一个迭代器。
- 当文件名包含中文时,需要使用 Unicode 字符串指定文件名。

下面使用上面介绍的各个参数读入上海市的空气质量数据文件。该文件的文字编码为 UTF-8,并且带 BOM。所谓 BOM,是指在文件开头的 3 个特殊字节表示该文件为 UTF-8 文件。对于带 BOM 的 UTF-8 文件,可以指定编码参数 encoding 为"utf-8-sig"。

该文件中有两种字符表示缺失数据:一个是减号,另一个是全角的横杠。由于 read_csv() 在将字节字符串转换为 Unicode 之前判断 NaN,因此需要使用与文件相同的编码表示这些缺失数据的字符串。

```
df_list = []

for df in pd.read_csv(
        u"data/aqi/上海市_201406.csv",
        encoding="utf-8-sig",#文件编码
        chunksize=100,          #一次读入的行数
        usecols=[u"时间", u"监测点", "AQI", "PM2.5", "PM10"], #只读入这些列
        na_values=["-", "—"],   #这些字符串表示缺失数据
        parse_dates=[0]):        #第一列为时间列
    df_list.append(df)  #在这里处理数据
```

```
df_list[0].count()        df_list[0].dtypes
------------------        ----------------------
时间        100            时间 datetime64[ns]
监测点        90            监测点               object
AQI        100            AQI                int64
PM2.5      100            PM2.5              int64
PM10        98            PM10             float64
dtype: int64             dtype: object
```

注意"时间"列为 datetime64[ns]类型，而由于存在缺失数据，因此"PM10"列被转换为浮点数类型，其他的数值列为整数类型，而"监测点"列中保存的是 Unicode 字符串。

```
print type(df.loc[0, u"监测点"])
```
```
<type 'unicode'>
```

5.3.2 HDF5 文件

HDF5 是存储科学计算数据的一种文件格式，支持大于 2GB 的文件，可以把它看作针对科学计算的数据库文件。关于 HDF5 文件格式的更多信息，请参考下面的链接：

HDF5 文件像一个保存数据的文件系统，其中只有两种类型的对象：资料数据(dataset)和目录(group)：

● 资料数据：像文件系统中的文件一样用于保存各种数据，例如 NumPy 数组。

● 目录：类似于文件系统中的文件夹，可以包含其他的目录或资料数据。

使用 Pandas 可以很方便地将多个 Series 和 DataFrame 保存进 HDF5 文件。HDF5 文件采用二进制格式保存数据，可以对数据进行压缩存储，比文本文件更节省空间，存取也更迅速。

下面创建一个 HDFStore 对象，通过 complib 参数指定使用 blosc 压缩数据，通过 complevel 参数指定压缩级别。

```
store = pd.HDFStore("a.hdf5", complib="blosc", complevel=9)
```

HDFStore 对象支持字典接口，例如使用[]存取元素、get()和 keys()等方法。

```
df1 = pd.DataFrame(np.random.rand(100000, 4), columns=list("ABCD"))
df2 = pd.DataFrame(np.random.randint(0, 10000, (10000, 3)),
                   columns=["One", "Two", "Three"])
s1 = pd.Series(np.random.rand(1000))
store["dataframes/df1"] = df1
store["dataframes/df2"] = df2
store["series/s1"] = s1
print store.keys()
print df1.equals(store["dataframes/df1"])
['/dataframes/df1', '/dataframes/df2', '/series/s1']
True
```

HDFStore 采用 pytables 扩展库存取 HDF5 文件，其 get_node()方法可以获得 pytables 中定义的 Node 对象。使用该对象可以遍历文件中的所有节点，关于 Node 对象的用法，请读者参考 pytables 的文档：

http://pytables.github.io/usersguide/libref/hierarchy_classes.html
pytables 官方文档。

下面用 get_node()获得根节点，然后调用_f_walknodes()遍历其包含的所有节点。由结果可知，HDFStore 中的 Series 和 DataFrame 对象与 HDF5 的目录对应，目录中通过多个资料数据保存具体的数据。

```
root = store.get_node("//")
for node in root._f_walknodes():
    print node
/dataframes (Group) u''
/series (Group) u''
/dataframes/df1 (Group) u''
/dataframes/df2 (Group) u''
/series/s1 (Group) u''
```

```
/series/s1/index (CArray(1000,), shuffle, blosc(9)) ''
/series/s1/values (CArray(1000,), shuffle, blosc(9)) ''
/dataframes/df1/axis0 (CArray(4,), shuffle, blosc(9)) ''
/dataframes/df1/axis1 (CArray(100000,), shuffle, blosc(9)) ''
/dataframes/df1/block0_items (CArray(4,), shuffle, blosc(9)) ''
/dataframes/df1/block0_values (CArray(100000, 4), shuffle, blosc(9)) ''
/dataframes/df2/axis0 (CArray(3,), shuffle, blosc(9)) ''
/dataframes/df2/axis1 (CArray(10000,), shuffle, blosc(9)) ''
/dataframes/df2/block0_items (CArray(3,), shuffle, blosc(9)) ''
/dataframes/df2/block0_values (CArray(10000, 3), shuffle, blosc(9)) ''
```

通过前面介绍的方法将 DataFrame 对象保存进 HDFStore 之后，无法再为其追加数据。在数据采集和导入大量 CSV 文件时，我们通常希望能不断地往同一 DataFrame 中添加新的数据。可以使用 append()方法实现该功能。

❶append 参数为 False 表示将覆盖已存在的数据，如果指定键值不存在，可省略该参数。❷ 将 df3 追加到指定键，因此读取该键将得到一个长度为 100100 的 DataFrame 对象。

```
store.append('dataframes/df_dynamic1', df1, append=False) ❶
df3 = pd.DataFrame(np.random.rand(100, 4), columns=list("ABCD"))
store.append('dataframes/df_dynamic1', df3) ❷
store['dataframes/df_dynamic1'].shape
(100100, 4)
```

使用 append()将创建 pytables 中支持索引的表格(Table)节点，默认使用 DataFrame 的 index 作为索引。通过 select()可以对表格进行查询以获取满足查询条件的行。在下面的程序中，通过 where 参数指定查询条件，index 表示 DataFrame 的标签数据。该条件获取标签在 97 到 102 之间的所有行。由于我们将两个默认标签的 DataFrame 添加进该表格，因此 98 和 99 各对应两行数据。使用该方式读取部分数据时，可以减少内存使用量和磁盘读取量，提高数据的访问速度。

```
print store.select('dataframes/df_dynamic1', where='index > 97 & index < 102')
       A     B     C     D
98    0.95  0.072 0.78  0.18
99    0.19  0.043 0.24  0.075
100   0.21  0.78  0.86  0.47
101   0.71  0.87  0.63  0.74
98    0.058 0.18  0.91  0.083
99    0.47  0.81  0.71  0.59
```

如果希望对 DataFrame 的指定列进行索引，可以在用 append()创建新的表格时，通过 data_columns 指定索引列，或将其设置为 True 以对所有列创建索引。

```
store.append('dataframes/df_dynamic1', df1, append=False, data_columns=["A", "B"])
print store.select('dataframes/df_dynamic1', where='A > 0.99 & B < 0.01')
```

	A	B	C	D
3656	0.99	0.0018	0.67	0.47
5091	1	0.004	0.43	0.15
17671	1	0.0042	0.99	0.31
41052	1	0.00081	0.9	0.32
45307	1	0.0093	0.72	0.065
67976	0.99	0.0096	0.93	0.79
69078	1	0.0055	0.97	0.88
87871	1	0.008	0.59	0.35
94421	0.99	0.0049	0.36	0.9

下面循环读入 data\aqi 路径之下的所有 CSV 文件，并将数据写入 HDF5 文件中。在将多个文本文件的数据逐次写入 HTF5 文件时，需要注意如下几点事项：

- HDF5 文件不支持 Unicode 字符串，因此需要对 Unicode 字符串进行编码，转换为字节字符串。在本例中直接从文件读取 UTF-8 编码的字符串，因此在读入 CSV 文件时无须指定 encoding 参数。❶但是由于文件可能包含 UTF-8 的 BOM，因此需要先读入文件的头三个字节并与 BOM 比较，这样才能保证读入的数据中与第一列对应的标签不包含 BOM。
- 由于可能存在缺失数据，因此读入的数值列的类型可能为整数和浮点数。由于 HDF5 文件中的每列数据只能对应一种类型，❷因此需要使用 dtype 参数指定这些数值列的类型为浮点数。
- ❸需要为 HDF5 文件中的字符串列指定最大长度，否则该最大长度将由第一个被添加进 HDF5 文件的数据对象决定。

 由于所有从 CSV 文件读入 DataFrame 对象的行索引都为默认值，因此 HDF5 文件中数据的行索引并不是唯一的。

```python
def read_aqi_files(fn_pattern):
    from glob import glob
    from os import path

    UTF8_BOM = b"\xEF\xBB\xBF"

    cols = "时间,城市,监测点,质量等级,AQI,PM2.5,PM10,CO,NO2,O3,SO2".split(",")
    float_dtypes = {col:float for col in "AQI,PM2.5,PM10,CO,NO2,O3,SO2".split(",")}
    names_map = {"时间":"Time",
                 "监测点":"Position",
                 "质量等级":"Level",
                 "城市":"City",
```

```
                    "PM2.5":"PM2_5"}

    for fn in glob(fn_pattern):
        with open(fn, "rb") as f:
            sig = f.read(3) ❶
            if sig != UTF8_BOM:
                f.seek(0, 0)
            df = pd.read_csv(f,
                             parse_dates=[0],
                             na_values=["-", "—"],
                             usecols=cols,
                             dtype=float_dtypes) ❷
        df.rename_axis(names_map, axis=1, inplace=True)
        df.dropna(inplace=True)
        yield df


store = pd.HDFStore("data/aqi/aqi.hdf5", complib="blosc", complevel=9)
string_size = {"City": 12, "Position": 30, "Level":12}

for idx, df in enumerate(read_aqi_files(u"data/aqi/*.csv")):
    store.append('aqi', df, append=idx!=0, min_itemsize=string_size, data_columns=True)❸

store.close()
```

下面打开 aqi.hdf5 文件并读入所有数据：

```
store = pd.HDFStore("data/aqi/aqi.hdf5")
df_aqi = store.select("aqi")
print len(df_aqi)
```
```
337250
```

下面只读取 PM2.5 值大于 500 的行：

```
df_polluted = store.select("aqi", where="PM2_5 > 500")
print len(df_polluted)
```
```
87
```

5.3.3 读写数据库

用 to_sql()可以将数据写入 SQL 数据库，它的第一个参数为数据库的表名，第二个参数为表示与数据库连接的 Engine 对象，Engine 在 sqlalchemy 库中定义。下面首先从 sqlalchemy 中载入 create_engine()，并调用它使用 SQLite 打开数据库文件"data/aqi/aqi.db"。当该文件不存在时，将创建新的数据库文件：

```
from sqlalchemy import create_engine
engine = create_engine('sqlite:///data/aqi/aqi.db')
```

为了避免重复写入，下面先通过 engine 对象执行 SQL 语句，删除 aqi 表：

```
try:
    engine.execute("DROP TABLE aqi")
except:
    pass
```

然后调用 to_sql()将数据写入数据库，if_exists 参数为"append"表示当表存在时，将新数据添加到表中。由于本例中 DataFrame 对象的行索引无实际意义，因此设置 index 参数为 False，表示不保存行索引。由于数据库要求使用 Unicode 字符串，因此在写入数据库之前对字符串列进行解码，将其数据转换为 Unicode 字符串。如果在从 CSV 文件读入数据时，通过 encoding 参数指定了文本编码，则不必执行此步骤。

```
str_cols = ["Position", "City", "Level"]

for df in read_aqi_files("data/aqi/*.csv"):
    for col in str_cols:
        df[col] = df[col].str.decode("utf8")
    df.to_sql("aqi", engine, if_exists="append", index=False)
```

下面调用 read_sql()从数据库读入整个名为 aqi 的表：

```
df_aqi = pd.read_sql("aqi", engine)
```

也可以通过 SQL 查询语句读入部分数据，下面只读入 PM2.5 值大于 500 的行：

```
df_polluted = pd.read_sql("select * from aqi where PM2_5 > 500", engine)
print len(df_polluted)
87
```

5.3.4 使用 Pickle 序列化

还可以使用 to_pickle()和 read_pickle()对 DataFrame 对象进行序列化和反序列化：

```
df_aqi.to_pickle("data/aqi/aqi.pickle")
df_aqi2 = pd.read_pickle("data/aqi/aqi.pickle")
df_aqi.equals(df_aqi2)
True
```

Pickle 是 Python 特有的对象序列化格式，因此很难使用其他软件、程序设计语言读取 Pickle 化之后的数据，但是作为临时保存运算的中间结果还是很方便的。

5.4 数值运算函数

 与本节内容对应的 Notebook 为：05-pandas/pandas-400-calculation.ipynb。

Series 和 DataFrame 对象都支持 NumPy 的数组接口，因此可以直接使用 NumPy 提供的 ufunc 函数对它们进行运算。此外它们还提供各种运算方法，例如 max()、min()、mean()、std()等。这些函数都有如下三个常用参数：

- axis：指定运算对应的轴。
- level：指定运算对应的索引级别。
- skipna：运算是否自动跳过 NaN。

```
print df_soil
              pH  Dens   Ca  Conduc
Depth Contour
0-10  Depression  5.4  0.98   11     1.5
      Slope       5.5   1.1   12       2
      Top         5.3     1   13     1.4
10-30 Depression  4.9   1.4  7.5     5.5
      Slope       5.3   1.3  9.5     4.9
      Top         4.8   1.3   10     3.6
```

下面分别计算每列的平均值、每行的平均值以及行索引的第 1 级别 Contour 中每个等高线对应的平均值：

```
df_soil.mean()      df_soil.mean(axis=1)              df_soil.mean(level=1)
--------------      ------------------------          ---------------------------------
pH       5.2        Depth  Contour                            pH  Dens   Ca  Conduc
Dens     1.2        0-10   Depression   4.6       Contour
Ca        11               Slope        5.2       Depression  5.1   1.2  9.1     3.5
Conduc   3.1               Top          5.3       Slope       5.4   1.2   11     3.5
dtype: float64      10-30  Depression   4.8       Top         5.1   1.2   12     2.5
                           Slope        5.3
                           Top            5
                    dtype: float64
```

除了支持加减乘除等运算符之外，Pandas 还提供了 add()、sub()、mul()、div()、mod()等与二元运算符对应的函数。这些函数可以通过 axis、level 和 fill_value 等参数控制其运算行为。在下面的例子中，对不同的等高线的 Ca 的值乘上不同的系数，fill_value 参数为 1 表示对于不存在的值或 NaN 使用默认值 1。因此结果中，所有 Depression 对应的值为原来的 0.9 倍，Slope 对应的值为原来的 1.2 倍，而 Top 对应的值保持不变。

```
s = pd.Series(dict(Depression=0.9, Slope=1.2))
df_soil.Ca.mul(s, level=1, fill_value=1)

Depth   Contour
0-10    Depression    9.6
        Slope         15
        Top           13
10-30   Depression    6.8
        Slope         11
        Top           10
dtype: float64
```

Pandas 还提供了 rolling_*()函数来对序列中相邻的 N 个元素进行移动窗口运算。例如可以使用 rolling_median()实现中值滤波，使用 rolling_mean()计算移动平均。图 5-3 显示了使用这两个函数对带脉冲噪声的正弦波进行处理的结果。它们的第二个参数为窗口包含的元素个数，而 center 参数为 True 表示移动窗口以当前元素为中心。

由于 rolling_median()采用了更高效的算法，因此当窗口很大时它的运算速度比 SciPy 章节中介绍过的 signal.order_filter()更快。

```
t = np.linspace(0, 10, 400)
x = np.sin(0.5*2*np.pi*t)
x[np.random.randint(0, len(t), 40)] += np.random.normal(0, 0.3, 40)
s = pd.Series(x, index=t)
s_mean = pd.rolling_mean(s, 5, center=True)
s_median = pd.rolling_median(s, 5, center=True)
```

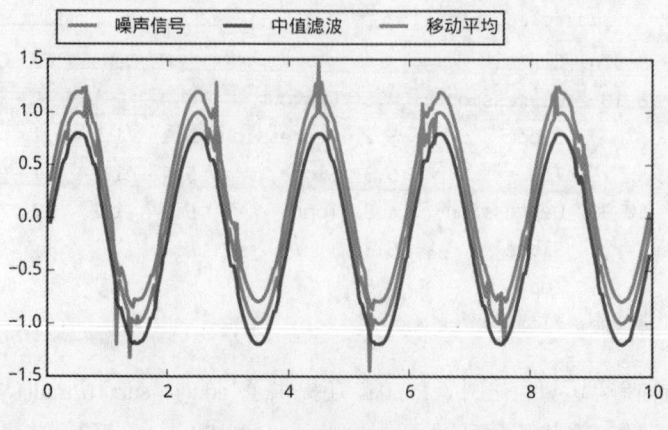

图 5-3 中值滤波和移动平均

expanding_*()函数对序列进行扩展窗口运算，例如 expanding_max()返回到每个元素为止的历史最大值。图 5-4 显示了 expanding_max()、expanding_mean()和 expanding_min()的运算结果。

 请读者思考如何使用 NumPy 提供的 ufunc 函数计算图 5-4 中的三条曲线。

```
np.random.seed(42)
x = np.cumsum(np.random.randn(400))
x_max = pd.expanding_max(x)
x_min = pd.expanding_min(x)
x_mean = pd.expanding_mean(x)
```

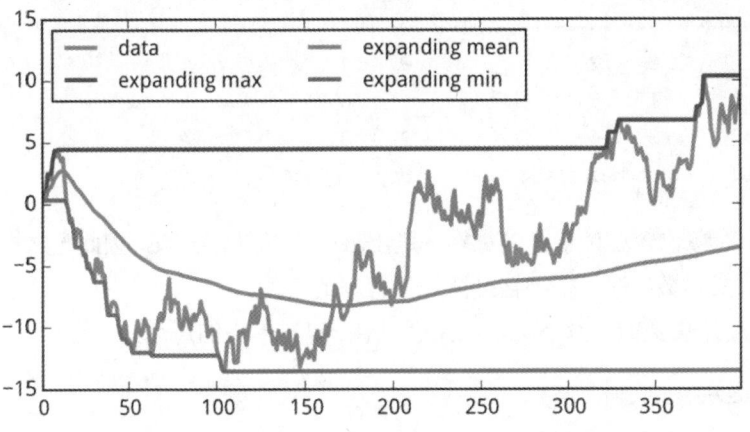

图 5-4 用 expanding_*计算历史最大值、平均值、最小值

字符串处理

 与本节内容对应的 Notebook 为：05-pandas/pandas-500-string.ipynb。

Series 对象提供了大量的字符串处理方法，由于数量众多，因此 Pandas 使用了一个类似名称空间的对象 str 来包装这些字符串相关的方法。例如下面的程序调用 str.upper()将序列中的所有字母都转换为大写：

```
s_abc = pd.Series(["a", "b", "c"])
print s_abc.str.upper()
0    A
1    B
```

```
2    C
dtype: object
```

Python 中包含两种字符串：字节字符串和 Unicode 字符串。通过 str.decode()可以将字节字符串按照指定的编码解码为 Unicode 字符串。例如在 UTF-8 编码中，一个汉字占用三个字符，因此下面的 s_utf8 中的字符串长度分别为 6、9、12。当调用 str.decode()将其转换为 Unicode 字符串的序列之后，其各个元素的长度为实际的文字个数。str.encode()可以把 Unicode 字符串按照指定的编码转换为字节字符串，在常用的汉字编码 GB2312 中，一个汉字占用两个字节，因此 s_gb2312 的元素长度分别为 4、6、8。

```
s_utf8 = pd.Series([b"北京", b"北京市", b"北京地区"])
s_unicode = s_utf8.str.decode("utf-8")
s_gb2312 = s_unicode.str.encode("gb2312")

s_utf8.str.len()    s_unicode.str.len()    s_gb2312.str.len()
---------------     -------------------    ------------------
0    6              0    2                 0    4
1    9              1    3                 1    6
2    12             2    4                 2    8
dtype: int64        dtype: int64           dtype: int64
```

无论 Series 对象包含哪种字符串对象，其 dtype 属性都是 object，因此无法根据它判断字符串类型。在处理文本数据时，需要格外注意字符串的类型。

可以对 str 使用整数或切片下标，相当于对 Series 对象中的每个元素进行下标运算，例如：

```
print s_unicode.str[:2]
0    北京
1    北京
2    北京
dtype: object
```

字符串序列与字符串一样，支持加法和乘法运算，例如：

```
print s_unicode + u"-" + s_abc * 2
0    北京-aa
1    北京市-bb
2    北京地区-cc
dtype: object
```

也可以使用 str.cat()连接两个字符串序列的对应元素：

```
print s_unicode.str.cat(s_abc, sep="-")
0    北京-a
1    北京市-b
```

```
2      北京地区-c
dtype: object
```

调用 astype()方法可以对 Series 对象中的所有元素进行类型转换，例如下面将整数序列转换
为字符串序列：

```
print s_unicode.str.len().astype(unicode)

0    2
1    3
2    4
dtype: object
```

str 中的有些方法可以对元素类型为列表的 Series 对象进行处理，例如下面调用 str.split()将 s
中的每个字符串使用字符"|"分隔，所得到的结果 s_list 的元素类型为列表。然后调用它的 str.join()
方法以逗号连接每个列表中的元素：

```
s = pd.Series(["a|bc|de", "x|xyz|yz"])
s_list = s.str.split("|")
s_comma = s_list.str.join(",")

       s               s_list              s_comma
-------------    -----------------    -------------
0    a|bc|de     0    [a, bc, de]     0    a,bc,de
1    x|xyz|yz    1    [x, xyz, yz]    1    x,xyz,yz
dtype: object    dtype: object       dtype: object
```

对字符串序列进行处理时，经常会得到元素类型为列表的序列。Pandas 没有提供处理这种
序列的方法，不过可以通过 str[]获取其中的元素：

```
s_list.str[1]

0    bc
1    xyz
dtype: object
```

或者先将其转换为嵌套列表，然后再转换为 DataFrame 对象：

```
print pd.DataFrame(s_list.tolist(), columns=["A", "B", "C"])
   A   B    C
0  a   bc   de
1  x   xyz  yz
```

Pandas 还提供了一些正则表达式相关的方法。例如使用其中的 str.extract()可以从字符串序
列中抽取出需要的部分，得到 DataFrame 对象。下面的例子中，df_extract1 对应的正则表达式包
含三个未命名的组，因此其结果包含三个自动命名的列。而 df_extract2 对应的正则表达式包含

两个命名组，因此其列名为组名。

```
df_extract1 = s.str.extract(r"(\w+)\|(\w+)\|(\w+)")
df_extract2 = s.str.extract(r"(?P<A>\w+)\|(?P<B>\w+)|")
df_extract1    df_extract2
------------   -----------
    0   1   2     A    B
0   a   bc  de  0  a    bc
1   x   xyz yz  1  x   xyz
```

在处理数据时，经常会遇到这种以特定分隔符分隔关键字的数据，例如下面的数据可以用于表示有向图，其第一列为边的起点、第二列为以"|"分隔的多个终点。下面使用 read_csv()读入该数据，得到一个两列的 DataFrame 对象：

```
import io
text = """A, B|C|D
B, E|F
C, A
D, B|C
"""

df = pd.read_csv(io.BytesIO(text), skipinitialspace=True, header=None)
print df
   0      1
0  A   B|C|D
1  B     E|F
2  C       A
3  D     B|C
```

可以使用下面的程序将上述数据转换为每行对应一条边的数据。❶nodes 是一个元素类型为列表的 Series 对象。❷调用 NumPy 数组的 repeat()方法将第一列数据重复相应的次数。由于 repeat()只能接受 32 位整数，而 str.len()返回的是 64 位整数，因此还需要进行类型转换。❸将嵌套列表平坦化，转换为一维数组。

```
nodes = df[1].str.split("|") ❶
from_node = df[0].values.repeat(nodes.str.len().astype(np.int32)) ❷
to_node = np.concatenate(nodes) ❸

print pd.DataFrame({"from_node":from_node, "to_node":to_node})
   from_node to_node
0       A       B
1       A       C
2       A       D
```

```
3        B        E
4        B        F
5        C        A
6        D        B
7        D        C
```

还可以把原始数据的第二列看作第一列数据的标签，为了后续的数据分析，通常使用 str.get_dummies()将这种数据转换为布尔 DataFrame 对象，每一列与一个标签对应，元素值为 1 表示对应的行包含对应的标签：

```
print df[1].str.get_dummies(sep="|")
   A  B  C  D  E  F
0  0  1  1  1  0  0
1  0  0  0  0  1  1
2  1  0  0  0  0  0
3  0  1  1  0  0  0
```

当字符串操作很难用向量化的字符串方法表示时，可以使用 map()函数，将针对每个元素运算的函数运用到整个序列之上：

```
df[1].map(lambda s:max(s.split("|")))
0      D
1      F
2      A
3      C
Name: 1, dtype: object
```

当用字符串序列表示分类信息时，其中会有大量相同的字符串，将其转换为分类(Category) 序列可以节省内存、提高运算效率。例如在下面的 df_soil 对象中，Contour、Depth 和 Gp 列都是表示分类的数据，因此有许多重复的字符串。

```
df_soil = pd.read_csv("Soils.csv", usecols=[2, 3, 4, 6])
print df_soil.dtypes

Contour      object
Depth        object
Gp           object
pH           float64
dtype: object
```

下面循环调用 astype("category")将这三列转换为分类列：

```
for col in ["Contour", "Depth", "Gp"]:
    df_soil[col] = df_soil[col].astype("category")
print df_soil.dtypes
```

```
Contour      category
Depth        category
Gp           category
pH           float64
dtype: object
```

与名称空间对象 str 类似，元素类型为 category 的 Series 对象提供了名称空间对象 cat，其中保存了与分类序列相关的各种属性和方法。例如 cat.categories 是保存所有分类的 Index 对象：

```
Gp = df_soil.Gp
print Gp.cat.categories
Index([u'D0', u'D1', u'D3', u'D6', u'S0', u'S1', u'S3', u'S6', u'T0', u'T1',
       u'T3', u'T6'],
      dtype='object')
```

而 cat.codes 则是保存下标的整数序列，元素类型为 int8，因此一个元素用一个字节表示。

```
                        Gp.head(5)                         Gp.cat.codes.head(5)
----------------------------------------------------       --------------------
0    T0                                                    0     8
1    T0                                                    1     8
2    T0                                                    2     8
3    T0                                                    3     8
4    T1                                                    4     9
Name: Gp, dtype: category                                 dtype: int8
Categories (12, object): [D0, D1, D3, ..., T1, T3, T6]
```

分类数据有无序和有序两种，无序分类中的不同分类无法比较大小，例如性别；有序分类则可以比较大小，例如年龄段。上面创建的三个分类列为无序分类，可以通过 cat.as_ordered() 和 cat.as_unordered() 在这两种分类之间相互转换。下面的程序通过 cat.as_ordred() 将深度分类列转换为有序分类，注意最后一行分类名之间使用 "<" 连接，表示是有序分类。

```
depth = df_soil.Depth
            depth.cat.as_ordered().head()
--------------------------------------------------------
0     0-10
1     0-10
2     0-10
3     0-10
4     10-30
dtype: category
Categories (4, object): [0-10 < 10-30 < 30-60 < 60-90]
```

如果需要自定义分类中的顺序，可以使用 cat.reorder_categories()指定分类的顺序：

```
contour = df_soil.Contour
categories = ["Top", "Slope", "Depression"]

contour.cat.reorder_categories(categories, ordered=True).head()
------------------------------------------------------------
0    Top
1    Top
2    Top
3    Top
4    Top
dtype: category
Categories (3, object): [Top < Slope < Depression]
```

5.5 时间序列

 与本节内容对应的 Notebook 为：05-pandas/pandas-600-datetime.ipynb。

　　Pandas 提供了表示时间点、时间段和时间间隔等三种与时间有关的类型，以及元素为这些类型的索引对象，并提供了许多时间序列相关的函数。本节简要介绍一些与时间相关的对象和函数。在本章最后一节还会介绍一些相关的实例。

5.5.1 时间点、时间段、时间间隔

　　Timestamp 对象从 Python 标准库中的 datetime 类继承，表示时间轴上的一个时刻。它提供了方便的时区转换功能。下面调用 Timestamp.now() 获取当前时间 now，它是不包含时区信息的本地时间。调用其 tz_localize() 可以得到指定时区的 Timestamp 对象。而带时区信息的 Timestamp 对象可以通过其 tz_convert() 转换时区。下面的 now_shanghai 的时间以"+08:00"结尾，表示它是东八区的时间，将其转换为东京时间得到 now_tokyo，它是东九区的时间：

```
now = pd.Timestamp.now()
now_shanghai = now.tz_localize("Asia/Shanghai")
now_tokyo = now_shanghai.tz_convert("Asia/Tokyo")
print u"本地时间:", now
print u"上海时区:", now_shanghai
print u"东京时区:", now_tokyo
本地时间: 2015-07-25 11:50:46.264000
上海时区: 2015-07-25 11:50:46.264000+08:00
东京时区: 2015-07-25 12:50:46.264000+09:00
```

不同时区的时间可以比较，而本地时间和时区时间无法比较：

```
now_shanghai == now_tokyo
True
```

通过 pytz 模块的 common_timezones()可以获得常用的表示时区的字符串：

```
import pytz
pytz.common_timezones
['Africa/Abidjan',
 'Africa/Accra',
 'Africa/Addis_Ababa',
 'Africa/Algiers',
 ...
```

Period 对象表示一个标准的时间段，例如某年、某月、某日、某小时等。时间段的长短由 freq 属性决定。下面的程序调用 Period.now()，分别获得包含当前时间的日周期时间段和小时周期时间段。

```
now_day = pd.Period.now(freq="D")
now_hour = pd.Period.now(freq="H")
```

now_day	now_hour
Period('2015-07-25', 'D')	Period('2015-07-25 11:00', 'H')

freq 属性是一个描述时间段的字符串，其可选值可以通过下面的代码获得：

```
from pandas.tseries import frequencies
frequencies._period_code_map.keys()
frequencies._period_alias_dictionary()
```

对于周期为年度和星期的时间段，可以通过 freq 指定开始的时间。例如"W"表示以星期天开始的星期时间段，而"W-MON"则表示以星期一开始的星期时间段：

```
now_week_sun = pd.Period.now(freq="W")
now_week_mon = pd.Period.now(freq="W-MON")
```

now_week_sun	now_week_mon
Period('2015-07-20/2015-07-26', 'W-SUN')	Period('2015-07-21/2015-07-27', 'W-MON')

时间段的起点和终点可以通过 start_time 和 end_time 属性获得，它们都是表示时间点的 Timestamp 对象：

```
        now_day.start_time              now_day.end_time
-------------------------------  -------------------------------------------
Timestamp('2015-07-25 00:00:00') Timestamp('2015-07-25 23:59:59.999999999')
```

调用 Timestamp 对象的 to_period()方法可以把时间点转换为包含该时间点的时间段。注意时间段不包含时区信息：

```
now_shanghai.to_period("H")
Period('2015-07-25 11:00', 'H')
```

Timestamp 和 Period 对象可以通过其属性获得年、月、日等信息。下面分别获得年、月、日、星期几、一年中的第几天、小时等信息：

```
now.year  now.month  now.day  now.dayofweek  now.dayofyear  now.hour
--------  ---------  -------  -------------  -------------  --------
2015      7          25       5              206            11
```

将两个时间点相减可以得到表示时间间隔的 Timedelta 对象，下面计算当前时刻离 2015 年国庆节还有多少时间：

```
national_day = pd.Timestamp("2015-10-1")
td = national_day - pd.Timestamp.now()
td
Timedelta('67 days 12:09:04.039000')
```

时间点和时间间隔之间可以进行加减运算：

```
national_day + pd.Timedelta("20 days 10:20:30")
Timestamp('2015-10-21 10:20:30')
```

Timedelta 对象的 days、seconds、microseconds 和 nanoseconds 等属性分别获得它包含的天数、秒数、微秒数和纳秒数。注意这些值与对应的单位相乘并求和才是该对象表示的总时间间隔：

```
td.days  td.seconds  td.microseconds
-------  ----------  ---------------
67L      43744L      39000L
```

也可以通过关键字参数直接指定时间间隔的天数、小时数、分钟数和秒数：

```
print pd.Timedelta(days=10, hours=1, minutes=2, seconds=10.5)
print pd.Timedelta(seconds=100000)
10 days 01:02:10.500000
1 days 03:46:40
```

5.5.2　时间序列

上节介绍的 Timestamp、Period 和 Timedelta 对象都是表示单个值的对象，这些值可以放在索引或数据列中。下面的程序调用 random_timestamps()创建一个包含 5 个随机时间点的 DatetimeIndex 对象 ts_index，然后通过 ts_index 创建 PeriodIndex 类型的索引对象 pd_index 和 TimedeltaIndex 类型的索引对象 td_index。DatetimeIndex、PeriodIndex 和 TimedeltaIndex 都从 Index 继承，可以作为 Series 或 DataFrame 的索引。

random_timestamps()中的 date_range()函数创建以 start 为起点、以 end 为终点、周期为 freq 的 DatetimeIndex 对象。

```python
def random_timestamps(start, end, freq, count):
    index = pd.date_range(start, end, freq=freq)
    locations = np.random.choice(np.arange(len(index)), size=count, replace=False)
    locations.sort()
    return index[locations]


np.random.seed(42)
ts_index = random_timestamps("2015-01-01", "2015-10-01", freq="Min", count=5)
pd_index = ts_index.to_period("M")
td_index = pd.TimedeltaIndex(np.diff(ts_index))


print ts_index, "\n"
print pd_index, "\n"
print td_index, "\n"
DatetimeIndex(['2015-01-15 16:12:00', '2015-02-15 08:04:00',
               '2015-02-28 12:30:00', '2015-08-06 02:40:00',
               '2015-08-18 13:13:00'],
              dtype='datetime64[ns]', freq=None, tz=None)

PeriodIndex(['2015-01', '2015-02', '2015-02', '2015-08', '2015-08'], dtype='int64',
            freq='M')

TimedeltaIndex(['30 days 15:52:00', '13 days 04:26:00', '158 days 14:10:00',
                '12 days 10:33:00'],
               dtype='timedelta64[ns]', freq=None)
```

下面查看这三种索引对象的 dtype 属性。其中 M8[ns]和 m8[ns]是 NumPy 中表示时间点和时间间隔的 dtype 类型，内部采用 64 位整数存储时间信息，其中[ns]表示时间的最小单位为纳秒，能表示的时间范围大约是公元 1678 年到公元 2262 年。PeriodIndex 也使用 64 位整数，但是最小时间单位由其 freq 属性决定。

```
ts_index.dtype    pd_index.dtype    td_index.dtype
---------------   --------------    ---------------
dtype('<M8[ns]')  dtype('int64')   dtype('<m8[ns]')
```

这三种索引对象都提供了许多与时间相关的属性，例如：

```
ts_index.weekday    pd_index.month    td_index.seconds
---------------     ---------------   ----------------------------
[3, 6, 5, 3, 1]     [1, 2, 2, 8, 8]   [57120, 15960, 51000, 37980]
```

DatetimeIndex.shift(n, freq)可以移动时间点，将当前的时间移动 n 个 freq 时间单位。对于天数、小时这样的精确单位，结果相当于与指定的时间间隔相加：

```
ts_index.shift(1, "H")
DatetimeIndex(['2015-01-15 17:12:00', '2015-02-15 09:04:00',
'2015-02-28 13:30:00', '2015-08-06 03:40:00',
              '2015-08-18 14:13:00'],
              dtype='datetime64[ns]', freq=None, tz=None)
```

而对于月份这样不精确的时间单位，则移动一个单位相当于移到月头或月底：

```
ts_index.shift(1, "M")
DatetimeIndex(['2015-01-31 16:12:00', '2015-02-28 08:04:00',
               '2015-03-31 12:30:00', '2015-08-31 02:40:00',
               '2015-08-31 13:13:00'],
               dtype='datetime64[ns]', freq=None, tz=None)
```

DatetimeIndex.normalize()将时刻修改为当天的凌晨零点，可以理解为按日期取整：

```
ts_index.normalize()
DatetimeIndex(['2015-01-15', '2015-02-15', '2015-02-28', '2015-08-06',
               '2015-08-18'],
               dtype='datetime64[ns]', freq=None, tz=None)
```

如果希望对任意的时间周期取整，可以先通过 to_period()将其转换为 PeriodIndex 对象，然后再调用 to_timestamp()方法转换回 DatetimeIndex 对象。to_timestamp()的 how 参数决定将时间段的起点还是终点转换为时间点，默认值为"start"。

```
ts_index.to_period("H").to_timestamp()
DatetimeIndex(['2015-01-15 16:00:00', '2015-02-15 08:00:00',
               '2015-02-28 12:00:00', '2015-08-06 02:00:00',
               '2015-08-18 13:00:00'],
               dtype='datetime64[ns]', freq=None, tz=None)
```

下面的 Series 对象 ts_series 的索引为 DatetimeIndex 对象，这种 Series 对象被称为时间序列：

```
ts_series = pd.Series(range(5), index=ts_index)
```

时间序列提供一些专门用于处理时间的方法,例如 between_time()返回所有位于指定时间范围之内的数据:

```
ts_series.between_time("9:00", "18:00")
2015-01-15 16:12:00    0
2015-02-28 12:30:00    2
2015-08-18 13:13:00    4
dtype: int64
```

而 tshift()则将索引移动指定的时间:

```
ts_series.tshift(1, freq="D")
2015-01-16 16:12:00    0
2015-02-16 08:04:00    1
2015-03-01 12:30:00    2
2015-08-07 02:40:00    3
2015-08-19 13:13:00    4
dtype: int64
```

以 PeriodIndex 和 TimedeltaIndex 为索引的序列也可以使用 tshift()对索引进行移动:

```
pd_series = pd.Series(range(5), index=pd_index)
td_series = pd.Series(range(4), index=td_index)

pd_series.tshift(1)   td_series.tshift(10, freq="H")
--------------------   ------------------------------
2015-02    0           31 days 01:52:00    0
2015-03    1           13 days 14:26:00    1
2015-03    2           159 days 00:10:00   2
2015-09    3           12 days 20:33:00    3
2015-09    4           dtype: int64
Freq: M, dtype: int64
```

时间信息除了可以作为索引之外,还可以作为 Series 或 DataFrame 的列。下面分别将上述三种索引对象转换为 Series 对象,并查看其 dtype 属性:

```
ts_data = pd.Series(ts_index)
pd_data = pd.Series(pd_index)
td_data = pd.Series(td_index)

ts_data.dtype      pd_data.dtype    td_data.dtype
----------------   -------------    ----------------
dtype('<M8[ns]')   dtype('O')       dtype('<m8[ns]')
```

可以看到 Pandas 的 Series 对象目前尚不支持使用 64 位整数表示时间段，因此使用对象数组保存所有的 Period 对象。而对于时间点和时间间隔数据则采用 64 位整数数组保存。

当序列的值为时间数据时，可以通过名字空间对象 dt 调用时间相关的属性和方法。例如：

```
ts_data.dt.hour   pd_data.dt.month   td_data.dt.days
--------------    ----------------   ---------------
0    16           0    1             0     30
1    8            1    2             1     13
2    12           2    2             2     158
3    2            3    8             3     12
4    13           4    8             dtype: int64
dtype: int64      dtype: int64
```

5.5.3　与 NaN 相关的函数

 与本节内容对应的 Notebook 为：05-pandas/pandas-700-nan.ipynb。

Pandas 使用 NaN 表示缺失的数据，由于整数列无法使用 NaN，因此如果整数类型的列出现缺失数据，则会被自动转换为浮点数类型。下面将布尔类型的 DataFrame 对象传递给一个整数类型的 DataFrame 对象的 where()方法。该方法将 False 对象的元素设置为 NaN，注意其结果变成了浮点数类型，而没有 NaN 的列仍然为整数类型。

```
np.random.seed(41)
df_int = pd.DataFrame(np.random.randint(0, 10, (10, 3)), columns=list("ABC"))
df_int["A"] += 10
df_nan = df_int.where(df_int > 2)
```

```
df_int.dtypes   df_nan.dtypes
-------------   -------------
A    int32      A      int32
B    int32      B      float64
C    int32      C      float64
dtype: object   dtype: object
```

```
   df_int          df_nan
-----------     -------------
   A  B  C         A   B    C
0  10 3  2      0  10   3  NaN
1  10 1  3      1  10  NaN   3
2  19 7  5      2  19   7    5
3  18 3  3      3  18   3    3
```

```
4  12  6  0     4  12   6  NaN
5  14  6  9     5  14   6   9
6  13  8  4     6  13   8   4
7  17  6  1     7  17   6  NaN
8  15  2  1     8  15  NaN NaN
9  15  3  2     9  15   3  NaN
```

isnull()和 notnull()用于判断元素值是否为 NaN，它们返回全是布尔值的 DataFrame 对象。df.notnull()和~df.isnull()的结果相同，但是由于 notnull()少创建一个临时对象，其运算效率更高一些。

```
   df_nan.isnull()              df_nan.notnull()
   ----------------------       ----------------------
       A      B      C              A      B      C
0  False  False   True      0   True   True  False
1  False   True  False      1   True  False   True
2  False  False  False      2   True   True   True
3  False  False  False      3   True   True   True
4  False  False   True      4   True   True  False
5  False  False  False      5   True   True   True
6  False  False  False      6   True   True   True
7  False  False   True      7   True   True  False
8  False   True   True      8   True  False  False
9  False  False   True      9   True   True  False
```

count()返回每行或每列的非 NaN 元素的个数：

```
df_nan.count()      df_nan.count(axis=1)
--------------      --------------------
A    10             0    2
B     8             1    2
C     5             2    3
dtype: int64        3    3
4     2
                    5    3
                    6    3
                    7    2
                    8    1
                    9    2
                    dtype: int64
```

对于包含 NaN 元素的数据，最简单的办法就是调用 dropna()以删除包含 NaN 的行或列，当全部使用默认参数时，将删除包含 NaN 的所有行。可以通过 thresh 参数指定 NaN 个数的阈值，删除所有 NaN 个数大于等于该阈值的行。

```
df_nan.dropna()   df_nan.dropna(thresh=2)
--------------    -----------------------

    A  B  C           A   B   C
2  19  7  5       0  10   3  NaN
3  18  3  3       1  10  NaN   3
5  14  6  9       2  19   7   5
6  13  8  4       3  18   3   3
                  4  12   6  NaN
                  5  14   6   9
          6  13   8   4
                  7  17   6  NaN
                  9  15   3  NaN
```

当行数据按照某种物理顺序(例如时间)排列时，可以使用 NaN 前后的数据对其进行填充。ffill()使用之前的数据填充，而 bfill()则使用之后的数据填充。interpolate()使用前后数据进行插值填充：

```
df_nan.ffill()   df_nan.bfill()   df_nan.interpolate()
--------------   --------------   --------------------

   A  B   C      A  B  C   C      A   B    C
0  10  3 NaN     0  10  3   3     0  10  3.0 NaN
1  10  3   3     1  10  7   5     1  10  5.0   3
2  19  7   5     2  19  7   5     2  19  7.0   5
3  18  3   3     3  18  3   3     3  18  3.0   3
4  12  6   3     4  12  6   9     4  12  6.0   6
5  14  6   9     5  14  6   9     5  14  6.0   9
6  13  8   4     6  13  8   4     6  13  8.0   4
7  17  6   4     7  17  6 NaN     7  17  6.0   4
8  15  6   4     8  15  3 NaN     8  15  4.5   4
9  15  3   4     9  15  3 NaN     9  15  3.0   4
```

interpolate()默认使用等距线性插值，可以通过其 method 参数指定插值算法。在下面的例子中，第 0 个元素和第 2 个元素的数值分别为 3.0 和 7.0，因此当 method 参数默认省时下标为 1 的 NaN 被填充为前后两个元素的平均值 5.0。而当 method 为"index"时，则使用索引值进行插值运算。由于第 1 个元素的索引与第 2 个元素的索引接近，因此其插值结果也接近第二个元素的值。

```
s = pd.Series([3, np.NaN, 7], index=[0, 8, 9])

s.interpolate()   s.interpolate(method="index")
--------------    -----------------------------

0   3             0   3.000000
8   5             8   6.555556
```

```
9   7        9   7.000000
dtype: float64    dtype: float64
```

此外还可以使用字典参数让 fillna() 对不同的列使用不同的值填充 NaN:

```
print df_nan.fillna({"B":-999, "C":0})
     A   B  C
0   10    3  0
1   10 -999  3
2   19    7  5
3   18    3  3
4   12    6  0
5   14    6  9
6   13    8  4
7   17    6  0
8   15 -999  0
9   15    3  0
```

各种聚合方法的 skipna 参数默认为 True,因此计算时将忽略 NaN 元素,注意每行或每列是单独运算的。如果需要忽略包含 NaN 的整行,需要先调用 dropna()。若将 skipna 参数设置为 False,则包含 NaN 的行或列的运算结果为 NaN。

```
df_nan.sum()      df_nan.sum(skipna=False)   df_nan.dropna().sum()
--------------    ------------------------   ----------------------
A   143           A   143                    A   64
B    42           B   NaN                    B   24
C    24           C   NaN                    C   21
dtype: float64    dtype: float64             dtype: float64
```

df.combine_first(other) 使用 other 填充 df 中的 NaN 元素。它将 df 中的 NaN 元素替换为 other 中对应标签的元素。在下面的例子中,df_nan 中索引为 1、2、8、9 的行中的 NaN 被替换为 df_other 中相应的值:

```
df_other = pd.DataFrame(np.random.randint(0, 10, (4, 2)),
                        columns=["B", "C"],
                        index=[1, 2, 8, 9])
print df_nan.combine_first(df_other)
     A  B  C
0   10  3 NaN
1   10  4  3
2   19  7  5
3   18  3  3
4   12  6 NaN
```

```
5   14   6   9
6   13   8   4
7   17   6   NaN
8   15   4   5
9   15   3   5
```

5.5.4 改变 DataFrame 的形状

 与本节内容对应的 Notebook 为：05-pandas/pandas-800-changeshape.ipynb。

本节介绍表 5-4 中的函数：

表 5-4 本节要介绍的函数

函数名	功能	函数名	功能
concat	拼接多块数据	drop	删除行或列
set_index	设置索引	reset_index	将行索引转换为列
stack	将列索引转换为行索引	unstack	将行索引转换为列索引
reorder_levels	设置索引级别的顺序	swaplevel	交换索引中两个级别的顺序
sort_index	对索引排序	pivot	创建透视表
melt	透视表的逆变换	assign	返回添加新列之后的数据

DataFrame 的 shape 属性和 NumPy 的二维数组相同，是一个有两个元素的元组。由于 DataFrame 的 index 和 columns 都支持 MultiIndex 索引对象，因此可以用 DataFrame 表示更高维的数据。

下面首先从 CSV 文件读入数据，并使用 groupby()计算分组的平均值。关于 groupby 在后面的章节还会详细介绍。注意下面的 soils_mean 对象的行索引是多级索引：

```
soils = pd.read_csv("Soils.csv", index_col=0)[["Depth", "Contour", "Group", "pH", "N"]]
soils_mean = soils.groupby(["Depth", "Contour"]).mean()

        soils.head()                        soils_mean.head()
--------------------------------    --------------------------------

    Depth Contour  Group   pH    N                  Group   pH    N
1    0-10   Top      1    5.4  0.19   Depth Contour
2    0-10   Top      1    5.7  0.17   0-10  Depression   9    5.4  0.18
3    0-10   Top      1    5.1  0.26         Slope        5    5.5  0.22
4    0-10   Top      1    5.1  0.17         Top          1    5.3  0.2
5   10-30   Top      2    5.1  0.16   10-30 Depression  10    4.9  0.08
                                            Slope        6    5.3  0.1
```

1. 添加删除列或行

由于 DataFrame 可以看作一个 Series 对象的字典，因此通过 DataFrame[colname] = values 即可添加新列。有时新添加的列是从已经存在的列计算而来，这时可以使用 eval()方法计算。例如下面的代码添加一个名为 N_percent 的新列，其值为 N 列乘上 100：

```
soils["N_percent"] = soils.eval("N * 100")
```

assign()方法添加由关键字参数指定的列，它返回一个新的 DataFrame 对象，原数据的内容保持不变：

```
print soils.assign(pH2 = soils.pH + 1).head()
   Depth Contour Group   pH    N  N_percent  pH2
1  0-10    Top     1   5.4 0.19         19  6.4
2  0-10    Top     1   5.7 0.17         16  6.7
3  0-10    Top     1   5.1 0.26         26  6.1
4  0-10    Top     1   5.1 0.17         17  6.1
5  10-30   Top     2   5.1 0.16         16  6.1
```

append()方法用于添加行，它没有 inplace 参数，只能返回一个全新对象。由于每次调用 append()都会复制所有的数据，因此在循环中使用 append()添加数据会极大地降低程序的运算速度。可以使用一个列表缓存所有的分块数据，然后调用 concat()将所有这些数据沿着指定轴拼贴到一起。下面的程序比较二者的运算速度：

```
def random_dataframe(n):
    columns = ["A", "B", "C"]
    for i in range(n):
        nrow = np.random.randint(10, 20)
        yield pd.DataFrame(np.random.randint(0, 100, size=(nrow, 3)), columns=columns)

df_list = list(random_dataframe(1000))
```

```
%%time
df_res1 = pd.DataFrame([])
for df in df_list:
    df_res1 = df_res1.append(df)
Wall time: 1.37 s
```

```
%%time
df_res2 = pd.concat(df_list, axis=0)
Wall time: 118 ms
```

可以使用 keys 参数指定与每块数据对应的键，这样结果中的拼接轴将使用多级索引，方便快速获取原始的数据块。下面获取拼接之后的 DataFrame 对象中第 0 级标签为 30 的数据，并使用 equals() 方法判断它是否与原始数据中下标为 30 的数据块相同：

```
df_res3 = pd.concat(df_list, axis=0, keys=range(len(df_list)))
df_res3.loc[30].equals(df_list[30])
```
```
True
```

drop() 删除指定标签对应的行或列，下面删除名为 N 和 Group 的两列：

```
print soils.drop(["N", "Group"], axis=1).head()
  Depth Contour   pH  N_percent
1  0-10     Top  5.4         19
2  0-10     Top  5.7         16
3  0-10     Top  5.1         26
4  0-10     Top  5.1         17
5 10-30     Top  5.1         16
```

2. 行索引与列之间的相互转换

reset_index() 可以将索引转换为列，通过 level 参数可以指定被转换为列的级别。如果只希望从索引中删除某个级别，可以设置 drop 参数为 True。

```
print soils_mean.reset_index(level="Contour").head()
         Contour  Group   pH     N
Depth
0-10  Depression      9  5.4  0.18
0-10       Slope      5  5.5  0.22
0-10         Top      1  5.3   0.2
10-30 Depression     10  4.9  0.08
10-30      Slope      6  5.3   0.1
```

set_index() 将列转换为行索引，如果 append 参数为 False(默认值)，则删除当前的行索引；若为 True，则为当前的索引添加新的级别。

```
print soils_mean.set_index("Group", append=True).head()
                          pH     N
Depth Contour    Group
0-10  Depression 9        5.4  0.18
      Slope      5        5.5  0.22
      Top        1        5.3   0.2
10-30 Depression 10       4.9  0.08
      Slope      6        5.3   0.1
```

3. 行索引和列索引的相互转换

stack()方法把指定级别的列索引转换为行索引，而 unstack()则把行索引转换为列索引。下面的程序将行索引中的第一级转换为列索引的第一级，所得到的结果中行索引为单级索引，而列索引为多级索引：

```
print soils_mean.unstack(1)[["Group", "pH"]].head()
                 Group                     pH
Contour Depression Slope Top Depression Slope  Top
Depth
0-10              9     5  15.4    5.5 5.3
10-30            10     6  24.9    5.3 4.8
30-60            11     7  34.4    4.3 4.2
60-90            12     8  44.2    3.9 3.9
```

无论是 stack()还是 unstack()，当所有的索引被转换到同一个轴上时，将得到一个 Series 对象：

```
print soils_mean.stack().head(10)
Depth   Contour
0-10    Depression  Group      9
                    pH         5.4
                    N          0.18
        Slope       Group      5
                    pH         5.5
                    N          0.22
        Top         Group      1
                    pH         5.3
                    N          0.2
10-30   Depression  Group      10
dtype: float64
```

4. 交换索引的等级

reorder_levels()和 swaplevel()交换指定轴的索引级别。下面调用 swaplevel()交换行索引的两个级别，然后调用 sort_index()对新的索引进行排序：

```
print soils_mean.swaplevel(0, 1).sort_index()
                    Group   pH    N
Contour     Depth
Depression  0-10      9   5.4  0.18
            10-30    10   4.9  0.08
            30-60    11   4.4  0.051
            60-90    12   4.2  0.04
```

```
Slope    0-10    5  5.5  0.22
         10-30   6  5.3   0.1
         30-60   7  4.3 0.061
         60-90   8  3.9 0.043
Top      0-10    1  5.3   0.2
         10-30   2  4.8  0.12
         30-60   3  4.2  0.08
         60-90   4  3.9 0.058
```

5. 透视表

pivot()可以将 DataFrame 中的三列数据分别作为行索引、列索引和元素值，将这三列数据转换为二维表格：

```
df = soils_mean.reset_index()[["Depth", "Contour", "pH", "N"]]
df_pivot_pH = df.pivot("Depth", "Contour", "pH")
```

```
          df                          df_pivot_pH
------------------------------   -----------------------------------
    Depth    Contour    pH     N   Contour Depression Slope  Top
0   0-10  Depression  5.4  0.18   Depth
1   0-10      Slope   5.5  0.22   0-10             5.4   5.5  5.3
2   0-10        Top   5.3   0.2   10-30            4.9   5.3  4.8
3  10-30  Depression  4.9  0.08   30-60            4.4   4.3  4.2
4  10-30      Slope   5.3   0.1   60-90            4.2   3.9  3.9
5  10-30        Top   4.8  0.12
6  30-60  Depression  4.4 0.051
7  30-60      Slope   4.3 0.061
8  30-60        Top   4.2  0.08
9  60-90  Depression  4.2  0.04
10 60-90      Slope   3.9 0.043
11 60-90        Top   3.9 0.058
```

pivot()的三个参数 index、columns 和 values 只支持指定一列数据。若不指定 values 参数，就将剩余的列都当作元素值列，得到多级列索引：

```
print df.pivot("Depth", "Contour")
                  pH                   N
Contour  Depression Slope  Top Depression Slope    Top
Depth
0-10            5.4   5.5  5.3       0.18  0.22    0.2
10-30           4.9   5.3  4.8       0.08   0.1   0.12
30-60           4.4   4.3  4.2      0.051 0.061   0.08
60-90           4.2   3.9  3.9       0.04 0.043  0.058
```

melt()可以看作 pivot()的逆变换。由于它不能对行索引进行操作，因此先调用 reset_index()将行索引转换为列，然后用 id_vars 参数指定该列为标识列：

```
df_before_melt = df_pivot_pH.reset_index()
df_after_melt = pd.melt(df_before_melt, id_vars="Depth", value_name="pH")
        df_before_melt                        df_after_melt
------------------------------------    -------------------------
Contour  Depth  Depression  Slope  Top       Depth    Contour   pH
0        0-10          5.4    5.5  5.3   0     0-10  Depression  5.4
1       10-30          4.9    5.3  4.8   1    10-30  Depression  4.9
2       30-60          4.4    4.3  4.2   2    30-60  Depression  4.4
3       60-90          4.2    3.9  3.9   3    60-90  Depression  4.2
                                        4     0-10       Slope  5.5
                                        5    10-30       Slope  5.3
                                        6    30-60       Slope  4.3
                                        7    60-90       Slope  3.9
                                        8     0-10         Top  5.3
                                        9    10-30         Top  4.8
                                        10   30-60         Top  4.2
                                        11   60-90         Top  3.9
```

5.6　分组运算

与本节内容对应的 Notebook 为：05-pandas/pandas-900-groupby.ipynb。

所谓分组运算是指使用特定的条件将数据分为多个分组，然后对每个分组进行运算，最后再将结果整合起来。Pandas 中的分组运算由 DataFrame 或 Series 对象的 groupby()方法实现。

下面以某种药剂的实验数据"dose.csv"为例介绍如何使用分组运算分析数据。在该数据集中使用了"ABCD"4 种不同的药剂处理方式(Tmt)，针对不同性别(Gender)、不同年龄(Age)的患者进行药剂实验，记录下药剂的投药量(Dose)与两种药剂反应(Response)。

```
dose_df = pd.read_csv("dose.csv")
print dose_df.head(3)
   Dose  Response1  Response2 Tmt  Age Gender
0    50        9.9         10   C  60s      F
1    15      0.002      0.004   D  60s      F
2    25       0.63        0.8   C  50s      M
```

5.6.1 groupby()方法

如图 5-5 所示，分组操作中涉及两组数据：源数据和分组数据。将分组数据传递给源数据的 groupby()方法以完成分组。groupby()的 axis 参数默认为 0，表示对源数据的行进行分组。源数据中的每行与分组数据中的每个元素对应，分组数据中的每个唯一值对应一个分组。由于图中的分组数据中有两个唯一值，因此得到两个分组。

> groupby()并不立即执行分组操作，而只是返回保存源数据和分组数据的 GroupBy 对象。在需要获取每个分组的实际数据时，GroupBy 对象才会执行分组操作。

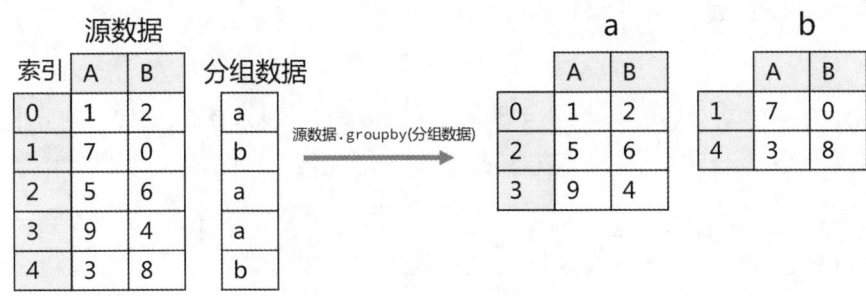

图 5-5 groupby()分组示意图

当分组用的数据在源数据中时，可以直接通过列名指定分组数据。当源数据是 DataFrame 类型时，groupby()方法返回一个 DataFrameGroupBy 对象。若源数据是 Series 类型，则返回 SeriesGroupBy 对象。在下面的例子中使用 Tmt 列对源数据分组：

```
tmt_group = dose_df.groupby("Tmt")
print type(tmt_group)
```
```
<class 'pandas.core.groupby.DataFrameGroupBy'>
```

还可以使用列表传递多组分组数据给 groupby()，例如下面的程序使用处理方式与年龄对源数据分组：

```
tmt_age_group = dose_df.groupby(["Tmt", "Age"])
```

当分组数据不在源数据中时，可以直接传递分组数据。在下面的例子中对长度与源数据的行数相同、取值范围为[0,5)的随机整数数组进行分组，这样就将源数据随机分成了 5 组：

```
random_values = np.random.randint(0, 5, dose_df.shape[0])
random_group = dose_df.groupby(random_values)
```

当分组数据可以通过源数据的行索引计算时，可以将计算函数传递给 groupby()。下面的例子使用行索引值除以 3 的余数进行分组，因此将源数据的每行交替地分为 3 组。这是因为源数据的行索引为从 0 开始的整数序列。

```
alternating_group = dose_df.groupby(lambda n:n % 3)
```

上述三种分组数据可以任意自由组合，例如下面的例子同时使用源数据中的性别列、函数以及数组进行分组：

```
crazy_group = dose_df.groupby(["Gender", lambda n: n % 2, random_values])
```

5.6.2　GroupBy 对象

使用 len()可以获取分组数：

```
print len(tmt_age_group), len(crazy_group)
10 20
```

GroupBy 对象支持迭代接口，它与字典的 iteritems()方法类似，每次迭代得到分组的键和数据。当使用多列数据分组时，与每个组对应的键是一个元组：

```
for key, df in tmt_age_group:
    print "key =", key, ", shape =", df.shape
key = ('A', '50s') , shape = (39, 6)
key = ('A', '60s') , shape = (26, 6)
key = ('B', '40s') , shape = (13, 6)
key = ('B', '50s') , shape = (13, 6)
key = ('B', '60s') , shape = (39, 6)
key = ('C', '40s') , shape = (13, 6)
key = ('C', '50s') , shape = (13, 6)
key = ('C', '60s') , shape = (39, 6)
key = ('D', '50s') , shape = (52, 6)
key = ('D', '60s') , shape = (13, 6)
```

由于 Python 的赋值语句支持迭代接口，因此可以使用下面的语句快速为每个分组数据指定变量名。这是因为我们知道只有 4 种药剂处理方式，并且 GroupBy 对象默认会对分组键进行排序。可以将 groupby()的 sort 参数设置为 False 以关闭排序功能，这样可以稍微提高大量分组时的运算速度。

```
(_, df_A), (_, df_B), (_, df_C), (_, df_D) = tmt_group
```

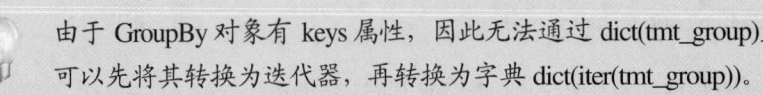

由于 GroupBy 对象有 keys 属性，因此无法通过 dict(tmt_group)直接将其转换为字典，可以先将其转换为迭代器，再转换为字典 dict(iter(tmt_group))。

get_group()方法可以获得与指定的分组键对应的数据，例如：

```
       tmt_group.get_group("A").head(3)
-------------------------------------------
     Dose  Response1  Response2 Tmt  Age Gender
6      1          0          0   A  50s      F
10    15        5.2        5.2   A  60s      F
12     5          0      0.001   A  60s      F


tmt_age_group.get_group(("A", "50s")).head(3)
-------------------------------------------
     Dose  Response1  Response2 Tmt  Age Gender
6      1          0          0   A  50s      F
17     5          0      0.003   A  50s      M
34    40         11         10   A  50s      M
```

对 GroupBy 的下标操作将获得一个只包含源数据中指定列的新 GroupBy 对象，通过这种方式可以先使用源数据中的某些列进行分组，然后选择另一些列进行后续计算。

```
print tmt_group["Dose"]
print tmt_group[["Response1", "Response2"]]
<pandas.core.groupby.SeriesGroupBy object at 0x0C6076F0>
<pandas.core.groupby.DataFrameGroupBy object at 0x0C6077F0>
```

GroupBy 类中定义了__getattr__()方法，因此当获取 GroupBy 中未定义的属性时，将按照下面的顺序操作：

- 如果属性名是源数据对象的某列的名称，则相当于 GroupBy[name]，即获取针对该列的 GroupBy 对象。
- 如果属性名是源数据对象的方法，则相当于通过 apply()对每个分组调用该方法。注意 Pandas 中定义了转换为 apply()的方法集合，只有在此集合之中的方法才会被自动转换。关于 apply()方法将在下一小节详细介绍。

下面的程序得到对源数据中的 Dose 列进行分组的 GroupBy 对象：

```
print tmt_group.Dose
<pandas.core.groupby.SeriesGroupBy object at 0x05D96B70>
```

5.6.3 分组－运算－合并

通过 GroupBy 对象提供的 agg()、transform()、filter()以及 apply()等方法可以实现各种分组运算。每个方法的第一个参数都是一个回调函数，该函数对每个分组的数据进行运算并返回结果。这些方法根据回调函数的返回结果生成最终的分组运算结果。

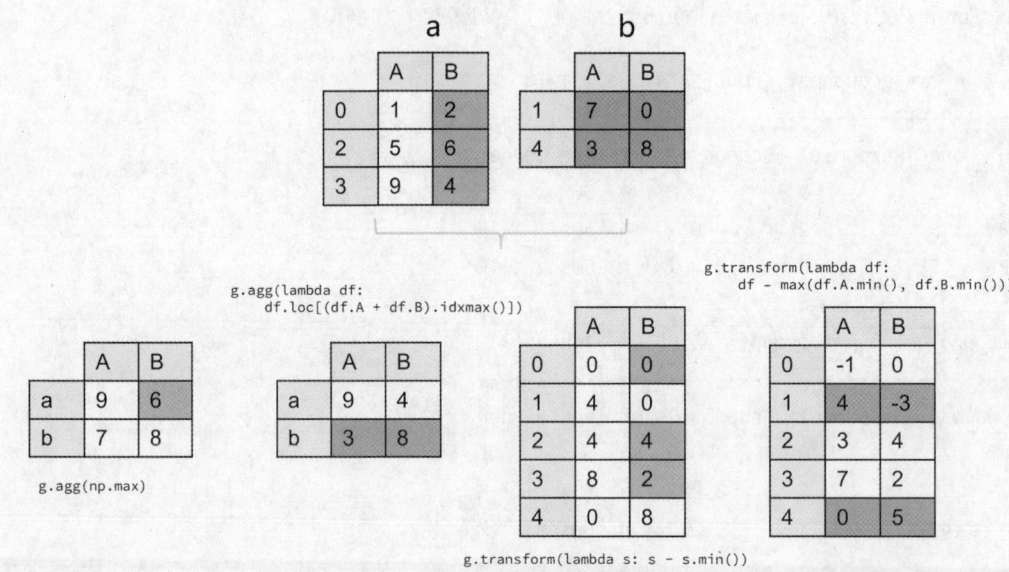

图 5-6 agg()和 transform()的运算示意图

1. agg()－聚合

　　agg()对每个分组中的数据进行聚合运算。所谓聚合运算是指将一组由 N 个数值组成的数据转换为单个数值的运算，例如求和、平均值、中间值甚至随机取值等都是聚合运算。其回调函数接收的数据是表示每个分组中每列数据的 Series 对象，若回调函数不能处理 Series 对象，则 agg()会接着尝试将整个分组的数据作为 DataFrame 对象传递给回调函数。回调函数对其参数进行聚合运算，将 Series 对象转换为单个数值，或将 DataFrame 对象转换为 Series 对象。agg()返回一个 DataFrame 对象，其行索引为每个分组的键，而列索引为源数据的列索引。

　　在图 5-6 中，上方两个表格显示了两个分组中的数据，而下方左侧两个表格显示了对这两个分组执行聚合运算之后的结果。其中最左侧的表格是执行 g.agg(np.max)的结果。由于 np.max()能对 Series 对象进行运算，因此 agg()将分组 a 和分组 b 中的每列数据分别传递给 np.max()以计算每列的最大值，并将所有最大值聚合成一个 DataFrame 对象。例如分组 a 中的 B 列传递给 np.max()的计算结果为 6，该数值存放在结果的第 a 行、第 B 列中。

　　左侧第二个表格对应的程序为：

```
g.agg(lambda df: df.loc[(df.A + df.B).idxmax()])
```

　　由于在回调函数中访问了属性 A 和 B, 这两个属性在表示每列数据的 Series 对象中不存在，因此传递 Series 对象给回调函数的尝试失败。于是 agg()接下来尝试将表示整个分组数据的 DataFrame 对象传递给回调函数。该回调函数每次返回结果中的一行，例如图中分组 b 对应的运算结果为第 b 行。该回调函数返回每个分组中 A+B 最大的那一行。

　　下面是对 tmt_group 进行聚合运算的例子。❶计算每个分组中每列的平均值，注意结果中自动剔除了无法求平均值的字符串列。❷找到每个分组中 Response1 最大的那一行，由于回调函数对表示整个分组的 DataFrame 进行运算，因此结果中包含了源数据中的所有列。

```
agg_res1 = tmt_group.agg(np.mean) ❶
agg_res2 = tmt_group.agg(lambda df:df.loc[df.Response1.idxmax()]) ❷
```

	agg_res1				agg_res2				
	Dose	Response1	Response2		Dose	Response1	Response2	Age	Gender
Tmt				Tmt					
A	34	6.7	6.9	A	80	11	10	60s	F
B	34	5.6	5.5	B	1e+02	11	10	50s	M
C	34	4	4.1	C	60	10	11	50s	M
D	34	3.3	3.2	D	80	11	9.9	60s	F

2. transform()—转换

transform()对每个分组中的数据进行转换运算。与 agg()相同，首先尝试将表示每列的 Series 对象传递给回调函数，如果失败，将表示整个分组的 DataFrame 对象传递给回调函数。回调函数的返回结果与参数的形状相同，transform()将这些结果按照源数据的顺序合并在一起。

图 5-6 的下方右侧两个表格为 transform()的运算结果，它们对应的回调函数分别对 Series 和 DataFrame 对象进行处理。注意这两个表格的行索引与源数据的行索引相同。

下面是对 tmt_group 进行转换运算的例子。❶回调函数能对 Series 对象进行运算，因此运算结果中不包含源数据中的字符串列。❷由于 Series 对象没有 assign()方法，因此 transform()在尝试 Series 失败之后，将表示整个分组的 DataFrame 对象传递给回调函数。该回调函数只对 Response1 列进行转换。

```
transform_res1 = tmt_group.transform(lambda s:s - s.mean()) ❶
transform_res2 = tmt_group.transform(
    lambda df:df.assign(Response1=df.Response1 - df.Response1.mean())) ❷
```

	transform_res1.head(5)				transform_res2.head(5)				
	Dose	Response1	Response2		Dose	Response1	Response2	Age	Gender
0	16	5.8	5.9	0	50	5.8	10	60s	F
1	-19	-3.3	-3.2	1	15	-3.3	0.004	60s	F
2	-8.5	-3.4	-3.3	2	25	-3.4	0.8	50s	M
3	-8.5	-2.7	-2.6	3	25	-2.7	1.6	60s	F
4	-19	-4	-4.1	4	15	-4	0.02	60s	F

3. filter()—过滤

filter()对每个分组进行条件判断。它将表示每个分组的 DataFrame 对象传递给回调函数，该函数返回 True 或 False，以决定是否保留该分组。filter()的返回结果是过滤掉一些行之后的

DataFrame 对象，其行索引与源数据的行索引的顺序一致。

下面的程序保留 Response1 列的最大值小于 11 的分组，注意结果中包含用于分组的列 Tmt：

```
print tmt_group.filter(lambda df:df.Response1.max() < 11).head()

   Dose  Response1  Response2 Tmt  Age Gender
0    50        9.9         10   C  60s      F
1    15      0.002      0.004   D  60s      F
2    25       0.63        0.8   C  50s      M
3    25        1.4        1.6   C  60s      F
4    15       0.01       0.02   C  60s      F
```

4. apply()—运用

apply()将表示每个分组的 DataFrame 对象传递给回调函数并收集其返回值，并将这些返回值按照某种规则合并。apply()的用法十分灵活，可以实现上述 agg()、transform()和 filter()方法的功能。它会根据回调函数的返回值的类型选择恰当的合并方式，然而这种自动选择有时会得到令人费解的结果。

图 5-7 显示了对包含 a 和 b 两个分组的 GroupBy 对象 g 执行 apply()后得到的 4 种结果：

如图 5-7(左一)所示，回调函数为 DataFrame.max，它计算 DataFrame 对象中每列的最大值，返回一个以列名为索引的 Series 对象，因此对于所有的分组数据返回的索引都是相同的。这种情况下 apply()的结果与 agg()相同，是一个以每个分组的键为行索引、以所有返回对象的索引为列索引的 DataFrame 对象。

如图 5-7(左二)所示，当回调函数返回的 Series 对象的索引不是全部一致时，apply()将这些 Series 对象沿垂直方向连接在一起，得到一个多级索引的 Series 对象。多级索引由分组的键和每个 Series 对象的索引构成。

在图 5-7(左三)中，回调函数返回的是 DataFrame 对象，并且结果的行索引与参数的行索引是**同一索引对象**，即满足如下条件：

```
df.index is (df - df.min()).index
```

则 apply()返回的 DataFrame 对象的行索引与源数据的索引一致，这与 filter()的结果相同。

在图 5-7(左四)中，回调函数的返回结果与(图 5-7 左三)相同，但由于使用[:]复制了整个数据，因此其返回对象与参数的索引不是同一对象。这种情况下，将按照分组的顺序沿垂直方向将所有返回结果连接在一起，得到一个多级索引的 DataFrame 对象。多级索引由分组的键和每个 DataFrame 对象的索引构成。

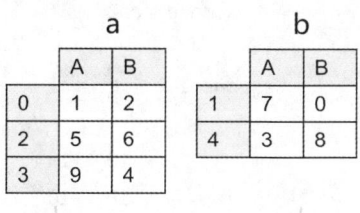

图 5-7 apply()的运算示意图

 注意目前的版本采用 is 判断索引是否相同，很容易引起混淆，未来的版本可能会对这一点进行修改。

下面计算 tmt_group 的每个分组中每列的最大值和平均值。注意最大值的结果中包含字符串列，而平均值的结果中不包含字符串列：

```
       tmt_group.apply(pd.DataFrame.max)              tmt_group.apply(pd.DataFrame.mean)
       ------------------------------------           ------------------------------------
       Dose Response1 Response2 Tmt Age Gender        Dose Response1 Response2
Tmt                                              Tmt
A      1e+02      11        11   A  60s   M       A    34       6.7        6.9
B      1e+02      11        10   B  60s   M       B    34       5.6        5.5
C      1e+02      10        11   C  60s   M       C    34         4        4.1
D      1e+02      11       9.9   D  60s   M       D    34       3.3        3.2
```

下面的程序从每个分组的 Response1 列随机取两个数值。❶由于 sample()保留与数值对应的标签，因此结果是一个多级标签的 Series 对象。❷对 sample()的结果调用 reset_index()方法，这样所有返回结果的标签全部相同，因此得到的结果是一个 DataFrame 对象，其每一行与一个分组对应。

```
sample_res1 = tmt_group.apply(lambda df:df.Response1.sample(2)) ❶
sample_res2 = tmt_group.apply(
    lambda df:df.Response1.sample(2).reset_index(drop=True)) ❷
```

345

```
          sample_res1                sample_res2
---------------------------   ---------------------
Tmt                           Response1    0    1
A    248      10              Tmt
     164      10              A           10   10
B    113      0.19           B           10   10
     26       9.4             C           0.004 9.9
C    191      10              D           0.33  11
     236      1.7
D    188      0.061
     8        0.001
Name: Response1, dtype: float64
```

当回调函数的返回值是 DataFrame 对象时，根据其行标签是否与参数对象的行标签为同一对象，会得到不同的结果：

```
group = tmt_group[["Response1", "Response1"]]
apply_res1 = group.apply(lambda df:df - df.mean())
apply_res2 = group.apply(lambda df:(df - df.mean())[:])
```

```
    apply_res1.head()              apply_res2.head()
-----------------------       -----------------------------

    Response1  Response1              Response1  Response1
0       5.8        5.8        Tmt
1      -3.3       -3.3        A   6     -6.7       -6.7
2      -3.4       -3.4           10     -1.5       -1.5
3      -2.7       -2.7           12     -6.7       -6.7
4      -4         -4            17     -6.7       -6.7
                                32      2.6        2.6
```

当回调函数返回 None 时，将忽略该返回值，因此可以实现 filter() 的功能。下面的程序从 Response1 的均值大于 5 的分组中随机取两行数据：

```
print tmt_group.apply(lambda df:None if df.Response1.mean() < 5 else df.sample(2))
         Dose  Response1  Response2 Tmt  Age Gender
Tmt
A    235   60      9.8         10    A   50s     M
     164   20      10          10    A   50s     F
B    9     40      11          10    B   60s     F
     16    30      9.8         10    B   60s     F
```

Pandas 使用 Cython 对一些常用的聚合功能进行了优化处理，例如 mean()、median()、var() 等。此外，GroupBy 还自动将一些常用的 DataFrame 方法用 apply() 包装。因此，通过 GroupBy 对象调用这些方法就相当于将这些方法作为回调函数传递给 apply()。

下面的例子分别调用 Cython 编写的提速方法 mean() 和使用 apply() 包装之后的 quantile() 方法：

```
     tmt_group.mean()                     tmt_group.quantile(q=0.75)
-------------------------------     -------------------------------
     Dose  Response1  Response2          Dose  Response1  Response2
Tmt                                 Tmt
A    34       6.7        6.9        A    50       10         10
B    34       5.6        5.5        B    50       9.8        10
C    34       4          4.1       C    50       9.6        9.6
D    34       3.3        3.2        D    50       8.9        8.4
```

本节以 DataFrameGroupBy 对象为例介绍了分组运算的基本概念以及常用方法。Pandas 提供的分组运算功能十分强大，建议读者在理解了本节的内容之后，再详细阅读官方的帮助文档，以了解更多的用法和技巧。

5.7 数据处理和可视化实例

 与本节内容对应的 Notebook 为：05-pandas/pandas-A00-examples.ipynb。

作为本章的最后一节，让我们看两个用 Pandas 分析实际数据的例子。本节使用 Pandas 提供的绘图方法 plot() 将计算结果显示为图表，其内部使用 matplotlib 绘图。关于绘图方面的详细信息请读者参考 matplotlib 章节。

5.7.1 分析 Pandas 项目的提交历史

Pandas 的源代码托管于 GitHub，由世界各地的爱好者共同开发。下面让我们使用 Pandas 分析它的提交记录文件 data/pandas.log。如果读者的计算机中安装了 Git 版本控制软件，可以通过如下命令创建该文件：

```
git clone https://github.com/pydata/pandas.git
cd pandas
git log > ../pandas.log
```

该文件中的一条提交记录由多行文本构成，例如：

```
commit 758ca05e2eb04532b5d78331ba87c291038e2c61
Author: Garrett-R <xxxx@xxxxx.com>
Date:   Sat Jun 27 15:11:12 2015 -0700
```

DOC: Add warning for newbs not to edit auto-generated file, #10456

由于该文件不是由特定分隔符分隔的文本文件，无法使用 read_csv() 读取，因此我们自己编写数据读取函数 read_git_log()。它是一个生成器函数，每次迭代返回一个包含作者名、日期和提交说明的元组。

```python
def read_git_log(log_fn):
    import io
    with io.open(log_fn, "r", encoding="utf8") as f:

        author = datetime = None
        message = []
        message_start = False
        for line in f:
            line = line.strip()
            if not line:
                continue

            if line.startswith("commit"):
                if author is not None:
                    yield author, datetime, u"\n".join(message)
                    del message[:]
                message_start = False
            elif line.startswith("Author:"):
                author = line[line.index(":")+1 : line.index("<")].strip()
            elif line.startswith("Date:"):
                datetime = line[line.index(":")+1 :].strip()
                message_start = True
            elif message_start:
                message.append(line)
```

下面将生成器的数据转换为 DataFrame 对象，其中包括了 12109 条提交记录：

```python
df_commit = pd.DataFrame(read_git_log("data/pandas.log"),
                        columns=["Author", "DateString", "Message"])
print df_commit.shape
```
```
(12109, 3)
```

为了分析时间数据，需要将提交时间的字符串转换为时间列，使用 to_datetime() 可以快速完成这个任务，它会自动尝试各种常用的日期格式。由下面的输出可知，它进行了时区转换，将所有的时间都转换成了世界标准时间：

```python
df_commit["Date"] = pd.to_datetime(df_commit.DateString)
print df_commit[["DateString", "Date"]].head()
```

```
              DateString                    Date
0    Tue Jul 7 23:43:31 2015 -0500   2015-07-08 04:43:31
1    Tue Jul 7 12:18:50 2015 -0700   2015-07-07 19:18:50
2    Tue Jul 7 13:37:38 2015 -0500   2015-07-07 18:37:38
3    Sat Jun 27 15:11:12 2015 -0700  2015-06-27 22:11:12
4    Tue Jul 7 10:53:55 2015 -0500   2015-07-07 15:53:55
```

为了统计每个时区的提交次数，下面将表示时区的部分提取出来，保存到Timezone列中：

```
df_commit["Timezone"] = df_commit.DateString.str[-5:]
```

在提交说明的每行开头可能会有全部大写字母的单词，该单词通常用于描述提交的分类。在大致浏览提交记录之后，决定使用正则表达式"^([A-Z/]{2,12})"提取这种分类信息。其中^与re.MULTILINE 配合使用，可以匹配每行的开头；()括起来的部分就是要提取的内容；[A-Z/]匹配大写字母或斜杠字符；{2,12}表示前面的匹配重复 2 到 12 次。

```
import re
df_commit["Type"] = df_commit.Message.str.extract(r"^([A-Z/]{2,12})",
flags=re.MULTILINE)
```

下面使用 value_counts()统计时区和分类。可以看到美国所在时区的提交数最多，修复 BUG 的提交数最多。

```
tz_counts = pd.value_counts(df_commit.Timezone)
type_counts = pd.value_counts(df_commit.Type)

tz_counts.head()   type_counts.head()
----------------   ------------------
-0400    5057      BUG    3005
-0500    2793      ENH    1720
-0700    1141      DOC    1666
+0200    1052      TST    1117
-0800     519      CLN     424
dtype: int64       dtype: int64
```

为了方便后续处理，下面将 Date 列设置为行索引，并且按照时间顺序排序。注意我们设置 drop 参数为 False，保留 Date 列。

```
df_commit.set_index("Date", drop=False, inplace=True)
df_commit.sort_index(inplace=True)
```

下面统计两次连续提交之间的时间间隔，结果如图 5-8 所示。❶对 Date 列调用 diff()方法计算前后两个时间点的差，由于最开始的数据无法计算，因此得到的值为 NaN，这里调用 dropna()来删除 NaN。❷为了方便绘制直方统计图，这里将时间差转换为小时数。❸调用 plot()方法绘图，通过 kind 参数指定图表的类型为"hist"，figsize 参数指定图表的大小，其余的参数都传递给实际的绘图函数 hist()，plot()方法返回表示子图的对象。

```
time_delta = df_commit.Date.diff(1).dropna() ❶
hours_delta = time_delta.dt.days * 24 + time_delta.dt.seconds / 3600.0 ❷
ax = hours_delta.plot(kind="hist", figsize=(8, 3),    ❸
                      bins=100, histtype="step", range=(0, 5), linewidth=2)
ax.set_xlabel("Hours")
```

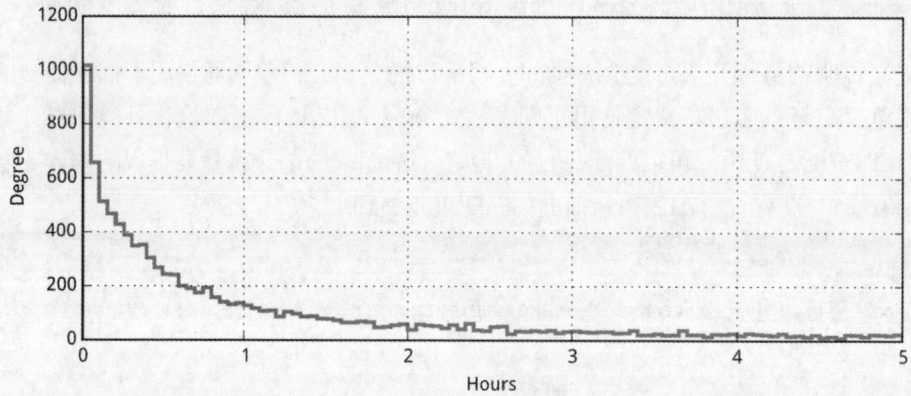

图 5-8 两次提交的时间间隔统计

下面的程序绘制每个星期的提交数，结果如图 5-9 所示。先调用时间序列的 resample()方法对其进行分组计算，其第一个参数为表示分组时间周期的字符串，"W"表示按星期分组。how 参数指定对每个分组执行的运算。"count"表示返回每个分组中值不为 NaN 的元素个数。因此可以使用不包含 NaN 的任何列得到相同的结果。

```
ax = df_commit.Author.resample("W", how="count").plot(kind="area", figsize=(8, 2.5))
ax.grid(True)
ax.set_ylabel(u"提交次数")
```

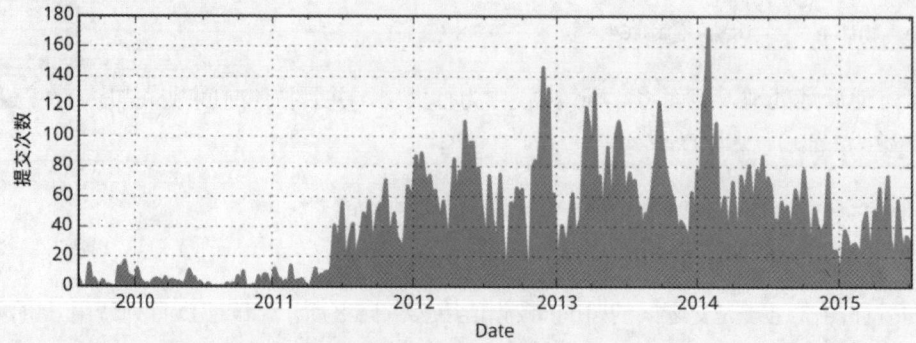

图 5-9 每个星期的提交次数

how 参数还支持回调函数，例如下面的程序绘制每个月的提交人数，结果如图 5-10 所示。这里使用 len(s.unique())得到每个分组去重之后的长度：

```
ax = df_commit.Author.resample("M", how=lambda s:len(s.unique())).plot(
    kind="area", figsize=(8, 2.5))
ax.set_ylabel(u"提交人数")
```

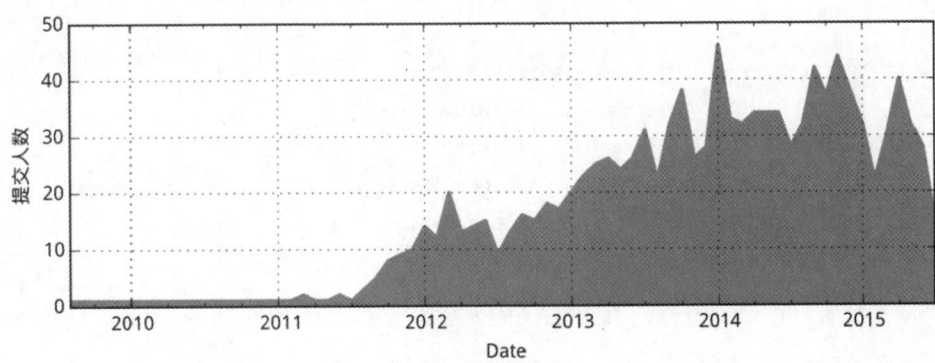

图 5-10 每个月的提交人数

> **?** 请读者思考如何使用 groupby()实现与上述 resample()相同的运算。

下面使用 value_counts()方法统计每位作者的提交数。Pandas 的创始人 Wes McKinney 目前还是排在第一位：

```
s_authors = df_commit.Author.value_counts()
print s_authors.head()
Wes McKinney    3115
jreback         3009
y-p              943
Chang She        629
Phillip Cloud    596
dtype: int64
```

下面使用 crosstab()统计每个月每位作者的提交数，所得到的结果 df_counts 的行索引为月份，列索引为作者。这里通过 DatetimeIndex 的 to_period()将时间点转换为以月为单位的时间段。结果中包含 72 个月、485 位作者的提交数：

```
df_counts = pd.crosstab(df_commit.index.to_period("M"), df_commit.Author)
df_counts.index.name = "Month"
print df_counts.shape
```

```
(72, 485)
```

下面获取 s_authors 中排前 5 名的作者对应的列，并调用 plot()绘图，结果如图 5-11 所示。默认情况下 plot()将多列数据绘制在一个子图中。这里将 subplots 参数设置为 True，让每列数据绘制在不同的子图中。通过将 sharex 和 sharey 参数设置为 True，让所有子图的 X-Y 轴的数据范围保持一致，以便比较数据。由图可知创始人已于 2013 年下半年离开该项目，目前由 jreback 接手。

```
df_counts[s_authors.head(5).index].plot(kind="area",
                                         subplots=True,
                                         figsize=(8, 6),
                                         color=pl.rcParams['axes.color_cycle'][0],
                                         alpha=0.5,
                                         sharex=True,
                                         sharey=True)
```

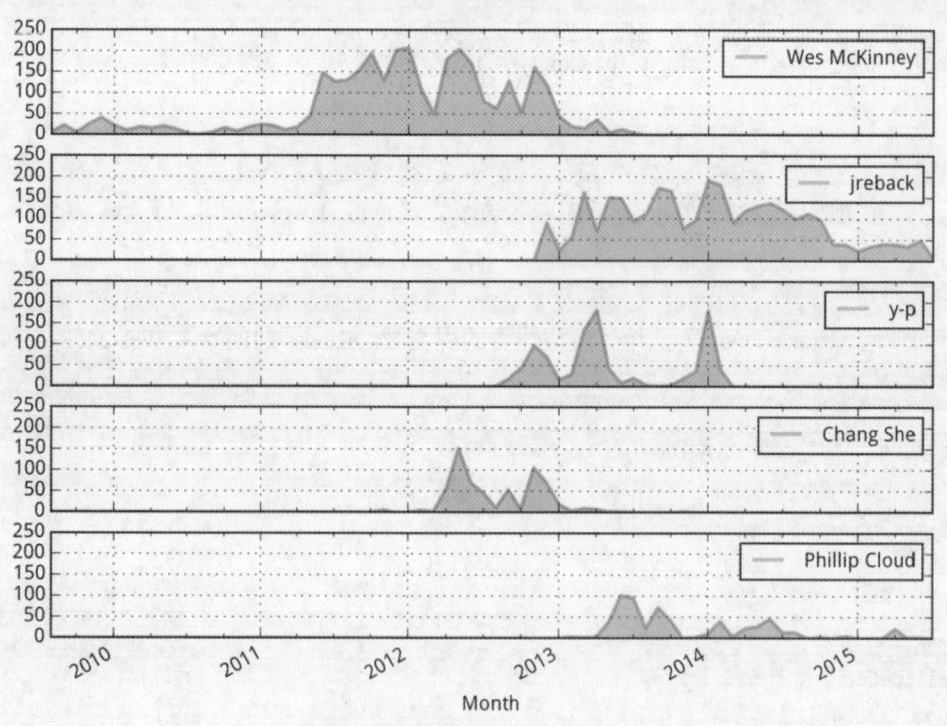

图 5-11 前 5 名作者的每月提交次数

下面我们绘制与 GitHub 类似的活动记录图，效果如图 5-12 所示。图中的每个方块表示一天的提交数，每一列表示一个星期。❶首先将索引转换为以天为周期的时间段索引，然后统计次数，就得到了每天的提交数，其索引为以天为周期的时间段。❷将该索引转换多级索引，第 0 级是以星期为周期的索引，第 1 级是表示星期几的整数，0 表示星期一。

❸使用 unstack()将第 0 级索引转换为列索引，得到一个 DataFrame 对象，获取其最后 60 周的数据之后，将其中的 NaN 填充为 0。这样就得到了用于做图的 active_data 数据。

注意 daily_commit 的索引不是按照时间先后顺序排列的，但 unstack()返回的结果中行索引和列索引都是按从小到大的顺序排列的：

```
daily_commit = df_commit.index.to_period("D").value_counts() ❶
daily_commit.index = pd.MultiIndex.from_arrays([daily_commit.index.asfreq("W"), ❷
                                                 daily_commit.index.weekday])
daily_commit = daily_commit.sort_index()
active_data = daily_commit.unstack(0).iloc[:, -60:].fillna(0) ❸
```

下面是绘图部分，❹调用 pcolormesh()绘制填充方格，然后调用 set_xticks()等函数修改 X 和 Y 轴上刻度的位置和文本：

```
fig, ax = pl.subplots(figsize=(15, 4))
ax.set_aspect("equal")
ax.pcolormesh(active_data.values, cmap="Greens",
              vmin=0, vmax=active_data.values.max() * 0.75) ❹

tick_locs = np.arange(3, 60, 10)
ax.set_xticks(tick_locs + 0.5)
ax.set_xticklabels(active_data.columns[tick_locs].to_timestamp(how="start").format())
ax.set_yticks(np.arange(7) + 0.5)

from pandas.tseries.frequencies import DAYS
ax.set_yticklabels(DAYS)
```

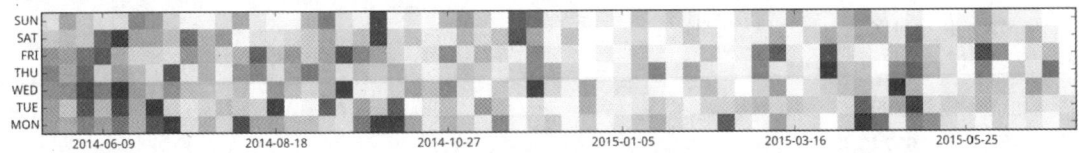

图 5-12 Pandas 项目的活动记录图

也可以使用本书提供的 plot_dataframe_as_colormesh()来绘制，效果见图 5-12：

```
from scpy2.pandas import plot_dataframe_as_colormesh

plot_dataframe_as_colormesh(active_data, xtick_start=3, xtick_step=10,
            xtick_format=lambda period:str(period.start_time.date()),
            ytick_format=dict(zip(range(7), DAYS)).get,
cmap="Greens", vmin=0, vmax=active_data.values.max() * 0.75)
```

5.7.2 分析空气质量数据

在前面介绍输入输出的小节里，我们将 data/aqi 文件夹下的所有空气质量数据的 CSV 文件写入了 HDF5 文件 aqi.hdf5。下面我们利用 Pandas 分析这些数据。首先使用 HDFStore 打开保存数据的 HDF5 文件，并调用 select() 来读入所有数据，如表 5-5 所示：

表 5-5 空气质量数据

index	Time	City	Position	AQI	Level	PM2_5	PM10	CO	NO2	O3	SO2
1	2014-04-11 15:00:00	上海	普陀	76	良	49	101	0.0	0	0	0
2	2014-04-11 15:00:00	上海	十五厂	72	良	52	94	0.479	53	124	9
3	2014-04-11 15:00:00	上海	虹口	80	良	59	98	0.612	52	115	11
4	2014-04-11 15:00:00	上海	徐汇上师大	74	良	54	87	0.706	43	113	14
5	2014-04-11 15:00:00	上海	杨浦四漂	84	良	62	99	0.456	43	82	9

```
store = pd.HDFStore("data/aqi/aqi.hdf5")
df_aqi = store.select("aqi")
df_aqi.head()
```

下面用 value_counts() 查看所有的城市名：

```
print df_aqi.City.value_counts()
天津      134471
北京      109999
上海       92745
天津市       13
北京市       12
上海市       10
dtype: int64
```

我们发现每座城市都有两种表示形式，下面使用 str.replace() 将结尾的"市"删除，并将其转换为分类类型：

```
df_aqi["City"] = df_aqi.City.str.replace("市", "").astype("category")
print df_aqi.City.value_counts()
天津      134484
北京      110011
```

```
上海      92755
dtype: int64
```

AQI 列为空气质量的评分，而其他的数值列为各种成分的指标值。下面通过 corr() 计算这些值之间的相关性：

```
corr = df_aqi.corr()
print corr

          AQI   PM2_5   PM10     CO    NO2     O3    SO2
AQI         1   0.944  0.694  0.611  0.534 -0.136   0.42
PM2_5   0.944       1  0.569  0.633  0.556 -0.169  0.426
PM10    0.694   0.569      1   0.46  0.472 -0.136  0.414
CO      0.611   0.633   0.46      1  0.565 -0.233  0.538
NO2     0.534   0.556  0.472  0.565      1 -0.439  0.448
O3     -0.136  -0.169 -0.136 -0.233 -0.439      1 -0.198
SO2      0.42   0.426  0.414  0.538  0.448 -0.198      1
```

为了更直观地显示上面的相关矩阵，可以将其绘制成如图 5-13 所示的图表。由图可知空气质量指数与 PM2.5 的相关性最大，而与 O3 略呈负相关性。

```
fig, ax = pl.subplots()
plot_dataframe_as_colormesh(corr, ax=ax, colorbar=True, xtick_rot=90)
```

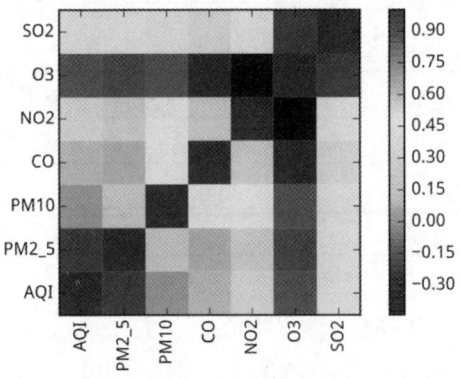

图 5-13 空气质量参数之间的相关性

下面比较每座城市每天的 PM2.5 值的分布情况。❶首先调用 groupby()，按照日期和城市分组，❷然后计算每个分组的 PM2.5 的平均值，结果是一个多级索引的 Series 对象。索引的第 0 级为日期，第 1 级为城市。接着调用 unstack() 将第 1 级转换为列，因此 mean_pm2_5 是一个行索引为日期、列索引为城市的 DataFrame 对象。❸调用 plot(kind="hist") 绘制直方统计图，它会对 DataFrame 对象中的每列数据进行运算，结果如图 5-14(左)所示。

```
daily_city_groupby = df_aqi.groupby([df_aqi.Time.dt.date, "City"]) ❶
mean_pm2_5 = daily_city_groupby.PM2_5.mean().unstack()  ❷
mean_pm2_5.plot(kind="hist", histtype="step", bins=20, normed=True, lw=2) ❸
```

还可以将 kind 参数设置为"kde"以绘制核密度估计分布，结果如图 5-14(右)所示。由于使用了高斯核，因此图中均值小于 0 的概率密度不为零。

```
ax = mean_pm2_5.plot(kind="kde")
ax.set_xlim(0, 400)
```

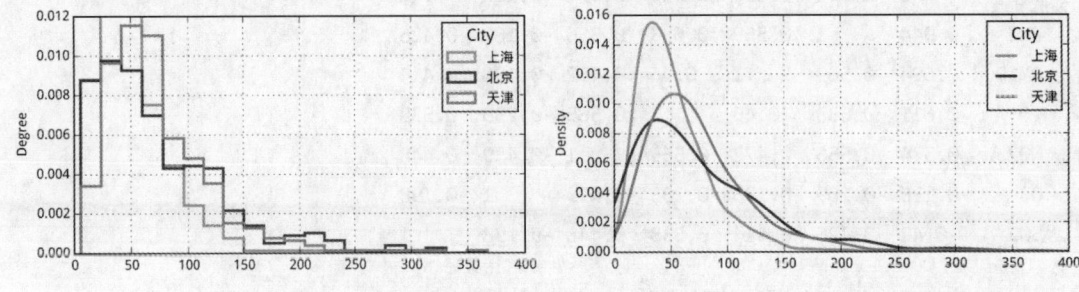

图 5-14 每座城市的日平均 PM2.5 的分布图

下面计算三座城市每天的 PM2.5 之间的相关性，如表 5-6 所示。可以看出上海和北京基本无相关性，而天津和北京则有较强的相关性。

```
mean_pm2_5.corr()
```

表 5-6 三座城市 PM2.5 之间的相关性

index	上海	北京	天津
上海	1.0	-0.146	0.0718
北京	-0.146	1.0	0.691
天津	0.0718	0.691	1.0

下面统计一个星期中每天的 PM2.5 的平均值，通过 dt.dayofweek 可以获得表示星期几的整数序列，其中 0 表示星期一。结果如图 5-15 所示，可以看出北京市星期四、星期五、星期六的空气质量要比其他时间的差一些。

```
week_mean = df_aqi.groupby([df_aqi.Time.dt.dayofweek, "City"]).PM2_5.mean()
ax = week_mean.unstack().plot(kind="Bar")
ax.legend(bbox_to_anchor=(0., 1.02, 1., .102), loc=3,
          ncol=3, mode="expand", borderaxespad=0.)
from pandas.tseries.frequencies import DAYS
ax.set_xticklabels(DAYS)
```

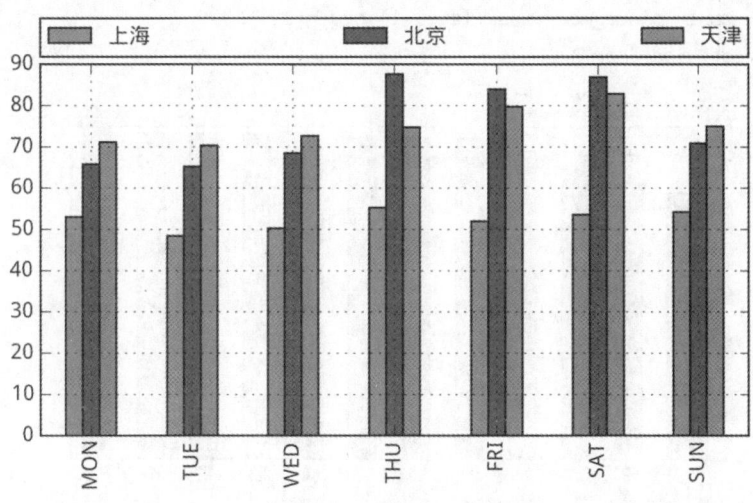

图 5-15 一星期中 PM2.5 的平均值

下面统计一天中每个小时的 PM2.5 的平均值，结果如图 5-16 所示，可以看出北京市白天的空气质量比夜晚要好一些：

```
hour_mean = df_aqi.groupby([df_aqi.Time.dt.hour, "City"]).PM2_5.mean()
ax = hour_mean.unstack().plot(kind="Bar", figsize=(10, 3))
ax.legend(bbox_to_anchor=(0., 1.02, 1., .102), loc=3,
          ncol=3, borderaxespad=0.)
```

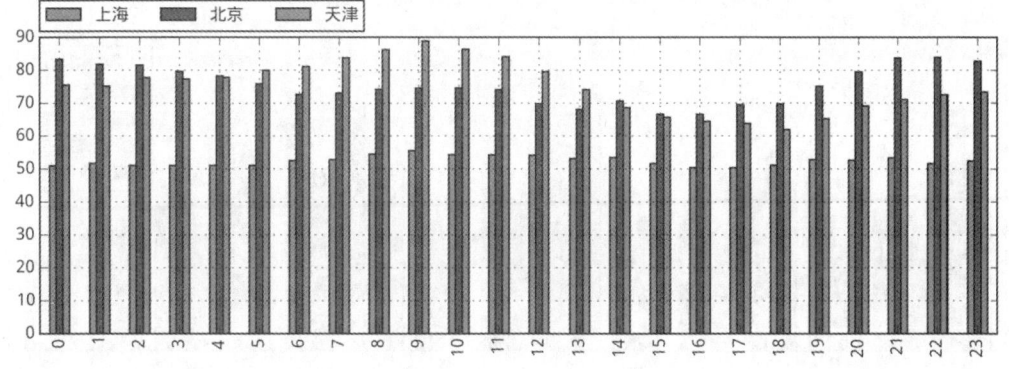

图 5-16 一天中不同时段的 PM2.5 的平均值

下面计算北京市每个观测点的每个月的 PM2.5 的平均值，得到一个多级索引的 month_place_mean 序列，其第 0 级为月份、第 1 级为观测点。然后调用其 mean(level=1)方法，计算每个观测点的 PM2.5 的平均值，结果如图 5-17 所示。

```
df_bj = df_aqi.query("City=='北京'")
month_place_mean = df_bj.groupby([df_bj.Time.dt.to_period("M"),
"Position"]).PM2_5.mean()
```

```
place_mean = month_place_mean.mean(level=1).order()
place_mean.plot(kind="bar")
```

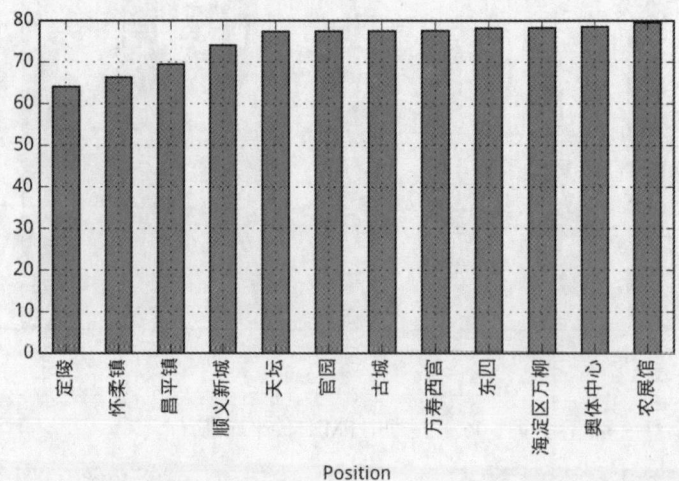

图 5-17 北京市各个观测点的 PM2.5 的平均值

下面分别选出空气质量最好和最差的两个观测点，并使用柱状图显示它们每个月的 PM2.5 平均值：

```
places = place_mean.iloc[[0, 1, -2, -1]].index
month_place_mean.unstack().loc[:, places].plot(kind="bar", figsize=(10, 3), width=0.8)
```

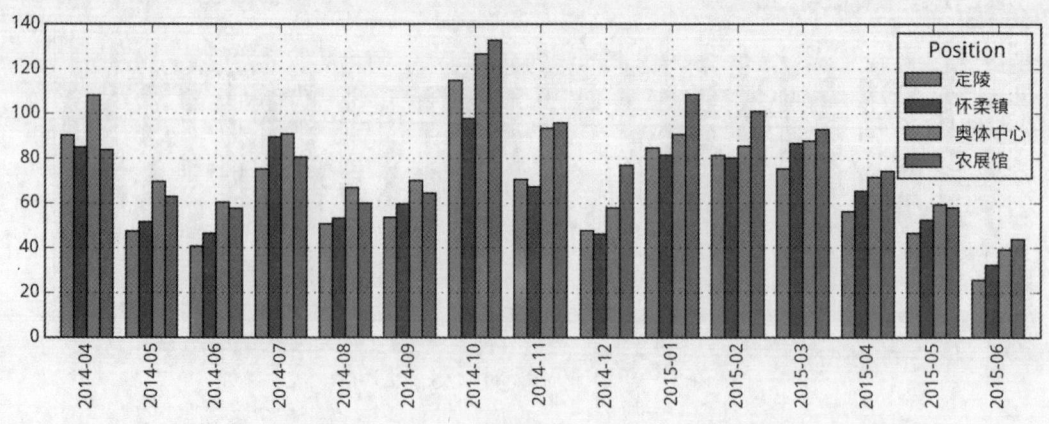

图 5-18 北京市各观测点的月平均 PM2.5 值

第6章

SymPy-符号运算好帮手

SymPy 是 Python 的数学符号计算库，用它可以进行数学表达式的符号推导和演算。随着 SymPy 0.7.3 的发布，它已经逐渐发展成熟。虽然与一些专业符号运算软件相比，SymPy 的功能以及运算速度都还较弱，但由于它完全采用 Python 编写，因而能很好地与其他的 Python 科学计算库结合使用。例如本章最后一节将介绍如何使用 SymPy 得到一个简单的单摆系统的微分方程组，并将其自动转换成数值运算程序，通过 SciPy 中的 odeint() 求解该微分方程组，最后使用 matplotlib 完成动画模拟。

6.1 从例子开始

 与本节内容对应的 Notebook 为：06-sympy/sympy-100-intro.ipynb。

在详细介绍 SymPy 的语法结构和各种运算功能之前，本节先通过几个实例说明用 SymPy 解决符号运算问题的一般步骤。

6.1.1 封面上的经典公式

下面是本书封面左上角的数学公式：

$$e^{i\pi} + 1 = 0$$

该公式被称为欧拉恒等式，其中 e 是自然常数，i 是虚数单位，π 是圆周率。它被誉为数学中最奇妙的公式，它将 5 个基本数学常数用加法、乘法和幂运算联系起来。下面用 SymPy 验证这个公式。

首先从 sympy 库载入所有名字，其中 E 表示自然常数，I 表示虚数单位，pi 表示圆周率，因此可以用它们直接求欧拉公式的值：

```
from sympy import *
E**(I*pi) + 1
```
```
0
```

SymPy 还可以帮助我们做数学公式的推导和证明。欧拉恒等式可以将 π 代入下面的欧拉公式来得到：

$$e^{ix} = \cos x + i\sin x$$

在 SymPy 中可以使用 expand()将表达式展开，下面用它展开e^{ix}试试看：

```
x = symbols("x")
expand( E**(I*x) )
```

e^{ix}

很遗憾没有成功，若将 expand()的参数 complex 设置为 True，则表达式将被分为实数和虚数两个部分：

```
expand(exp(I*x), complex=True)
```

$ie^{-\Im x}\sin(\Re x) + e^{-\Im x}\cos(\Re x)$

这次表达式展开了，但是得到的结果相当复杂。其中$\Re x$是取实数值的函数，$\Im x$是取虚数值的函数。之所以会出现这两个函数，是因为 expand()将 x 当作复数处理。为了指定 x 为实数，需要如下重新定义 x：

```
x = Symbol("x", real=True)
expand(exp(I*x), complex=True)
```

$i\sin(x) + \cos(x)$

终于得到了欧拉公式，那么如何证明它呢？可以用泰勒多项式对其进行展开：

```
tmp = series(exp(I*x), x, 0, 10)
tmp
```

$$1 + ix - \frac{x^2}{2} - \frac{ix^3}{6} + \frac{x^4}{24} + \frac{ix^5}{120} - \frac{x^6}{720} - \frac{ix^7}{5040} + \frac{x^8}{40320} + \frac{ix^9}{362880} + \mathcal{O}(x^{10})$$

展开之后的虚数项和实数项交替出现。根据欧拉公式，虚数项之和应该等于 $\sin(x)$的泰勒级数，而实数项之和应该等于 $\cos(x)$的泰勒展开。下面获得 tmp 的实部：

```
re(tmp)
```

$$\frac{x^8}{40320} - \frac{x^6}{720} + \frac{x^4}{24} - \frac{x^2}{2} + \Re\big(\mathcal{O}(x^{10})\big) + 1$$

下面对 $\cos(x)$进行泰勒展开，可以看到其各项与上面的结果一致：

```
series(cos(x), x, 0, 10)
```

$$1 - \frac{x^2}{2} + \frac{x^4}{24} - \frac{x^6}{720} + \frac{x^8}{40320} + \mathcal{O}(x^{10})$$

下面获得 tmp 的虚部：

```
im(tmp)
```

$$\frac{x^9}{362880} - \frac{x^7}{5040} + \frac{x^5}{120} - \frac{x^3}{6} + x + \Im\big(\mathcal{O}(x^{10})\big)$$

下面对 sin(x) 进行泰勒展开，其各项也与上面的结果一致：

```
series(sin(x), x, 0, 10)
```

$$x - \frac{x^3}{6} + \frac{x^5}{120} - \frac{x^7}{5040} + \frac{x^9}{362880} + \mathcal{O}(x^{10})$$

由于 e^{ix} 的展开公式的实部和虚部分别等于 $\cos x$ 和 $\sin x$，因此验证了欧拉公式的正确性。

6.1.2　球体体积

在 SciPy 一章中介绍了如何使用数值定积分计算球体的体积，而 SymPy 中的 integrate() 则可以计算符号积分。例如下面的语句用 integrate() 做不定积分运算：

```
integrate(x*sin(x), x)
```

$-x\cos(x) + \sin(x)$

如果指定变量 x 的取值范围，integrate() 则做定积分运算：

```
integrate(x*sin(x), (x, 0, 2*pi))
```

-2π

为了计算球体体积，首先看看如何计算圆形面积。假设圆形的半径为 r，则圆上任意一点的 Y 坐标函数为：

$$y(x) = \sqrt{r^2 - x^2}$$

可以直接对函数 y(x) 在 -r 到 r 区间上求定积分得到半圆面积。下面的程序计算该定积分：首先需要定义运算中所需的符号，用 symbols() 可以一次创建多个符号。定义半径 r 时需要设置 positive 参数为 True，表示圆的半径为正数：

```
x, y = symbols('x, y')
r = symbols('r', positive=True)
circle_area = 2 * integrate(sqrt(r**2 - x**2), (x, -r, r))
circle_area
```

πr^2

接下来对此面积公式求定积分，就可以得到球体的体积，但是随着X轴坐标的变化，对应的切面半径会发生变化。假设X轴的坐标为x，球体的半径为r，则x处的切面的半径可以使用前面的公式 y(x) 计算出。因此需要对 circle_area 中的变量 r 进行替代：

```
circle_area = circle_area.subs(r, sqrt(r**2 - x**2))
circle_area
```

$$\pi(r^2 - x^2)$$

然后对 circle_area 中的变量 x 在区间-r 到 r 上进行定积分，得到球体的体积公式：

```
integrate(circle_area, (x, -r, r))
```

$$\frac{4\pi}{3}r^3$$

subs()可以替换表达式中的符号，它有如下3种调用方式：

- expression.subs(x, y)：将算式中的 x 替换成 y。
- expression.subs({x:y,u:v})：使用字典进行多次替换。
- expression.subs([(x,y),(u,v)])：使用列表进行多次替换。

请注意多次替换是顺序执行的，因此 expression.sub([(x, y), (y, x)])并不能对符号 x 和 y 进行交换。

6.1.3 数值微分

所谓数值微分，是指根据函数在一些离散点的函数值，推算它在某点的导数或高阶导数的近似值的方法。例如当 h 足够接近于零时，可以使用下面的公式计算 f(x)在 x 处的导数f'(x)：

$$f'(x) \approx \frac{f(x+h) - f(x)}{h}$$

上面的公式使用两个函数值计算导数值，被称为两点公式，使用的点数越多数值微分的精度也就越高。可以使用 SymPy 提供的 as_finite_diff()自动计算 N 点公式。下面先使用 symbols()定义三个符号对象，其中定义 f 时设置 cls 参数为 Function 表示它是表示数学函数的符号。

```
x = symbols('x', real=True)
h = symbols('h', positive=True)
f = symbols('f', cls=Function)
```

f 是表示函数的符号，而 f(x)则是自变量为 x 的函数，下面调用其 diff()方法，对 x 求一阶导数：

```
f_diff = f(x).diff(x, 1)
f_diff
```

$$\frac{d}{dx}f(x)$$

然后调用 as_finite_diff()，将一阶导数转换为使用 f(x)、f(x-h)、f(x-2*h)、f(x-3*h)表达的 4 点公式：

```
expr_diff = as_finite_diff(f_diff, [x, x-h, x-2*h, x-3*h])
expr_diff
```

$$\frac{11}{6h}f(x) - \frac{1}{3h}f(-3h+x) + \frac{3}{2h}f(-2h+x) - \frac{3}{h}f(-h+x)$$

下面以$f(x) = x \cdot e^{-x^2}$为例比较数值求导与符号求导的误差。首先使用subs()方法将expr_diff中的 f(x)替换为目标函数，并调用其 doit()方法计算导函数：

```
sym_dexpr = f_diff.subs(f(x), x*exp(-x**2)).doit()
sym_dexpr
```

$$-2x^2 e^{-x^2} + e^{-x^2}$$

然后调用 lambdify()，将上面的 sym_dexpr 表达式转换为数值运算的函数。其第一个参数为自变量列表，第二个参数为运算表达式，这里将 modules 参数设置为"numpy"，因此 sym_dfunc() 可以对数组进行运算：

```
sym_dfunc = lambdify([x], sym_dexpr, modules="numpy")
sym_dfunc(np.array([-1, 0, 1]))
array([-0.36787944,  1.        , -0.36787944])
```

由于 expr_diff 是一个加法表达式，因此通过其 args 属性可以获得所有的加法项：

```
print expr_diff.args
(-3*f(-h + x)/h, -f(-3*h + x)/(3*h), 3*f(-2*h + x)/(2*h), 11*f(x)/(6*h))
```

上面的加法项没有按照自变量从小到大的顺序排列。下面使用通配符 w 和 c 组成的模板 c * f(w)对每个加法项进行匹配，提取出每项的系数和函数参数：

```
w = Wild("w")
c = Wild("c")
patterns = [arg.match(c * f(w)) for arg in expr_diff.args]
```

每个匹配结果是一个以通配符为键的字典，例如下面是第一项的匹配结果，它表示该项的系数为-3/h，函数 f 的参数为-h+x。

```
print patterns[0]
```

```
{w_: -h + x, c_: -3/h}
```

下面使用通配符 w 的匹配结果计算出排序用的键值,并从排序之后的列表中选择出每个匹配结果中与通配符 c 对应的表达式:

```
coefficients = [t[c] for t in sorted(patterns, key=lambda t:t[w])]
print coefficients
```
```
[-1/(3*h), 3/(2*h), -3/h, 11/(6*h)]
```

下面将系数表达式列表中的 h 替换为 0.001,得到系数数组。注意 SymPy 的浮点数运算得到的是 SymPy 中的 Float 对象,还需要调用 float()来将其转换为 Python 的 float 对象:

```
coeff_arr = np.array([float(coeff.subs(h, 1e-3)) for coeff in coefficients])
print coeff_arr
```
```
[ -333.33333333  1500.         -3000.          1833.33333333]
```

接下来使用 NumPy 计算数值微分的值,并与 sym_dfunc()的运算结果进行比较,输出最大绝对误差:

```
def moving_window(x, size):
    from numpy.lib.stride_tricks import as_strided
    x = np.ascontiguousarray(x)
    return as_strided(x, shape=(x.shape[0] - size + 1, size),
                      strides=(x.itemsize, x.itemsize))


x_arr = np.arange(-2, 2, 1e-3)
y_arr = x_arr * np.exp(-x_arr * x_arr)
num_res = (moving_window(y_arr, 4) * coeff_arr).sum(axis=1)
sym_res = sym_dfunc(x_arr[3:])
print np.max(abs(num_res - sym_res))
```
```
4.08944167418e-09
```

为了比较点数与误差之间的关系,在下面的 finite_diff_coefficients()函数中计算间隔为 h、点数为 order 的系数,并绘制 2、3、4 点公式对应的误差曲线,结果如图 6-1 所示,注意 Y 轴为对数轴。

```
def finite_diff_coefficients(f_diff, order, h):
    v = f_diff.variables[0]
    points = [x - i * h for i in range(order)]
    expr_diff = as_finite_diff(f_diff, points)
    w = Wild("w")
    c = Wild("c")
    patterns = [arg.match(c*f(w)) for arg in expr_diff.args]
    coefficients = np.array([float(t[c])
```

```
                 for t in sorted(patterns, key=lambda t:t[w])])
       return coefficients
```

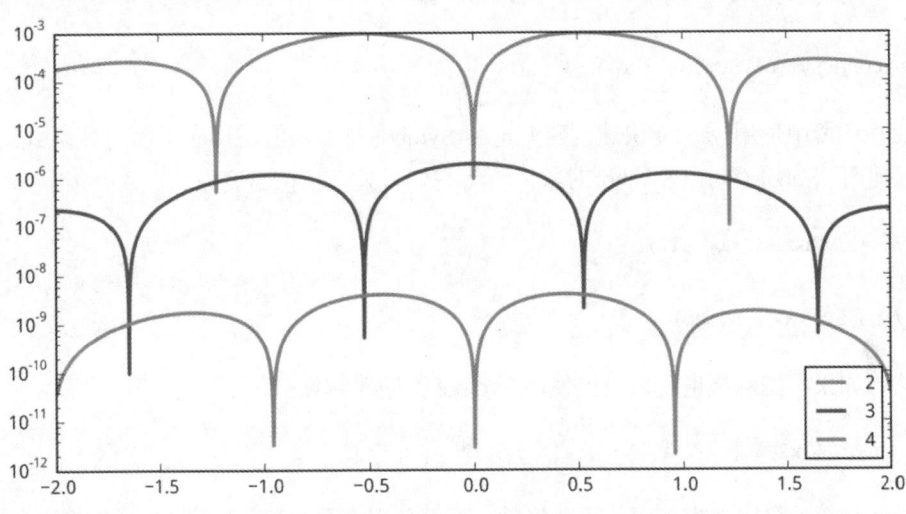

图 6-1 比较不同点数的数值微分的误差

6.2　数学表达式

 与本节内容对应的 Notebook 为：06-sympy/sympy-200-expression.ipynb。

　　本节详细介绍数学表达式的结构，虽然这部分内容比较枯燥，但只有了解表达式的结构，才能随心所欲地对其进行处理，将 SymPy 运用到更复杂的计算中。

6.2.1　符号

　　数学符号用 Symbol 对象表示，符号对象的 name 属性是符号名，符号名在显示由此符号构成的表达式时使用。Symbol 对象的符号名和 Python 的变量名没有内在联系，但是为了使用起来方便，通常让变量名与符号名相同。为了快速创建符号以及与之同名的变量，可以使用 var()，例如：

```
print var("x0,y0,x1,y1")
(x0, y0, x1, y1)
```

　　上面的语句创建了名为 x0、y0、x1、y1 的 4 个 Symbol 对象，同时在当前名称空间中创建了 4 个名为 x0、y0、x1、y1 的变量来分别表示这些 Symbol 对象。因为符号对象在转换为字符串时直接使用 name 属性，因此在交互式环境中看到变量 x0 显示的值就是 x0：

```
          type(x0)           x0.name  type(x0.name)
------------------------ ------- -------------
sympy.core.symbol.Symbol 'x0'     str
```

在交互环境中使用 var() 能快速创建变量和 Symbol 对象，但在程序中使用容易引起混淆，这时可以使用 symbols() 创建 Symbol 对象，再将它们显式地赋值给变量：

```
x1, y1 = symbols("x1, y1")
type(x1)
sympy.core.symbol.Symbol
```

当然，如果不嫌麻烦也可以直接使用 Symbol 类创建对象：

```
x2 = Symbol("x2")
```

变量名和符号名当然也可以是不一样的，下面使用变量 t 表示符号 x0，然后创建两个名为 alpha 和 beta 的符号，并用变量 a 和 b 分别表示。当符号使用希腊字母名时，可以显示为希腊字母。

```
t = x0
a, b = symbols("alpha, beta")
sin(a) + sin(b) + t
```

$x_0 + \sin(\alpha) + \sin(\beta)$

数学公式中的符号一般都有特定的假设，例如 m、n 通常是整数，而 z 经常用来表示复数。在用 var()、symbols() 或 Symbol() 创建 Symbol 对象时，可以通过关键字参数指定所创建符号的假设条件，这些假设条件会影响到它们所参与的计算。例如，下面创建了两个整数符号 m 和 n 以及一个正数符号 x：

```
m, n = symbols("m, n", integer=True)
x = Symbol("x", positive=True)
```

每个符号都有许多 is_* 属性，用以判断符号的各种假设条件，在 IPython 中使用自动完成功能可以快速查看这些假设的名称。注意下划线后为大写字母的属性用来判断对象的类型，而全小写字母的属性则用来判断符号的假设条件。

```
[attr for attr in dir(x) if attr.startswith("is_") and attr.lower() == attr]
['is_algebraic',
 'is_algebraic_expr',
 'is_antihermitian',
 'is_bounded',
...
```

在下面的判断中，x 是一个符号对象，它是一个正数，因为它可以比较大小，所以它不是虚数。x 是一个复数，因为复数包括实数，而实数包括正数。

```
x.is_Symbol  x.is_positive  x.is_imaginary  x.is_complex
-----------  -------------  --------------  ------------
True         True           FalseTrue
```

使用 assumptions0 属性可以快速查看所有的假设条件，其中 commutative 为 True 表示该符号满足交换律，其余的假设条件根据英文名很容易知道它们的含义，这里就不再详细叙述了。

```
x.assumptions0
{'commutative': True,      'complex': True,      'hermitian': True,
 'imaginary': False,       'negative': False,    'nonnegative': True,
 'nonpositive': False,     'nonzero': True,      'positive': True,
 'real': True,             'zero': False}
```

在 SymPy 中所有的对象都从 Basic 类继承，实际上这些 is_*属性和 assumptions0 属性都是在 Basic 类中定义的：

```
Symbol.mro()
[sympy.core.symbol.Symbol,
 sympy.core.expr.AtomicExpr,
 sympy.core.basic.Atom,
 sympy.core.expr.Expr,
 sympy.logic.boolalg.Boolean,
 sympy.core.basic.Basic,
 sympy.core.evalf.EvalfMixin,
 object]
```

6.2.2 数值

为了实现符号运算，在 SymPy 内部有一整套数值运算系统，因此 SymPy 的数值和 Python 的整数、浮点数是完全不同的对象。为了使用方便，SymPy 会尽量自动将 Python 的数值类型转换为 SymPy 的数值类型。SymPy 提供了一个 S 对象以方便用户快速将 Python 的数值转换成 SymPy 的数值。在下面的例子中，当有 SymPy 的数值参与计算时，结果也为 SymPy 的数值对象：

```
1/2 + 1/3  S(1)/2 + 1/S(3)
---------  ---------------
0          5/6
```

$\frac{5}{6}$ 是 Rational 对象，它由两个整数的商表示，数学上称之为有理数。也可以直接通过 Rational 创建：

```
type(S(5)/6)
```
```
sympy.core.numbers.Rational
```

```
Rational(5, 10) # 有理数会自动进行约分处理
```

$$\frac{1}{2}$$

实数用 Float 对象表示，它和标准的浮点数类似，但是它的精度(有效数字)可以通过参数指定。由于在浮点数或 Float 对象内部都使用二进制方式表示数值，因此它们都可能无法精确表示十进制中的精确小数。可以使用 N() 查看浮点数的实际数值，例如下面的语句查看浮点数 0.1 和 10000.1 的 60 位有效数字，可以看到数值的绝对精度随着数值的增大而减小：

```
print N(0.1, 60)
print N(10000.1, 60)
0.100000000000000005551115123125782702118158340454101562500000
10000.1000000000003637978807091712951660156250000000000000000
```

因为浮点数的精度有限，所以在使用它创建 Float 对象时，即使指定精度参数也不能缩小它与理想值之间的误差，这时可以使用字符串表示数值：

```
print N(Float(0.1, 60), 60) #用浮点数创建 Real 对象时，精度和浮点数相同
print N(Float("0.1", 60), 60) #用字符串创建 Real 对象时，所指定的精度有效
print N(Float("0.1", 60), 65) #精度再高，也不是完全精确的
0.100000000000000005551115123125782702118158340454101562500000
0.100000000000000000000000000000000000000000000000000000000000
0.099999999999999999999999999999999999999999999999999999996111
```

N() 可以将数值算式按照指定精度转换成 Float 对象，下面计算 π 和 $\sqrt{2}$ 的 50 位精度的浮点数值：

```
print N(pi, 50)
print N(sqrt(2), 50)
3.1415926535897932384626433832795028841971693993751
1.4142135623730950488016887242096980785696718753769
```

6.2.3 运算符和函数

SymPy 重新定义了所有的数学运算符和数学函数。例如 Add 类表示加法，Mul 类表示乘法，

而 Pow 类表示指数运算，sin 类表示正弦函数。和 Symbol 对象一样，这些运算符和函数都从 Basic 类继承，请读者自行在 IPython 中查看它们的继承列表，例如 Add.mro()。可以使用这些类创建复杂的表达式：

```
var("x, y, z")
Add(x, y, z)
```

x + y + z

```
Add(Mul(x, y, z), Pow(x, y), sin(z))
```

$xyz + x^y + \sin(z)$

由于在 Basic 类中重新定义了__add__()等操作符相关的魔法方法，因此可以使用和 Python 表达式相同的方式创建 SymPy 的表达式：

```
x*y*z + x**y + sin(z)
```

$xyz + x^y + \sin(z)$

在 Basic 类中定义了两个很重要的属性：func 和 args。func 属性得到对象的类，而 args 得到其参数。使用这两个属性可以观察 SymPy 所创建的表达式。也许读者会对没有减法运算类感到奇怪，下面让我们看看减法运算所得到的表达式：

```
t = x - y

        t.func          t.args    t.args[0].func    t.args[0].args
------------------    -------    ----------------    --------------
sympy.core.add.Add    (-y, x)    sympy.core.mul.Mul    (-1, y)
```

通过上面的例子可以看出，表达式 x-y 在 SymPy 中实际上是用 Add(Mul(-1, y), x)表示的。同样，SymPy 中没有除法类，请读者使用和上面相同的方法观察 x / y 在 SymPy 中是如何表示的。

SymPy 的表达式实际上是一个由 Basic 类的各种对象多层嵌套结构的树状结构。使用 dotprint()可以将表达式转换成 Graphviz 的 DOT 语言描述的图形，使用本书提供的%dot 命令可以将其显示在 Notebook 中。图 6-2 显示了表达式 $xy\dfrac{\sqrt{x^2-y^2}}{x+y}$ 的结构：

```
from sympy.printing.dot import dotprint
graph = dotprint(x * y * sqrt(x ** 2 - y ** 2) / (x + y))
%dot -f svg graph
```

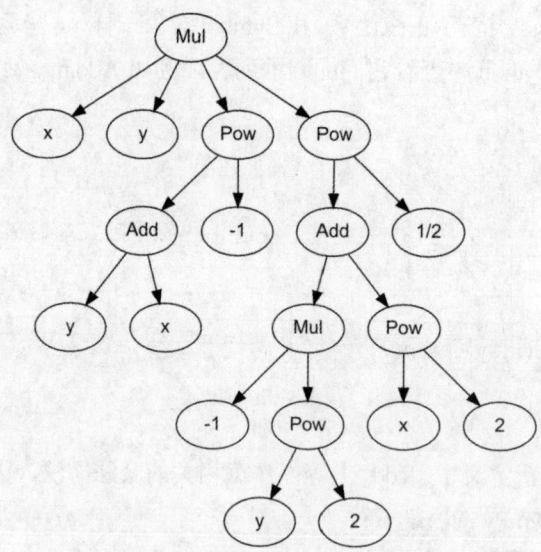

图 6-2 表达式的树状结构

由于 Basic 对象的 args 属性类型是元组，因此表达式一旦创建就不能再改变。使用不可变的结构表示表达式有很多优点，例如可以用表达式作为字典的键。

除了使用 SymPy 中预先定义好的具有特殊运算含义的数学函数之外，还可以使用 Function() 创建自定义的数学函数：

```
f = Function("f")
```

注意 Function 虽然是一个类，但是上面的语句所得到的 f 并不是 Function 类的实例。和预定义的数学函数一样，f 是一个类，它从 Function 类继承：

```
issubclass(f, Function)
True
```

当用 f 创建一个表达式时，就相当于创建它的一个实例：

```
t = f(x, y)
type(t)  t.func  t.args
-------  ------  ------
f        f       (x, y)
```

f 的实例 t 可以参与表达式运算：

```
t + t * t
```

$f^2(x,y) + f(x,y)$

6.2.4 通配符

使用通配符可以创建匹配特定表达式的模板。例如在下面的例子中，a 和 b 是 Wild 通配符对象，a * b ** 2 是由这两个通配符创建的表达式模板。调用表达式对象的 match() 方法以使用指定的模板匹配表达式。它返回一个键为通配符、值为与该通配符匹配的子表达式的字典。

 执行 SymPy 提供的 init_printing() 可以使用数学符号显示运算结果，但会将 Python 的内置对象也转换成 LaTeX 显示。为了编写方便，本书使用一般文本显示内置对象，而用本书提供的 %sympy_latex 魔法方法将内置对象转换为 LaTeX。

```
x, y = symbols("x, y")
a = Wild("a")
b = Wild("b")
%sympy_latex (3 * x * (x + y)**2).match(a * b**2)
```

$\{a: 3x, b: x + y\}$

而 find() 方法则在表达式的树状结构中搜索所有与模板匹配的子树。下面在 $x^3 + 3x^2y + 3xy^2 + y^3$ 中搜索与模板匹配的所有子表达式：

```
expr = expand((x + y)**3)
%sympy_latex expr
%sympy_latex expr.find(a * b**2)
```

$x^3 + 3x^2y + 3xy^2 + y^3$

$\{2, 3, x, x^2, x^3, y, y^2, y^3, 3xy^2, 3x^2y, x^3 + 3x^2y + 3xy^2 + y^3\}$

整数 2 居然也与模板匹配，这有些出乎意外，我们使用下面的 find_match() 输出所有子表达式的与模板匹配的结果，如表 6-1 所示：

```
def find_match(expr, pattern):
    return [e.match(pattern) for e in expr.find(pattern)]

find_match(expr, a * b**2)
```

表 6-1 与表达式的匹配结果一

表达式	匹配结果
$3xy^2$	$\{a: 3x, b: y\}$
2	$\{a: 1, b: \sqrt{2}\}$
3	$\{a: 1, b: \sqrt{3}\}$
y	$\{a: 1, b: \sqrt{y}\}$

(续表)

表达式	匹配结果
x	$\{a: 1, b: \sqrt{x}\}$
$x^3 + 3x^2y + 3xy^2 + y^3$	$\{a: 1, b: \sqrt{x^3 + 3x^2y + 3xy^2 + y^3}\}$
x^3	$\{a: 1, b: x^{\frac{3}{2}}\}$
$3x^2y$	$\{a: 3y, b: x\}$
y^2	$\{a: 1, b: y\}$
y^3	$\{a: 1, b: y^{\frac{3}{2}}\}$
x^2	$\{a: 1, b: x\}$

由上面的结果可知,在模板与表达式匹配的过程中 SymPy 会对表达式进行变换,找到数学意义上正确匹配的结果。为了剔除掉这些由表达式变换而得到的结果,可以在定义通配符时使用 exclude 参数指定不能匹配的对象列表。当与通配符匹配的表达式中包含该参数中的任何对象时,匹配都会失败。下面的通配符 a 和 b 都不能包含整数 1,而 b 不能包含指数运算,注意在 SymPy 中开平方使用指数表达式表示,见表 6-2。

```
a = Wild("a", exclude=[1])
b = Wild("b", exclude=[1, Pow])
find_match(expr, a * b**2)
```

表 6-2 与表达式的匹配结果二

表达式	匹配结果
$3xy^2$	$\{a: 3x, b: y\}$
$3x^2y$	$\{a: 3y, b: x\}$
y^3	$\{a: y, b: y\}$
x^3	$\{a: x, b: x\}$

可以使用 replace()方法对表达式中的子表达式进行替换,例如下面将所有与 a * b**2 匹配的子表达式替换为(a + b)**2:

```
expr.replace(a * b**2, (a + b)**2)
```

$4x^2 + 4y^2 + (x + 3y)^2 + (3x + y)^2$

使用 WildFunction 可以定义与任意函数匹配的通配符。在下面的例子中,f 与 exp、sin 和 abs 这三个函数匹配,匹配结果包含函数的参数。而指数运算则被当作运算符,sqrt 实际上使用指数运算表示,它们都不与 f 匹配,见表 6-3:

```
expr = sqrt(x) / sin(y**2) + abs(exp(x) * x)
find_match(expr, f)
```

表 6-3 与表达式的匹配结果三

表达式	匹配结果
e^x	$\{WildFunction(f): e^x\}$
$\sin(y^2)$	$\{WildFunction(f): \sin(y^2)\}$
$|xe^x|$	$\{WildFunction(f): |xe^x|\}$

6.3 符号运算

 与本节内容对应的 Notebook 为: 06-sympy/sympy-300-calculations.ipynb

SymPy 所提供的符号运算功能十分丰富, 由于篇幅受限, 本节只能简单介绍 SymPy 的一些常用的符号运算功能。

6.3.1 表达式变换和化简

simplify()可以对数学表达式进行化简, 例如:

```
simplify((x + 2) ** 2 - (x + 1) ** 2)
```

$2x + 3$

simplify()调用 SymPy 内部的多种表达式变换函数来对其化简。但是数学表达式的化简是一件非常复杂的工作, 对于同一个表达式, 根据其使用目的可以有多种化简方案。本节介绍 SymPy 提供的各种表达式变换函数, 充分利用这些函数可以实现表达式的变换和化简。

radsimp()对表达式的分母进行有理化, 结果中的分母部分不含无理数。例如:

```
radsimp(1 / (sqrt(5) + 2 * sqrt(2)))
```

$$\frac{1}{3}\left(-\sqrt{5} + 2\sqrt{2}\right)$$

也可以对带符号的表达式进行处理:

```
radsimp(1 / (y * sqrt(x) + x * sqrt(y)))
```

$$\frac{-\sqrt{xy} + x\sqrt{y}}{xy(x - y)}$$

ratsimp()对表达式中的分母进行通分运算, 即将表达式转换为分子除分母的形式:

```
ratsimp(x / (x + y) + y / (x - y))
```

$$\frac{2y^2}{x^2 - y^2} + 1$$

fraction()返回包含表达式的分子与分母的元组，用它可以获得 ratsimp()通分之后的分子或分母：

```
%sympy_latex fraction(ratsimp(1 / x + 1 / y))
```

$(x + y, xy)$

请注意 fraction()不会自动对表达式进行通分运算，因此：

```
%sympy_latex fraction(1 / x + 1 / y)
```

$$\left(\frac{1}{y} + \frac{1}{x}, 1\right)$$

cancel()对分式表达式的分子分母进行约分运算，去除它们的公因式：

```
cancel((x ** 2 - 1) / (1 + x))
```

$x - 1$

apart()对表达式进行部分分式分解，它将一个有理函数变为数个分子及分母次数较小的有理函数。下面用它将传递函数$\frac{1}{s^3+s^2+s+1}$分解为两个次数较小的传递函数之和：

```
s = symbols("s")
trans_func = 1/(s**3 + s**2 + s + 1)
apart(trans_func)
```

$$-\frac{s-1}{2s^2 + 2} + \frac{1}{2s + 2}$$

trigsimp()化简表达式中的三角函数，通过 method 参数可以选择化简算法：

```
trigsimp(sin(x) ** 2 + 2 * sin(x) * cos(x) + cos(x) ** 2)
```

$\sin(2x) + 1$

expand_trig()展开三角函数表达式：

```
expand_trig(sin(2 * x + y))
```

$(2\cos^2(x) - 1)\sin(y) + 2\sin(x)\cos(x)\cos(y)$

expand()根据用户设置的标志参数对表达式进行展开。默认情况下，表 6-4 中的标志参数为 True：

表 6-4 标志参数一

标志	表达式	结果	说明
mul	expand(x*(y + z))	$xy + xz$	展开乘法
log	expand(log(x*y**2))	$\log(xy^2)$	展开对数函数的参数中的乘积和幂运算
multinomial	expand((x + y)**3)	$x^3 + 3x^2y + 3xy^2 + y^3$	展开加减法表达式的整数次幂
power_base	expand((x*y)**z)	$(xy)^z$	展开幂函数的底数乘积
power_exp	expand(x**(y + z))	$x^y x^z$	展开对幂函数的指数和

可以将默认为 True 的标志参数设置为 False，不展开与之对应的表达式。在下面的例子中，将 mul 设置为 False，因此不展开乘法：

```
x, y, z = symbols("x,y,z", positive=True)
expand(x * log(y * z), mul=False)
```

$x\bigl(\log(y) + \log(z)\bigr)$

expand() 的表 6-5 中的标志参数默认为 False：

表 6-5 标志参数二

标志	表达式	结果	说明
complex	expand(x*y)	xy	展开复数
func	expand(gamma(x + 1))	$\Gamma(x + 1)$	对一些特殊函数进行展开
trig	expand(sin(x + y))	$\sin(x + y)$	展开三角函数

- complex：展开复数的实部和虚部。

```
x, y = symbols("x,y", complex=True)
expand(x * y, complex=True)
```

$\Re x \Re y + i \Re x \Im y + i \Re y \Im x - \Im x \Im y$

- func：对一些特殊函数进行展开。

```
expand(gamma(1 + x), func=True)
```

$x\Gamma(x)$

- trig：展开三角函数。

```
expand(sin(x + y), trig=True)
```

$\sin(x)\cos(y) + \sin(y)\cos(x)$

expand_log()、expand_mul()、expand_complex()、expand_trig()、expand_func() 等函数则通过将

相应的标志参数设置为 True 来对 expand()进行包装。

factor()可以对多项式表达式进行因式分解:

```
factor(15 * x ** 2 + 2 * y - 3 * x - 10 * x * y)
```

$(3x - 2y)(5x - 1)$

collect()收集表达式中指定符号的有理指数次幂的系数。下面用它获取表达式 eq 中 x 的各次幂的系数。首先需要对表达式进行展开,得到一系列乘式之和,然后调用 collect()对 x 的幂的系数进行收集:

```
eq = (1 + a * x) ** 3 + (1 + b * x) ** 2
eq2 = expand(eq)
collect(eq2, x)
```

$a^3x^3 + x^2(3a^2 + b^2) + x(3a + 2b) + 2$

在默认参数的情况下,collect()返回的是一个整理之后的表达式。如果希望得到 x 的各次幂的系数,可以设置参数 evaluate 为 False,让它返回一个以 x 的幂为键、以系数为值的字典。注意常数项对应的键为 SymPy 中的符号对象 1,因此需要使用 S(1)作为键:

```
p = collect(eq2, x, evaluate=False)
p[S(1)]     p[x**2]
-------    -------------
2          3*a**2 + b**2
```

也可以使用 coeff()方法获得系数,下面分别获得常数项和 x^2 的系数:

```
eq2.coeff(x, 0)  eq2.coeff(x, 2)
---------------  ---------------
2                3*a**2 + b**2
```

collect()也可以收集表达式的各次幂的系数,例如下面的程序收集表达式 sin2x 的系数:

```
collect(a * sin(2 * x) + b * sin(2 * x), sin(2 * x))
```

$(a+b)\sin(2x)$

6.3.2 方程

在 SymPy 中表达式可以直接表示值为 0 的方程,也可以使用 Eq()创建方程。solve()可以对方程进行符号求解,它的第一个参数是表示方程的表达式,其后的参数是表示方程中未知变量的符号。下面的例子使用 solve()对一元二次方程进行求解:

```
a, b, c = symbols("a,b,c")
%sympy_latex solve(a * x ** 2 + b * x + c, x)
```

$$\left[\frac{1}{2a}\left(-b + \sqrt{-4ac + b^2}\right), -\frac{1}{2a}\left(b + \sqrt{-4ac + b^2}\right)\right]$$

由于方程的解可能有多组，因此 solve() 返回一个保存所有解的列表。可以传递包含多个表达式的元组或列表来让 solve() 对方程组求解，得到的解是两层嵌套的列表，其中的每个元组表示方程组的一组解：

```
%sympy_latex solve((x ** 2 + x * y + 1, y ** 2 + x * y + 2), x, y)
```

$$\left[\left(-\frac{\sqrt{3}i}{3}, -\frac{2i}{3}\sqrt{3}\right), \left(\frac{\sqrt{3}i}{3}, \frac{2i}{3}\sqrt{3}\right)\right]$$

roots() 可以计算单变量多项式的根：

```
%sympy_latex roots(x**3 - 3*x**2 + x + 1)
```

$$\{1: 1,\ 1 + \sqrt{2}: 1,\ -\sqrt{2} + 1: 1\}$$

6.3.3 微分

Derivative 是表示导函数的类，它的第一个参数是需要进行求导的表达式，第二个参数是求导的自变量。请注意 Derivative 所得到的是一个导函数，它并不会进行求导运算：

```
t = Derivative(sin(x), x)
t
```

$$\frac{d}{dx}\sin(x)$$

调用其 doit() 方法可计算求导的结果：

```
t.doit()
```

$$\cos(x)$$

也可以直接使用 diff() 函数或表达式的 diff() 方法来计算导函数：

```
diff(sin(2*x), x)
```

$$2\cos(2x)$$

使用 Derivative 对象可以表示自定义的数学函数的导函数，例如：

```
Derivative(f(x), x)
```

$$\frac{d}{dx}f(x)$$

由于 SymPy 不知道如何对自定义的数学函数进行求导，因此 diff() 会返回和上面相同的结果。添加更多的自变量符号参数可以表示高阶导函数，例如：

```
Derivative(f(x), x, x, x) # 也可以写作 Derivative(f(x), x, 3)
```

$$\frac{d^3}{dx^3}f(x)$$

也可以对不同的自变量符号计算偏导数:

```
Derivative(f(x, y), x, 2, y, 3)
```

$$\frac{\partial^5}{\partial x^2\,\partial y^3}f(x,y)$$

diff()的参数和 Derivative 相同,例如下面的程序计算函数sin(xy)对 x 两次求导、对 y 三次求导的结果:

```
diff(sin(x * y), x, 2, y, 3)
```

$$x(x^2y^2\cos(xy) + 6xy\sin(xy) - 6\cos(xy))$$

6.3.4 微分方程

dsolve()可以对微分方程进行符号求解。它的第一个参数是带未知函数的表达式,第二个参数是需要进行求解的未知函数。例如下面的程序对微分方程$f'(x) - f(x) = 0$进行求解。所得到的结果是一个自然指数函数,它有一个待定系数C_1。

```
x=symbols('x')
f=symbols('f', cls=Function)
dsolve(Derivative(f(x), x) - f(x), f(x))
```

$$f(x) = C_1 e^x$$

不同形式的微分方程需要使用不同的解法,使用 classify_ode()可以查看与指定微分方程对应的解法列表。下面查看方程$f'(x) + f(x) = (\cos(x) - \sin(x))\,f(x)^2$对应的解法:

```
eq = Eq(f(x).diff(x) + f(x), (cos(x) - sin(x)) * f(x)**2)
classify_ode(eq, f(x))
```

```
('1st_power_series', 'lie_group')
```

可以通过 dsolve()的 hint 参数指定解法,默认值为'default',表示采用 classify_ode()返回值中的第一个解法:

```
dsolve(eq, f(x))
```

$$f(x) = C_1 - \frac{C_1 x^2}{2} - \frac{C_1 x^3}{6} + \frac{C_1 x^4}{4} + \frac{C_1 x^5}{120}(-C_1(C_1 - 3) - C_1(C_1 + 1) + 4C_1 + 12) + \mathcal{O}(x^6)$$

上面的解是采用泰勒级数展开之后的结果。如果使用'lie_group'解法,则可以得到更简洁的结果:

```
dsolve(eq, f(x), hint="lie_group")
```

$$f(x) = \frac{1}{C_1 e^x - \sin(x)}$$

也可以将 hint 设置为'all'，让 dsolve()尝试 classify_ode()返回的所有解法：

```
dsolve(eq, f(x), hint="all")
{'1st_power_series': f(x) == C1 - C1*x**2/2 - C1*x**3/6 + C1*x**4/4 + C1*x**5*(-C1*(C1 -
3) - C1*(C1 + 1) + 4*C1 + 12)/120 + O(x**6),
 'best': f(x) == C1 - C1*x**2/2 - C1*x**3/6 + C1*x**4/4 + C1*x**5*(-C1*(C1 - 3) - C1*(C1
+ 1) + 4*C1 + 12)/120 + O(x**6),
 'best_hint': '1st_power_series',
 'default': '1st_power_series',
 'lie_group': f(x) == 1/(C1*exp(x) - sin(x)),
 'order': 1}
```

通过 sympy.ode.allhints 可以查看系统支持的所有解法：

```
sympy.ode.allhints
('separable',
 '1st_exact',
 '1st_linear',
 'Bernoulli',
...
```

6.3.5 积分

integrate()可以计算定积分和不定积分：

- integrate(f, x)：计算不定积分 $\int f\,dx$

- integrate(f, (x, a, b))：计算定积分 $\int_a^b f\,dx$

如果要对多个变量计算多重积分，只需要将被积分的变量依次列出即可：

- integrate(f, x, y)：计算双重不定积分 $\iint f\,dx\,dy$

- integrate(f, (x, a, b), (y, c, d))：计算双重定积分 $\int_c^d \int_a^b f\,dx\,dy$

和 Derivative 对象表示微分表达式类似，Integral 对象表示积分表达式，它的参数和 integrate()的类似，例如：

```
e = Integral(x*sin(x), x)
e
```

$$\int x\sin(x)\,dx$$

调用积分对象的 doit() 方法以进行积分运算：

```
e.doit()
```

$-x\cos(x) + \sin(x)$

有些积分表达式无法进行符号化简，这时可以调用求值方法 evalf() 或求值函数 N() 来对其进行数值运算：

```
e2 = Integral(sin(x)/x, (x, 0, 1))
e2.doit()
```

$Si(1)$

doit() 返回的是一个用特殊函数表示的值。下面用 evalf() 求其数值：

```
print e2.evalf()
print e2.evalf(50) # 可以指定精度
0.946083070367183
0.94608307036718301494135331382317965781233795473811
```

$\frac{\sin(x)}{x}$ 的积分被定义为一个特殊函数，它从 0 到无穷的定积分值为 $\pi/2$，即：

$$\int_0^\infty \frac{\sin(x)}{x} dx = \pi/2$$

但是 SymPy 的数值计算功能还不够强大，不能对应这种情况的定积分：

```
e3 = Integral(sin(x)/x, (x, 0, oo))
e3.evalf()
```

-4.0

而调用 doit() 则能计算出精确的符号结果：

```
e3.doit()
```

$\frac{\pi}{2}$

6.4 输出符号表达式

与本节内容对应的 Notebook 为：06-sympy/sympy-400-output.ipynb。

SymPy 可以将表达式输出成各种格式，除了诸如 LaTeX、MathML 等显示用的格式之外，还可以将表达式转换成 Python、C、Fortran 函数，从而将符号表达式转换成数值运算函数。

6.4.1 lambdify

lambdify()可将表达式转换为数值运算函数。它的第一个参数是作为参数的符号序列，第二个参数是表达式或表达式序列。例如下面用 solve()得到一元二次方程的两个符号解 quadratic_roots，然后调用 lambdify()将其转换成数值运算函数：

```
a, b, c, x = symbols("a, b, c, x", real=True)
quadratic_roots = solve(a*x**2 + b*x + c, x)
lam_quadratic_roots_real = lambdify([a, b, c], quadratic_roots)
lam_quadratic_roots_real(2, -3, 1)
[1.0, 0.5]
```

所创建的函数默认使用 math 模块中定义的数值函数，因此无法计算根为复数的方程。可以通过 modules 参数指定表达式中函数所在的模块。下面改用 cmath 模块中的 sqrt()函数，因此可以得到复数结果：

```
import cmath
lam_quadratic_roots_complex = lambdify((a, b, c), quadratic_roots, modules=cmath)
lam_quadratic_roots_complex(2, 2, 1)
[(-0.5+0.5j), (-0.5-0.5j)]
```

还可以使用 numpy 模块中的函数计算多个一元二次方程的解。由于 NumPy 中的部分函数名与 SymPy 中的函数名不同，因此下面的程序中使用字符串'numpy'表示 numpy 模块，这样 lambdify()会在其内部对函数名进行自动转换。下面的程序计算 4 个一元二次方程的解，为了得到复数解，需要使用 dtype 为 complex 的系数数组，运算结果是两个长度为 4 的数组：

```
lam_quadratic_roots_numpy = lambdify((a, b, c), quadratic_roots, modules="numpy")
A = np.array([2, 2, 1, 2], np.complex)
B = np.array([1, 4, 2, 1], np.complex)
C = np.array([1, 1, 1, 2], np.complex)
lam_quadratic_roots_numpy(A, B, C)
[array([-0.25000000+0.66143783j, -0.29289322+0.j        ,
        -1.00000000+0.j        , -0.25000000+0.96824584j]),
 array([-0.25000000-0.66143783j, -1.70710678+0.j        ,
        -1.00000000+0.j        , -0.25000000-0.96824584j])]
```

6.4.2 用 autowrap()编译表达式

lambdify()将表达式转换成 Python 的函数。然而对于需要大量运算的表达式，Python 函数的运算能力有限。如果希望更快的运算速度，可以使用 autowrap()将表达式转换成 C 语言或 Fortran

```
print h_name
print "-" * 40
print c_header
print
print c_name
print "-" * 40
print c_code
```

quadratic_roots.h

```
#ifndef PROJECT__QUADRATIC_ROOTS__H
#define PROJECT__QUADRATIC_ROOTS__H

double root0(double a, double b, double c);
double root1(double a, double b, double c);
void roots(double a, double b, double c, double *out_1451769269);

#endif
```

quadratic_roots.c

```
#include "quadratic_roots.h"
#include <math.h>

double root0(double a, double b, double c) {

    double root0_result;
    root0_result = (1.0L/2.0L)*(-b + sqrt(-4*a*c + pow(b, 2)))/a;
    return root0_result;

}

double root1(double a, double b, double c) {

    double root1_result;
    root1_result = -1.0L/2.0L*(b + sqrt(-4*a*c + pow(b, 2)))/a;
    return root1_result;

}

void roots(double a, double b, double c, double *out_1451769269) {
```

```
    out_1451769269[0] = (1.0L/2.0L)*(-b + sqrt(-4*a*c + pow(b, 2)))/a;
    out_1451769269[1] = -1.0L/2.0L*(b + sqrt(-4*a*c + pow(b, 2)))/a;

}
```

此外，还可以用 ccode()和 fcode()将符号表达式输出为 C 和 Fortran 语言的表达式：

```
print ccode(matrix_roots, assign_to="y")
y[0] = (1.0L/2.0L)*(-b + sqrt(-4*a*c + pow(b, 2)))/a;
y[1] = -1.0L/2.0L*(b + sqrt(-4*a*c + pow(b, 2)))/a;
```

6.4.3　使用 cse()分步输出表达式

通常符号运算的结果都是十分复杂的表达式，其中包含许多重复运算部分。使用 cse()可以将表达式中重复的部分提取为分步运算。cse()的结果是一个由两个列表组成的元组，第一个列表是临时变量以及与之对应的表达式，第二个列表是计算结果。

下面对一元二次方程的两个根的符号表达式提取公共表达式，得到两个列表 replacements 和 reduced_exprs。在 replacements 中引入两个临时符号 x0 和 x1，对 reduced_exprs 中的临时符号逐步使用 replacements 的表达式进行替换，就可以得到与 roots 相同的表达式。由于根式部分使用临时符号表示只需要运算一次，因此节省了运算时间。

```
replacements, reduced_exprs = cse(quadratic_roots)
%sympy_latex replacements
```

$$\left[\left(x_0, \frac{1}{2a}\right), \left(x_1, \sqrt{-4ac + b^2}\right)\right]$$

```
%sympy_latex reduced_exprs
```

$$[x_0(-b + x_1), -x_0(b + x_1)]$$

临时符号默认以 x 开头，如果临时符号与表达式中的符号相冲突，可以使用 symbols 参数修改：

```
replacements, reduced_exprs = cse(quadratic_roots, symbols=numbered_symbols("tmp"))
%sympy_latex replacements
```

$$\left[\left(tmp_0, \frac{1}{2a}\right), \left(tmp_1, \sqrt{-4ac + b^2}\right)\right]$$

虽然使用 cse()能将复杂的表达式简化为一系列简单的运算步骤，但是目前 SymPy 的代码输出功能尚未使用 cse()。因此本书提供了 cse2func()来将表达式通过 cse()转换之后再输出为 Python 函数。下面用该函数将 roots 中的两个表达式转换为 quadratic_roots()函数：

```
from scpy2.sympy.cseprinter import cse2func
code = cse2func("cse_quadratic_roots(a, b, c)", quadratic_roots)
```

```
exec code
print code
def cse_quadratic_roots(a, b, c):
    from math import sqrt
    _tmp0 = 0.5/a
    _tmp1 = sqrt((b)**(2.0) - 4.0*a*c)
    return (_tmp0*(_tmp1 - b), -_tmp0*(_tmp1 + b))
```

下面调用生成的 quadratic_roots() 函数来计算某个一元二次方程的解：

```
cse_quadratic_roots(1, -4, 2)
(3.41421356237, 0.585786437627)
```

由于在函数中使用 math.sqrt() 进行开方运算，因此不支持结果为复数的情况。可以通过 module 参数指定使用 cmath 模块进行计算：

```
import cmath
exec cse2func("cse_quadratic_roots(a, b, c)", quadratic_roots, module=cmath)
cse_quadratic_roots(1, -4, 10)
((2+2.449489742783178j), (2-2.449489742783178j))
```

此外，cse2func() 还有 auto_import、calc_number、symbols 等参数，请感兴趣的读者分析该函数的源代码以理解这些参数的作用。

6.5　机械运动模拟

 与本节内容对应的 Notebook 为：06-sympy/sympy-500-mechanics.ipynb。

SymPy 还提供了许多专业领域的符号运算功能，例如 physics.mechanics 模块可以用于计算刚体系统的运动方程。作为本章的最后一节，我们用该模块计算如图 6-3 所示系统的运动方程，并进行数值模拟。在图中，滑动方块可以沿参照系 I 的 X 轴自由运动，小球与滑块使用无质量连杆相连接，可以自由摆动。小球的的初始摆动角度为 θ_0。我们希望计算小球释放之后的运动轨迹。

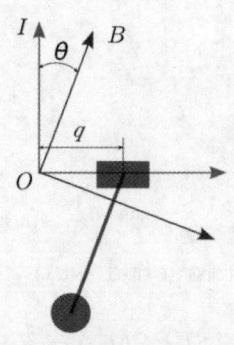

图 6-3 滑块单摆系统的参照系示意图

6.5.1 推导系统的微分方程

首先从 sympy.physics.mechanics 载入所有符号,并使用其中的 ReferenceFrame 定义参照系 *I*,用 Point 定义参照点 O。最后调用 O.set_vel(),设置点 O 在参照系 *I* 中的运动速度为 0。

```python
from sympy.physics.mechanics import *
I = ReferenceFrame('I')              # 定义惯性参照系
O = Point('O')                       # 定义原点
O.set_vel(I, 0)                      # 设置点 O 在参照系 I 中的速度为 0
g = symbols("g")
```

http://www.pydy.org/
本节只介绍 mechanics 模块最基本的用法,若读者对使用 SymPy 求解多刚体系统感兴趣,可以参考 PyDy 扩展库。

下面定义方块在参照系 I 中的位置 q 和速度 u,它们使用 dynamicsymbols()定义。然后定义方块的质量为 m_1,质心为点 P_1。接下来调用点 P_1 的 set_pos()方法以设置它相对于点 O 的位移,set_vel()方法设置它在参照系 I 中的速度,它们的方向沿着参照系 I 的 X 轴。最后在 P_1 处创建一个质量为 m_1 的质点来表示方块。

```python
q = dynamicsymbols("q")
u = dynamicsymbols("u")
m1 = symbols("m1")
P1 = Point('P1')
P1.set_pos(O, q * I.x)               # 点 P1 的位置相对于点 O,沿着参照系 I 的 X 轴偏移 q
P1.set_vel(I, u * I.x)               # 点 P1 在参照系 I 中的速度为 X 轴方向,大小为 u
box = Particle('box', P1, m1)        # 在点 P1 处放置质量为 m1 的方块 box
```

使用 dynamicsymbols()定义的符号是时间的函数:

```python
%sympy_latex q, u
```

$$(q(t), u(t))$$

下面定义小球所在的参照系B，B为I绕Z轴旋转θ而得，并设置B相对于I的角速度为ω，角速度围绕I的Z轴正方向旋转。角速度的正方向使用右手法则定义，即右手大拇指指向围绕的轴，四指的方向为正方向。

```
th = dynamicsymbols("theta")
w = dynamicsymbols("omega")
B = I.orientnew('B', 'Axis', [th, I.z])    # 将 I 围绕 Z 轴旋转 theta 得到参照系 B
B.set_ang_vel(I, w * I.z)                   # 设置 B 的角速度
```

细杆的长度为l，小球的质量为m_2。点P_2为小球的质心，它的位置相对于点P_1，沿着参照系B的Y轴负方向偏移l，并通过v2pt_theory()设置P_2在参照系I中的速度。若P_2和P_1在参照系B中相对静止，当P_1在参照系I中的速度以及参照系B与参照系I之间的关系都确定时，可以通过P2.v2pt_theory(P1, I, B)计算P_2在I中的速度。最后在P_2处放置质量为m_2的小球。

```
l, m2 = symbols("l,m2")
P2 = P1.locatenew('P2', -l * B.y)  # P2 相对于 P1 沿着 B 的 Y 轴负方向偏移 l
P2.v2pt_theory(P1, I, B)            # 使用二点理论设置 P2 在 I 中的速度
ball = Particle('ball', P2, m2)    # 在 P2 处放置质量为 m2 的小球
```

下面显示P_2在I中的速度：

```
P2.vel(I) #显示 P2 在 I 中的速度
```

$$u\hat{\mathbf{i}}_x + l\omega\hat{\mathbf{b}}_x$$

到此为止，各个惯性参照系、坐标点、质点之间的关系已经确定。下面创建 KanesMethod 对象，使用它可以推导出系统的微分方程组。q_ind 参数为系统中所有与位移相关的独立状态列表，u_ind 参数为所有与速度相关的独立状态列表，而 kd_eqs 参数则是这些状态之间需要满足的微分方程。在本例中，方块的位移 q 的导数为速度 u，细杆的旋转角度 θ 的导数为角速度 ω：

```
eqs = [q.diff() - u, th.diff() - w] #q 的导数为 u, th 的导数为 w
kane = KanesMethod(I, q_ind=[q, th], u_ind=[u, w], kd_eqs=eqs)
```

然后调用 kanes_equations()方法推导微分方程。其中，particles 为系统中所包含质点的列表，forces 是系统所受外力的列表。每个作用力由作用点和矢量决定，这里定义两个质点上所受的重力。

```
particles = [box, ball]   #系统包含的所有质点
forces = [(P1, -m1*g*I.y), (P2, -m2*g*I.y)] #系统所受的外力
fr, frstar = kane.kanes_equations(forces, particles)
```

kanes_equations()返回系统的微分方程组。其中的每个方程为：fr 和 frstar 中对应的表达式之

和等于 0。

```
%sympy_latex Eq(fr[0] + frstar[0], 0)
%sympy_latex Eq(fr[1] + frstar[1], 0)
```

$$lm_2\omega^2(t)\sin(\theta(t)) - lm_2\cos(\theta(t))\frac{d}{dt}\omega(t) - (m_1 + m_2)\frac{d}{dt}u(t) = 0$$

$$-glm_2\sin(\theta(t)) - l^2m_2\frac{d}{dt}\omega(t) - lm_2\cos(\theta(t))\frac{d}{dt}u(t) = 0$$

使用 KanesMethod 对象的 mass_matrix_full 和 forcing_full 属性可以写出求解系统状态的微分
方程组，其中包含 eqs 中的两个方程：

```
from IPython import display
status = Matrix([[q],[th],[u],[w]])
display.Math(latex(kane.mass_matrix_full) + latex(status.diff()) +
            "=" + latex(kane.forcing_full))
```

$$\begin{bmatrix} 1 & 0 & 0 & 0 \\ 0 & 1 & 0 & 0 \\ 0 & 0 & m_1 + m_2 & lm_2\cos(\theta(t)) \\ 0 & 0 & lm_2\cos(\theta(t)) & l^2m_2 \end{bmatrix} \begin{bmatrix} \frac{d}{dt}q(t) \\ \frac{d}{dt}\theta(t) \\ \frac{d}{dt}u(t) \\ \frac{d}{dt}\omega(t) \end{bmatrix} = \begin{bmatrix} u(t) \\ \omega(t) \\ lm_2\omega^2(t)\sin(\theta(t)) \\ -glm_2\sin(\theta(t)) \end{bmatrix}$$

6.5.2 将符号表达式转换为程序

当已知系统的状态 q、θ、u、ω 时，可以通过上面的公式计算出各个状态的导数，因此可
以用 scipy.integrate.odeint()对该微分方程组进行数值求解，从而计算出系统的运动轨迹。我们可
以使用 SymPy 的表达式输出功能，自动生成计算各个状态的导数的函数。下面首先使用矩阵求
逆与矩阵乘法计算线性方程组的解，结果 diff_status 是一个形状为(4, 1)的 Matrix 对象：

```
diff_status = kane.mass_matrix_full.inv() * kane.forcing_full
```

为了使用 autowrap()将 diff_status 编译成扩展模块，需要将其中与 t 相关的表示状态的符号
替换为一般符号。❶status 中的每个元素都是与 t 相关的函数，可以通过 sym.func.__name__获取
sym 对应的函数名，并使用该函数名创建与其同名的一般符号。❷调用 subs()方法将所有与 t 相
关的符号替换为一般符号，得到与 t 无关的矩阵 expr。❸调用 autowrap()将 expr 转换为计算其值
的函数_func_diff_status()：

```
from sympy.utilities.autowrap import autowrap
status_symbols = [Symbol(sym.func.__name__) for sym in status] ❶
expr = diff_status.subs(zip(status, status_symbols)) ❷
```

```
_func_diff_status = autowrap(expr, args=[m1, m2, l, g] + status_symbols,
tempdir=r".\tmp_mechanics") ❸
```

由于_func_diff_status()的参数和返回值的形状不符合 odeint()的要求，因此需要使用下面的
func_diff_status()对其进行包装：

```
def func_diff_status(status, t, m1, m2, l, g):
    q, th, u, w = status
    return _func_diff_status(m1, m2, l, g, q, th, u, w).ravel()

init_status = np.array([0, np.deg2rad(45), 0, 0])
args = 1.0, 2.0, 1.0, 9.8
func_diff_status(init_status, 0, *args)
```
```
array([  0.        ,   0.        ,   4.9       ,  -10.39446968])
```

下面调用 odeint()对 func_diff_status()进行积分，得到如图 6-4 所示的运动轨迹：

```
from scipy.integrate import odeint

t = np.linspace(0, 10, 500)
res = odeint(func_diff_status, init_status, t, args=args)

fig, (ax1, ax2) = plt.subplots(2, 1)
ax1.plot(t, res[:, 0], label=u"$q$")
ax1.legend()
ax2.plot(t, res[:, 1], label=u"$\\theta$")
ax2.legend()
```

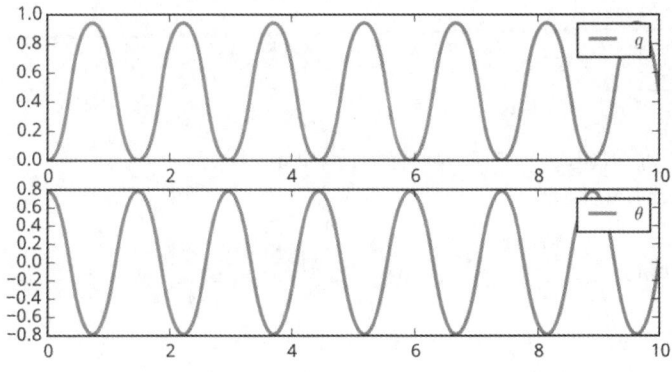

图 6-4 使用 odeint()计算的运动轨迹

6.5.3 动画演示

可以通过 matplotlib 的动画制作功能，直观地显示系统的运动状况，效果如图 6-5 所示。关

于这段程序的编写方法，请参照 matplotlib 一章中的相关说明。

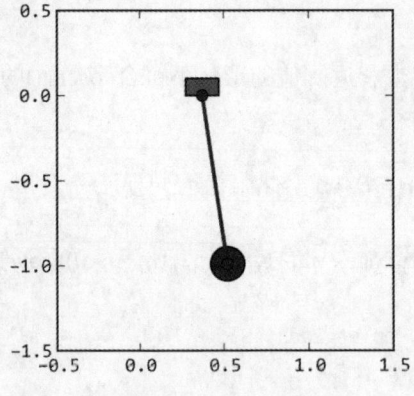

图 6-5 动画演示效果

```python
from matplotlib import animation
from matplotlib.patches import Rectangle, Circle
from matplotlib.lines import Line2D

def animate_system(t, states, blit=True):
    q, th, u, w = states.T
    fig = plt.figure()
    w, h = 0.2, 0.1
    ax = plt.axes(xlim=(-0.5, 1.5), ylim=(-1.5, 0.5), aspect='equal')

    rect = Rectangle([q[0], 0,  - w / 2.0, - h / 2],
        w, h, fill=True, color='red', ec='black', axes=ax, animated=blit)
    ax.add_patch(rect)

    line = Line2D([], [], lw=2, marker='o', markersize=6, animated=blit, axes=ax)
    ax.add_artist(line)

    circle = Circle((0, 0), 0.1, axes=ax, animated=blit)
    ax.add_patch(circle)

    def animate(i):
        x1, y1 = q[i], 0
        l = 1.0
        x2, y2 = l*sin(th[i]) + x1, -l*cos(th[i]) + y1
        rect.set_xy((x1-w*0.5, y1))
        line.set_data([x1, x2], [y1, y2])
        circle.center = x2, y2
        return rect, line, circle
```

```
anim = animation.FuncAnimation(fig, animate, frames=len(t),
        interval=t[-1] / len(t) * 1000, blit=blit, repeat=False)

return anim
```

下面使用%matplotlib命令将matplotlib的后台绘图库改为qt，以便另外开启窗口来显示动画演示：

```
%gui qt
%matplotlib qt
anim = animate_system(t, res)
```

第 7 章

Traits & TraitsUI-轻松制作图形界面

Python 作为一种高级的动态编程语言，它的变量没有类型，这种灵活性给快速开发带来很多便利，不过它也不是没有缺点。通过 Traits 库可以为对象的属性添加类型校验功能，从而提高程序的可读性，降低出错率。

Traits 库是由 Enthought 公司开发的一套开源扩展库。虽然 Traits 库本身和科学计算没有关系，但它是该公司的其他各种科学计算库的基础，因此本书用一整章的篇幅对其进行详细介绍。

7.1　Traits 类型入门

 与本节内容对应的 Notebook 为：07-traits/traits-100-intro.ipynb。

Traits 库最初是为了开发交互式绘图库 Chaco 而设计的。通常绘图库中有许多表示图形的对象，每个对象都有很多诸如线型、颜色和字体之类的属性。为了方便用户使用，每个属性可以允许多种形式的值。例如颜色属性可以是'red'、0xff0000 或(255, 0, 0)。也就是说，可以用字符串、整数或元组等类型的数据表示颜色。这样的需求初看起来用 Python 的无类型属性是一个很好的选择，因为我们可以把各种各样的值赋值给颜色属性。但是颜色属性虽然可以接受多样的值，却不是能接受所有的值，比如'abc'和 0.5 等就不能很好地表示颜色。而且虽然为了方便用户使用，对外的接口可以接受多种类型的值，但是在程序内部必须有一个统一的表达方式来简化程序内部的实现。用 Trait 属性可以很好地解决这样的问题：

- 它可以接受能表示颜色的各种类型的值。
- 当给它赋值为不能表达颜色的值时，它能够立即捕捉到错误，并且提供一个有用的错误报告，告诉用户它能够接受什么样的值。
- 它提供内部的、标准的用于表达颜色的数据类型。

7.1.1　什么是 Traits 属性

下面我们通过一个简单的实例演示 Trait 属性的功能：

```
from traits.api import HasTraits, Color ❶

class Circle(HasTraits): ❷
    color = Color ❸
```

❶首先载入 HasTraits 和 Color，推荐读者在使用 Enthought 公司开发的扩展库时采用和本例相同的载入方式。❷所有拥有 Trait 属性的类都需要从 HasTraits 继承。❸Color 是 Trait 类型，在 Circle 类中用它定义了 color 属性。

熟悉 Python 的读者可能会觉得这个程序有些奇怪：按照标准的 Python 语法，直接在 class 下定义的属性 color 应该是 Circle 类的属性，而程序的目的是为 Circle 类的实例添加 color 属性，是不是应该在初始化方法__init__()中运行 self.color = Color 呢？答案是否定的，记住 Trait 属性像类的属性一样定义，像实例的属性一样使用。我们不管 HasTraits 是如何实现这一点的，先看看如何使用 Trait 属性：

```
c = Circle()
Circle.color    #Circle 类没有 color 属性
--------------------------------------------------------------------------
AttributeError                          Traceback (most recent call last)
<ipython-input-4-8335a9908186> in <module>()
     1 c = Circle()
----> 2 Circle.color      #Circle 类没有 color 属性

AttributeError: type object 'Circle' has no attribute 'color'
```

```
print c.color
print c.color.getRgb()
<PyQt4.QtGui.QColor object at 0x0542F270>
(255, 255, 255, 255)
```

从上面的运行结果可以看出 Circle 类没有 color 属性，而它的实例 c 则拥有 color 属性，其默认值为白色，PyQt4.QtGui.QColor 是 PyQt4 界面库所使用的颜色类型。

```
c.color = "red"
print c.color.getRgb()
c.color = 0x00ff00
print c.color.getRgb()
c.color = (0, 255, 255)
print c.color.getRgb()

from traits.api import TraitError
try:
    c.color = 0.5
except TraitError as ex:
    print ex[0][:350], "..."
(255, 0, 0, 255)
(0, 255, 0, 255)
```

```
(0, 255, 255, 255)
The 'color' trait of a Circle instance must be a string of the form (r,g,b) or (r,g,b,a)
where r, g, b, and a are integers from 0 to 255, a QColor instance, a Qt.GlobalColor, an integer
which in hex is of the form 0xRRGGBB, a string of the form #RGB, #RRGGBB, #RRRGGGBBB or
#RRRRGGGGBBBB or 'aliceblue' or 'antiquewhite' or 'aqua' or 'aquamarine' or  ...
```

由上面的运行结果可知，我们可以将'red'、0x00ff00 和(0, 255, 255)等值赋给 color 属性，它们都被正确地转换为 QColor 类型的值。而当赋值为 0.5 时抛出 TraitError 异常，并且显示了一条很详细的出错信息来说明 color 属性能支持的所有值。最后看一个很酷的功能：

```
c.configure_traits()
```

 当使用 wxPython 作为后台界面库时，由于 TraitsUI 4.4.0 中的一个错误，程序退出时会导致进程崩溃。请读者将本书提供的 scpy2\patches\toolkit.py 复制到 site-packages\traitsui\wx 目录下，覆盖原有的 toolkit.py 文件。

执行 configure_traits()之后，会出现如图 7-1 所示的对话框界面以供我们修改 color 属性，任意选择一种颜色并单击 OK 按钮，configure_traits()返回 True，而 color 属性已经变为我们通过界面所选择的颜色了：

 如果在 Notebook 中运行 c.configure_traits()，它会立即返回 False，而不会等待对话框关闭。当程序单独运行时，configure_traits()会等待界面关闭，并根据用户单击的按钮返回 True 或 False。

```
c.color.getRgb()
(83, 120, 255, 255)
```

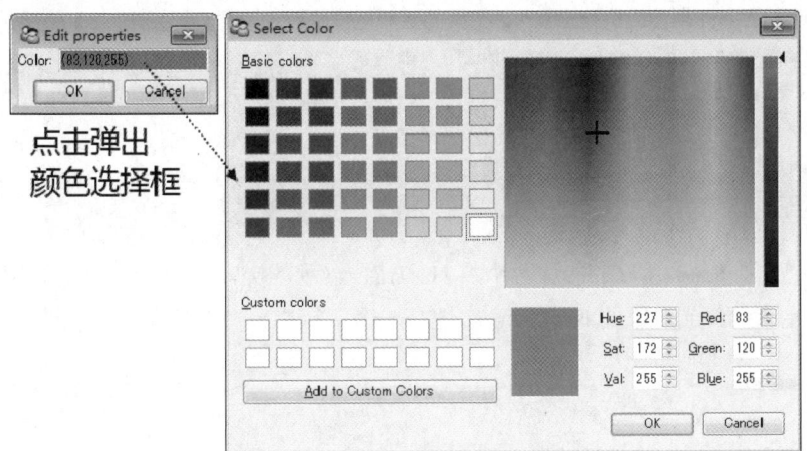

图 7-1 自动生成的修改颜色属性的对话框

（第7章 Traits & TraitsUI：轻松制作图形界面）

对于从 HasTraits 继承的对象，都可以调用 configure_traits()方法以快速产生一个设置 Trait 属性的用户界面。在本例中，通过界面中的颜色输入框可以直接输入表示颜色的值，或者使用按钮打开颜色选择对话框。关于界面方面的功能将在本章的后半部分详细介绍。

7.1.2 Trait 属性的功能

Traits 库为对象的属性增加了类型定义的功能，此外还提供了如下额外功能：

- 初始化：每个 Trait 属性都有自己的默认值。
- 验证：Trait 属性都有明确的类型定义，只有满足定义的值才能赋值给属性。
- 代理：Trait 属性值可以代理给其他对象的属性。
- 监听：Trait 属性值发生变化时，可以运行事先指定的函数。
- 可视化：拥有 Trait 属性的对象可以很方便地生成编辑 Trait 属性的界面。

下面的例子展示了 Trait 属性的上述功能：

```python
from traits.api import Delegate, HasTraits, Instance, Int, Str

class Parent ( HasTraits ):
    # 初始化: last_name 被初始化为'Zhang'
    last_name = Str( 'Zhang' ) ❶

class Child ( HasTraits ):
    age = Int

    # 验证: father 属性的值必须是 Parent 类的实例
    father = Instance( Parent ) ❷

    # 代理: 将 Child 类的实例的 last_name 属性代理给其 father 属性的 last_name
    last_name = Delegate( 'father' ) ❸

    # 监听: 当 age 属性的值被修改时，下面的函数将被运行
    def _age_changed ( self, old, new ): ❹
        print 'Age changed from %s to %s ' % ( old, new )

p = Parent()
c = Child()
```

程序中定义了 Parent 和 Child 这两个从 HasTraits 继承的类，并分别创建它们的对象 p 和 c。❶用 Str 类型定义 Parent 对象的 last_name 属性是一个字符串，并且它的默认值为'Zhang'：

```
p.last_name

'Zhang'
```

第 7 章 Traits & TraitsUI-轻松制作图形界面

❷用 Instance 类型定义 Child 对象的 father 属性是 Parent 类的实例，默认值为 None。如果 Parent 类在 Child 类之后定义，可以用字符串表示类：father = Instance('Parent')。

❸通过 Delegate 类型为 Child 对象创建了一个代理属性 last_name。它使 c.last_name 和 c.father.last_name 始终拥有相同的值。但是由于还没有设置对象 c 的 father 属性，因此无法正确获得对象 c 的 last_name 属性：

```
c.last_name
--------------------------------------------------------------------------
AttributeError                          Traceback (most recent call last)
<ipython-input-10-fff30c984f1b> in <module>()
----> 1 c.last_name

AttributeError: 'NoneType' object has no attribute 'last_name'
```

设置了对象 c 的 father 属性之后，就可以正确获取它的 last_name 属性了，并且对象 c 和 p 的 last_name 属性将始终保持一致：

```
c.father = p
print c.last_name
p.last_name = "ZHANG"
print c.last_name

Zhang
ZHANG
```

❹当对象 c 的 age 属性值发生变化时将调用监听函数_age_changed()：

```
c.age = 4
Age changed from 0 to 4
```

下面调用 configure_traits() 以显示一个修改属性值的对话框，如图 7-2(左)所示：

```
c.configure_traits()
```

从自动生成的界面可以看到，属性按照英文名排序，垂直排为一列。由于 father 属性是 Parent 类的对象，因此界面中以一个按钮表示它，单击此按钮将会弹出一个如图 7-2(右)所示的对话框用于编辑 father 属性所对应的对象。

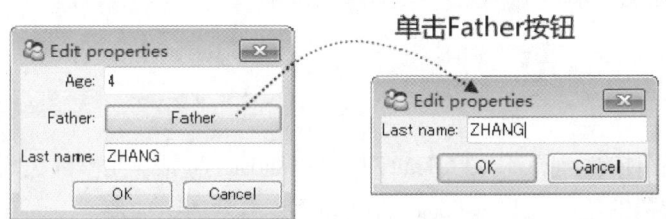

图 7-2 为 Child 对象自动生成的属性修改对话框(左)，单击 Father 按钮弹出编辑 Parent 对象的对话框(右)

如果在编辑 Father 对象的对话框中修改 last_name 属性，Child 对象的 last_name 属性也同时被修改，这是因为 Child 对象的 last_name 属性是一个代理属性，其值和 father.last_name 始终保持一致。

还可以调用 print_traits()以输出所有的 Trait 属性名和属性值：

```
c.print_traits()
age:       4
father:    <__main__.Parent object at 0x05D9CC90>
last_name: 'ZHANG'
```

或调用 get()以得到一个描述对象所有 Trait 属性的字典：

```
c.get()
{'age': 4, 'father': <__main__.Parent at 0x5d9cc90>, 'last_name': 'ZHANG'}
```

此外还可以调用 set()以设置 Trait 属性的值，用 set()可以同时配置多个 Trait 属性：

```
c.set(age = 6)
Age changed from 4 to 6
<__main__.Child at 0x5d9c600>
```

在创建 HasTraits 的派生类的对象时可以使用关键字参数设置各个 Trait 属性的值，例如：

```
c2 = Child(father=p, age=3)
Age changed from 0 to 3
```

当在派生类中定义了__init__()时，在其中必须调用其父类的__init__()方法，否则 Trait 属性的一些功能将无效。也许读者会对 Trait 属性的工作原理感兴趣，下面简单地介绍这些功能是如何实现的。

首先，Trait 属性本身和普通 Python 对象的属性是一样的。但是每个 Trait 属性都有一个 CTrait 对象与之对应，这个 CTrait 对象为 Trait 属性提供了许多额外的功能。可以通过 trait('属性名')获得与某个属性相对应的 CTrait 对象，或者用 traits()获得包含所有 CTrait 对象的字典。下面的语句获得 age 属性对应的 CTrait 对象：

```
c.trait("age")
<traits.traits.CTrait at 0x9e23870>
```

Trait 属性的默认值保存在与其对应的 CTrait 对象中：

```
p.trait("last_name").default
'Zhang'
```

给 Trait 属性赋值时的验证工作由 CTrait 对象的 validate()完成。当验证失败时抛出异常，验证成功时则返回所要赋的值。因此 validate()还可以用于修改所赋的值。下面直接调用 father 属性所对应的 CTrait 对象的 validate()：

```
try:
    c.trait("father").validate(c, "father", 2)
except TraitError as ex:
    print ex
```
The 'father' trait of a Child instance must be a Parent or None, but a value of 2 <type 'int'>
was specified.

```
c.trait("father").validate(c, "father", p)
```
<__main__.Parent at 0x5d9cc90>

当 Trait 属性的值被改变时，HasTraits 对象的 trait_property_changed() 会被调用，
trait_property_changed() 在 HasTraits 的父类 CHasTraits 中定义。在此方法中将会调用用户定义的属
性监听函数。注意只调用监听函数，并不会修改属性的值，因此下面的语句将调用_age_changed()，
但不会修改 age 属性的值：

```
c.trait_property_changed("age", 8, 10)
c.age # age 属性的值没有发生变化
```
Age changed from 8 to 10
6

CTrait 对象是连接 Trait 属性和 Trait 类型的纽带，通过 CTrait 对象的 trait_type 属性可以获得
定义 Trait 属性时所使用的 Trait 类型：

```
print c.trait("age").trait_type
print c.trait("father").trait_type
```
<traits.trait_types.Int object at 0x09DC0490>
<traits.trait_types.Instance object at 0x09DC0830>

7.1.3 Trait 类型对象

在程序中使用 Trait 属性需要按照下面三个步骤进行：

(1) 从 traits.api 中载入所需的类型。

(2) 创建 Trait 类型对象。

(3) 创建一个从 HasTraits 类继承的新类，在其中使用所创建的 Trait 类型对象定义 Trait 属性。

通常步骤(2)和(3)是放在一起的，也就是说创建 Trait 类型对象的同时定义 Trait 属性，本书
的大部分例子都是采用这种方式。例如：

```
from traits.api import Float, Int, HasTraits

class Person(HasTraits):
    age = Int(30)
    weight = Float
```

上面的程序为 Person 类定义了两个 Trait 属性: age 和 weight。其中 age 属性使用 Int 类型对象定义，30 为默认值。而 weight 属性则直接使用 Float 类型定义，实际上它也会创建一个 Float 类型对象，其具体的实现在 HasTraits 类的内部进行。在上一节我们介绍过，每个 Trait 属性都对应一个 CTrait 对象，而通过 CTrait 对象的 trait_type 属性可以获得 Trait 类型对象。实际上，这些 CTrait 对象和 Trait 类型对象都是在类中保存的，因此对于同一个 HasTraits 派生类的多个实例，它们的某个 Trait 属性所对应的 CTrait 对象都是同一个对象。下面创建两个 Person 类的实例，并分别查看它们的 Trait 属性所对应的 CTrait 对象和 Trait 类型对象，可以看出多个实例之间共享 CTrait 对象的 Trait 类型对象:

```
p1 = Person()
p2 = Person()
print p1.trait("age") is p2.trait("age")
print p1.trait("weight").trait_type is p2.trait("weight").trait_type
True
True
```

也可以先单独创建一个 Trait 类型对象，然后用它定义多个 Trait 属性:

```
from traits.api import HasTraits, Range

coefficient = Range(-1.0, 1.0, 0.0)

class Quadratic(HasTraits):
    c2 = coefficient
    c1 = coefficient
    c0 = coefficient

class Quadratic2(HasTraits):
    c2 = Range(-1.0, 1.0, 0.0)
    c1 = Range(-1.0, 1.0, 0.0)
    c0 = Range(-1.0, 1.0, 0.0)
```

上述程序中，Quadratic 类有多个类型为 Range 的 Trait 属性，并且取值范围都是-1.0 到 1.0，初始值为 0.0。为了尽量重用代码，我们先创建了一个 Range 类型对象，然后使用它定义了三个 Trait 属性。为了比较，在 Quadratic2 类中定义 Trait 属性时创建 Range 类型对象。

Quadratic 对象的三个属性所对应的类型对象都是 coefficient:

```
q = Quadratic()

print coefficient is q.trait("c0").trait_type
print coefficient is q.trait("c1").trait_type
True
True
```

而 Quadratic2 对象的属性所对应的类型对象则是不同的对象:

```
q2 = Quadratic2()
q2.trait("c0").trait_type is q2.trait("c1").trait_type
False
```

7.1.4 Trait 的元数据

Trait 类型可以拥有元数据属性, 这些属性保存在与 Trait 属性对应的 CTrait 对象中。下面以一个实例解释什么是元数据属性。

```
from traits.api import HasTraits, Int, Str, Array, List

class MetadataTest(HasTraits):
    i = Int(99, myinfo="test my info") ❶
    s = Str("test", label=u"字符串")      ❷
    # NumPy 的数组
    a = Array              ❸
    # 元素为 Int 的列表
    list = List(Int) ❹


test = MetadataTest()
```

下面查看所有的 Trait 属性:

```
test.traits()
{'a': <traits.traits.CTrait at 0x9e4fbe0>,
 'i': <traits.traits.CTrait at 0x9e4f9d0>,
 'list': <traits.traits.CTrait at 0x9e4fb30>,
 's': <traits.traits.CTrait at 0x9e4fa80>,
 'trait_added': <traits.traits.CTrait at 0x4fc2c38>,
 'trait_modified': <traits.traits.CTrait at 0x4fc2be0>}
```

通过 traits()方法可以得到一个包含所有 CTrait 对象的字典。CTrait 对象用于描述 Trait 属性, 例如: test.trait('i')描述 test.i, test.trait('s')描述 test.s。test 对象有两个额外的 CTrait 对象: trait_added 和 trait_modified, 它们在 HasTraits 类中定义。

每个 Trait 属性都有一个与之对应的 CTrait 对象用于描述它。而所谓元数据属性就是描述 Trait 属性的属性, 它们保存在 CTrait 对象中。元数据属性可以分为三类:

- 内部属性: 这些属性是 CTrait 对象自带的, 只读不能写。
- 识别属性: 这些属性可以自由设置, 它们可以改变 Trait 属性的一些行为。
- 用户属性: 用户自己添加的属性, 需要自己编写程序来使用它们。

下面是一些内部元数据属性, 可以读取它们的值, 但不能修改:

- array：是否是数组，不是数组的 Trait 属性没有此属性。
- default：Trait 属性的默认值。
- default_kind：一个描述默认值的类型的字符串，值可以是"value"、"list"、"dict"、"self"、"factory"、"method"等。
- trait_type：定义 Trait 属性时所使用的 Trait 类型对象。
- inner_traits：内部的 CTrait 对象，在 List、Dict 中使用，用来描述 List 和 Dict 的内部元素。
- type：Trait 属性的分类，可以是"constant"、"delegate"、"event"、"property"、"trait"。

下面的元数据属性不是预定义的，但是可以被 HasTraits 对象使用：

- desc：描述 Trait 属性用的字符串，在生成界面时中使用它作为所创建的编辑器的帮助信息。
- editor：指定在界面中编辑 Trait 属性时所使用的编辑器类型。
- label：界面中的 Trait 属性编辑器的标签字符串。
- rich_compare：指定判断 Trait 属性值发生变化的方式。默认值为 True，表示按值比较，False 表示按照对象地址比较。
- trait_value：指定 Trait 属性是否接受 TraitValue 类的对象，默认值为 False。当为 True 时，将 Trait 属性设置为 TraitValue()，重置 Trait 属性为默认值。
- transient：指定当对象被保存(持久化)时是否保存此 Trait 属性值，当此属性不存在时使用默认值 True。

下面查看前面示例中 test 对象的各个 Trait 属性的元数据属性：

❶在创建 Int 类型对象时，设置其默认值为 99，并设置一个名为 myinfo 的用户元数据属性。这些信息都保存在与属性 i 对应的 CTrait 对象中：

```
print test.trait("i").default
print test.trait("i").myinfo
print test.trait("i").trait_type
99
test my info
<traits.trait_types.Int object at 0x05DA4F50>
```

❷属性 s 的默认值为"test"，并且它有一个识别元数据属性 label。在生成界面时，使用它作为编辑器的标签。为了在界面中使用中文，需要使用 Unicode 字符串。如果运行 test.configure_traits() 来显示图形界面，可以看到该属性对应的标签文本为"字符串"。

```
print test.trait("s").label
字符串
```

❸array 用于定义 NumPy 数组类型的 Trait 属性，因此属性 a 的元数据属性 array 为 True：

```
test.trait("a").array
True
```

❹属性 list 是一个元素类型为整数的列表。通过 inner_traits 元数据属性可以获得与列表元素对应的 CTrait 属性：

```
print test.trait("list")
print test.trait("list").trait_type
print test.trait("list").inner_traits # list 属性的内部元素所对应的 CTrait 对象
print test.trait("list").inner_traits[0].trait_type # 内部元素所对应的 Trait 类型对象
```
```
<traits.traits.CTrait object at 0x09E4FB30>
<traits.trait_types.List object at 0x05DA46D0>
(<traits.traits.CTrait object at 0x09E4FC38>,)
<traits.trait_types.Int object at 0x05DA4E50>
```

7.2　Trait 类型

 与本节内容对应的 Notebook 为：07-traits/traits-200-types.ipynb。

本节介绍 Traits 库中提供的各种 Traits 类型以及如何监听 Traits 属性值的变化。

7.2.1　预定义的 Trait 类型

Traits 库为 Python 的许多数据类型提供了预定义的 Trait 类型。对于 Python 的每个简单数据类型都有两种 Trait 类型与之对应，见表 7-1：
- 强制 Trait 类型：当强制类型的 Trait 属性被赋值为类型不匹配的数据时，会抛出异常。
- 自动 Trait 类型：类型不匹配时会自动调用此类型对应的转换函数进行类型转换。

表 7-1 预定义的 Trait 类型

强制类型	自动类型	内置默认值	自动转换函数
Bool	CBool	False	bool()
Complex	CComplex	0+0j	complex()
Float	CFloat	0.0	float()
Int	CInt	0	int()
Long	CLong	0L	int()
Str	CStr	"	str()
Unicode	CUnicode	u"	unicode()

下面的例子比较这两种类型：

```
from traits.api import HasTraits, CFloat, Float, TraitError

class Person(HasTraits):
    cweight = CFloat(50.0)
    weight = Float(50.0)
```

程序中用自动 Trait 类型 CFloat 定义了一个 cweight 属性，它可以接收能转换为数值的字符串"90"，而 weight 属性则使用强制 Trait 类型 Float 定义，将它赋值为"90"则会抛出异常：

```
p = Person()
p.cweight = "90"
print p.cweight
try:
    p.weight = "90"
except TraitError as ex:
    print ex
```

```
90.0
The 'weight' trait of a Person instance must be a float, but a value of '90' <type 'str'>
was specified.
```

除了简单类型以外，Traits 库还定义了许多其他的常用数据类型。表 7-2 列出了一些常用的预定义 Trait 类型：

表 7-2 一些常用的预定义 Trait 类型

类型名	参数	说明
Any	Any([value=None, **metadata])	任何对象
Array CArray	Array([dtype=None, shape=None, value=None, typecode=None, **metadata])	NumPy 数组
Button	Button([label="", image=None, style="button", orientation="vertical", width_padding=7, height_padding=5, **metadata])	按钮类型，通常用于触发事件，参数用于描述界面中的按钮的样式
Callable	Callable([value=None, **metadata])	可调用对象
Code	Code([value="", minlen=0, maxlen=sys.maxint, regex="", **metadata])	某种编程语言的字符串
Color	Color([*args, **metadata])	界面库中所采用的颜色对象
CSet	CSet([trait=None, value=None, items=True, **metadata])	自动转换类型的集合对象
Constant	Constant(value*[, ***metadata])	常量对象，其值不能改变，必须指定初始值

类型名	参数	说明
Dict	Dict([key_trait=None, value_trait=None, value=None, items=True, **metadata])	字典对象，为了方便使用，在 Traits 库中还预定义了一些键的类型为字符串的字典类型，例如 DictStrAny, DictStrBool 等
Directory	Directory([value="", auto_set=False, entries=10, exists=False, **metadata])	表示某个目录的路径的字符串
Either	Either(val1*[, *val2, ..., valN, **metadata])	多个 Trait 类型的复合，例如 Either(Str, Float)表示定义的属性可以是字符串或浮点数
Enum	Enum(values*[, ***metadata])	枚举数据，其值可以是候选值中的任意一个
Event	Event([trait=None, **metadata])	触发事件用的对象
Expression	Expression([value="0", **metadata])	Python 的表达式对象
File	File([value="", filter=None, auto_set=False, entries=10, exists=False, **metadata])	表示文件路径的字符串
Font	Font([*args, **metadata])	界面库中表示字体的对象

读者可以查看各个 Trait 类型的文档以了解其具体用法。下面以枚举类型为例，介绍 Trait 类型的使用方法。使用 Enum 可以定义枚举类型，在 Enum 的定义中给出所有的候选值，这些值必须是 Python 的简单数据类型，例如字符串、整数、浮点数等，候选值的类型可以不一样。可以直接将候选值作为参数，或者将其放在列表中，第一个值为缺省值：

```
from traits.api import Enum, List

class Items(HasTraits):
    count = Enum(None, 0, 1, 2, 3, "many")
    # 或者:
    # count = Enum([None, 0, 1, 2, 3, "many"])
```

下面是运行结果：

```
item = Items()
item.count = 2
item.count = "many"
try:
    item.count = 5
except TraitError as ex:
    print ex
The 'count' trait of an Items instance must be None or 0 or 1 or 2 or 3 or 'many', but a
value of 5 <type 'int'> was specified.
```

如果希望候选值是动态的，可以用 values 参数指定候选值所对应的属性名：

```
class Items(HasTraits):
    count_list = List([None, 0, 1, 2, 3, "many"])
    count = Enum(values="count_list")
```

在上面的 Items 类中，先用 List 定义了一个列表类型的 count_list 属性，并为其指定了默认值。然后在用 Enum 定义枚举类型的属性时，用 values 参数指定枚举属性的候选值为 count_list 属性中的元素。

```
item = Items()

try:
    item.count = 5      #由于候选值列表中没有5，因此赋值失败
except TraitError as ex:
    print ex

item.count_list.append(5)
item.count = 5          #由于候选值列表中有5，因此赋值成功
item.count
```
```
The 'count' trait of an Items instance must be None or 0 or 1 or 2 or 3 or 'many', but a
value of 5 <type 'int'> was specified.
 5
```

在上面的例子中，因为 5 不在 count_list 属性中，第一次将 count 属性赋值为 5 时抛出异常。当将 5 添加进 count_list 属性中之后，就可以将 count 属性设置为 5 了。

7.2.2　Property 属性

在标准的 Python 语法中可以使用 property()为类创建 Property 属性。Property 属性的用法和一般属性相同，但是在获取它的值或者给它赋值时会调用相应的方法。在 Traits 库中也提供了类似的功能，但是用法比标准 Python 更简洁。我们先看一个例子：

```
from traits.api import HasTraits, Float, Property, cached_property

class Rectangle(HasTraits):
    width = Float(1.0)
    height = Float(2.0)

    #area 是一个属性，当 width、height 的值变化时，它对应的_get_area 函数将被调用
    area = Property(depends_on=['width', 'height'])    ❶

    # 通过 cached_property 修饰器缓存_get_area()的输出
    @cached_property      ❷
    def _get_area(self):  ❸
```

```
"area 的 get 函数，注意此函数名和对应的 Proerty 名的关系"
print 'recalculating'
return self.width * self.height
```

❶在 Rectangle 类中，使用 Property()定义了一个 area 属性。与 Python 的标准 property 属性不同，它根据属性名直接决定属性所对应的方法。当读取 area 属性值时，得到的是❸_get_area()的返回值；而当设置 area 属性值时，所设置的值将传递给_set_area()。由于在本例中没有定义_set_area()，因此 area 属性是只读的。此外，通过 depends_on 参数可以指定 Property 属性的依赖关系。本例中，当 Rectangle 对象的 width 和 height 属性值发生变化时需要重新计算 area 属性。

❷_get_area()用@cached_property 修饰，这样_get_area()的返回值将被缓存，除非 area 属性所依赖的 width 和 height 属性值发生变化，否则将一直使用缓存值，而不会每次调用_get_area()。下面看看实际的运行效果：

```
r = Rectangle()
print r.area  # 第一次取得 area，需要进行运算
r.width = 10
print r.area # 修改 width 之后，取得 area，需要进行计算
print r.area # width 和 height 都没有发生变化，因此直接返回缓存值，没有重新计算

recalculating
2.0
recalculating
20.0
20.0
```

通过 depends_on 和@cached_property，系统可以跟踪 area 属性的状态，判断是否需要调用_get_area()以重新计算 area 属性的值。注意在运行 r.width=10 之后，并没有立即调用_get_area()，而只是保存一个需要重新计算的标志，等到真正需要 area 的值时，_get_area()才会被调用。

下面用%qtconsole 启动一个 QtConsole，并在其中连续调用两次 edit_traits()，弹出图 7-3 所示的两个编辑界面：

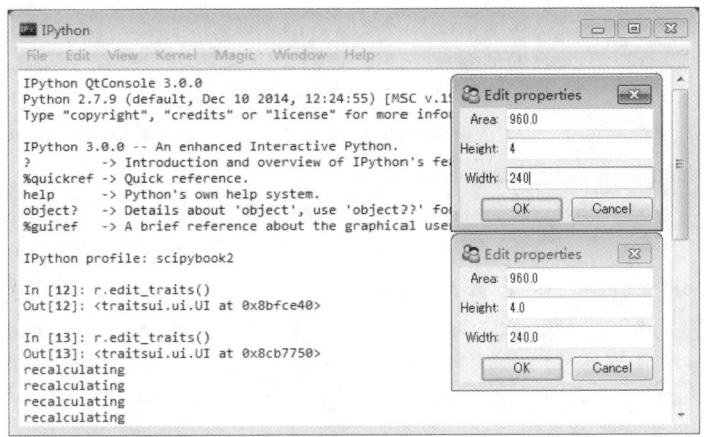

图 7-3 修改两个对话框中的 Height 或 Width 属性会重新计算 Area，并同时更新对话框中的显示

修改任意一个界面中的 width 或 height 属性,在输入数值的同时,两个界面中的 Area、Height 和 Width 等各个文本框同时更新,每次键盘按键都会调用_get_area()。此时在 IPython 窗口中直接修改 width 的值,也会调用_get_area()。

当打开界面之后,界面对象开始监听对象 r 的各个属性,因此在修改 r.width 之后,系统设置 r.area 的标志为需要重新计算,然后发现 r.area 的值有对象在监听,因此直接调用_get_area() 更新其值,并且通知所有的监听对象,因此界面就一齐更新了。每个界面都会在 Trait 属性所对应的 CTrait 对象中添加监听对象:

```
t = r.trait("area") #获得与 area 属性对应的 CTrait 对象
t._notifiers(True) # _notifiers 方法返回所有的通知对象,当 aera 属性改变时,这里对象将被通知
[<traits.trait_notifiers.FastUITraitChangeNotifyWrapper at 0x8b9e3f0>,
 <traits.trait_notifiers.FastUITraitChangeNotifyWrapper at 0x8bd4e10>]
```

由于我们弹出了两个界面,因此有两个需要通知的对象。如果再运行一次 r.edit_traits(),这个列表将有 3 个元素。

7.2.3 Trait 属性监听

HasTraits 对象的所有 Trait 属性都自动支持监听功能。当某个 Trait 属性的值发生变化时,HasTraits 对象会通知所有监听此属性的函数。监听函数分为静态和动态两种,下面的程序演示了这两种监听方式:

```
from traits.api import HasTraits, Str, Int

class Child ( HasTraits ):
    name = Str
    age = Int
    doing = Str

    def __str__(self):
        return "%s<%x>" % (self.name, id(self))

    # 当 age 属性的值被修改时,下面的函数将被运行
    def _age_changed ( self, old, new ): ❶
        print "%s.age changed: form %s to %s" % (self, old, new)

    def _anytrait_changed(self, name, old, new): ❷
        print "anytrait changed: %s.%s from %s to %s" % (self, name, old, new)

def log_trait_changed(obj, name, old, new): ❸
    print "log: %s.%s changed from %s to %s" % (obj, name, old, new)
```

```
h = Child(name = "HaiYue", age=9)
k = Child(name = "KaiWen", age=2)
h.on_trait_change(log_trait_changed, name="doing") ❹
```

```
anytrait changed: <8b823f0>.age from 0 to 9
<8b823f0>.age changed: form 0 to 9
anytrait changed: HaiYue<8b823f0>.name from  to HaiYue
anytrait changed: <8b823c0>.age from 0 to 2
<8b823c0>.age changed: form 0 to 2
anytrait changed: KaiWen<8b823c0>.name from  to KaiWen
```

❶当 Child 对象的 age 属性值发生变化时，对应的静态监听函数_age_changed()将被调用。
❷_anytrait_changed()是一个特殊的静态监听函数，任何 Trait 属性发生变化时都会调用此函数。

❹通过调用 h.on_trait_change()，动态地将❸普通函数 log_trait_changed()和对象 h 的 doing 属性联系起来。当 doing 属性改变时，log_trait_changed()将被调用。

下面分别改变 h 和 k 的属性：

```
h.age = 10
h.doing = "sleeping"
k.doing = "playing"
```

```
anytrait changed: HaiYue<8b823f0>.age from 9 to 10
HaiYue<8b823f0>.age changed: form 9 to 10
anytrait changed: HaiYue<8b823f0>.doing from  to sleeping
log: HaiYue<8b823f0>.doing changed from  to sleeping
anytrait changed: KaiWen<8b823c0>.doing from  to playing
```

静态监听函数的参数有如下几种形式：

```
_age_changed(self)
_age_changed(self, new)
_age_changed(self, old, new)
_age_changed(self, name, old, new)
```

而动态监听函数的参数有如下几种形式：

```
observer()
observer(new)
observer(name, new)
observer(obj, name, new)
observer(obj, name, old, new)
```

其中 obj 是拥有 Trait 属性的对象，name 为值发生变化的属性名，old 为改变之前的值，new 为改变之后的值。

当多个 Trait 属性都需要使用同一个监听函数时，可以使用@on_trait_change 装饰器：

```
@on_trait_change( names )
def any_method_name( self, ...):
    ...
```

当 names 所描述的 Trait 属性改变时，将调用 any_method_name()，names 是一个字符串或列表，它能够很灵活地描述一组 Trait 属性。下面列举了一些常用的属性匹配语法，当与之匹配的属性发生变化时将调用被修饰的监听函数：

- 用逗号隔开多个属性名：'foo,bar'，当 self.foo 或 self.bar 改变时。
- 用列表描述多个属性名：['foo','bar']，功能同上。
- 描述嵌套的属性名：'foo.bar'，当 self.foo.bar 或 self.foo 改变时。
- 描述嵌套的属性名：'foo:bar'，当 self.foo.bar 改变时。
- 列表属性：'foo[]'，self.foo 是一个列表，当它本身或它的元素改变时。
- 指定属性名开头的字符串：'foo+'，当以 foo 开头的属性改变时。
- 指定元数据：'+foo'，当有名为 foo 的元数据的属性改变时。

完整的匹配方法请参考 Traits 库的用户手册。下面的程序演示了上述匹配语法：

```python
from traits.api import HasTraits, Str, Int, Instance, List, on_trait_change

class HasName(HasTraits):
    name = Str()

    def __str__(self):
        return "<%s %s>" % (self.__class__.__name__, self.name)

class Inner(HasName):
    x = Int
    y = Int

class Demo(HasName):
    x = Int
    y = Int
    z = Int(monitor=1) # 有元数据属性 monitor 的 Int
    inner = Instance(Inner)
    alist = List(Int)
    test1 = Str()
    test2 = Str()

    def _inner_default(self):
        return Inner(name="inner1")

    @on_trait_change("x,y,inner.[x,y],test+,+monitor,alist[]")
    def event(self, obj, name, old, new):
        print obj, name, old, new
```

下面是各种属性值改变时的运行结果：

```
d = Demo(name="demo")
d.x = 10 # 与 x 匹配
d.y = 20 # 与 y 匹配
d.inner.x = 1 # 与 inner.[x,y]匹配
d.inner.y = 2 # 与 inner.[x,y]匹配
d.inner = Inner(name="inner2") # 与 inner.[x,y]匹配
d.test1 = "ok" #与 test+匹配
d.test2 = "hello" #与 test+匹配
d.z = 30   # 与+monitor 匹配
d.alist = [3] # 与 alist[]匹配
d.alist.extend([4,5]) #与 alist[]匹配
d.alist[2] = 10 # 与 alist[]匹配
```

```
<Demo demo> x 0 10
<Demo demo> y 0 20
<Inner inner1> x 0 1
<Inner inner1> y 0 2
<Demo demo> inner <Inner inner1><Inner inner2>
<Demo demo> test1  ok
<Demo demo> test2  hello
<Demo demo> z 0 30
<Demo demo> alist [] [3]
<Demo demo> alist_items [] [4, 5]
<Demo demo> alist_items [5] [10]
```

7.2.4 Event 和 Button 属性

Event 和 Button 是两个专门用以处理事件的 Trait 类型，Button 从 Event 继承，它除了 Event 的事件触发功能之外，还可以通过 TraitsUI 库自动生成界面中的按钮控件。Event 属性和其他 Trait 属性相比有如下区别：

- 对 Event 属性赋值将触发与其绑定的属性监听事件，而通常的 Trait 属性只有在其值改变时才触发事件。
- Event 属性不存储值，因此对其赋值只是起到触发事件的作用，而所赋的值将被忽略。试图获取 Event 属性值将抛出异常。由于 Event 属性所触发的事件不表示某个属性值的变化，因此它们所对应的静态监听函数名为_event_fired 而不是_event_changed。下面是使用 Event 属性的例子：

```
from traits.api import HasTraits, Float, Event, on_trait_change

class Point(HasTraits):          ❶
    x = Float(0.0)
    y = Float(0.0)
```

```
    updated = Event

    @on_trait_change( "x,y" )
    def pos_changed(self):      ❷
        self.updated = True

    def _updated_fired(self): ❸
        self.redraw()

    def redraw(self):          ❹
        print "redraw at %s, %s" % (self.x, self.y)
```

❶在 Point 类中定义了 x、y 和 updated 三个 Trait 属性。❷使用 @on_trait_change 对 pos_changed() 方法进行修饰，当 x 或 y 属性被修改时 pos_changed() 会被调用。其中通过设置 updated 属性触发 updated 事件。❸在 updated 的事件处理方法 _updated_fired() 中调用 redraw() 以重新绘制。下面是修改各种属性时的事件触发情况：

```
p = Point()
p.x = 1
p.y = 1
p.x = 1 # 由于 x 的值已经为 1，因此不触发事件
p.updated = True
p.updated = 0 # 给 updated 赋任何值都能触发
redraw at 1.0, 0.0
redraw at 1.0, 1.0
redraw at 1.0, 1.0
redraw at 1.0, 1.0
```

7.2.5 动态添加 Trait 属性

前面介绍的都是在类的定义中声明 Trait 属性，以及在类的对象中使用 Trait 属性。由于 Python 是动态语言，因此 Traits 库也提供了直接为某个特定的对象添加 Trait 属性的方法。

在下面的例子中，直接生成一个 HasTraits 类的实例 a，然后调用 add_trait() 方法以动态地为 a 添加一个名为 x 的 Trait 属性，其类型为 Float，初始值为 3.0：

```
a = HasTraits()
a.add_trait("x", Float(3.0))
a.x

3.0
```

接下来创建一个 HasTraits 类的实例 b，用 add_trait() 为 b 添加一个属性 a，指定其类型为 HasTraits 类的实例。然后把实例 a 赋值给实例 b 的属性 a：

```
b = HasTraits()
b.add_trait("a", Instance(HasTraits))
b.a = a
```

然后为实例 b 添加一个类型为 Delegate 的属性 y，在 b.y 和 b.a.x 之间建立代理连接。
modify=True 表示可以通过 b.y 修改 b.a.x 的值。可以看到当将 b.y 的值改为 10 时，a.x 的值也同
时改变了。

```
from traits.api import Delegate
b.add_trait("y", Delegate("a", "x", modify=True))
print b.y
b.y = 10
print a.x

3.0
10.0
```

实际上，通过赋值语句为 HasTraits 对象添加新属性时，这些属性都是 Trait 属性：

```
class A(HasTraits):
    pass

a = A()
a.x = 3
a.y = "string"
a.traits()
{'trait_added': <traits.traits.CTrait at 0x3927c90>,
 'trait_modified': <traits.traits.CTrait at 0x3927c38>,
 'x': <traits.traits.CTrait at 0x3927f50>,
 'y': <traits.traits.CTrait at 0x3927f50>}
```

只不过它们的类型为 Python，因此它们能够接收任何类型的对象，起不到校验的作用：

```
a.trait("x").trait_type
<traits.trait_types.Python at 0x39399b0>
```

7.3 TraitsUI 入门

 与本节内容对应的 Notebook 为：07-traits/traits-300-uiintro.ipynb。

Python 有着丰富的界面开发库，除了缺省安装的 Tkinter 以外，wxPython、PyQt4 等都是非
常优秀的界面开发库。但是它们有如下共同的问题：需要开发者掌握众多的 API 函数，许多细

节需要开发者自己配置，例如控件的属性、位置以及事件响应等。

在开发科学计算程序时，通常希望快速实现一个够用的界面，让用户能够交互式地处理数据，而又不希望在界面制作上花费过多的精力。以 Traits 库为基础、以 MVC 模式为设计思想的 TraitsUI 库就是实现这一理想的最佳方案。

MVC 的英文全称为 Model-View-Controller，它的目的是实现一种动态的程序设计，简化程序的修改和扩展工作，并且使程序的各个部分能够充分被重复利用。

- Model(模型)：程序中存储数据以及对数据进行处理的部分。
- View(视图)：程序的界面部分，实现数据的显示。
- Controller(控制器)：起到视图和模型之间的组织作用，控制程序的流程，例如将界面操作转换为对模型的处理。

7.3.1 默认界面

TraitsUI 库是一套建立在 Traits 库基础之上的用户界面库。它和 Traits 库紧密相连，如果读者已经设计好了一个从 HasTraits 继承的类，那么直接调用 configure_traits()方法，系统将会使用 TraitsUI 库自动生成对话框界面，以供用户交互式地修改对象的 Trait 属性。下面是一个简单的例子：

```python
from traits.api import HasTraits, Str, Int

class Employee(HasTraits):
    name = Str
    department = Str
    salary = Int
    bonus = Int

Employee().configure_traits()
```

此程序创建一个 Employee 类的对象，然后调用 configure_traits()来显示出如图 7-4(左)所示的默认界面：

在此自动生成的界面中，所有的属性都采用文本框编辑，并且每个文本框的前面都有一个文字标签，上面的文字根据 Trait 属性名自动生成：第一个字母变为大写，所有的下划线变为空格。对话框的最下面提供了 OK 和 Cancel 按钮以确定或取消对 Trait 属性的修改。

由于 salary 属性定义为 Int 类型，当输入不能转换为整数时，输入框将以红色背景表示错误，并且 OK 按钮变成无效，如图 7-4(右)所示。

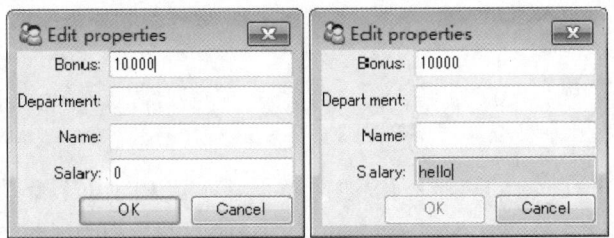

图 7-4 自动生成的 Employee 类的对话框(左)，提醒非法的输入数据并且使 OK 按钮无效(右)

没有写一行界面相关的代码，就能得到一个够实用的界面，应该还是很令人满意的。为了手工控制界面的设计和布局，就需要添加自己的代码了。

7.3.2 用 View 定义界面

HasTraits 的派生类用 Trait 属性保存数据，它相当于 MVC 模式中的模型。当没有指定界面显示方式时，Traits 库会自动创建一个默认的界面。可以通过视图对象为模型设计更加实用的界面。

1. 外部视图和内部视图

下面是用视图对象定义界面的完整程序，图 7-5 显示了界面截图。

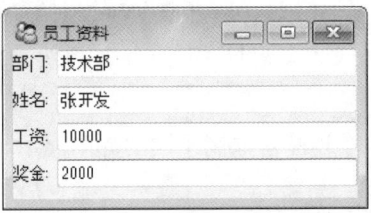

图 7-5 使用视图对象描述界面

```python
from traits.api import HasTraits, Str, Int
from traitsui.api import View, Item    ❶

class Employee(HasTraits):
    name = Str
    department = Str
    salary = Int
    bonus = Int

    view = View(    ❷
        Item('department', label=u"部门", tooltip=u"在哪个部门干活"),    ❸
        Item('name', label=u"姓名"),
        Item('salary', label=u"工资"),
        Item('bonus', label=u"奖金"),
        title=u"员工资料", width=250, height=150, resizable=True    ❹
```

```
    )

p = Employee()
p.configure_traits()
```

此程序在模型类 Employee 的基础之上添加了界面显示相关的代码。❶界面相关的内容都在
traitsui.api 中定义,这里从其中载入 View 和 Item。View 是描述界面的视图类,Item 是描述界面
中的控件和模型对象的 Trait 属性之间关系的类。

❷在 Employee 类下创建一个 View 对象,其中为 Employee 类的每个 Trait 属性创建了对应
的 Item 对象。❸创建多个 Item 对象,并作为参数传递给 View()。Item 对象是视图的基本组成单
位,每个 Item 对象描述界面中的一个编辑器,这些编辑器用于编辑模型对象中对应的 Trait 属
性的值。界面中的编辑器按照 Item 对象传递给 View()的先后顺序显示,而不再按照 Traits 属性
名排序。Item 对象有许多参数,它们对 Item 对象的内容、表现以及行为进行描述。第一个参数
指定与编辑器对应的 Trait 属性名,label 和 tooltip 参数设置编辑器的标签和提示文本。Item 对象
还有很多其他属性,请读者参考 TraitsUI 的用户手册,或在 IPython 中输入 Item??直接查看源代
码。Item 类从 HasTraits 继承,因此它的属性都是 Trait 属性。

除了 Item 之外,TraitsUI 还定义了 Item 的几个派生类:Label、Heading 和 Spring。它们只用
于辅助界面布局,因此不需要和模型对象的 Trait 属性关联。

❹View 类也从 HasTraits 继承,可以直接在创建 View 对象时,通过关键字参数设置其 Trait
属性。title 属性为窗口标题栏中的文字,width 和 height 属性为窗口的大小,resizable 属性为 True
表示窗口的大小可变。

同一个模型对象可以通过多个视图对象用不同的界面显示,下面看一个例子:

```
from traits.api import HasTraits, Str, Int
from traitsui.api import View, Group, Item  ❶

g1 = [Item('department', label=u"部门", tooltip=u"在哪个部门干活"),  ❷
      Item('name', label=u"姓名")]
g2 = [Item('salary', label=u"工资"),
      Item('bonus', label=u"奖金")]

class Employee(HasTraits):
    name = Str
    department = Str
    salary = Int
    bonus = Int

    traits_view = View(  ❸
        Group(*g1, label = u'个人信息', show_border = True),
        Group(*g2, label = u'收入', show_border = True),
        title = u"缺省内部视图")
```

```
    another_view = View( ❹
        Group(*g1, label = u'个人信息', show_border = True),
        Group(*g2, label = u'收入', show_border = True),
        title = u"另一个内部视图")

global_view = View( ❺
    Group(*g1, label = u'个人信息', show_border = True),
    Group(*g2, label = u'收入', show_border = True),
    title = u"外部视图")

p = Employee()

# 使用内部视图 traits_view
p.edit_traits() ❻
```

❶从 TraitsUI 库载入 Group 类，用 Group 对象可以对界面中的编辑器分组。为了后续定义视图对象的程序更加简洁，❷程序中定义了两个全局列表 g1 和 g2，它们的元素都是 Item 对象。

❸❹在 Employee 类内部用 View()定义了两个视图对象：traits_view 和 another_view。而❺定义了一个全局的视图对象：global_view。在定义视图对象时，用 Group 对 Item 对象分组。

值得注意的是，Employee 类中定义的两个视图对象既不是类的属性，也不是实例的属性。这些内部视图对象会放到 Employee 类的 __view_traits__ 属性中。__view_traits__ 属性是一个 ViewElements 对象，它的 content 属性是保存所有内部视图的字典：

```
Employee.__view_traits__.content.keys()
['another_view', 'traits_view']
```

❻当调用 edit_traits()以显示界面时，缺省使用模型类内部定义的缺省视图对象 traits_view 生成界面。也可以使用 view 参数指定显示界面时所使用的内部视图对象的名称：

```
# 使用内部视图 another_view
p.edit_traits(view="another_view")
```

还可以直接将视图对象传递给 view 参数，这样可以使用在模型类之外定义的视图对象来生成界面：

```
# 使用外部视图 view1
p.edit_traits(view=global_view)
```

图 7-6 显示了上面三种视图对象所生成的界面，每个视图的窗口标题都不同。由于这三个界面对应于同一个模型对象，因此无论在哪个窗口中修改模型对象的属性，另外两个窗口的内容也会同步更新。

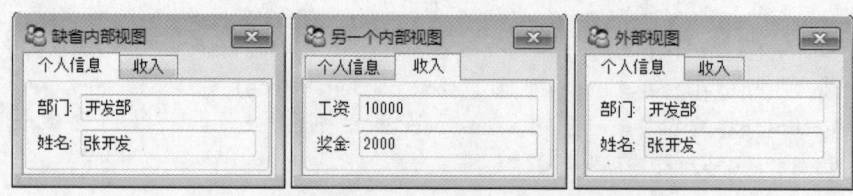

图 7-6 使用外部视图和内部视图定义界面

edit_traits()和 configure_traits()一样用于生成界面，它们的区别在于 edit_traits()显示界面之后
不进入后台界面库的消息循环，因此如果直接运行只调用 edit_traits()的程序，界面将在显示之
后立即关闭，程序的运行也随之结束。而在 configure_traits()中将进入消息循环，直到用户关闭
所有窗口。因此通常主界面窗口或模式对话框使用 configure_traits()显示，而无模式窗口或对话
框则用 edit_traits()显示。在 IPython Notebook 中，可以通过%gui qt 或%gui wx 命令启动界面消息
循环，因此无论使用哪个方法显示界面，界面都不会阻塞 Notebook 内核的运行。

 用 TraitsUI 库创建的界面可以选择后台界面库，目前支持的有 qt4 和 wx 两种。在启动
程序时添加-toolkit qt4 或-toolkit wx 以选择使用何种界面库生成界面。本书中全部使用
Qt 作为后台界面库。

在本节的例子中，Employee 类用于保存数据，因此它属于 MVC 模式中的模型；而 View
对象定义了 Employee 的界面显示部分，它属于视图。通过将视图对象传递给模型对象的
configure_traits()方法，将模型对象和视图对象联系起来。在定义编辑器的 Item 对象中，不直接
引用模型对象的属性，而是通过属性名与模型对象相关联。这样模型和视图之间的耦合性将会
很弱，只需要属性名匹配，同一个视图对象可以运用到不同的模型对象之上。

有时候我们希望模型类知道如何显示自己，这时可以在模型类内部定义视图。在模型类中
定义的视图可以被其派生类继承，因此派生类能使用父类的视图。在调用 configure_traits()时如
果不设置 view 参数，将使用模型对象内部的缺省视图对象生成界面。如果在模型类中定义了多
个视图对象，则缺省使用名为 traits_view 的视图对象。

2. 多模型视图

在上节的例子中，一个模型可以对应多个视图。同样，使用一个视图可以将多个模型对象
的数据显示在一个界面窗口中。下面是用一个视图对象同时显示多个模型对象的例子，程序的
运行界面如图 7-7 所示：

```python
from traits.api import HasTraits, Str, Int
from traitsui.api import View, Group, Item


class Employee(HasTraits):
    name = Str
```

```
    department = Str
    salary = Int
    bonus = Int


comp_view = View( ❶
    Group(
        Group(
            Item('p1.department', label=u"部门"),
            Item('p1.name', label=u"姓名"),
            Item('p1.salary', label=u"工资"),
            Item('p1.bonus', label=u"奖金"),
            show_border=True
        ),
        Group(
            Item('p2.department', label=u"部门"),
            Item('p2.name', label=u"姓名"),
            Item('p2.salary', label=u"工资"),
            Item('p2.bonus', label=u"奖金"),
            show_border=True
        ),
        orientation = 'horizontal'
    ),
    title = u"员工对比"
)

employee1 = Employee(department = u"开发", name = u"张三", salary = 3000, bonus = 300) ❷
employee2 = Employee(department = u"销售", name = u"李四", salary = 4000, bonus = 400)

HasTraits().configure_traits(view=comp_view, context={"p1":employee1, "p2":employee2}) ❸
```

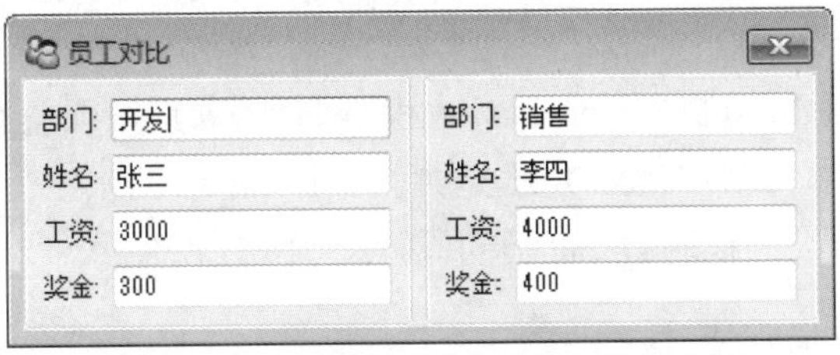

图 7-7 用一个视图同时显示多个模型对象

❶对于前面的模型类 Employee,创建复合视图对象 comp_view,它能同时显示两个 Employee 对象。注意 Item 对象的第一个参数不是简单的模型对象的属性名,它同时设置了 Item 对象的两个属性: object 和 name。例如参数"p1.department"将设置 Item 对象的 object 属性为"p1",设置 name 属性为"department"。object 属性告诉 Item 对象如何找到模型对象,而 name 属性则告诉 Item 对象如何找到模型对象中与之对应的属性。

❷接下来，创建组成模型对象的两个 Employee 对象：employee1 和 employee2。❸在显示界面时，使用 context 参数将包含两个模型对象的字典传递给 configure_traits()。通过 context 参数传递的实际上是视图所对应的模型。这里的模型对象是一个字典，它的键和 Item 对象的 object 属性的值相同。由于已经通过 context 参数传递了模型对象，因此 configure_traits()方法原本所属的对象将不会被用作界面的模型对象。这里直接创建一个临时的 HasTraits 对象，然后调用 configure_traits()方法。

如果读者认为这种写法有些取巧，也可以直接调用视图对象的 ui()方法来显示界面，它的参数就是界面所要显示的模型对象。由于 ui()和 edit_traits()一样，不会启动界面库的消息循环，因此需要在运行 ui()之后添加开始消息循环的代码。下面的消息循环代码支持所有的后台界面库：

```
from pyface.api import GUI
comp_view.ui({"p1":employee1, "p2":employee2})
GUI().start_event_loop() # 开始后台界面库的消息循环
```

3. Group 对象

在前面例子的视图定义中，我们通过 Group 对象将一组相关的 Item 对象组织在一起。本节详细介绍如何使用 Group 对象组织界面。

在前面的两个例子中，将 View 对象中外层 Group 的 orientation 属性设置为'horizontal'，这样内部的两个 Group 对象将水平方向排列。下面的代码显示了 View 对象中 Group 的嵌套关系：

```
View(
    Group(
        Group(...),
        Group(...),
        orientation = 'horizontal'
    )
)
```

在创建 Group 时，可以通过设置 orientation 和 layout 等属性，改变 Group 内容的呈现方式。由于某些设置会经常用到，因此 TraitsUI 还提供了几个 Group 的派生类来覆盖这些属性的缺省值。例如下面是从 Group 类继承的 HSplit 类的代码：

```
class HSplit ( Group ):
    # ... ...
    layout      = 'split'
    orientation = 'horizontal'
```

HSplit 对象将它所包括的内容按照水平方向排列，并且在两块区域之间添加一个可调整位置的分隔条，使用 HSplit 和下面的代码等价：

```
Group( ... , layout = 'split', orientation = 'horizontal')
```

下面的程序演示了 4 种不同的界面分组方式，效果如图 7-8 所示。

```python
from traits.api import HasTraits, Str, Int
from traitsui.api import View, Item, Group, VGrid, VGroup, HSplit, VSplit

class SimpleEmployee(HasTraits):
    first_name = Str
    last_name = Str
    department = Str

    employee_number = Str
    salary = Int
    bonus = Int

items1 = [Item(name = 'employee_number', label=u'编号'),
          Item(name = 'department', label=u"部门", tooltip=u"在哪个部门干活"),
          Item(name = 'last_name', label=u"姓"),
          Item(name = 'first_name', label=u"名")]

items2 = [Item(name = 'salary', label=u"工资"),
          Item(name = 'bonus', label=u"奖金")]

view1 = View(
    Group(*items1, label = u'个人信息', show_border = True),
    Group(*items2, label = u'收入', show_border = True),
    title = u"标签页方式",
    resizable = True
)

view2 = View(
    VGroup(
        VGrid(*items1, label = u'个人信息', show_border = True, scrollable = True),
        VGroup(*items2, label = u'收入', show_border = True),
    ),
    resizable = True, width = 400, height = 250, title = u"垂直分组"
)

view3 = View(
    HSplit(
```

```
            VGroup(*items1, show_border = True, scrollable = True),
            VGroup(*items2, show_border = True, scrollable = True),
        ),
        resizable = True, width = 400, height = 150, title = u"水平分组(带调节栏)"
)

view4 = View(
    VSplit(
        VGroup(*items1, show_border = True, scrollable = True),
        VGroup(*items2, show_border = True, scrollable = True),
    ),
    resizable = True, width = 200, height = 300, title = u"垂直分组(带调节栏)"
)

sam = SimpleEmployee()
sam.configure_traits(view=view1)
sam.configure_traits(view=view2)
sam.configure_traits(view=view3)
sam.configure_traits(view=view4)
```

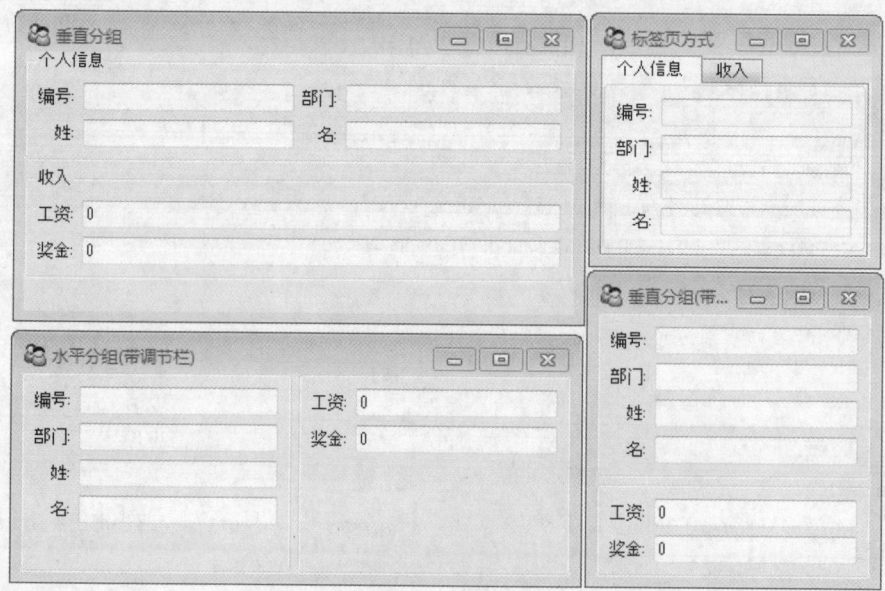

图 7-8 在界面中用 Group 对象进行分组

表 7-3 是 Group 的各种派生类及对应属性的缺省设置:

表 7-3 Group 派生类及对应属性的设置

Group 派生类	参数	说明
HGroup	orientation= 'horizontal'	水平排列
HFlow	orientation= 'horizontal'、layout='flow'、show_labels=False	水平排列,当超过水平宽度时,将自动换行 show_labels 属性为 False 表示隐藏其中的所有编辑器的标签文字
HSplit	orientation= 'horizontal'、layout='split'	水平分隔,中间插入分隔条
Tabbed	orientation= 'horizontal'、layout='tabbed'	分标签页显示
VGroup	orientation= 'vertical'	垂直排列
VFlow	orientation= 'vertical'、layout='flow'、show_labels=False	垂直排列,当超过垂直高度时,将自动换列
VFold	orientation= 'vertical'、layout='fold'、show_labels=False	垂直排列,可折叠
VGrid	orientation= 'vertical'、columns=2	按照多列的网格垂直排列,columns 属性决定网格的列数
VSplit	orientation= 'vertical'、layout='split'	垂直排列,中间插入分隔条

除了上述 orientation、layout、show_labels、columns 等属性之外,Group 对象还提供了许多其他的属性来控制显示效果。和 Item 一样,读者可以在 Group 类的源程序中找到每个属性的详细说明。

下面再通过一个例子说明 visible_when 和 enabled_when 属性的用法。这两个属性控制 Group 对象在界面中是否显示以及是否有效,效果如图 7-9 所示。

 Item 也提供了 visible_when 和 enabled_when 属性,用法和 Group 完全相同。

```python
from traits.api import HasTraits, Int, Bool, Enum, Property
from traitsui.api import View, HGroup, VGroup, Item

class Shape(HasTraits):
    shape_type = Enum("rectangle", "circle")
    editable = Bool
    x, y, w, h, r = [Int]*5

    view = View(
        VGroup(
            HGroup(Item("shape_type"), Item("editable")),
            VGroup(Item("x"), Item("y"), Item("w"), Item("h"),
                visible_when="shape_type=='rectangle'", enabled_when="editable"),
VGroup(Item("x"), Item("y"), Item("r"),
```

```
                    visible_when="shape_type=='circle'",  enabled_when="editable"),
        ), resizable = True)

shape = Shape()
shape.configure_traits()
```

在上述程序中，Shape 是一个表示矩形或圆形的类，具体形状由 shape_type 属性决定，而图形的参数则由 x、y、w、h、r 等属性决定。editable 属性决定是否能通过用户界面修改图形参数。在视图定义中，使用 VGroup 对象定义了两个编辑器组，分别编辑矩形参数和圆形参数。通过设置 VGroup 的 visible_when 和 enabled_when 属性，将模型对象的 shape_type 和 editable 属性与编辑器的界面显示联系起来。

visible_when 和 enabled_when 属性都是表示布尔表达式的字符串。当布尔表达式中涉及的模型对象的属性发生变化时，将会对字符串求值，并根据求值结果更新界面的显示。图 7-9 是程序的显示效果，其中左图对应的 shape_type 属性为"rectangle"，editable 属性为 True。当 shape_type 属性为"rectangle"时，将显示矩形参数的编辑器，隐藏圆形参数的编辑器。当 editable 属性为 False 时，所有编辑器都变成无效。

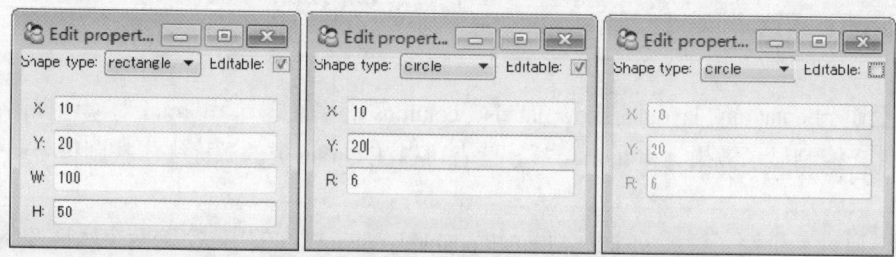

图 7-9 演示 visible_when 和 enabled_when 属性的用法

4. 配置视图

前面介绍了如何使用 Item 和 Group 等对象组织窗口界面中的内容，本小节介绍如何配置窗口本身的属性。通过 kind 属性可以修改 View 对象的显示类型(见表 7-4):

表 7-4 View 对象的显示类型

类型	说明
modal	模式窗口，非即时更新
live	非模式窗口，即时更新
livemodal	模式窗口，即时更新
nonmodal	非模式窗口，非即时更新
wizard	向导类型
panel, subpanel	嵌入到其他窗口中的面板，即时更新，非模式

其中'modal'、'live'、'livemodal'、'nonmodal'这 4 种类型的 View 对象都采用窗口界面显示其内容。所谓模式窗口，是指在窗口关闭之前，程序中的其他窗口都不能被激活。而即时更新则是

指当窗口中的编辑器内容改变时，会立即反映到编辑器所对应的模型对象的属性值。非即时更新的窗口则会复制模型对象，所有的改变在副本上进行，只有当用户单击 OK 或 Apply 按钮确定修改时，才会修改原始模型对象的属性。

'wizard'由一系列特定的向导窗口组成，属于模式窗口，并且即时更新数据。

'panel'和'subpanel'则是嵌入到窗口中的面板，'panel'可以拥有自己的命令按钮，而'subpanel'则没有命令按钮。

在对话框中经常可以看到 OK、Cancel、Apply 之类的按钮，它们被称为命令按钮，完成所有对话框都需要的一些共同操作。在 TraitsUI 中，这些按钮可以通过 View 对象的 buttons 属性设置，其值为要显示按钮的列表。

TraitsUI 中定义了 UndoButton、ApplyButton、RevertButton、OKButton、CancelButton 等 6 个标准的命令按钮，每个按钮对应一个名字，在指定 buttons 属性时，可以使用按钮的类名或对应的名字。与按钮类对应的名字就是类名除去 Button，例如 UndoButton 对应"Undo"。

traitsui.menu 中还预定义了一些命令按钮列表，以方便用户直接使用整套按钮：

```
OKCancelButtons = [ OKButton, CancelButton ]
ModalButtons = [ ApplyButton, RevertButton, OKButton, CancelButton, HelpButton ]
LiveButtons = [ UndoButton, RevertButton, OKButton, CancelButton, HelpButton ]
```

```
from traitsui import menu
[btn.name for btn in menu.ModalButtons]
```
```
[u'Apply', u'Revert', u'OK', u'Cancel', u'Help']
```

7.4 用 Handler 控制界面和模型

 与本节内容对应的 Notebook 为：07-traits/traits-400-handler.ipynb

虽然 TraitsUI 库的界面设计使用 MVC 模式，但是在前面的介绍中，没有出现过任何有关控制器的代码，这是因为 TraitsUI 库提供了缺省的控制器。我们可以通过继承 Handler 类来创建自己的控制器类，对视图和模型进行更自由的控制。

控制器最主要的功能是界面的事件处理，这些事件或对模型对象进行修改，或对界面进行修改。模型、视图以及控制器都是单独的实体。一个视图对象可以为多个模型对象生成界面，同样，一个控制器也可以用来处理不同视图界面中所产生的事件。因此控制器和视图以及模型之间不存在静态的联系。但是为了让控制器能够真正起作用，它必须知道自己所要处理的视图和模型。在 TraitsUI 中，控制器使用 UIInfo 对象获得它所对应的视图和模型。

当 TraitsUI 从视图创建界面时，将创建一个 UIInfo 对象，其中包括界面和模型对象的引用。

当界面事件引起控制器的方法被调用时，这个 UIInfo 对象会作为参数传递给被调用的方法。

TraitsUI 提供了三种指定控制器的方法：

- 将控制器作为视图的属性：使用视图对象的 handler 属性指定控制器对象，此视图所产生的界面都使用它进行事件处理。
- 显示界面时设置：调用 edit_traits()、configure_traits()或 ui()等方法显示界面时，将控制器对象传递给 handler 参数。它比视图的 handler 属性有更高的优先级。
- 将视图作为控制器的一部分进行定义。

7.4.1 用 Handler 处理事件

当显示某个视图时，将会按照下面的顺序执行控制器中的方法：

(1) 创建一个 UIInfo 对象。

(2) 运行控制器的 init_info()方法。

(3) 创建一个 UI 对象来表示实际的窗口。

(4) 运行控制器的 init()方法。

(5) 运行控制器的 position()方法。

(6) 显示实际的窗口。

除了上面的 init_info()、init()、position()之外，当用户操作界面时，会运行如下方法：

- apply()：用户单击窗口中的 Apply 按钮，模型对象的数据更新之后。
- close()：用户关闭窗口，在窗口关闭之前。
- closed()：窗口关闭之后。
- revert()：用户单击了 Revert 或 Cancel 按钮。
- setattr()：用户通过界面修改了模型对象的某个 Trait 属性。
- show_help()：用户单击了窗口中的 Help 按钮。

下面通过一个实例演示上述各个方法的用法：

```python
from traits.api import HasTraits, Str, Int
from traitsui.api import View, Item, Group, Handler
from traitsui.menu import ModalButtons

g1 = [Item('department', label=u"部门"),
      Item('name', label=u"姓名")]
g2 = [Item('salary', label=u"工资"),
      Item('bonus', label=u"奖金")]

class Employee(HasTraits):
    name = Str
    department = Str
    salary = Int
    bonus = Int
```

```python
    def _department_changed(self): ❶
        print self, "department changed to ", self.department

    def __str__(self): ❷
        return "<Employee at 0x%x>" % id(self)

view1 = View(
    Group(*g1, label = u'个人信息', show_border = True),
    Group(*g2, label = u'收入', show_border = True),
    title = u"外部视图",
    kind = "modal",    ❸
    buttons = ModalButtons
)

class EmployeeHandler(Handler): ❹
    def init(self, info):
        super(EmployeeHandler, self).init(info)
        print "init called"

    def init_info(self, info):
        super( EmployeeHandler, self).init_info(info)
        print "init info called"

    def position(self, info):
        super(EmployeeHandler, self).position(info)
        print "position called"

    def setattr(self, info, obj, name, value):
        super(EmployeeHandler, self).setattr(info, obj, name, value)
        print "setattr called:%s.%s=%s" % (obj, name, value)

    def apply(self, info):
        super(EmployeeHandler, self).apply(info)
        print "apply called"

    def close(self, info, is_ok):
        super(EmployeeHandler, self).close(info, is_ok)
        print "close called: %s" % is_ok
        return True

    def closed(self, info, is_ok):
        super(EmployeeHandler, self).closed(info, is_ok)
```

```
            print "closed called: %s" % is_ok


    def revert(self, info):
        super(EmployeeHandler, self).revert(info)
        print "revert called"


zhang = Employee(name="Zhang")
print "zhang is ", zhang
zhang.configure_traits(view=view1, handler=EmployeeHandler()) ❺
```

```
zhang is  <Employee at 0x91efcf0>
init info called
init called
position called
<Employee at 0x96223c0> department changed to  开发
setattr called:<Employee at 0x96223c0>.department=开发
<Employee at 0x96223c0> department changed to  开发部门
setattr called:<Employee at 0x96223c0>.department=开发部门
<Employee at 0x91efcf0> department changed to 开发部门
apply called
close called: True
closed called: True
True
```

❶在 Employee 模型类中，定义了 department 属性的事件处理方法_department_changed()。❷
覆盖标准的字符串转换方法__str__()，用以显示模型对象所占用的地址。

❸为了显示对话框的标准按钮，在创建视图对象时设置 View 的 kind 和 button 参数分别为
'modal'和 ModalButtons。这样界面所显示的对话框是"模式窗口、非即时更新"，并且有 Apply、
Revert、OK、Cancel、Help 等按钮，如图 7-10 所示。

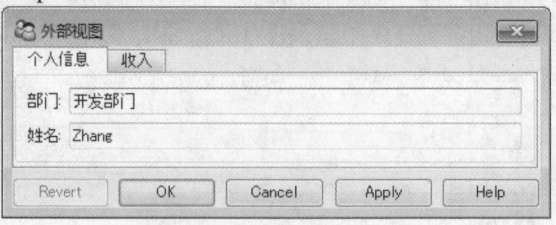

图 7-10 带标准按钮的模式对话框

❹EmployeeHandler 从 Handler 继承，它覆盖了 Handler 中的 init、init_info、position、setattr、
apply、close、closed、revert 等方法。如果 close()返回 True，则窗口会被关闭；如果它返回 False，
则不会关闭窗口。在这些方法中首先调用父类中被覆盖的方法，从而实现缺省的控制器的功能。
实际上父类 Handler 中的大部分方法不执行任何任务，因此也可以不运行它们，请读者阅读
Handler 类的源代码以了解每个方法的缺省功能。

❺最后创建控制器对象，并将它传递给 configure_traits()的 handler 参数。

在对话框的"部门"文本输入框中输入"开发部门"，然后单击 Apply 按钮，最后单击 OK 按钮关闭对话框。程序在命令行窗口中输出控制器的各个方法的调用情况。

首先，对象 zhang 所表示对象的地址为 0x91efcf0：

```
zhang is  <Employee at 0x91efcf0>
```

调用 configure_traits() 之后，在窗口显示之前，运行了 init_info()、init()、position() 这三个方法：

```
init info called
init called
position called
```

接下来输入"开发部门"，每次文本输入框内的内容发生改变时，都会修改模型对象的 department 属性，从而调用模型对象的 _department_changed()，接着会调用控制器的 setattr()。因此控制器的 setattr() 是在模型数据更新之后被调用的。

```
<Employee at 0x96223c0> department changed to  开发
setattr called:<Employee at 0x96223c0>.department=开发
<Employee at 0x96223c0> department changed to  开发部门
setattr called:<Employee at 0x96223c0>.department=开发部门
```

setattr() 的调用参数如下：

```
setattr(self, info, obj, name, value)
```

其中 info 是 UIInfo 对象，obj 是被修改属性的模型对象，name 是被修改的属性名，而 value 是被修改之后的值。仔细比较前面输出的对象地址就会发现：被修改属性的模型对象的地址并不是对象 zhang 的地址。这是因为"非即时更新"的对话框会对一个副本对象进行修改，在单击 Apply 或 OK 按钮时，才会将副本的内容写回原对象；而对副本对象的修改是"即时更新"的。

当单击 Apply 按钮时，程序输出了以下内容，可以看到原对象的 department 属性也被更新为"开发部门"了：

```
<Employee at 0x91efcf0> department changed to  开发部门
apply called
```

最后单击 OK 按钮，程序输出下面两行，其中的 True 是 is_ok 参数的值，True 表示用户单击的是 OK 按钮，如果单击 Cancel 按钮则为 False：

```
close called: True
closed called: True
```

7.4.2　Controller 和 UIInfo 对象

Handler 类的每个事件处理方法的第一个参数都是 UIInfo 对象，通过它可以获得控制器对应的模型对象和视图对象所产生的界面。但是有时我们希望通过控制器的属性访问它们。
TraitsUI 提供了从 Handler 继承的 Controller 类，它有两个 Trait 属性：model 和 info，分别保存模型对象和 UIInfo 对象。

在下面的程序中，模型和视图采用上节的定义，为了在显示窗口之后，在 Notebook 中继续运行命令，这里将 view1.kind 属性修改为非模式窗口。创建模型对象、控制器以及显示界面的代码如下：

```
from traitsui.api import Controller

view1.kind = "nonmodal"
zhang = Employee(name="Zhang")
c = Controller(zhang)
c.edit_traits(view=view1)
```

在创建 Controller 控制器时把模型对象传递给它，就可以通过 c.model 访问此模型对象。而调用 Controller 对象的 edit_traits()不会显示控制器本身的 Trait 属性编辑窗口，而是显示模型对象的属性编辑窗口。

由于无论是控制器类、视图类还是模型类，最终都从 HasTraits 类继承，因此可以调用 get()来快速查看其内容：

```
c.get()
{'_ipython_display_': None,
 '_repr_html_': None,
 '_repr_javascript_': None,
 '_repr_jpeg_': None,
 '_repr_json_': None,
 '_repr_latex_': None,
 '_repr_pdf_': None,
 '_repr_png_': None,
 '_repr_svg_': None,
 'info': <traitsui.ui_info.UIInfo at 0x5614810>,
 'model': <__main__.Employee at 0x55b71e0>}
```

```
c.info.get()
{'initialized': True, 'ui': <traitsui.ui.UI at 0x55b7570>}
```

```
c.info.ui.get()
{'_active_group': 0,
 '_checked': [],
 '_context': {'controller': <traitsui.handler.Controller at 0x5665870>,
  'handler': <traitsui.handler.Controller at 0x5665870>,
...
```

c.info 是一个 UIInfo 对象，而 UIInfo 对象中最重要的内容就是 UI 对象 c.info.ui。在 UI 对象中保存了用户界面中的各种信息。对 UI 对象的详细介绍已超出了本书的范围，请感兴趣的读者自行查看源代码。下面简要地查看 UI 对象的几个属性：

```
ui = c.info.ui
ui.context
{'controller': <traitsui.handler.Controller at 0x56143f0>,
 'handler': <traitsui.handler.Controller at 0x360b090>,
 'object': <__main__.Employee at 0x5b58030>}
```

```
ui.control # ui 对象所表示的实际界面控件
<traitsui.qt4.ui_base._StickyDialog at 0x5658780>
```

```
ui.view
( Group(
    Item( 'department'
            object      = 'object',
            label       = u'\u90e8\u95e8',
...
```

```
ui._editors
[<traitsui.qt4.text_editor.SimpleEditor at 0x5abe480>,
 <traitsui.qt4.text_editor.SimpleEditor at 0x5b00510>,
...
```

7.4.3 响应 Trait 属性的事件

前面介绍过，从 HasTraits 继承的模型类中，可以通过定义_traitname_changed()来响应traitname 属性值改变的事件。这是在模型类中响应事件，如果要在控制器类中响应，可以通过定义 setattr()来响应模型对象的 Trait 属性的改变。

如果希望只响应模型对象中某个特定属性的事件，可以在控制器类中定义如下格式的事件响应方法：

```
extended_traitname_changed(self, info)
```

其中的 extended 是视图所产生的 UI 对象的 context 属性中与模型对象相对应的键，通常为'object'。

这样的事件响应方法在界面窗口初始化时，以及对应的属性改变时都会被调用。为了区分二者，可以使用 info 参数的 initialized 属性来判断。下面是一个例子：

```
from traits.api import HasTraits, Bool
from traitsui.api import View, Handler

class MyHandler(Handler):
    def setattr(self, info, object, name, value):  ❶
        Handler.setattr(self, info, object, name, value)
        info.object.updated = True  ❷
        print "setattr", name

    def object_updated_changed(self, info):  ❸
        print "updated changed", "initialized=%s" % info.initialized
        if info.initialized:
            info.ui.title += "*"

class TestClass(HasTraits):
    b1 = Bool
    b2 = Bool
    b3 = Bool
    updated = Bool(False)

view1 = View('b1', 'b2', 'b3',
            handler=MyHandler(),
            title = "Test",
            buttons = ['OK', 'Cancel'])

tc = TestClass()
tc.configure_traits(view=view1)
```
```
setattr b2
updated changed initialized=False
```

❶MyHandler 类中定义了 setattr()方法，在修改了模型对象的任何一个 Trait 属性之后，它都将被调用。❷在 setattr()中修改模型对象的 updated 属性为 True。

❸当模型对象的 updated 属性被修改时，它在控制器对象中所对应的 object_updated_changed()将被调用。当用户通过界面上的单选框或者通过程序修改模型对象的属性时，将调用该方法，在窗口的标题栏中添加一个"*"。

7.5　属性编辑器

与本节内容对应的 Notebook 为：07-traits/traits-500-editors.ipynb。

每个 Trait 类型都有一种缺省的界面编辑器(控件)与之对应，如果在视图对象中不指定编辑器，将使用缺省的编辑器生成界面。每种编辑器都可以有如下 4 种样式：

- "simple"：缺省值，使用一个比较简单的编辑器，尽量少占用界面空间。
- "custom"：使用较复杂的编辑器，尽量呈现更多的内容。
- "text"：使用一个文本编辑器。
- "readonly"：使用只读控件显示。

由于 TraitsUI 的编辑器种类繁多，本书不能一一详细介绍，请感兴趣的读者运行位于本书附盘的 codes 目录下的演示程序，运行界面如图 7-11 所示。

 traitsuidemo.demo：TraitsUI 官方提供的演示程序。

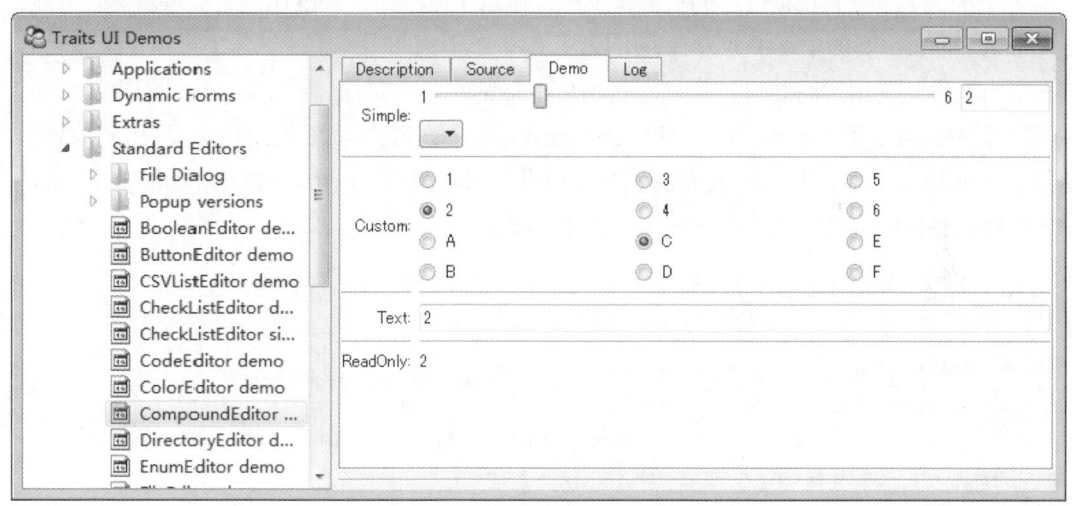

图 7-11 TraitsUI 演示程序的运行界面

下面以几个实例简单地介绍如何使用 TraitsUI 提供的编辑器。

7.5.1 编辑器演示程序

本节介绍一个能显示各种编辑器效果的演示程序，图 7-12 是它的界面截图。界面的左半部分是用来创建各种 Trait 属性的源程序列表，对于选中的某个 Trait 属性，在界面的右半部分使用 4 种样式创建属性编辑器。

 scpy2.traits.traitsui_editors：演示 TraitsUI 提供的各种编辑器的用法。

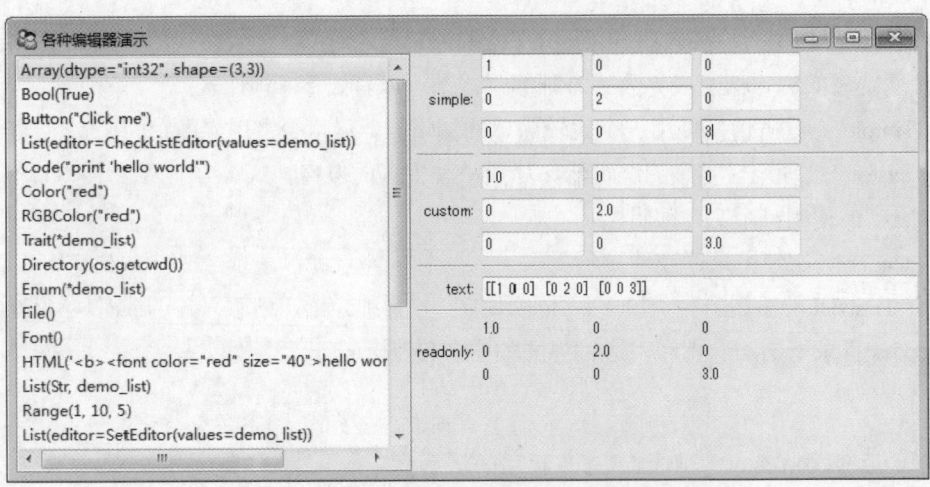

图 7-12 演示 TraitsUI 提供的各种编辑器

在下面的 EditorDemoItem 类的视图定义中，使用 4 种样式为 item 属性定义编辑器。请注意在 EditorDemoItem 类的定义中并没有 item 属性，但是由于视图中使用属性名字符串定义编辑器，因此只有在真正使用视图创建界面时，才会访问 item 属性，这时已经通过 add_trait() 为其添加了 item 属性。❶Item 对象的 width 属性可以指定编辑器的宽度，以像素点为单位的长度用整数表示，负数表示强制设置其宽度。width 属性还有多种设置宽度的用法，请读者查看 Item 类的源代码中的注释。❷使用下划线字符串在界面中创建分隔线。

```python
class EditorDemoItem(HasTraits):
    code = Code()
    view = View(
        Group(
            Item("item", style="simple", label="simple", width=-300), ❶
            "_",  ❷
            Item("item", style="custom", label="custom"),
            "_",
            Item("item", style="text", label="text"),
            "_",
            Item("item", style="readonly", label="readonly"),
        ),
    )
```

在表示主界面的 EditorDemo 类中，codes 属性保存一组用来创建各种 Trait 属性的字符串，selected_item 属性是 EditorDemoItem 的对象。在 EditorDemo 类的视图定义中，使用 HSplit 将 codes 和 selected_items 所对应的编辑器水平隔开。❶用 editor 参数设置 codes 属性的编辑器为 ListStrEditor，它是一个显示一组字符串的列表选择框控件。其 editable 属性为 False，表示列表选择框中的字符串都是只读的。selected 属性是保存被选中字符串的 Trait 属性名，在 EditorDemo 类中用 selected_code 属性保存列表选择框中被选中的字符串。可以通过 editor 参数设置 Item 对象的编辑器，这样界面中将使用指定的编辑器显示 Trait 属性。

❷当用户通过列表选择框选中了某个字符串时，selected_code 属性将发生变化，因此
_selected_code_changed()会被调用。在该方法中创建一个EditorDemoItem对象，并调用其add_trait()
方法，动态地为其创建一个名为 item 的 Trait 属性，其类型则通过 eval()对 selected_code 字符串
进行求值获得。

```python
class EditorDemo(HasTraits):
    codes = List(Str)
    selected_item = Instance(EditorDemoItem)
    selected_code = Str
    view = View(
        HSplit(
            Item("codes", style="custom", show_label=False,  ❶
                editor=ListStrEditor(editable=False, selected="selected_code")),
            Item("selected_item", style="custom", show_label=False),
        ),
        resizable=True,
        width = 800,
        height = 400,
title=u"各种编辑器演示"
    )

    def _selected_code_changed(self):
        item = EditorDemoItem(code=self.selected_code)
        item.add_trait("item", eval(self.selected_code))  ❷
        self.selected_item = item
```

最后是定义各种 Trait 类型的程序。可以在定义 Trait 类型时，通过 editor 参数设置对应的编
辑器，这样就不需要在视图的 Item 对象中定义了。请读者自行研究每个 Trait 类型的定义以及
它们所创建的界面控件，这里就不再进行详细说明了。

```python
employee = Employee()
demo_list = [u"低通", u"高通", u"带通", u"带阻"]

trait_defines ="""
    Array(dtype="int32", shape=(3,3))
    Bool(True)
    Button("Click me")
    List(editor=CheckListEditor(values=demo_list))
    Code("print 'hello world'")
    Color("red")
    RGBColor("red")
    Trait(*demo_list)
```

```
            Directory(os.getcwd())
            Enum(*demo_list)
            File()
            Font()
            HTML('<b><font color="red" size="40">hello world</font></b>')
            List(Str, demo_list)
            Range(1, 10, 5)
            List(editor=SetEditor(values=demo_list))
            List(demo_list, editor=ListStrEditor())
            Str("hello")
            Password("hello")
            Str("Hello", editor=TitleEditor())
            Tuple(Color("red"), Range(1,4), Str("hello"))
            Instance(EditorDemoItem, employee)
            Instance(EditorDemoItem, employee, editor=ValueEditor())
            Instance(time, time(), editor=TimeEditor())
    """
    demo = EditorDemo()
    demo.codes = [s.split("#")[0].strip() for s in trait_defines.split("\n") if s.strip()!=""]
    demo.configure_traits()
```

7.5.2　对象编辑器

随着程序开发的进行，界面中的控件数目会逐渐增多，功能会越来越复杂，这意味着与界面对应的模型类也会变得复杂起来。为了便于代码的理解、管理以及重用，我们需要对模型类及其对应的界面视图对象进行重构。将程序中重复使用、相对独立的部分作为组件分离出来，单独为其设计模型类和视图对象，最终的应用程序由一系列这样的组件构成。这些组件可以在程序的不同地方重复使用，从而起到功能分离、代码重用等多方面的作用。TraitsUI 的 MVC 模式非常适合这种组件开发方式，下面让我们通过一些实例深入理解 MVC 模式所带来的便利。

下面介绍的程序创建如图 7-13 所示的界面，用户可以通过上方的下拉选择框选择一种形状，选择框下面的控件会自动根据所选的形状发生变化。当通过这些控件输入形状数据时，界面下方的信息栏会自动更新。由于程序较长，下面将它分为几个部分进行分析。

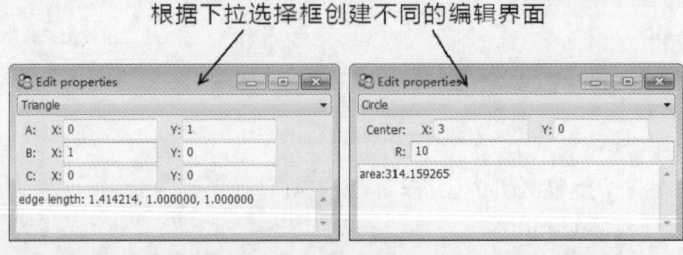

图 7-13 组件演示，根据下拉选择框创建不同的编辑界面

scpy2.traits.traitsui_component：TraitsUI 的组件演示程序。

```
class Point(HasTraits):
    x = Int
    y = Int
    view = View(HGroup(Item("x"), Item("y")))
```

上面的程序定义了用于保存平面上点的坐标的 Point 类。我们还为它指定了一个视图对象，视图中 X 和 Y 轴的坐标值输入框是横向排列的。运行 Point().configure_traits()即可看到 Point 对象所创建的界面效果。

我们可以将 Point 类当作组件使用，将它嵌入更复杂的界面中。在下面的程序中定义了一个基类 Shape 及其两个派生类 Triangle 和 Circle，使用 Point 类定义所有表示二维坐标点的属性：

```
class Shape(HasTraits):
    info = Str ❶

    def __init__(self, **traits):
        super(Shape, self).__init__(**traits)
        self.set_info() ❷


class Triangle(Shape):
    a = Instance(Point, ()) ❸
    b = Instance(Point, ())
    c = Instance(Point, ())

    view = View(
        VGroup(
            Item("a", style="custom"), ❹
            Item("b", style="custom"),
            Item("c", style="custom"),
        )
    )

    @on_trait_change("a.[x,y],b.[x,y],c.[x,y]")
    def set_info(self):
        a,b,c = self.a, self.b, self.c
        l1 = ((a.x-b.x)**2+(a.y-b.y)**2)**0.5
        l2 = ((c.x-b.x)**2+(c.y-b.y)**2)**0.5
        l3 = ((a.x-c.x)**2+(a.y-c.y)**2)**0.5
```

```
            self.info = "edge length: %f, %f, %f" % (l1,l2,l3)

    class Circle(Shape):
        center = Instance(Point, ())
        r = Int

        view = View(
            VGroup(
                Item("center", style="custom"),
                Item("r"),
            )
        )

        @on_trait_change("r")
        def set_info(self):
            from math import pi
            self.info = "area:%f" % (pi*self.r**2)
```

❶在 Shape 类中定义 info 属性，❷在初始化方法中调用派生类的 set_info()以修改 info 属性。

❸在 Triangle 类中使用 Instance(Point, ())定义了表示三角形三个顶点坐标的属性：a、b 和 c。在 Circle 类中使用同样的方式定义了表示圆心坐标的 center 属性，这些属性都是 Point 对象。Instance 的第二个参数指定创建缺省对象时所用的参数，当没有第二个参数时，它所定义的属性的缺省值为 None。这里用一个空元组表示与之对应的属性的缺省值是通过调用 Point()得到的，即缺省为 Point()创建的 Point 对象。

❹如果 Trait 属性是 Instance 类型，并且它在视图中对应的编辑器为"custom"样式，则属性对象的视图将直接嵌入当前的视图中。因此在 Triangle 和 Circle 对象的编辑界面中将嵌入多个 Point 对象的编辑器。在 IPython 中运行下面的程序可以看到所创建的界面效果：

```
Triangle().configure_traits()
Circle().configure_traits()
```

接下来，使用上面的形状类制作最终的形状选择类 ShapeSelector：

```
class ShapeSelector(HasTraits):
    select = Enum(*[cls.__name__ for cls in Shape.__subclasses__()]) ❶
    shape = Instance(Shape) ❷

    view = View(
        VGroup(
            Item("select"),
            Item("shape", style="custom"), ❸
            Item("object.shape.info", style="custom"), ❹
```

```
            show_labels = False
        ),
        width = 350, height = 300, resizable = True
    )

    def __init__(self, **traits):
        super(ShapeSelector, self).__init__(**traits)
        self._select_changed()

    def _select_changed(self):       ❺
        klass = [c for c in Shape.__subclasses__() if c.__name__ == self.select][0]
        self.shape = klass()
```

❶下拉选择框所对应的 select 属性为枚举类型，为了让程序显得更自动化一些，这里不直接指定枚举类型的候选值，而是通过 Shape 的派生类名创建候选值列表。这样当添加其他的 Shape 派生类时，不需要修改这段代码。

❷shape 属性的类型是 Shape，由于不需要创建缺省的 Shape 对象，因此不用指定 Instance 的第二个参数。❺当 select 属性发生变化时，在事件处理方法_select_changed()中创建 select 属性所对应的类的实例，并赋值给 shape 属性。❸shape 属性对应的编辑器是"custom"样式，因此它的编辑界面将作为组件嵌入 ShapeSelector 的界面中。并且它能根据当前的 shape 属性值，动态更新界面上的编辑器。也就是说，当 shape 属性是 Triangle 对象时将使用 Triangle 类的视图创建编辑器，而当 shape 属性是 Circle 对象时将使用 Circle 类的视图创建编辑器。

❹通过 object.shape.info 可以为 shape 属性的 info 属性在界面中创建编辑器。当为某个 Trait 属性的属性创建编辑器时，注意需要在属性名之前添加"object."。

读者也许会认为这种为属性的属性创建编辑器的做法有些混乱，一个比较简单的解决方法就是从 ShapeSelector 的视图中删除 object.shape.info 的 Item 对象，并分别给 Triangle 和 Circle 的视图添加显示 info 属性的编辑器：Item("info", style="custom")。这种做法的缺点是需要给每个从 Shape 派生的类的视图添加 info 属性的编辑器，而当我们不想显示 info 属性时，代码的修改量也会随着 Shape 的派生类的增加而增加。

还有一种使用多个视图对象的方法，它充分体现了MVC模式将模型和视图完全分离的优点。

 scpy2.traits.traitsui_component_multi_view: 使用多个视图显示组件。

由于程序的改动不大，下面只介绍它和 traitsui_component.py 的不同之处：

```
class Shape(HasTraits):
    info = Str
    view_info = View(Item("info", style="custom", show_label=False))
```

```
    def __init__(self, **traits):
        super(Shape, self).__init__(**traits)
        self.set_info()
```

首先为 Shape 类添加一个 view_info 视图专门用于显示其 info 属性。这样 Shape 的派生类 Triangle 和 Circle 都具有两个视图：view 和 view_info。如果模型类有多个视图，将其嵌入其他视图中时需要指定使用哪个视图创建编辑器。因此 ShapeSelector 类的视图需要做如下修改：

```
    view = View(
        VGroup(
            Item("select", show_label=False),
            VSplit( ❶
                Item("shape", style="custom", editor=InstanceEditor(view="view")), ❷
    Item("shape", style="custom", editor=InstanceEditor(view="view_info")),
                show_labels = False
            )

        ),
        width = 350, height = 300, resizable = True
    )
```

❶为了和前面的例子有所区别，这里用一个垂直分隔容器将形状数据输入界面和显示形状信息的控件分隔开。❷shape 属性的编辑器样式仍然为"custom"，但是为了指定编辑器所使用的视图，需要通过 editor 参数传递一个 InstanceEditor 对象，而通过 InstanceEditor 对象的 view 参数可以指定创建界面时所使用的视图名。实际上，Instance 类型的 Trait 属性缺省就是使用 InstanceEditor 作为"custom"样式的编辑器，因此前面的程序中都没有通过 editor 参数指定。当需要修改 InstanceEditor 对象的一些缺省值时，就需要手工创建它了。

下面总结一下本节的内容：

- 通过将 Instance 类型的 Trait 属性的编辑器样式指定为"custom"，可以实现界面的层层嵌套，即组件功能。
- 当模型类有多个视图对象时，通过 InstanceEditor 的 view 参数可以选择其中的某个视图来创建编辑此模型对象的控件。

TraitsUI 的组件并不局限于界面上的某一块区域，我们可以在界面中的不同位置用不同的视图，为同一个模型对象创建多个不同的编辑器，因此使用 TraitsUI 创建的界面是非常灵活的。

7.5.3 自定义编辑器

Enthought 的官方绘图库采用的是 Chaco，不过如果读者对 matplotlib 更为熟悉，也可以在界面中使用 matplotlib 的绘图控件。为了实现这个目的，需要自己编写一个 Trait 编辑器，用它包装 matplotlib 的绘图控件。

由于 TraitsUI 库和 matplotlib 都支持 wx 和 Qt 界面库，因此下面的程序首先根据 ETSConfig.toolkit 选择载入 matplotlib 中对应的绘图控件 FigureCanvas 和工具条 Toolbar，并从 traits 对应的后台库中载入所有编辑器的父类 Editor：

```python
import matplotlib
from traits.api import Bool
from traitsui.api import toolkit
from traitsui.basic_editor_factory import BasicEditorFactory
from traits.etsconfig.api import ETSConfig

if ETSConfig.toolkit == "wx":
    # matplotlib 采用 WXAgg 为后台，这样才能将绘图控件嵌入以 wx 为后台界面库的 traitsUI 窗口中
    import wx
    matplotlib.use("WXAgg")
    from matplotlib.backends.backend_wxagg import FigureCanvasWxAgg as FigureCanvas
    from matplotlib.backends.backend_wx import NavigationToolbar2Wx as Toolbar
    from traitsui.wx.editor import Editor

elif ETSConfig.toolkit == "qt4":
    matplotlib.use("Qt4Agg")
    from matplotlib.backends.backend_qt4agg import FigureCanvasQTAgg as FigureCanvas
    from matplotlib.backends.backend_qt4agg import NavigationToolbar2QT as Toolbar
    from traitsui.qt4.editor import Editor
    from pyface.qt import QtGui
```

对于每个界面库都需要编写从 Editor 类继承的包装 matplotlib 图表的编辑器类，下面是从 traitsui.qt4.editor.Editor 继承的编辑器类：

```python
class _QtFigureEditor(Editor):
    scrollable = True

    def init(self, parent):  ❶
        self.control = self._create_canvas(parent)
        self.set_tooltip()

    def update_editor(self):
        pass

    def _create_canvas(self, parent):

        panel = QtGui.QWidget()

        def mousemoved(event):
```

```
                    if event.xdata is not None:
                        x, y = event.xdata, event.ydata
                        name = "Axes"
                    else:
                        x, y = event.x, event.y
    name = "Figure"

                    panel.info.setText("%s: %g, %g" % (name, x, y))

            panel.mousemoved = mousemoved
            vbox = QtGui.QVBoxLayout()
            panel.setLayout(vbox)

            mpl_control = FigureCanvas(self.value) ❷
            vbox.addWidget(mpl_control)
            if hasattr(self.value, "canvas_events"):
                for event_name, callback in self.value.canvas_events:
                    mpl_control.mpl_connect(event_name, callback)

            mpl_control.mpl_connect("motion_notify_event", mousemoved)

            if self.factory.toolbar: ❸
                toolbar = Toolbar(mpl_control, panel)
                vbox.addWidget(toolbar)

            panel.info = QtGui.QLabel(panel)
            vbox.addWidget(panel.info)
    return panel
```

❶在初始化编辑器控件时会调用 init()方法,在该方法中调用_create_canvas()以创建控件。❷
该编辑器对象的 value 属性保存对应的模型对象,即 matplotlib 中的 Figure 对象。在创建编辑器
时,可以根据模型对象属性执行初始化工作,这里判断模型对象是否有 canvas_events 属性。如
果有,就对其中定义的事件进行绑定。

❸在创建编辑器时传递的参数可以通过 factory 属性获得,这里根据其中的 toolbar 属性判断
是否创建工具栏。

最后还需要编写一个编辑器工厂类 MPLFigureEditor,它从 BasicEditorFactory 类继承:

```
class MPLFigureEditor(BasicEditorFactory):
    """

    相当于 traits.ui 中的 EditorFactory,它返回真正创建控件的类
    """

    if ETSConfig.toolkit == "wx":
```

```
            klass = _WxFigureEditor
        elif ETSConfig.toolkit == "qt4":
            klass = _QtFigureEditor    ❶


        toolbar = Bool(True)    ❷
```

❶类属性 klass 为编辑器类，这里根据当前的界面库选择编辑器类。❷最后定义工厂类中的
Traits 属性 toolbar，它的缺省值为 True。

下面是使用 MPLFigureEditor 将 matplotlib 的图表嵌入 TraitUI 界面中的例子：

```
import numpy as np
from matplotlib.figure import Figure
from scpy2.traits import MPLFigureEditor


class SinWave(HasTraits):
    figure = Instance(Figure, ())
    view = View(
        Item("figure", editor=MPLFigureEditor(toolbar=True), show_label=False),
        width = 400,
        height = 300,
        resizable = True)


    def __init__(self, **kw):
        super(SinWave, self).__init__(**kw)
        self.figure.canvas_events = [
            ("button_press_event", self.figure_button_pressed)
        ]
        axes = self.figure.add_subplot(111)
        t = np.linspace(0, 2*np.pi, 200)
        axes.plot(np.sin(t))


    def figure_button_pressed(self, event):
        print event.xdata, event.ydata

model = SinWave()
model.edit_traits()
```

7.6 函数曲线绘制工具

与本节内容对应的 Notebook 为：07-traits/traits-600-example.ipynb。

作为本章的最后一节，让我们用学到的内容编写一个绘制函数曲线的小程序，界面如图7-14所示。界面上方是显示曲线的图表，左下方为代码编辑器，右下方为显示数据点的表格。

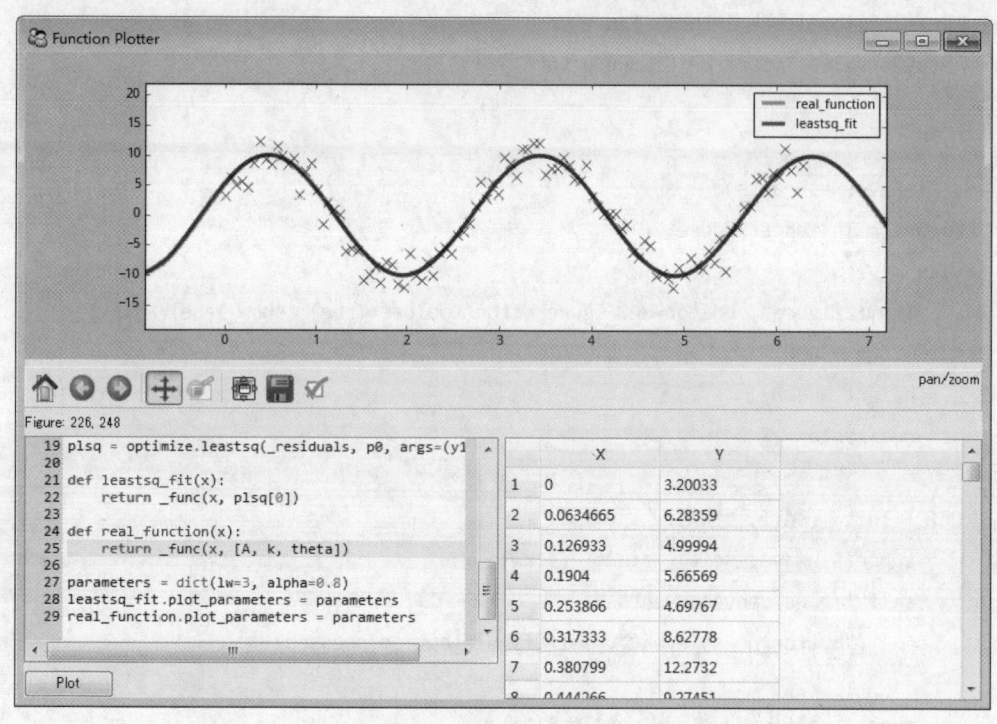

图 7-14 函数曲线绘制工具的界面

scpy2.traits.traitsui_function_plotter：采用 TraitsUI 编写的函数曲线绘制工具。

本函数曲线绘制工具有如下功能：

- 在图表上单击鼠标左键添加点，单击鼠标右键删除最后添加的点。也可以通过表格添加点或者修改点的坐标。
- 在运行代码之前，将表格中的点转换为形状为(N, 2)的二维数组，该数组可以在用户程序中使用 points 访问。

- 程序运行之后，如果运行环境中有名为 points、形状为(N, 2)的二维数组，将该数组的内容显示在左侧的表格中，在图表中这些数据点使用黑色的叉点表示。
- 将运行环境中所有返回值为数组的单参数函数显示为曲线，如果函数名以下划线开头，则忽略该函数。
- 如果曲线函数的 plot_parameters 属性为字典，该属性将作为关键字参数传递给 plot() 函数。
- 如果图表的 X 轴范围发生变化，自动调用曲线对应的函数并更新曲线。

图 7-14 所示的界面由三个控件组成。❶figure 属性是一个 matplotlib 的 Figure 对象，它对应的编辑器为上节介绍的 MPLFigureEditor。❷code 属性为 Code 类型，它从 Str 继承，其缺省的编辑器为带高亮显示的代码编辑器。❸points 属性是一个 Point 对象的列表，其对应的编辑器为 point_table_editor。

第 7 章

Traits & TraitsUI-轻松制作图形界面

 Code 对应的编辑器代码存在 BUG，请读者将 patches\pygments_highlighter.py 复制到 site-packages\pyface\ui\qt4\code_editor 下以覆盖原有的文件。

```python
class FunctionPlotter(HasTraits):
    figure = Instance(Figure, ())   ❶
    code = Code()   ❷
    points = List(Instance(Point), [])   ❸
    draw_button = Button("Plot")

    view = View(
        VSplit(
            Item("figure", editor=MPLFigureEditor(toolbar=True), show_label=False),
            HSplit(
                VGroup(
                    Item("code", style="custom"),
                    HGroup(
                        Item("draw_button", show_label=False),
                    ),
                    show_labels=False
                ),
                Item("points", editor=point_table_editor, show_label=False)
            )
        ),
        width=800, height=600, title="Function Plotter", resizable=True
    )
```

下面是 Point 类和 point_table_editor 的定义。TableEditor 为表格数据的编辑器类，表格的每一列与一个 ObjectColumn 对象对应。row_factory 为创建新行时调用的对象。

```
class Point(HasTraits):
    x = Float()
    y = Float()


point_table_editor = TableEditor(
    columns=[ObjectColumn(name='x', width=100, format="%g"),
             ObjectColumn(name='y', width=100, format="%g")],
    editable=True,
    sortable=False,
    sort_model=False,
    auto_size=False,
    row_factory=Point
)
```

下面是 FunctionPlotter 类的初始化函数。❶在调用__init__()时，Figure 对象已经创建，但是对应的后台界面库中的绘图控件 canvas 尚未创建，因此这里无法使用 self.figure.canvas.mpl_connect()设置事件响应函数。在上节介绍的 MPLFigureEditor 编辑器中，在创建绘图控件时会绑定 Figure 对象的 canvas_events 属性中定义的事件。❷创建子图对象 axe 之后，调用 callbacks.connect()以绑定子图的 xlim_changed 事件，该事件在子图的 X 轴显示范围发生变化时触发。

```
def __init__(self, **kw):
    super(FunctionPlotter, self).__init__(**kw)
    self.figure.canvas_events = [ ❶
        ("button_press_event", self.memory_location),
        ("button_release_event", self.update_location)
    ]
    self.button_press_status = None #保存鼠标按键按下时的状态
    self.lines = [] #保存所有曲线
    self.functions = [] #保存所有的曲线函数
    self.env = {} #代码的执行环境

    self.axe = self.figure.add_subplot(1, 1, 1)
    self.axe.callbacks.connect('xlim_changed', self.update_data) ❷
    self.axe.set_xlim(0, 1)
    self.axe.set_ylim(0, 1)
    self.points_line, = self.axe.plot([], [], "kx", ms=8, zorder=1000) #数据点
```

在图表中使用鼠标进行平移和缩放时，也会触发鼠标按键按下和释放的响应函数。为了区分这些操作与鼠标按键的单击操作，在 memory_location()中记录下鼠标按键按下时的状态，并

在 update_location()中与鼠标释放时的状态进行比较，如果满足：❶鼠标按键按下的时间少于 0.5
秒，❷鼠标的移动距离小于 4 个像素，就认为是鼠标单击操作。

❸当鼠标左键释放时，创建一个 Point 对象，其 x 和 y 属性被设置为鼠标释放时在子图中的
坐标，并将该对象添加进 points 列表。❹若按下右键，则调用 points.pop()删除列表中的最后一
个元素。

```python
def memory_location(self, evt):
    if evt.button in (1, 3):
        self.button_press_status = time.clock(), evt.x, evt.y
    else:
        self.button_press_status = None


def update_location(self, evt):
    if evt.button in (1, 3) and self.button_press_status is not None:
        last_clock, last_x, last_y = self.button_press_status
        if time.clock() - last_clock > 0.5: ❶
            return
        if ((evt.x - last_x) ** 2 + (evt.y - last_y) ** 2) ** 0.5 > 4: ❷
            return

        if evt.button == 1:
            if evt.xdata is not None and evt.ydata is not None:
                point = Point(x=evt.xdata, y=evt.ydata) ❸
                self.points.append(point)
        elif evt.button == 3:
            if self.points:
                self.points.pop() ❹
```

当 points 列表本身或者其中的元素发生增减时，将调用_points_changed()，其 new 参数为新
添加进列表的元素。❶当通过表格编辑坐标点的位置时，Point 对象的 x 或 y 属性将发生变化，
为了捕捉到这些变化并更新图表中的坐标点，需要对新添加进 points 列表的对象进行事件绑定。

❷在 update_points()中，从 points 属性创建二维数组，并调用 points_line.set_data()更新图表中
的坐标点，调用❸update_figure()重新绘制图表。由于这一系列的触发事件可能在图表的绘图控
件创建之前发生，因此❹在调用 canvas.draw_idle()重绘制图表之前需要判断 canvas 是否为 None。

```python
@on_trait_change("points[]")
def _points_changed(self, obj, name, new):
    for point in new:
        point.on_trait_change(self.update_points, name="x, y") ❶
    self.update_points()


def update_points(self): ❷
```

```
            arr = np.array([(point.x, point.y) for point in self.points])
            if arr.shape[0] > 0:
                self.points_line.set_data(arr[:, 0], arr[:, 1])
            else:
    self.points_line.set_data([], [])
            self.update_figure()


    def update_figure(self): ❸
        if self.figure.canvas is not None: ❹
            self.figure.canvas.draw_idle()
```

当 Axes 对象的 X 轴显示范围发生变化时，调用 update_data()重新计算位于显示范围之内的
曲线数据：

```
    def update_data(self, axe):
        xmin, xmax = axe.get_xlim()
        x = np.linspace(xmin, xmax, 500)
        for line, func in zip(self.lines, self.functions):
            y = func(x)
            line.set_data(x, y)
        self.update_figure()
```

最后，当 Plot 按钮按下时_draw_button_fired()会被调用，在其中调用 plot_lines()运行代码编
辑器中的程序，并绘制函数曲线。

❶调用 axe.get_xlim()获得子图的 X 轴显示范围，并调用 linspace()创建等分此区间的数组 x。
❷创建代码的运行环境 env，它是一个字典，其 points 键对应由 points 列表转换而来的二维数组，
并调用 exec 运行 code 中保存的代码。

对一些属性进行初始化操作之后，❸对 env 中的所有键-值对进行循环，找到其中符合条件
的函数并调用，然后把结果保存到 results 列表中。❹如果曲线函数有 plot_parameters 属性，则将
之作为绘图参数传递给 plot()。

❺最后将执行环境中的 points 数组转换为 Point 对象的列表。

```
    def _draw_button_fired(self):
        self.plot_lines()


    def plot_lines(self):
        xmin, xmax = self.axe.get_xlim() ❶
        x = np.linspace(xmin, xmax, 500)
    self.env = {"points": np.array([(point.x, point.y) for point in self.points])} ❷
        exec self.code in self.env


        results = []
```

```
            for line in self.lines:
                line.remove()
            self.axe.set_color_cycle(None) #重置颜色循环
self.functions = []
            self.lines = []
            for name, value in self.env.items(): ❸
                if name.startswith("_"): #忽略以_开头的名字
                    continue
                if callable(value):
                    try:
                        y = value(x)
                        if y.shape != x.shape: #输出数组应该与输入数组的形状一致
                            raise ValueError("the return shape is not the same as x")
                    except Exception as ex:
                        import traceback
                        print "failed when call function {}\n".format(name)
                        traceback.print_exc()
                        continue

                    results.append((name, y))
                    self.functions.append(value)

            for (name, y), function in zip(results, self.functions):
                #如果函数有 plot_parameters 属性,则用其作为 plot()的参数
                kw = getattr(function, "plot_parameters", {})  ❹
                label = kw.get("label", name)
                line, = self.axe.plot(x, y, label=label, **kw)
                self.lines.append(line)

            points = self.env.get("points", None) ❺
            if points is not None:
                self.points = [Point(x=x, y=y) for x, y in np.asarray(points).tolist()]

            self.axe.legend()
            self.update_figure()
```

第8章

TVTK与Mayavi-**数据的三维可视化**

    VTK 是一套功能十分强大的三维数据可视化库，它使用 C++编写，其中包含了近千个类。它在 Python 下有标准的扩展库，不过由于其 Python 扩展库的 API 和 C++的 API 相同，不能体现出 Python 作为动态语言的优势；因此 Enthought 公司开发了一套名为 TVTK 的扩展库来对 VTK 进行包装，提供了 Python 风格的 API，并支持 Trait 属性和 NumPy 数组。本章以 TVTK 的 API 为例介绍如何在 Python 中使用 VTK 进行数据的三维可视化。

    由于 TVTK 库十分庞大，为了方便用户查询文档，TVTK 库提供了一个显示 TVTK 文档的工具。可以通过下面的语句运行它：

```
from tvtk.tools import tvtk_doc
tvtk_doc.main()
```

 scpy2.tvtk.tvtk_class_doc：更方便的 TVTK 文档查询工具。

    TVTK 库提供的工具并不太好用，本书为读者提供了一个更方便的 TVTK 文档查询工具，其界面如图 8-1 所示。

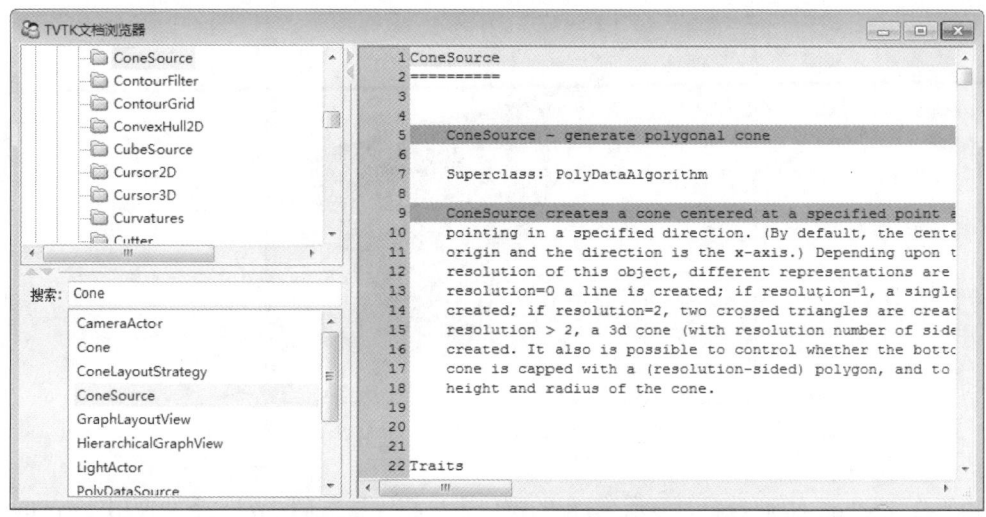

图 8-1 TVTK 文档浏览器(使用 wx 库时的界面截图)

第一次运行此文档工具时，它将对 TVTK 库中所有的类进行扫描，并将类的继承关系和文档全部保存在 tvtk_classes.cache 中，这个过程可能需要等待较长的时间。界面的左上部分使用一个树状控件显示 TVTK 中各个类之间的继承关系。在中间的文本框中输入搜索文本，其下方的列表框中会实时显示搜索结果。输入全小写字母进行忽略大小写的搜索，而输入带大写字母的文本则进行精确搜索。

8.1 VTK 的流水线(Pipeline)

 与本节内容对应的 Notebook 为：08-tvtk_mayavi/tvtk_mayavi-200-pipeline.ipynb。

VTK 是一个十分复杂的系统，为了方便用户使用，它使用流水线技术将 VTK 中的各个对象串联起来。每个对象只需要实现相对简单的任务，整个流水线则能够根据用户的需求实现十分复杂的数据可视化处理。

8.1.1 显示圆锥

作为第一例子，让我们首先看一个显示圆锥的小程序，它的运行效果如图 8-2 所示。

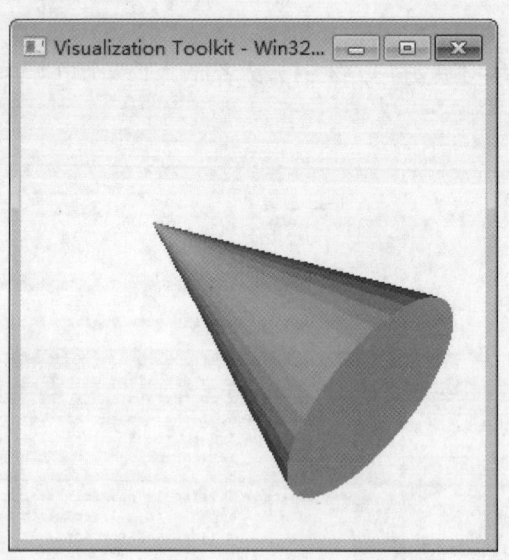

图 8-2 使用 TVTK 绘制简单的圆锥

由于在 IPython Notebook 中显示 VTK 的窗口之后将无法关闭，因此下面使用%%python 魔法命令在新的 Python 进程中运行显示圆锥的程序：

```
%%python

#coding=utf-8
from tvtk.api import tvtk ❶

# 创建一个圆锥数据源，并且同时设置其高度、底面半径和底面圆的分辨率(用 36 边形近似)
cs = tvtk.ConeSource(height=3.0, radius=1.0, resolution=36) ❷
# 使用 PolyDataMapper 将数据转换为图形数据
m = tvtk.PolyDataMapper(input_connection=cs.output_port) ❸
# 创建一个 Actor
a = tvtk.Actor(mapper=m) ❹
# 创建一个 Renderer，将 Actor 添加进去
ren = tvtk.Renderer(background=(1, 1, 1)) ❺
ren.add_actor(a)
# 创建一个 RenderWindow(窗口)，将 Renderer 添加进去
rw = tvtk.RenderWindow(size=(300,300)) ❻
rw.add_renderer(ren)
# 创建一个 RenderWindowInteractor(窗口的交互工具)
rwi = tvtk.RenderWindowInteractor(render_window=rw) ❼
# 开启交互
rwi.initialize()
rwi.start()
```

❶首先载入 tvtk 对象，它帮助我们创建 TVTK 库中的各种对象。❷创建了一个 ConeSource 对象，它是计算圆锥形状的数据源对象。在 TVTK 中，所有类都从 HasTraits 继承，因此可以在创建对象的同时，使用关键字参数直接设置 Trait 属性的值。在这个例子中，同时设置了圆锥的高度、底面半径和底面圆的边数等属性。

事实上，我们载入的 tvtk 并不是一个模块，而是某个类的实例。之所以如此设计，是因为 VTK 库有近千个类，而 TVTK 对所有这些类都进行了包装。如果一次性载入这么多类，会极大地影响库的载入速度。

我们载入的 tvtk 虽然是某个实例对象，但是用起来就和模块一样：

● 通过它可以使用所有的 TVTK 类。

● 它不需要载入近千个 TVTK 类就能支持类名的自动补全。

● 只有在真正使用时，TVTK 类才会被载入。

所有对 VTK 进行包装的类全部保存在 tvtk_classes.zip 文件中，而 tvtk 对象的类则在此压缩文件里的 tvtk_helper.py 中定义。对于 TVTK 中的每个类，tvtk 对象都有一个同名的属性与之对应。

下面查看 ConeSource 对象的所有 Traits 属性名，并显示 height、radius 和 resolution 等属性的值：

```
from tvtk.api import tvtk
cs = tvtk.ConeSource(height=3.0, radius=1.0, resolution=36)
m = tvtk.PolyDataMapper(input_connection=cs.output_port)
a = tvtk.Actor(mapper=m)
ren = tvtk.Renderer(background=(1, 1, 1))
ren.add_actor(a)

cs.trait_names()
['number_of_output_ports',
 'abort_execute_',
 'class_name',
 'executive',
...
cs.height  cs.radius  cs.resolution
---------  ---------  -------------
3.0        1.0        36
```

为了将原始数据转换为屏幕上的一幅图像,需要经过许多处理步骤。这些步骤由众多的 VTK 对象分步实现,就好像生产线上加工零件一样,每位工人都负责一部分工作,整条生产线就能将原材料制作成产品。在 VTK 中,这种在各个对象之间协调完成工作的过程被称作流水线(Pipeline)。

原始数据被加工成图像要经过两条流水线:

● 可视化流水线(Visualization Pipeline):它的工作是将原始数据加工成图形数据。一般来说,我们需要进行可视化展示的数据本身并不是图形数据,例如可能是某个零件内部各个部分的温度,或是流体中各个坐标点上的速度等。

● 图形流水线(Graphics Pipeline):它的工作是将图形数据加工为我们所看到的图像。可视化流水线所产生的图形数据通常是三维空间的数据,图形流水线将这些三维数据加工成能在二维屏幕上显示的图像。

❸映射器(Mapper)是可视化流水线的终点、图形流水线的起点,它的各种派生类能将众多的数据映射为图形数据以供图形流水线加工。在本例中,ConeSource 对象输出一个描述圆锥的顶点和面的 PolyData 对象,然后 PolyData 对象通过 PolyDataMapper 映射器转换为图形数据。因此在本例中,可视化流水线由 ConeSource 和 PolyDataMapper 对象组成。

可视化流水线中的对象经由 input_connection 和 output_port 属性连接起来。在本例中,ConeSource 对象产生一个表示圆锥的 PolyData 对象,并转交给 PolyDataMapper 对象进行处理。可以通过 output 或 input 属性查看在流水线中实际传递的 PolyData 对象:

```
print type(cs.output), cs.output is m.input
<class 'tvtk.tvtk_classes.poly_data.PolyData'> True
```

然后图形数据再依次通过 Actor、Renderer 最终在 RenderWindow 中显示出来,这一部分就是图形流水线。❹Actor 对象代表场景中的一个实体，它的 mapper 属性是表示图形数据的 PolyDataMapper 对象，Actor 对象还有许多属性可以控制实体的位置、方向、大小等。

```
print a.mapper is m
print a.scale # Actor 对象的 scale 属性表示各个轴的缩放比例
True
[ 1.  1.  1.]
```

❺Renderer 对象表示三维场景，它可以包含多个 Actor 对象，这些 Actor 对象都保存在 actors 列表属性中。在本例中，它只包含一个显示圆锥的 Actor 对象：

```
ren.actors
['<tvtk.tvtk_classes.actor.Actor object at 0x0D7C7BD0>']
```

❻RenderWindow 对象表示包含场景的窗口，它可以同时包含多个场景。在本例中，它只有一个 Renderer 对象。

❼RenderWindowInteractor 对象为图形窗口提供一些用户交互功能，例如平移、旋转和缩放。这些交互式操作并不改变场景中的各个实体(Actor 对象)，也不改变图形数据的属性，它们只是修改场景中照相机(Camera)的设置，从不同的角度和距离观察场景中的实体。

8.1.2 用 ivtk 观察流水线

为了方便对流水线进行观察和操作，本书在 scpy2.tvtk.tvtkhelp 模块中提供了 ivtk_scene()和 event_loop()两个函数。使用它们可以交互式地对各种 TVTK 对象的属性进行编辑，下面是使用这两个函数显示圆锥的程序，运行画面如图 8-3 所示。

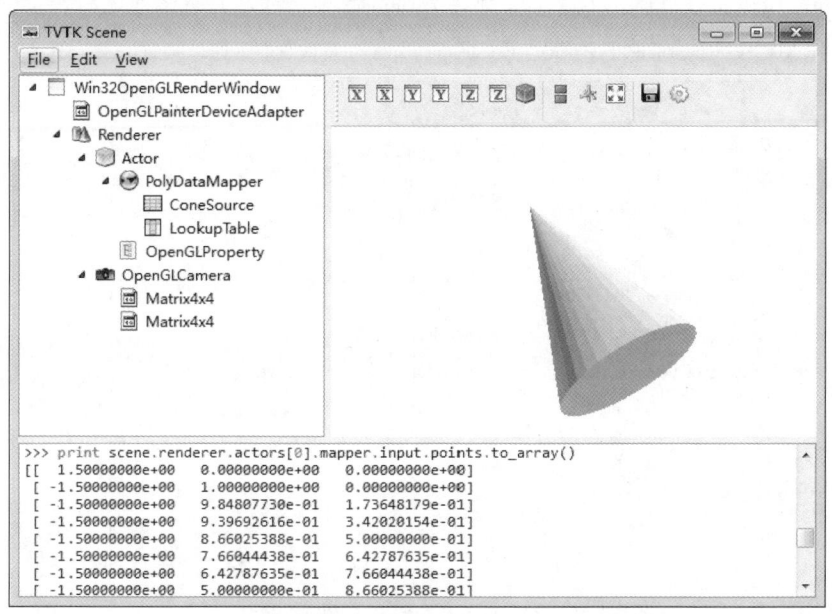

图 8-3 带流水线浏览器和 Python 命令行的 ivtk 界面

```
from tvtk.api import tvtk
from scpy2.tvtk.tvtkhelp import ivtk_scene, event_loop

cs = tvtk.ConeSource(height=3.0, radius=1.0, resolution=36)
m = tvtk.PolyDataMapper(input_connection=cs.output_port)
a = tvtk.Actor(mapper=m)

window = ivtk_scene([a]) ❶
window.scene.isometric_view()
event_loop() ❷
```

❶将 Actor 对象列表传递给 ivtk_scene(),创建并显示一个包含所有 Actor 对象的 TVTK Scene 窗口。❷调用 event_loop()开始界面消息循环,若在 Notebook 中通过%gui 命令启动了界面消息循环,则可以省略该行。下面看看 TVTK Scene 窗口的各个组成部分:

● 场景:用于显示可视化的结果,这里只显示了一个圆锥。
● 场景工具条:位于场景的上方,主要提供了各种视角、全屏显示、保存图像等功能。
● 流水线浏览器:场景左边是一个表示流水线的树状控件。从子节点 ConeSource 开始逐步向上层直到根节点 RenderWindow,是显示圆锥的整个流水线。
● Python 命令行:界面下方提供了一个 Python 命令行,方便用户直接输入命令来操作各个对象。例如图中显示了通过场景对象 scene 获取 ConeSource 对象所输出的 PolyData 对象的 points 属性,即构成圆锥图形的各个顶点的三维坐标。

流水线浏览器中显示的各个对象的类都从 HasTraits 继承,因此它们可以提供一个用户界面以交互式地修改其 Trait 属性。图 8-4 是双击流水线中的 ConeSource 对象之后弹出的属性编辑界面。通过此界面可以直接修改 height、radius、resolution 等属性,并且修改之后场景中的圆锥会根据最新的属性值立即更新显示。

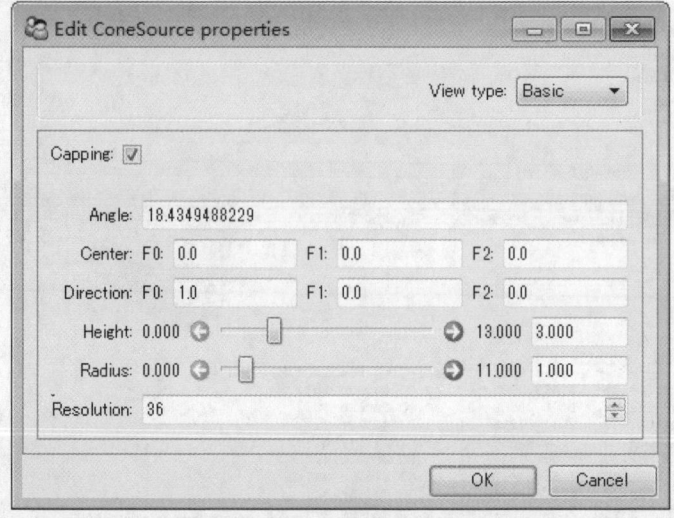

图 8-4 编辑 ConeSource 对象的属性的对话框

1. 照相机

在 ivtk 的窗口左侧的流水线浏览器中可以找到场景中的照相机对象 OpenGLCamera，双击它会弹出如图 8-5 所示的编辑照相机对象属性的窗口。

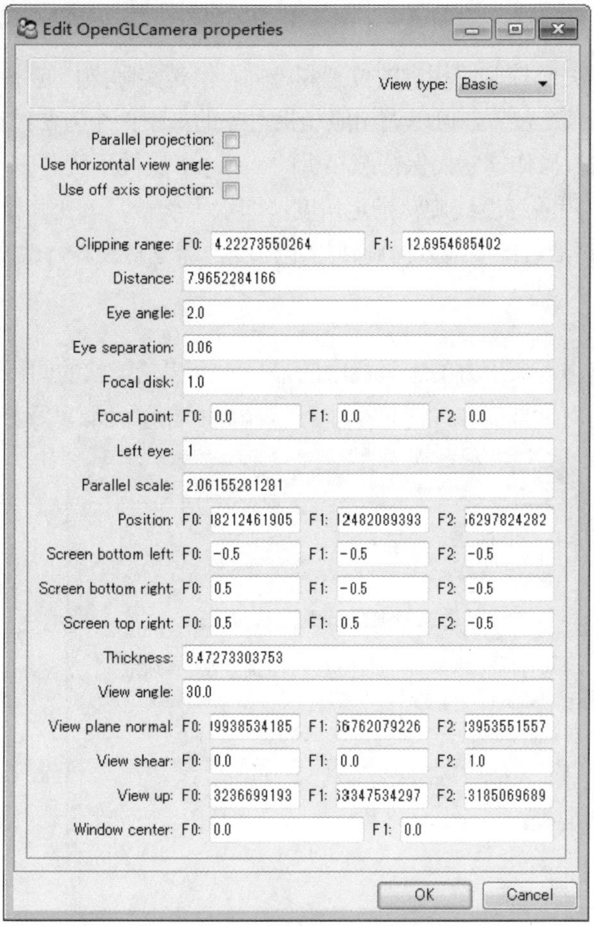

图 8-5 编辑照相机属性的对话框

也可以使用下面的程序从窗口对象 window 获得照相机对象，然后查看或修改它的属性：

```
camera = window.scene.renderer.active_camera
print camera.clipping_range
camera.view_up = 0, 1, 0
camera.edit_traits() # 显示编辑照相机属性的窗口
[  4.2227355   12.69546854]
```

下面列出照相机对象的一些常用属性：

- clipping_range：它有两个元素，分别表示照相机到近远两个裁剪平面的距离。在这两个平面之外的对象将不会显示。

- position：照相机在三维空间中的坐标。
- focal_point：照相机所聚焦的焦点坐标。
- view_up：照相机的上方向矢量。
- parallel_projection：True 表示采用平行透视，即在三维场景中平行的直线在屏幕上也是平行的。

这些属性虽然可以完全控制照相机的位置和方向，但是实际操作起来并不方便。如果已经将照相机的焦点固定在某个位置，可以调用照相机对象的如下两个方法，在以焦点为原点的球面坐标系中对照相机进行操作。它们保持照相机的 view_up 属性不变。

- azimuth(angle)：沿着纬度线旋转指定角度，即水平旋转，改变其经度。
- elevation(angle)：沿着经度线方向旋转指定角度，即垂直旋转，改变其纬度。

2. 光源

在 ivtk 窗口中，单击场景上方的工具栏中的最后一个齿轮形状的图标，将打开如图 8-6 所示的编辑场景和光源的对话框。在此对话框中可以添加和删除光源以及修改它们的一些属性。

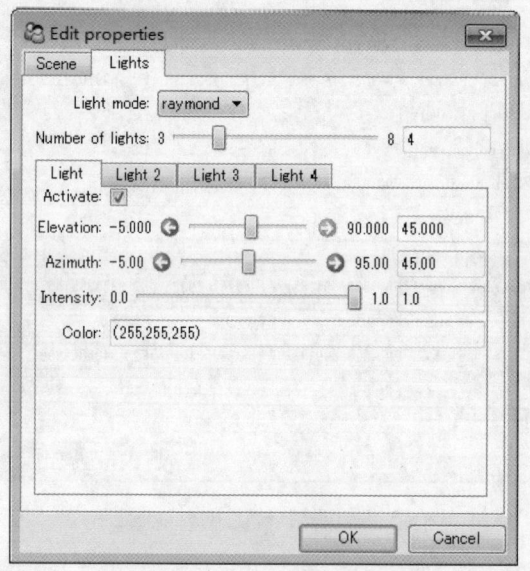

图 8-6 设置场景和光源的对话框

场景中的光源可以通过 Renderer 对象的 lights 属性获得，它是一个光源对象的列表。Renderer 对象还有 add_light() 和 remove_light() 等方法用于添加或删除光源对象。

```
lights = window.scene.renderer.lights
lights[0].edit_traits() # 显示编辑光源属性的窗口
```

下面的程序在照相机所在处添加一个红色的光源，它的照射方向和照相机的方向相同，朝向 focal_point 点。如果设置光源对象的 positional 属性为 True，它将变成一个探照灯光源，这时照射方向有效。并且可以通过 cone_angle 属性设置探照灯的光锥角度，如果光锥为 180 度，它是无方向光源。

```
camera = window.scene.renderer.active_camera
light = tvtk.Light(color=(1,0,0))
light.position=camera.position
light.focal_point=camera.focal_point
window.scene.renderer.add_light(light)
```

3. 实体

Actor 对象表示场景中的实体，在圆锥的流水线浏览器中，可以看到一个表示圆锥的 Actor 对象，双击它会打开如图 8-7 所示的对话框。

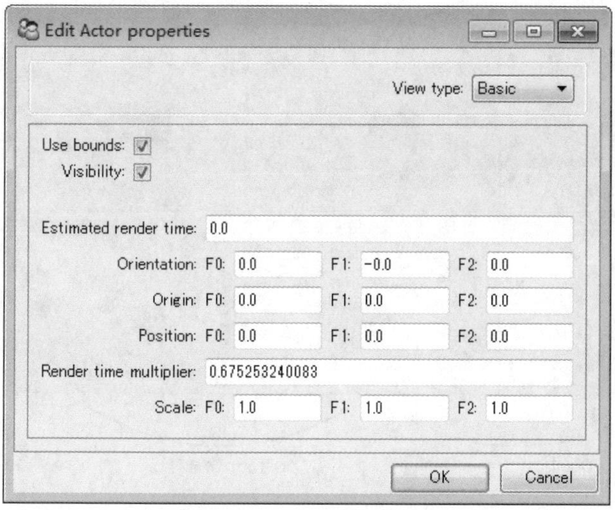

图 8-7 Actor 对象的编辑对话框

也可以使用下面的程序打开此对话框：

```
a.edit_traits() # a 是表示圆锥的 Actor 对象
window.scene.renderer.actors[0].edit_traits()
```

在此对话框中可以编辑 Actor 对象的 origin、position、orientation 和 scale 等属性，修改场景中实体的位置、方向以及大小。这 4 个属性通过一系列复杂的计算得到一个 4×4 的三维空间的变换矩阵。变换步骤如下：

(1) 以 origin 为中心，使用 scale 对物体在三个轴上进行缩放。

(2) 以 origin 为中心，使用 rotate 对物体在三个轴上进行旋转，旋转的顺序是 Y 轴→X 轴→Z 轴。

(3) 将物体放到 position 处。

我们通过下面的例子理解坐标变换的步骤。首先运行下面的程序，在场景中添加一个坐标轴：

```
axe = tvtk.AxesActor(total_length=(3,3,3)) # 在场景中添加坐标轴
window.scene.add_actor( axe )
```

可以看到屏幕的横轴方向是 X 轴,纵轴方向是 Y 轴,而从屏幕里往外是 Z 轴方向。整个圆锥的长度为 3,它的底面在 X=−1.5 的平面之上。双击流水线对话框中的表示圆锥的 Actor,打开编辑其属性的对话框。

我们将 origin 修改为(-1.5,0,0),这样将以圆锥的底面圆心为中心进行缩放和旋转。依次按照图 8-8 的顺序修改各个属性的值。对话框中的"F0"、"F1"和"F2"等标签分别表示 X、Y 和 Z 轴的分量。

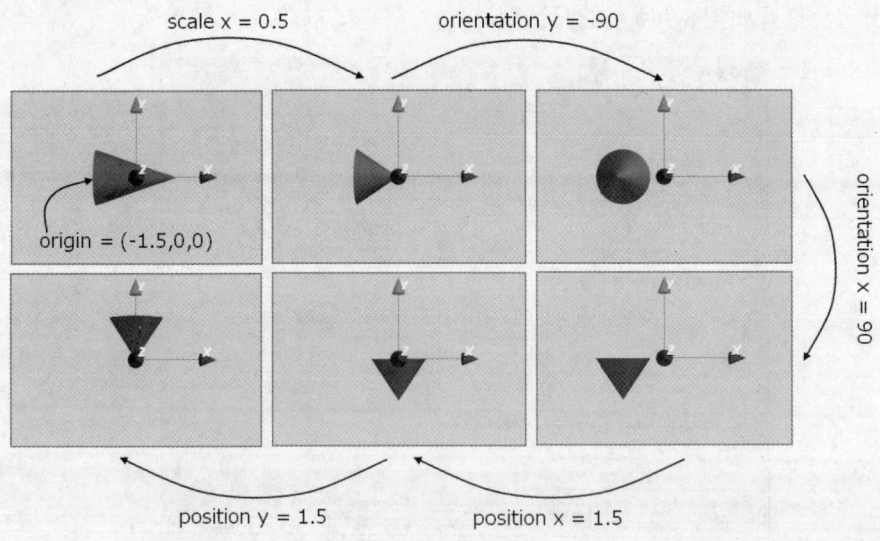

图 8-8 依次修改圆锥的 scale、orientation 和 position 属性

请读者仔细观察每两幅图之间的变化,分析并理解前述坐标变换步骤。旋转的正方向按照右手法则决定:右手握拳,并伸出大拇指让它指向某个轴的正方向,则其余 4 指的方向为绕此轴旋转的正方向。

Actor 对象的 property 属性是一个 OpenGLProperty 对象,它包含了对实体进行着色时所使用的各种配置,例如 color 属性是实体的颜色,opacity 属性是实体的不透明度。输入下面的语句可以打开编辑这些属性的对话框:

```
a.property.edit_traits() # a 是表示圆锥的 Actor 对象
```

由于 OpenGLProperty 对象的属性太多,这里不一一进行介绍。在后面的实例中用到时再对其进行说明。

8.2 数据集

与本节内容对应的 Notebook 为：08-tvtk_mayavi/tvtk_mayavi-300-dataset.ipynb。

数据可视化的第一步是用合适的数据结构表示数据，VTK 提供了多种表示不同种类数据的数据集(Dataset)。数据集包括点(Point)和数据(Data)两部分。点之间可以是连接的或非连接的，多个相关的点组成单元(Cell)，而点之间的连接可以是显式或隐式的。数据可以是标量或矢量，数据可以属于点或单元。下面让我们通过一些实例逐步理解数据集的构造。

为了帮助读者更形象地了解数据集的结构，我们使用 Mayavi 将数据集的结构绘制成三维图。请读者在学习的过程中运行这些程序，以加深对数据集的理解。在学习 Mayavi 时，也可以将这些程序作为实例，了解 Mayavi 的一些高级用法。

8.2.1 ImageData

最容易理解的数据集是 ImageData，它是表示二维或三维图像的数据结构。可以简单地将其理解为二维或三维数组。数组中存放的是数据，由于点位于正交且等间距的网格之上，因此不需要给出点的坐标，而点之间的连接关系也由它们在数组中的位置决定，因此连接也是隐式的。

下面的程序创建了一个 ImageData 对象，并且设置了它的 spacing、origin 和 dimensions 属性：

```
img = tvtk.ImageData(spacing=(0.1,0.1,0.1), origin=(0.1,0.2,0.3), dimensions=(3,4,5))
```

origin 属性为三维网格数据的起点坐标，spacing 属性为三维网格在 X、Y 和 Z 轴上的间距，dimensions 属性为 X、Y 和 Z 轴上的网格数。img.get_point(n)可以获得网格中第 n 个点的坐标值，n 为点的序号，起始点的序号为 0，序号依次沿着 X、Y 和 Z 轴递增。下面的程序输出前 6 个点的坐标：

```
for n in range(6):
    print "%.1f, %.1f, %.1f" % img.get_point(n)
0.1, 0.2, 0.3
0.2, 0.2, 0.3
0.3, 0.2, 0.3
0.1, 0.3, 0.3
0.2, 0.3, 0.3
0.3, 0.3, 0.3
```

与每个点对应的数据都保存在 point_data 属性中，它是一个 PointData 对象：

```
img.point_data
<tvtk.tvtk_classes.point_data.PointData at 0xa187780>
```

PointData 对象可以保存多组数据，它的 scalars 属性是 VTK 库中的一个数组对象，用来保存与每个点相对应的标量值。当将一个 NumPy 数组赋值给它时，TVTK 将自动创建 VTK 中相应的数组对象，并保存 NumPy 数组的内容。例如下面的程序运行之后，scalars 属性从 None 变成一个 DoubleArray 数组。程序为每个点添加了一个与其序号相同的标量值：

```
print img.point_data.scalars # 没有数据
img.point_data.scalars = np.arange(0.0, img.number_of_points)
print type(img.point_data.scalars)
img.point_data.scalars
None
<class 'tvtk.tvtk_classes.double_array.DoubleArray'>
[0.0, ..., 59.0], length = 60
```

DoubleArray 数组只能以整数为下标，不支持切片以及其他高级下标运算。可以通过它的 to_array()方法获得与其共享数据存储空间的 NumPy 数组，通过此 NumPy 数组可以进行更高级的数据存取操作：

```
a = img.point_data.scalars.to_array()
print a
a[:2] = 10, 11
print img.point_data.scalars[0], img.point_data.scalars[1]
[  0.   1.   2.   3.   4.   5.   6.   7.   8.   9.  10.  11.  12.  13.  14.
  15.  16.  17.  18.  19.  20.  21.  22.  23.  24.  25.  26.  27.  28.  29.
  30.  31.  32.  33.  34.  35.  36.  37.  38.  39.  40.  41.  42.  43.  44.
  45.  46.  47.  48.  49.  50.  51.  52.  53.  54.  55.  56.  57.  58.  59.]
10.0 11.0
```

VTK 的数组对象有许多属性，可以用 print_traits()方法查看其各个属性的值，例如 number_of_tuples 属性表示数组的长度：

```
img.point_data.scalars.number_of_tuples
60
```

每个 VTK 数组都有一个 name 属性用于保存其名字，下面的语句将数组的名字设置为 'scalars'：

```
img.point_data.scalars.name = 'scalars'
```

PointData 对象可以保存多个数组，它所包含的数组的个数可以通过 number_of_arrays 属性获得，可以通过 add_array()方法添加新的数组对象，remove_array()方法用于删除数组对象，get_array()和 get_array_name()分别用于获得数组对象及其名字。下面演示这些方法的用法。首先创建一个 TVTK 的数组对象，并调用其 from_array()方法通过 NumPy 数组设置其内容，数组的长度为 ImageData 对象的点数：

```
data = tvtk.DoubleArray() # 创建一个空的 DoubleArray 数组
data.from_array(np.zeros(img.number_of_points))
```

接下来将 TVTK 数组对象的名字设置为"zerodata"：

```
data.name = "zerodata"
```

然后调用 PointData 对象的 add_array()方法，将所创建的数组添加进 PointData 对象。当 PointData 对象已经有相同名字的数组时，将会覆盖原来的数组。add_array()方法的返回值是新数组的序号，可以通过此序号获得数组或数组名：

```
print img.point_data.add_array(data)
print repr(img.point_data.get_array(1)) # 获得第 1 个数组
print img.point_data.get_array_name(1) # 获得第 1 个数组的名字
print repr(img.point_data.get_array(0)) # 获得第 0 个数组
print img.point_data.get_array_name(0) # 获得第 0 个数组的名字
1
[0.0, ..., 0.0], length = 60
zerodata
[10.0, ..., 59.0], length = 60
scalars
```

最后，remove_array()方法通过数组名删除数组：

```
img.point_data.remove_array("zerodata") # 删除名为"zerodata"的数组
img.point_data.number_of_arrays
1
```

可以用上述方法对 PointData 对象中的多个数组进行管理，同时为了方便使用，它的 scalars 属性也可用于保存数组。与每个点所对应的值除了标量之外，还可以是矢量或张量(矩阵)，矢量数组可以使用 vectors 属性保存，而张量数组可以使用 tensors 属性保存。下面的程序将一个形状为(N,3)的 NumPy 数组赋值给 vectors 属性，其中 N 为点数，这样 ImageData 对象中的每个点都对应三维空间中的一个矢量：

```
vectors = np.arange(0.0, img.number_of_points*3).reshape(-1, 3)
img.point_data.vectors = vectors
print repr(img.point_data.vectors)
```

```
print type(img.point_data.vectors)
print img.point_data.vectors[0]

[(0.0, 1.0, 2.0), ..., (177.0, 178.0, 179.0)], length = 60
<class 'tvtk.tvtk_classes.double_array.DoubleArray'>
(0.0, 1.0, 2.0)
```

我们看到所创建的仍然是一个 DoubleArray 对象，但它是二维数组。number_of_tuples 属性获得其第 0 轴的长度，而 number_of_components 属性获得其第 1 轴的长度：

img.point_data.vectors.number_of_tuples	img.point_data.vectors.number_of_components
60	3

同样，直接使用 DoubleArray 对象的方法或属性对其进行操作比较烦琐，因此建议读者仍然使用 to_array()方法将其转换为 NumPy 数组之后再进行操作。

在 ImageData 对象中，点的坐标是通过 spacing、origin 和 dimensions 等属性隐式定义的。与之类似，点和单元之间的关系也是隐式定义的。单元和点之间的关系如图 8-9 所示。单元是由 8 个邻近的点构成的立方体，图中使用半透明灰色立方体标识出第 0 个单元。

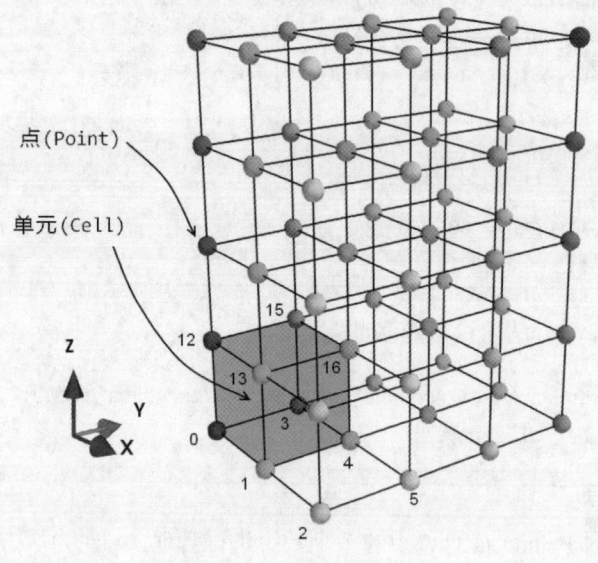

图 8-9 单元和点之间的关系

 scpy2.tvtk.figure_imagedata: 用于绘制图 8-9 的程序。

通过 get_cell()方法可以获得表示单元的 Voxel(体素)对象，它的 number_of_points、

number_of_edges 和 number_of_faces 等属性分别是构成体素对象的点数、边数以及面数。

```
cell = img.get_cell(0)
print repr(cell)
<tvtk.tvtk_classes.voxel.Voxel object at 0x0A184C30>
cell.number_of_points  cell.number_of_edges  cell.number_of_faces
---------------------  --------------------  --------------------
8                      12                    6
```

point_ids 属性可以获得构成体素的点的序号列表，而 points 属性则获得构成体素的点的坐标：

```
print repr(cell.point_ids)
cell.points.to_array()
[0, 1, 3, 4, 12, 13, 15, 16]
array([[ 0.1,  0.2,  0.3],
       [ 0.2,  0.2,  0.3],
       [ 0.1,  0.3,  0.3],
       [ 0.2,  0.3,  0.3],
       [ 0.1,  0.2,  0.4],
       [ 0.2,  0.2,  0.4],
       [ 0.1,  0.3,  0.4],
       [ 0.2,  0.3,  0.4]])
```

ImageData 对象的 number_of_cells 属性是数据集中的单元数，也就是图 8-9 中小立方体的数目。

```
img.number_of_cells
24
```

数据集提供了许多获取点和单元之间关系的方法。例如 get_point_cells()获得包含某个点的所有单元的序号，而 get_cell_points()则获得某个单元包含的所有点的序号。由于这两个方法将结果写入一个 IdList 对象中，因此需要先创建一个空的 IdList 对象用于保存结果：

```
a = tvtk.IdList()
img.get_point_cells(3, a)
print "cells of point 3:", repr(a)
img.get_cell_points(0, a)
print "points of cell 0:", repr(a) # 和 cell.point_ids 的值相同
cells of point 3: [2, 0]
points of cell 0: [0, 1, 3, 4, 12, 13, 15, 16]
```

IdList 是 VTK 中管理序号的列表对象，它和 Python 的标准列表一样支持 append()和 extend()

方法，并且可以通过 from_array()将列表或数组转换为 IdList 对象：

```
a = tvtk.IdList()
a.from_array([1,2,3])
a.append(4)
a.extend([5,6])
print repr(a)
[1, 2, 3, 4, 5, 6]
```

与每个单元对应的数据都保存在 cell_data 属性中，它是一个 CellData 对象，用法和 PointData 对象类似，这里就不再多做介绍了。

```
img.cell_data
<tvtk.tvtk_classes.cell_data.CellData at 0xa285c60>
```

8.2.2 RectilinearGrid

ImageData 是最简单的数据集，它的所有点都在一个等间距的三维网格之上，因此只需要起始坐标、网格大小以及网格间距等信息就可以计算出网格上所有点的坐标。如果要表示间距不均匀的网格，可以使用如图 8-10 所示的 RectilinearGrid 数据集。

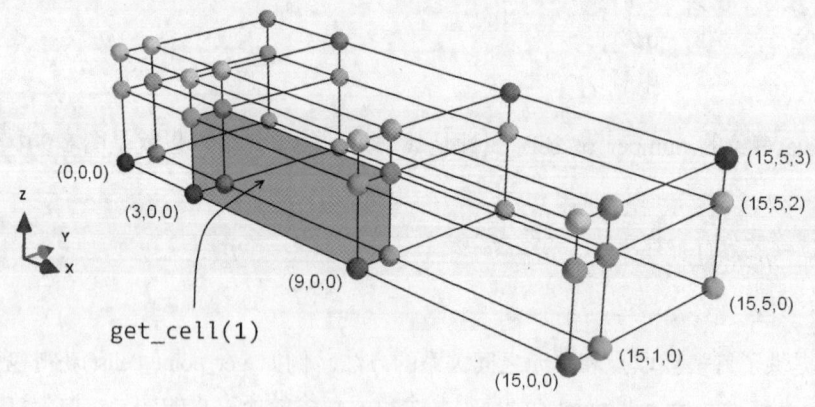

图 8-10 使用 RectilinearGrid 创建分布不均匀的网格

 scpy2.tvtk.figure_rectilineargrid：绘制图 8-10 的程序。

```
x = np.array([0,3,9,15])
y = np.array([0,1,5])
z = np.array([0,2,3])
r = tvtk.RectilinearGrid()
r.x_coordinates = x ❶
```

```
r.y_coordinates = y
r.z_coordinates = z
r.dimensions = len(x), len(y), len(z) ❷

r.point_data.scalars = np.arange(0.0,r.number_of_points) ❸
r.point_data.scalars.name = 'scalars'
```

RectilinearGrid 和 ImageData 相同，所有点都在一个正交的网格之上，所不同的是网格的分布是不均匀的，因此需要通过一些属性设置 X、Y 和 Z 轴的各个网格平面的位置。❶通过 RectilinearGrid 对象的 x_coordinates、y_coordinates 和 z_coordinates 等属性，分别设置网格中与 X 轴、Y 轴和 Z 轴垂直的平面的位置。RectilinearGrid 对象中的点就是所有这些平面的交点。❷由于 RectilinearGrid 对象不会根据这三个数组的长度自动调整 dimensions 属性，因此需要根据数组的长度设置 dimensions 属性。❸最后通过 point_data 属性设置每个点所对应的数据。

和 ImageData 对象一样，点的序号依次沿着 X、Y 和 Z 轴递增，例如：

```
for i in xrange(6):
    print r.get_point(i)
(0.0, 0.0, 0.0)
(3.0, 0.0, 0.0)
(9.0, 0.0, 0.0)
(15.0, 0.0, 0.0)
(0.0, 1.0, 0.0)
(3.0, 1.0, 0.0)
```

单元和点之间的关系也和 ImageData 一样：

```
c = r.get_cell(1)
print "points of cell 1:", repr(c.point_ids)
print c.points.to_array()
points of cell 1: [1, 2, 5, 6, 13, 14, 17, 18]
[[ 3.  0.  0.]
 [ 9.  0.  0.]
 [ 3.  1.  0.]
 [ 9.  1.  0.]
 [ 3.  0.  2.]
 [ 9.  0.  2.]
 [ 3.  1.  2.]
 [ 9.  1.  2.]]
```

8.2.3 StructuredGrid

比 RectilinearGrid 更进一步，StructuredGrid 需要我们指定每个点的坐标。而点和单元之间的关系仍然由点在网格中的位置决定。图 8-11 显示了两种用 StructuredGrid 创建的网格结构。

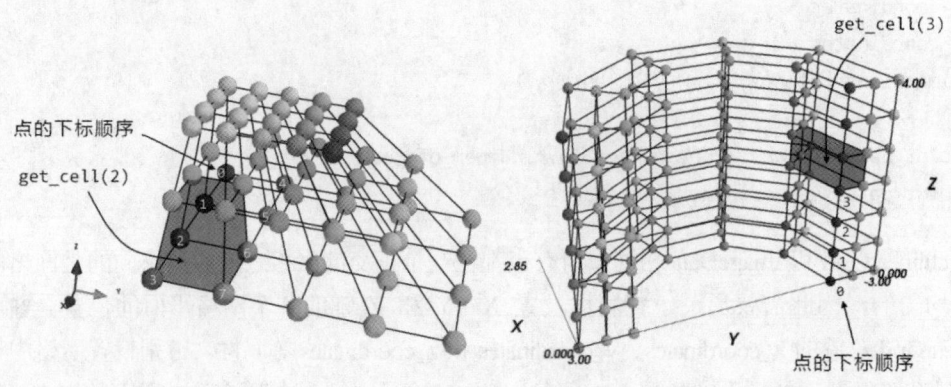

图 8-11 用 StructuredGrid 创建的网格结构

下面对创建这两个网格的程序进行分析：

scpy2.tvtk.figure_structuredgrid：绘制图 8-11 的程序。

```
def make_points_array(x, y, z):
    return np.c_[x.ravel(), y.ravel(), z.ravel()]


z, y, x = np.mgrid[:3.0, :5.0, :4.0] ❶
x *= (4-z)/3 ❷
y *= (4-z)/3
s1 = tvtk.StructuredGrid()
s1.points = make_points_array(x, y, z) ❸
s1.dimensions = x.shape[::-1] ❹
s1.point_data.scalars = np.arange(0, s1.number_of_points)
s1.point_data.scalars.name = 'scalars'
```

❶首先用 NumPy 的 mgrid 对象创建了三个数组 x、y 和 z。它们的形状都是(3,5,4)。其中数组 x 的数据在第 2 轴上变化，数组 y 的数据在第 1 轴上变化，数组 z 的数据在第 0 轴上变化。在这三个数组中，由对应下标的数值组成等间距网格上的点。❷将每个点的 X 和 Y 轴的坐标值，乘以由 Z 轴坐标值决定的系数。沿着 Z 轴正方向乘积系数逐渐变小，相当于将垂直 Z 轴的网格进行不同比例的收缩，最终形成一个如图 8-11(左)所示的梯形网格。

❸StructuredGrid 对象的 points 属性是数据集中每个点的坐标。它是一个表示 N 个点的坐标的数组，形状为(N, 3)。因此需要将三个形状为(3,5,4)的多维数组合并成一个形状为(3*5*4, 3)的二维数组。这个转换工作由 make_points_array()完成。其中首先调用参数数组的 ravel()方法，得到其平坦化之后的一维数组，然后通过 np.c_对象将三个一维数组按列组合成二维数组。

❹将 StructuredGrid 对象的 dimensions 属性设置为(4,5,3)。在 points 属性中只保存点的坐标，

点之间的关系由 dimensions 属性决定。dimensions 和 NumPy 数组的 shape 属性类似，但是其中第 0 轴的变化最快，因此需要将数组的 shape 属性倒序之后再赋值给它。经过 dimensions 属性处理之后，各个点之间的关系如图 8-12 所示。图中每个小方块代表 points 属性中的一个点，方块上的数字表示点在 points 属性中的下标。

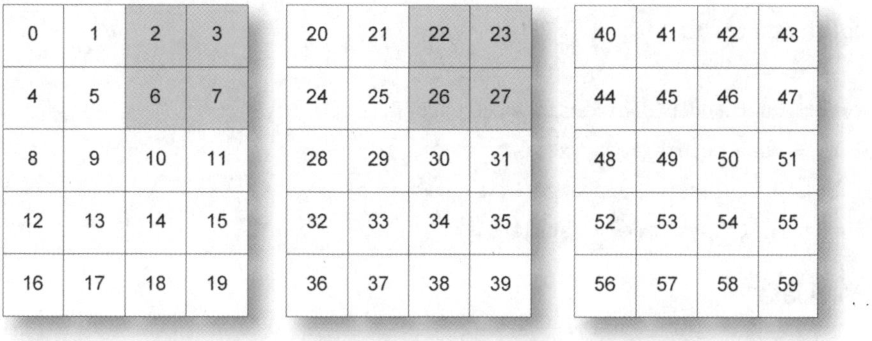

0	1	2	3
4	5	6	7
8	9	10	11
12	13	14	15
16	17	18	19

20	21	22	23
24	25	26	27
28	29	30	31
32	33	34	35
36	37	38	39

40	41	42	43
44	45	46	47
48	49	50	51
52	53	54	55
56	57	58	59

图 8-12 dimensions 为(4,5,3)的 StructuredGrid 的点的结构

单元由网格中相邻的几个点构成，因此单元 2 由图 8-12 中 8 个灰色矩形表示的点构成：

```
s1.get_cell(2).point_ids
[2, 3, 7, 6, 22, 23, 27, 26]
```

由于单元的形状不是长方体，因此 VTK 采用 Hexahedron 对象表示单元，get_face()和 get_edge()方法分别用于获得构成此单元的面和边：

```
c = s1.get_cell(2)
print "cell type:", type(c)
print "number_of_faces:", c.number_of_faces #单元的面数
f = c.get_face(0) #获得第 0 个面
print "face type:", type(f) #每个面用一个 Quad 对象表示
print "points of face 0:", repr(f.point_ids) #构成第 0 面的 4 个点的下标
print "edge count of cell:", c.number_of_edges # 单元的边数
e = c.get_edge(0) #获得第 0 个边
print "edge type:", type(e)
print "points of edge 0:", repr(e.point_ids) #构成第 0 边的两个点的下标
cell type: <class 'tvtk.tvtk_classes.hexahedron.Hexahedron'>
number_of_faces: 6
face type: <class 'tvtk.tvtk_classes.quad.Quad'>
points of face 0: [2, 22, 26, 6]
edge count of cell: 12
edge type: <class 'tvtk.tvtk_classes.line.Line'>
points of edge 0: [2, 3]
```

使用 StructuredGrid 可以创建出任意形状的网格，例如下面的程序创建图 8-11(右)所示的半

个空心圆柱。程序中，首先在圆柱坐标系中创建等距网格，然后将各点坐标转换到直角坐标系中，具体的步骤留给读者自行分析。

```
r, theta, z2 = np.mgrid[2:3:3j, -np.pi/2:np.pi/2:6j, 0:4:7j]
x2 = np.cos(theta)*r
y2 = np.sin(theta)*r

s2 = tvtk.StructuredGrid(dimensions=x2.shape[::-1])
s2.points = make_points_array(x2, y2, z2)
s2.point_data.scalars = np.arange(0, s2.number_of_points)
s2.point_data.scalars.name = 'scalars'
```

8.2.4 PolyData

PolyData 数据集由一系列的点、点之间的连线以及由点构成的多边形面组成。这些信息都需要用户进行设置，因此用程序创建 PolyData 对象比较烦琐。TVTK 中的许多三维模型类都输出 PolyData 对象。例如在第一节中介绍的创建圆锥数据的 ConeSource 类：

```
source = tvtk.ConeSource(resolution = 4)
source.update() # 让 source 计算其输出数据
cone = source.output
type(cone)
```
```
tvtk.tvtk_classes.poly_data.PolyData
```

ConeSource 对象的输出数据是一个 PolyData 对象。PolyData 对象的 points 属性是一个保存点的坐标的数组。为了方便查看各个点的坐标，我们用 NumPy 的 array_str()函数输出此数组的内容，利用 suppress_small 参数将很小的数显示为 0：

```
print np.array_str(cone.points.to_array(), suppress_small=True)
```
```
[[ 0.5  0.   0. ]
 [-0.5  0.5  0. ]
 [-0.5  0.   0.5]
 [-0.5 -0.5  0. ]
 [-0.5 -0.  -0.5]]
```

由于设置了 ConeSource 对象的 resolution 属性为 4，因此圆锥的底面是一个正方形。由各个点的坐标很容易看出底面垂直于 X 轴，并且在 X=−0.5 的平面上，而圆锥的顶点在 X 轴上的 X=0.5 处。各个点之间的联系由 polys 属性决定：

```
print type(cone.polys)
print cone.polys.number_of_cells # 圆锥有 5 个面
print cone.polys.to_array()
```

```
<class 'tvtk.tvtk_classes.cell_array.CellArray'>
5
[4 4 3 2 1 3 0 1 2 3 0 2 3 3 0 3 4 3 0 4 1]
```

polys 属性是一个 CellArray 对象，其中保存各个面和点之间的关系。我们创建的圆锥有 5
个面，因此 CellArray 对象的 number_of_cells 属性为 5。CellArray 对象内部使用一个一维整数数
组保存构成各个面的点的下标。由于构成每个面的点数可能不同，因此还需要保存构成每个面
的点数。我们可以把这个一维数组理解为如下所示的构造：其中每一行对应一个面，冒号前面
的数值是构成此面的点数，冒号后面的一串数字是每个点在 points 属性中的下标。由下面的数
据可知，方锥由 4 个三角形和 1 个四边形构成：

```
4 : 4, 3, 2, 1
3 : 0, 1, 2
3 : 0, 2, 3
3 : 0, 3, 4
3 : 0, 4, 1
```

下面看看如何直接创建 PolyData 对象，首先是一个简单的方锥的例子：

```
p1 = tvtk.PolyData()
p1.points = [(1,1,0),(1,-1,0),(-1,-1,0),(-1,1,0),(0,0,2)] ❶
faces = [
    4,0,1,2,3,
    3,4,0,1,
    3,4,1,2,
    3,4,2,3,
    3,4,3,0
    ]
cells = tvtk.CellArray() ❷
cells.set_cells(5, faces) ❸
p1.polys = cells
p1.point_data.scalars = np.linspace(0.0, 1.0, len(p1.points))
```

❶在介绍 StructuredGrid 时，我们将一个形状为(N, 3)的数组赋值给 points 属性，这里使用坐
标列表进行赋值，效果和使用数组相同。❷为了给 polys 属性赋值，需要首先创建一个新的
CellArray 对象。❸然后调用 CellArray 对象的 set_cells()设置其内容，第一个参数为面(单元)的个
数，第二个参数是描述各个面的构成的数组(或列表)。所创建的方锥如图 8-13(左)所示，图中标
出了各个点的序号。PolyData 对象中的各个面可以通过 get_cell()方法获得，图中标出了第 0 个
和第 1 个面。

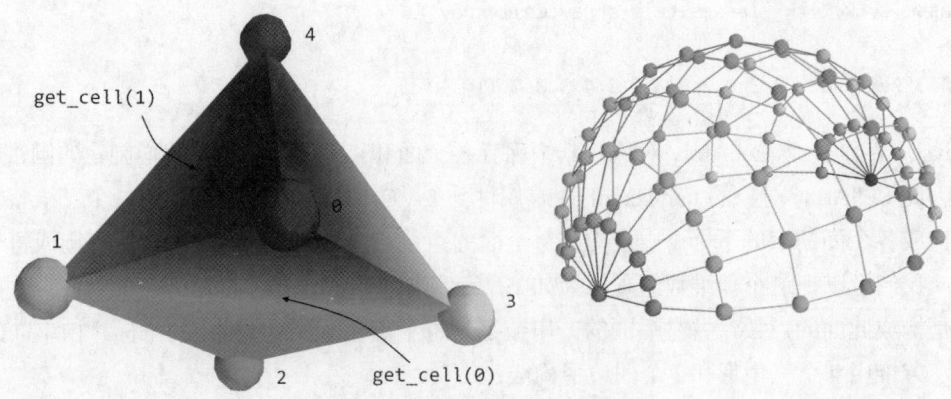

图 8-13 用 PolyData 创建的多面体

 scpy2.tvtk.figure_polydata: 绘制图 8-13 的程序。

下面获取第 0 面和第 1 面上的点的序号：

```
print repr(p1.get_cell(0).point_ids)
print repr(p1.get_cell(1).point_ids)
[0, 1, 2, 3]
[4, 0, 1]
```

下面是使用 PolyData 创建半球面的程序，图 8-13(右)是半球面的显示效果。为了显示出整个半球上的点，图中将面隐藏，仅显示各个面的边框。

```
N = 10
a, b = np.mgrid[0:np.pi:N*1j, 0:np.pi:N*1j]
x = np.sin(a)*np.cos(b)
y = np.sin(a)*np.sin(b)
z = np.cos(a)

points = make_points_array(x, y, z)  ❶
faces = np.zeros(((N-1)**2, 4), np.int)  ❷
t1, t2 = np.mgrid[:(N-1)*N:N, :N-1]
faces[:,0] = (t1+t2).ravel()
faces[:,1] = faces[:,0] + 1
faces[:,2] = faces[:,1] + N
faces[:,3] = faces[:,0] + N

p2 = tvtk.PolyData(points = points, polys = faces)
p2.point_data.scalars = np.linspace(0.0, 1.0, len(p2.points))
```

首先将球坐标系中的点转换为直角坐标系中的坐标。❶然后调用 make_points_array() 将这些坐标值转换为形状为(N, 3)的数组。❷如果每个面的点数相同，可以用一个二维数组表示面和点之间的关系，其中第 0 轴的长度为面数，第 1 轴的长度为每个面的点数。可以将此二维数组直接赋值给 polys 属性，TVTK 库会帮我们完成二维数组到 CellArray 对象之间的转换。

```
p2.polys.to_array()[:20]
array([ 4,  0,  1, 11, 10,  4,  1,  2, 12, 11,  4,  2,  3, 13, 12,  4,  3,
        4, 14, 13])
```

请读者根据程序思考 faces 数组的计算方法，这里就不再多做解释了。

8.3 TVTK 的改进

与本节内容对应的 Notebook 为：08-tvtk_mayavi/tvtk_mayavi-400-tvtk_and_vtk.ipynb。

VTK 拥有详细的 C++ API 说明文档，而 Python 的 VTK 扩展库的用法和 C++的用法基本相同。为了让读者能有效地用 TVTK 替代 VTK 扩展库，本节对 TVTK 的一些改进进行总结。首先看一个使用标准的 VTK 扩展库显示圆锥的例子：

```python
%%python

# -*- coding: utf-8 -*-
import vtk

# 创建一个圆锥数据源
cone = vtk.vtkConeSource( )
cone.SetHeight( 3.0 )
cone.SetRadius( 1.0 )
cone.SetResolution(10)
# 使用 PolyDataMapper 将数据转换为图形数据
coneMapper = vtk.vtkPolyDataMapper( )
coneMapper.SetInputConnection( cone.GetOutputPort( ) )
# 创建一个 Actor
coneActor = vtk.vtkActor( )
coneActor.SetMapper ( coneMapper )
# 用线框模式显示圆锥
```

```
coneActor.GetProperty( ).SetRepresentationToWireframe( )
# 创建 Renderer 和窗口
ren1 = vtk.vtkRenderer( )
ren1.AddActor( coneActor )
ren1.SetBackground( 0.1 , 0.2 , 0.4 )
renWin = vtk.vtkRenderWindow( )
renWin.AddRenderer( ren1 )
renWin.SetSize(300 , 300)
# 创建交互工具
iren = vtk.vtkRenderWindowInteractor( )
iren.SetRenderWindow( renWin )
iren.Initialize( )
iren.Start( )
```

此程序和 C++ 程序的区别仅仅是没有声明变量的类型，其他的用法完全和 C++ 的 VTK API 相同。官方所提供的 VTK-Python 包和 C++ 语言的接口相似，许多地方没有体现出 Python 作为动态语言的优势，可以说标准的 VTK-Python 库不是 Python 风格的。为了弥补这些不足之处，Enthought 公司开发的 TVTK 库进一步对 VTK-Python 进行包装。它具有如下优点：

- 支持 Trait 属性
- 支持元素的 Pickle 操作
- API 更接近 Python 风格
- 能自动处理 NumPy 数组或列表对象
- 流水线浏览器 ivtk

8.3.1 TVTK 的基本用法

下面是前面介绍过的用 TVTK 显示圆锥的程序：

```
from tvtk.api import tvtk

cs = tvtk.ConeSource(height=3.0, radius=1.0, resolution=36)
m = tvtk.PolyDataMapper(input_connection = cs.output_port)
a = tvtk.Actor(mapper=m)
ren = tvtk.Renderer(background=(1, 1, 1))
ren.add_actor(a)
rw = tvtk.RenderWindow(size=(300,300))
rw.add_renderer(ren)
rwi = tvtk.RenderWindowInteractor(render_window=rw)
rwi.initialize()
rwi.start()
```

可以看到它比标准 VTK 版本要简短许多，从中可以看到 TVTK 的一些重要改进：

- TVTK 库中的类名除去了前缀"vtk"。有些类名在"vtk"之后是数字，TVTK 库对这种类名进行特殊处理：如果首字符为数字，就用其英文单词代替，例如 vtk3DSImporter 变成 ThreeDSImporter。
- 函数名按照 Python 的惯例，采用下划线连接单词，例如 AddItem 变成 add_item。
- 许多 VTK 对象的方法在 TVTK 中用 Trait 属性替代，例如下面列出了圆锥实例中的两处改进：

```
m.SetInputConnection(cs.GetOutputPort())      # VTK
m.input_connection = cs.output_port           # TVTK


p.SetRepresentationToWireframe()  # VTK
p.representation = 'w'            # TVTK
```

- Trait 属性可以在创建对象的同时通过关键字参数进行设置，这样更便于程序的编写和阅读。

在 TVTK 库的内部实现中，所有的 TVTK 对象的内部都有一个 VTK 对象，对 TVTK 对象的函数调用将转给内部的 VTK 对象执行。如果返回值是 VTK 对象，它将被包装成 TVTK 对象返回。如果方法的参数是 TVTK 对象，其中的 VTK 对象将作为值进行参数传递。

8.3.2 Trait 属性

所有的 TVTK 类都从 HasStrictTraits 继承，HasStrictTraits 规定了它的子类的对象在创建之后不能对不存在的属性进行赋值。VTK 中所有和基本状态有关的方法在 TVTK 中都使用 Trait 属性表示。调用 set()方法可以一次设置多个 Trait 属性，例如：

```
p = tvtk.Property()
p.set(opacity=0.5, color=(1,0,0), representation="w")
```

调用 edit_traits()或 configure_traits()可以显示编辑属性的对话框：

```
p.edit_traits()
```

可以通过 tvtk.to_tvtk()得到任何 TVTK 对象所包装的 TVK 对象，在必要的时候直接对 VTK 对象进行操作：

```
print p.representation
p_vtk = tvtk.to_vtk(p)
p_vtk.SetRepresentationToSurface()
print p.representation
wireframe
surface
```

也可以通过 TVTK 对象的_vtk_obj 属性获得其中的 VTK 对象，而 tvtk.to_tvtk()则可以将 VTK

对象包装成 TVTK 对象。

8.3.3 序列化

TVTK 对象支持简单的序列化处理。单个 TVTK 对象的状态可以被序列化：

```
import cPickle
p = tvtk.Property()
p.representation = "w"
s = cPickle.dumps(p)
del p
q = cPickle.loads(s)
q.representation
'wireframe'
```

但是序列化仅仅能保存对象的状态，对象之间的引用无法被保存。因此 TVTK 的整个流水线无法用序列化保存。通常 pickle.load()将创建新的对象，如果我们希望更新某个已经存在的对象的状态，可以如下调用__setstate__()来实现：

```
p = tvtk.Property()
p.interpolation = "flat"
d = p.__getstate__()
del p
q = tvtk.Property()
print q.interpolation
q.__setstate__(d)
print q.interpolation
gouraud
flat
```

8.3.4 集合迭代

从 tvtk.Collection 继承的对象可以像标准的 Python 序列对象一样使用，下面的例子演示了 ActorCollection 对象支持 len()、append()以及 for 循环：

```
ac = tvtk.ActorCollection()
print len(ac)
ac.append(tvtk.Actor())
ac.append(tvtk.Actor())
print len(ac)

for a in ac:
    print repr(a)
```

```
del ac[0]
print len(ac)
0
2
<tvtk.tvtk_classes.open_gl_actor.OpenGLActor object at 0x0A24A690>
<tvtk.tvtk_classes.open_gl_actor.OpenGLActor object at 0x0A174ED0>
1
```

对比一下 VTK 的相应程序，就能体会出 TVTK 库的优点了：

```
import vtk
ac = vtk.vtkActorCollection()
print ac.GetNumberOfItems()
ac.AddItem(vtk.vtkActor())
ac.AddItem(vtk.vtkActor())
print ac.GetNumberOfItems()

ac.InitTraversal()
for i in range(ac.GetNumberOfItems()):
    print repr(ac.GetNextItem())

ac.RemoveItem(0)
print ac.GetNumberOfItems()
0
2
(vtkOpenGLActor)0A24AF90
(vtkOpenGLActor)0A24AF00
1
```

8.3.5 数组操作

所有 DataArray 的派生类和 Python 的序列一样，支持迭代接口以及__getitem__()、__setitem__()、__repr__()、append()、extend()等。此外，还可以通过 from_array()直接用 NumPy 数组或列表进行赋值，可以很方便地将其中保存的数据转换为 NumPy 数组。Points 和 IdList 等对象也同样支持这些特性：

```
pts = tvtk.Points()
p_array = np.eye(3)
pts.from_array(p_array)
pts.print_traits()
pts.to_array()
_in_set:                  0
_vtk_obj:                 (vtkPoints)0A2D82D0
```

```
actual_memory_size:       1
bounds:                   (0.0, 1.0, 0.0, 1.0, 0.0, 1.0)
class_name:               'vtkPoints'
data:                     [(1.0, 0.0, 0.0), (0.0, 1.0, 0.0), (0.0, 0.0, 1.0)]
data_type:                'double'
data_type_:               11
debug:                    0
debug_:                   0
global_warning_display:   1
global_warning_display_:  1
m_time:                   44927
number_of_points:         3
reference_count:          1
array([[ 1.,  0.,  0.],
       [ 0.,  1.,  0.],
       [ 0.,  0.,  1.]])
```

如果 TVTK 对象的属性或方法能够接受 DataArray、Points、IdList 以及 CellArray 等对象,那么它也同时能够接受数组和列表:

```
points = np.array([[0,0,0],[1,0,0],[0,1,0],[0,0,1]], 'f')
triangles = np.array([[0,1,3],[0,3,2],[1,2,3],[0,2,1]])
values = np.array([1.1, 1.2, 2.1, 2.2])
mesh = tvtk.PolyData(points=points, polys=triangles)
mesh.point_data.scalars = values
print repr(mesh.points)
print repr(mesh.polys)
print mesh.polys.to_array()
print mesh.point_data.scalars.to_array()
```
```
[(0.0, 0.0, 0.0), (1.0, 0.0, 0.0), (0.0, 1.0, 0.0), (0.0, 0.0, 1.0)]
<tvtk.tvtk_classes.cell_array.CellArray object at 0x0A2E5360>
[3 0 1 3 3 0 3 2 3 1 2 3 3 0 2 1]
[ 1.1  1.2  2.1  2.2]
```

8.4 TVTK 可视化实例

 与本节内容对应的 Notebook 为: 08-tvtk_mayavi/tvtk_mayavi-500-tvtk-examples.ipynb。

由于篇幅所限，本书不对 VTK 库的用法进行详细解释。在本节，我们将对几个比较典型的实例进行分析。希望读者在学习这几个实例之后能够融会贯通，掌握 VTK 开发的一般流程以及使用 TVTK 带来的便利。

从 VTK 的网站可以下载大量的 C++和 TCL 的程序实例，由于 TVTK 的用法更加简洁，读者应该能很容易将它们转换成使用 TVTK 库的 Python 程序。

在本节的可视化实例程序中，使用了本书提供的辅助模块 scpy2.tvtk.tvtkhelp。其中的 ivtk_scene()使用 ivtk 显示一组 Actor 对象。

8.4.1 切面

展示三维数据的一个比较简单的方法是使用切面，对切面经过的数据进行可视化，这样就把三维数据可视化问题转换成了二维数据的可视化。通过交互式地修改切面的位置和方向，用户能直观地对三维数据进行观察。下面是使用切片工具观察数据的一个实例，效果如图 8-14 所示。

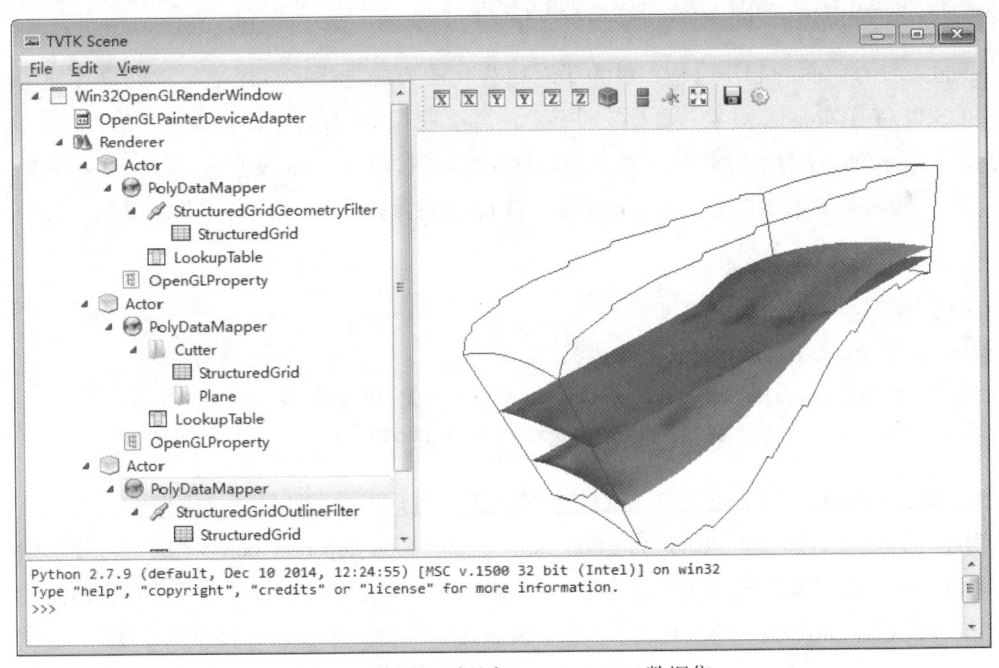

图 8-14 使用切面观察 StructuredGrid 数据集

它由三个部分组成：一个曲面、一个平面和一个外框。在曲面和平面上，每个点使用颜色表示对应数值的大小。由于我们使用 ivtk 显示可视化结果，因此可以使用界面左侧的流水线浏览器观察组成整个场景的流水线。

 scpy2.tvtk.example_cut_plane: 切面演示程序。

```
def read_data():
    # 读入数据
    plot3d = tvtk.MultiBlockPLOT3DReader( ❶
        xyz_file_name = "combxyz.bin",
        q_file_name = "combq.bin",
        scalar_function_number = 100, vector_function_number = 200
    )
    plot3d.update() ❷
    return plot3d

plot3d = read_data()
grid = plot3d.output.get_block(0) ❸

# 创建颜色映射表
lut = tvtk.LookupTable() ❹
lut.table = pl.cm.cool(np.arange(0,256))*255
```

下面先看看曲面的制作过程。❶为了对可视化的方法进行重点介绍，我们直接使用一个
MultiBlockPLOT3DReader 对象从数据文件读入三维数据信息。❷为了让它真正从文件读入数据，
需要调用其 update()方法。运行此方法之后，❸就可以通过其 output 属性获取读入的数据集对象
了。通过 output 属性获得的是一个 MultiBlockDataSet 对象，通过 get_block(0)可以获得其中下标
0 对应的 StructuredGrid 数据集。

```
print type(plot3d.output)
print type(plot3d.output.get_block(0))
<class 'tvtk.tvtk_classes.multi_block_data_set.MultiBlockDataSet'>
<class 'tvtk.tvtk_classes.structured_grid.StructuredGrid'>
```

MultiBlockPLOT3DReader 读入 PLOT3D 格式的文件，PLOT3D 是一种流体动力学数据可视
化的程序。程序中通过设置 scalar_function_number 和 vector_function_number 属性，分别指定标
量数组和矢量数组为流体的密度和速度。各个参数的具体含义请读者查看 VTK 的相关文档。
MultiBlockPLOT3DReader 对象输出的是一个 StructuredGrid 数据集。下面观察它的一些属性：

```
print "dimensions:", grid.dimensions
print grid.points.to_array()
print "cell arrays:", grid.cell_data.number_of_arrays
print "point arrays:", grid.point_data.number_of_arrays

print "arrays name:"
for i in xrange(grid.point_data.number_of_arrays):
    print "    ", grid.point_data.get_array_name(i)
```

```
print "scalars name:", grid.point_data.scalars.name
print "vectors name:", grid.point_data.vectors.name

dimensions: [57 33 25]
[[  2.66700006  -3.77476001  23.83292007]
 [  2.94346499  -3.74825287  23.66555977]
 [  3.21985817  -3.72175312  23.49823952]
 ...,
 [ 15.84669018   5.66214085  35.7493782 ]
 [ 16.17829895   5.66214085  35.7493782 ]
 [ 16.51000023   5.66214085  35.7493782 ]]
cell arrays: 0
point arrays: 4
arrays name:
     Density
     Momentum
     StagnationEnergy
     Velocity
scalars name: Density
vectors name: Velocity
```

由上面的各个属性可以得知，数据集 grid 是一个形状为(57, 33, 25)的网格。由于它是一个 StructuredGrid 对象，因此网格中的每个点的坐标保存在 points 属性中。网格中的单元没有数据，而每个点对应4种数据，它们的名字分别为"Density"、"Momentum"、"StagnationEnergy"和"Velocity"。其中通过 point_data 的 scalars 属性可以获得名为"Density"的数组，它是一个标量数组，而"Velocity"数组则可以通过 point_data 的 vectors 属性获得，它是一个三维矢量数组。切面将针对 scalars 属性的数据进行运算，因此切面所显示的是切面上每个点的密度值。

❹我们需要把切面上的密度用某种颜色来表示，因此需要进行值到颜色的转换。在 VTK 中这种转换工作由 LookupTable 对象完成。它的 table 属性是一个保存颜色表的数组。这里我们使用 matplotlib 库的颜色映射对象计算 LookupTable 对象的颜色。

接下来显示 StructuredGrid 中某一层网格面上的数据：

```
# 显示 StructuredGrid 中的一个网格面
plane = tvtk.StructuredGridGeometryFilter(extent = (0, 100, 0, 100, 6, 6)) ❶
plane.set_input_data(grid) ❷
plane_mapper = tvtk.PolyDataMapper(lookup_table = lut, input_connection =
plane.output_port) ❸
plane_mapper.scalar_range = grid.scalar_range ❹
plane_actor = tvtk.Actor(mapper = plane_mapper) ❺
```

❶StructuredGridGeometryFilter 对象能从 StructuredGrid 对象中提取部分网格。程序中通过 extent 属性指定了提取的网格的范围：第 0 轴和第 1 轴的范围是 0 到 100，而第 2 轴的范围是 6

到 6。其中第 0 轴、第 1 轴的范围大于网格在这两个方向上的长度，因此它们提取这两个轴上的整个范围，而在第 2 轴上只提取第 6 层的数据。❷当直接把数据集对象当作输入时，应当调用 VTK 中的 SetInputData()函数，在 TVTK 中该函数为 set_input_data()。StructuredGridGeometryFilter 对象输出一个 PolyData 数据集：

 TVTK 库没有将 SetInputData()转换成 input_data 属性，因此需要调用与之对应的 set_input_data()函数来设置输入数据集。

```
plane.update()
p = plane.output
type(p)
```
```
tvtk.tvtk_classes.poly_data.PolyData
```

下面查看这个 PolyData 对象的一些属性：

```
print p.number_of_points, grid.dimensions[0] * grid.dimensions[1]
```
```
1881 1881
```

它由 1881 个点构成，因为它是 StructuredGrid 对象中第 2 轴上的一层，所以它的点数等于原始数据集的第 0 轴和第 1 轴长度的乘积。下面比较 StructuredGrid 对象和 PolyData 对象中点的坐标：

```
print grid.dimensions
points1 = grid.points.to_array().reshape((25,33,57,3))
points2 = p.points.to_array().reshape((33,57,3))
np.all(points1[6] == points2)
```
```
[57 33 25]
True
```

points1 是将 StructuredGrid 对象的点还原成三维网格之后的数组，数组的第 3 轴表示每个点的 X、Y 和 Z 轴的坐标值。由于 NumPy 数组的 shape 属性和 StructuredGrid 对象的 dimensions 属性为倒序关系，因此 dimensions 属性中的第 0 轴相当于 shape 属性的第 2 轴。同样，我们将 PolyData 对象的点还原成表示二维网格数组的 points2。因为我们提取的是 StructuredGrid 对象的第 2 轴的第 6 层数据，因此 points1[6]应该和 ponits2 相等。

使用 StructuredGridGeometryFilter 对象不但从数据源提取了点的坐标，还提取了每个点所对应的数据，因此 PolyData 对象的每个点也对应有 4 组数据，并且数组名也保持不变。

```
print p.point_data.number_of_arrays
print p.point_data.scalars.name
```

```
4
Density
```

❸使用 PolyDataMapper 对象将 PolyData 对象转换为图形数据，同时用前面创建的颜色映射表 lut 对 PolyData 对象中的每个点进行着色。❹为了能使用颜色映射表中的所有颜色，我们将颜色映射表的范围设置成和密度数组的范围一致。❺最后创建在场景中显示图形数据的 Actor 对象。

接下来是创建平面切面的程序：

```
lut2 = tvtk.LookupTable()
lut2.table = pl.cm.cool(np.arange(0,256))*255
cut_plane = tvtk.Plane(origin = grid.center, normal=(-0.287, 0, 0.9579)) ❶
cut = tvtk.Cutter(cut_function = cut_plane) ❷
cut.set_input_data(grid)
cut_mapper = tvtk.PolyDataMapper(input_connection = cut.output_port, lookup_table = lut2)
cut_actor = tvtk.Actor(mapper = cut_mapper)
```

❶首先创建表示平面的 Plane 对象。它是一个经过 origin 属性表示的坐标点，法线方向为 normal 属性的无限平面，通过这两个属性可以唯一确定平面。Plane 对象的输出是一个 PolyData 对象：

```
type(plane.output)
tvtk.tvtk_classes.poly_data.PolyData
```

❷创建一个 Cutter 对象，它使用传递给 cut_function 属性的 Plane 对象，对 set_input_data()设置的目标数据集进行切面插值。Cutter 对象的输出也是 PolyData 对象，由于 StructuredGrid 对象中的点不一定能正好落在 Plane 对象所指定的平面之上，因此 Cutter 对象会对 StructuredGrid 对象中的数据进行插值计算。它所输出的 PolyData 对象中的点不再是数据源中的点。

```
cut.update()
cut.output.number_of_points
2537
```

PolyData 对象中的每个点仍然与 4 组数据相对应，这些数据都是通过对数据源进行插值计算得到的：

```
cut.output.point_data.number_of_arrays
4
```

为了在场景中显示切面，和前面所讲的曲面一样，使用 PolyDataMapper 和 Actor 将 PolyData 对象加工成场景中的物体。接下来创建 StructuredGrid 对象的外边框部分：

```
def make_outline(input_obj):
    from tvtk.common import configure_input
    outline = tvtk.StructuredGridOutlineFilter()
    configure_input(outline, input_obj)
    outline_mapper = tvtk.PolyDataMapper(input_connection = outline.output_port)
    outline_actor = tvtk.Actor(mapper = outline_mapper)
    outline_actor.property.color = 0.3, 0.3, 0.3
    return outline_actor


outline_actor = make_outline(grid)
```

在 make_outline()中使用 StructuredGridOutlineFilter 对象计算出一个表示外边框的 PolyData 对象。其中调用 tvtk.common.configure_input()来设置 StructuredGridOutlineFilter 对象的输入。该函数会根据输入对象的类型选择 input_connection 或 set_input_data()。

请读者根据前面介绍的方法观察此 PolyData 对象的内容，这里就不再举例了。最后使用本书提供的 tvtkhelp 模块中定义的 ivtk_scene()显示前面创建的三个 Actor 对象：plane_actor、cut_actor、outline_actor。

```
win = ivtk_scene([plane_actor, cut_actor, outline_actor])
win.scene.isometric_view()
```

在界面左侧的流水线浏览器中，双击某个对象可以打开对应的编辑器，对其各种属性进行编辑。例如可以打开 Plane 对象的编辑器。在此编辑器中修改 Plane 对象的 original 和 normal 属性，从而改变切面的位置和方向，观察数据集中不同位置的密度分布情况。而打开 StructuredGridGeometryFilter 对象的编辑器，可以修改曲面切面的范围。图 8-15 显示了这两个编辑器，以及通过它们修改之后的切面。

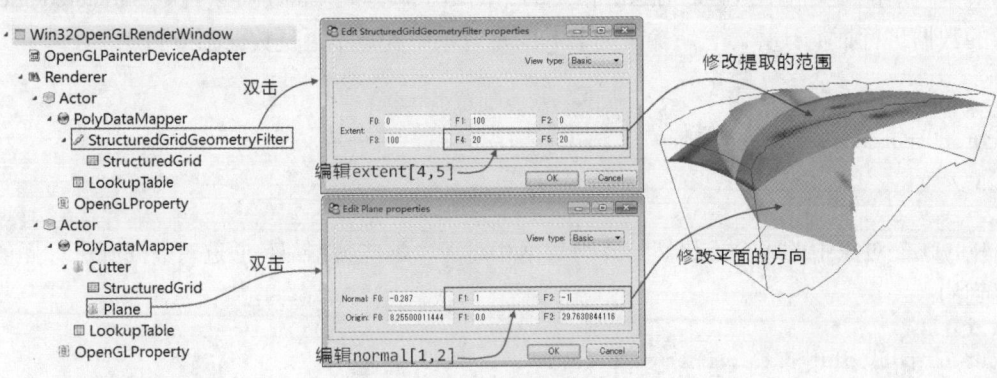

图 8-15 通过编辑器修改切面的位置和方向

8.4.2　等值面

等值面是标量场中标量值相等的曲面，和地图中的等高线类似。在 VTK 中使用 ContourFilter 计算等值面。下面的程序对上节的流体数据进行等值面可视化，效果如图 8-16 所示。

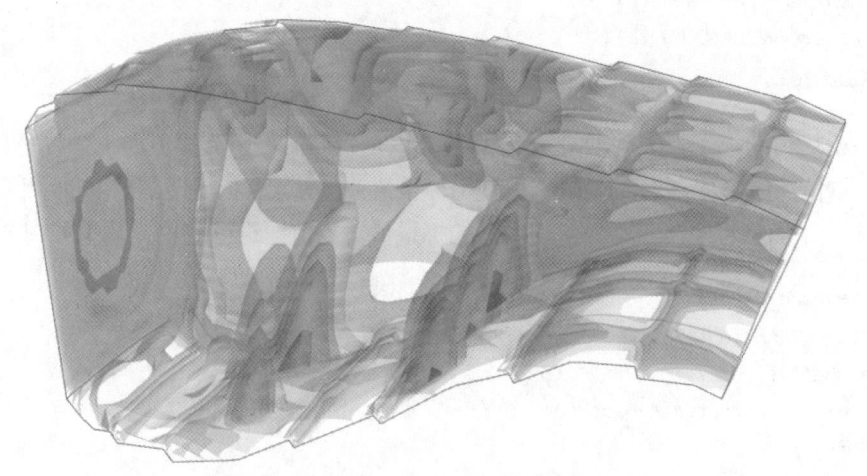

图 8-16 使用等值面对标量场进行可视化

```
contours = tvtk.ContourFilter()
contours.set_input_data(grid)
contours.generate_values(8, grid.point_data.scalars.range) ❶
mapper = tvtk.PolyDataMapper(input_connection = contours.output_port,
    scalar_range = grid.point_data.scalars.range) ❷
actor = tvtk.Actor(mapper = mapper)
actor.property.opacity = 0.3 ❸

outline_actor = make_outline(grid)

win = ivtk_scene([actor, outline_actor])
win.scene.isometric_view()
```

❶创建一个 ContourFilter 对象，并且调用 generate_values()方法来创建 8 个等值面，等值面的取值范围由标量值数组 scalars 的范围决定。❷等值面的颜色映射也由 scalars 数组的范围决定。由于没有设置映射器的颜色表，将使用系统缺省的映射表，它将最小值映射为红色，将最大值映射为蓝色。

❸由于 8 个等值面是嵌套的，我们需要修改等值面的 Actor 对象的透明度，以便观察等值面的内部构造。除了使用 generate_values()创建等差等值面之外，还可以使用 set_value()方法直接设置每个等值面的值，而 get_value()方法可以获得等值面的值。下面的程序修改第 0 个等值面的值：

```
print contours.get_value(0)
contours.set_value(0, 0.21)
0.197813093662
```

在这个例子中，同一个等值面上所有点的颜色是相同的。因为等值面上的标量值(流体密度)相同，而对等值面进行着色时，缺省也使用标量值。有时候我们希望等值面的颜色由另外的标量值决定。下面的程序演示了如何使用别的标量值对等值面进行着色，效果如图 8-17 所示。

```
plot3d = read_data()
plot3d.add_function(153) ❶
plot3d.update()
grid = plot3d.output.get_block(0)

contours = tvtk.ContourFilter()
contours.set_input_data(grid)
contours.set_value(0, 0.30) ❷
mapper = tvtk.PolyDataMapper(input_connection = contours.output_port,
    scalar_range = grid.point_data.get_array(4).range, ❸
    scalar_mode = "use_point_field_data") ❹
mapper.color_by_array_component("VelocityMagnitude", 0) ❺
actor = tvtk.Actor(mapper = mapper)
actor.property.opacity = 0.6

outline_actor = make_outline(grid)

win = ivtk_scene([actor, outline_actor])
win.scene.isometric_view()
```

❶首先调用 PLOT3DReader 对象的 add_function()方法，为每个点添加一组标量值。所增加的新数组名为"VelocityMagnitude"，表示每点所对应的速度大小，下面将使用此数组对等值面进行着色。

```
grid.point_data.get_array_name(4)
'VelocityMagnitude'
```

❷调用 ContourFilter 对象的 set_value()，创建一个值为 0.3 的等值面。❸设置映射器的标量范围属性 scalar_range，将它设置为新增加的数组的取值范围。❹scalar_mode 属性决定映射器所使用的标量数据类型，这里的"use_point_field_data"表示使用点数据中的数组。它有如下几种选择：

- "default"：使用 point_data.scalars，如果不存在就使用 cell_data.scalars。
- "use_point_data"：使用 point_data.scalars。
- "use_cell_data"：使用 cell_data.scalars。

- "use_point_field_data"：使用 point_data 中的某个数组，具体的数组需要另外指定。
- "use_cell_field_data"：使用 cell_data 中的某个数组，具体的数组需要另外指定。

❺通过 color_by_array_component() 指定着色所使用的数据。它的第一个参数是数组名，第二个参数是从数组中选择的列。由于"VelocityMagnitude"是一个标量数组，它只有一列数据，因此第二个参数为 0。如果第一个参数是矢量数组名，例如"Velocity"，那么可以通过第二个参数选择矢量数组中的不同分量。请读者修改这两个参数，使用其他的数据对等值面进行着色。

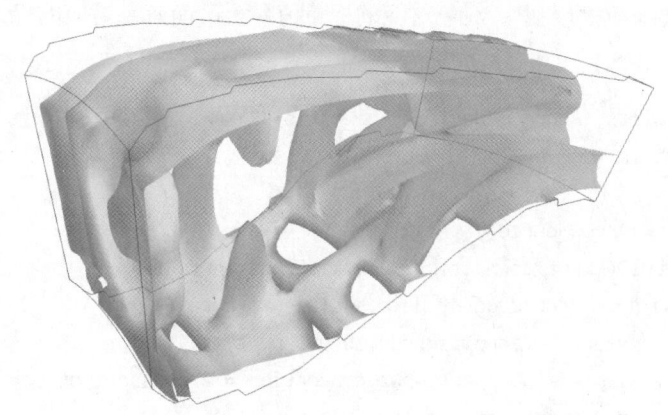

图 8-17 在等值面上用颜色显示其他标量值

8.4.3 流线

在前面的实例中，我们使用切面和等值面对流体的密度分布进行了可视化。空间中每一点的密度可以用一个数值(标量)表示，因此可以将密度分布理解为一个标量场。而流体在每一点的速度是一个矢量，因此速度的分布情况需要使用矢量场来描述。本节介绍如何使用随机散布的矢量箭头和流线对矢量场进行可视化，效果如图 8-18 所示。由此图可知，整个场景由 4 个实体构成：外框、随机散布的矢量箭头、表示流线源的球体以及流线。

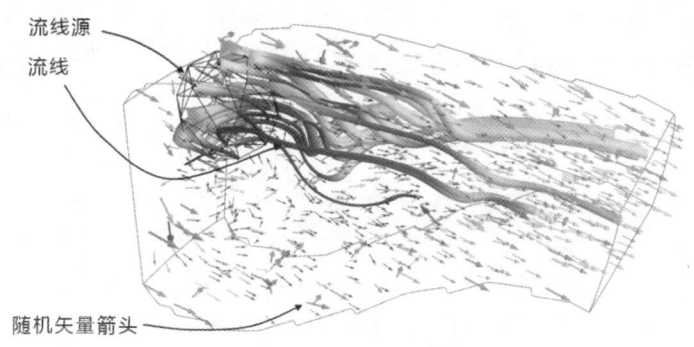

图 8-18 矢量场的可视化

scpy2.tvtk.example_streamline: 使用流线和箭头可视化矢量场。

下面的程序创建随机散布的矢量箭头。这些箭头的起始点是数据集中的点的坐标，箭头的方向由点所对应的矢量决定，而箭头的大小和颜色则由点所对应的标量决定。本例中，箭头的方向表示速度的方向，而大小和颜色则表示密度。箭头越大表示该点的标量值(密度)越大，箭头的颜色也同时表示标量值的大小，红色对应的标量值最小，而蓝色对应的标量值最大。

```
# 矢量箭头
mask = tvtk.MaskPoints(random_mode=True, on_ratio=50) ❶
mask.set_input_data(grid)

arrow_source = tvtk.ArrowSource() ❷
arrows = tvtk.Glyph3D(input_connection = mask.output_port, ❸
    scale_factor=2/np.max(grid.point_data.scalars.to_array()))
arrows.set_source_connection(arrow_source.output_port)
arrows_mapper = tvtk.PolyDataMapper(input_connection = arrows.output_port,
    scalar_range = grid.point_data.scalars.range)
arrows_actor = tvtk.Actor(mapper = arrows_mapper)
```

❶由于原始数据集中的点数很多，如果在所有点的位置都描绘箭头，将十分耗时并且无法区分众多的箭头。因此首先使用 MaskPoints 对象对数据集中的数据进行随机选取，某点被选中的概率为 1/50，即每 50 个点选择一个点。下面的程序查看 MaskPoints 对象输出的数据类型和点数，以及每个点所对应的数据：

```
print grid.number_of_points
mask.update()
print type(mask.output)
print mask.output.number_of_points
print mask.output.point_data.number_of_arrays

47025
<class 'tvtk.tvtk_classes.poly_data.PolyData'>
952
5
```

❷ArrowSource 对象创建表示箭头的 PolyData 数据集。❸Glyph3D 对象对箭头数据进行复制，在 masks 输出的 PolyData 数据集的每个点之上都放置一个箭头。箭头的方向、长度和颜色由与点对应的矢量和标量数据决定。scale_factor 参数是所有箭头共同的缩放系数，这里使用标量数组的最大值对缩放系数进行正规化。Glyph3D 对象可以对任意的 PolyData 数据进行复制，读者可以尝试将箭头数据源 ArrowSource 改为圆锥数据源 ConeSource。

> ⚠ 由于 TVTK 没有提供 source_connection 属性，因此只能通过 set_source_connection()设置 Glyph3D 对象的输入。

```
arrows.update()
print arrow_source.output.number_of_points # 一个箭头有 31 个点
print arrows.output.number_of_points # 箭头被复制了 N 份，因此有 N*31 个点

31
29512
```

还可以使用流线直观地观察矢量场。流线上每一点的切线方向就是矢量场在该点的方向。下面是显示流线的程序：

```
center = grid.center
sphere = tvtk.SphereSource( ❶
    center=(2, center[1], center[2]), radius=2,
    phi_resolution=6, theta_resolution=6)
sphere_mapper = tvtk.PolyDataMapper(input_connection=sphere.output_port)
sphere_actor = tvtk.Actor(mapper=sphere_mapper)
sphere_actor.property.set(
    representation = "wireframe", color=(0,0,0))

# 流线
streamer = tvtk.StreamLine( ❷
    step_length=0.0001,
    integration_direction="forward",
    integrator=tvtk.RungeKutta4()) ❸
streamer.set_input_data(grid)
streamer.set_source_connection(sphere.output_port)

tube = tvtk.TubeFilter( ❹
    input_connection=streamer.output_port,
    radius=0.05,
    number_of_sides=6,
    vary_radius="vary_radius_by_scalar")

tube_mapper = tvtk.PolyDataMapper(
    input_connection=tube.output_port,
    scalar_range=grid.point_data.scalars.range)
tube_actor = tvtk.Actor(mapper=tube_mapper)
tube_actor.property.backface_culling = True
```

```
outline_actor = make_outline(grid)
win = ivtk_scene([outline_actor, sphere_actor, tube_actor, arrows_actor])
win.scene.isometric_view()
```

❶SphereSource 对象创建表示球体的 PolyData 数据集。通过 center 和 radius 属性指定球体的球心位置和半径。phi_resolution 和 theta_resolution 属性指定球体的经度和纬度方向上的等分次数，值越大输出的 PolyData 数据集越接近球体。

❷StreamLine 对象在矢量场中计算流线。通过 set_source_connection()设置决定流线起点的数据集的输入端口，这里使用 SphereSource 对象输出的球面上的点作为流线的起点。如果通过 start_position 属性设置起始点的坐标，则只计算一条流线。step_length 属性决定了流线上的点的间隔，此值越小流线上的点越多，流线越平滑，计算所需的时间也越长。integration_direction 属性决定流线的计算方向，值可以为'backward'、'forward'和'integrate_both_directions'。'forward'表示计算起点之后的流线，'backward'表示计算起点之前的流线。❸流线的计算需要使用由 integrator 属性指定的数值积分算法，这里使用 RungeKutta4，它是一个 4 阶 Runge-Kutta 积分算法。

StreamLine 对象的输出是一个 PolyData 数据集，它的所有单元都是表示流线的路径，因此边(line)数为 23，而面数为 0：

```
streamer.update()
print streamer.output.number_of_points
print streamer.output.number_of_polys
print streamer.output.number_of_lines

5528
0
23
```

❹使用 TubeFilter 对象可以将流线路径转换为有粗细的圆管。radius 属性为圆管的粗细，而 number_of_side 属性指定圆管的切面圆的边数。圆管的粗细可以根据点的数据发生变化，这里使用"vary_radius_by_scalar"指定圆管的粗细由标量(密度)决定。

TubeFilter 对象的输出也是 PolyData 数据集，它由众多的面构成，但是它的 number_of_polys 属性却等于 0：

```
tube.update()
tube.output.number_of_polys

0
```

这里为了节省内存空间和计算时间，PolyData 对象使用 TriangleStrip 对象表示三角面。一个 TriangleStrip 对象由一组点构成。每连续的三个点构成一个三角形面：

```
print tube.output.number_of_strips
t = tube.output.get_cell(0)
```

```
print type(t)
print t.number_of_points
```

```
138
<class 'tvtk.tvtk_classes.triangle_strip.TriangleStrip'>
498
```

上面的例子中，箭头的大小和颜色、流线的粗细和颜色所表示的是流体的密度。有时候我们希望用这些可视化元素表示矢量的长度，即流体的速度的大小。我们可以直接计算 vectors 数组中各个矢量的长度，并且将其写入数据集的 scalars 数组中。例如，在读入数据之后如下添加两行程序：

```
point_data = grid.point_data
point_data.scalars = np.sqrt(np.sum(point_data.vectors.to_array()**2, axis=-1))
```

或者使用 TVTK 库中的 VectorNorm。它计算输入数据的 vectors 数组中各个矢量的长度，并且保存到 scalars 数组中。只需将之前程序中的 grid 修改为 vnorm.output_port 即可：

> grid 是数据集对象，而 vnorm 为 Algorithm 对象。为了让程序兼容这两种不同的输入类型，可以使用 tvtk.common.configure_input()。

```
vnorm = tvtk.VectorNorm()
vnorm.set_input_data(grid)
```

8.4.4 计算圆柱的相贯线

两个互相垂直的圆管相交会产生 8 条相贯线，下面我们用 PolyData 的布尔运算功能生成两个互相垂直的圆管，并计算它们的相贯线。程序的运行结果如图 8-19 所示：

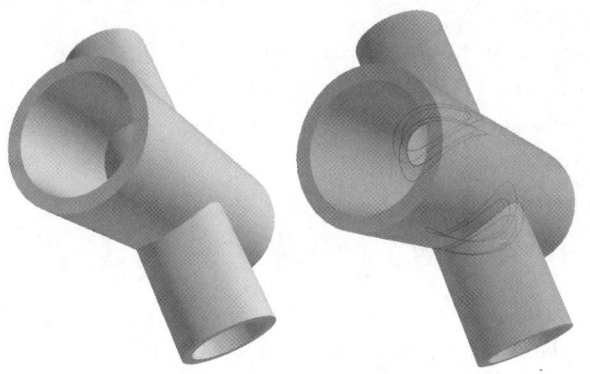

图 8-19 两个互相垂直的圆管(左)，打通圆管并显示相贯线(右)

scpy2.tvtk.example_tube_intersection: 计算两个圆管的相贯线，可通过界面中的滑块控件修改圆管的内径和外径。

首先定义 make_tube()函数，它创建指定方向和大小的圆管，生成圆管的流水线如图 8-20 所示。

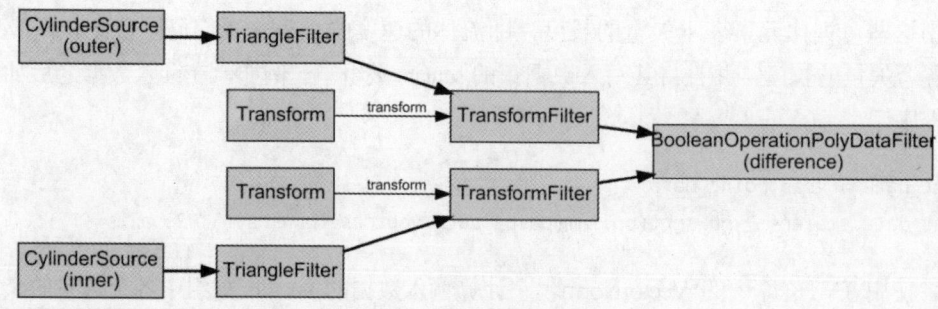

图 8-20 生成圆管的流水线

```python
def make_tube(height, radius, resolution, rx=0, ry=0, rz=0):
    cs1 = tvtk.CylinderSource(height=height, radius=radius[0], resolution=resolution) ❶
    cs2 = tvtk.CylinderSource(height=height+0.1, radius=radius[1], resolution=resolution)
    triangle1 = tvtk.TriangleFilter(input_connection=cs1.output_port) ❷
    triangle2 = tvtk.TriangleFilter(input_connection=cs2.output_port)
    tr = tvtk.Transform()
    tr.rotate_x(rx)
    tr.rotate_y(ry)
    tr.rotate_z(rz)
    tf1 = tvtk.TransformFilter(transform=tr, input_connection=triangle1.output_port) ❸
    tf2 = tvtk.TransformFilter(transform=tr, input_connection=triangle2.output_port)
    bf = tvtk.BooleanOperationPolyDataFilter() ❹
    bf.operation = "difference"
    bf.set_input_connection(0, tf1.output_port)
    bf.set_input_connection(1, tf2.output_port)
    m = tvtk.PolyDataMapper(input_connection=bf.output_port, scalar_visibility=False)
    a = tvtk.Actor(mapper=m)
    a.property.color = 0.7, 0.7, 0.7
    return bf, a, tf1, tf2


tube1, tube1_actor, tube1_outer, tube1_inner = make_tube(5, [1, 0.8], 32)
tube2, tube2_actor, tube2_outer, tube2_inner = make_tube(5, [0.7, 0.55], 32, rx=90)


win = ivtk_scene([tube1_actor, tube2_actor])
win.scene.isometric_view()
```

上面的程序创建了两个表示圆管的 PolyData 对象 tube1 和 tube2，以及构成这两个圆管的外圆柱和内圆柱 PolyData 对象：tube1_outer、tube1_inner、tube2_outer 和 tube2_inner。

❶使用 CylinderSource 创建两个圆柱面，它的 output 属性是表示圆柱面的 PolyData 对象。该 PolyData 对象中的每个面都是四边形，为了后续的布尔运算能正确运行，❷需要通过 TriangleFilter 将其转换为完全由三角形面构成的 PolyData 对象。

❸使用 TransformFilter 对 PolyData 对象进行旋转，它的 transform 属性是一个描述旋转、偏移以及缩放操作的 Transform 对象。❹最后使用 BooleanOperationPolyDataFilter 计算粗圆柱体与细圆柱体的差分布尔运算，得到表示圆管的 PolyData 对象。为了让差分布尔运算能正常工作，在创建圆柱时让细圆柱比粗圆柱略微长一些。由于布尔运算需要两个输入对象，因此需要调用 set_input_connection() 来指定每个输入端口的输入对象。

由图 8-19(左)可以看到两个圆管互相并不是相通的。下面我们使用布尔运算将两个圆管相交的部分打通。这相当于用圆管 1 减去圆管 2 的内圆柱，以及用圆管 2 减去圆管 1 的内圆柱。这个操作仍然使用 BooleanOperationPolyDataFilter 来完成。为了高亮显示两个圆管相交的曲线，用 IntersectionPolyDataFilter 计算圆管 1 和圆管 2 的相交线，图 8-21 是这部分的流水线：

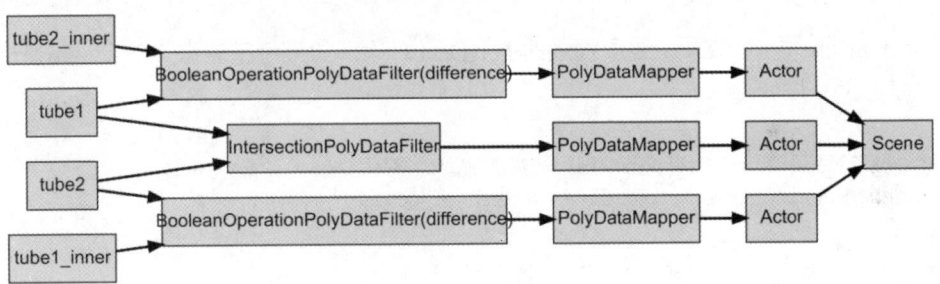

图 8-21 计算相贯线的流水线

下面是具体的代码，❶为了清晰显示相贯线，将颜色设置为红色，并将线宽设置为两个像素：

```
def difference(pd1, pd2):
    bf = tvtk.BooleanOperationPolyDataFilter()
    bf.operation = "difference"
    bf.set_input_connection(0, pd1.output_port)
    bf.set_input_connection(1, pd2.output_port)
    m = tvtk.PolyDataMapper(input_connection=bf.output_port, scalar_visibility=False)
    a = tvtk.Actor(mapper=m)
    return bf, a

def intersection(pd1, pd2, color=(1.0, 0, 0), width=2.0):
    ipd = tvtk.IntersectionPolyDataFilter()
    ipd.set_input_connection(0, pd1.output_port)
    ipd.set_input_connection(1, pd2.output_port)
```

```
            m = tvtk.PolyDataMapper(input_connection=ipd.output_port)
            a = tvtk.Actor(mapper=m)
            a.property.diffuse_color = 1.0, 0, 0 ❶
            a.property.line_width = 2.0
            return ipd, a


tube1_hole, tube1_hole_actor = difference(tube1, tube2_inner)
tube2_hole, tube2_hole_actor = difference(tube2, tube1_inner)
intersecting_line, intersecting_line_actor = intersection(tube1, tube2)

tube1_hole_actor.property.opacity = 0.8
tube2_hole_actor.property.opacity = 0.8
tube1_hole_actor.property.color = 0.5, 0.5, 0.5
tube2_hole_actor.property.color = 0.5, 0.5, 0.5

win = ivtk_scene([tube1_hole_actor, tube2_hole_actor, intersecting_line_actor])
win.scene.isometric_view()
```

intersecting_line 是由 1624 条线段构成的 PolyData 对象，如果希望获得 8 条表示相贯线的曲线，还需要做进一步处理。

```
print intersecting_line.output.points.number_of_points
print intersecting_line.output.lines.number_of_cells
1624
1650
```

IntersectionPolyDataFilter 输出的 PolyData 对象中，有一些点的坐标非常接近，它们应该是一个点，但是由于计算误差，在 PolyData 中被表示为多个点。下面用 scipy.spatial.distance 中的 pdist() 和 squareform() 计算所有点之间的距离，并显示最小的 10 个距离：

```
from scipy.spatial import distance

dist = distance.squareform( distance.pdist(intersecting_line.output.points.to_array()) )
dist[np.diag_indices(dist.shape[0])] = np.inf
dist = dist.ravel()
print np.sort(dist)[:10]
[  1.60932541e-06   1.60932541e-06   1.66893005e-06   1.66893005e-06
   3.23077305e-06   3.23077305e-06   3.23077305e-06   3.23077305e-06
   3.72555819e-06   3.72555819e-06]
```

下面使用 ClearPolyData 对 PolyData 进行清理工作，tolerance_is_absolute 为 True 时，使用绝对阈值 absolute_tolerance 对坐标点进行合并，可以看到合并之后的点数减少了：

```
cpd = tvtk.CleanPolyData(tolerance_is_absolute=True,
                         absolute_tolerance=1e-5,
                         input_connection=intersecting_line.output_port)
cpd.update()
cpd.output.points.number_of_points
1578
```

下面的 connect_line()根据 PolyData.lines 属性中的信息，将线段合并成曲线，并使用 matplotlib 的三维绘图功能绘制合并之后的 8 条曲线，如图 8-22 所示。请感兴趣的读者自行分析 connect_line()的算法，这里就不多做解释了。

```
from collections import defaultdict

def connect_lines(lines):
    edges = defaultdict(set)
    for _, s, e in lines.to_array().reshape(-1, 3).tolist():
        edges[s].add(e)
        edges[e].add(s)

    while True:
        if not edges:
            break
        poly = [edges.iterkeys().next()]
        while True:
            e = poly[-1]
            neighbours = edges[e]
            if not neighbours:
                break
            n = neighbours.pop()
            try:
                edges[n].remove(e)
            except:
                pass
            poly.append(n)
        yield poly
        edges = {k:v for k,v in edges.iteritems() if v}

from mpl_toolkits.mplot3d import Axes3D

fig = pl.figure(figsize=(5, 5))
ax = fig.gca(projection='3d')

points = cpd.output.points.to_array()
```

```
for line in connect_lines(cpd.output.lines):
    x, y, z = points[line].T
    ax.plot(x, y, z, label='parametric curve')

ax.auto_scale_xyz([-1, 1], [-1, 1], [-1, 1])
```

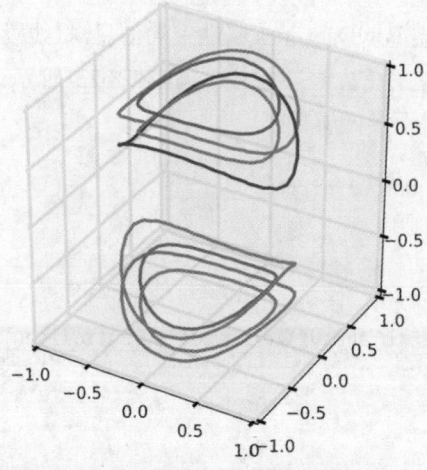

图 8-22 用 matplotlib 绘制提取出的相贯线

8.5 用 mlab 快速绘图

与本节内容对应的 Notebook 为: 08-tvtk_mayavi/tvtk_mayavi-600-mlab.ipyn。

最新版本的 Mayavi 4.4.0 中存在 GUI 操作不更新 3D 场景的问题, 可以通过本书提供的 scipy.tvtk.fix_mayavi_bugs() 修复这些问题。

虽然 VTK 可视化软件包的功能很强大, Python 的 TVTK 库也很方便简洁, 但是用这些工具快速编写实用的三维可视化程序仍然是非常具有挑战性的。因此基于 VTK 开发出了许多可视化软件, 例如 ParaView、VTKDesigner2、Mayavi2 等。

Mayavi2 完全用 Python 编写, 它不但是一个方便实用的可视化软件, 而且可以用 Python 编写扩展, 嵌入到用户编写的 Python 程序中, 并且提供了面向脚本的 mlab 模块, 以方便用户快速绘制三维图。和 matplotlib 的 pylab 一样, Mayavi 的 mlab 模块提供了方便快捷的三维绘制函数。只要将数据准备好, 通常只需要调用一次 mlab 模块的绘图函数, 就可以看到数据的三维显示效果，非常适合在 IPython 中交互使用。

8.5.1 点和线

　　三维空间中独立的点使用 point3d() 绘制，而 plot3d() 则将一系列的点连接起来绘制三维曲线。它们可以有 3 个或 4 个数组参数。这些数组的形状完全相同，前 3 个参数 x、y、z 对应点的 X、Y 和 Z 轴的坐标值；而如果有第 4 个参数 s，它指定每个坐标点所对应的数值(标量值)。point3d() 的第 4 个参数还可以是通过坐标计算标量值的函数。下面是这两个函数的调用格式：

```
plot3d(x, y, z, ...)
plot3d(x, y, z, s, ...) #s 为保存每个点对应的标量值的数组

points3d(x, y, z...)
points3d(x, y, z, s, ...) #s 为保存每个点对应的标量值的数组
points3d(x, y, z, f, ...) #f 为计算每个点对应的标量值的函数
```

　　x、y、z 参数决定了三维空间中每个点的坐标，而每个点所对应的数值则可以用点的颜色、大小、线的粗细等直观地表现。

　　每个函数还有许多关键字参数用于设置各种绘图属性，例如点的形状、线的宽度、颜色、颜色映射等。所有这些参数能够设置的绘图属性，都可以在显示出图形窗口之后，在流水线对话框中交互式地修改。因此本书不对这些参数进行详细讲解，读者可以阅读函数文档，了解每个关键字参数的含义。

　　我们以 plot3d() 绘制洛伦茨吸引子轨迹为例，介绍如何绘制三维空间中的曲线，并且使用流水线对话框对图形的各种属性进行调整。下面是绘制洛伦茨吸引子的程序，算法请参照 SciPy 的相关章节，缺省的绘图结果如图 8-23 所示。

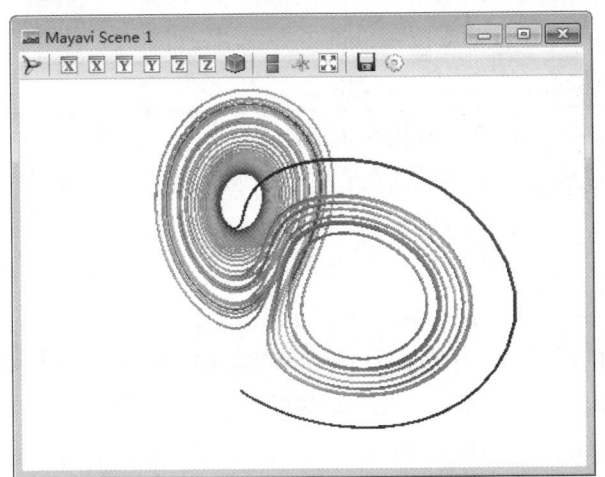

图 8-23 plot3d() 绘制的洛伦茨吸引子，曲线使用很细的圆管绘制

```
from scipy.integrate import odeint
```

```
def lorenz(w, t, p, r, b):
    x, y, z = w
    return np.array([p*(y-x), x*(r-z)-y, x*y-b*z])


t = np.arange(0, 30, 0.01)
track1 = odeint(lorenz, (0.0, 1.00, 0.0), t, args=(10.0, 28.0, 3.0)) ❶

from mayavi import mlab
X, Y, Z = track1.T
mlab.plot3d(X, Y, Z, t, tube_radius=0.2) ❷
mlab.show()
```

❶使用 odeint()得到的轨迹数据 track1 是一个二维数组，它的第 0 轴的长度是轨迹的点数，第 1 轴的长度为 3，分别为轨迹上每点的 X、Y、Z 轴坐标。

❷将 track1 拆分为三个一维数组之后，调用 plot3d()绘制轨迹曲线。这里用时间数组 t 作为标量值数组，因此轨迹上每个点所对应的标量值就是到达此点的时间。tube_radius 参数设置曲线的粗细，曲线实际上采用极细的圆管绘制。

在三维场景中可以使用键盘和鼠标对场景照相机或场景中的物体进行操作：

- 照相机模式：此模式为缺省模式，在此模式下所有的鼠标操作都是针对照相机进行，按"C"键切换到此模式。
- 角色模式：通过鼠标可以修改场景中物体的方向和位置，按"A"键切换到此模式。

在照相机模式下：

- 旋转场景：鼠标左键拖动或用键盘的方向键。
- 平移场景：鼠标中键拖动或按住 Shift 键并使用左键拖动，或者使用 Shift+方向键。
- 缩放场景：鼠标右键上下拖动或使用"+"和"-"按键。
- 滚动照相机：按住 Ctrl 按键并用左键拖动。

窗口中的工具栏还提供了从坐标轴的 6 个方向观察场景、等角投影、切换平行透视和成角透视等功能的按钮。

8.5.2　Mayavi 的流水线

工具栏中最左边的图标是打开 Mayavi pipeline 对话框的按钮，单击此按钮将弹出如图 8-24 所示的对话框。左侧用树状控件显示了构成场景的流水线。此流水线是 Mayavi 在 TVTK 的流水线之上进行包装的结果。选中流水线中的某个对象之后，窗口右边的部分将显示设置选中对象用的界面。让我们看看 plot3d()生成的流水线中都有哪些对象，如图 8-24 所示：

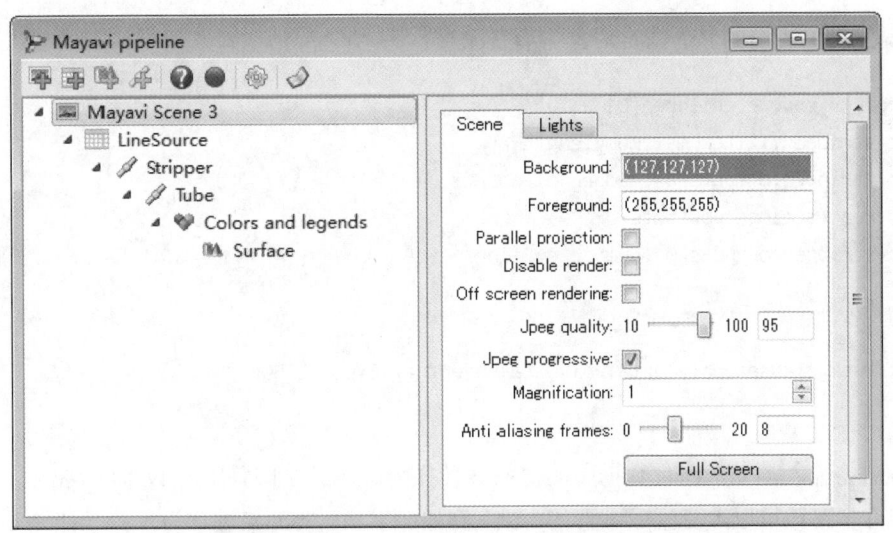

图 8-24 plot3d()绘制的洛伦茨吸引子的流水线对话框

Mayavi Scene：处于树的最顶层的对象表示场景。在其配置界面中可以设置场景的背景和前景色、场景中的灯光以及其他一些选项。例如，将背景色"Background"改为灰色，将前景色"Foreground"改为白色。也可以用下面的程序获取场景对象的背景色：

```
s = mlab.gcf() # 首先获得当前的场景
print s
print s.scene.background
```
```
<mayavi.core.scene.Scene object at 0x13A320F0>
(0.5, 0.5, 0.5)
```

LineSource：线数据源。在其配置界面中，第一项为每个点所对应的标量数据的名称，在本例中只有一个名为 scalars 的标量数据，它就是我们传递给 plot3d()的第 4 个数组：表示轨迹中每点的时间的数组 t。下面的语句从场景中获取 LineSource 对象，并且获取其中的各种数据：

```
source = s.children[0] # 获得场景的第一个子节点，也就是 LineSource
print repr(source)
print source.name # 节点的名字，也就流水线中显示的文字
print repr(source.data.points) # LineSource 中的坐标点
print repr(source.data.point_data.scalars) #每个点所对应的标量数组
```
```
<mayavi.sources.vtk_data_source.VTKDataSource object at 0x13A06CF0>
LineSource
[(0.0, 1.0, 0.0), ..., (0.021550891680468726, 1.6938271906706417, 20.31711497016887)],
length = 3000
 [0.0, ..., 29.99], length = 3000
```

Stripper: 根据内部 filter 对象的 maximum_length 属性对线数据源进行分段处理。在本例中，输入的线数据源有 3000 个点，而 maximum_length 属性为 1000，即每 1000 个点将对应一条线。

因此 stripper 对象输出的 PolyData 对象中有 3 条线:

```
stripper = source.children[0]
print stripper.filter.maximum_length
print stripper.outputs[0].number_of_points
print repr(stripper.outputs[0])
print stripper.outputs[0].number_of_lines
1000
3000
<tvtk.tvtk_classes.poly_data.PolyData object at 0x0CD527B0>
3
```

Tube: 将输入的 PolyData 数据中的每条线转换为表示三维圆管的 PolyData 数据。它的配置界面中有许多参数可以改变生成圆管的方式。例如: 将"Vary radius"设置为"vary_radius_by_scalar",则圆管的粗细由每个点对应的标量值决定。而加粗的比例则由"Radius factor"参数决定, 我们将其设置为3,于是此圆管最粗处(终点)的半径是最细处(起点)的3倍。下面的语句获得 Tube 对象,并查看输出对象的类型:

```
tube = stripper.children[0] # 获得 Tube 对象
print repr(tube.outputs[0]) # tube 的输出是一个 PolyData 对象, 它是一个三维圆管
<tvtk.tvtk_classes.poly_data.PolyData object at 0x0CD52210>
```

Colors and legends: 在其配置界面中的"Scalar LUT"选项卡中可以设置将标量值转换为颜色的查询表(Look Up Table)。例如, 将"Lut mode"改为 Blues, 于是场景中的圆管完成了从白色到深蓝色的渐变。勾选"Show legend"选择框, 在场景中将添加一个颜色条来显示颜色和标量值之间的关系。也可以通过下面的程序修改这两个选项:

```
manager = tube.children[0]
manager.scalar_lut_manager.lut_mode = 'Blues'
manager.scalar_lut_manager.show_legend = True
```

Surface: 它将 Tube 所输出的 PolyData 数据转换为最终在场景中显示的三维实体。通过其配置界面的"Actor"选项卡, 可以对实体进行配置。例如, 将"Representation 选择为"wireframe",并将"Line width"设置为 0, 则实体采用细线框模型显示。将"Opacity"设置为 0.6, 则实体变为半透明状态。也可以通过下面的程序修改这两个配置:

```
surface = manager.children[0]
surface.actor.property.representation = 'wireframe'
surface.actor.property.opacity = 0.6
```

修改之后的场景如图 8-25 所示。

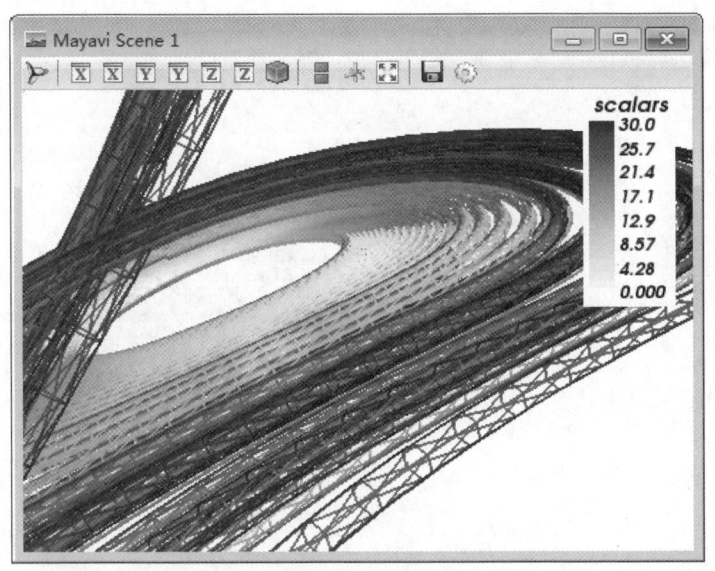

图 8-25 在流水线对话框中修改了许多配置之后的洛伦茨吸引子轨迹

下面是用程序配置这些属性的步骤：

(1) 先获得场景对象，例如用 mlab.gcf()。

(2) 通过每个对象的 children 属性，在流水线中找到需要修改的对象。

(3) 当其配置窗口有多个选项卡或多个配置分组框时，意味着其属性可能需要一级一级地获得。对象的属性名和界面上的文字之间有很简单的转换关系：首字变大写、下划线变空格。例如：Surface 对象的 Actor 选项卡中的 Property 分组框中的"Line width"选项，用程序描述就是：

```
surface.actor.property.line_width
2.0
```

Mayavi 还提供了脚本录制功能，以方便我们编写配置各种属性的程序。单击流水线对话框的工具栏中的红色圆形图标即可开始脚本录制，并且打开一个脚本对话框。之后的界面配置操作，都会被记录到此脚本对话框中。

8.5.3 二维图像的可视化

三维空间中的曲面可以用 surf() 绘制，它实际上是将二维图像(数组)绘制成三维的曲面，用曲面的高度表示图像中每点的值。下面的程序绘制图 8-26 所示的曲面。

```
x, y = np.ogrid[-2:2:20j, -2:2:20j] ❶
z = x * np.exp( - x**2 - y**2) ❷

face = mlab.surf(x, y, z, warp_scale=2) ❸
axes = mlab.axes(xlabel='x', ylabel='y', zlabel='z', color=(0, 0, 0)) ❹
outline = mlab.outline(face, color=(0, 0, 0))
```

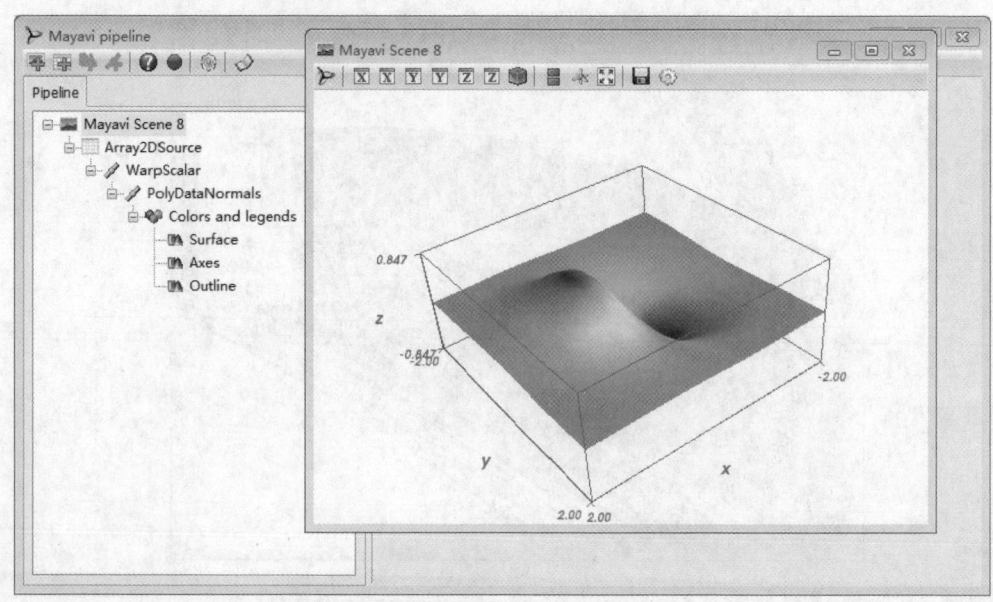

图 8-26 surf()绘制的曲面及流水线对话框

❶先通过 ogrid 对象计算两个形状分别为(20, 1)和(1, 20)的数组 x 和 y。❷然后通过广播运算，计算出由 x 和 y 构成的等距网格上每点的函数值 z，它是一个形状为(20, 20)的数组。❸接着调用 mlab.surf()，将数组 z 绘制成三维空间中的曲面，所绘制的曲面在 X-Y 平面上的投影是一个等距离网格。❹最后通过 mlab.axes()和 mlab.outline()，分别在三维场景中添加坐标轴和曲面区域的外框。需要注意的是，与 matplotlib 相反，在 Mayavi 中二维数组的第 0 轴表示 X 轴，第 1 轴表示 Y 轴。

仔细观察曲面的颜色就会发现颜色和曲面的高度有一一对应的关系，曲面上的点越高，颜色越红，越低则颜色越蓝。打开流水线对话框，可以看到数据源是一个 Array2DSource 对象。它的输出是一个 TVTK 的 ImageData 对象：

```
data = mlab.gcf().children[0]
img = data.outputs[0]
img

<tvtk.tvtk_classes.image_data.ImageData at 0x13a243f0>
```

ImageData 对象是一个表示三维图像的数据集。在 ImageData 对象中，实际上不保存空间中每点的坐标，而是通过 origin、spacing 和 dimensions 等属性计算出一个三维空间中的等距离网格，网格中的每个点所对应的标量值保存在 point_data.scalars 中，这些值决定了曲面的高度和颜色。

```
print img.origin # X、Y、Z 轴的起点
print img.spacing # X、Y、Z 轴上点的间隔
print img.dimensions # X、Y、Z 轴上点的个数
print repr(img.point_data.scalars) # 每个点所对应的标量值
```

```
[-2. -2.  0.]
[ 0.21052632  0.21052632  1.            ]
[20 20  1]
[-0.000670925255805, ..., 0.000670925255805], length = 400
```

通过上面的分析可以看出，surf()的功能是将一个二维图像转换为三维空间中的曲面。因此曲面上每个点的 X、Y 轴的坐标都是通过网格配置计算出来的。

由于曲面的高度和其 X-Y 平面上的尺寸可能相差很大，因此流水线中，在 Array2DSource 对象的下面是一个 WarpScalar 对象，它将输入数据沿着 Z 轴方向进行缩放，可以看到其配置面板中的"Scale factor"为 2，它是由 surf()的 warp_scale 参数决定的。WarpScalar 对象的输出是一个 PolyData 对象：

```
data.children[0].outputs[0]
<tvtk.tvtk_classes.poly_data.PolyData at 0x14263720>
```

流水线中剩下的对象请读者自己研究,通过研究流水线可以了解Mayavi内部的组织构造,这有助于我们创建自己的流水线以对复杂的数据进行可视化。

如果数据在三个坐标轴上的范围相差很大，在进行可视化时需要调整坐标轴的显示比例，以达到更好的可视化效果。例如在下面的曲面函数中，X 轴方向需要更大的显示范围：

```
x, y = np.ogrid[-10:10:100j, -1:1:100j]
z = np.sin(5*((x/10)**2+y**2))
```

如果直接使用数据的范围进行显示，效果如图 8-27(左)所示，虽然可以很直观地看出 X 轴的显示范围是 Y 轴的 10 倍，但是很难观察曲面的一些细节信息。

```
mlab.surf(x, y, z)
mlab.axes()
```

通过 surf()的 extent 参数可以修改坐标轴的数据范围：

```
mlab.surf(x, y, z, extent=(-1,1,-1,1,-0.5,0.5))
mlab.axes(nb_labels=5)
```

extent 参数是一个有 6 个元素的序列，分别指定 X 轴最小值、X 轴最大值、Y 轴最小值、Y 轴最大值、Z 轴最小值、Z 轴最大值。这些值将修改数据范围，因此所绘制曲面的 X、Y 轴范围相同，而曲面在 Z 轴上的高度是 X、Y 轴范围的一半，效果如图 8-27(中)所示。由于 extent 参数所改变的是数据的范围，因此坐标轴上的刻度值也随之发生变化。为了解决这个问题，可以给 axes()传递 ranges 参数：

```
mlab.surf(x, y, z, extent=(-1,1,-1,1,-0.5,0.5))
mlab.axes(ranges=(x.min(),x.max(),y.min(),y.max(),z.min(),z.max()), nb_labels=5)
```

ranges 参数也是一个有 6 个元素的序列，分别指定三个坐标轴上的刻度范围，效果如图 8-27(右)所示。

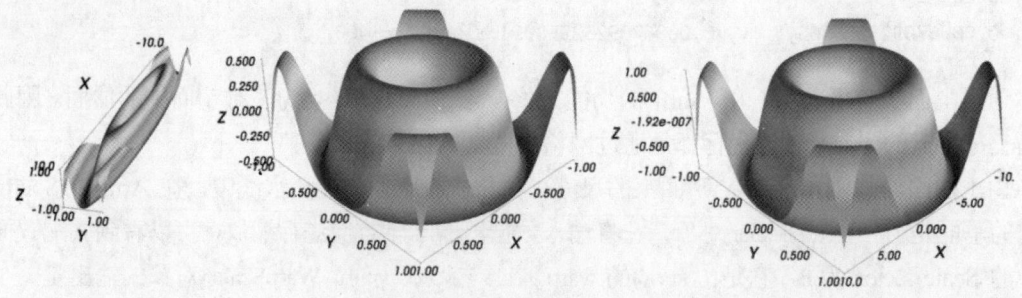

图 8-27 修改坐标轴的显示比例

除 surf()之外，imshow()和 contour_surf()也是可视化二维图像的工具。imshow()将二维图像放在三维空间中显示，它与将 surf()的 warp_scale 参数设置为 0 的效果一样。下面的语句将二维数组 z 用 imshow()绘制成图，效果如图 8-28(左)所示：

```
x, y = np.ogrid[-2:2:20j, -2:2:20j]
z = x * np.exp( - x**2 - y**2)

mlab.imshow(x, y, z)
mlab.show()
```

而 contour_surf()和 surf()的参数类似，但可以通过 contours 参数指定等高线的数目或者等高值的列表。下面的语句将曲面以 20 条等高线表示，如图 8-28(右)所示。

```
mlab.contour_surf(x,y,z,warp_scale=2,contours=20)
```

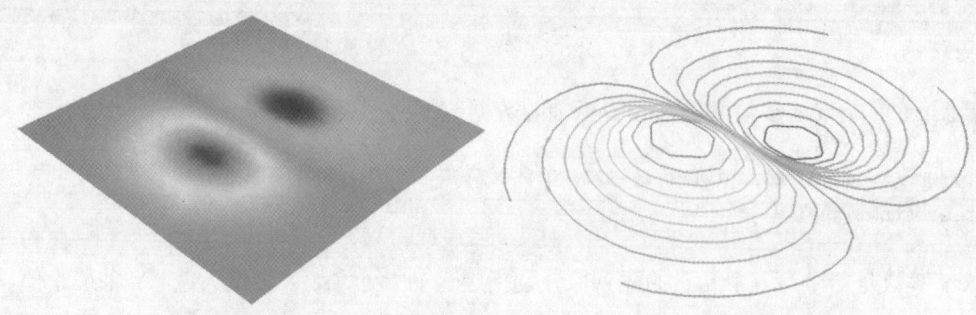

图 8-28 用 imshow 绘制图像(左)，用 contour_surf 绘制等高线(右)

在用 surf()绘制曲面之后，在流水线对话框中对 Surface 对象进行如下配置，也可以实现和 contour_surf()一样的效果：

- 在"Contours"选项卡中，勾选"Enable Contours"。
- 勾选"Auto contours"选项，并且指定"Number of contours"为 20，这样会自动产生 20 条等高线。

- 也可以不勾选"Auto contours"选项，然后手工添加等高线。

或者用下面的程序设置等高线，其中 face 为 surf() 返回的对象，也就是流水线中的 Surface：

```
face.enable_contours = True
face.contour.number_of_contours = 20
```

8.5.4　网格面 mesh

如果需要绘制更复杂的三维曲面，可以使用 mesh()。下面是使用 mesh() 绘制复杂曲面的程序，结果如图 8-29 所示：

```
from numpy import sin, cos
dphi, dtheta = np.pi/80.0, np.pi/80.0
phi, theta = np.mgrid[0:np.pi+dphi*1.5:dphi, 0:2*np.pi+dtheta*1.5:dtheta]
m0, m1, m2, m3, m4, m5, m6, m7 = 4,3,2,3,6,2,6,4
r = sin(m0*phi)**m1 + cos(m2*phi)**m3 + sin(m4*theta)**m5 + cos(m6*theta)**m7 ❶
x = r*sin(phi)*cos(theta) ❷
y = r*cos(phi)
z = r*sin(phi)*sin(theta)
s = mlab.mesh(x, y, z) ❸

mlab.show()
```

图 8-29 使用 mesh 函数绘制的 3D 旋转体

❸程序中调用 mesh() 绘制曲面，它和 surf() 类似，其三个数组参数 x、y、z 都是形状相同的二维数组。这些数组的相同下标的三个数值组成曲面上某点的三维坐标。点之间的连接关系(边和面)由其在 x、y、z 数组中的位置关系决定。❶曲面上各点的坐标在球坐标系中计算，❷然后按照坐标转换公式将球坐标系转换为笛卡尔坐标系。

为了方便读者理解 mesh() 是如何绘制出曲面的，下面通过手工输入坐标的方式，绘制如图8-30 所示的立方体表面的一部分：

```
x = [[-1,1,1,-1,-1],
     [-1,1,1,-1,-1]]

y = [[-1,-1,-1,-1,-1],
     [ 1, 1, 1, 1, 1]]

z = [[1,1,-1,-1,1],
     [1,1,-1,-1,1]]

box = mlab.mesh(x, y, z, representation="surface")
mlab.axes(xlabel='x', ylabel='y', zlabel='z')
mlab.outline(box)
mlab.show()
```

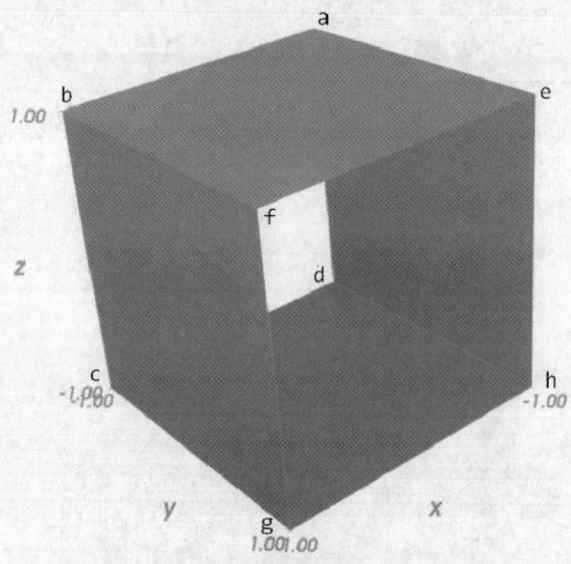

图 8-30 组成立方体的各个面和顶点坐标

传递给 mesh()的三个数组 x、y、z 中下标相同的三个数字组成一个三维坐标，因此这三个数组实际描述的坐标点为：

```
[
    [(-1, -1, 1), (1, -1, 1), (1, -1, -1), (-1, -1, -1), (-1, -1, 1)],
    [(-1,  1, 1), (1,  1, 1), (1,  1, -1), (-1,  1, -1), (-1,  1, 1)]
]
```

为了理解方便，图中将上面的坐标点用字母表示：

```
[[a,b,c,d,a],
 [e,f,g,h,e]]
```

坐标点之间的关系由其在数组中的位置决定,因此下面的4组坐标点构成4个正方形平面：

```
a, b, f, e ->顶面
b, c, g, f ->左面
c, d, h, g ->底面
d, a, e, h ->右面
```

使用 mesh()可以很方便地将二维平面上的曲线绕着对称轴进行旋转得到旋转面。下面的程序用 mesh()绘制由抛物线旋转之后得到的旋转抛物面，如图 8-31 所示。

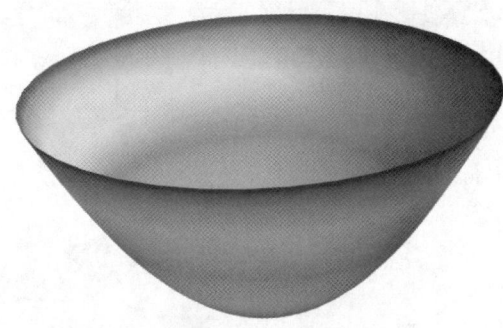

图 8-31 用 mesh()绘制旋转抛物面

```
rho, theta = np.mgrid[0:1:40j, 0:2*np.pi:40j] ❶

z = rho*rho ❷

x = rho*np.cos(theta) ❸
y = rho*np.sin(theta)

s = mlab.mesh(x,y,z)
mlab.show()
```

旋转面上点的坐标很容易在圆柱坐标系(ρ, φ, z)中计算。❶首先在(ρ, φ)平面中创建一个 40×40 的二维网格。❷通过 ρ 计算出抛物面上每点的高度 z。由于是旋转面，因此高度和 φ 无关。❸将圆柱坐标系转换为直角坐标系，得到 mesh()所需的三个数组。

还可以使用 mesh()绘制出 surf()所绘制的曲面。下面是用 mesh()绘制曲面的程序：

```
x, y = np.mgrid[-2:2:20j, -2:2:20j] ❶
z = x * np.exp( - x**2 - y**2)
z *= 2
c = 2*x + y ❷

pl = mlab.mesh(x, y, z, scalars=c) ❸
mlab.axes(xlabel='x', ylabel='y', zlabel='z')
mlab.outline(pl)
mlab.show()
```

❶这里使用 mgrid 对象产生数组 x 和 y。这是因为用 mesh()绘制曲面时,必须给出曲面上每点的坐标值,因此 x 和 y 参数不能是 ogrid 产生的数组。

❷为了演示 mesh()绘制曲面的优点,我们另外计算一个二维数组 c,❸并且把它传递给 mesh()的 scalars 参数。于是曲面上每点所对应的标量值将使用数组 c 中相应下标的值。这样可以使用数组 c 对曲面上的每点进行着色,得到一个颜色和高度无关的曲面,它能比 surf()所绘制的曲面表达更多的信息。图 8-32 为程序绘制结果及对应的流水线。

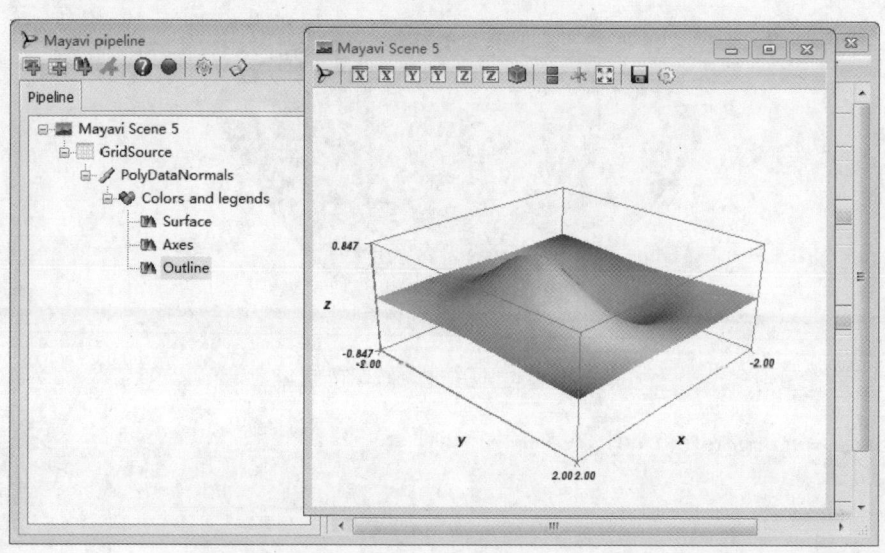

图 8-32 用 mesh()绘制高度和颜色不同的曲面

8.5.5 修改和创建流水线

用 surf()也可以绘制高度和颜色不同的曲面,但是需要对流水线进行一些改动。首先使用之前介绍的方法用 surf()绘制曲面:

```python
x, y = np.ogrid[-2:2:20j, -2:2:20j]
z = x * np.exp( - x**2 - y**2)


face = mlab.surf(x, y, z, warp_scale=2)
mlab.axes(xlabel='x', ylabel='y', zlabel='z')
mlab.outline(face)
```

我们需要为每个点添加一个新的标量值以控制它们的颜色。因此,首先获得流水线中 Array2DSource 对象内部的 ImageData 对象。Array2DSource 实际上是一个 ArraySource 对象,通过查看其源代码可知它用 image_data 属性保存所创建的 ImageData 对象。

```python
source = mlab.gcf().children[0]
print source
img = source.image_data
print repr(img)
```

```
<mayavi.sources.array_source.ArraySource object at 0x127FCE70>
<tvtk.tvtk_classes.image_data.ImageData object at 0x127C5960>
```

然后给 img 添加一个标量数组，并且命名为"color"。注意数组 c 的第 0 轴对应 X 轴而第 1 轴对应 Y 轴，因此需要将其转置，而 ravel() 方法则将二维数组变为一维数组：

```
c = 2*x + y # 表示颜色的标量数组
array_id = img.point_data.add_array(c.T.ravel())
img.point_data.get_array(array_id).name = "color"
```

修改了 ArraySource 对象的输入数据之后，调用 update() 计算其输出数据，并设置 pipeline_changed 事件属性，让流水线上后续的对象更新它们的输入输出。

```
source.update()
source.pipeline_changed = True
```

如果读者对为什么需要转置有疑问，查看一下数组 z 在 ImageData 对象中的保存顺序，可以看出二维数组 z 的数据是按照第 0 轴、第 1 轴的顺序保存在 scalars 数组中的：

```
print z[:3,:3] # 原始的二维数组中的元素
# ImageData 中的标量值的顺序
print img.point_data.scalars.to_array()[:3] # 和数组 z 的第 0 列的数值相同
[[-0.00067093 -0.00148987 -0.00302777]
 [-0.00133304 -0.00296016 -0.00601578]
 [-0.00239035 -0.00530804 -0.01078724]]
[-0.00067093 -0.00133304 -0.00239035]
```

接下来需要在流水线的 PolyDataNormals 和 Colors and legends 之间插入一个 SetActiveAttribute 对象，它将 PolyDataNormals 的输出数据中名为"color"的标量数组设置为当前标量数组。下面先获得 PolyDataNormals 对象：

```
normals = mlab.gcf().children[0].children[0].children[0]
```

通过下面的语句可以看到，PolyDataNormals 输出的 PolyData 对象的当前标量数组为数组 z：

```
normals.outputs[0].point_data.scalars.to_array()[:3]
array([-0.00067093, -0.00133304, -0.00239035])
```

接下来是插入操作。首先获得 normals 的下一级对象，并将其从 children 列表中删除：

```
surf = normals.children[0]
del normals.children[0]
```

然后调用 pipeline.set_active_attribute()，创建一个 SetActiveAttribute 对象并将其添加进 normals.children 列表。通过 point_scalars 参数将名为"color"的数组设置为缺省标量值：

```
active_attr = mlab.pipeline.set_active_attribute(normals, point_scalars="color")
```

最后将 surf 对象添加进 SetActiveAttribute 对象的子列表:

```
active_attr.children.append(surf)
```

可以看到,现在 PolyDataNormals 输出的 PolyData 对象的当前标量数组已经变为数组 c 了:

```
normals.children[0].outputs[0].point_data.scalars.to_array()[:3]
array([-6.        , -5.57894737, -5.15789474])
```

于是其后的颜色查询表将使用数组 c 作为输入,从而使得曲面的高度和曲面的颜色分别使用不同的数据进行描绘。最终的绘图效果和相应的流水线如图 8-33 所示。

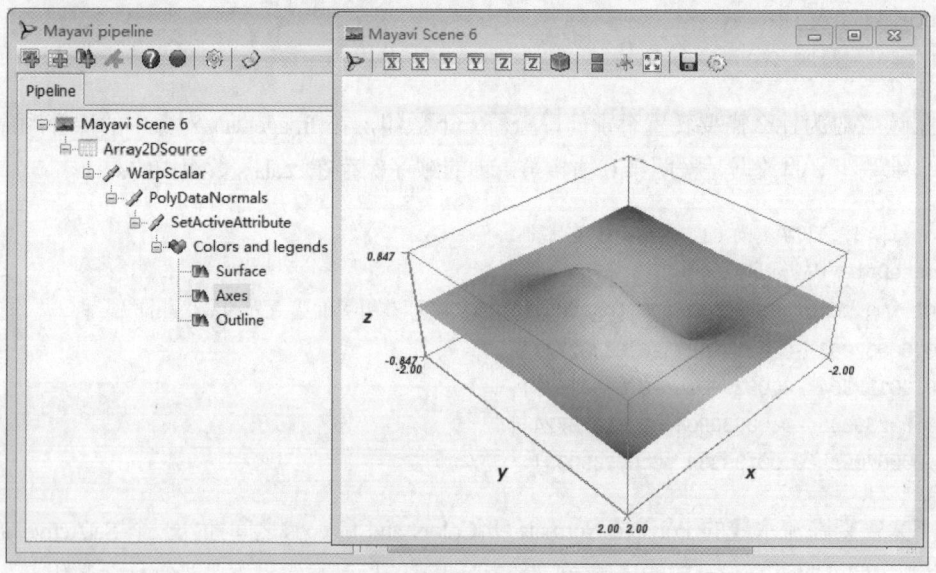

图 8-33 用 surf()绘制高度和颜色不同的曲面

也可以不调用 surf(),而直接创建流水线中的每个对象。完整的程序如下:

```
src = mlab.pipeline.array2d_source(x, y, z) #创建 ArraySource 数据源
#添加 color 数组
image = src.image_data
array_id = image.point_data.add_array(c.T.ravel())
image.point_data.get_array(array_id).name = "color"
src.update() #更新数据源的输出

# 创建流水线上的后续对象
warp = mlab.pipeline.warp_scalar(src, warp_scale=2.0)
normals = mlab.pipeline.poly_data_normals(warp)
active_attr = mlab.pipeline.set_active_attribute(normals,
    point_scalars="color")
```

```
surf = mlab.pipeline.surface(active_attr)
mlab.axes()
mlab.outline()
mlab.show()
```

直接创建流水线需要开发者对 Mayavi 的流水线上的各种对象十分了解，因此建议读者首先熟悉 Mayavi 的界面操作以及各种对象的作用，然后通过录制脚本逐步学习。

8.5.6 标量场

前面介绍了如何对一维和二维数据进行可视化，下面看看三维数据的可视化问题。最简单的三维数据就是三维图像，可以用一个三维数组表示。图像中每个点的三维坐标都由它在数组中的下标决定，而每个点对应的标量值则是数组中对应元素的值。这种三维图像可以用来描述标量场，例如房间中的温度分布、材料的密度分布或者通过 X 射线断层成像(CT)技术采集到的人体的内部构造。

标量场有三种可视化方法：

- 等值面：和二维图像的等高线类似，用标量值相等的曲面，显示标量场的形态。
- 体素呈像：利用透明度和颜色直接呈现标量场的形态。
- 切面：通过对标量场进行切面处理，显示在某个切面上场的形态。

 scpy2.tvtk.mlab_scalar_field：使用等值面、体素呈像和切面可视化标量场。

我们用下面的程序计算一个有两个点电荷的电势场，两个点电荷分别位于$(-1, 0, 0)$和$(1, 0, 0)$处。为了方便显示，只计算 Z 轴上$(-2, 0)$区间的电势场：

```
x, y, z = np.ogrid[-2:2:40j, -2:2:40j, -2:0:40j]
s = 2/np.sqrt((x-1)**2 + y**2 + z**2) + 1/np.sqrt((x+1)**2 + y**2 + z**2)
```

使用 contour3d()可以快速绘制此电势场的等值面：

```
surface = mlab.contour3d(s)
```

缺省情况下，contour3d()绘制 5 个等分标量值范围的等值面，它不能很好地显示整个电势场的结构，因此用下面的语句修改等值面的范围、数目以及透明度等属性：

```
surface.contour.maximum_contour = 15 # 等值面的上限值为 15
surface.contour.number_of_contours = 10 # 在最小值到 15 之间绘制 10 个等值面
surface.actor.property.opacity = 0.4 # 透明度为 0.4
```

这些属性也可以通过流水线对话框来修改，程序的绘制结果如图 8-34 所示。

第 8 章

TVTK 与 Mayavi-数据的三维可视化

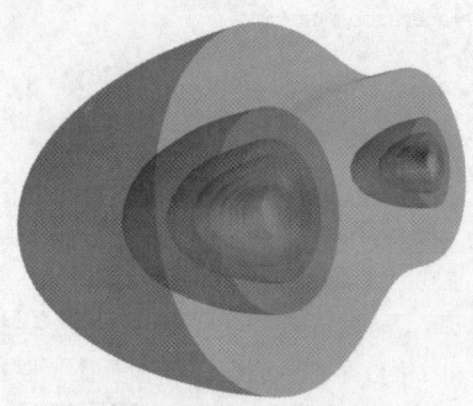

图 8-34 用等值面可视化电势场

使用等值面对标量场进行可视化时，外面的等值面可能会完全包含内部的等值面，观察不到内部的状态。例如在本例中，如果将 Z 轴的计算范围改为(-2, 2)，并且不设置等值面透明度，则无论绘制多少个等值面，都只能看到最外层的等值面。

体素呈像法用每个点的颜色和透明度对整个标量场进行润色，从而能够呈现更多的信息。体素呈像没有对应的函数，需要我们自己创建流水线：

```
field = mlab.pipeline.scalar_field(s)
mlab.pipeline.volume(field)
```

此程序首先通过 scalar_field()在流水线中创建一个标量场数据源，然后通过 volume()将此数据源用体素呈像进行可视化，效果如图 8-35(左)所示。

由于电势强度随着距离的平方衰减，因此整体的润色效果并没有突出电势强的部分。为了解决这个问题，可以给 volume()传递两个关键字参数：vmin 和 vmax。它们指定标量值的润色范围，即只绘制标量值在 vmin 到 vmax 之间的区域：

```
mlab.pipeline.volume(field, vmin=1.5, vmax=10)
```

效果如图 8-35(右)所示，它很清楚地表现出了电荷附近的电势情况。

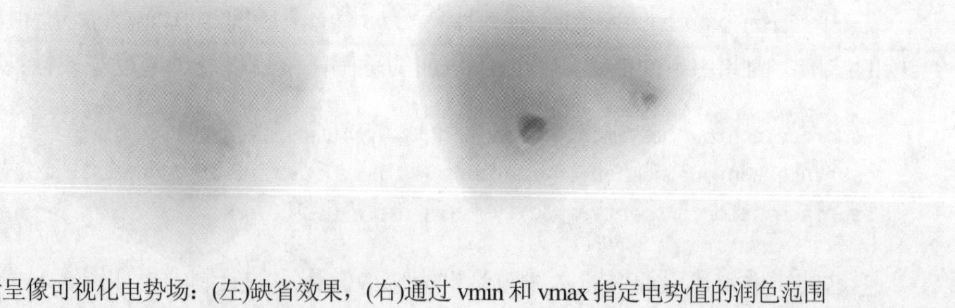

图 8-35 用体素呈像可视化电势场：(左)缺省效果，(右)通过 vmin 和 vmax 指定电势值的润色范围

还可以使用切片工具观察标量场在某个平面之上的数据，它通常和其他的工具同时使用，并且可以直接在三维场景中交互式地改变平面的位置和方向。下面的程序在流水线中添加一个标量切面，在流水线中它是"Colors and legends"的子节点。通过 plane_orientation 参数指定切面的法线方向为 Y 轴，即切面和 Y 轴垂直：

```
cut = mlab.pipeline.scalar_cut_plane(field.children[0], plane_orientation="y_axes")
```

然后通过下面的程序设置切面工具的一些属性：

```
cut.enable_contours = True # 开启等高线显示
cut.contour.number_of_contours = 40 # 等高线的数目为 40
```

切面工具的效果如图 8-36 所示，图中还显示了添加切面工具之后的流水线。在 3D 场景中可以对切面工具进行如下操作：

- 拖动切面的红色外框修改切面的位置。
- 拖动切面的法线箭头修改切面的方向。
- 拖动法线和切面相交的灰色圆球，改变切面的旋转中心。

图 8-36 用切面工具观察电势场

8.5.7 矢量场

如果场中每一点的属性都可以用矢量代表，那么这个场就是一个矢量场。对于三维空间中的场，每个点对应一个矢量，它由 X、Y、Z 轴上的三个分量组成。因此需要 3 个三维数组表示矢量场，这些数组分别表示矢量在三个轴上的分量。下面以洛伦茨吸引子为例，介绍对矢量场进行可视化的一些基本方法。

  scpy2.tvtk.mlab_vector_field：使用矢量箭头、切片、等梯度面和流线显示矢量场。

下面的程序根据洛伦茨吸引子的公式计算出 X、Y、Z 轴三个方向上的速度分量 u、v、w:

```
p, r, b = (10.0, 28.0, 3.0)
x, y, z = np.mgrid[-17:20:20j, -21:28:20j, 0:48:20j]
u, v, w = p*(y-x), x*(r-z)-y, x*y-b*z
```

这三个速度分量构成一个矢量场,下面调用 quiver3d()将每个点的速度矢量用一个箭头表示:

```
vectors = mlab.quiver3d(x, y, z, u, v, w)
```

效果如图 8-37(左)所示。由于矢量场数据的网格过密,无法看清矢量场的内部结构。此时可以用下面的语句修改 Vectors 对象的一些属性以减少箭头的数量并增加箭头的长度,效果如图 8-37(右)所示。

```
vectors.glyph.mask_input_points = True   # 开启使用部分数据的选项
vectors.glyph.mask_points.on_ratio = 20  # 随机选择原始数据中的1/20 个点进行描绘
vectors.glyph.glyph.scale_factor = 5.0   # 设置箭头的缩放比例
```

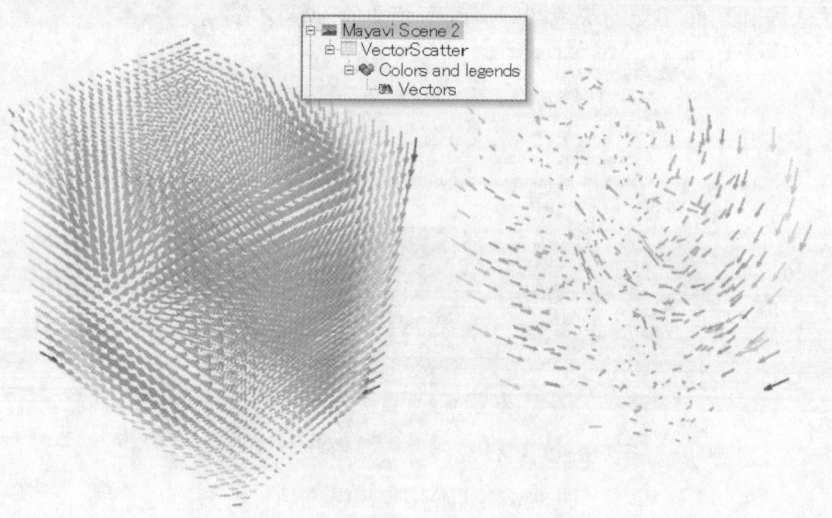

图 8-37 用矢量箭头可视化矢量场

和标量场的切面工具一样,也可以对矢量场进行切面显示,这样可以观察矢量场在某个切面上的形态:

```
src = mlab.pipeline.vector_field(x, y, z, u, v, w)
cut_plane = mlab.pipeline.vector_cut_plane(src, scale_factor=3)
cut_plane.glyph.mask_points.maximum_number_of_points = 10000
cut_plane.glyph.mask_points.on_ratio = 2
cut_plane.glyph.mask_input_points = True
```

还可以通过矢量场计算标量场。下面通过 extract_vector_norm()在流水线中添加一个 ExtractVectorNorm 对象,它将每个点所对应的矢量的长度设置为此点的标量值:

```
magnitude = mlab.pipeline.extract_vector_norm(src)
```

于是可以对 magnitude 表示的标量场绘制等值面:

```
surface = mlab.pipeline.iso_surface(magnitude)
surface.actor.property.opacity = 0.3
```

图 8-38(左)是矢量切面工具和等模值面的显示效果。下面的语句分别获取 magnitude 所输出的 ImageData 对象的标量数组和矢量数组:

```
print repr(magnitude.outputs[0].point_data.scalars)
print repr(magnitude.outputs[0].point_data.vectors)
[579.71887207, ..., 602.195983887], length = 8000
[(-40.0, -455.0, 357.0), ..., (80.0, -428.0, 416.0)], length = 8000
```

最后,还可以使用 flow()观察洛伦茨吸引子的轨迹。它相当于绘制矢量场的场线,空间中每点所对应的矢量等于过此点的场线的切线方向:

```
mlab.flow(x, y, z, u, v, w)
```

图 8-38(右)是使用 flow()绘制的洛伦茨吸引子轨迹。以图中球体上的每点为初始点计算它们所对应的场线轨迹。流水线中的 Streamline 对象有许多配置选项,请读者自行研究。

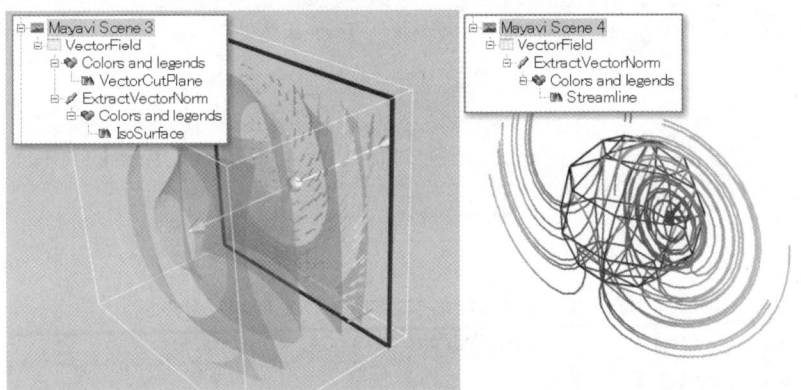

图 8-38 用矢量切面和等模值面可视化矢量场(左),用 flow()观察轨迹(右)

8.6 将 TVTK 和 Mayavi 嵌入界面

虽然可以使用 TVTK 和 Mayavi 提供的流水线控件修改流水线中各个对象的参数,但是在完整的三维可视化程序中,除了三维场景之外,通常还需要许多界面控件用来帮助用户与场景交互。TVTK 和 Mayavi 都是建立在 Trait 库之上,因此可以很方便地使用 TraitsUI 界面库。

8.6.1 TVTK 场景的嵌入

在下面的例子中,用户可以通过如图 8-39 所示界面中的两个滚动条控制场景中圆管的内外半径。

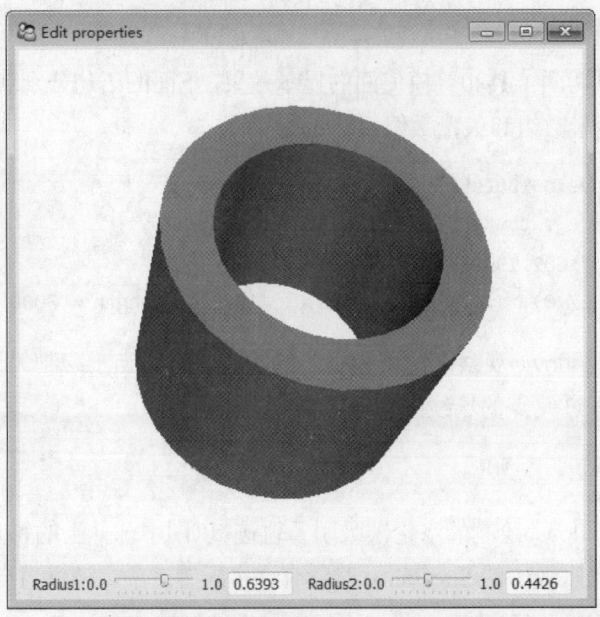

图 8-39 将 TVTK 场景嵌入 TraitsUI 界面

 scpy2.tvtk.example_embed_tube: 演示如何将 TVTK 场景嵌入 TraitsUI 界面,可通过界面中的控件调节圆管的内径和外径。

```python
from traits.api import HasTraits, Instance, Range, on_trait_change
from traitsui.api import View, Item, VGroup, HGroup, Controller
from tvtk.api import tvtk
from tvtk.pyface.scene_editor import SceneEditor
from tvtk.pyface.scene import Scene
from tvtk.pyface.scene_model import SceneModel


class TVTKSceneController(Controller):
    def position(self, info):
        super(TVTKSceneController, self).position(info)
        self.model.plot()  ❸


class TubeDemoApp(HasTraits):
```

```
        radius1 = Range(0, 1.0, 0.8)
        radius2 = Range(0, 1.0, 0.4)
        scene = Instance(SceneModel, ()) ❶
        view = View(
                    VGroup(
                        Item(name="scene", editor=SceneEditor(scene_class=Scene)), ❷
                        HGroup("radius1", "radius2"),
                        show_labels=False),
                    resizable=True, height=500, width=500)


    def plot(self):
        r1, r2 = min(self.radius1, self.radius2), max(self.radius1, self.radius2)
        self.cs1 = cs1 = tvtk.CylinderSource(height=1, radius=r2, resolution=32)
        self.cs2 = cs2 = tvtk.CylinderSource(height=1.1, radius=r1, resolution=32)
        triangle1 = tvtk.TriangleFilter(input_connection=cs1.output_port)
        triangle2 = tvtk.TriangleFilter(input_connection=cs2.output_port)
        bf = tvtk.BooleanOperationPolyDataFilter()
        bf.operation = "difference"
        bf.set_input_connection(0, triangle1.output_port)
        bf.set_input_connection(1, triangle2.output_port)
        m = tvtk.PolyDataMapper(input_connection=bf.output_port,
scalar_visibility=False)
        a = tvtk.Actor(mapper=m)
        a.property.color = 0.5, 0.5, 0.5
        self.scene.add_actors([a])
        self.scene.background = 1, 1, 1
        self.scene.reset_zoom()


    @on_trait_change("radius1, radius2") ❹
    def update_radius(self):
        self.cs1.radius = max(self.radius1, self.radius2)
        self.cs2.radius = min(self.radius1, self.radius2)
        self.scene.render_window.render()


if __name__ == "__main__":
    app = TubeDemoApp()
    app.configure_traits(handler=TVTKSceneController(app))
```

❶SceneModel 表示 TVTK 的场景模型，它在 MVC 模式中属于模型对象，因此程序中用它定义 Trait 属性 scene。

❷scene 属性在界面中将呈现为一个 TVTK 的三维场景，因此在视图的 Item 定义中，用 editor

参数指定一个编辑器，让它能正确显示 scene 所代表的模型。SceneEditor 是用来创建场景编辑器的工厂类，通过 scene_class 参数指定真正创建场景的对象类 Scene。

❸在控制器的 position()方法中调用模型对象的 plot()方法以生成场景中的物体。position()方法在窗口显示之前调用，此时界面中的所有控件都已经被创建，因此能保证 plot()中的语句正确运行。

❹通过 on_trait_change()响应属性 radius1 和 radius2 的变化事件，修改流水线最上层的两个 CylinderSource 对象的 radius 属性，并调用 self.scene.render_window.render()以刷新场景。因此当用户通过界面中的控件修改半径时，场景中的圆管会同步更新。

8.6.2 Mayavi 场景的嵌入

下面看一个 Mayavi 场景嵌入的例子。用户输入一个由 x、y、z 等变量构成的表达式，例如 x*x+y*y+z*z。程序使用此表达式计算指定范围之内的三维标量场，并且添加等值面和切面工具对标量场进行可视化。等值面的数值可以自动计算，也可以通过界面上的滚动条配置；而切面的位置和方向则可以直接在场景中用鼠标操作。程序的界面如图 8-40 所示。

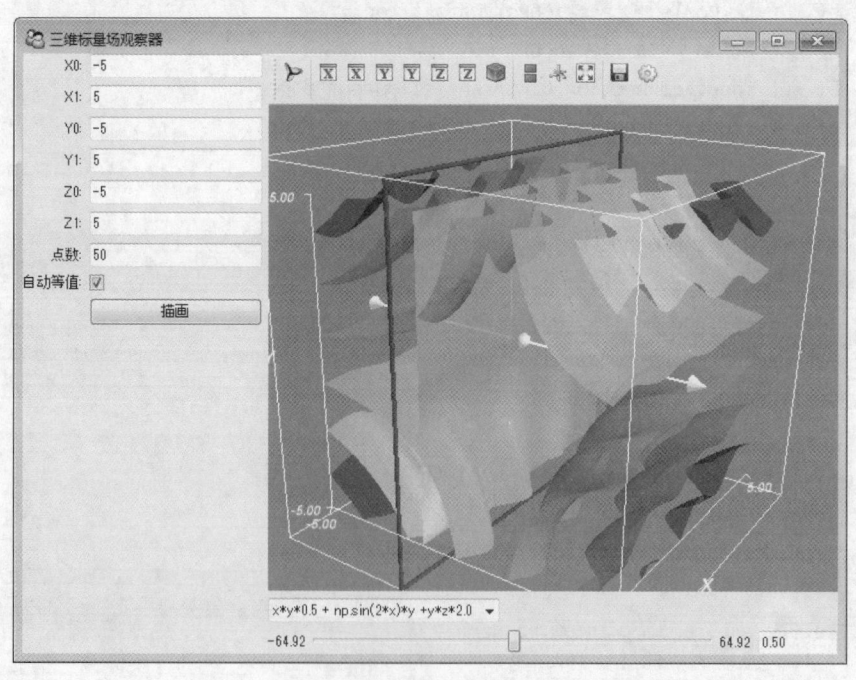

图 8-40 三维标量场观察器

 scpy2.tvtk.example_embed_fieldviewer：标量场观察器，演示如何将 Mayavi 的场景嵌入 TraitsUI 界面。

518

```python
import numpy as np

from traits.api import HasTraits, Float, Int, Bool, Range, Str, Button, Instance
from traitsui.api import View, HSplit, Item, VGroup, EnumEditor, RangeEditor
from tvtk.pyface.scene_editor import SceneEditor
from mayavi.tools.mlab_scene_model import MlabSceneModel
from mayavi.core.ui.mayavi_scene import MayaviScene
from scpy2.tvtk import fix_mayavi_bugs

fix_mayavi_bugs()


class FieldViewer(HasTraits):

    # 三个轴的取值范围
    x0, x1 = Float(-5), Float(5)
    y0, y1 = Float(-5), Float(5)
    z0, z1 = Float(-5), Float(5)
    points = Int(50) # 分割点数
    autocontour = Bool(True) # 是否自动计算等值面
    v0, v1 = Float(0.0), Float(1.0) # 等值面的取值范围
    contour = Range("v0", "v1", 0.5) # 等值面的值
    function = Str("x*x*0.5 + y*y + z*z*2.0") # 标量场函数
    function_list = [
        "x*x*0.5 + y*y + z*z*2.0",
        "x*y*0.5 + np.sin(2*x)*y +y*z*2.0",
"x*y*z",
        "np.sin((x*x+y*y)/z)"
    ]
    plotbutton = Button(u"描画")
    scene = Instance(MlabSceneModel, ()) ❶

    view = View(
        HSplit(
            VGroup(
                "x0","x1","y0","y1","z0","z1",
                Item('points', label=u"点数"),
                Item('autocontour', label=u"自动等值"),
                Item('plotbutton', show_label=False),
            ),
            VGroup(
                Item('scene',
                    editor=SceneEditor(scene_class=MayaviScene), ❷
```

```
resizable=True,
                height=300,
                width=350
            ),
            Item('function',
                editor=EnumEditor(name='function_list', evaluate=lambda x:x)),
            Item('contour',
                editor=RangeEditor(format="%1.2f",
                    low_name="v0", high_name="v1")
            ), show_labels=False
        )
    ),
    width = 500, resizable=True, title=u"三维标量场观察器"
)

def _plotbutton_fired(self):
    self.plot()

def plot(self):
    # 产生三维网格
    x, y, z = np.mgrid[ ❸
        self.x0:self.x1:1j*self.points,
        self.y0:self.y1:1j*self.points,
        self.z0:self.z1:1j*self.points]

    # 根据函数计算标量场的值
    scalars = eval(self.function)   ❹
    self.scene.mlab.clf() # 清空当前场景

    # 绘制等值平面
g = self.scene.mlab.contour3d(x, y, z, scalars, contours=8, transparent=True) ❺
    g.contour.auto_contours = self.autocontour
    self.scene.mlab.axes(figure=self.scene.mayavi_scene) # 添加坐标轴

    # 添加一个 X-Y 的切面
    s = self.scene.mlab.pipeline.scalar_cut_plane(g)
    cutpoint = (self.x0+self.x1)/2, (self.y0+self.y1)/2, (self.z0+self.z1)/2
s.implicit_plane.normal = (0,0,1) # x cut
    s.implicit_plane.origin = cutpoint

    self.g = g ❻
    self.scalars = scalars
    # 计算标量场的值的范围
```

```
            self.v0 = np.min(scalars)
            self.v1 = np.max(scalars)

    def _contour_changed(self): ❼
        if hasattr(self, "g"):
            if not self.g.contour.auto_contours:
                self.g.contour.contours = [self.contour]

    def _autocontour_changed(self): ❽
        if hasattr(self, "g"):
    self.g.contour.auto_contours = self.autocontour
            if not self.autocontour:
                self._contour_changed()



if __name__ == '__main__':
    app = FieldViewer()
    app.configure_traits()
```

❶MlabSceneModel 表示 Mayavi 的场景模型，❷对应的场景控件为 MayaviScene。

用户单击描绘按钮之后，将调用 plot()绘图。❸首先计算三维标量场的网格，这里使用 mgrid 快速产生三维网格，其中的 x0、x1、y0、y1、z0、z1、points、function 等都是模型类的 Trait 属性，可以通过界面上的控件直接修改这些属性的值。❹由于用户输入的三元函数是一个字符串，这里用 eval()对字符串进行求值，在字符串中可以使用 x、y、z 等局域变量。

❺清空当前场景之后，调用 mlab 模块中的 contour3d()、axes()、pipeline.scalar_cut_plane()等在场景中添加等值面、坐标轴和切面。mlab 模块缺省对当前场景进行处理，如果应用程序有多个场景，就需要分别在其中绘图时，通过 figure 参数指定需要进行处理的场景，例如：

```
mlab.axes(figure=self.scene.mayavi_scene)
```

其中，self.scene 是 MlabSceneModel 对象，mayavi_scene 属性是真正表示场景的 Scene 对象。

❻最后更新模型对象的几个属性，其中变量 g 是 contour3d()的返回值，它表示场景中的等值面。self.v0 和 self.v1 是标量场的最小值和最大值，它们设置等值面滚动条的取值范围。

❼当与 contour 属性相对应的滚动条控件(位于三维场景的下方)的值发生变化时，将调用 _contour_changed()方法修改保存等值面数值的列表。

❽当"自动等值"选择框控件改变时，在 autocontour 属性的事件监听函数_autocontour_changed() 中改变等值面对象 g 的自动等值面选项。

OpenCV-图像处理和计算机视觉

OpenCV 是一套采用 C/C++编写的开源跨平台计算机视觉库，它提供了两套 Python 调用接口。其中 cv2 模块是针对 OpenCV 2.x API 创建的，它直接采用 NumPy 的数组对象表示图像。为了兼容 OpenCV 1.x API，在 cv 模块下提供了原来的 OpenCV 1.x API 的扩展库。本章所介绍的代码均采用如下方式载入这两套接口的模块：

```python
import cv2
from cv2 import cv
```

9.1 图像的输入输出

 与本节内容对应的 Notebook 为：09-opencv/opencv-100-input-output.ipynb。

本节介绍如何使用图像的输入输出函数。由于 cv2 模块中的函数使用 NumPy 数组表示图像，因此很容易将从文件中读入的图像数据传递给其他基于 NumPy 数组的扩展库，也可以调用 cv2 提供的图像函数对 NumPy 数组进行处理。

9.1.1 读入并显示图像

让我们从读入并显示一幅图像开始，在 IPython Notebook 中运行如下语句，将会看到一个显示美女 "lena" 的窗口：

```python
filename = "lena.jpg"
img = cv2.imread( filename ) ❶
print type(img), img.shape, img.dtype
cv2.namedWindow("demo1")      ❷
cv2.imshow("demo1", img)      ❸
cv2.waitKey(0)  ❹
<type 'numpy.ndarray'> (512, 512, 3) uint8
```

❶首先 imread()从指定的文件路径读入图像数据，它返回的是一个元素类型为 uint8 的三维

数组。imread()支持许多常用的图像格式，在不同的操作系统下它所支持的图像格式可能有所不同。请读者阅读 C++文档以了解 imread()的详细信息。此外，OpenCV 还提供了 imwrite()来将图像数据写入文件。

为了方便用户快速观察图像处理的效果，OpenCV 提供了一些简单的 GUI 功能。❷这里调用 namedWindow()，创建一个名为"demo1"的窗口，❸最后调用 imshow()将图像显示到所创建的窗口中。imshow()的第一个参数是窗口名，第二个参数是表示图像的数组。如果第一个参数指定的窗口不存在，imshow()会自动创建一个新窗口，因此这里也可以不调用 namedWindow()。

imread()函数读入彩色图像时，第 2 轴按照蓝、绿、红的顺序排列。这种顺序与 matplotlib 的 imshow()函数所需的三通道的顺序正好相反。因此，若需要在 matplotlib 中显示图像，则需要反转第 2 轴: img[:, :, ::-1]。

❹最后调用 cv.waitKey(0)等待用户按下按键，其参数为等待的毫秒数，0 表示永远等待。

在 IPython Notebook 显示窗口时，waitKey(0)会阻塞运算核，因此无法再运行其他命令。为了不阻塞运行，可以在新的线程中显示窗口，并等待窗口关闭，例如通过本书提供的%%thread 魔法命令。

下面的程序将 img 表示的彩色图像通过 cvtColor()转换成表示黑白图像的二维数组 img_gray，其第二个参数为颜色转换常数，所有的颜色转换常数均以 COLOR_开头，可以使用 IPython 的自动完成功能或者本书提供的%search 魔法命令搜索颜色转换常数。BGR2GRAY 表示将 BGR 顺序的彩色图像转换为灰度图像。

cv2 模块下的图像处理函数都能直接对 NumPy 数组进行操作，在这些函数内部会将 NumPy 数组转换成 OpenCV 中表示图像的对象，并传递给实际进行运算的 C/C++函数。虽然在调用 cv2 模块下的函数时会进行类型转换，但是 NumPy 数组与 OpenCV 的图像对象能够共享内存，因此并不会太浪费内存和 CPU 运算时间。

```
img_gray = cv2.cvtColor(img, cv2.COLOR_BGR2GRAY)
print img_gray.shape
(512, 512)
```

9.1.2 图像类型

图像中的每个像素点可能有多个通道，例如用单通道可以表示灰度图像，而用红绿蓝三个通道表示彩色图像，用 4 个通道表示带透明度(alpha)的彩色图像。通道的数值类型可以有多种选择，例如通常的图像用 8 位无符号整数表示，而医学图像可能会用 16 位整数表示图像数据。因此像素点的类型由通道数和数值类型决定。

例如前面的 img 是一个三维数组，形状为(512, 512, 3)，第 0 轴为图像的高，第 1 轴为图像的宽，而第 2 轴为图像的通道数。因此图像 img 的宽为 512 个像素，高为 512 个像素，有 3 个通道，即图像中的每个像素的颜色用三个数值表示。根据 dtype 属性可知，每个通道的颜色值都用一个字节表示。而灰度图像 img_gray 则是一个二维数组，因为它只有一个通道。

在前面的例子中，没有设置 imread()的第二个参数，其缺省值为 IMREAD_COLOR，使用该参数读入的数据是三通道且每个通道 8 比特的数组。第二个参数有如下候选值:

- IMREAD_ANYCOLOR: 转换成 8 比特的图像，通道数由图像文件决定，注意 4 通道图像会被转换成三通道图像。
- IMREAD_ANYDEPTH: 转换为单通道，比特数由图像文件决定。
- IMREAD_COLOR: 转换为三通道、8 比特的图像。
- IMREAD_GRAYSCALE: 转换成单通道、8 比特的图像。
- IMREAD_UNCHANGED: 使用图像文件的通道数和比特数。

表 9-1 显示了对各种通道数和比特数的图像文件使用上述标志读入之后的结果，其中文件名的格式为: "通道比特数_通道数.png"。

表 9-1 图像文件读入后的结果

	IMREAD_ANYCOLOR	IMREAD_ANYDEPTH	IMREAD_COLOR	IMREAD_GRAYSCALE	IMREAD_UNCHANGED
uint16_1.png	uint8、1ch	uint16、1ch	uint8、3ch	uint8、1ch	uint16、1ch
uint16_3.png	uint8、3ch	uint16、1ch	uint8、3ch	uint8、1ch	uint16、3ch
uint16_4.png	uint8、3ch	uint16、1ch	uint8、3ch	uint8、1ch	uint16、4ch
uint8_1.png	uint8、1ch	uint8、1ch	uint8、3ch	uint8、1ch	uint8、1ch
uint8_3.png	uint8、3ch	uint8、1ch	uint8、3ch	uint8、1ch	uint8、3ch
uint8_4.png	uint8、3ch	uint8、1ch	uint8、3ch	uint8、1ch	uint8、4ch

9.1.3 图像输出

imwrite()将数组编码成指定的图像格式并写入文件，图像的格式由文件的扩展名决定。某些格式有额外的图像参数，例如 JPEG 格式的文件可以指定画质参数，这些参数都以 IMWRITE_ 开头。图像参数以[参数名, 参数值, 参数名, 参数值, ...]的形式传递给 imwrite()的第三个参数。在下面的例子中，把从 lena.jpg 读入的数据以各种画质保存为不同的 JPEG 文件:

```
img = cv2.imread("lena.jpg")
for quality in [90, 60, 30]:
    cv2.imwrite("lena_q{:02d}.jpg".format(quality), img,
                [cv2.IMWRITE_JPEG_QUALITY, quality])
```

当图像格式支持更高的通道比特数时,imwrite()会保持图像数组的精度。在下面的例子中,
❶通过 NumPy 计算出下面的二元函数的值:

$$f(x, y) = \frac{(x^2 - y^2)\sin(\frac{x + y}{a})}{x^2 + y^2}$$

❷然后调用 matplotlib 的 ScalarMappable(),使用颜色映射表 jet 把函数值转换成彩色图像,
注意 OpenCV 的所有输入输出函数都采用蓝绿红的通道顺序。由于 to_rgba()的输出为元素值在
0 到 1 之间的浮点数数组,因此还需要将其转换成整数数组。

```python
from matplotlib.cm import ScalarMappable
from IPython.display import Image

def func(x, y, a):
    return (x*x - y*y) * np.sin((x + y) / a) / (x*x + y*y)

def make_image(x, y, a, dtype="uint8"):
    z = func(x, y, a) ❶
    img_rgba = ScalarMappable(cmap="jet").to_rgba(z)
    img = (img_rgba[:, :, 2::-1] * np.iinfo(dtype).max).astype(dtype) ❷
    return img
```

下面调用 make_img()创建 8 比特数组 img_8bit 和 16 比特数组 img_16bit,然后分别将其保
存为 JPEG 格式和 PNG 格式的图像。由于 JPEG 图像只支持 8 比特通道,因此将 img_16bit 保存
为 JPEG 图像时会出现问题,请读者打开 img_16bit.jpg 来查看结果。而 PNG 格式则支持 8 比特
和 16 比特通道,如果读者查看 img_16bit.png 的文件属性,就会看到它的"位深度"为 48 比特,
即三个通道并且每个通道 16 比特。

```python
y, x = np.ogrid[-10:10:250j, -10:10:500j]
img_8bit = make_image(x, y, 0.5, dtype="uint8")
img_16bit = make_image(x, y, 0.5, dtype="uint16")
cv2.imwrite("img_8bit.jpg", img_8bit)
cv2.imwrite("img_16bit.jpg", img_16bit)
cv2.imwrite("img_8bit.png", img_8bit)
cv2.imwrite("img_16bit.png", img_16bit)
```

9.1.4 字节序列与图像的相互转换

imdecode()可以把图像文件数据解码成图像数组,imencode()则把图像数组编码成图像文件
数据。由于所有的运算都在内存中完成,因此可以使用这两个函数快速压缩和解压图像。例如
把从摄像头读入的图像编码之后通过网络传递给其他计算机。

在下面的例子中，❶首先通过 frombuffer()创建一个和字符串 png_str 共享内存的数组 png_data。❷然后调用 imdecode()将 PNG 文件的数据解压成表示图像的数组 img。❸最后调用 imencode()将图像数组压缩成 JPG 数据，第一个参数是表示图像类型的扩展名。它返回两个值，第一个值表示压缩是否成功，第二个值为压缩之后的数据，它是一个形状为(N, 1)的 uint8 数组。❹调用数组的 tobytes()可以将数组中的二进制数据转换成字符串。

```
with open("img_8bit.png", "rb") as f:
    png_str = f.read()

png_data = np.frombuffer(png_str, np.uint8) ❶
img = cv2.imdecode(png_data, cv2.IMREAD_UNCHANGED) ❷
res, jpg_data = cv2.imencode(".jpg", img) ❸
jpg_str = jpg_data.tobytes() ❹
```

可以使用 Image 将编码之后的图像数据嵌入 IPython Notebook 中。在下面的例子中，将编码之后的字符串数据传递给 Image 的 data 参数，IPython 会将字符串数据直接嵌入 Notebook 中，然后由浏览器将其显示为图像，效果如图 9-1 所示。

```
res, jpg_data = cv2.imencode(".jpg", img_8bit)
Image(data=jpg_data.tobytes())
```

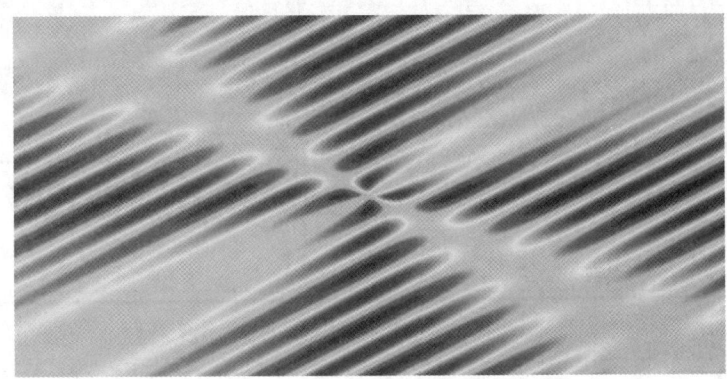

图 9-1 使用 Image 将 imencode()编码的结果直接嵌入 Notebook 中

9.1.5 视频输出

通过 VideoWriter 类可以将多个 NumPy 数组写入视频文件。下面的例子中以不同的参数调用 make_image()并将结果写入 fmp4.avi 文件。❶视频文件的编码由 4 个字符的 FOURCC 对象指定。❷使用指定的 fourcc 创建 VideoWriter 对象，其第 3 个参数为帧频，第 4 个参数为视频的宽度和高度，最后的参数为 True 时表示视频为彩色。❸调用 write()方法将表示图像的数组写入视频，❹最后调用 release()方法关闭视频文件。

```
def test_avi_output(fn, fourcc):
    fourcc = cv.FOURCC(*fourcc) ❶
```

```
        vw = cv2.VideoWriter(fn, fourcc, 15, (500, 250), True) ❷
        if not vw.isOpened():
            return
        for a in np.linspace(0.1, 2, 100):
            img = make_image(x, y, a)
            vw.write(img)  ❸
        vw.release()  ❹

    test_avi_output("fmp4.avi", "fmp4")
```

OpenCV 自带的视频编码器无法设置码率之类的编码参数，如果读者希望控制视频文件的画质，可以通过 fourcc 代码指定操作系统中安装的 VFW 编码器，这些编码器通常都带有配置界面用于设置编码参数。为了获取各种编码器对应的 fourcc 代码，读者可以运行本书提供的 fourcc.py，将弹出一个如图 9-2 所示的 "视频压缩" 对话框：

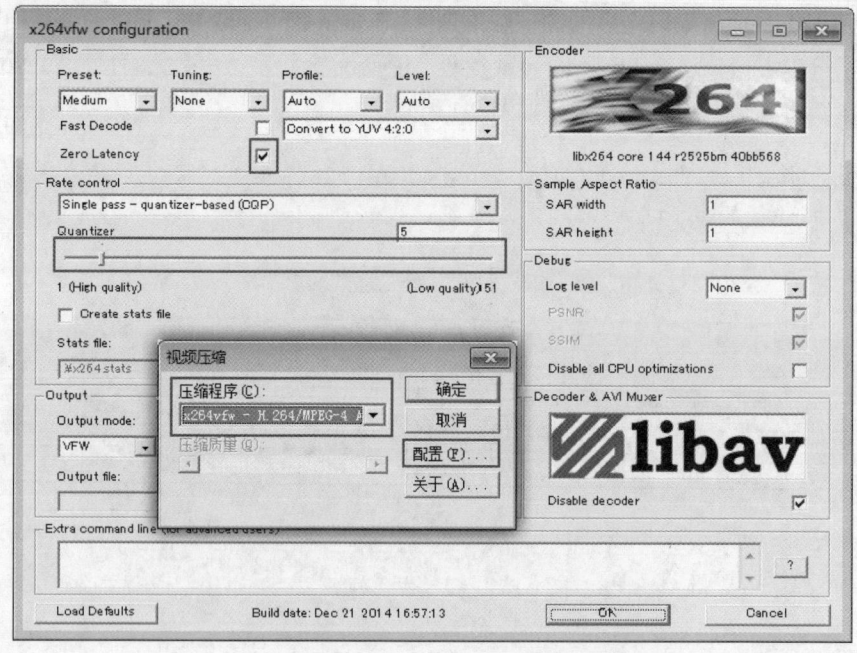

图 9-2 编码选择以及 x264 编码设置对话框

在对话框中选择"x264vfw"，然后单击"配置"按钮，将打开图中显示的"x264vfw configuration"对话框，勾选 "Zero Latency"，并且通过 "Quantizer" 设置画质。然后单击 "OK" 和 "确定"按钮完成设置。fourcc.py 将输出与所选择的编码器对应的 fourcc 代码：x264。

scpy2.opencv.fourcc: 查看与选中的视频编码器对应的 fourcc 代码。

如果读者的计算机中没有 x264vfw 编码器，可以通过下面的网址下载安装程序：

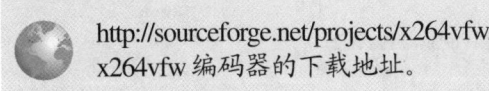

http://sourceforge.net/projects/x264vfw/
x264vfw 编码器的下载地址。

x264vfw编码器的配置保存在注册表的 HKEY_CURRENT_USER\Software\GNU\x264 路径下。
本书提供了 set_quantizer()来设置其编码画质，读者可以仿照该程序，根据需要修改其他项的值。
下面的程序输出不同的画质选项所得到的视频文件大小：

```
from scpy2.opencv.x264_settings import set_quantizer
from os import path

for quantizer in [1, 10, 20, 30, 40]:
    set_quantizer(quantizer)
    fn = "x264_q{:02d}.avi".format(quantizer)
    test_avi_output(fn, "x264")
    fsize = path.getsize(fn)
    print "quantizer = {:02d}, size = {:07d} bytes".format(quantizer, fsize)
```

```
quantizer = 01, size = 5686272 bytes
quantizer = 10, size = 2406912 bytes
quantizer = 20, size = 0932864 bytes
quantizer = 30, size = 0396288 bytes
quantizer = 40, size = 0189952 bytes
```

9.1.6 视频输入

VideoCapture 类用于从视频文件或视频设备读入图像。在下面的例子中，使用它从视频文件读入相关的属性和帧。❶get()方法获得指定的属性，所有视频相关的属性名都在 cv 模块中以 CV_CAP_PROP_开头。这里读入视频的帧频、总帧数、像素宽和高。❷调用 read()方法读入一帧图像，它返回两个值：表示是否正确获得图像的布尔值和表示图像的数组。正常读入一帧图像之后，当前帧自动递增。❸还可以通过 set()方法设置当前帧，从而直接读取视频中指定位置的图像。

```
video = cv2.VideoCapture("x264_q10.avi")
print "FPS:", video.get(cv.CV_CAP_PROP_FPS) ❶
print "FRAMES:", video.get(cv.CV_CAP_PROP_FRAME_COUNT)
print "WIDTH:", video.get(cv.CV_CAP_PROP_FRAME_WIDTH)
print "HEIGHT:", video.get(cv.CV_CAP_PROP_FRAME_HEIGHT)
print "CURRENT FRAME:", video.get(cv.CV_CAP_PROP_POS_FRAMES)
res, frame0 = video.read() ❷
print "CURRENT FRAME:", video.get(cv.CV_CAP_PROP_POS_FRAMES)
video.set(cv.CV_CAP_PROP_POS_FRAMES, 50) ❸
```

```
print "CURRENT FRAME:", video.get(cv.CV_CAP_PROP_POS_FRAMES)
res, frame50 = video.read()
print "CURRENT FRAME:", video.get(cv.CV_CAP_PROP_POS_FRAMES)
video.release()
```

```
FPS: 15.0
FRAMES: 100.0
WIDTH: 500.0
HEIGHT: 250.0
CURRENT FRAME: 0.0
CURRENT FRAME: 1.0
CURRENT FRAME: 50.0
CURRENT FRAME: 51.0
```

当传递给 VideoCapture 的参数是整数时，将打开该整数对应的视频设备。下面的程序从笔者的笔记本电脑自带的摄像头读取一帧图像：

```
camera = cv2.VideoCapture(0)
res, frame = camera.read()
camera.release()
print res, frame.shape
```
```
True (480, 640, 3)
```

9.2 图像处理

 与本节内容对应的 Notebook 为：09-opencv/opencv-200-imgprocess.ipynb。

OpenCV 的图像处理功能十分丰富，本节以二维卷积、形态学图像处理、颜色填充、去瑕疵等为例简要地介绍 OpenCV 的图像处理功能。希望读者通过这些实例举一反三，能通过阅读 OpenCV 的文档尝试更多的图像处理功能。

9.2.1 二维卷积

图像处理中最基本的算法就是将图像和某个卷积核进行卷积，使用不同的卷积核可以得到各种不同的图像处理效果。OpenCV 提供了 filter2D() 来完成图像的卷积运算，调用方式如下：

```
filter2D(src, ddepth, kernel[, dst[, anchor[, delta[, borderType]]]])
```

其中 src 参数是原始图像，dst 参数是目标图像。若省略 dst 参数，将创造一个新的数组来保存图像数据。ddepth 参数用于指定目标图像的每个通道的数据类型，负数表示其数据类型和原始图像相同。kernel 参数设置卷积核，它将与原始图像的每个通道进行卷积计算，并将结果存储到目标图像的对应通道中。anchor 参数指定卷积核的锚点位置，当它为默认值(-1, -1)时，以卷积核的中心为锚点。delta 参数指定在将计算结果存储到 dst 中之前对数值的偏移量。

filter2D()的卷积运算过程如下：

(1) 对于图像 src 中的每个像素点(x, y)，让它和卷积核的锚点对齐。

(2) 对于图像 src 中与卷积核重叠的部分，计算像素值和卷积核的值乘积。

(3) 图像 dst 中的像素点(x, y)的值为上面所有乘积的总和。

显然当卷积核的尺寸很大时，上述方法的运算速度将会很慢。因此对于较大的卷积核，filter2D()将使用离散傅立叶变换相关的算法进行卷积运算。

下面的程序演示了使用不同卷积核对图像进行处理之后的效果，如图 9-3 所示。

```python
src = cv2.imread("lena.jpg")

kernels = [
    (u"低通滤波器",np.array([[1,  1, 1],[1, 2, 1],[1, 1, 1]])*0.1),
    (u"高通滤波器",np.array([[0.0, -1, 0],[-1, 5, -1],[0, -1, 0]])),
    (u"边缘检测",np.array([[-1.0, -1, -1],[-1, 8, -1],[-1, -1, -1]]))
]

index = 0
fig, axes = pl.subplots(1, 3, figsize=(12, 4.3))
for ax, (name, kernel) in zip(axes, kernels):
    dst = cv2.filter2D(src, -1, kernel)
    # 由于 matplotlib 的颜色顺序和 OpenCV 的顺序相反
    ax.imshow(dst[:, :, ::-1])
    ax.set_title(name)
    ax.axis("off")
fig.subplots_adjust(0.02, 0, 0.98, 1, 0.02, 0)
```

图 9-3 使用 filter2D()制作的各种图像处理效果

scpy2.opencv.filter2d_demo: 可通过图形界面自定义卷积核，并实时查看处理结果。

有些特殊的卷积核可以表示成一个列矢量和一个行矢量的乘积，这时只需要将原始图像按顺序与这两个矢量进行卷积，所得到的最终结果和直接与卷积核进行卷积的结果相同。由于将一个 N×M 的矩阵分解成了两个 N×1 和 1×M 的矩阵，因此对于较大的卷积核能大幅度地提高计算速度。OpenCV 提供了 sepFilter2D() 来进行这种分步卷积，调用参数如下：

```
sepFilter2D(src, ddepth, kernelX, kernelY[, dst[, anchor[, delta[, borderType]]]])
```

其中 kernelX 和 kernelY 分别为行卷积核和列卷积核。下面的程序比较 filter2D() 和 sepFilter2D() 的计算速度：

```
img = np.random.rand(1000,1000) ❶

row = cv2.getGaussianKernel(7, -1) ❷
col = cv2.getGaussianKernel(5, -1)

kernel = np.dot(col[:], row[:].T) ❸

%time img2 = cv2.filter2D(img, -1, kernel) ❹
%time img3 = cv2.sepFilter2D(img, -1, row, col) ❺
print "error=", np.max(np.abs(img2[:] - img3[:]))
Wall time: 31 ms
Wall time: 25 ms
error= 4.4408920985e-16
```

❶首先随机产生一幅比较大的图像 img。❷调用 getGaussianKernel() 分别获得长度为 7 和 5 的两个高斯模糊卷积核 row 和 col。❸计算 row 和 col 的矩阵乘积 kernel，它是一个形状为(5, 7) 的二维数组。❹❺分别使用 filer2D() 和 sepFilter2D() 对图像 img 进行卷积，并测量它们的计算时间。

卷积核的尺寸越大，计算时间的差别越大。请读者更改 row 和 col 的值，观察计算时间的差别。

由于卷积计算很常用，因此 OpenCV 提供了一些高级函数来直接完成与某种特定卷积核的卷积计算。例如平均模糊 blur()、高斯模糊 GaussianBlur()、用于边缘检测的差分运算 Sobel() 和 Laplacian() 等。关于这些函数的用法请读者自行参考 OpenCV 的文档，这里就不再举例了。

9.2.2　形态学运算

在 SciPy 的图像处理章节中，我们介绍过如何使用 SciPy 的图像处理模块进行形态学图像的处理。OpenCV 中也提供了类似的处理功能。例如 dilate() 对图像进行膨胀处理，而 erode() 则对图像进行腐蚀处理。另外，morphologyEx()使用膨胀和收缩实现一些更高级的形态学处理。这些函数都可以对多值图像进行操作，对于多通道图像，它们将对每个通道进行相同的运算。dilate()和 erode()的调用参数相同：

```
dilate(src, kernel[, dst[, anchor[, iterations[, borderType[, borderValue]]]]])
```

其中 src 参数是原始图像；kernel 参数是结构元素，它指定针对哪些周围像素进行计算；anchor 参数指定锚点的位置，其默认值为结构元素的中心；iterations 参数指定处理次数。morphologyEx()的参数如下：

```
morphologyEx(src, op, kernel[, dst[, anchor[, iterations[, borderType[, borderValue]]]]])
```

它比 dilate()多了一个 op 参数，用于指定运算的类型。

膨胀运算可以用下面的公式描述：

$$dst(x, y) = \max_{kernel(x', y') \neq 0} src(x + x', y + y')$$

将结构元素的锚点与原始图像中的每个像素(x, y)对齐之后，计算所有结构元素值不为 0 的像素的最大值，写入目标图像的(x, y)像素点。而腐蚀运算则是计算所有结构元素不为 0 的像素的最小值。

morphologyEx()的高级运算包括：

- MORPH_OPEN：开运算，可以用来区分两个靠得很近的区域。算法为先腐蚀再膨胀：dst=dilate(erode(src))。
- MORPH_CLOSE：闭运算，可以用来连接两个靠得很近的区域。算法为先膨胀再腐蚀：dst=erode(dilate(src))。
- MORPH_GRADIENT：形态梯度，能够找出图像区域的边缘。算法为膨胀减去腐蚀：dst=dilate(src)− erode(src)。
- MORPH_TOPHAT：顶帽运算，算法为原始图像减去开运算：dst = src-open(src)。
- MORPH_BLACKHAT：黑帽运算，算法为闭运算减去原始图像：dst=close(src)−src。

下面的程序演示了上述形态学图像处理的效果。图 9-4 是界面截图。请读者通过此界面修改结构元素、处理类型以及迭代次数等参数，并观察经过处理之后的图像，理解各种运算的公式。

 scpy2.opencv.morphology_demo：演示 OpenCV 中的各种形态学运算。

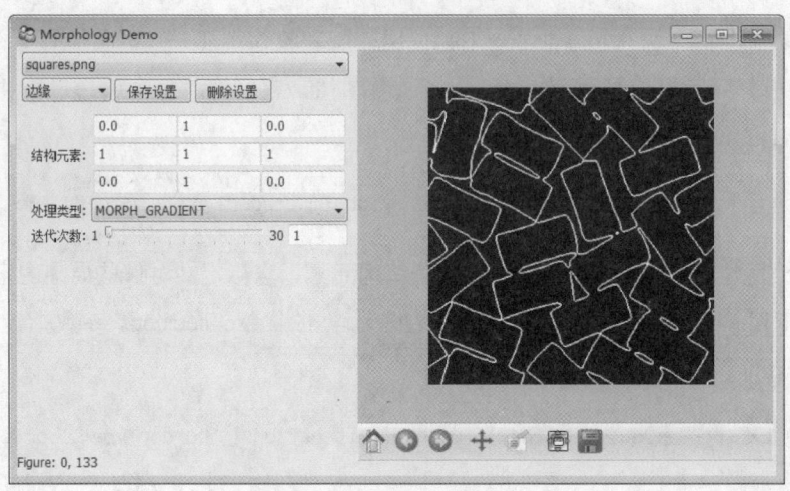

图 9-4 形态学图像处理演示界面

9.2.3 填充-floodFill

填充函数 floodFill()在图像处理中经常用于标识或分离图像中的某些特定部分。它的调用方式为：

```
floodFill(image, mask, seedPoint, newVal[, loDiff[, upDiff[, flags]]])
```

其中 image 参数是需要填充的图像；seedPoint 参数为填充的起始点，我们称之为种子点；newVal 参数为填充所使用的颜色值；loDiff 和 upDiff 参数是填充的下限和上限容差；flags 参数是填充的算法标志。

填充从 seedPoint 指定的种子坐标开始，图像中与当前的填充区域颜色相近的点将被添加进填充区域，从而逐步扩大填充区域，直到没有新的点能添加进填充区域为止。颜色相近的判断方法有两种：

- 默认使用相邻点为基点进行判断。
- 如果开启了 flags 中的 FLOODFILL_FIXED_RANGE 标志位，则以种子点为基点进行判断。

假设图像中某个点(x, y)的颜色为$C(x, y)$，C_0为基点颜色，则下面的条件满足时，(x, y)将被添加进填充区域：

$$C_0 - loDiff \leq C(x, y) \leq C_0 + hiDiff$$

此外还可以通过 flags 指定相邻点的定义：四连通或八连通。

当 mask 参数不为 None 时，它是一个宽和高比 image 都大两个像素的单通道 8 位图像。image 图像中的像素(x, y)与 mask 中的$(x + 1, y + 1)$对应。填充只针对 mask 中的值为 0 的像素进行。进行填充之后，mask 中所有被填充的像素将被赋值为 1。如果只希望修改 mask，而不对原始图像进行填充，可以开启 flags 标志中的 FLOODFILL_MASK_ONLY。

在下面的例子中，第一次调用 floodFill()时，由于设置了 FLOODFILL_MASK_ONLY 标志，因此填充只在 mask 中进行，并未修改 img 中的数据：

```
img = cv2.imread("coins.png")
seed1 = 344, 188
seed2 = 152, 126
diff = (13, 13, 13)
h, w = img.shape[:2]
mask = np.zeros((h+2, w+2), np.uint8)
cv2.floodFill(img, mask, seed1, (0, 0, 0), diff, diff, cv2.FLOODFILL_MASK_ONLY)
cv2.floodFill(img, None, seed2, (0, 0, 255), diff, diff)

fig, axes = pl.subplots(1, 2, figsize=(9, 4))
axes[0].imshow(~mask, cmap="gray")
axes[1].imshow(img)
```

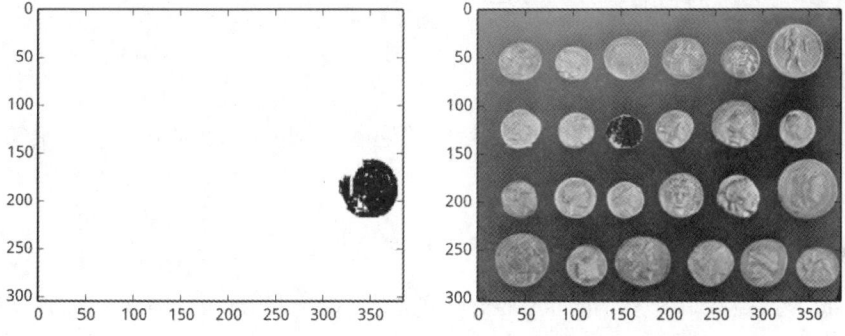

图 9-5 演示 floodFill() 的填充效果

　　下面的程序演示了 floodFill() 的用法，界面如图 9-6 所示。在图像上用鼠标左键点选填充的种子点。通过界面上方的控件修改 loDiff、upDiff 和 flags 等参数。

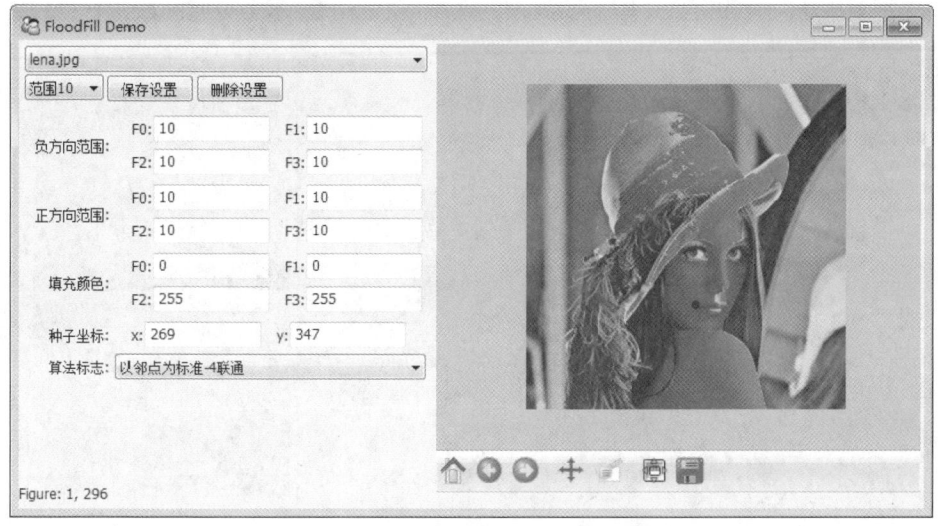

图 9-6 填充演示程序的界面截图

scpy2.opencv.floodfill_demo: 演示填充函数 floodFill()的各个参数的用法。

演示程序中使用两个叠加在一起的 AxesImage 对象显示图像，下层显示原始图像，上层半透明地显示填充之后的图像，因此可以观察被填充区域的原始图像。floodFill()的 flags 参数的选项如下：

```
Options = {
    u"以种子为标准-4 联通": cv2.FLOODFILL_FIXED_RANGE | 4,
    u"以种子为标准-8 联通": cv2.FLOODFILL_FIXED_RANGE | 8,
    u"以邻点为标准-4 联通": 4,
    u"以邻点为标准-8 联通": 8
}
```

9.2.4 去瑕疵-inpaint

使用 inpaint()可以从图像上去除指定区域中的物体，可以用于去除图像上的水印、划痕、污渍等瑕疵。它的调用参数如下：

```
inpaint(src, inpaintMask, inpaintRadius, flags[, dst])
```

其中，src 参数是原始图像，inpaintMask 参数是大小和 src 相同的单通道 8 位图像，其中不为 0 的像素表示需要去除的区域。dst 参数用于保存处理结果。inpaintRange 参数是处理半径，半径越大处理时间越长，结果越平滑。flags 参数选择 inpaint 的算法，目前有两个候选算法：INPAINT_NS 和 INPIANT_TELEA。

下面的程序演示 inpaint()的用法，界面如图 9-7(左)所示。右上图中用白色区域表示 inpaintMask 参数中不为 0 的像素，即需要处理的区域，右下图显示了对此区域进行处理之后的效果。

图 9-7 使用 inpaint 去除图像中的物体

scpy2.opencv.inpaint_demo: 演示 inpaint() 的用法，用户用鼠标绘制需要去瑕疵的区域，程序实时显示运算结果。

在本书提供的 inpaint_demo 程序中，用鼠标绘制需要进行处理的区域之后，可以修改 "inpaint 半径" 和 "inpaint 算法" 等设置，实时观察它们对处理结果的影响。如果选区过大，处理可能需要较长时间，此时可以单击 "保存结果" 按钮，用当前的处理结果覆盖原始图像，并清除选区，以进行下一轮处理。

9.3 图像变换

与本节内容对应的 Notebook 为：09-opencv/opencv-300-transforms.ipynb

本节介绍一些常用的图像变换算法，其中包括：对图像中的像素坐标进行几何变换、对像素颜色进行转换、计算频域信息以及使用双目图像计算深度信息。

9.3.1 几何变换

我们可以对图像在二维平面上进行仿射变换，或者在三维空间中进行透视变换。仿射变换相当于将二维平面上的每个坐标点与一个 2×3 的矩阵相乘，得到新的坐标，而透视变换则是与 3×3 的矩阵相乘。原本平行的两条直线在经过仿射变换之后仍然是平行的，而经过透视变换之后，它们就可能不再平行了。

OpenCV 中使用 warpAffine() 对图像进行仿射变换，调用参数如下：

```
warpAffine(src, M, dsize[, dst[, flags[, borderMode[, borderValue]]]])
```

其中 src 参数是变换的原始图像，dsize 参数为返回图像的大小，返回图像的像素类型和 src 的相同。M 参数是仿射变换的矩阵，它是一个形状为 (2,3) 的数组。flags 参数是内插方式，borderMode 是外插方式，borderValue 为背景颜色。关于这些参数的含义请读者阅读 OpenCV 的文档。

假设矩阵 M 的各个元素如下：

$$\begin{pmatrix} a_{00} & a_{01} & b_0 \\ a_{10} & a_{11} & b_1 \end{pmatrix}$$

那么仿射变换可以用下面的公式表示：

$$dst(a_{00}x + a_{01}y + b_0, a_{10}x + a_{11}y + b_1) = src(x, y)$$

　　仿射变换矩阵中有 6 个参数，因此只需要指定变换前后 3 个坐标点的坐标，就可以通过解线性方程组获得变换矩阵。OpenCV 提供了 getAffineTransform(src, dst)来快速完成这种计算。src 和 dst 参数是变换前后的三个点的坐标，它们都是形状为(3, 2)的单精度浮点数数组。下面的程序演示了这两个函数的用法，效果如图 9-8 所示：

```python
img = cv2.imread("lena.jpg")
h, w = img.shape[:2]
src = np.array([[0, 0], [w - 1, 0], [0, h - 1]], dtype=np.float32)  ❶
dst = np.array([[300, 300], [873, 78], [161, 923]], dtype=np.float32)  ❷

m = cv2.getAffineTransform(src, dst)  ❸
result = cv2.warpAffine(
    img, m, (2 * w, 2 * h), borderValue=(255, 255, 255, 255))  ❹
```

图 9-8 对图像进行仿射变换

　　❶src 为图 9-8 中三角形的三个顶点坐标，这三个点分别为图像的左上、右上和左下三个顶点。❷dst 为这三个顶点经过仿射变换之后的坐标，图中用三个箭头连接仿射变换前后的坐标点。❸调用 getAffineTransform()得到仿射变换矩阵 m，然后❹调用 warpAffine()对图像 img 进行仿射变换，结果图像的大小为原始图像的两倍，背景采用白色填充。

　　warpPerspective()和 warpAffine()类似，也对图像进行几何变换，不过它是在三维空间中进行透视变换，因此它的变换矩阵是 3×3 的矩阵。这个变换矩阵可以通过 getPerspectiveTransform(src, dst)计算。src 和 dst 参数是变换前后的 4 个点的坐标，它们都是形状为(4, 2)的单精度浮点数数组。下面的程序演示了这两个函数的用法，结果如图 9-9 所示。

```python
src = np.array(
    [[0, 0], [w - 1, 0], [w - 1, h - 1], [0, h - 1]], dtype=np.float32)
```

```
dst = np.array(
    [[300, 350], [800, 300], [900, 923], [161, 923]], dtype=np.float32)

m = cv2.getPerspectiveTransform(src, dst)
result = cv2.warpPerspective(
    img, m, (2 * w, 2 * h), borderValue=(255, 255, 255, 255))
```

图 9-9 对图像进行透视变换

　　为了便于直观地理解仿射变换和透视变换，请读者运行下面的演示程序，界面如图 9-10 所示。

 scpy2.opencv.warp_demo: 仿射变换和透视变换的演示程序，可以通过鼠标拖曳图中蓝色三角形和四边形的顶点，从而决定原始图像各个顶角经过变换之后的坐标。

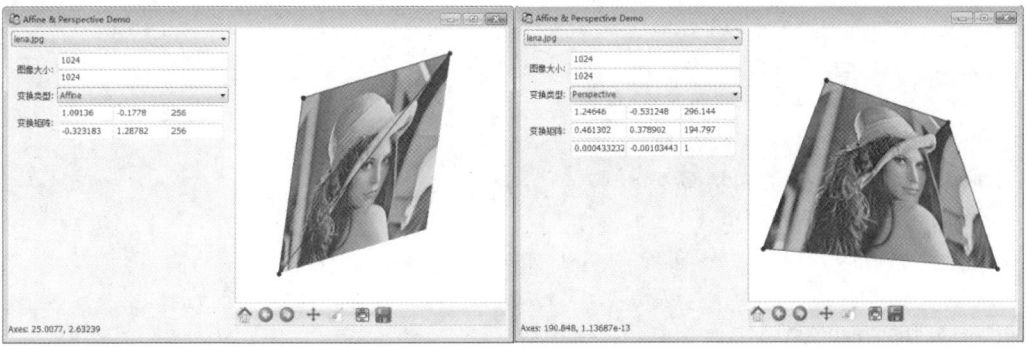

图 9-10 仿射变换和透视变换演示程序

9.3.2 重映射-remap

对于图像的各种变换都有一个共同特点：它们从原始图像上的某个位置取出一个像素点，并把它绘制到目标图像上的另外一个位置。从原始坐标到目标坐标的映射不一定是一对一的关系。OpenCV 提供了一个通用的图像映射函数 remap() 来完成这种计算，其调用参数如下：

```
remap(src, map1, map2, interpolation[, dst[, borderMode[, borderValue]]])
```

其中 map1 和 map2 参数是两个大小与原始图像 src 相同的数组，它们的元素值是图像 dst 中对应下标的像素点在图像 src 中的坐标值，其元素可以是整数或单精度浮点数。map1 中存储映射的 X 轴坐标，而 map2 中存储映射的 Y 轴坐标。下面的数学公式表示了这种映射关系，其中 x 和 y 是目标图像中每个像素的坐标，通过 map1 和 map2 分别获得它们在 src 中的坐标。

$$dst(x, y) = src(map1(x, y), map2(x, y))$$

下面的程序使用 remap() 将图像 Y 轴方向缩小为原来的三分之一，将 X 轴方向缩小为原来的一半，img2[y, x] 的像素值与 img[mapy[y, x], mapx[y, x]] 的像素值相同。程序中通过 interpolation 参数指定采用线性插值 INTER_LINEAR，读者可以通过 IPython 的自动完成功能查看其他的插值选项。

```
mapy, mapx = np.mgrid[0:h * 3:3, 0:w * 2:2]
img2 = cv2.remap(img, mapx.astype("f32"), mapy.astype("f32"), cv2.INTER_LINEAR)
x, y = 12, 40 #用于验证映射公式的坐标点
assert np.all(img[mapy[y, x], mapx[y, x]] == img2[y, x])
```

缩小之后的图像 img2 的大小仍然和原始图像 img 相同，但是其中只有左上部分有图像数据。这里使用 mgrid 对象直接创建两个映射数组 mapx 和 mapy。

为了演示 remap() 的强大功能，下面的程序让用户输入一个三维空间的曲面函数，程序将根据此函数所计算的曲面对图像进行变形。效果如图 9-11 所示，就像是将图像贴在曲面上一样。

```
def make_surf_map(func, r, w, h, d0):
    """计算曲面函数 func 在[-r:r]范围之内的值，并进行透视投影。
视点高度为曲面高度的 d0 倍+1"""
    y, x = np.ogrid[-r:r:h * 1j, -r:r:w * 1j]
    z = func(x, y) + 0 * (x + y)  ❶
    d = d0 * np.ptp(z) + 1.0  ❷
    map1 = x * (d - z) / d  ❸
    map2 = y * (d - z) / d
    return (map1 / (2 * r) + 0.5) * w, (map2 / (2 * r) + 0.5) * h  ❹

def make_func(expr_str):
    def f(x, y):
        return eval(expr_str, np.__dict__, locals())
    return f
```

```python
def get_latex(expr_str):
    import sympy
    x, y = sympy.symbols("x, y")
    env = {"x": x, "y": y}
    expr = eval(expr_str, sympy.__dict__, env)
    return sympy.latex(expr)


settings = [
    ("sqrt(8 - x**2 - y**2)", 2, 1),
    ("sin(6*sqrt(x**2+y**2))", 10, 10),
    ("sin(sqrt(x**2+y**2))/sqrt(x**2+y**2)", 20, 0.5)
]
fig, axes = pl.subplots(1, len(settings), figsize=(12, 12.0 / len(settings)))

for ax, (expr, r, height) in zip(axes, settings):
    mapx, mapy = make_surf_map(make_func(expr), r, w, h, height)
    img2 = cv2.remap(
        img, mapx.astype("f32"), mapy.astype("f32"), cv2.INTER_LINEAR)
ax.imshow(img2[:, :, ::-1])
    ax.axis("off")
    ax.set_title("${}$".format(get_latex(expr)))

fig.subplots_adjust(0, 0, 1, 1, 0.02, 0)
```

图 9-11 使用三维曲面和 remap() 对图片进行变形

　　程序中，先计算指定范围内的网格 x、y，❶然后计算出网格上每一点的曲面的高度 z。❷通过曲面的高度范围和 d0 参数决定观察点的高度。❸然后利用投影变换公式，计算出表示坐标变换的两个数组 mapx 和 mapy。其中投影公式的示意图如图 9-12 所示。❹最后将 mapx 和 mapy 的取值范围改为图像的范围之内。

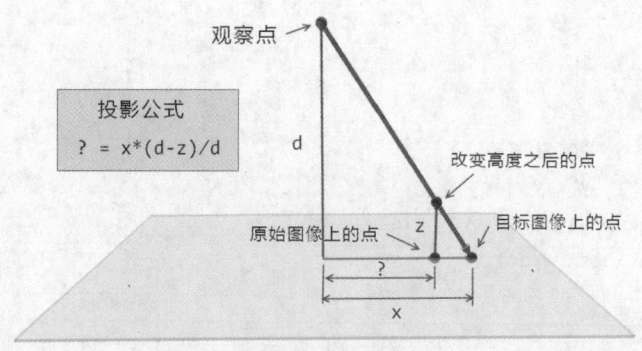

图 9-12 投影公式示意图

还可以用 remap() 移动图像中指定的区域,使用该算法可以让用户通过鼠标拖曳图像的局部使其变形。在下面的例子中,(tx, ty) 为鼠标拖曳的起始坐标,(sx, sy) 为拖曳的终点坐标,r 是拖曳半径,半径越大被影响的像素越多。

为了方便程序的编写,我们将 remap() 的 map1 和 map2 两个参数分别分解为两个部分 gridx 和 offsetx、gridy 和 offsety。❶gridx 和 gridy 为恒等映射,使用这两个数组不会对图像产生任何改变。❷在终点坐标处创建一个半径为 r 的圆形遮罩数组 mask。❸将 offsetx 和 offsety 中与 mask 对应的值修改为拖曳的起点与终点的坐标差。如果使用这时的 gridx + offsetx 和 gridy + offsety 作为坐标映射,就会将以起点坐标为中心、半径为 r 的圆形区域复制到终点对应的区域。❹为了让变形更加柔和,我们使用 GaussianBlur() 对两个 offset 数组进行高斯模糊处理,sigma 参数决定模糊的程度,该值越大越模糊。

图 9-13 显示了变形之后的效果,其中虚线圆表示拖曳的起始位置,实线圆表示拖曳的终点位置。

scpy2.opencv.remap_demo: 演示 remap() 的拖曳效果。在图像上按住鼠标左键进行拖曳,每次拖曳完成之后,都将修改原始图像,可以按鼠标右键撤销上次的拖曳操作。

```python
img = cv2.imread("lena.jpg")
h, w = img.shape[:2]
gridy, gridx = np.mgrid[:h, :w]  ❶
tx, ty = 313, 316
sx, sy = 340, 332
r = 40.0
sigma = 20

mask = ((gridx - sx) ** 2 + (gridy - sy) ** 2) < r ** 2  ❷
offsetx = np.zeros((h, w))
offsety = np.zeros((h, w))
offsetx[mask] = tx - sx  ❸
```

```
offsety[mask] = ty - sy
offsetx_blur = cv2.GaussianBlur(offsetx, (0, 0), sigma)   ❹
offsety_blur = cv2.GaussianBlur(offsety, (0, 0), sigma)
img2 = cv2.remap(img,
                 (offsetx_blur + gridx).astype("f4"),
                 (offsety_blur + gridy).astype("f4"), cv2.INTER_LINEAR)
```

图 9-13 使用 remap()实现图像拖曳效果

9.3.3 直方图

在 NumPy 中有三个直方图统计函数：histogram()、histogram2d()和 histogramdd()，分别对应一维数据、二维数据以及多维数据的情况。下面的程序用 histogram()和 histogram2d()对图像的颜色分布进行统计，输出如图 9-14 所示的统计结果。

```
img = cv2.imread("lena.jpg")
fig, ax = pl.subplots(1, 2, figsize=(12, 5))
colors = ["blue", "green", "red"]

for i in range(3):
    hist, x = np.histogram(img[:,:, i].ravel(), bins=256, range=(0, 256))   ❶
    ax[0].plot(0.5 * (x[:-1] + x[1:]), hist, label=colors[i], color=colors[i])

ax[0].legend(loc="upper left")
ax[0].set_xlim(0, 256)
hist2, x2, y2 = np.histogram2d(   ❷
    img[:,:, 0].ravel(), img[:,:, 2].ravel(),
    bins=(100, 100), range=[(0, 256), (0, 256)])
ax[1].imshow(hist2, extent=(0, 256, 0, 256), origin="lower", cmap="gray")
ax[1].set_ylabel("blue")
ax[1].set_xlabel("red")
```

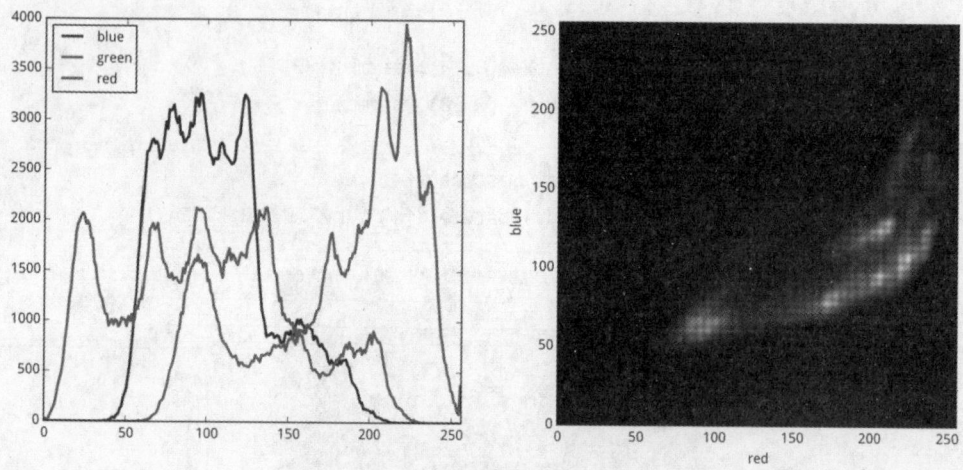

图 9-14 lena.jpg 的三个通道的直方图统计(左)，通道 0 和通道 2 的二维直方图统计(右)

❶通过 histogram()对图像 img 的三个通道分别进行一维直方图统计，由于被统计的数组必须是一维的，因此这里调用数组的 ravel()方法将二维数组转换为一维数组。通过 range 参数指定统计区间为 0～256，bin 参数指定将统计区间等分为 256 份。histogram()返回两个数组 hist 和 x，其中 hist 为统计结果，长度为 bin。而 x 为统计区间，长度为 bin+1。hist[i]的值为数组中满足 x[i] <= v < x[i+1]的元素 v 的个数。

❷用 histogram2()对通道 0 和通道 2 进行二维直方图统计。被统计的数组是两个一维数组，因此也需要用 ravel()方法进行转换。它们分别为图像的通道 0 和通道 2 的数据。bins 和 range 参数都变成了有两个元素的序列，分别与两个数组相对应。返回的统计结果 hist2 是一个二维数组，其形状由 bins 决定。第 0 轴与第一个数组相对应，第 1 轴与第二个数组相对应。它是由两个一维数组的对应元素所构成的二维矢量的分布统计结果。

观察图 9-14(左)可知红色通道的值普遍较大，因此整个图片呈现暖色调；而从右图不但可以得出红色通道的值比蓝色通道较大的结论，还可以看到几处分布比较密集的领域。例如其中一块的中心坐标大约为(207, 125)，这说明图像中红色值在 207 附近、蓝色值在 125 附近的像素点较多。

OpenCV 中的直方图统计函数为 calcHist()。它支持对多幅图像进行 N 维直方图统计，因此其第一个参数为数组列表。下面使用 calcHist()对 img 的三个通道(0, 1, 2)进行三维直方图统计。每个通道的等分数分别为(30, 20, 10)，所有通道的取值范围都为(0, 256)。返回结果 result 是一个形状为(30, 20, 10)的数组：

```
result = cv2.calcHist([img],
                       channels=(0, 1, 2),
                       mask = None,
                       histSize = (30, 20, 10),
                       ranges = (0, 256, 0, 256, 0, 256))
result.shape
```

```
(30, 20, 10)
```

1. 直方图反向映射

计算出直方图之后,可以用 calcBackProject()将图像中的每点替换为它在直方图中所对应的值。于是在直方图中出现次数越高,图像中对应的像素就越亮。可以用这种方法找出图像中和直方图相匹配的区域。下面用一个实际的例子加以说明:

```
img = cv2.imread("fruits_section.jpg")  ❶
img_hsv = cv2.cvtColor(img, cv2.COLOR_BGR2HSV)

result = cv2.calcHist([img_hsv], [0, 1], None,  ❷
                      [40, 40], [0, 256, 0, 256])

result /= np.max(result) / 255  ❸

img2 = cv2.imread("fruits.jpg")  ❹
img_hsv2 = cv2.cvtColor(img2, cv2.COLOR_BGR2HSV)

img_bp = cv2.calcBackProject([img_hsv2],  ❺
                            channels=[0, 1],
                            hist=result,
                            ranges=[0, 256, 0, 256],
                            scale=1)
_, img_th = cv2.threshold(img_bp, 180, 255, cv2.THRESH_BINARY)  ❻
struct = np.ones((3, 3), np.uint8)
img_mp = cv2.morphologyEx(img_th, cv2.MORPH_CLOSE, struct, iterations=5)  ❼
```

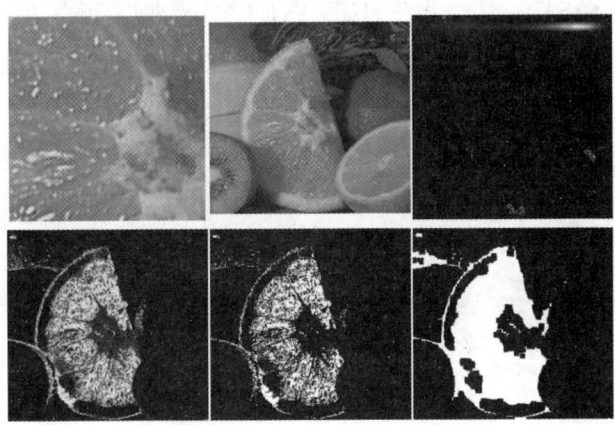

图 9-15 使用 calcBackProject()寻找图像中的橙子部分

程序的输出如图 9-15 所示。它在图像 fruits.jpg(上中图)中寻找和图像 fruits_section.jpg(上左图)的颜色近似的部分。

❶首先载入颜色匹配的模板图像，并通过 cvtColor()将图像的三通道的数据从蓝绿红变换为色相、饱和度和明度。❷调用 calcHist()对模板图像的色相与饱和度进行二维直方图计算。在色相与饱和度空间进行颜色匹配，能够得到较好的匹配结果。❸为了后续的 calcBackProject()计算不越界，这里将直方图的最大值缩小到 255。图 9-15(上右)为所计算的直方图。

❹载入目标图像，然后也通过 cvtColor()进行颜色转换。❺调用 calcBackProject()将目标图像中的每个像素的颜色变换为其在直方图中所对应的值。它的第一个参数是一个图像列表，hist参数指定直方图，返回值是一幅单通道的形状和数值类型与输入图像相同的图像。channels、ranges 参数和 calcHist()的参数含义相同。图 9-15(下左)为 calcBackProject()的计算结果。

❻调用 threshold()对 calcBackProject()的输出图像进行二值化处理，参数 THRESH_BINARY指定了二值化处理的方法，它将图像中值小于等于 180 的点都设置为 0，将大于 180 的设置为255。图 9-15(下中)为二值化的结果。

❼最后对二值化之后的图像进行形态学图像处理。使用 5 次开运算将图像中的分散的区域连接成一个大区域。图 9-15(下右)为最终结果，它的白色区域正好对应目标图像中的橙子部分。还可以对这个结果进行一些处理：例如使用闭运算消除一些杂点，然后找出图像中面积最大的区域。

这种方法也可以用于在视频中跟踪一个颜色鲜明的物体。在跟踪物体之前，首先对一幅物体充满整个画面的图像进行直方图统计，然后对视频后续的帧进行 calcBackProject()计算。

2. 直方图匹配

直方图可以表示图像的颜色分布情况，而通过直方图匹配算法可以将一幅图像的直方图分布复制给另一幅图像，从而让目标图像拥有原图像的直方图信息。基本步骤如下：

❶计算原图像 src 与目标图像 dst 的归一化之后的直方图统计，得到的结果为概率密度分布。❷用 cumsum()对概率密度分布进行累加，得到累计分布。❸在原图像的累计分布中搜索目标图像的累计分布所对应的下标 index，由于累计分布是递增函数，因此可以用 searchsorted()进行二分查找。❹调用 clip()将 index 的取值范围限制在 0～255 之间，❺然后用它对目标图像进行映射，即将目标图像中每个像素值 v 替换为 index[v]。

```python
def histogram_match(src, dst):
    res = np.zeros_like(dst)
    cdf_src = np.zeros((3, 256))
    cdf_dst = np.zeros((3, 256))
    cdf_res = np.zeros((3, 256))
    kw = dict(bins=256, range=(0, 256), normed=True)

    for ch in (0, 1, 2):
        hist_src, _ = np.histogram(src[:, :, ch], **kw)   ❶
        hist_dst, _ = np.histogram(dst[:, :, ch], **kw)
        cdf_src[ch] = np.cumsum(hist_src)   ❷
        cdf_dst[ch] = np.cumsum(hist_dst)
        index = np.searchsorted(cdf_src[ch], cdf_dst[ch], side="left")   ❸
```

```
        np.clip(index, 0, 255, out=index)  ❹
        res[:, :, ch] = index[dst[:, :, ch]]  ❺
        hist_res, _ = np.histogram(res[:, :, ch], **kw)
        cdf_res[ch] = np.cumsum(hist_res)

    return res, (cdf_src, cdf_dst, cdf_res)
```

下面调用 histogram_match()将一幅秋景的直方图复制给夏景图像。图 9-16 显示了对夏景图进行直方图匹配处理前后的图像，图中下层的三个图表显示图像的蓝绿红三个通道的累计分布曲线。其中点线为处理之前夏景图的累计分布，实线为处理之后的累计分布，而虚线为秋景图的累计分布。可以看到图中实线与虚线几乎完全重合，因此完美地将秋景图的直方图复制给了夏景图：

```
src = cv2.imread("autumn.jpg")
dst = cv2.imread("summer.jpg")

res, cdfs = histogram_match(src, dst)
```

图 9-16 直方图匹配结果

9.3.4　二维离散傅立叶变换

图像数据可以看作二维离散信号，对其进行二维离散傅立叶变换，能将其转换为频域信号，将原始图像分解为众多二维正弦波的叠加。由于 NumPy 已经提供了二维离散傅立叶变换的函数，因此本节主要使用 NumPy 的相关函数进行说明。

为了更好地理解本节所介绍的内容，需要读者掌握离散傅立叶变换相关的知识。在本书最后一章有一维离散傅立叶变换的详细论述。

对一维的 N 点实数信号 x 进行快速傅立叶变换(FFT)之后，得到表示频域信号的 N 个复数的数组 X。但是数据的信息量并没有增加，这是因为：

- 下标为 0 和 N/2 的两个复数的虚数部分为 0。
- 下标为 i 和 N−i 的两个复数共轭，也就是虚数部分数值相同、符号相反。

同样，对于一个 N*N 的二维实数信号 x 进行二维快速傅立叶变换之后，得到表示频域信号的 N*N 个复数元素的数组 X。其中 X[i,j] 和 X[N−i,N−j] 共轭，并且 X[0, 0]、X[0, N/2]、X[N/2, 0]、X[N/2, N/2] 这 4 个元素的虚部为 0。下面我们用程序验证一下：

```
from numpy import fft
x = np.random.rand(8, 8)
X = fft.fft2(x)
print np.allclose(X[1:, 1:], X[7:0:-1, 7:0:-1].conj())  # 共轭复数
print X[::4, ::4] # 虚数为零
True
[[ 31.48765415+0.j  -2.80563949+0.j]
 [  0.75758598+0.j  -0.53147589+0.j]]
```

频域信号通过 ifft2() 可以转换回空域信号，结果和原始的空域信号完全相等。但是 ifft() 所得到的仍然是一个复数数组，只是每个元素的虚部都十分接近于 0。

```
x2 = fft.ifft2(X) # 将频域信号转换回空域信号
np.allclose(x, x2) # 和原始信号进行比较
True
```

频域信号中的每个元素都对应空域信号中的一个二维正弦波，如果只选择频域信号中的一部分转换回空域信号，就相当于对空域信号进行了滤波处理。下面演示将频域信号中的不同区域转换回空域信号之后的滤波效果，输出如图 9-17 所示。

首先载入一幅彩色图像，并将其转换为灰度图像。由于 FFT 运算的最佳大小为 2 的整数次幂，因此使用 resize() 将图像的大小改为 256*256。

然后计算图像 img 的频域信号 img_freq，由于它是一个复数数组，为了能将其作为图像显示，计算它的每个元素的模值，并取对数，得到数组 img_mag，如图 9-17(左上)所示。模值图像的 4 个角与低频信号对应，中心与高频信号对应。由于 4 个角附近较亮，这说明原始图像的低频成分较多，这符合一般图像信号的规律。

为了更好地观察频域信号，我们使用 fftshift() 对 img_mag 进行移位，得到数组 img_mag_shift。图 9-17(中上)为移位之后的模值图像。fftshift() 将两个对角线上的方块对调，即 1、3 象限对调，2、4 象限对调。这样图像的中部与低频对应，而 4 角与高频信号对应。

```
N = 256
img = cv2.imread("lena.jpg", cv2.IMREAD_GRAYSCALE)
img = cv2.resize(img, (N, N))
img_freq = fft.fft2(img)
img_mag = np.log10(np.abs(img_freq))
```

```
img_mag_shift = fft.fftshift(img_mag)

rects = [(80, 125, 85, 130), (90, 90, 95, 95),
         (150, 10, 250, 250), (110, 110, 146, 146)]
```

　　最后选择频域信号中的一部分，将其转换回空域信号。图 9-17 的右上图和下排的图，分别显示中上图中 4 个矩形领域所对应的空域图像。

　　❶mask 是一个布尔数组，其形状和频域信号数组一样。❷将其中坐标在指定的矩形范围之内的元素设置为 True。❸同时选择共轭对称的部分，否则通过 ifft2()转换回空域信号时虚部将不会为 0。❹通过 fftshift()对 mask 数组进行移位，使得它和频域信号 img_freq 匹配。

　　❺接下来将频域信号 img_freq 与 mask 相乘，得到在频域进行滤波之后的频域信号 img_freq2。❻然后调用 ifft2()将 img_freq2 转换回空域信号。

 scpy2.opencv.fft2d_demo：演示二维离散傅立叶变换，用户在左侧的频域模值图像上用鼠标绘制遮罩区域，右侧的图像为频域信号经过遮罩处理之后转换成的空域信号。

```
filtered_results = []
for i, (x0, y0, x1, y1) in enumerate(rects):
    mask = np.zeros((N, N), dtype=np.bool)           ❶
    mask[x0:x1 + 1, y0:y1 + 1] = True                ❷
    mask[N - x1:N - x0 + 1, N - y1:N - y0 + 1] = True ❸
    mask = fft.fftshift(mask)                         ❹
    img_freq2 = img_freq * mask                       ❺
    img_filtered = fft.ifft2(img_freq).real           ❻
    filtered_results.append(img_filtered)
```

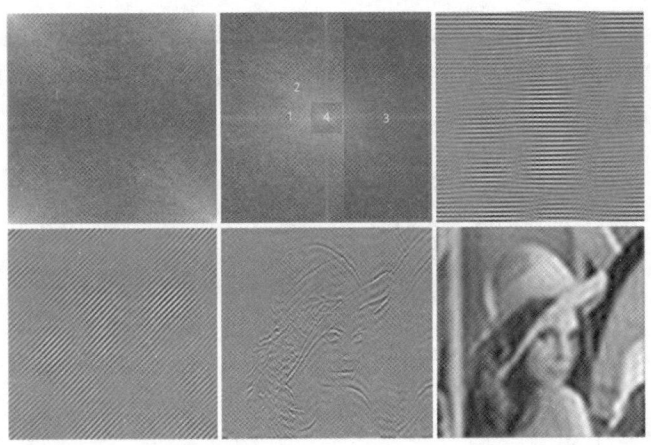

图 9-17 (左上)用 fft2()计算的频域信号，(中上)使用 fftshift()移位
之后的频域信号，(其他)各个领域所对应的空域信号

9.3.5 用双目视觉图像计算深度信息

所谓双目视觉是指模拟人眼处理场景的方式,用两台照相机从不同视点观察同一场景获得两幅图像。通过在左右两幅图像中匹配场景对应的点,计算出场景中各点距离照相机的距离,从而重建三维信息,原理如图 9-18 所示。

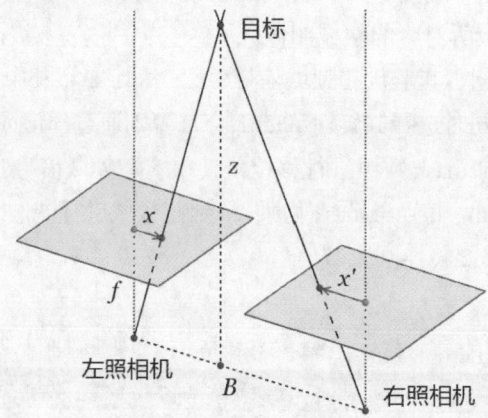

图 9-18 双目视觉图像计算深度示意图

图 9-18 中,两台照相机的焦距均为f,距离为B。场景中目标点在左相机图像中的位置为x,在右相机图像中的位置为x′。同一点在两幅图中的视差(disparity)为x − x′,由相似三角形可知两照相机的连线的中心点到目标点的距离为:

$$z = \frac{B \cdot f}{x - x'}$$

由上面的公式可知视差越大,目标点到照相机的距离越小,读者可以试着轮流使用左右单眼观察场景,可以发现距离越远的物体偏移量越小。

视差信息可由 OpenCV 提供的 StereoSGBM 类计算。它有相当多的参数可供调节,为了获得较好的效果,需要仔细调节这些参数。下面的程序中的参数可用于通常情况。StereoSGBM.compute()计算视差信息,得到的是一个双字节的整型数组,将其中的值除以 16 就可以得到以像素为单位的视差数据。

```python
img_left = cv2.pyrDown(cv2.imread('aloeL.jpg'))
img_right = cv2.pyrDown(cv2.imread('aloeR.jpg'))


img_left = cv2.cvtColor(img_left, cv2.COLOR_BGR2RGB)
img_right = cv2.cvtColor(img_right, cv2.COLOR_BGR2RGB)


stereo_parameters = dict(
    SADWindowSize = 5,
    numDisparities = 192,
    preFilterCap = 4,
    minDisparity = -24,
```

```
    uniquenessRatio = 1,
    speckleWindowSize = 150,
    speckleRange = 2,
    disp12MaxDiff = 10,
    fullDP = False,
    P1 = 600,
    P2 = 2400)

stereo = cv2.StereoSGBM(**stereo_parameters)
disparity = stereo.compute(img_left, img_right).astype(np.float32) / 16
```

若能完美地计算视差数组 disparity，则能满足等式：left_img[y, x] == right_img[y, x+disparity[y, x]]。下面我们用前面介绍过的 remap() 将右眼图像中的像素移到与其对应的左眼图像的坐标之上，结果如图 9-19 所示。其中，左图为直接将左右两幅图像叠加之后的结果，可以看出不同的位置有不同的视差错位。中图以灰度图像显示视差信息，颜色越浅表示视差越大，距离越近。右图是将右眼图像经过 remap() 处理之后再叠加到左眼图像之上，可以看到两幅图几乎完美地重合了。

```
h, w = img_left.shape[:2]
ygrid, xgrid = np.mgrid[:h, :w]
ygrid = ygrid.astype(np.float32)
xgrid = xgrid.astype(np.float32)
res = cv2.remap(img_right, xgrid - disparity, ygrid, cv2.INTER_LINEAR)

fig, axes = pl.subplots(1, 3, figsize=(9, 3))
axes[0].imshow(img_left)
axes[0].imshow(img_right, alpha=0.5)
axes[1].imshow(disparity, cmap="gray")
axes[2].imshow(img_left)
axes[2].imshow(res, alpha=0.5)
for ax in axes:
    ax.axis("off")
fig.subplots_adjust(0, 0, 1, 1, 0, 0)
```

图 9-19 用 remap 重叠左右两幅图像

下面设置焦距与相机间距的乘积 Bf，根据视差信息计算每个点在三维空间中的位置。该三维坐标以两台照相机的连线为原点，连线方向为 X 轴，图像的上方为 Y 轴，照相机的前方为 Z 轴。

```
Bf = w * 0.8
x = (xgrid - w * 0.5)
y = (ygrid - h * 0.5)
d = (disparity + 1e-6)
z = (Bf / d).ravel()
x = (x / d).ravel()
y = -(y / d).ravel()
```

为了剔除一些噪声数据，我们只显示距离相机在 30 以内的坐标点，每个点对应的颜色从 img_left 图像获取。

```
mask = (z > 0) & (z < 30)
points - np.c_[x, y, z][mask]
colors = img_left.reshape(-1, 3)[mask]
```

有了点的坐标和颜色，就可以使用 TVTK 的 PolyData 将这些数据显示为点云。所创建的 PolyData 对象的 points 属性为所有点的坐标，为了对每个点进行着色，设置 point_data.scalars 属性为每个点的颜色，注意这里需要使用单字节的数组表示 RGB 颜色。该 PolyData 对象只有顶点(verts)，没有边线和面，每个顶点与 points 中的一个坐标相对应。

```
from tvtk.api import tvtk
from tvtk.tools import ivtk
from pyface.api import GUI


poly = tvtk.PolyData()
poly.points = points #所有坐标点
poly.verts = np.arange(len(points)).reshape(-1, 1) #所有顶点与坐标点对应
poly.point_data.scalars = colors.astype(np.uint8) #坐标点的颜色，必须使用 uint8

m = tvtk.PolyDataMapper()
m.set_input_data(poly)
a = tvtk.Actor(mapper=m)

from scpy2 import vtk_scene, vtk_scene_to_array
scene = vtk_scene([a], viewangle=22)
scene.camera.position = (0 , 20, -60)
scene.camera.view_up = 0, 1, 0
%array_image vtk_scene_to_array(scene)
```

图 9-20 使用 VTK 显示三维点云

下面的程序在 Notebook 中用%gui 启动 GUI 线程，打开三维窗口来观察点云：

scpy2.opencv.stereo_demo：使用双目视觉图像计算深度信息的演示程序。

```
%gui qt
from scpy2.tvtk.tvtkhelp import ivtk_scene
scene = ivtk_scene([a])
scene.scene.isometric_view()
scene.scene.camera.position = (0 , 20, -50)
scene.scene.camera.view_up = 0, 1, 0
```

9.4 图像识别

与本节内容对应的 Notebook 为：09-opencv/opencv-400-identify.ipynb。

OpenCV 除了能够对图像进行各种处理和变换之外，还提供了大量的图像识别函数。本节介绍一些常用的图像识别和分割算法。

9.4.1 用霍夫变换检测直线和圆

用霍夫变换(Hough transform)能够找出图像中的直线和圆。OpenCV 提供了如下三种霍夫变

换相关的函数:

- HoughLines: 检测图像中的直线。
- HoughLinesP: 检测图像中的直线段。
- HoughCircles: 检测图像中的圆。

下面的程序演示了使用 HoughLinesP()和 HoughCircles()进行线段和圆的检测。它们的各种参数均可以在控制面板中进行调整,运行界面如图 9-21 所示。

 scpy2.opencv.hough_demo: 霍夫变换演示程序,可通过界面调节函数的所有参数。

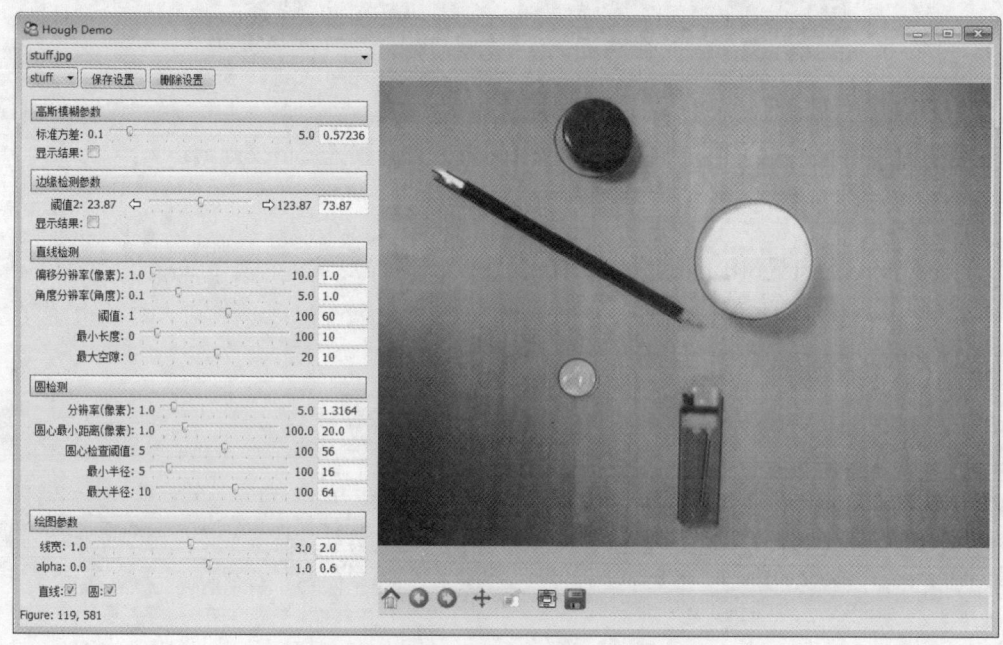

图 9-21 用霍夫变换寻找图像中的直线和圆

1. 检测线段

为了了解 HoughLinesP()的每个参数的含义,让我们先学习直线霍夫变换的原理。

对于图像中的每条直线都可以用方程$y = kx + m$表示。由于参数k和直线与 X 轴的夹角之间并不是线性关系,因此我们将直线方程改写为以直线到原点的距离r和直线与 X 轴的夹角θ为参数,如图 9-22 所示。

$$y = \left(-\frac{\cos\theta}{\sin\theta}\right)x + \left(\frac{r}{\sin\theta}\right)$$

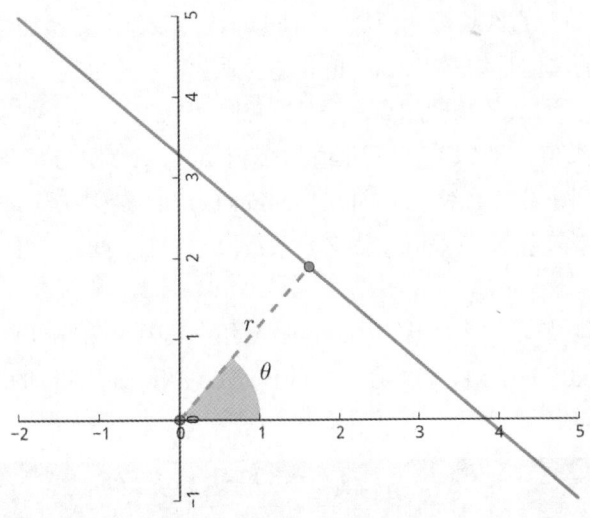

图 9-22 用 r 和 θ 表示的直线

经过图像中某个白色的点(x_0, y_0)的直线参数r和θ满足下面的关系：

$$r = x_0 \cdot \cos\theta + y_0 \cdot \sin\theta$$

它是一条$\theta - r$空间中的正弦曲线。所谓霍夫变换，就是指对于原始图像中的每个白色点(x_0, y_0)，绘制它们在$\theta - r$空间中所对应的正弦曲线。众多正弦曲线的相交点(θ_0, r_0)就是原始图像中的一条直线。图 9-23 是一个简单的例子。其中，左图中的 4 个圆点构成一条直线，右图中与它们对应的正弦曲线(图中的实线)相交于一点，而与三角点对应的正弦曲线(虚线)则不经过此点。

在实际计算时，我们使用一幅表示$\theta - r$空间的灰度图像作为累加器，用其中每个点对经过此点的正弦曲线进行计数。然后通过阈值找出累加器中的所有峰值点，这些峰值点所对应的$\theta - r$坐标就是原始图像中的直线参数。

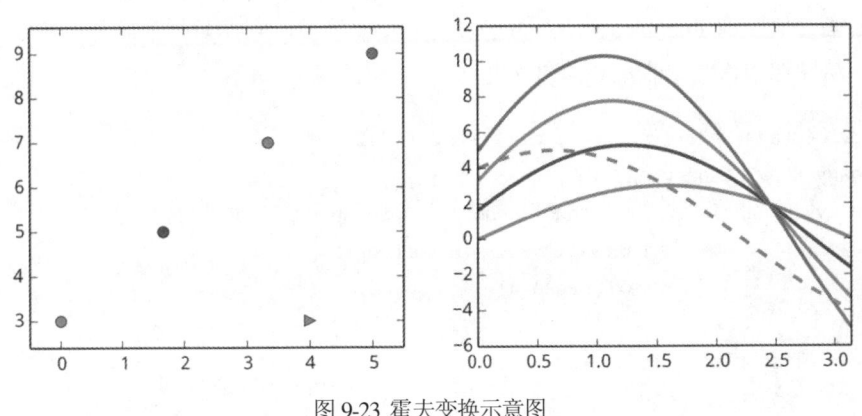

图 9-23 霍夫变换示意图

HoughLinesP()的调用参数如下：

```
HoughLinesP(image, rho, theta, threshold[, lines[, minLineLength[, maxLineGap]]])
```

其中 image 参数为进行直线检测的图像，rho 和 theta 参数分别为累加器中每个点所表示的 r 和 θ 的大小。其中 rho 的单位是像素点，而 theta 是以弧度表示的角度。值越小则累加器的尺寸越大，最后找出的直线的参数的精度越高，但是运算时间也越长。threshold 参数是在累加器中寻找峰值时所使用的阈值，即只有大于此值的峰值点才被当作与某条直线相对应。由于 HoughLinesP() 检测的是图像中的线段，因此 minLineLength 参数指定线段的最小长度，而 maxLineGap 参数则指定线段的最大间隙。当有多条线段共线时，间隙小于此值的线段将被合并为一条线段。

HoughLinesP() 的返回值是一个形状为 (1, N, 4) 的数组，其中 N 为线段数，第二轴的 4 个元素为线段的起点和终点：x0、y0、x1、y1。在下面的程序中使用 matplotlib 的 LineCollection 绘制这些线段，效果如图 9-24 所示。

图 9-24 使用 HoughLinesP() 检测图像中的直线

由于 HoughLinesP() 需要针对二值图像进行操作，因此先用 Canny() 对灰度图像进行边缘检测，得到一幅二值图像 img_binary。Canny() 有两个阈值参数，它们直接影响边缘检测的结果。阈值越小，从图像中检测出来的边缘细节越多。

```python
img = cv2.imread("building.jpg", cv2.IMREAD_GRAYSCALE)
img_binary = cv2.Canny(img, 100, 255)
lines = cv2.HoughLinesP(img_binary, rho=1, theta=np.deg2rad(0.1),
                        threshold=96, minLineLength=33,
                        maxLineGap=4)

fig, ax = pl.subplots(figsize=(8, 6))
pl.imshow(img, cmap="gray")
from matplotlib.collections import LineCollection
lc = LineCollection(lines.reshape(-1, 2, 2))
ax.add_collection(lc)
ax.axis("off")
```

2. 检测圆形

检测圆形的 HoughCircles() 的参数如下：

```
HoughCircles(image, method, dp, minDist
            [, circles[, param1[, param2[, minRadius[, maxRadius]]]]])
```

其中 method 参数为圆形检测的算法，目前 OpenCV 中只实现了一种检测算法：CV_HOUGH_GRADIENTP。dp 参数和直线检测中的 rho 参数类似，决定了检测的精度，dp=1 时累加器的分辨率和输入图像相同，而 dp=2 时累加器的分辨率为输入图像的一半。minDist 参数是检测到的所有圆的圆心之间的最小距离，当它过小时会检测出很多近似的圆形，若过大则可能会漏掉一些结果。

param1 和 param2 参数是和检测算法相关的参数。在 HoughCircles() 内部会进行边缘检测，其中 param1 参数相当于边缘检测 Canny() 的第二个阈值，Canny() 的第一个阈值自动设置为它的一半。param2 参数是累加器上的阈值，它的值越小检测出的圆形越多。minRadius 和 maxRadius 参数指定圆形的半径范围，缺省都为 0 表示范围不限。

由于圆形有三个参数——圆心坐标和半径，如果直接使用三维累加器，则计算效率太低。并且由于累加器中每个点的累计次数不够多，会出现很多局部峰值，也会影响检测结果。因此 HoughCircles() 使用一种被称作霍夫梯度的算法进行圆形检测。它的计算步骤如下：

(1) 首先将原始图像经过边缘检测算法获得一张边缘图像，这里使用 Canny() 进行边缘检测，并使用 param1 参数指定阈值。

(2) 对于边缘图像中每个白色的点 $(x0, y0)$ 计算其局部梯度，这里使用 Sobel() 进行梯度计算。假设白色点为圆周上的某点，经过 $(x0, y0)$ 沿着梯度方向的直线将通过圆心。

(3) 对梯度直线上离点 $(x0, y0)$ 的距离在 minRadius 和 maxRadius 之间的所有点，在累加器中进行计数。

(4) 累加器中大于阈值 param2 的局部峰值为图像中所检测出的圆形的中心。

然后对于每个检测出的圆心，在边缘图像中寻找离它距离相同的白色点的集合，并计算出半径。如果此圆心有足够多的白色点支持，那么它就是真正的圆心。

HoughCircles() 返回一个形状为 $(1, N, 3)$ 的数组，其中 N 为圆形的个数，第 2 轴上的三个元素分别为圆心的 X 轴坐标、Y 轴坐标和圆形的半径。

在下面的程序中(效果如图 9-25 所示)，❶为了获得较好的边缘检测结果，调用 GaussianBlur() 对图像进行模糊处理。❷使用 EllipseCollection 快速绘制多个圆形。

```
img = cv2.imread("coins.png", cv2.IMREAD_GRAYSCALE)
img_blur = cv2.GaussianBlur(img, (0, 0), 1.8) ❶
circles = cv2.HoughCircles(img_blur, cv.CV_HOUGH_GRADIENT, dp=2.0, minDist=20.0,
            param1=170, param2=44, minRadius=16, maxRadius=40)

x, y, r = circles[0].T
```

```
fig, ax = pl.subplots(figsize=(8, 6))
pl.imshow(img, cmap="gray")
from matplotlib.collections import EllipseCollection
ec = EllipseCollection(widths=2*r, heights=2*r, angles=0, units="xy", ❷
                       facecolors="none", edgecolors="red",
                       transOffset=ax.transData, offsets=np.c_[x, y])
ax.add_collection(ec)
ax.axis("off")
```

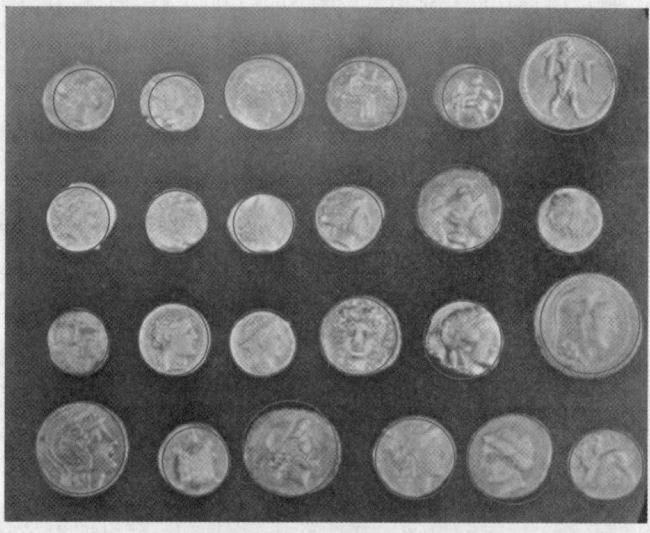

图 9-25 使用 HoughCircles()检测图像中的圆形

9.4.2 图像分割

一般的图像中颜色丰富、信息繁杂，不利于计算机进行图像识别。因此通常会使用图像分割技术，将图像中相似的区域进行合并，使得图像更容易理解和分析。本节将介绍 OpenCV 中提供的两种常见的图像分割算法。

1. Mean-Shift 算法

pyrMeanShiftFiltering()使用 Mean-Shift 算法对图像进行分割。它的调用参数如下：

```
pyrMeanShiftFiltering(src, sp, sr[, dst[, maxLevel[, termcrit]]])
```

pyrMeanShiftFiltering()以 src 中的每个点(x, y)为初始点，寻找与它邻近的点。这里的邻近点必须满足下面两个条件：

- 在以(x, y)为中心的边长为 2*sp 的正方形范围内。
- 和点(x, y)的颜色距离小于 sr 参数，也就是将 3 个颜色通道当作三维向量，在此颜色空间中，两个点的距离小于 sr。

然后计算邻近点的坐标平均值和颜色平均值，并以此平均点再次寻找图像中的邻近点。如此迭代下去，直到达到迭代终止条件。将迭代终止时的颜色平均值写进图像 dst 的坐标点(x, y)。

在 OpenCV 中，所有的迭代算法都可以通过 termcrit 设置迭代相关的参数，它是一个有三个元素的元组：(type, maxCount, epsilon)。maxCount 为最大迭代次数；epsilon 为迭代终止时的误差，即两次迭代结果的差小于此值时将结束计算；type 指定哪种终止条件有效，3 表示两种终止条件都有效。

max_level 参数指定使用图像金字塔进行计算。当使用图像金字塔时，先对低分辨率的图像进行分割计算，然后利用此结果对高分辨率的图像进行分割。

下面是使用 pyrMeanShiftFiltering()进行图像分割的演示程序，效果如图 9-26 所示。

```python
fig, axes = pl.subplots(1, 3, figsize=(9, 3))

img = cv2.imread("fruits.jpg")

srs = [20, 40, 80]
for ax, sr in zip(axes, srs):
    img2 = cv2.pyrMeanShiftFiltering(img, sp=20, sr=sr, maxLevel=1)
    ax.imshow(img2[:,:,::-1])
    ax.set_axis_off()
    ax.set_title("sr = {}".format(sr))

fig.subplots_adjust(0.02, 0, 0.98, 1, 0.02, 0)
```

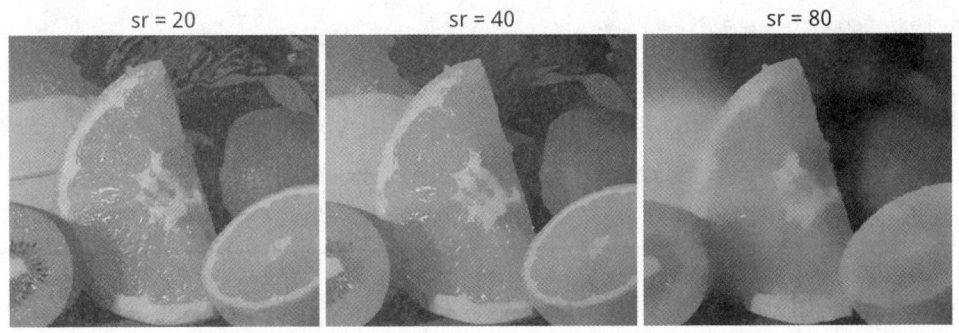

图 9-26 使用 pyrMeanShiftFiltering()进行图像分割，从左到右参数 sr 分别为 20、40、80

2. 分水岭算法

分水岭算法(Watershed)的基本思想是将图像的梯度当作地形图。图像中变化小的区域相当于地形图中的山谷，而变化大的区域相当于山峰。从指定的几个初始区域同时开始向地形灌不同颜色的水，水面上升逐渐淹没山谷，并且范围逐渐扩大。请注意这里所说的"颜色"是用来区分不同区域的一个数值，和图像的颜色没有任何关系。当所有区域的水面连接到一起时，所得到的不同颜色的灌溉区域就是最终的图像分割结果，最终的分割区域数和初始区域数相同。watershed()实现此算法，它的调用形式如下：

```python
watershed(image, markers)
```

image 参数是需要进行分割处理的图像，它必须是一个 3 通道 8 位图像。markers 参数是一个 32 位整数数组，其大小必须和 image 相同。markers 中值大于 0 的点构成初始灌溉区域，其值可以理解为水的颜色。调用 watershed()之后，markers 中几乎所有的点都将被赋值为某个初始区域的值，而在两个区域的境界线上的点将被赋值为-1。

下面用 watershed()对如图 9-27(左)所示的药丸图片进行分割。图中每片药丸上的蓝色区域为使用下面的程序找到的局域最亮像素。我们使用这些像素作为每片药丸的初始灌溉区域。为了让每片药丸只有一个局域最亮像素，❶先调用 blur()对药丸的灰度图像进行模糊处理，这样可以有效消除噪声，减少局域最值的个数。❷我们只希望找到药丸区域对应的局域最亮像素，因此对灰度图像进行二值化处理，img_binary 中白色区域与药丸对应。❸局域最亮像素就是比周边临近的像素都亮的像素，使用 dilate()对灰度图像进行膨胀处理，将每个像素都设置为邻近像素中的最大值，然后与原始图像中的值比较，如果值保持不变，该像素即为局域最亮像素。

```
img = cv2.imread("pills.png")
img_gray = cv2.cvtColor(img, cv2.COLOR_BGR2GRAY)
img_gray = cv2.blur(img_gray, (15, 15)) ❶
_, img_binary = cv2.threshold(img_gray, 150, 255, cv2.THRESH_BINARY) ❷
peaks = img_gray == cv2.dilate(img_gray, np.ones((7, 7)), 1) ❸
peaks &= img_binary
peaks[1, 1] = True   ❹

from scipy.ndimage import label
markers, count = label(peaks) ❺
cv2.watershed(img, markers)
```

❺接下来需要对 peaks 中的每块区域进行编号，OpenCV 中没有提供相应的函数，我们可以使用 SciPy 的图像处理一节中介绍的 labels()对每块区域进行编号。然后使用编号之后的结果作为 watershed()的 markers 参数。❹由于分水岭算法需要我们在每块分割区域中都设置初始值，❹因此为了区分背景与药丸，在背景区域中的某点之上也需要设置初始值。

watershed()采用分水岭算法将 markers 中值为零的元素设置为某个初始区域的值。在 markers 中-1 表示区域边界，而 1 到 count 则为分割之后的每个区域的编号。图 9-27(右)显示了对这些编号涂色之后的结果。图中将 markers[1, 1]对应的编号设置为白色，将-1 对应的编号设置为黑色，将其余的编号设置为随机颜色。

scpy2.opencv.watershed_demo: 分水岭算法的演示程序。用鼠标在图像上绘制初始区域，初始区域将使用"当前标签"填充，按鼠标右键切换到下一个标签。每次绘制初始区域之后，将显示分割结果。

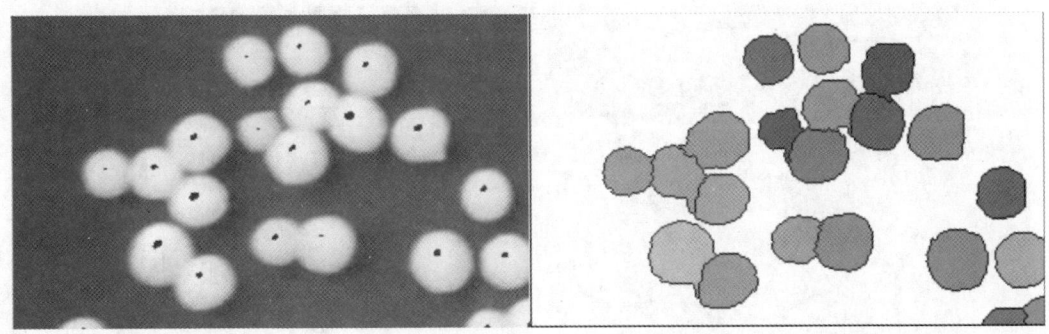

图 9-27 使用 watershed 分割药丸

9.4.3 SURF 特征匹配

SURF 是一种快速提取图像特征点的算法,它所提取的图像特征具有缩放和旋转的不变性,而且它对图像的灰度变化也不敏感。对 SURF 算法的详细介绍超出了本书的范围,这里只简单地介绍 OpenCV 中 SURF 类的用法。

在下面的程序中,❶首先读入一幅灰度图像 img_gray,❷然后创建 SURF()对象,并设置 hessianThreshold 和 nOctaves 参数,这两个参数为计算关键点的参数,hessianThreshold 越大则关键点的个数越少,nOctaves 越大则关键点的尺寸范围越大。❸调用 detect()方法从灰度图像中检测出关键点。它返回一个列表 key_points,其中每个元素都是一个保存关键点信息的 KeyPoint 对象。

❹根据关键点的 size 属性按照从大到小的顺序排列关键点。❺调用 drawKeypoints()可以在图像上绘制关键点,这里为了使用红色绘制关键点,将灰度图像通过 cvtColor()转换成灰色的 RGB 格式的图像,结果如图 9-28(左)所示。图中红色圆圈的大小显示关键点的 size 属性,而半径线段的方向显示了关键点的方向属性 angle。

图 9-28(右)显示了前 25 个最大的关键点,每个关键点对应的小图块已经根据 angle 属性旋转过。由此可以大致观察 SURF 算法检测出的关键点对应的图像模式。

```python
img_gray1 = cv2.imread("lena.jpg", cv2.IMREAD_GRAYSCALE) ❶
surf = cv2.SURF(2000, 2)  ❷
key_points1 = surf.detect(img_gray1) ❸
key_points1.sort(key=lambda kp:kp.size, reverse=True) ❹


img_color1 = cv2.cvtColor(img_gray1, cv2.COLOR_GRAY2RGB)
cv2.drawKeypoints(img_color1, key_points1[:25], img_color1, color=(255, 0, 0),  ❺
                flags=cv2.DRAW_MATCHES_FLAGS_DRAW_RICH_KEYPOINTS)
```

图 9-28 SURF()找到的关键点和每个关键点的局部图像

通过比对关键点对应的图块，可以在两幅图像中寻找相似的点。但是直接比较图块的像素值并不明智，SURF 算法为每个关键点计算 128 个特征，这些特征与关键点的大小和方向无关。下面调用 SURF.compute()计算关键点列表 key_points1 对应的特征向量 features1：

```
_, features1 = surf.compute(img_gray1, key_points1)
features1.shape

(145, 128)
```

还可以调用 SURF.detectAndCompute()直接计算关键点以及与之对应的特征向量：

```
img_gray2 = cv2.imread("lena2.jpg", cv2.IMREAD_GRAYSCALE)
img_color2 = cv2.cvtColor(img_gray2, cv2.COLOR_GRAY2RGB)
surf2 = cv2.SURF(2000, 2)
key_points2, features2 = surf2.detectAndCompute(img_gray2, None)
```

通过比对 features1 和 features2，可以找到两幅图像中最接近的关键点。在本例中由于关键点数不多，可以使用穷举法计算所有关键点对的距离。如果关键点数很多，可以使用 OpenCV 提供的 FlannBasedMatcher 寻找匹配的特征向量。

http://docs.opencv.org/modules/flann/doc/flann.html
OpenCV 关于 FLANN 的文档。

在下面的程序中，❶创建 FlannBasedMatcher 对象时传递两个字典 index_params 和 search_params，分别设置其索引参数和搜索参数。这两个参数在 C++语言中分别为 IndexParams 和 SearchParams 对象。索引参数的 algorithm 属性决定搜索算法，候选值如表 9-2 所示。

第 9 章 OpenCV-图像处理和计算机视觉

表 9-2 搜索算法及说明

算法名	编号	说明
FLANN_INDEX_LINEAR	0	穷举法
FLANN_INDEX_KDTREE	1	使用多棵随机 Kd 树
FLANN_INDEX_KMEANS	2	使用分层 k-means 树
FLANN_INDEX_COMPOSITE	3	结合使用上述两种算法
FLANN_INDEX_LSH	6	使用 multi-probe LSH 算法
FLANN_INDEX_AUTOTUNED	255	自动选择合适的算法

每种算法都有一些可调节的参数，在本例中使用多棵随机 Kd 树，通过 trees 参数设置树的个数为 5。在搜索参数中 checks 参数决定搜索次数，该值越大结果越精确。

❷调用 knnMatch()对 features1 中的每个特征向量在 features2 中搜索 k 个最近的特征向量。这里设置参数 k 为 1，只搜索最接近的特征向量。

```
FLANN_INDEX_KDTREE = 1
index_params = dict(algorithm=FLANN_INDEX_KDTREE, trees=5)
search_params = dict(checks=100)

fbm = cv2.FlannBasedMatcher(index_params, search_params) ❶
match_list = fbm.knnMatch(features1, features2, k=1) ❷
```

match_list 是一个嵌套列表，它的长度等于 features1.shape[0]，其中每个子列表的长度等于 k。子列表中的元素类型为 DMatch 对象，其 distance 属性保持两个关键点特征之间的距离，queryIdx 属性保存 features1 中的下标，trainIdx 属性保存 features2 中的下标。由下面的结果可知与 features1[0] 最近的向量为 features2[21]，距离为 0.41472：

```
m = match_list[0][0]
    m.distance       m.queryIdx m.trainIdx
    ----------------  ----------  ----------
0.414721816778183021
```

下面的程序通过列表推导式将关键点的坐标、匹配的下标以及距离都转换成数组，❶然后获取距离最小的 50 对关键点的坐标，在图 9-29 中用直线连接这些匹配的关键点。由图 9-29 可以看出大多数匹配点是正确的，但也有少数匹配错误的关键点。❷为了找到两幅图像之间的变换矩阵，可以使用 findHomography()，它的前两个参数为原坐标点和变换之后的坐标点，第三个参数选择算法。这里使用 RANSAC 算法，它可以将匹配错误的关键点自动剔除。findHomography()返回变换矩阵和遮罩用的数组 mask，其中 0 表示被剔除的点，注意形状为(N, 1)，在实际使用时还需要将其转换成一维数组。在图 9-29 中用蓝色直线显示被剔除的匹配点。

请读者思考如何利用如下程序得到的 matrix 矩阵将变形之后的图像还原成原始图像。

```
key_positions1 = np.array([kp.pt for kp in key_points1])
key_positions2 = np.array([kp.pt for kp in key_points2])

index1 = np.array([m[0].queryIdx for m in match_list])
index2 = np.array([m[0].trainIdx for m in match_list])

distances = np.array([m[0].distance for m in match_list])

best_index = np.argsort(distances)[:50]  ❶
matched_positions1 = key_positions1[index1[best_index]]
matched_positions2 = key_positions2[index2[best_index]]

matrix, mask = cv2.findHomography(matched_positions1, matched_positions2, cv2.RANSAC)  ❷
```

scpy2.opencv.surf_demo：SURF 图像匹配演示程序。用鼠标修改右侧图像的 4 个角的位置计算出透视变换之后的图像，然后在原始图像和变换之后的图像之间搜索匹配点，并计算透视变换的矩阵。

图 9-29 显示特征匹配的关键点

9.5 形状与结构分析

 与本节内容对应的 Notebook 为：09-opencv/opencv-500-shapes.ipynb。

从二值图像提取形状信息有助于对图像进行更高级的处理和识别。本节介绍如何使用findContours()搜索图像中的轮廓，并对其进行处理和计算。

9.5.1　轮廓检测

findContours()用于在二值图像中寻找黑白区域的边界轮廓，并返回描述轮廓的多边形，它的调用形式如下：

```
findContours(image, mode, method[, contours[, hierarchy[, offset]]])
```

mode 参数为搜索模式，有以下 4 种选项：
- RETR_EXTERNAL：只返回最外层的轮廓。
- RETR_LIST：返回所有的轮廓，但是不建立边界的嵌套信息。
- RETR_CCOMP：建立一层嵌套信息。
- RETR_TREE：建立完整嵌套信息。

method 参数为轮廓多边形的近似方法。由于轮廓信息是从像素点阵获得，因此不够平滑，可以指定多种近似方法来计算更平滑、点数更少的轮廓多边形。有以下几种选项：
- CHAIN_APPROX_NONE：获取轮廓上的所有点，不做任何近似处理
- CHAIN_APPROX_SIMPLE：对水平线、垂直线以及对角线做近似处理
- CHAIN_APPROX_TC89_L1, CHAIN_APPROX_TC89_KCOS：对整个轮廓进行近似处理，从而获得点数更少的多边形。

 scpy2.opencv.findcontours_demo：轮廓检测演示程序。

在下面的例子中，首先读入一幅灰度图像，经过高斯模糊、边缘检测和形态学闭运算之后得到如图 9-30(左)所示的二值图像。

```python
img_coin = cv2.imread("coins.png", cv2.IMREAD_COLOR)
img_coin_gray = cv2.cvtColor(img_coin, cv2.COLOR_BGR2GRAY)
img_coin_blur = cv2.GaussianBlur(img_coin_gray, (0, 0), 1.5, 1.5)
img_coin_binary = cv2.Canny(img_coin_blur.copy(), 60, 60)
img_coin_binary = cv2.morphologyEx(img_coin_binary, cv2.MORPH_CLOSE,
                                   np.ones((3, 3), "uint8"))
```

由于图像中没有嵌套结构，在下面的程序中使用 RETR_EXTERNAL 模式搜索轮廓，并比较各种轮廓近似选项所得到的多边形的总点数：

```python
for approx in ["NONE", "SIMPLE", "TC89_KCOS", "TC89_L1"]:
    approx_flag = getattr(cv2, "CHAIN_APPROX_{}".format(approx))
    coin_contours, hierarchy = cv2.findContours(img_coin_binary.copy(),
```

```
                          cv2.RETR_EXTERNAL, approx_flag)
    print "{}: {}  ".format(approx, sum(contour.shape[0] for contour in coin_contours)),
  NONE: 3179    SIMPLE: 1579    TC89_KCOS: 849    TC89_L1: 802
```

findContours()返回两个值：表示轮廓的多边形列表和轮廓的嵌套信息。其中每个多边形都用一个形状为(N, 1, 2)的 32 位整数数组表示。其中 N 为多边形的点数，第 1 轴为多余的轴。

图 9-30(左)中右上下角处的噪声也会被检测出轮廓，可以通过下面的公式计算每个轮廓的圆度C，从而删除噪声轮廓，其中p为轮廓的周长，a为轮廓所包围的面积：

$$C = \frac{p^2}{4\pi a}$$

轮廓的周长和面积可以通过 arcLength()和 contourArea()计算，为了计算封闭轮廓的周长，需要设置 arcLength()的第二个参数 closed 为 True。下面的程序找到所有圆度在 0.8~1.2 之间的轮廓，并调用 drawContours()将这些轮廓绘制在彩色图像 img_coin 之上。其第三个参数为所绘制轮廓的序号，负数表示绘制所有的轮廓。

```python
def circularity(contour):
    perimeter = cv2.arcLength(contour, True)
    area = cv2.contourArea(contour) + 1e-6
    return perimeter * perimeter / (4 * np.pi * area)


coin_contours = [contour for contour in coin_contours
                if 0.8 < circularity(contour) < 1.2]
cv2.drawContours(img_coin, coin_contours, -1, (255, 0, 0))
```

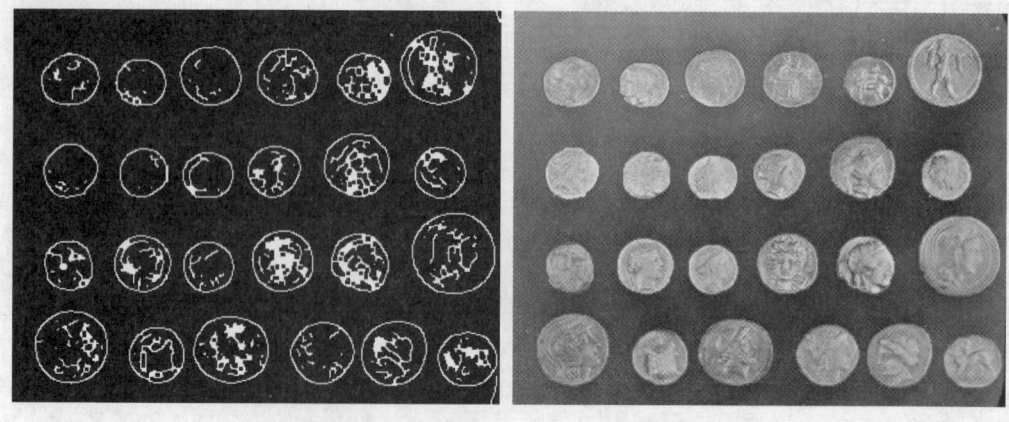

图 9-30 显示所有圆度在 0.8 到 1.2 之间的轮廓

使用 RETR_TREE 搜索模式可以获取轮廓的嵌套信息。在下面的程序中，findContours()返回的第二个数组中保存轮廓的嵌套信息，它是一个形状为(1, N, 4)的数组，其第 0 轴的长度为 1，为多余的轴，N 为轮廓的个数。hierarchy[0, i, :]中保存与轮廓 contours[i]对应的嵌套信息。其最后一个轴的 4 个数据的含义为：下一个同级别轮廓的下标、上一个同级别轮廓的下标、第一个子轮廓的下标、父轮廓的下标。其中-1 表示无效下标。

```
img_pattern = cv2.imread("nested_patterns.png")
img_pattern_gray = cv2.cvtColor(img_pattern, cv2.COLOR_BGR2GRAY)
_, img_pattern_binary = cv2.threshold(img_pattern_gray, 100, 255, cv2.THRESH_BINARY)
contours, hierarchy = cv2.findContours(img_pattern_binary.copy(),
        cv2.RETR_TREE, cv2.CHAIN_APPROX_TC89_L1)
hierarchy.shape = -1, 4
```

所有父轮廓下标为-1 的轮廓就是图像中最外层的轮廓，下面的程序找到所有最外层轮廓的下标：

```
root_index = [i for i in range(len(hierarchy)) if hierarchy[i, 3] < 0]
root_index
[0, 7, 19]
```

使用下面的 get_children()可以获取 hierarchy 中 index 对应的轮廓的所有子轮廓的下标，而 get_descendant()则可以获得所有嵌套轮廓的层次和下标。下面显示下标为 0 的轮廓的所有嵌套轮廓的级别和下标。图 9-31 显示了所有的轮廓，并用颜色映射表显示各个轮廓对应的层次。

```
def get_children(hierarchy, index):
    first_child = hierarchy.item(index, 2)
    if first_child >= 0:
        yield first_child
        brother = hierarchy.item(first_child, 0)
        while brother >= 0:
            yield brother
            brother = hierarchy.item(brother, 0)


def get_descendant(hierarchy, index, level=1):
    for child in get_children(hierarchy, index):
        yield level, child
        for item in get_descendant(hierarchy, child, level + 1):
            yield item


print list(get_descendant(hierarchy, 0))
[(1, 1), (2, 2), (3, 3), (2, 4), (3, 5), (3, 6)]
```

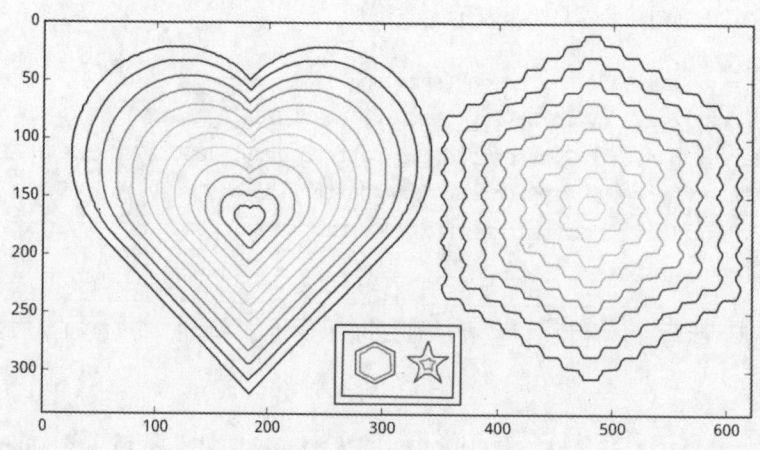

图 9-31 显示轮廓的层次结构

9.5.2 轮廓匹配

通过 findContours()获取轮廓之后，可以使用 approxPolyDP()对其进行简化，然后通过 matchShapes()比较两个简化之后的轮廓之间的近似程度。

在下面的例子中，我们要从 patterns.png 图像中找到与 targets.png 中最匹配的轮廓。首先获取轮廓信息，❶并将所有轮廓的坐标最小值都修改为 0，这样便于使用 matplotlib 绘制轮廓。❷然后调用 approxPolyDP()对轮廓进行近似处理。它的第二个参数为近似的误差允许范围，该值越大，近似之后的轮廓的点数越少。第三个参数指示轮廓是否为封闭形状。由于 patterns.png 中的轮廓都是标准图形，而 targets.png 中的轮廓为手绘图形，这里将手绘图形的近似误差参数设置得更大一些。

```python
img_patterns = cv2.imread("patterns.png", cv2.IMREAD_GRAYSCALE)
patterns, _ = cv2.findContours(img_patterns, cv2.RETR_EXTERNAL, cv2.CHAIN_APPROX_SIMPLE)
img_targets = cv2.imread("targets.png", cv2.IMREAD_GRAYSCALE)
targets, _ = cv2.findContours(img_targets, cv2.RETR_EXTERNAL, cv2.CHAIN_APPROX_SIMPLE)

patterns = [pattern - np.min(pattern, 0, keepdims=True) for pattern in patterns] ❶
targets = [target - np.min(target, 0, keepdims=True) for target in targets]

patterns_simple = [cv2.approxPolyDP(pattern, 5, True) for pattern in patterns] ❷
targets_simple = [cv2.approxPolyDP(target, 8, True) for target in targets]
```

matchShapes()比较两个形状的近似程度，它的第二个参数指定比较算法，有三种算法可选：CV_CONTOURS_MATCH_I1、CV_CONTOURS_MATCH_I2 和 CV_CONTOURS_MATCH_I3，这些算法都比较轮廓的 7 个 Hu 不变量，可以通过 HuMoments()查看这些不变量的值。其中 I3 的比较公式选择各个不变量之间的最大误差作为近似程度的评分，在本例中使用该方法能得到最佳匹配效果。具体的公式请读者参照 OpenCV 的帮助文档。

下面调用 matchShapes() 计算 targets_simple[0] 和 patterns_simple 中的所有轮廓之间的近似程度。图 9-32 显示了每两组轮廓之间的近似评分，并用红色标出最佳匹配。图中用黑色粗线描绘近似之后的轮廓，用填充图形显示原始轮廓。由结果可知，形状的旋转方向和大小不影响轮廓匹配结果。

```
for method in [1, 2, 3]:
    method_str = "CV_CONTOURS_MATCH_I{}".format(method)
    method = getattr(cv, method_str)
    scores = [cv2.matchShapes(targets_simple[0], patterns_simple[pidx], method, 0)
              for pidx in range(5)]
    print method_str, ", ".join("{: 8.4f}".format(score) for score in scores)
CV_CONTOURS_MATCH_I1    11.3737,    0.3456,    0.0289,    1.0495,    0.0020
CV_CONTOURS_MATCH_I2     4.8051,    2.2220,    0.0179,    0.3624,    0.0013
CV_CONTOURS_MATCH_I3     0.9164,    0.4778,    0.0225,    0.4552,    0.0016
```

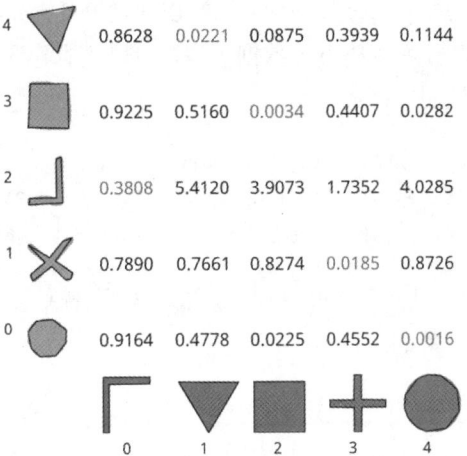

图 9-32 使用 matchShapes() 比较由 approxPolyDP() 近似之后的轮廓

9.6 类型转换

 与本节内容对应的 Notebook 为：09-opencv/opencv-600-type-convert.ipynb。

cv2 中的函数所需的参数类型尽量使用数组或 Python 的标准数据类型，因此在 cv2 模块中并没有 OpenCV 的 C++ API 中的 Mat、Point、Size、Vec 等各种数据类型，而是用列表、元组或

数组表示这些类型。调用 cv2 模块中的函数比使用 OpenCV 的 C++ API 更加便捷，然而需要了解 cv2 模块的数据类型转换规则，才能把正确的对象传递给函数。作为本章的最后一节，让我们看看在 cv2 模块内部如何实现 Python 对象和 C++对象之间的相互转换。

9.6.1　分析 cv2 的源程序

为了了解 cv2 模块的数据转换工作，需要分析其源程序。将 OpenCV 的源程序解压之后，可以在 opencv\modules\python\src2 路径下找到相关的源程序。cv2 中各个包装函数是通过 cv2.py 自动生成的。在命令行中切换到 src2 目录下，并运行命令"python cv2.py ."，即可在该目录下生成 OpenCV 的包装函数。

 codes\pyopencv_src: 为了方便读者查看 cv2 模块的源代码，本书提供了自动生成的源代码。若读者遇到参数类型不确定的情况，可以查看这些文件中相应的函数。

所有的包装函数都在自动生成的 pyopencv_generated_funcs.h 中定义，而这些包装函数会调用 cv2.cpp 中的众多 pyopencv_to()和 pyopencv_from()函数以实现 Python 和 OpenCV 的各种类型转换工作。若不能确定包装函数使用何种 Python 数据类型，可以查看包装函数的内容。例如下面是 OpenCV 文档中关于 line()的说明文档：

```
C++: void line(Mat& img, Point pt1, Point pt2, const Scalar& color,
                int thickness=1, int lineType=8, int shift=0)
Python: cv2.line(img, pt1, pt2, color[, thickness[, lineType[, shift]]]) -> None
```

我们需要知道 cv2.line()在调用 C++的 line()函数时做了哪些类型转换工作。下面是 pyopencv_generated_funcs.h 中该函数的源代码：

```
static PyObject* pyopencv_line(PyObject* , PyObject* args, PyObject* kw)
{
    PyObject* pyobj_img = NULL;
    Mat img;
    PyObject* pyobj_pt1 = NULL;
    Point pt1;
    PyObject* pyobj_pt2 = NULL;
    Point pt2;
    PyObject* pyobj_color = NULL;
    Scalar color;
    int thickness=1;
    int lineType=8;
    int shift=0;

    const char* keywords[] = { "img", "pt1", "pt2", "color", "thickness", "lineType",
```

```
"shift", NULL };
        if( PyArg_ParseTupleAndKeywords(args, kw, "OOOO|iii:line",
    (char**)keywords, &pyobj_img, &pyobj_pt1, &pyobj_pt2,
    &pyobj_color, &thickness, &lineType, &shift) &&
            pyopencv_to(pyobj_img, img, ArgInfo("img", 1)) &&
            pyopencv_to(pyobj_pt1, pt1, ArgInfo("pt1", 0)) &&
            pyopencv_to(pyobj_pt2, pt2, ArgInfo("pt2", 0)) &&
            pyopencv_to(pyobj_color, color, ArgInfo("color", 0)) )
    {
            ERRWRAP2( cv::line(img, pt1, pt2, color, thickness, lineType, shift));
            Py_RETURN_NONE;
    }

        return NULL;
    }
```

C++函数 cv::line()所需的 4 个参数类型为 Mat、Point、Point 和 Scalar，程序中调用 4 次 pyopencv_to()将 Python 的数据转换为这些类型。pyopencv_to()有众多重载函数，例如上述类型转换实际上会调用 cv2.cpp 中的如下三个函数：

```
static int pyopencv_to(const PyObject* o, Mat& m, const ArgInfo info, bool allowND=true);
static inline bool pyopencv_to(PyObject* obj, Point& p, const char* name = "<unknown>");
static bool pyopencv_to(PyObject *o, Scalar& s, const char *name = "<unknown>");
```

下面是其中 Point 类型对应的转换函数：

```
static inline bool pyopencv_to(PyObject* obj, Point& p, const char* name = "<unknown>")
{
    (void)name;
    if(!obj || obj == Py_None)
        return true;
    if(!!PyComplex_CheckExact(obj))
    {
        Py_complex c = PyComplex_AsCComplex(obj);
        p.x = saturate_cast<int>(c.real);
        p.y = saturate_cast<int>(c.imag);
        return true;
    }
    return PyArg_ParseTuple(obj, "ii", &p.x, &p.y) >0;
}
```

分析该程序可知它能将 Python 的复数和元组转换为 Point 对象，例如 100+200j 或(100,200)。

> **?** 请读者使用同样的方法找到与 Scalar 类型对应的 pyopencv_to() 函数，并分析它能将何种类型的对象转换成 Scalars 对象。

在调用 C++ 的函数之后，还需要将其返回值转换为 Python 的对象。这种转换由 pyopencv_from() 函数实现。例如 minAreaRect() 函数找到一个包含所有点的最小矩形。帮助文档中的调用说明如下：

```
C++: RotatedRect minAreaRect(InputArray points)
Python: cv2.minAreaRect(points) →retval
```

只看该函数说明无法知道 cv2.minAreaRect() 会返回何种对象来表示 C++ 中的 RotatedRect 对象。在 cv2.cpp 中搜索对应的类型转换函数为：

```
static inline PyObject* pyopencv_from(const RotatedRect& src)
{
    return Py_BuildValue("((ff)(ff)f)", src.center.x, src.center.y,
                        src.size.width, src.size.height, src.angle);
}
```

分析该函数可知 minAreaRect() 返回一个有三个元素的元组，而其中第 0、第 1 个元素是有两个元素的元组，因此可以写出如下测试程序，其中 x 和 y 为矩形的中心坐标，w 和 h 为矩形的宽和高，angle 为旋转角度：

```
points = np.random.rand(20, 2).astype(np.float32)
(x, y), (w, h), angle = cv2.minAreaRect(points)
```

9.6.2 Mat 对象

在 C++ API 中用 Mat 对象表示图像，在调用 cv2 模块中的函数时，会自动将整数、浮点数、元组以及数组转换为 Mat 对象。为了说明 cv2 对 Mat 的自动转换，需要了解 Mat 对象的内部构造。

Mat 对象可以看作一个二维像素阵列，我们可以使用 cv 模块的 CreateMat() 函数创建 Mat 对象。以下程序创建的 cvmat 是一幅高为 200、宽为 100、3 个通道、像素类型编号为 18 的图像。step 属性为图像中相邻两行像素的字节偏移量。由于 $600 == 100*3*2$，因此 cvmat 中的图像数据是连续存储的。与 NumPy 数组的 strides 不同，step 属性只能表示第 0 轴方向上两个相邻元素之间的偏移量，因此 Mat 对象无法与某些非连续的数组共享内存。

```
cvmat = cv.CreateMat(200, 100, cv2.CV_16UC3)
cvmat.height   cvmat.width   cvmat.channels   cvmat.type   cvmat.step
------------   -----------   --------------   ----------   ----------
200            100           3                18           600
```

在 cv2 模块中，可以通过其中的全局变量获得表示数值类型和像素类型的常数值。数值类型名由三部分组成：

- 固定部分 CV_
- 数值的比特数：8、16、32、64
- 一个描述类型的字母：U 表示无符号整数、S 表示符号整数、F 表示浮点数

像素类型则在数值类型的基础上，添加 C1、C2、C3、C4 等，分别表示 1 到 4 个通道的像素类型。因此 CV_16U 表示 16 位的无符号整数，而 CV_16UC3 表示三个通道的 16 位无符号整数：

```
cv2.CV_16U   cv2.CV_16UC3
----------   ------------
2            18
```

将数组转换成 Mat 对象时，数组的第 0 轴为图像的纵轴方向，第 1 轴为图像的横轴方向。若数组有第 2 轴，则第 2 轴为图像的通道数；若无第 2 轴，则图像的通道数为 1。数组的 dtype 类型与 Mat 的数值类型的对应关系如表 9-3 所示。

表 9-3 dtype 类型与 Mat 数值类型的对应关系

dtype 类型	Mat 数值类型	说明
uint8	CV_8U	单字节无符号整数
int8	CV_8S	单字节符号整数
uint16	CV_16U	双字节无符号整数
int16	CV_16S	双字节符号整数
int32	CV_32S	4 字节符号整数
float32	CV_32F	单精度浮点数
float64	CV_64F	双精度浮点数

调用 cv2 模块中的函数时，NumPy 数组会被转换为 Mat 对象，它尽可能与原数组共享内存，但如果数组的 dtype 类型不在表 9-3 中，或者由于数组的数据存储区的非连续性，在把数组转换为 Mat 对象时会复制数据存储区。为了保险起见，建议读者传递给 cv2 模块的数组都是 C 语言连续的。

除了数组之外，cv2 还能自动将整数和浮点数转换成高为 4、宽为 1、单通道的双精度浮点数 Mat 对象，而元组则会被转换为高为元组长度、宽为 1、单通道的双精度浮点数 Mat 对象。例如 normalize() 函数对 Mat 对象进行正规化运算，它先将参数转换为 Mat 对象，把正规化之后的 Mat 对象转换为数组返回。根据上述规则可以得知下面的程序返回一个形状为 (4, 1) 的双精度浮点数组：

```
cv2.normalize(1)
```

```
array([[ 1.],
       [ 0.],
       [ 0.],
       [ 0.]])
```

9.3.3 在 cv 和 cv2 之间转换图像对象

在 cv 模块中使用 cvmat 和 iplimage 对象表示图像。如果需要混用 cv2 和 cv 两套 API 中的函数，就需要在它们与 NumPy 数组之间进行转换。表 9-4 列出了这些类型之间的转换方法：

表 9-4 类型转换方法

类型转换	方法
array→cvmat	cv.fromarray(array)
cvmat→array	np.asarray(cvmat)
cvmat→iplimage	cv.GetImage(cvmat)
iplimage→cvmat	iplimage[:]或 cv.GetMat(iplimage)

下面通过 cv.LoadImage()和 cv.LoadImageM()分别将图像读入为 iplimage 和 cvmat 对象：

```
img = cv2.imread("lena.jpg")
iplimage = cv.LoadImage("lena.jpg")
cvmat = cv.LoadImageM("lena.jpg")
print iplimage
print cvmat
<iplimage(nChannels=3 width=512 height=512 widthStep=1536 )>
<cvmat(type=42424010 8UC3 rows=512 cols=512 step=1536 )>
```

如果需要在 NumPy 数组和 iplimage 之间转换，可以通过 cvmat 作为桥梁，例如：

```
import numpy as np
np.all(img == np.asarray(iplimage[:]))
True
```

由于 iplimage 类型需要数据保存在连续的内存空间中，因此使用切片获得的数组需要复制之后才能转换为 iplimage 对象：

```
iplimage2 = cv.GetImage(cv.fromarray(img[::2,::2,:].copy()))
```

第 10 章

Cython-编译Python程序

Python 的动态特性虽然方便了程序的开发，但也会极大地降低运行速度，特别是对于计算密集型的程序。用 Python 开发这类程序时，通常会调用编译型语言编写的扩展库，例如 NumPy、SciPy 等，尽量避免直接在 Python 中进行大量的循环和数值计算。如果这些现成的库无法完成计算要求，就需要用更高效的语言编写核心计算部分，并为之提供 Python 的调用接口，从而同时实现高效开发和高效运算。

然而如果采用 C 语言编写扩展库，就会几乎失去 Python 带来的所有便利：函数的参数需要手工解析、对象的引用计数需要手工维护、大量的 Python API 需要记忆。所有这些困难使得我们无法把注意力集中到解决实际问题之上。

Cython 是为了减轻用 C 语言编写 Python 扩展模块的负担而开发出来的一种编程语言。它的语法基本与 Python 相同，但增加了直接定义和调用 C 语言函数、定义变量类型等功能。通过 Cython 的编译器可以将 Cython 的源程序编译成 C 语言的源程序，再通过 C 语言编译器编译成扩展模块。Cython 程序既能实现 C 语言的运算速度，也能使用 Python 的所有动态特性，极大地方便了扩展库的编写。

10.1　配置编译器

 与本节内容对应的 Notebook 为：10-cython/cython-100-compiler.ipynb

为了使用 Cython，首先要选择好 C 语言编译器。在 WinPython 和 Anaconda 中已经自带了 mingw32 编译器，为了让 Python 使用它作为缺省的编译器，需要编辑 Python 安装路径下 Lib/distutils/distutils.cfg 文件，添加如下内容：

```
[build]
compiler = mingw32
```

读者可以使用本书提供的 show_compiler()显示默认的 C 语言编译器。使用 set_compiler()可以快速设置 distutils.cfg 中的 compiler 选项：

```
from scpy2.utils import show_compiler, set_compiler
set_compiler("mingw32")
show_compiler()
mingw32   defined by C:\WinPython-32bit-2.7.9.2\python-2.7.9\lib\distutils\distutils.cfg
```

如果未通过 distutils.cfg 文件指定编译器，distutils 会尝试使用编译 Python 2.7 的编译器 Visual C++ 2008，如果操作系统中未安装该编译器，会出现如下错误：

```
DistutilsPlatformError: Unable to find vcvarsall.bat
```

由于现在 Visual C++ 2008 已经很难入手，因此微软为 Python 2.7 提供了专门的 Visual C++ 编译器供下载：

http://www.microsoft.com/en-us/download/confirmation.aspx?id=44266
微软提供的编译 Python 2.7 的编译器。

该编译器缺省安装在用户路径之下，为了让 Python 的 distutils 模块能正确找到它，需要运行下面的命令来更新 setuptools 模块：

```
pip install --upgrade setuptools
```

先载入 setuptools 模块就可以让 distutils 正确找到 Visual C++ 编译器：

```
import setuptools #先载入 setuptools
import distutils
from distutils.msvc9compiler import find_vcvarsall
find_vcvarsall(9.0)
u'C:\\Users\\RY\\AppData\\Local\\Programs\\Common\\Microsoft\\Visual C++ for
Python\\9.0\\vcvarsall.bat'
```

然后就可以使用%%cython 命令在 Notebook 中编译 Cython 程序，测试编译器是否正确设置了：

%%cython 魔法命令缺省没有载入到 IPyhton 的运算核中，需要先通过%load_ext cython 命令载入该命令。

```
%%cython

def add(a, b):
    return a + b
```

此外，使用新版本的 Visual C++也可以编译扩展模块，在编译一些较新的函数库(例如笔者用 Cython 包装 Kinect2 的 API)时可能需要最新版本的 Visual C++编译器。但 distutils 只搜索编译 Python 时所使用的编译器，因此无法使用最新版本的编译器。

distutils 从 sys.version 获取编译 Python 的编译器版本，可通过本书提供的 set_msvc_version() 修改该信息，从而实现选择新版本的编译器：

```
from scpy2.utils import set_msvc_version
set_compiler("msvc")
set_msvc_version(12)
show_compiler()
```
msvc 12.0 defined by C:\WinPython-32bit-2.7.9.2\python-2.7.9\lib\distutils\distutils.cfg

下面将编译器设置还原成 mingw32，接下来的章节中均使用此编译器：

```
set_msvc_version(9)
set_compiler("mingw32")
```

10.2 Cython 入门

 与本节内容对应的 Notebook 为：10-cython/cython-200-intro.ipynb。

当需要在 Python 中对数组的元素进行大量循环计算时，Python 的运行效率会比 C 语言的效率低上百倍。让我们首先通过一个数组运算函数的实例，演示 Cython 如何实现数组的高速运算。

10.2.1 计算矢量集的距离矩阵

我们要实现计算一组矢量中每两对矢量的距离的函数。下面的数组 X 的形状为(200, 3)，可以把它看作 200 个三维空间中的点：

```
import numpy as np
np.random.seed(42)
X = np.random.rand(200, 3)
```

为了计算每对点之间的距离，可以用 NumPy 的广播功能，或者使用 SciPy 中的 scipy.spatial.distance.pdist()来实现。不过这里为了比较 Python 和 Cython 的性能，我们用三层循环逐个元素进行计算：

```
def pairwise_dist_python(X):
    m, n = X.shape
    D = np.empty((m, m), dtype=np.float)
    for i in xrange(m):
        for j in xrange(i, m):
            d = 0.0
            for k in xrange(n):
                tmp = X[i, k] - X[j, k]
                d += tmp * tmp
            D[i, j] = D[j, i] = d ** 0.5
    return D
```

为了验证程序的结果是否正确，下面用 SciPy 的 pdist()进行同样的计算，并比较二者的运算速度：可以看出二者的运算速度相差近 200 倍。

```
from scipy.spatial.distance import pdist, squareform
%timeit squareform(pdist(X))
%timeit pairwise_dist_python(X)
np.allclose(squareform(pdist(X)), pairwise_dist_python(X))
1000 loops, best of 3: 443 μs per loop
10 loops, best of 3: 92.7 ms per loop
True
```

Cython 程序需要编译，通常需要编写一个 setup.py 程序，稍后会详细介绍这方面的内容。现在我们先用 IPython Notebook 中的%%cython 魔法命令快速编译运行 Cython 程序。

%%cython 魔法命令是一个单元命令，整个单元中的程序都会调用 Cython 编译成扩展模块，并自动从编译之后的模块中载入所有对象。由于 Cython 程序是一个单独的模块，因此需要在此模块中重新载入 numpy 库。下面的程序完全和 pairwise_dist_python()相同，其运算速度也和pairwise_dist_python()相当，只有很小的进步：

```
%%cython
import numpy as np

def pairwise_dist_cython(X):
    m, n = X.shape
    D = np.empty((m, m), dtype=np.float)
    for i in xrange(m):
        for j in xrange(i, m):
            d = 0.0
            for k in xrange(n):
                tmp = X[i, k] - X[j, k]
                d += tmp * tmp
            D[i, j] = D[j, i] = d ** 0.5
    return D
```

下面测试其运算速度：

```
%timeit pairwise_dist_cython(X)
np.allclose(pairwise_dist_cython(X), pairwise_dist_python(X))
10 loops, best of 3: 72.9 ms per loop
True
```

下面的程序用上 Cython 的所有优化手段，其中 cdef 为声明变量类型的关键字，@cython 为指导 Cython 编译的命令。可以看出 Cython 编译出比 pdist() 更快的代码。

```
%%cython
import numpy as np
import cython
from libc.math cimport sqrt

@cython.boundscheck(False)
@cython.wraparound(False)
def pairwise_dist_cython2(double[:, ::1] X):
    cdef int m, n, i, j, k
    cdef double tmp, d
    m, n = X.shape[0], X.shape[1]
    cdef double[:, ::1] D = np.empty((m, m), dtype=np.float64)
    for i in range(m):
        for j in range(i, m):
            d = 0.0
            for k in range(n):
                tmp = X[i, k] - X[j, k]
                d += tmp * tmp
            D[i, j] = D[j, i] = sqrt(d)
    return np.asarray(D)
```

```
%timeit pairwise_dist_cython2(X)
np.allclose(pairwise_dist_cython2(X), pairwise_dist_python(X))
10000 loops, best of 3: 196 µs per loop
True
```

10.2.2　将 Cython 程序编译成扩展模块

在 Notebook 中测试了 Cython 程序的速度与正确性之后，我们希望将其编译成扩展模块，以供其他的 Python 程序调用。实际上，%%cython 魔法命令自动将 Cython 代码编译成扩展模块，并从该模块载入所有的全局对象。下面通过 sys.modules 找到 pairwise_dist_cython2() 函数所在模块的文件路径。如果读者希望立即使用该扩展模块，可将其复制到自己的 Python 程序目录下。然后就可以像使用一般模块一样使用它了：

```
import _cython_magic_f9e6211d48d0b874fa7ae6ce345d297b as fast_pdist
fast_pdist.pairwise_dist_cython2(X)
import sys
sys.modules[pairwise_dist_cython2.__module__]

<module '_cython_magic_f9e6211d48d0b874fa7ae6ce345d297b' from
'C:\Users\RY\Dropbox\scipybook2\settings\.ipython\cython\_cython_magic_f9e6211d48d0b874fa7a
e6ce345d297b.pyd'>
```

 可以通过%%cython 命令的-n 参数指定编译之后的扩展模块名，例如%%cython –n fast_pdist。

如果希望使用 distutils 库自动编译扩展模块，可以编写如下 setup_fast_pdist.py 安装文件。在其中定义了一个表示扩展模块的 Extension 对象，名为"fast_pdist"，包含一个 Cython 源程序 "fast_pdist.pyx"，该文件的内容与前面定义 pairwise_dist_cython2()的程序相同。由于它使用了 NumPy 的功能，因此需要通过 numpy.get_include()指定 NumPy 的头文件的路径。

```
%%file setup_fast_pdist.py
from distutils.core import setup
from distutils.extension import Extension
from Cython.Distutils import build_ext
import numpy as np

ext_modules = [
    Extension("fast_pdist", ["fast_pdist.pyx"],
        include_dirs = [np.get_include()]),
]

setup(
  name = 'a faster version of pdist',
  cmdclass = {'build_ext': build_ext},
  ext_modules = ext_modules
)
```

在命令行中运行如下命令，即可对 Cython 文件进行编译，生成扩展模块 fast_pdist.pyd：

```
python setup_fast_pdist.py build_ext --inplace
```

接下来即可载入该扩展模块，并调用其中的函数：

```
import fast_pdist
np.allclose(fast_pdist.pairwise_dist_cython2(X), pairwise_dist_python(X))
```
```
True
```

除了使用 setup.py 之外，还可以使用 cythonize 命令。读者可以在 PATH 环境变量的搜索路径(例如 Python 的 Scripts 文件夹)下创建一个名为 cythonize.bat 的批处理文件，并添加如下内容：

```
@echo off
python -m Cython.Build.Cythonize %*
```

然后就可以在命令行下输入 cythonize -i fast_pdist.pyx，将指定的 Cython 文件编译成扩展模块，并保存在相同的路径之下。

10.2.3　C 语言中的 Python 对象类型

使用 Cython 语言编写的程序可通过 Cython 编译器编译成 C 语言程序，然后再通过 C 语言编译器编译为扩展模块供 Python 调用。在 Cython 语言中可以对 Python 的对象类型和 C 语言类型进行处理。为了让读者更深入地理解 Cython 语言，本节先介绍在 C 语言中是如何表示 Python 对象的。

Python 采用 C 语言编写，它的所有对象都采用 C 语言的结构体表示，无论何种对象的结构体，其头两个字段的含义是固定的：

- ob_refcnt：该对象的引用次数，当引用次数为 0 时，该结构体所占据的内存将被释放。
- ob_type：指向类型对象的指针。

在 Python 的 C 语言程序中定了 PyObject 结构体，它仅拥有上述两个字段。而其他对象类型的结构体则在之后添加新的字段，例如 float 类型对应的结构体如下：

```
typedef struct {
    Py_ssize_t ob_refcnt;
    struct _typeobject *ob_type;
    double ob_fval;
} PyFloatObject;
```

在 32 位系统中，Py_ssize_t 和指针都使用 4 个字节表示，而 double 类型的长度为 8 个字节，所以 Python 中的一个 float 对象占据 16 个字节。下面通过 sys.getsizeof()获得浮点数对象 1.0 的字节数：

```
import sys
sys.getsizeof(1.0)
```
```
16
```

由于所有 Python 对象的头两个字段类型是相同的，因此在 C 语言中使用 PyObject *类型的指针表示 Python 对象。在 Cython 中，所有没有声明类型的变量都表示 Python 对象，因此编译成 C 语言之后，这些变量都是 PyObject *类型的指针。Python 提供了 Python/C API 以方便用户使用 C 语言编写扩展模块。

下面我们为%%cython 魔法命令添加-a 参数，显示 Cython 程序及其编译之后的 C 语言程序之间的关系。在 Notebook 中运行下面的程序将输出一段如图 10-1 所示的可折叠的代码。通过颜色显示每行 Cython 代码编译之后的 C 语言代码的多少。颜色越深表示该行代码的运行速度可能会越慢。请注意由于这些 C 语言代码都是 Cython 自动生成的，因此阅读起来可能有些困难，读者无须完全理解这些代码，只需要大致了解工作原理即可。

```
+1: a = 1.0
+2: b = 2.0
+3: c = a + b
   __pyx_t_1 = __Pyx_GetModuleGlobalName(__pyx_n_s_a); if (u
[0]; __pyx_lineno = 3; __pyx_clineno = __LINE__; goto __pyx
   __Pyx_GOTREF(__pyx_t_1);
   __pyx_t_2 = __Pyx_GetModuleGlobalName(__pyx_n_s_b); if (u
[0]; __pyx_lineno = 3; __pyx_clineno = __LINE__; goto __pyx
   __Pyx_GOTREF(__pyx_t_2);
   __pyx_t_3 = PyNumber_Add(__pyx_t_1, __pyx_t_2); if (unlik
__pyx_lineno = 3; __pyx_clineno = __LINE__; goto __pyx_L1_
   __Pyx_GOTREF(__pyx_t_3);
   __Pyx_DECREF(__pyx_t_1); __pyx_t_1 = 0;
   __Pyx_DECREF(__pyx_t_2); __pyx_t_2 = 0;
   if (PyDict_SetItem(__pyx_d, __pyx_n_s_c, __pyx_t_3) < 0)
; __pyx_clineno = __LINE__; goto __pyx_L1_error;}
   __Pyx_DECREF(__pyx_t_3); __pyx_t_3 = 0;
```

图 10-1 使用 "-a" 参数查看编译之后的 C 语言程序

```
%%cython -a
a = 1.0
b = 2.0
c = a + b
```

在上面的程序中，变量 a、b、c 均为 Python 对象，因此 c=a+b 被编译成如图 10-1 所示的 C 语言代码。其中__Pyx_GOTREF 和__Pyx_DECREF 是为了保证垃圾回收机制能正常运行，而对对象的引用计数器进行操作。

__pyx_n_s_a 为字符串对象"a"。__Pyx_GetModuleGlobalName(__pyx_n_s_a)从全局字典中获取"a"表示的 Python 对象。PyNumber_Add()为 Python/C API 函数，它将两个 Python 对象当作数值相加，并返回一个新的 Python 对象__pyx_t_3。最后调用 PyDict_SetItem()将__pyx_t_3 添加进全局字典__pyx_d 中，对应的键为__pyx_n_s_c 所表示的字符串对象"c"。

因此一个简单的加法运算需要两次查询全局字典，获取变量 a 和 b 所表示的对象，然后调用一次 API 函数来完成加法运算，最后再将结果写入全局字典。

10.2.4 使用 cdef 关键字声明变量类型

为了大幅度地提高程序的运行速度，需要对 Python 程序中频繁用到的变量使用 cdef 关键字声明变量类型。用 cdef 关键字声明变量类型起到如下两个作用：

- 提高变量的存取速度：在 Python 中，全局变量和对象的属性与它们对应的值之间的关系保存在字典中，每次读写这些变量或属性都相当于对字典进行存取。而如果使用 cdef 关键字声明变量，那么该变量与其值的对应关系在编译期已经确定，可以省下字典查询所需的时间。
- 提高数值的处理速度：在 Python 中所有的对象都是 C 语言中的结构体，对其进行运算时需要调用 Python 提供的 API 函数。而当知道值的类型时，Cython 会尽可能地使用 C 语言提供的运算功能，从而极大地提高计算速度。

在下面的例子中，使用 cdef 定义 a、b、c 三个变量为 double 类型。所生成的 C 语言代码大致如下：

```
static double a, b, c;
...
PyMODINIT_FUNC init(){
    ...
    a = 1.0;
    b = 2.0;
    c = a + b;
    ...
}
```

该段代码创建了三个类型为 double 的全局变量，并在模块初始化函数中为这三个全局变量赋值。加法运算和变量赋值均为 C 语言中的操作，与上节中调用 API 函数的代码相比要简洁许多。

 请注意这里使用 cdef 定义的三个全局变量为 C 语言的全局变量，并不能在 Python 中通过编译之后的扩展模块获取它们的值。

```
%%cython -a
cdef double a = 1.0
cdef double b = 2.0
cdef double c = a + b
```

当 C 语言的变量与 Python 对象进行运算时，会将 C 语言的变量转换成 Python 对象之后再调用 API 函数进行运算。在下面的例子中，s 为 C 语言类型的变量，而 a 为 Python 的 float 对象。

❶s 和 a 直接相加时，会大致运行如下 C 语言代码，其中_v_s 为 double 类型变量，_t_1 到_t_3 为 Python 对象指针，_s_a 为字符串对象"a"：

```
_t_1 = PyFloat_FromDouble(_v_s); //将 s 转换成 Python 对象
_t_2 = __Pyx_GetModuleGlobalName(_s_a); //获得全局字典中"a"对应的对象
```

```
_t_3 = PyNumber_Add(_t_1, _t_2); //加法运算
_v_s = __pyx_PyFloat_AsDouble(_t_3); //将加法运算的结果转换为 double 类型
```

❷使用<double>将 Python 对象强制转换为 C 语言的 double 类型,因此这里的加法运算采用 C 语言的加法操作符,大致相当于运行如下 C 语言代码,其中_t_1 为 Python 对象指针,_t_2 为 double 类型:

```
_t_1 = __Pyx_GetModuleGlobalName(_s_a);
_t_2 = __pyx_PyFloat_AsDouble(_t_1);
_v_s = _v_s + _t_2;
```

```
%%cython -a

cdef double s = 0
a = 3.0
s = s + a ❶
s = s + <double>a ❷
```

除了 C 语言的各种数据类型之外,Cython 还能识别 Python 的许多内置的数据类型,例如 列表、字典、元组等。在下面的例子中,使用 list 声明 clist 变量是一个列表对象,并且使用一 个 int 类型的 cindex 变量作为下标获取列表中的值。为了进行比较,也使用两个动态变量 pylist 和 pyindex 进行同样的操作。

```
%%cython -a
cdef list clist = [1000, 2, 3]
cdef int cindex = 0
clist[cindex] ❶

pylist = [1000, 2, 3]
pyindex = 0
pylist[pyindex] ❷
```

❶由于声明了 clist 和 cindex 的类型,因此 clist[cindex]被编译成如下代码,直接调用辅助函 数__Pyx_GetItemInt_List()获取列表对象中某个下标对应的对象:

```
__Pyx_GetItemInt_List(clist, __pyx_v_4demo_cindex, int, 1, __Pyx_PyInt_From_int, 1, 1, 1)
```

❷由于 pylist 和 pyindex 变量没有类型声明,因此把它们当作 Python 的对象进行处理。将 pylist[pyindex]编译为如下代码:

```
__pyx_t_1 = __Pyx_GetModuleGlobalName(__pyx_n_s_pylist);
__Pyx_GOTREF(__pyx_t_1);
__pyx_t_2 = __Pyx_GetModuleGlobalName(__pyx_n_s_pyindex);
__Pyx_GOTREF(__pyx_t_2);
```

```
__pyx_t_3 = PyObject_GetItem(__pyx_t_1, __pyx_t_2));;
__Pyx_GOTREF(__pyx_t_3);
__Pyx_DECREF(__pyx_t_1); __pyx_t_1 = 0;
__Pyx_DECREF(__pyx_t_2); __pyx_t_2 = 0;
__Pyx_DECREF(__pyx_t_3); __pyx_t_3 = 0;
```

首先调用__Pyx_GetModuleGlobalName()从全局变量字典中获取 pylist 和 pyindex 对应的对象,
然后调用 Python 的 API 函数 PyObject_GetItem()获得下标对应的对象。

除了使用[]的下标存取操作之外, Cython 还能识别许多内部类型的方法和属性。表 10-1 列
出了目前 Cython 所能识别的 Python 数据类型以及相关的运算操作, 当遇到表中已知的属性或
方法时, Cython 将生成高效代码。

表 10-1 Cython 所能识别的 Python 数据类型

数据类型	可识别的运算
bytes、str、unicode	join()、in
tuple	in
list	in、insert()、reverse()、append()、extend()
dict	in、get()、has_key()、keys()、values()、iter*()、clear()、copy()
set	in、clear()、add()、pop()
slice	start、stop、step
complex	cval、real、imag

读者可以在前面的程序中添加 clist.append(pyindex)来查看 append()编译之后的程序。如果遇
到未知的属性或方法, 将调用 Python 对象提供的通用 API 接口, 例如 clist.count(0)。

10.2.5 使用 def 定义函数

通常为了提高程序的运算速度, 我们在 Cython 中用 def 关键字定义函数, 然后在 Python 中
调用它们。由于需要在 Python 中调用, def 所定义函数的参数和返回值均为 Python 对象。然而
在 Cython 中可以为函数的参数添加类型定义, Cython 会对这些参数进行类型检查并自动转换成
对应的 C 语言类型。

下面的 py_square_add()函数的两个参数均为 double 类型, 当在 Python 中调用时, 传递的是
两个 Python 的 float 对象。在 py_square_add()内部会将这两个 float 对象转换成 C 语言的 double
类型的变量, 计算出 double 类型的结果之后, 再将其转换成 Python 的 float 对象并返回。

对应的 C 语言代码大致如下, 其中 x、y 和 r 均为 Python 的对象指针类型, 而 v_x 和 v_y
为 C 语言的 double 类型变量。通过 API 函数 PyFloat_AsDouble()和 PyFloat_FromDouble()在 float
对象和 double 类型变量之间进行转换。

```
double _v_x = PyFloat_AsDouble(x);
double _v_y = PyFloat_AsDouble(y);
```

```
PyObject * _r;
_r = PyFloat_FromDouble(((_v_x * _v_x) + (_v_y * _v_y)));
```

```
%%cython -a

def py_square_add(double x, double y):
    return x*x + y*y
```

当使用 Python 的类型(例如 list)声明参数时，Cython 会进行类型检查，并将可识别的运算转换成更高效的代码。在下面的例子中，声明 alist 参数为 list 类型，因此 len(alist)将被编译为 PyList_GET_SIZE(__pyx_v_alist)，而 alist[i]则被编译为调用__Pyx_GetItemInt_List()函数：

```
%%cython -a

def sum_list(list alist):
    cdef double s = 0
    cdef int i = 0
    for i in range(len(alist)):
        s += <double>alist[i]
    return s
```

10.2.6　使用 cdef 定义 C 语言函数

def 函数采用 Python 的调用接口，即使是在 Cython 程序内部调用这些函数，也需要对参数和返回值进行类型转换。在大量循环中调用这样的函数会有较大的损耗。可以使用 cdef 关键字定义只能在 Cython 程序内部调用的函数，调用的开销和 C 语言的函数相同。

下面的 c_square_add()使用 cdef 定义，参数和返回值均为 double 类型。其中 a = c_square_add(1.0, 2.0)被编译为如下代码：

```
__pyx_v_a = __pyx_f_c_square_add(1.0, 2.0);
```

 如果不声明 cdef 函数的返回值类型，则其类型为 Python 对象。

```
%%cython -a
cdef double c_square_add(double x, double y):
    return x*x + y*y

cdef double a = c_square_add(1.0, 2.0)
```

如果希望同一个函数能在 Cython 中快速调用，并且能在 Python 中调用，可以使用 cpdef 关键字。它将同时生成一个 C 语言函数和一个供 Python 调用的包装函数。在 Cython 中调用 cpdef

函数时会比 cdef 函数稍微耗时一些，但要比调用 def 函数快得多。

```
%%cython -a
cpdef double cp_square_add(double x, double y):
    return x*x + y*y


cp_square_add(1.0, 2.0)
```

10.3 高效处理数组

 与本节内容对应的 Notebook 为：10-cython/cython-300-memoryview.ipynb。

　　科学计算程序中存在大量的数组操作，前面已经简要地介绍过如何使用 Cython 的内存视图(MemoryView)快速访问数组的元素，本节详细介绍用法。

10.3.1 Cython 的内存视图

　　Cython 中的内存视图采用如下语法进行声明：

cdef 元素类型[维数声明] 变量名

　　其中维数声明的形式如下，使用:代表轴，::1 表示对应轴上的元素被连续存储：

- [:]：一维数组
- [::1]：一维连续存储的数组
- [:, :]：二维数组
- [:, ::1]：二维数组，第 1 轴的元素被连续存储

　　内存视图和 NumPy 数组的结构类似，保存有 shape、base、stride 等信息，它本身并不拥有数据存储区，而是从其他的 Python 对象或 C 语言数组获取数据存储区。

　　在 Cython 中内存视图有两种形式，根据使用方式的不同，Cython 会在这两种形式之间自动切换。在 C 语言级别它是一个结构体，当需要将其作为 Python 对象使用时，Cython 会自动将其转换成一个 MemoryView 对象。下面我们通过一些例子演示内存视图的用法。

　　在下面的程序中，❶buf 是 C 语言中的一个全局二维数组，❷view 是一个内存视图，并将其数据存储区初始化为全局二维数组 buf。

　　❸numpy.asarray()是 Python 的一个函数，它可以把 MemoryView 对象转换成 NumPy 数组，然后就可以调用数组的方法和函数了。❹此外，MemoryView 对象也可以直接传递给 NumPy 的函数，因为在这些函数内部都会调用类似 asarray()的函数来将参数转换为数组。

❺当将内存视图返回到 Python 环境时，Cython 也会将其转换成 MemoryView 对象。因此通过 get_view()可获取转换之后的 MemoryView 对象，方便我们查看其中的内容。

❻在 Cython 中获取内存视图的 shape 属性相当于获取内存视图结构体中 shape 字段的数据，而对内存视图的下标操作，都会被编译成对数据存储区相应地址的直接访问，因此都是十分高效的。

```
%%cython
import numpy as np

cdef double buf[3][4]              ❶
cdef double[:, ::1] view = buf     ❷

def fill_value(double value):
    np.asarray(view).fill(value)   ❸

def sum_view():
    return np.sum(view)            ❹

def get_view():
    return view                    ❺

def square_view():                 ❻
    cdef int i, j
    for i in range(view.shape[0]):
        for j in range(view.shape[1]):
view[i, j] *= view[i, j]
```

下面通过 get_view()获取 MemoryView 对象，并查看其各种属性，可以看到它们和 NumPy 数组是完全一样的：

```
view = get_view()
view.shape   view.strides   view.itemsize   view.nbytes
----------   ------------   -------------   -----------
(3, 4)       (32, 8)        8               96
```

下面使用 fill_value()、square_view()、sum_view()等函数对 C 语言中的全局数组进行操作，MemoryView 对象也支持下标运算：

```
fill_value(3.0)
print sum_view()
square_view()
print sum_view()
view[1, 2] = 10
print sum_view()
```

第
10
章

Cython-编译 Python 程序

```
36.0
108.0
109.0
```

下面将 MemoryView 对象转换成 NumPy 数组，可以看出二者是共享数据存储区的：

```
arr = np.asarray(view)
arr[1, 0] = 11
print sum_view()
print arr
111.0
[[  9.   9.   9.   9.]
 [ 11.   9.  10.   9.]
 [  9.   9.   9.   9.]]
```

通过内存视图的 base 属性可以获得保存实际数据的对象，由于我们的数据保存在 C 语言的全局数组中，因此 Cython 创建了一个 array 对象来表示该全局数组，而通过其唯一的 memview 属性可获取一个新的 MemoryView 对象。

```
print view.base.__class__
print view.base.memview
<type '_cython_magic_1118ba0f43c15a1b4a16015476c9c6fa.array'>
<MemoryView of 'array' object>
```

下面看看使用内存视图操作 NumPy 数组：

❶使用 double[:]声明 x 为一维内存视图，由于没有指定其元素为连续存储，因此 x[i]被编译为 x.data＋i＊x.strides[0]，其中 x.data 为 x 的数据存储区的首地址，类型为单字节指针，x.strides[0] 为第 0 轴上元素之间的字节间隔数。

❷由于声明了 res 的元素为连续存储，因此 res[i]被编译为((double *) res.data) + i。因为省略了下标变量 i 与元素间隔字节数的乘法运算，所以运算速度更快。

❸通过 res.base 返回 NumPy 数组，注意 base 属性不是表示内存视图的 C 语言结构体中的字段，因此 Cython 会先将其转换成 MemoryView 对象，然后通过 Python 的 getattr()函数获取其 base 属性。

如果在函数中对数组的元素进行逐个循环，可以将 boundscheck 和 wraparound 两个编译选项关闭。这样所生成的 C 语言代码不会对数组下标进行越界检查，也不支持负数下标，从而提高数组元素的访问速度。

```
%%cython -a
import numpy as np
import cython
```

```
@cython.boundscheck(False)
@cython.wraparound(False)
def square(double[:] x): ❶
    cdef int i
    cdef double[::1] res = np.empty_like(x)
    for i in range(x.shape[0]):
        res[i] = x[i] * x[i] ❷
    return res.base ❸
```

此外，内存视图支持与 NumPy 数组相同的切片下标存取功能，当使用切片存取内存视图时，将创建一个与原内存视图共享内存的新结构体，因此会有一定的运算损耗，但是比数组的切片操作要快许多。

在下面的例子中用 cpdef 定义了一个可在 Cython 中快速调用，且能在 Python 中调用的 norm() 函数，它对一维向量进行原地归一化。而 norm_axis() 则可以对二维数组的指定轴进行归一化，如果 inplace 参数为 True，则进行原地归一化，否则返回一个新的归一化之后的数组。

❶内存视图支持切片赋值运算，这时会创建一个临时的内存视图结构体，然后在两个内存视图结构体之间进行数据复制。❷对内存视图使用切片下标读取时将创建一个新的视图，并将此视图传递给 norm() 函数。

 在这个例子中我们通过注释#cython 设置 boundscheck 和 wraparound 编译选项。

```
%%cython
#cython: boundscheck=False, wraparound=False
import numpy as np
import cython


cpdef norm(double[:] x):
    cdef double s
    cdef int i
    s = 0
    for i in range(x.shape[0]):
        s += x[i]*x[i]
    s = 1 / s**0.5
    for i in range(x.shape[0]):
        x[i] *= s


def norm_axis(double[:, :] x, int axis=0, bint inplace=True):
    cdef int i
    cdef double[:, :] data
    if not inplace:
```

```
        data = np.empty_like(x)
        data[:] = x  ❶
    else:
        data = x

    if axis == 1:
        for i in range(data.shape[0]):
            norm(data[i, :])  ❷
    elif axis == 0:
        for i in range(data.shape[1]):
            norm(data[:, i])

    return data.base
```

还可以通过地址运算符获得内存视图中数据的地址，将其作为指针传递给 C 语言的函数。在下面的例子中，❶通过 cimport 从 C 语言的标准头文件 string.h 中载入 memcpy() 函数，其函数原型如下：它将由 src 指向地址为起始地址的连续 n 个字节的数据复制到以 dst 指向地址为起始地址的空间内。

```
void *memcpy(void *dst, const void *src, size_t n);
```

❷通过地址运算符&获得指向内存视图第一个元素的指针，&dst[0]得到的是一个 double * 类型的指针。由于 memcpy() 接收的是字节长度，因此这里使用 sizeof(double) 计算双精度浮点数的字节数并乘以内存视图第 0 轴的长度。

请注意这里的内存视图是连续的，因此可以直接使用 memcpy() 进行内存的复制。如果不是连续的，需要将 strides 属性一起传递给 C 语言函数，这样才能在其中正确访问内存视图的元素。

```
%%cython
from libc.string cimport memcpy  ❶

def copy_memview(double[::1] src, double[::1] dst):
    memcpy(&dst[0], &src[0], sizeof(double)*dst.shape[0])  ❷
```

```
a = np.random.rand(10)
b = np.zeros_like(a)
copy_memview(a, b)
assert np.all(a == b)
```

还可以通过类型转换操作将 C 语言的指针转换成内存视图。例如，如果 addr 是一个指针，可以通过<double[:10]>addr 将其转换为一个长度为 10 的双精度浮点数的内存视图，长度可以使用变量表示。不过在进行这种转换时，要十分注意内存的分配和释放，否则可能会出现野指针，造成整个程序崩溃。

10.3.2　用降采样提高绘图速度

当使用 matplotlib 显示一条拥有大量数据点的曲线时，绘图速度会明显降低。由于屏幕的分辨率有限，绘制大量的线段并不能增加图表显示的信息，因此一般在显示大量数据时都会对其进行降采样运算。由于这种运算需要对数组中的每个元素进行迭代，因此需要使用 Cython 提高运算速度。

下面演示如何使用 Cython 进行快速降采样运算。首先创建测试数据，在正弦波信号中夹杂着1%的脉冲信号。

```python
import numpy as np

def make_noise_sin_wave(period, n):
    np.random.seed(42)

    x = np.random.uniform(0, 2*np.pi*period, n)
    x.sort()
    y = np.sin(x)
    m = int(n*0.01)
    y[np.random.randint(0, n, m)] += np.random.randn(m) * 0.4
    return x, y

x, y = make_noise_sin_wave(10, 10000)
```

无论怎样降低取样频率，我们都希望能够显示这些脉冲信号，因此不能简单地使用每N个点取一个点的方法。图 10-2 显示了一种能尽量保持所有局域最值的方法。将 X 轴的范围等分为 N 个区间，找到每个区间的最小值和最大值的 X 轴坐标，对这些坐标按照从小到大的顺序排序之后，就得到了降采样之后的 X 轴坐标。

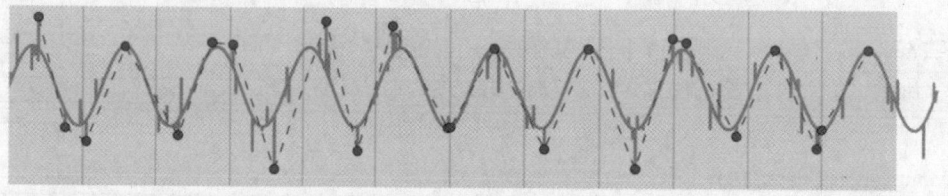

图 10-2 降低取样频率示意图

下面首先使用 Python 实现上述算法，get_peaks_py() 的 x 和 y 参数分别是曲线上各点的 X 轴和 Y 轴坐标，x 中的值必须是递增且等间隔的。n 为降低取样频率之后的数据点数，x0 和 x1 为目标区域。如果为 None，就对整条曲线进行处理。

为了测试程序是否运行正确，读者可以将由 x、y 表示的原始曲线和由 xr、yr 表示的降取样曲线绘制在同一个图表中，比较二者的差别。

```python
def get_peaks_py(x, y, n, x0=None, x1=None):
    if x0 is None:
        x0 = x[0]
    if x1 is None:
        x1 = x[-1]
    index0, index1 = np.searchsorted(x, [x0, x1])
    index1 = min(index1, len(x) - 1)
    x0, x1 = x[index0], x[index1]
    dx = (x1 - x0) / n

    i = index0
    x_min = x_max = x[i]
    y_min = y_max = y[i]
    x_next = x0 + dx

    xr, yr = np.empty(2 * n), np.empty(2 * n)
    j = 0

    while True:
        xc, yc = x[i], y[i]
        if xc >= x_next or i == index1:
            if x_min > x_max:
                x_min, x_max = x_max, x_min
                y_min, y_max = y_max, y_min
            xr[j], xr[j + 1] = x_min, x_max
            yr[j], yr[j + 1] = y_min, y_max
            j += 2

            x_min = x_max = xc
            y_min = y_max = yc
            x_next += dx
            if i == index1:
                break
        else:
            if y_min > yc:
                x_min, y_min = xc, yc
            elif y_max < yc:
                x_max, y_max = xc, yc
        i += 1

    return xr[:j], yr[:j]

xr, yr = get_peaks_py(x, y, 200)
```

下面对上述代码添加 Cython 的类型声明，就可以将其编译成能快速执行的 C 语言程序。

❶为了获得最佳运行速度，将 wraparound 和 boundscheck 设置为 False，❷由于禁止了 wraparound，因此不能使用负数作为下标，所以这里将 x[−1]改为 x[len(x)−1]。

❸当将内存视图传递给 Python 函数时，它将被转换为 MemoryView 对象，而在 searchsorted() 中会通过 asarray()将其转换成 NumPy 数组。当然此处也可以使用 x.base 直接将数组对象传递给 searchsorted()。

❹为了让函数返回数组，需要通过 base 属性获得内存视图对应的 NumPy 数组，然后对该数组进行切片运算。

第
10
章

Cython—编译 Python 程序

```
%%cython
import numpy as np
import cython

@cython.wraparound(False)   ❶
@cython.boundscheck(False)
def get_peaks(double[::1] x, double[::1] y, int n, x0=None, x1=None):
    cdef int i, j, index0, index1
    cdef double x_min, x_max, y_min, y_max, xc, yc, x_next, dx
    cdef double[::1] xr, yr

    if x0 is None:
        x0 = x[0]
    if x1 is None:
        x1 = x[len(x) - 1]   ❷

    index0, index1 = np.searchsorted(x, [x0, x1])   ❸
    index1 = min(index1, len(x) - 1)
    x0, x1 = x[index0], x[index1]
    dx = (x1 - x0) / n

    i = index0
    x_min = x_max = x[i]
    y_min = y_max = y[i]
    x_next = x0 + dx

    xr = np.empty(2 * n)
    yr = np.empty(2 * n)
    j = 0

    while True:
        xc, yc = x[i], y[i]
        if xc >= x_next or i == index1:
```

```
            if x_min > x_max:
                x_min, x_max = x_max, x_min
                y_min, y_max = y_max, y_min
            xr[j], xr[j + 1] = x_min, x_max
            yr[j], yr[j + 1] = y_min, y_max
            j += 2

            x_min = x_max = xc
            y_min = y_max = yc
            x_next += dx
            if i == index1:
                break
        else:
            if y_min > yc:
                x_min, y_min = xc, yc
            elif y_max < yc:
                x_max, y_max = xc, yc
    i += 1

    return xr.base[:j], yr.base[:j] ❹
```

下面比较 get_peaks_py()和 get_peaks()的运算结果和运行速度。可以看到结果相同，而 get_peaks()的运行速度提高了 100 多倍。

```
xr, yr = get_peaks_py(x, y, 200)
xr2, yr2 = get_peaks(x, y, 200)
print np.allclose(xr, xr2), np.allclose(yr, yr2)

%timeit get_peaks_py(x, y, 200)
%timeit get_peaks(x, y, 200)
```
```
True True
100 loops, best of 3: 9.55 ms per loop
10000 loops, best of 3: 78.7 µs per loop
```

scpy2.cython.fast_curve_draw 演示了使用降采样提高 matplotlib 的曲线绘制速度。降采样函数为 scpy2.cython.get_peaks()。

scpy2.cython.fast_curve_draw 使用 matplotlib 演示 get_peaks()的效果，在子图对象的 xlim_changed 事件中对曲线位于当前 X 轴的显示范围内的部分进行降取样，并更新曲线对象的数据，即可提高曲线的绘制速度。读者可以用鼠标右键拖动缩放显示范围时可以看到响应速度提高了很多。

10.4　使用 Python 标准对象和 API

 与本节内容对应的 Notebook 为：10-cython/cython-400-python-api.ipynb。

　　在 10.2 节中已经介绍过 Cython 可以识别 Python 的许多内置类型的常用操作，提高运算速度。此外还可以在 Cython 中调用 Python/C API 函数，实现一些只有在 C 语言中才能完成的操作。

10.4.1　操作 list 对象

　　在 Python 中可先创建一个空列表，然后通过 append()方法往其中添加元素，或者通过 [None]*n 创建一个拥有 n 个元素的列表，然后通过下标设置列表的内容。在 Cython 中可以通过调用操作列表的 API 函数，提高创建列表的速度。

　　下面的代码对比使用 API 函数和 append()方法创建列表的速度。在 my_range()中调用如下三个 API 函数：

- object PyList_New(Py_ssize_t len)：创建指定大小的列表，列表的元素设置为 NULL。注意这里的 NULL 是 C 语言的空地址，而不是 Python 的 None 对象。也就是说，这个列表虽然已经被创建了，但是其中的内容还没有初始化，无法在 Python 中使用。

- void PyList_SET_ITEM(object list, Py_ssize_t i, object o)：设置列表 list 的指定下标 i 的内容为 o。它实际上是 C 语言中的一个宏，可以用于快速设置元素为 NULL 的列表中的元素。

- void Py_INCREF(object o)：将对象 o 的引用计数器加 1。当调用 PyList_SET_ITEM()将对象 o 添加进列表时，该列表就应该增加对象 o 的引用计数器，然而 PyList_SET_ITEM()并不会自动增加被添加的对象的引用计数器，因此需要调用 Py_INCREF()。这种不增加引用计数的函数在 Python API 说明文档中会被注明为："steals a reference"。

```
%%cython
#cython: boundscheck=False, wraparound=False
from cpython.list cimport PyList_New, PyList_SET_ITEM ❶
from cpython.ref cimport Py_INCREF

def my_range(int n):
    cdef int i
    cdef object obj ❷
    cdef list result
    result = PyList_New(n)
```

```
        for i in range(n):
            obj = i
            PyList_SET_ITEM(result, i, obj)
            Py_INCREF(obj)
        return result

    def my_range2(int n):
        cdef int i
        cdef list result
        result = []
        for i in range(n):
            result.append(i)
        return result
```

❶使用 cimport 从 Cython 头文件中载入 PyList_New 和 PyList_SET_ITEM 这两个函数声明。Cython 的头文件以.pxd 为扩展名，和 C 语言的头文件类似，可以包含各种函数和类型的定义。

可以在 Cython 的安装目录之下的 Includes 目录下找到所有的 Cython 头文件。其中 numpy 目录下包含 NumPy 相关的类型和 API 函数的声明，libc 目录下包含 C 语言标准库中的各个函数的声明，cpython 目录下包括 Python/C API 的函数声明。

❷obj 变量用于临时保存将 C 语言整数变量 i 转换成的 Python 整数对象。

由于 my_range()直接创建目标大小的列表，省去了逐步扩容带来的损耗，因此速度是使用 append()的两倍多。

```
%timeit range(100)
%timeit my_range(100)
%timeit my_range2(100)

1000000 loops, best of 3: 1.24 µs per loop
1000000 loops, best of 3: 1.04 µs per loop
100000 loops, best of 3: 2.29 µs per loop
```

10.4.2 创建 tuple 对象

在 Python 中 tuple 对象是不可变的，但是可以在 Cython 中调用 API 函数，在创建 tuple 对象时设置其内容，从而实现快速创建 tuple 对象。下面的 to_tuple_list()通过调用 API 函数将二维数组转换成元组列表。

和列表相同，元组也有对应的初始化函数：PyTuple_New 和 PyTuple_SET_ITEM。它们的用法和列表的相同，这里不再重复了。

```
%%cython
#cython: boundscheck=False, wraparound=False
from cpython.list cimport PyList_New, PyList_SET_ITEM
from cpython.tuple cimport PyTuple_New, PyTuple_SET_ITEM
```

```
from cpython.ref cimport Py_INCREF

def to_tuple_list(double[:, :] arr):
    cdef int m, n
    cdef int i, j
    cdef list result
    cdef tuple t
    cdef object obj

    m, n = arr.shape[0], arr.shape[1]
    result = PyList_New(m)
    for i in range(m):
        t = PyTuple_New(n)
        for j in range(n):
            obj = arr[i, j]
            PyTuple_SET_ITEM(t, j, obj)
            Py_INCREF(obj)
        PyList_SET_ITEM(result, i, t)
        Py_INCREF(t)
    return result
```

下面比较 NumPy 数组的 tolist()方法和 to_tuple_list()的速度:

```
import numpy as np
arr = np.random.randint(0, 10, (5, 2)).astype(np.double)
print to_tuple_list(arr)

arr = np.random.rand(100, 5)
%timeit to_tuple_list(arr)
%timeit arr.tolist()
[(0.0, 4.0), (5.0, 7.0), (7.0, 0.0), (5.0, 5.0), (5.0, 9.0)]
100000 loops, best of 3: 13 µs per loop
10000 loops, best of 3: 20.5 µs per loop
```

10.4.3　用 array.array 作为动态数组

在 NumPy 一章中我们曾介绍过,可以将 Python 的标准模块 array 中的 array 对象当作一维动态数组使用。在Cython代码中,也同样可以用array.array对象作为动态数组。然而如果在Cython代码中调用 array.append()添加元素,则需要调用 Python 的函数对象,起不到提速的作用。在Cython 的 cpython/array.pxd 头文件中提供了快速操作 array 对象的 C 函数。

下面的in_circle()收集二维坐标数组points中所有位于由cx、cy和r表示的圆形内部的坐标。其中(cx,cy)为圆心坐标,r为圆的半径。由于事先无法知道有多少点位于圆形内部,因此程序中使用 array.array 动态数组逐个添加满足条件的点。

```
%%cython -c-Ofast
#cython: boundscheck=False, wraparound=False
import numpy as np
from cpython cimport array

def in_circle(double[:, :] points, double cx, double cy, double r):
    cdef array.array[double] res = array.array("d") ❶
    cdef double r2 = r * r
    cdef double p[2] ❷
    cdef int i
    for i in range(points.shape[0]):
        p[0] = points[i, 0]
        p[1] = points[i, 1]
        if (p[0] - cx)**2 + (p[1] - cy)**2 < r2:
            array.extend_buffer(res, <char*>p, 2) ❸
    return np.frombuffer(res, np.double).copy().reshape(-1, 2) ❹
```

❶用 cimport 关键字载入 array 的头文件之后，使用其中的 array.array 类型定义一个 Cython 变量 res，并创建一个新的 array.array 对象给它，"d"表示元素类型为双精度浮点数。❷p 是有两个元素的 C 语言数组，我们用它临时保存当前处理的点的坐标。❸调用 array.extend_buffer()将 p 添加进 res 中。extend_buffer()的第一个参数是 array.array 对象，第二个参数是一个 char*指针，它指向待添加数据的首地址，第三个参数是待添加元素的个数(注意不是字节数)。❹最后，通过 numpy.frombuffer()创建与 res 共享内存的 NumPy 数组，我们复制该数组以便 Python 垃圾回收 res 对象。

下面比较 in_circle()和使用 NumPy 相关方法的运算速度，当大多数点都位于圆形之外时，in_circle()的运算速度将更快一些。

 本例的目的是为了演示 array.array 动态扩容，实际上使用布尔数组有可能得到更快的运算速度。

```
points = np.random.rand(10000, 2)
cx, cy, r = 0.3, 0.5, 0.05

%timeit points[(points[:, 0] - cx)**2 + (points[:, 1] - cy)**2 < r**2, :]
%timeit in_circle(points, cx, cy, r)
10000 loops, best of 3: 97.7 µs per loop
10000 loops, best of 3: 38.6 µs per loop
```

10.5 扩展类型

 与本节内容对应的 Notebook 为: 10-cython/cython-500-cdef-class.ipynb。

在 Python 中通过 class 定义的类采用字典保存实例的属性,然而为了提高属性的访问速度,Python 内置的类型则直接将其属性保存在对象结构体的字段中。在 Cython 中则可以通过 cdef class 定义扩展类型。扩展类型和 Python 的内置类型一样,采用 C 语言的结构体保存对象的各个属性,因此在 Cython 程序中能够快速存取这些属性。扩展类型很适合用于包装 C 语言的函数库,提供面向对象的 Python 调用接口。

10.5.1 扩展类型的基本结构

下面的程序使用 cdef class 定义扩展类型 Point2D,并使用 cdef 定义属性 x 和 y。注意和 Python 的类不同,扩展类型的属性在类中定义,而不是在 __init__() 方法中生成。

```
%%cython

cdef class Point2D:
    cdef public double x, y
```

Cython 将自动定义如下结构体来表示 Point2D 对象,由于 ob_refcnt 和 ob_type 两个字段是所有 Python 对象必须具备的,因此在 Python 的 C 语言代码中它们通常使用 PyObject_HEAD 宏定义。

```
struct __pyx_obj_Point2D {
  PyObject_HEAD
  double x;
  double y;
};
```

在 Cython 程序内部,当它明确知道对象 p 的类型为 Point2D 时,p.x 将被转换成直接访问 Point2D 结构体的 x 字段,因此对扩展类型变量的属性存取是非常迅捷的。为了在 Python 中访问 Point2D 的 x 和 y 属性,需要在声明属性时使用 public 关键字。Cython 能自动为整型、浮点型、字符串类型以及 Python 对象类型这 4 种 cdef 属性创建属性访问用的描述器。这些描述器包含 __get__() 和 __set__() 方法,用以获取和设置属性。对于只读属性,可以将 public 关键字替换为 readonly。下面的代码查看 x 对应的属性访问描述器:

```
print type(Point2D.x)
print Point2D.x.__get__
print Point2D.x.__set__
```

```
<type 'getset_descriptor'>
<method-wrapper '__get__' of getset_descriptor object at 0x097A3260>
<method-wrapper '__set__' of getset_descriptor object at 0x097A3260>
```

和定义函数相同，扩展类型中可以使用 def、cdef 和 cpdef 定义对象的方法。所有方法都可以在 Cython 中调用，而只有 def 和 cpdef 定义的方法可以在 Python 中调用。在 Cython 中调用 cdef 和 cpdef 方法时，直接调用对应的 C 语言函数，因此效率比 def 方法要高很多。

扩展类型支持从其他扩展类型继承，例如下面的 Point3D 从 Point2D 继承，并增加了字段 z：

```
%%cython -a

cdef class Point2D:
    cdef public double x, y

cdef class Point3D(Point2D):
    cdef public double z

cdef Point3D p = Point3D()
p.x = 1.0
p.y = 2.0
p.z = 3.0
```

Point3D 对象对应的 C 语言结构体如下：

```
struct __pyx_obj_Point3D {
  struct __pyx_obj_Point2D __pyx_base;
  double z;
};
```

它的第一个字段__pyx_base 是其基类 Point2D 对应的结构体。在 Cython 中通过__pyx_base.x 访问基类中定义的属性 x，而在 Python 中，则通过 Point3D.__base__ 中 x 对应的描述器访问该属性。

10.5.2 一维浮点数向量类型

下面我们以一维浮点数向量 Vector 类型为例介绍扩展类型的用法。Vector 对象拥有两个私有属性：count 表示数组的长度，data 为存储数组数据的首地址。

```
cdef class Vector:
    cdef int count
    cdef double * data
```

在创建一个新的 Vector 对象时，会从堆内存中分配一个结构体。在结构体的内存分配完毕之后，应该立即初始化其中的属性。这个初始化工作由__cinit__()完成，可以将之理解为 C 语言级别的__init__()。Vector 对象支持两种初始化方式：分配指定大小的内存，或者使用一个序列对象初始化数组的内容。这里使用 Python API 中的 PyMem_Malloc()从 Python 管理的堆中分配存储数组数据的内存。为了使用该 API 函数，需要使用 from cpython cimport mem 载入声明内存管理 API 函数的头文件。

```python
def __cinit__(self, data):
    cdef int i
    if isinstance(data, int):
        self.count = data
    else:
        self.count = len(data)
    self.data = <double *>mem.PyMem_Malloc(sizeof(double)*self.count)
    if self.data is NULL:
        raise MemoryError

    if not isinstance(data, int):
        for i in range(self.count):
            self.data[i] = data[i]
```

当对象的引用计数变为 0 时，将被垃圾回收。在对象结构体被回收之前，Cython 会调用__dealloc__()，在这里需要释放 data 属性指向的内存：

```python
def __dealloc__(self):
    if self.data is not NULL:
        mem.PyMem_Free(self.data)
```

为了让 Vector 对象支持整数下标存取和循环迭代，需要定义__len__()、__getitem__()和__setitem__()等方法。这种以两个下划线开头和结尾的方法被称为魔法方法，通过定义这些方法可以改变对象在某种特定语法中的行为。例如查看对象长度的内置函数 len(obj)实际上返回 obj.__len__()的值，而 obj[index]会调用 obj.__getitem__(index)，obj[index] = value 则会调用 obj.__setitem__(index, value)。如果某个类型定义了__len__()和__getitem__()，则其对象会自动支持 for 循环以迭代其中的元素。

在下面的程序中，__getitem__()和__setitem__()要求其下标参数为整型，因此 Vector 对象不支持切片下标。我们将支持负数下标和下标越界检查单独放在_check_index()方法中，该方法的参数是一个整型指针，可以直接修改传进来的下标变量。如果下标越界，则抛出 IndexError 异常。在 Cython 中使用 p[0]访问指针变量 p 指向的地址。

```python
def __len__(self):
    return self.count


cdef _check_index(self, int *index):
    if index[0] < 0:
```

```
            index[0] = self.count + index[0]
        if index[0] < 0  or index[0] > self.count - 1:
            raise IndexError("Vector index out of range")


    def __getitem__(self, int index):
        self._check_index(&index)
        return self.data[index]


    def __setitem__(self, int index, double value):
        self._check_index(&index)
        self.data[index] = value
```

为了让 Vector 对象支持加法运算符，需要定义__add__()方法：

```
    def __add__(self, other):
        cdef Vector new, _self, _other

        if not isinstance(self, Vector): ❶
            self, other = other, self
        _self = <Vector>self ❸

        if isinstance(other, Vector): ❷
            _other = <Vector>other
            if _self.count != _other.count:
raise ValueError("Vector size not equal")
            new = Vector(_self.count) ❹
            add_array(_self.data, _other.data, new.data, _self.count)
            return new
        new = Vector(_self.count)
        add_number(_self.data, <double>other, new.data, _self.count)❹
        return new
```

对于__add__()、__mul__()这样的二元运算的魔法方法，第一个参数 self 可能不是当前的对象。当第一个参数对象无法完成运算时，将调用第二个参数对象的魔法方法，而参数的顺序不变。例如，如果调用 1 + v，其中 v 是一个 Vector 对象，那么整数 1 的__add__()函数调用将失败，因此调用 Vector.__add__()时参数 self 为 1，参数 other 为 v。

程序中，❶首先判断 self 的类型是否为 Vector，如果不是，就交换 self 和 other 所表示的对象。❷由于__add__()能处理数值和 Vector 对象，因此需要根据 other 对象的类型进行不同的处理。❸由于 self 和 other 变量没有类型声明，因此无法通过它们获取保存于 C 语言结构体中的属性。通过<Vector>将 Python 对象转换成拥有类型的变量_self 和_other，通过这两个变量可以访问 count 和 data 属性。❹创建保存运算结果的 Vector 对象，并调用 add_array()或 add_number()进行计算，稍后会介绍这两个函数的代码。

下面是+=操作符对应的魔法方法__iadd__():

```
def __iadd__(self, other):
    cdef Vector _other
    if isinstance(other, Vector):
        _other = <Vector>other
        if self.count != _other.count:
            raise ValueError("Vector size not equal")
        add_array(self.data, _other.data, self.data, self.count)
    else:
        add_number(self.data, <double>other, self.data, self.count)
    return self
```

和二元操作符不同，__iadd__()的第一个参数就是当前对象，因此 Cython 知道它的类型，无须再进行类型转换。

下面用 cpdef 定义 norm()方法以计算矢量的长度，并在__str__()中调用它。当将对象转换成字符串时，将调用__str__()方法。cpdef 定义的方法会同时生成 Cython 和 Python 调用接口，在__str__()中通过 Cython 的调用接口运行 norm()，而在 Python 中则通过较慢的接口调用 norm()。

```
def __str__(self):
    values = ", ".join(str(self.data[i]) for i in range(self.count))
    norm = self.norm()
    return "Vector[{}]({})".format(norm, values)


cpdef norm(self):
    cdef double *p
    cdef double s
    cdef int i
    s = 0
    p = self.data
    for i in range(self.count):
        s += p[i] * p[i]
    return s**0.5
```

此外，扩展类型可以在 Python 中继承，覆盖基类中定义的 def 和 cpdef 方法，Python 中定义的覆盖方法可以在 Cython 中正确调用。由于在 Cython 中调用 cpdef 方法时，需要检查此方法是否被覆盖，因此其调用速度要略比 cdef 慢。

最后在代码的头部添加进行计算的 add_array()和 add_number()两个函数，它们采用 cdef 定义，只能在 Cython 代码内部调用。

```
cdef add_array(double *op1, double *op2, double *res, int count):
    cdef int i
    for i in range(count):
```

```
        res[i] = op1[i] + op2[i]

cdef add_number(double *op1, double op2, double *res, int count):
    cdef int i
    for i in range(count):
res[i] = op1[i] + op2
```

读者可以试着完成其他二元计算函数以及元素存取函数。下面演示 Vector 对象的用法：

```
from scpy2.cython.vector import Vector
v1 = Vector(range(5))
v2 = Vector(range(100, 105))
print len(v1)
print v1 + v2
print v1 + 2
print 20 + v2
print v1.norm(), v2.norm()
print [x**2 for x in v1]
5
Vector[232.637056378](100.0, 102.0, 104.0, 106.0, 108.0)
Vector[9.48683298051](2.0, 3.0, 4.0, 5.0, 6.0)
Vector[272.818621065](120.0, 121.0, 122.0, 123.0, 124.0)
5.47722557505 228.100854887
[0.0, 1.0, 4.0, 9.0, 16.0]
```

下面比较 Vector 对象和 NumPy 数组的矢量加法的运算速度：

```
v1 = Vector(range(10000))
v2 = Vector(range(10000))
%timeit v1 + v2

a1 = np.arange(10000, dtype=float)
a2 = np.arange(10000, dtype=float)
%timeit a1 + a2
100000 loops, best of 3: 8.04 µs per loop
100000 loops, best of 3: 9.68 µs per loop
```

下面比较 Vector 对象和 NumPy 数组的元素存取速度：

```
%timeit v1[100]
%timeit v1[100] = 2.0
%timeit a1[100]
%timeit a1[100] = 2.0
```

```
10000000 loops, best of 3: 62.2 ns per loop
10000000 loops, best of 3: 62.1 ns per loop
10000000 loops, best of 3: 122 ns per loop
10000000 loops, best of 3: 108 ns per loop
```

10.5.3　包装 ahocorasick 库

　　扩展类型经常用于对 C 语言函数库进行包装，提供一个面向对象的 Python 调用接口。本节以包装"多模式匹配算法"的 C 语言库 ahocorasick 为例，介绍使用扩展类型包装 C 语言函数库的方法。

　　下面演示一下该扩展类型的使用方法。首先使用一组关键字创建 MultiSearch 对象，然后调用其 isin()方法，在目标字符串中搜索关键字，只要有一个关键字存在于该字符串中，就返回 True，否则返回 False。

 scpy2.cython.multisearch 模块对 C 语言函数库 ahocorasick 进行包装。使用该模块可以快速在大量文本中同时搜索多个关键字。

```
from scpy2.cython import MultiSearch

ms = MultiSearch(["abc", "xyz"])
print ms.isin("123abcdef")
print ms.isin("123uvwxyz")
print ms.isin("123456789")
```
```
True
True
False
```

　　search()方法可用于在目标字符串中搜索关键字所在的位置，它的第二个参数为一个回调函数，每找到一个匹配位置就将该位置和匹配的关键字传递给该回调函数。回调函数返回 0 表示继续搜索，返回 1 表示结束搜索。

```
def process(pos, pattern):
    print "found {0} at {1}".format(pattern, pos)
    return 0

ms.search("123abc456xyz789abc", process)
```
```
found abc at 3
found xyz at 9
found abc at 15
```

　　还可以使用 iter_search()方法返回一个迭代器：

```
for pos, pattern in ms.iter_search("123abc456xyz789abc"):
    print "found {0} at {1}".format(pattern, pos)
found abc at 3
found xyz at 9
found abc at 15
```

在开始编写扩展类型之前，让我们先看看在 C 语言中如何使用该库：

```c
#include <stdio.h>
#include "ahocorasick.h"

/* 搜索关键字列表 */
AC_ALPHABET_t * allstr[] = {
    "recent", "from", "college"
};

#define PATTERN_NUMBER (sizeof(allstr)/sizeof(AC_ALPHABET_t *))

/* 搜索文本 */
AC_ALPHABET_t * input_text = {"She recently graduated from college"};

//*** 匹配时的回调函数
int match_handler(AC_MATCH_t * m, void * param)
{
    unsigned int j;

    printf ("@ %ld : %s\n", m->position, m->patterns->astring);
    /* 返回 0 继续搜索，返回 1 停止搜索 */
    return 0;
}

int main (int argc, char ** argv)
{
    unsigned int i;

    AC_AUTOMATA_t * acap;
    AC_PATTERN_t tmp_patt;
    AC_TEXT_t tmp_text;

    //*** 创建 AC_AUTOMATA_t 结构体，并传递回调函数
    acap = ac_automata_init();

    //*** 添加关键字
```

```
    for (i=0; i<PATTERN_NUMBER; i++)
    {
        tmp_patt.astring = allstr[i];
        tmp_patt.rep.number = i+1; // optional
        tmp_patt.length = strlen(tmp_patt.astring);
        ac_automata_add (acap, &tmp_patt);
    }

    //*** 结束添加关键字
    ac_automata_finalize (acap);

    //*** 设置待搜索字符串
    tmp_text.astring = input_text;
    tmp_text.length = strlen(tmp_text.astring);

    //*** 搜索
    ac_automata_search (acap, &tmp_text, 0, match_handler, NULL);

    //*** 释放内存
    ac_automata_release (acap);
    return 0;
}
```

由上面的程序可以看出，整个函数库都是围绕 AC_AUTOMATA_t 结构体进行处理的。这是 C 语言封装数据的一种常用方式。在 Cython 中使用扩展类型对这种函数库进行包装时，通常会创建一个指向此结构体的指针属性，并在__cinit__()和__dealloc__()中分配和释放此结构体。然后定义一些 def 方法，调用 C 语言函数库提供的各个 API 函数以实现封装。

下面我们分段介绍如何将 C 语言的函数库使用扩展类型进行包装。

```
cdef extern from "ahocorasick.h": ❶
    ctypedef int (*AC_MATCH_CALBACK_f)(AC_MATCH_t *, void *) ❷
    ctypedef enum AC_STATUS_t: ❸
        ACERR_SUCCESS = 0
        ACERR_DUPLICATE_PATTERN
        ACERR_LONG_PATTERN
ACERR_ZERO_PATTERN
        ACERR_AUTOMATA_CLOSED

    ctypedef struct AC_MATCH_t: ❹
        AC_PATTERN_t * patterns
        long position
        unsigned int match_num
```

```
        ctypedef struct AC_AUTOMATA_t:
            AC_MATCH_t match

        ctypedef struct AC_PATTERN_t:
            char * astring
            unsigned int length

        ctypedef struct AC_TEXT_t:
            char * astring
            unsigned int length

❺
        AC_AUTOMATA_t * ac_automata_init()
        AC_STATUS_t ac_automata_add(AC_AUTOMATA_t * thiz, AC_PATTERN_t * pattern)
        void ac_automata_finalize(AC_AUTOMATA_t * thiz)
        int ac_automata_search(AC_AUTOMATA_t * thiz, AC_TEXT_t * text, int keep,
            AC_MATCH_CALBACK_f callback, void * param)
        void ac_automata_settext (AC_AUTOMATA_t * thiz, AC_TEXT_t * text, int keep)
        AC_MATCH_t * ac_automata_findnext (AC_AUTOMATA_t * thiz)
        void ac_automata_release(AC_AUTOMATA_t * thiz)
```

❶首先需要通过cdef extern from ...告诉Cython：编译之后的C语言程序需要包含ahocorasick.h头文件。由于 Cython 不会自动解析 C 语言的头文件，因此还需要将其中用到的类型、常量和函数原型都用 Cython 的语法声明一遍。

❷定义函数指针类型 MATCH_CALBACK_f，它是指向回调函数的指针类型。其第一个参数为指向保存匹配数据的结构体的指针，第二个参数是可以指向任何额外数据的指针。C 语言中通常用这种 void *类型的指针传递用户自定义的数据。

❸❹定义枚举类型和结构体类型，只需要定义在 Cython 程序中用到的枚举成员和结构体的字段即可。如果在 Cython 中不访问某结构体的任何字段，可以使用 pass 关键字代替字段的定义。

❺定义 Cython 程序中将要调用的函数原型。

将上面这一大段程序编译成 C 语言程序之后，只有#include "ahocorasick.h"一句，而其余的类型声明则告诉 Cython 如何编译对这些类型进行操作的语句。例如结构体 AC_PATTERN_t 中的 length 字段被声明为 unsigned int 类型，因此在必要的时候 Cython 会调用 Python/C API 以在Python 的整数对象和 unsigned int 类型之间进行转换。

接下来是 MultiSearch 扩展类型的定义：

```
cdef class MultiSearch:

    cdef AC_AUTOMATA_t * _auto ❶
    cdef bint found
    cdef object callback
```

```
    cdef object exc_info

    def __cinit__(self, keywords):
        self._auto = ac_automata_init()
        if self._auto is NULL:
            raise MemoryError
        self.add(keywords) ❷

    def __dealloc__(self):
        if self._auto is not NULL:
            ac_automata_release(self._auto)

    cdef add(self, keywords):
        cdef AC_PATTERN_t pattern
        cdef bytes keyword
        cdef AC_STATUS_t err

        for keyword in keywords: ❸
            pattern.astring = <char *>keyword
            pattern.length = len(keyword)
            err = ac_automata_add(self._auto, &pattern)
            if err != ACERR_SUCCESS:
                raise ValueError("Error Code:%d" % err)

        ac_automata_finalize(self._auto)
```

❶_auto 属性是一个指向 AC_AUTOMATA_t 结构体的指针。在 __cinit__() 中调用 ac_automata_init()为其分配内存，而在__dealloc__()中调用 ac_automata_release()以释放内存。❷AC_AUTOMATA_t结构体分配成功之后，调用cdef函数add()将所有关键字添加进该结构体中。

❸在 add()内部对 keywords 参数进行迭代，将其每个元素都当作 bytes 类型处理，通过<char *>将其转换成 C 语言的字符指针类型，和其长度一起使用 AC_PATTERN_t 结构体打包之后传递给 ac_automata_add()。由于在该函数返回之后，ahocorasick 内部的函数不会再使用字符指针指向的内容，因此这种做法是安全的。如果在后续的函数调用中需要使用字符指针指向的内容，则需要对 keywords 中的每个字符串对象进行引用，保证它们不会被提前垃圾回收。

接下来是 isin()方法的定义：

```
    def isin(self, bytes text, bint keep=False):
        cdef AC_TEXT_t temp_text    ❶
        temp_text.astring = <char *>text
        temp_text.length = len(text)
        self.found = False          ❷
    ac_automata_search(self._auto, &temp_text, keep, isin_callback, <void *>self) ❸
        return self.found
```

❶将目标字符串用 AC_TEXT_t 结构体打包之后，❸传递给 ac_automata_search()进行搜索。在搜索之前，❷设置 found 属性为 False。将 isin_callback()函数的地址传递给 ac_automata_search()作为搜索的回调函数。其最后一个参数为传递给回调函数的用户数据，这里通过它将 MultiSearch 对象的地址传递给回调函数。这样在回调函数中就可以访问 MultiSearch 对象的属性了。

下面是 isin_callback()回调函数的定义，注意由于该函数在 C 语言库内部被调用，只能使用 cdef 定义：

```
cdef int isin_callback(AC_MATCH_t * match, void * param):
    cdef MultiSearch ms = <MultiSearch> param ❶
    ms.found = True   ❷
    return 1   ❸
```

isin_callback()的第一个参数是描述匹配信息的结构体指针，第二个参数为指向 MultiSearch 对象的指针。❶首先将 void *类型的指针转换为 MultiSearch 对象，然后就可以通过 ms 访问 MultiSearch 扩展类中定义的属性和各种方法了。❷设置 MultiSearch 对象的 found 属性为 True，表示找到一个匹配位置。❸由于 isin()只需要找到一个匹配位置即可，因此函数返回 1，表示不需要继续搜索了。

下面定义 search()，它的第一个参数为搜索的目标字符串，第二个参数是 Python 的可调用对象，每找到一个匹配位置就调用该对象进行处理：

> 为了介绍 C 语言回调函数和 Python 回调函数的用法，这里使用 ac_automata_search()，实际上使用后面介绍的 ac_automata_findnext()可以更方便地编写 isin()和 search()函数。

```
def search(self, bytes text, callback, bint keep=False):
    cdef AC_TEXT_t temp_text
    temp_text.astring = <char *>text
    temp_text.length = len(text)
    self.found = False
    self.callback = callback   ❶
    self.exc_info = None
ac_automata_search(self._auto, &temp_text, keep, search_callback, <void *>self) ❷
    if self.exc_info is not None:
        raise self.exc_info[1], None, self.exc_info[2]   ❸
```

❷ac_automata_search()的回调函数为 search_callback()。为了在其中调用 Python 的可调用对象，❶将 callback 参数传递给 self.callback。❸由于 C 语言的函数无法向上传递 Python 函数所抛出的异常信息，因此还需要通过 exc_info 属性传递 Python 回调函数中可能抛出的异常。

下面是 search_callback()回调函数的定义:

```
cdef int search_callback(AC_MATCH_t * match, void * param):
    cdef MultiSearch ms = <MultiSearch> param
    cdef bytes pattern = match.patterns.astring
    cdef int res = 1
    try:
        res = ms.callback(match.position - len(pattern), pattern)    ❶
    except Exception as ex:
        import sys
        ms.exc_info = sys.exc_info()    ❷
    return res
```

将其第二个参数转换为 MultiSearch 对象之后,❶调用 callback 指向的 Python 回调函数,并捕捉可能抛出的异常。❷将异常及回溯信息保存在属性 exc_info 中。在 search()的最后检查属性 exc_info,若被设置,则抛出其中的异常对象。注意这里使用 sys.exc_info()获取异常信息,而不是直接保存捕获的异常,这样才能保证异常的回溯信息能正确指示出错的位置。

ahocorasick 库中还提供了 ac_automata_settext()和 ac_automata_findnext(),使用这两个函数可以编写如下生成器函数 iter_search():

```
def iter_search(self, bytes text, bint keep=False):
    cdef AC_TEXT_t temp_text
    cdef AC_MATCH_t * match
    cdef bytes matched_pattern
    temp_text.astring = <char *>text
    temp_text.length = len(text)
    ac_automata_settext(self._auto, &temp_text, keep)
    while True:
        match = ac_automata_findnext(self._auto)
        if match == NULL:
            break
        matched_pattern = <bytes>match.patterns.astring
        yield match.position - len(matched_pattern), matched_pattern
```

10.6 Cython 技巧集

 与本节内容对应的 Notebook 为: 10-cython/cython-600-tips.ipynb。

相信读者通过前面章节的介绍，已经掌握了使用 Cython 提高 Python 程序运算速度的一些基本方法。作为本章的最后一节，让我们看看 Cython 的一些高级使用技巧。

10.6.1 创建 ufunc 函数

NumPy 的 ufunc 函数是一种能对数组的每个元素进行操作的函数，而 NumPy 的 C-API 提供了通过 C 语言创建 ufunc 函数的方法，请感兴趣的读者访问下面的网址来阅读相关的教程：

 http://docs.scipy.org/doc/numpy-dev/user/c-info.ufunc-tutorial.html
使用 NumPy 的 C-API 编写 ufunc 函数的教程。

由于 Cython 最终被翻译成 C 语言程序，因此我们可以使用 Cython 程序调用 NumPy 的 C-API 来创建 ufunc 函数。创建 ufunc 函数需要三个全局变量：

- functions：保存对一维数组进行循环计算的函数指针，如果 ufunc 函数支持处理多种 dtype 数组，则每种 dtype 对应一个函数指针。
- signatures：表示 ufunc 函数的参数和返回值的字符数组。
- data：空指针数组，其中的指针指向传递给 functions 中对应函数的额外数据。

下面的程序创建一个计算 Logistic 函数的 ufunc 函数 logistic()：

```
%%cython
from libc.math cimport exp
from numpy cimport (PyUFuncGenericFunction, npy_intp, import_ufunc,
                    NPY_DOUBLE, PyUFunc_None, PyUFunc_FromFuncAndData) ❶


import_ufunc() ❷


cdef void double_logistic(char **args, npy_intp *dimensions,
                          npy_intp* steps, void* data):
    cdef: #用缩进可以定义多行 cdef 变量
        npy_intp i
        npy_intp n = dimensions[0]
        char *in_ptr = args[0]
        char *out_ptr = args[1]
        npy_intp in_step = steps[0]
        npy_intp out_step = steps[1]

        double x, y

    for i in range(n):
        x = (<double *>in_ptr)[0]
        y = 1.0 / (1.0 + exp(-x))
```

```
        (<double *>out_ptr)[0] = y

        in_ptr += in_step
        out_ptr += out_step

cdef:
    PyUFuncGenericFunction *functions = [&double_logistic] ❸
    char *signatures = [NPY_DOUBLE, NPY_DOUBLE] ❹
    void **data = [NULL] ❺

logistic1 = PyUFunc_FromFuncAndData(functions, data, signatures, ❻
                    1, #ntypes
                    1, #nin
                    1, #nout
                    PyUFunc_None, #identity
                    "logistic", #name
                    "a sigmoid function: y = 1 / (1 + exp(-x))", #doc string
0) # unused
```

❶Cython 包含了 NumPy 的 C-API 的声明文件，首先通过 cimport 从其中载入将要用到的函数和类型声明。❷在调用 NumPy 的任何 ufunc 相关的 C-API 函数之前，需要首先调用 import_ufunc()，否则程序会异常终止。

我们所创建的 logistic()函数只对元素类型为 double 的数组进行计算，❸因此 functions 中只保存对一维 double 数组进行计算的 double_logistic()函数的地址。

PyUFuncGenericFunction 为 double_logistic()的函数指针类型，参数的含义如下：

- args：保存所有输入输出数组的地址，args[0]为输入数组的地址，args[1]是输出数组的地址。
- dimensions：保存循环的次数。
- steps：保存各个数组的元素之间的间隔，steps[0]为输入数组的元素间隔，steps[1]为输出数组的元素间隔。
- data：传递给该函数的额外参数，在 C 语言中，为了表示任意类型的额外参数，通常使用 void *类型的指针。

由上面的参数可知，PyUFuncGenericFunction 类型的函数可以处理各种元素类型的数组，而数组元素无须连续存储，可以处理使用切片获得的数组视图，并且输入数组的个数和输出数组的个数是任意的。

❹signatures 中保存表示 ufunc 函数的输入和输出数组的元素类型，本例中输入和输出都是双精度浮点数，因此值为[NPY_DOUBLE, NPY_DOUBLE]。注意这里使用的是 Cython 中初始化数组的语法。它相当于：

```
cdef char signatures[2]
```

```
signatures[0] = NPY_DOUBLE
signatures[1] = NPY_DOUBLE
```

❺double_logistic()无须额外的参数，因此data被初始化为一个指向NULL的空指针。

❻最后调用PyUFunc_FromFuncAndData()创建ufunc函数对象。它的头三个参数为functions、data、signatures，接下来的参数为：

- ntypes：该ufunc函数支持的数据类型的个数，即functions数组的长度。由于本例中只支持双精度浮点数，因此值为1。
- nin：ufunc函数的输入数组的个数。
- nout：ufunc函数的输出数组的个数。
- identity：可选值为PyUFunc_One、PyUFunc_Zero、PyUFunc_None。该参数指定ufunc函数的reduce()方法的参数为空数组时的返回值。由于本例中的ufunc函数为单输入函数，因此reduce()方法无效。
- name和doc_string：分别指定ufunc函数名和帮助文档。

如果希望logistic()能够处理单精度浮点数，可以添加进行单精度浮点数运算的float_logistic()函数。只需将double_logistic()中的所有double都替换为float即可。

然后如下定义functions、signatures、data参数：

```
cdef:
    PyUFuncGenericFunction *functions = [&double_logistic, &float_logistic]
    char *signatures = [NPY_DOUBLE, NPY_DOUBLE, NPY_FLOAT, NPY_FLOAT]
    void **data = [NULL, NULL]
```

最后将PyUFunc_FromFuncAndData()的ntypes参数设置为2。

下面测试logistic1()函数。虽然只定义了一个double类型的计算函数，但是它仍然可以处理各种类型的数组，甚至列表，这是因为在ufunc函数内部会将参数转换成double数组，然后再传递给double_logistic()进行计算。如果参数是多维数组，ufunc函数会对每个轴进行循环，多次调用double_logistic()实现对整个数组的计算。

```
logistic1([-1, 0, 1])
array([ 0.26894142,  0.5       ,  0.73105858])
```

上面的double_logistic()虽然不难编写，但是对每个数学函数都进行类似的包装却是令人厌烦的重复劳动。幸好可以利用NumPy提供的一些辅助函数将单个数值的运算函数转换成ufunc函数。在下面的例子中，❶scalar_logistic()是一个输入和输出都为double的单数值运算函数。❸我们将该函数通过额外参数data传递给NumPy提供的PyUFunc_d_d()函数。

❷PyUFunc_d_d()对作为输入和输出的两个一维double数组进行循环，将输入数组中的每个元素传给data指向的函数进行计算，并将结果写入输出数组中。

```
%%cython
from libc.math cimport exp
```

```
from numpy cimport (PyUFuncGenericFunction, import_ufunc, PyUFunc_d_d,
                    NPY_DOUBLE, PyUFunc_None, PyUFunc_FromFuncAndData)


import_ufunc()


cdef double scalar_logistic(double x): ❶
    return 1.0 / (1.0 + exp(-x))


cdef:
    PyUFuncGenericFunction *functions = [PyUFunc_d_d] ❷
    char *signatures = [NPY_DOUBLE, NPY_DOUBLE]
    void **data = [&scalar_logistic] ❸


logistic2 = PyUFunc_FromFuncAndData(functions, data, signatures,
                    1, 1, 1, PyUFunc_None,
                    "logistic",
                    "a sigmoid function: y = 1 / (1 + exp(-x))",
                    0)
```

logistic2()与 logistic1()的差别仅仅是多了一次 C 语言的函数调用。下面测试该调用所带来的损耗，从结果可以看出二者的差距并不大，而 logistic2()的实现更加简洁、更容易维护：

```
x = np.linspace(-6, 6, 10000)
%timeit logistic1(x)
%timeit logistic2(x)

10000 loops, best of 3: 201 µs per loop
1000 loops, best of 3: 208 µs per loop
```

实际上，已经有人将 NumPy 的 C-API 中与 PyUFunc_d_d()类似的函数包装在 Cython 的 include 文件中。include 文件通过 include 关键字载入，它和 C 语言的#include 预处理命令类似，将指定文件的内容插入目标文件中。在 numpy_ufuncs.pxi 中使用了前面介绍的方法来创建 ufunc 函数，请感兴趣的读者自行阅读源代码。

在 numpy_ufuncs.pxi 中提供了与 functions、signatures、data 类似的三个数组，它们可以容纳 100 个 PyUFuncGenericFunction 函数。在下面的例子中，通过 register_ufunc_d()和 register_ufunc_dd()分别将一元函数 scalar_logistic()和二元函数 scalar_peaks()转换成 ufunc 函数：

```
%%cython
include "numpy_ufuncs.pxi"
from libc.math cimport exp


cdef double scalar_logistic(double x):
    return 1.0 / (1.0 + exp(-x))
```

```
cdef double scalar_peaks(double x, double y):
    return x * exp(-x*x - y*y)

logistic3 = register_ufunc_d(scalar_logistic,
                        "logistic", "logistic function", PyUFunc_None)

peaks = register_ufunc_dd(scalar_peaks,
                        "peaks", "peaks function", PyUFunc_None)
```

下面通过 ogrid 创建两个可广播成二维网格的数组 X 和 Y，然后调用 peaks() 计算网格上所有点对应的函数值：

```
Y, X = np.ogrid[-2:2:100j, -2:2:100j]
pl.pcolormesh(X, Y, peaks(X, Y))
```

10.6.2 快速调用 DLL 中的函数

通过 Python 的标准库 ctypes 可以很方便地调用动态链接库中的函数。但是由于 ctypes 在调用实际的函数之前需要进行许多预处理工作，因此函数的调用效率并不高。如果需要在循环中大量调用，这种预处理带来的损耗会极大地影响程序的执行速度。本节介绍如何通过 ctypes 找到动态链接库中的函数的地址，然后将地址传递给 Cython 的函数进行循环调用，提高函数的调用效率。

首先用 C 语言编写函数 peaks()，为了确认是否能正确获取该函数的地址，我们通过 get_addr() 返回 peaks() 的地址：

```
%%file peaks.c
#include <math.h>
double peaks(double x, double y)
{
    return x * exp(-x*x - y*y);
}

unsigned int get_addr()
{
    return (unsigned int)(void *)peaks;
}
```

接下来调用 gcc 将 peaks.c 编译成 peaks.dll：

```
!gcc -Ofast -shared -o peaks.dll peaks.c
```

然后通过 ctypes 载入 peaks.dll，并为其中的 peaks() 函数声明参数类型和返回值类型，最后调用该函数：

```
import ctypes
lib = ctypes.CDLL("peaks.dll")
lib.peaks.argtypes = [ctypes.c_double, ctypes.c_double]
lib.peaks.restype = ctypes.c_double
lib.peaks(1.0, 2.0)
0.0067379469990085465
```

lib.peaks 是 ctypes 对 C 语言的函数地址进行包装之后的对象，为了获取其中的 C 语言函数地址，可以将该对象通过 cast() 转换成空指针类型，然后通过空指针对象的 value 属性获得该指针的内容，即 C 语言函数的地址。下面的程序获得 C 语言函数的地址，并与 get_addr() 的返回值进行比较：

```
addr = ctypes.cast(lib.peaks, ctypes.c_void_p).value
addr == lib.get_addr()
True
```

下面用 Cython 编写 vectorize_2d() 函数，其 func 参数是 ctypes 的函数指针对象，x 和 y 是两个二维的连续存储的数组。

❶首先通过 ctypedef 关键字声明二元双精度浮点数函数指针类型 Function。❷在 vectorize_2d() 中首先通过 cast() 获得函数的地址，然后❸将该地址转换成 Function 类型的函数指针，接下来就可以在双重循环中通过该函数指针快速调用其指向的 C 语言函数了。

```
%%cython
import cython
import numpy as np
from ctypes import cast, c_void_p

ctypedef double(*Function)(double x, double y)        ❶

@cython.wraparound(False)
@cython.boundscheck(False)
def vectorize_2d(func, double[:, ::1] x, double[:, ::1] y):
    cdef double[:, ::1] res = np.zeros_like(x.base)
    cdef size_t addr = cast(func, c_void_p).value      ❷
    cdef Function func_ptr = <Function><void *>addr   ❸
    cdef int i, j

    for i in range(x.shape[0]):
        for j in range(x.shape[1]):
            res[i, j] = func_ptr(x[i, j], y[i, j])

    return res.base
```

下面通过 vectorize_2d() 调用 lib.peaks()，并与通过 vectorize() 创建的 ufunc 函数的结果比较：

```
Y, X = np.mgrid[-2:2:200j, -2:2:200j]
vectorize_peaks = np.vectorize(lib.peaks, otypes=['f8'])
np.allclose(vectorize_peaks(X, Y), vectorize_2d(lib.peaks, X, Y))
True
```

vectorize_2d() 只能对两个连续存储的二维数组进行循环，如果希望像 ufunc 函数一样对任意数组进行计算，可以使用扩展类型对 numpy_ufuncs.pxi 中的函数进行简单包装。

❶UFunc_dd 扩展类只有一个 ufunc 属性，用来保存创建的 ufunc 函数对象。❷在其 __cinit__() 方法中创建一个调用其参数 func 的 ufunc 函数对象。使用 set_func() 方法可以修改 ufunc 函数的额外参数。❸将 ufunc 属性转换为 C 语言的 ufunc 结构体，该结构体的定义可通过 from numpy cimport ufunc 载入，该载入操作已经在 numpy_ufuncs.pxi 定义。❹然后将传入的函数地址写入 ufunc 结构体的 data 字段所指向的数组中。由于 register_ufunc_dd() 创建的 ufunc 函数包含两个 PyUFuncGenericFunction 函数指针，因此需要同时修改这两个函数的额外参数。

```
%%cython
include "numpy_ufuncs.pxi"
from ctypes import cast, c_void_p

cdef class UFunc_dd:
    cdef public object ufunc ❶

    def __cinit__(self, func): ❷
        cdef size_t addr = cast(func, c_void_p).value
        self.ufunc = register_ufunc_dd(<double (*)(double, double)>addr,
                                        "ufunc", "variable ufunc", PyUFunc_None)
    def set_func(self, func):
        cdef ufunc f = <ufunc> self.ufunc ❸
        cdef size_t addr = cast(func, c_void_p).value
        f.data[0] = <void *>addr ❹
        f.data[1] = <void *>addr
```

下面先让所创建的 ufunc 函数使用 lib.peaks() 进行计算，然后通过 set_func() 将其指向的运算函数修改为 ctypes.cdll.msvcrt.atan2，即 C 语言的 math.h 中定义的 atan2() 函数。使用这种方法，可以将任何动态链接库中的类型为 double(double, double) 的函数通过 set_func() 传递给 ufunc_dd 对象，使其与 NumPy 内置的 ufunc 函数一样能对数组进行广播运算。

```
ufunc_dd = UFunc_dd(lib.peaks)
Y, X = np.ogrid[-2:2:200j, -2:2:200j]
assert np.allclose(vectorize_peaks(X, Y), ufunc_dd.ufunc(X, Y))
```

```
ufunc_dd.set_func(ctypes.cdll.msvcrt.atan2)
assert np.allclose(np.arctan2(X, Y), ufunc_dd.ufunc(X, Y))
```

10.6.3　调用 BLAS 函数

BLAS 是一套基础线性代数程序集的 API 标准，SciPy 的许多高速线性代数运算函数内部都会调用用 Fortran 语言编写的 BLAS 函数。虽然这些 Fortran 函数的运算效率很高，但 Python 的调用接口会造成一定的效率损耗，在大量循环中调用时这种损耗不能忽略不计。可以使用 Cython 循环调用这些函数，从而彻底摆脱 Python 调用接口的束缚。

1. 包装 saxpy() 函数

BLAS 中的 API 函数可以通过 scipy.linalg.blas 模块访问，下面演示调用其中的 saxpy()：

```
from scipy.linalg import blas
import numpy as np
x = np.array([1, 2, 3], np.float32)
y = np.array([1, 3, 5], np.float32)
blas.saxpy(x, y, a=0.5)
array([ 1.5,  4. ,  6.5], dtype=float32)
```

saxpy 是一个 <fortran object>，其代码可以在 fortranobject.h 和 fortranobject.c 中找到。这两个文件可以在 NumPy 的安装目录下找到，位于 numpy\f2py\src 文件夹下。

```
blas.saxpy
<fortran object>
```

其 _cpointer 属性为包装 fortran 函数地址的 PyCObject 对象。要获得 PyCObject 包装的指针，可以调用 Python 的 C-API 中的 PyCObject_AsVoidPtr：

```
void* PyCObject_AsVoidPtr(PyObject* self)
```

下面的程序通过 ctypes 调用 Python 的 C-API 函数，首先通过 py_object() 将 Python 对象转换成指向 PyObject 结构体的指针，然后调用 PyCObject_AsVoidPtr() 获得该 PyCObject 对象所包装的地址，saxpy_addr 就是 BLAS 扩展库中 Fortran 函数 saxpy() 的地址：

```
import ctypes
saxpy_addr = ctypes.pythonapi.PyCObject_AsVoidPtr(
ctypes.py_object(blas.saxpy._cpointer))
saxpy_addr
196931082
```

获得函数的地址之后，还需要知道函数的调用原型。通过下面的网址查看 saxpy() 的帮助文档，可知其调用参数如下：

```
subroutine saxpy(
    integer    N,
    real       SA,
    real, dimension(*)    SX,
    integer    INCX,
    real, dimension(*)    SY,
    integer    INCY
)
```

 http://www.netlib.org/lapack/explore-html/d8/daf/saxpy_8f.html
BLAS 库中 saxpy() 的函数原型。

注意 Fortran 语言采用传址调用,即调用函数时传递的参数和函数中接收的参数是相同的内存地址。因此其 C 语言的函数原型为:

```
void saxpy(int *N, float *SA, float *SX, int *INCX, float *SY, int *INCY);
```

在 Cython 程序中声明指向 saxpy() 的函数指针类型 saxpy_ptr,并通过前面介绍的方法获得 Fortran 函数的地址,并转换为函数指针_saxpy。然后定义调用_saxpy 的 blas_saxpy() 和直接在 Cython 中循环的 cython_saxpy():

```
%%cython
import cython
from cpython cimport PyCObject_AsVoidPtr
from scipy.linalg import blas

ctypedef void (*saxpy_ptr) (const int *N, const float *alpha,
    const float *X, const int *incX, float *Y, const int *incY) nogil
cdef saxpy_ptr _saxpy=<saxpy_ptr>PyCObject_AsVoidPtr(blas.saxpy._cpointer)

def blas_saxpy(float[:] y, float a, float[:] x):
    cdef int n = y.shape[0]
    cdef int inc_x = x.strides[0] / sizeof(float)
    cdef int inc_y = y.strides[0] / sizeof(float)
    _saxpy(&n, &a, &x[0], &inc_x, &y[0], &inc_y)

@cython.wraparound(False)
@cython.boundscheck(False)
def cython_saxpy(float[:] y, float a, float[:] x):
    cdef int i
    for i in range(y.shape[0]):
        y[i] += a * x[i]
```

下面比较二者的运行速度，blas_saxpy()要比 Cython 的循环快三倍左右：

```
a = np.arange(100000, dtype=np.float32)
b = np.zeros_like(a)
%timeit blas_saxpy(b, 0.2, a)
%timeit cython_saxpy(b, 0.2, a)
10000 loops, best of 3: 28.6 µs per loop
10000 loops, best of 3: 98.3 µs per loop
```

2. dgemm()高速矩阵乘积

http://www.netlib.org/lapack/explore-html/d7/d2b/dgemm_8f.html
DGEMM 的说明文档。

BLAS 中的 DGEMM()实现如下矩阵乘积运算，当参数 alpha 为 1、beta 为 0 时，结果 C 为矩阵 A 和 B 的乘积：

```
C = alpha*op(A)*op(B) + beta*C
```

其中的 op()可以对矩阵进行转置。由于 Fortran 数组与 C 语言数组的轴的顺序相反，为了对两个 C 语言的数组表示的矩阵进行乘积运算，需要设置 op()为转置。而无论是否转置，运算结果 C 都是 Fortran 格式的数组。

Fortran 函数的 dgemm()的参数如下：

```
subroutine dgemm (
    character    TRANSA,
    character    TRANSB,
    integer      M,
    integer      N,
    integer      K,
    double precision    ALPHA,
    double precision, dimension(lda,*)  A,
    integer      LDA,
    double precision, dimension(ldb,*)  B,
    integer      LDB,
    double precision    BETA,
    double precision, dimension(ldc,*)  C,
    integer      LDC
)
```

下面为其 C 语言的调用函数原型：

```
void dgemm( char *ta, char *tb,
          int *m, int *n, int *k,
```

```
            double *alpha,
            double *a, int *lda,
            double *b, int *ldb,
            double *beta,
            double *c, int *ldc)
```

在下面的 Cython 函数 dgemm(A,B,index)中，A 和 B 为两个 C 语言格式的三维数组，形状分别为(La, M, K)和(Lb, K, N)。index 是一个形状为(Lc, 2)的整型数组。该函数对 index 中的每对整数 j、k 计算 C[i] = A[j] * B[k]，其中 i 为该对整数的下标。因此函数的返回值 C 是形状为(Lc, N, M)的三维数组。可以将 C 看作 Lc 个 Fortran 格式的二维数组。

由于存取内存视图的元素时不涉及任何与 Python 有关的操作，而每对矩阵的乘积运算相对独立，因此可以对这部分进行并行运算。Cython 使用 OpenMP 实现并行运算，因此在编译时需要设置编译和连接参数-fopenmp。

❶载入并行运算的 prange()函数，该函数会被编译成使用并行运算的循环。❷设置其 nogil 参数为 True，表示在并行运算时释放 Python 的全局锁。

```
%%cython -c-Ofast -c-fopenmp --link-args=-fopenmp

from cython.parallel import prange  ❶
import cython
import numpy as np
from cpython cimport PyCObject_AsVoidPtr
from scipy.linalg import blas

ctypedef void (*dgemm_ptr) (char *ta, char *tb,
                            int *m, int *n, int *k,
double *alpha,
                            double *a, int *lda,
                            double *b, int *ldb,
                            double *beta,
                            double *c, int *ldc) nogil

cdef dgemm_ptr _dgemm=<dgemm_ptr>PyCObject_AsVoidPtr(blas.dgemm._cpointer)

@cython.wraparound(False)
@cython.boundscheck(False)
def dgemm(double[:, :, :] A, double[:, :, :] B, int[:, ::1] index):
    cdef int m, n, k, i, length, idx_a, idx_b
    cdef double[:, :, :] C
    cdef char ta, tb
    cdef double alpha = 1.0
    cdef double beta = 0.0
```

```
        length = index.shape[0]
        m, k, n  = A.shape[1], A.shape[2], B.shape[2]

        C = np.zeros((length, n, m))

        ta = "T"
        tb = ta

        for i in prange(length, nogil=True): ❷
            idx_a = index[i, 0]
            idx_b = index[i, 1]
            _dgemm(&ta, &tb, &m, &n, &k, &alpha,
&A[idx_a, 0, 0], &k,
&B[idx_b, 0, 0], &n,
&beta,
&C[i, 0, 0], &m)

        return C.base
```

NumPy 中新增加的 gufunc 函数能把单个矩阵的运算通过广播运用到整个数组之上。虽然 numpy.linalg 中提供了许多 gufunc 函数，但是缺少矩阵乘积的 gufunc 函数。类似的功能可以利用上面的 dgemm() 来实现。下面的 matrix_multiply(a, b) 对两个任意维数的数组的最后两个轴进行矩阵乘积运算，而对其他轴进行广播运算。例如，若 a 的形状为 $(12, 1, 10, 100, 30)$，b 的形状为 $(1, 15, 1, 30, 50)$，最后两轴对应的矩阵乘积之后的形状为 $(100, 50)$，而其他轴广播之后的形状为 $(12, 15, 10)$，因此结果数组的形状为 $(12, 15, 10, 100, 50)$。一共进行了 $12 \times 15 \times 10$ 次矩阵乘积运算。

该程序的实现思路如下，请读者自行研究，细节部分就不详细叙述了：

- 对 a 中的每个矩阵编号，并把编号的形状修改为 a 的广播部分的形状，得到 idx_a。
- 对 b 进行同样的运算，得到 idx_b。
- 使用 broadcast_arrays() 计算 idx_a 和 idx_b 广播之后的数组。
- 将上述两个数组平坦化之后排成两列，就得到了 dgemm() 函数的 index 参数。
- 将 a 和 b 的形状都修改为三维数组并传递给 dgemm() 函数。

```
def matrix_multiply(a, b):
    if a.ndim <= 2 and b.ndim <= 2:
        return np.dot(a, b)

    a = np.ascontiguousarray(a).astype(np.float, copy=False)
    b = np.ascontiguousarray(b).astype(np.float, copy=False)
    if a.ndim == 2:
        a = a[None, :, :]
```

```
    if b.ndim == 2:
        b = b[None, :, :]

    shape_a = a.shape[:-2]
    shape_b = b.shape[:-2]
    len_a = np.prod(shape_a)
    len_b = np.prod(shape_b)

    idx_a = np.arange(len_a, dtype=np.int32).reshape(shape_a)
    idx_b = np.arange(len_b, dtype=np.int32).reshape(shape_b)
    idx_a, idx_b = np.broadcast_arrays(idx_a, idx_b)

    index = np.column_stack((idx_a.ravel(), idx_b.ravel()))
    bshape = idx_a.shape

    if a.ndim > 3:
        a = a.reshape(-1, a.shape[-2], a.shape[-1])
    if b.ndim > 3:
        b = b.reshape(-1, b.shape[-2], b.shape[-1])

    if a.shape[-1] != b.shape[-2]:
        raise ValueError("can't do matrix multiply because k isn't the same")

    c = dgemm(a, b, index)
    c = np.swapaxes(c, -2, -1)
    c.shape = bshape + c.shape[-2:]
    return c
```

NumPy 的 umath_tests 模块中提供了一个测试用的计算矩阵乘积的 gufunc 函数。下面与该函数比较，可以看出运算结果是一致的：

```
import numpy.core.umath_tests as umath
a = np.random.rand(12,  1, 10, 100, 30)
b = np.random.rand( 1, 15,  1,  30, 50)
np.allclose(matrix_multiply(a, b), umath.matrix_multiply(a, b))
```
```
True
```

下面是二者的运算速度比较，如果读者查看 CPU 的使用率，就会发现运行 matrix_multiply()
时，所有 CPU 都会用于计算矩阵乘积。由于采用了并行运算与高速的 BLAS 函数，因此二者的运算速度相差近 6 倍。

```
%timeit matrix_multiply(a, b)
%timeit umath.matrix_multiply(a, b)
10 loops, best of 3: 47.8 ms per loop
1 loops, best of 3: 313 ms per loop
```

第 11 章

实例

作为本书的最后一章,让我们综合前面章节介绍的各个扩展库,编写一些有趣的实际程序。

11.1　使用泊松混合合成图像

 与本节内容对应的 Notebook 为: 11-examples/examples-100-possion.ipynb。

本节通过一个图像处理的实例程序复习 NumPy 数组、OpenCV 以及 SciPy 中的稀疏矩阵的用法。泊松混合是一种图像合成算法。它将源图像中指定区域内的纹理信息复制到目标图像的对应区域内。效果如图 11-1 所示,从左侧开始依次为:源图像、混合区域、目标图像以及泊松混合的结果。

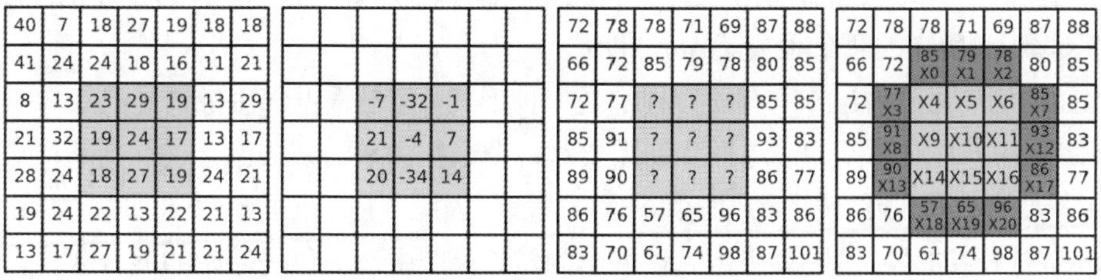

40	7	18	27	19	18	18
41	24	24	18	16	11	21
8	13	23	29	19	13	29
21	32	19	24	17	13	17
28	24	18	27	19	24	21
19	24	22	13	22	21	13
13	17	27	19	21	21	24

	-7	-32	-1	
	21	-4	7	
	20	-34	14	

72	78	78	71	69	87	88
66	72	85	79	78	80	85
72	77	?	?	?	85	85
85	91	?	?	?	93	83
89	90	?	?	?	86	77
86	76	57	65	96	83	86
83	70	61	74	98	87	101

72	78	78	71	69	87	88
66	72	85 X0	79 X1	78 X2	80	85
72	77 X3	X4	X5	X6	85 X7	85
85	91 X8	X9	X10	X11	93 X12	83
89	90 X13	X14	X15	X16	86 X17	77
86	76	57 X18	65 X19	96 X20	83	86
83	70	61	74	98	87	101

图 11-1 泊松混合示意图

11.1.1　泊松混合算法

纹理信息通过拉普拉斯算子计算,可以直接通过 OpenCV 中的 Laplacian() 来计算。对于 3×3 的情况,Laplacian() 实际上就是使用如下卷积核与图像进行卷积运算:

```
0  1  0
1 -4  1
0  1  0
```

即图像中每个像素值乘以 -4 后加上其上下左右 4 个像素的值。

所谓泊松混合,就是指对于指定的区域,让目标图像的 Laplacian 运算结果与源图像的运算结果相同。图 11-1 显示了泊松混合运算过程。从左侧开始分别为：

- 源图像，其中指定的区域采用浅灰色表示。
- 对源图像进行拉普拉斯运算的结果，这里只显示指定区域内的值。
- 目标图像，其中用 "?" 表示未知值。这些未知值要保证对于指定的区域内，目标图像的拉普拉斯运算结果与源图像相同。
- 对目标图像中的未知值进行编号，以便生成方程组。

如果用未知数 x0 到 x8 表示图 11-1(左 3)中的 9 个未知的像素点，那么它们的值需要满足如下方程组：

```
-4*x0 + 85 + 77 + x1 + x3 = -7
-4*x1 + 79 + x0 + x2 + x4 = -32
...
-4*x8 + 86 + 96 + x5 + x7 = 14
```

每个方程的右边的值就是每个未知像素对应的源图像的拉普拉斯运算值，而方程左边则是通过拉普拉斯卷积核展开的公式。每个未知像素的上下左右 4 个相邻的像素可能是已知的值或未知的像素。

因此计算泊松混合最终是求解这样一个方程组。我们知道 numpy.linalg.solve() 可以用来解线性方程组，但是由于未知数的个数就是区域中像素的个数，因此通常泊松混合所涉及的未知数是非常多的。例如，对于一个 100×100 的区域进行混合，需要创建一个 10000×10000 的系数矩阵 A。

显然需要采用 SciPy 的稀疏矩阵运算相关函数：scipy.sparse.linalg.spsolve()。剩下的问题就是如何创建 spsolve() 所需的两个系数矩阵 A 和 b。

从上面的例子可以看出，所有的方程都是一种形式，但是根据邻接像素是已知像素还是未知像素，实际的方程是不同的。这样我们需要对每个未知像素的邻接像素进行判断，从而增加了创建矩阵 A 的难度。既然使用稀疏矩阵求解方程组，因此不在乎再多一些未知数。如图 11-1(右)所示，我们将指定的区域使用膨胀运算扩展一圈像素。图中浅灰色是原始的混合区域，深灰色为浅灰色区域膨胀后增加的区域。我们把灰色区域内的所有像素都当作未知数，其中浅灰色像素对应的方程由拉普拉斯运算决定：

```
-4*x4 + x0 + x3 + x5 + x9  = -7
-4*x5 + x1 + x4 + x6 + x10 = -32
...
```

而深灰色像素对应的方程就是对应的目标图像中的值：

```
x0 = 85
x1 = 79
x2 = 78
...
```

只需要对上述两种方程编写程序即可创建稀疏矩阵 A。

11.1.2 编写代码

我们要编写的函数的参数如下：

```
poisson_blending(src, dst, src_mask, offset_x, offset_y, mix=False)
```

其中 src 和 dst 分别为源图像和目标图像，它们的形状不一定相同。src_mask 是宽和高与 src 相同的二维数组，其中不为零的元素指定混合的区域。offset_x 和 offset_y 为目标图像中指定区域和源图像区域之间的坐标差值，通过这两个参数可以调整目标图像中混合区域的位置。mix 参数指定混合方式，稍后再进行详细解释。

首先需要解决的问题是计算源图像中 src_mask 指定区域通过拉普拉斯算子运算之后的值：

```
import cv2

offset_x, offset_y = -36, 42
src = cv2.imread("vinci_src.png", 1)
dst = cv2.imread("vinci_target.png", 1)
mask = cv2.imread("vinci_mask.png", 0)
src_mask = (mask > 128).astype(np.uint8)


src_y, src_x = np.where(src_mask)   ❶
src_laplacian = cv2.Laplacian(src, cv2.CV_16S, ksize=1)[src_y, src_x, :]   ❷
```

❶由于指定区域不一定为矩形，我们用 numpy.where() 获得区域中各像素的下标，这样得到的 src_laplacian 数组是一个二维数组，它的第 0 轴的长度为区域内像素的个数，第 1 轴的长度为 3，分别与三个颜色通道对应。

❷由于 Laplacian() 计算的结果中存在负数，因此这里通过它的第二个参数 ddepth 指定结果数组的元素类型，这里指定它为 CV_16S，表示结果为一个 16 位的符号整数数组。接下来计算目标图像中的区域信息：

```
dst_mask = np.zeros(dst.shape[:2], np.uint8)
dst_x, dst_y = src_x + offset_x, src_y + offset_y
dst_mask[dst_y, dst_x] = 1   ❶


kernel = np.array([[0,1,0],[1,1,1],[0,1,0]], dtype=np.uint8)
dst_mask2 = cv2.dilate(dst_mask, kernel=kernel)   ❷


dst_y2, dst_x2 = np.where(dst_mask2)              ❸
dst_ye, dst_xe = np.where(dst_mask2 - dst_mask)   ❹
```

❶由于遮罩图像在目标图像和源图像中存在位置偏移，因此先创建目标图像的一个遮罩数

组 dst_mask，并将偏移之后的下标中对应的元素设置为 1。❷将目标遮罩数组进行膨胀处理得到 dst_mask2。❸计算 dst_mask2 中 1 对应的坐标(dst_x2, dst_y2)，❹计算膨胀处理新增加的像素的坐标(dst_xe, dst_ye)，即目标区域的边缘像素的坐标。

对照图 11-1(右)可知，(dst_x2, dst_y2)为所有灰色区域的像素坐标，(dst_x, dst_y)为浅灰色区域的像素坐标，(dst_xe, dst_ye)为深灰色区域的像素坐标。

```
variable_count = len(dst_x2)
variable_index = np.arange(variable_count)  ❶

variables = np.zeros(dst.shape[:2], np.int)
variables[dst_y2, dst_x2] = variable_index

x0 = variables[dst_y  , dst_x  ]  ❷
x1 = variables[dst_y-1, dst_x  ]
x2 = variables[dst_y+1, dst_x  ]
x3 = variables[dst_y  , dst_x-1]
x4 = variables[dst_y  , dst_x+1]
x_edge = variables[dst_ye, dst_xe]  ❸
```

❶(dst_x2, dst_y2)中的每个像素都与一个未知数对应，我们为这些未知数编上序号 variable_index，❷并得到(dst_x, dst_y)中每个未知数及其上下左右 4 个相邻的未知数的序号：x0、x1、x2、x3、x4，❸而 x_edge 则是与(dst_xe, dst_ye)中的未知数对应的序号。

接下来计算线性方程组中各个未知数的系数矩阵 A：

```
from scipy.sparse import coo_matrix
inner_count = len(x0)
edge_count = len(x_edge)

r = np.r_[x0, x0, x0, x0, x0, x_edge]
c = np.r_[x0, x1, x2, x3, x4, x_edge]
v = np.ones(inner_count*5 + edge_count)
v[:inner_count] = -4

A = coo_matrix((v, (r, c))).tocsc()
```

与(dst_x, dst_y)中的每个未知数对应的方程有 5 个系数，与(dst_xe, dst_ye)中的未知数对应的方程有 1 个系数，因此最终的系数矩阵中有 inner_count * 5 + edge_count 个非零值。与 x0 中的每个未知数对应的方程中，x0 的系数为-4，而其上下左右 4 个未知数的系数为 1。r 和 c 保存的是 A 中非零值对应的下标，而 v 中保存的是系数，这些系数中除了下标为(x0, x0)的元素为-4 之外，其余的都为 1。最后通过 coo_matrix()创建稀疏矩阵，并且转换成求解方程组时使用的 CSC 格式。

```
from scipy.sparse.linalg import spsolve
order = np.argsort(np.r_[variables[dst_y, dst_x], variables[dst_ye, dst_xe]]) ❶

result = dst.copy()

for ch in (0, 1, 2): ❷
    b = np.r_[src_laplacian[:,ch], dst[dst_ye, dst_xe, ch]] ❸
    u = spsolve(A, b[order]) ❹
    u = np.clip(u, 0, 255)
    result[dst_y2, dst_x2, ch] = u ❺
```

❶由于方程组是按照未知数的下标顺序排列的，因此我们计算方程组的 b 时也需要按照未知数的下标排列。但是为了方便计算 b，我们按照(dst_x, dst_y)和(dst_xe, dst_ye)的顺序来计算，因此需要事先计算 order 用于对常数项 b 中的值进行排序。❷对三个通道的数组进行循环，❸计算常数项 b，其中与(dst_x, dst_y)对应的未知数的方程的常数项从源图像的拉普拉斯算子的输出数组获得，而与(dst_xe, dst_ye)对应的未知数的方程的常数项则为目标图像对应的像素值。❹调用 spsolve()对线性方程组进行求解，❺最后将未知数的解写到结果数组中，(dst_x2, dst_y2)中的未知数是按照下标顺序排列的。

图 11-2(右)为泊松混合的计算结果。

```
fig, axes = plt.subplots(1, 4, figsize=(10, 4))
ax1, ax2, ax3, ax4 = axes.ravel()
ax1.imshow(src[:, :, ::-1])
ax2.imshow(mask, cmap="gray")
ax3.imshow(dst[:, :, ::-1])
ax4.imshow(result[:, :, ::-1])

for ax in axes.ravel():
    ax.axis("off")

fig.subplots_adjust(wspace=0.05)
```

 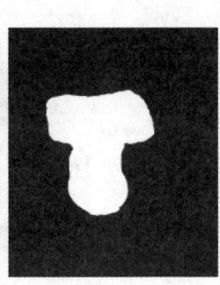  

图 11-2 使用泊松混合算法将吉内薇拉·班琪肖像中的眼睛和鼻子部分复制到蒙娜丽莎的肖像之上

11.1.3　演示程序

为了方便读者观察泊松混合的效果，本书提供了一个使用 TraitsUI 编写的泊松混合演示程序，界面如图 11-3 所示。该界面的用法如下：

- 首先选择两幅图像的路径，然后按 Load 按钮载入图像。
- 使用鼠标左键在图像上绘制混合区域，可以使用鼠标滚轴修改画笔的粗细。按住鼠标右键可以移动混合区域。
- 按 Mix 按钮进行泊松混合，将左图中区域的内容混合到右图中对应的位置。为了显示混合效果，右图中的区域将自动隐藏，单击可重新显示区域。

 scpy2.examples.possion：使用 TraitsUI 编写的泊松混合演示程序。该程序使用 scpy2.matplotlib.freedraw_widget 中提供的 ImageMaskDrawer 在图像上绘制半透明的白色区域。

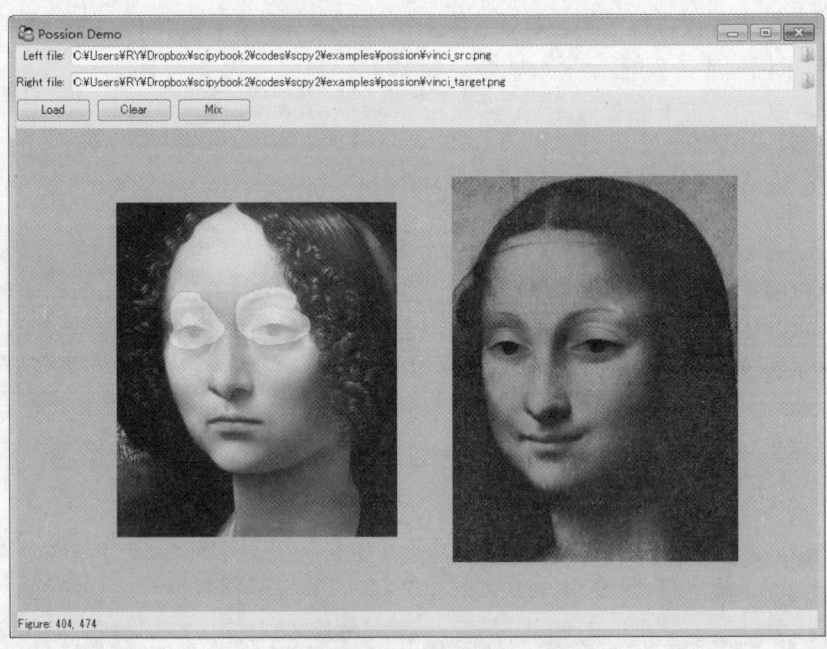

图 11-3　泊松混合演示程序的界面截图

11.2　经典力学模拟

 与本节内容对应的 Notebook 为：11-examples/examples-200-physics-simulation.ipynb。

本节以悬链线、最速降线和单摆为例介绍如何使用 Scipy 中的 integrate 和 optimize 库模拟简单的经典力学现象。

11.2.1　悬链线

将绳子的两端固定在同一水平高度，绳子因重力作用而垂下所形成的形状被称为悬链线，它的曲线函数为：

$$y = a\cosh\frac{x}{a}$$

其中a为决定下垂程度的系数，下面的 catenary()函数对悬链线方程进行坐标平移，使得它经过$(0, 0)$和$(1, 0)$两个点，效果如图 11-4 所示：

```python
def catenary(x, a):
    return a*np.cosh((x - 0.5)/a) - a*np.cosh((-0.5)/a)


x = np.linspace(0, 1, 100)
for a in [0.35, 0.5, 0.8]:
    pl.plot(x, catenary(x, a), label="$a={:g}$".format(a))
ax = pl.gca()
ax.set_aspect("equal")
ax.legend(loc="best")
pl.margins(0.1)
```

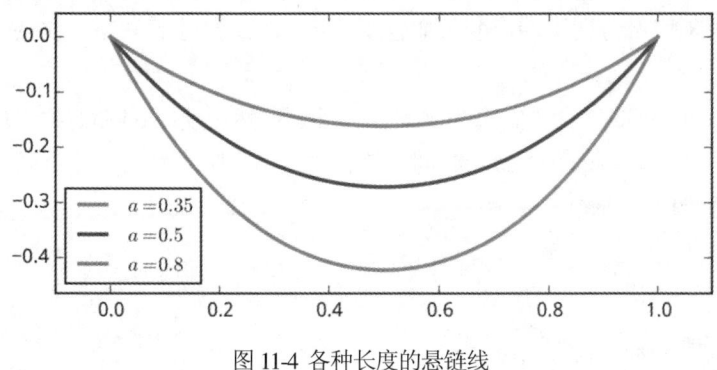

图 11-4　各种长度的悬链线

曲线的长度可以使用如下定积分来计算：

$$s = \int_0^1 \sqrt{1 + (\frac{dy}{dx})^2}\, dx$$

下面我们先利用前面的 catenary()函数大致计算曲线的长度：

```python
y = catenary(x, 0.35)
np.sqrt(np.diff(x)**2 + np.diff(y)**2).sum()
```

```
1.37655226488
```

定积分中的积分项可以使用 SymPy 进行符号运算，并使用 lambdify()将最终的表达式转换成函数，然后使用 integrate.quad()进行定积分运算：

```python
from sympy import symbols, cosh, S, sqrt, lambdify
import sympy
x, a = symbols("x, a")
y = a * cosh((x - S(1)/2) / a)
s = sqrt(1 + y.diff(x)**2)
fs = lambdify((x, a), s, modules="math")


def catenary_length(a):
    return integrate.quad(lambda x:fs(x, a), 0, 1)[0]


length = catenary_length(0.35)
length
```
```
1.3765789965
```

1. 使用运动方程模拟悬链线

为了使用牛顿力学中的运动方程模拟悬链线，我们可以把悬链看成由多个弹簧连接的质点系统，每个质点受到重力以及左右两个弹簧力。当质点运动时，它还会受到大小与速度成正比的阻力。为了使悬链两端的质点保持静止，可以不计算其受力，因此这两个质点的加速度始终为 0。每个质点有 X 和 Y 方向上的速度与加速度共 4 个状态，对于由 N 个质点构成的系统，共有 4×N 个状态。

下面的 diff_status(status, t)计算状态为 status 时的微分，然后使用 odeint()对该系统进行积分，即可计算该系统在不同时刻的状态。当时间足够长时，由于阻力作用，各个质点最终会处于平衡位置，效果如图 11-5 所示。

```python
N = 31
dump = 0.2 #阻尼系数
k = 100.0  #弹簧系数
l = length / (N - 1) #弹簧原长度
g = 0.01 #重力加速度


x0 = np.linspace(0, 1, N)
y0 = np.zeros_like(x0)
vx0 = np.zeros_like(x0)
vy0 = np.zeros_like(x0)


def diff_status(status, t):
    x, y, vx, vy = status.reshape(4, -1)
```

```
    dvx = np.zeros_like(x)
    dvy = np.zeros_like(x)
    dx = vx
    dy = vy

    s = np.s_[1:-1]

    l1 = np.sqrt((x[s] - x[:-2])**2 + (y[s] - y[:-2])**2)
    l2 = np.sqrt((x[s] - x[2:])**2 + (y[s] - y[2:])**2)
    dl1 = (l1 - 1) / l1
    dl2 = (l2 - 1) / l2
    dvx[s] = -vx[s] * dump - (x[s] - x[:-2]) * k * dl1 - (x[s] - x[2:]) * k * dl2
    dvy[s] = -vy[s] * dump - (y[s] - y[:-2]) * k * dl1 - (y[s] - y[2:]) * k * dl2 + g
    return np.r_[dx, dy, dvx, dvy]

status0 = np.r_[x0, y0, vx0, vy0]

t = np.linspace(0, 50, 100)
r = integrate.odeint(diff_status, status0, t)
x, y, vx, vy = r[-1].reshape(4, -1)

r, e = optimize.curve_fit(catenary, x, -y, [1])
print "a =", r[0], "length =", catenary_length(r[0])

x2 = np.linspace(0, 1, 100)
pl.plot(x2, catenary(x2, 0.35))
pl.plot(x2, catenary(x2, r))
pl.plot(x, -y, "o")
pl.margins(0.1)
```
```
a = 0.336992602016 length = 1.40946777721
```

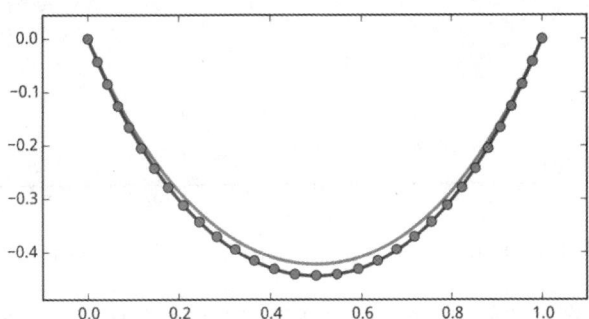

图 11-5 使用运动方程模拟悬链线，由于弹簧会被拉伸，因此悬链线略比原始长度长

scpy2.examples.catenary：使用 TraitsUI 制作的悬链线的动画演示程序，可通过界面修改各个参数。

在图 11-5 中，圆点表示各个质点的最终位置，红色曲线为使用悬链线方程对质点位置进行拟合后得到的最佳拟合悬链线，而蓝色曲线为弹簧保持原长时的悬链线。为了使得最终状态接近原长时的悬链线，需要尽量大的弹簧系数和尽量小的重力加速度，这样能保证每根弹簧接近原长。读者可以试着修改前面的系数，使最终状态尽量接近蓝色曲线。

2. 通过能量最小值计算悬链线

当质点之间为刚性连接时，弹簧不存储任何弹性势能，重力使得整个系统的重力势能降为最低，因此可以通过最小化势能计算各个质点的最终状态。由于悬链线的两端固定，而质点之间的距离固定，因此该最小化问题带有许多约束条件。为了尽量减少约束条件，我们以每个连接杆的角度为变量表示整条悬链线的状态。悬链线的一端固定在$(0,0)$处，经过每个连接杆最终到达坐标$(1,0)$处。因此满足如下两个约束条件，其中θ_i为每根杆的方向，l为杆的长度。整个系统如图 11-6 所示。

$$\sum l\cos\theta_i = 1, \sum l\sin\theta_i = 0$$

第 i 个质点的 Y 轴位置为：

$$y_i = \sum_{k=0}^{i} l\sin\theta_k$$

而势能P可以用下式表示：

$$P = \sum y_i$$

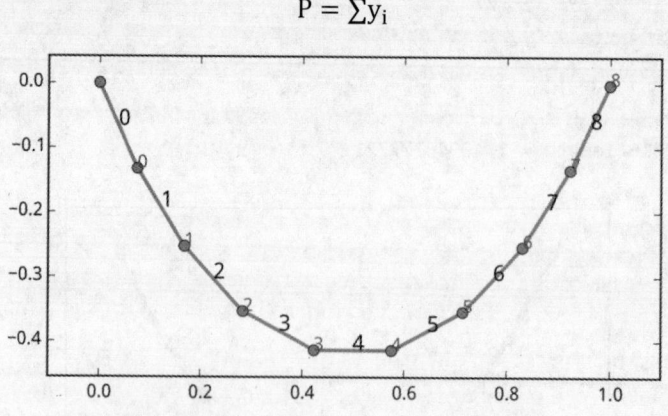

图 11-6 把悬链线分为多个质点并用无质量的连接杆相连

因此最小化的问题就是找到一组θ_i，它们满足两个约束条件，并且使得P最小，θ_i的取值范围为$\frac{-\pi}{2} < \theta_i < \frac{\pi}{2}$。这种带等式约束条件的最小化问题可以使用 scipy.optimize.fmin_slsqp() 进行求解。

在下面的程序中，g1()计算最右端点的横坐标需要满足的条件，g2()为纵坐标需要满足的条件，这两个函数返回0时，表示满足约束条件。P(theta)计算状态为theta时的势能。❶为了提高优化的计算速度，我们让初始值满足两个约束条件，如图11-7中的叉点所示。❷fmin_slsqp()的eqcons参数是计算等式约束条件的函数列表。❸bounds参数是每个变量的取值范围列表。此外，如果最小化问题中存在不等式约束条件，可以通过ieqcons参数指定。当约束条件很多时，为了减少函数的调用参数，可以使用f_eqcons和f_ieqcons参数指定一个计算约束条件的函数，这两个函数返回的数组表示各个约束条件。

```
N = 30

l = length / N

def g1(theta):
    return np.sum(l * np.cos(theta)) - 1.0

def g2(theta):
    return np.sum(l * np.sin(theta)) - 0.0

def P(theta):
    y = l * np.sin(theta)
    cy = np.cumsum(y)
    return np.sum(cy)

theta0 = np.arccos(1.0 / length)
theta_init = [-theta0] * (N // 2) + [theta0] * (N // 2)   ❶

theta = optimize.fmin_slsqp(P, theta_init,
                            eqcons=[g1, g2],   ❷
                            bounds=[(-np.pi/2, np.pi/2)]*N)   ❸
```

```
Optimization terminated successfully.    (Exit mode 0)
            Current function value: -7.76529946378
            Iterations: 9
            Function evaluations: 288
            Gradient evaluations: 9
```

可以看到只迭代了9次就找到了最优解，下面根据θ_i计算出每个质点的位置，如图11-7所示。图中蓝色曲线为悬链线方程所得的理论值。

```
x_init = np.r_[0, np.cumsum(l * np.cos(theta_init))]
y_init = np.r_[0, np.cumsum(l * np.sin(theta_init))]

x = np.r_[0, np.cumsum(l * np.cos(theta))]
```

```
y = np.r_[0, np.cumsum(l * np.sin(theta))]

x2 = np.linspace(0, 1, 100)
pl.plot(x2, catenary(x2, 0.35))
pl.plot(x, y, "o")
pl.plot(x_init, y_init, "x")
pl.margins(0.1)
```

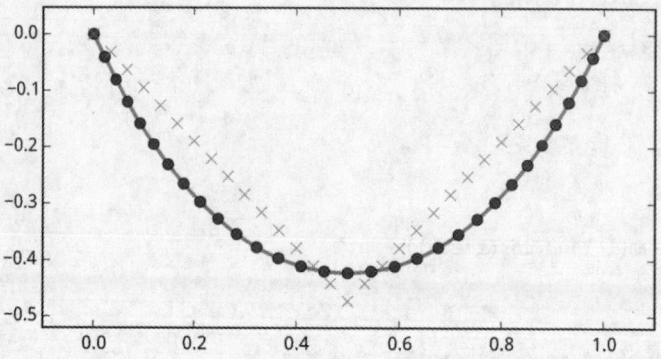

图 11-7 使用 fmin_slsqp() 计算能量最低的状态，叉点表示最优化的初始状态

11.2.2 最速降线

所谓最速降线问题，是指在两点之间建立一条无摩擦的轨道，使得小球从高点到低点所需的时间最短。考虑两点高度相同的极端情况，显然这条曲线不是直线。根据维基百科的相关介绍，下降高度为D的最速降线满足如下方程：

$$dx = \sqrt{\frac{y}{D-y}}dy$$

由公式可知，y的取值范围为 0 到 D 之间。下面先用数值定积分计算D为 1 时，最速降线终点的 X 轴坐标：

```
x, _ = integrate.quad(lambda y:np.sqrt(y/(1.0-y)), 0, 1)
print x
```
```
1.57079632679
```

可以看出曲线终点和起点之间 X 轴的差为π/2。

1. 使用 odeint()计算最速降线

使用 odeint()对下面的微分方程进行积分即可得到最速降线的曲线：

$$\frac{dy}{dx} = \sqrt{\frac{D-y}{y}}$$

下面是计算最速降线的程序，效果如图 11-8 所示。当y = 0时，曲线的切线为垂直方向，dy/dx为无穷大。❶限制y的值必须大于极小值 eps 并小于D，这样才能保证积分能正常进行。

❷使用微分方程计算的曲线只是左半边的曲线，完整的曲线相对于x = Dπ/2对称。为了 odeint()能计算完整的曲线，需要根据x的值判断$\dfrac{dy}{dx}$的符号。

```python
def brachistochrone_curve(D, N=1000):
    eps = 1e-8
    def f(y, x):
        y = min(max(eps, y), D) ❶
        flag = -1 if x >= D * np.pi / 2 else 1 ❷
        return flag * ((D - y) / y) ** 0.5

    x0 = np.linspace(0, D * np.pi, N)
    y = integrate.odeint(f, 0, x0)
    return x0, y.ravel()

x, y = brachistochrone_curve(2.0)
pl.plot(x, -y)
```

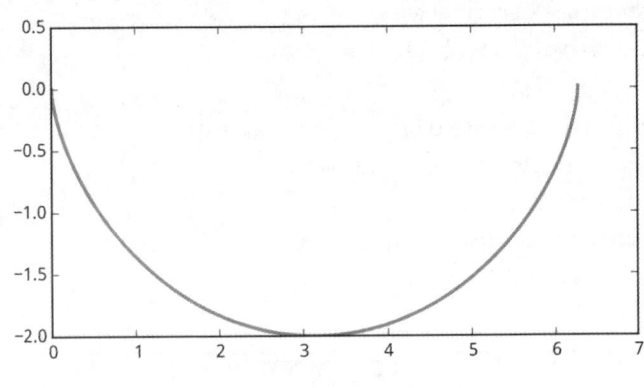

图 11-8 使用 odeint()计算最速降线

2. 使用优化算法计算最速降线

可以使用优化算法近似计算最速降线。首先将 X 轴从 0 到 target 等分为 N-1 份，每个点对应的 Y 轴坐标y就是要优化的自变量。优化的目标是计算小球经过该曲线所需的时间。根据能量守能定理，可以计算出小球到达每个坐标点时的速度为$v = \sqrt{2gy}$。

小球经过每条线段的速度按照两个端点速度的平均值计算，线段的长度根据两个端点的距离计算，由此可以得出小球经过每条线段的时间。优化的目标就是所有这些时间之和最小，即小球通过整条曲线的时间最短。

下面是使用优化算法计算最速降线的程序，计算结果如图 11-9 所示。由图可知最优化的结果和积分运算的结果相同。

```
N = 100.0
target = 10.0
x = np.linspace(0, target, N)
tmp = np.linspace(0, -1, N // 2)
y0 = np.r_[tmp, tmp[::-1]]
g = 9.8

def total_time(y):
    s = np.hypot(np.diff(x), np.diff(y))  ❶
    v = np.sqrt(2 * g * np.abs(y))  ❷
    avg_v = np.maximum((v[1:] + v[:-1])*0.5, 1e-10)  ❸
    t =  s / avg_v
    return t.sum()

def fix_two_ends(y):
    return y[[0, -1]]

y_opt = optimize.fmin_slsqp(total_time, y0, eqcons=[fix_two_ends])  ❹
pl.plot(x, y0, "k--", label=u"初始值")
pl.plot(x, y_opt, label=u"优化结果")
x2, y2 = brachistochrone_curve(target / np.pi)
pl.plot(x2, -y2, label=u"最速降线")
pl.legend(loc="best")
```

```
Optimization terminated successfully.    (Exit mode 0)
            Current function value: 2.53634462725
            Iterations: 72
            Function evaluations: 7370
            Gradient evaluations: 72
```

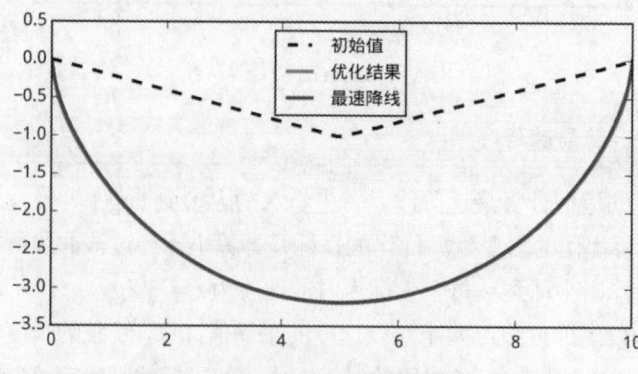

图 11-9 使用优化算法计算最速降线

❶调用 hypot()计算每条线段的长度，❷使用能量守恒公式计算小球到达每点的速度，❸计算每个线段的平均速度，为了防止平均速度为 0 导致无法计算时间，这里使用 maximum()将速

度的下限设置为10^{-10}。

❹由于需要保证曲线两个端点的 Y 轴坐标为 0，因此我们使用 fmin_slsqp()优化函数，并用 fix_two_end()保证两个端点的 Y 轴坐标始终为 0。

11.2.3　单摆模拟

如图 11-10 所示，由一根不可伸长、质量不计的绳子，上端固定，下端系一质点，这样的装置叫作单摆。

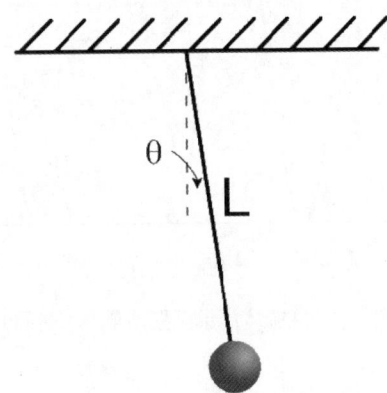

图 11-10 单摆装置示意图

根据牛顿力学定律，可以列出如下微分方程：

$$\frac{d^2\theta}{dt^2} + \frac{g}{\ell}\sin\theta = 0$$

其中θ为单摆的摆角，ℓ为单摆的长度，g为重力加速度。此微分方程的符号解无法直接求出，因此只能调用 odeint()对其求数值解。

odeint()要求每个微分方程只包含一阶导数，因此我们需要对上面的微分方程做如下变形：

$$\frac{d\theta(t)}{dt} = v(t), \quad \frac{dv(t)}{dt} = -\frac{g}{\ell}\sin\theta(t)$$

下面是利用 odeint()计算单摆轨迹的程序，摆角和时间的关系如图 11-11 所示：

```
from math import sin

g = 9.8

def pendulum_equations(w, t, l):
    th, v = w
    dth = v
    dv  = - g / l * sin(th)
    return dth, dv

t = np.arange(0, 10, 0.01)
```

```
track = integrate.odeint(pendulum_equations, (1.0, 0), t, args=(1.0,))
pl.plot(t, track[:, 0])
pl.xlabel(u"时间(秒)")
pl.ylabel(u"振动角度(弧度)")
```

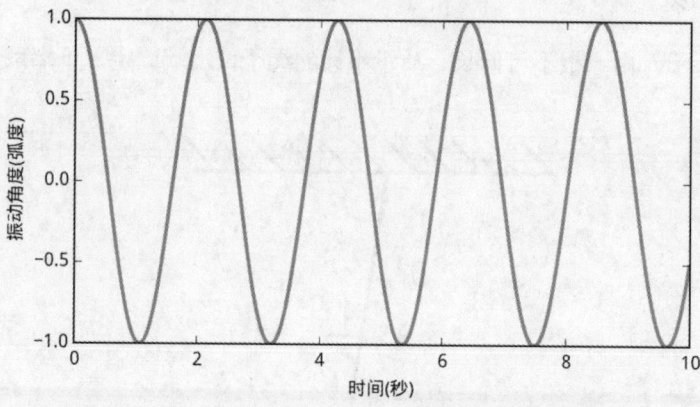

图 11-11 初始角度为 1 弧度的单摆摆动角度和时间的关系

1. 小角度时的摆动周期

高中物理课介绍过当最大摆动角度很小时，单摆的摆动周期可以使用如下公式计算：

$$T_0 = 2\pi\sqrt{\frac{\ell}{g}}$$

这是因为当 $\theta \ll 1$ 时，$\sin\theta \approx \theta$，这样微分方程就变成了：

$$\frac{d^2\theta}{dt^2} + \frac{g}{\ell}\theta = 0$$

此微分方程的解是一个简谐振动方程，很容易计算其摆动周期。下面我们用 SymPy 对这个微分方程进行符号求解：

```
from sympy import symbols, Function, dsolve
t, g, l = symbols("t,g,l", positive=True) # 分别表示时间、重力加速度和长度
y = Function("y") # 摆角函数用 y(t)表示
dsolve(y(t).diff(t,2) + g/l*y(t), y(t))
```

$$y(t) = C_1\sin\left(\frac{\sqrt{g}t}{\sqrt{l}}\right) + C_2\cos\left(\frac{\sqrt{g}t}{\sqrt{l}}\right)$$

可以看到简谐振动方程的解是由两个频率相同的三角函数构成的，周期为 $2\pi\sqrt{\frac{\ell}{g}}$。

2. 大角度时的摆动周期

但是当初始摆角增大时，上述近似处理会带来无法忽视的误差。下面让我们看看如何用数

值计算的方法求出单摆在任意初始摆角时的摆动周期。

```
g = 9.8

def pendulum_th(t, l, th0):
    track = integrate.odeint(pendulum_equations, (th0, 0), [0, t], args=(l,))
    return track[-1, 0]


def pendulum_period(l, th0):
    t0 = 2*np.pi*(l / g)**0.5 / 4
    t = fsolve( pendulum_th, t0, args = (l, th0) )
    return t*4
```

要计算摆动周期,只需要计算从最大摆角到 0 摆角所需的时间,摆动周期是此时间的 4 倍。
为了计算出这个时间值,首先需要定义函数 pendulum_th()来计算长度为 l、初始角度为 th0 的单
摆在时刻 t 的摆角:

```
def pendulum_th(t, l, th0):
    track = integrate.odeint(pendulum_equations, (th0, 0), [0, t], args=(l,))
    return track[-1, 0]
```

此函数仍然使用 odeint()进行微分方程组求解,只是我们只需要计算时刻 t 的摆角,因此传
递给 odeint()的时间序列为[0, t]。odeint()内部会对时间进行细分,保证最终的解是正确的。

接下来只需要找到第一个使 pendulum_th()的结果为 0 的时间即可。这相当于对 pendulum_th()
求解,可以使用 scipy.optimize.fsolve()对这种非线性方程进行求解:

```
from scipy.optimize import fsolve

def pendulum_period(l, th0):
    t0 = 2*np.pi*(l / g)**0.5 / 4
    t = fsolve(pendulum_th, t0, args = (l, th0))
    return t * 4
```

fsolve()求解时需要一个初始值尽量接近真实的解,用小角度单摆的周期的 $\frac{1}{4}$ 作为这个初始

值是一个很不错的选择。下面利用 pendulum_period()计算出初始摆动角度从 0 到 90 度的摆动
周期:

```
ths = np.arange(0, np.pi/2.0, 0.01)
periods = [pendulum_period(1, th) for th in ths]
```

为了验证 fsolve()求解摆动周期的正确性,下面的公式是从维基百科中找到的摆动周期的精
确解:

$$T = 4\sqrt{\frac{\ell}{g}}\,K\left(\sin\frac{\theta_0}{2}\right)$$

其中的函数K为第一类完全椭圆积分函数，定义如下：

$$K(k) = \int_0^{\pi/2} \frac{d\theta}{\sqrt{1 - k^2\sin^2\theta}}$$

可以用 scipy.special.ellipk()计算此函数的值：

```python
from scipy.special import ellipk
periods2 = 4 * (1.0 / g)**0.5 * ellipk(np.sin(ths / 2) **2 )
```

图 11-12 比较两种计算方法，可以看到结果是完全一致的：

```python
ths = np.arange(0, np.pi/2.0, 0.01)
periods = [pendulum_period(1, th) for th in ths]
periods2 = 4 * (1.0/g)**0.5 *ellipk(np.sin(ths/2)**2) # 计算单摆周期的精确值
pl.plot(ths, periods, label = u"fsolve 计算的单摆周期", linewidth=4.0)
pl.plot(ths, periods2, "r", label = u"单摆周期精确值", linewidth=2.0)
pl.legend(loc='upper left')
pl.xlabel(u"初始摆角(弧度)")
pl.ylabel(u"摆动周期(秒)")
```

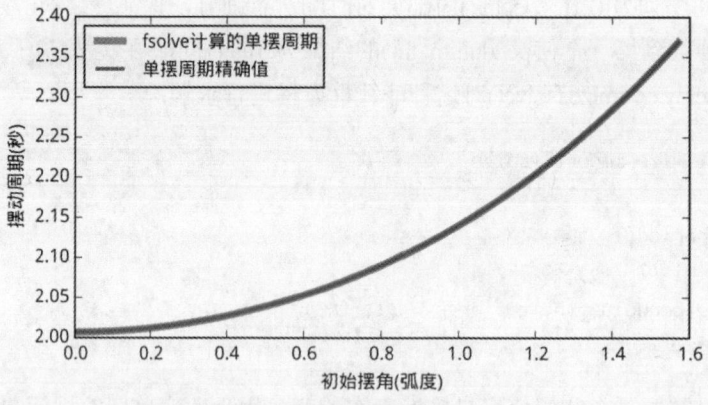

图 11-12 单摆的摆动周期和初始角度的关系

11.3　推荐算法

 与本节内容对应的 Notebook 为：11-examples/examples-300-movielens.ipynb。

推荐算法是指利用用户的一些行为，通过一些数学算法，推测出用户可能喜欢的东西。本节介绍如何通过 MovieLens 提供的用户对电影的评分数据进行一些推荐算法方面的研究。

11.3.1 读入数据

movelens.data 文件中是以制表符分隔的评分数据，其第一列为用户 ID、第二列为电影 ID、第三列为用户对电影的 5 分制评分值。下面用 pandas.read_table()读入该数据，并指定列名与列的数据类型。由于通过推荐算法计算的评分值不是整数，因此这里将评分值的数值类型设置为浮点数。原数据中用户 ID 和电影 ID 都是从 1 开始的，为了方便后续的稀疏矩阵表达，将它们都减去 1。

```
columns = ['user_id', 'movie_id', 'rating']
dtypes = [np.int32, np.int32, np.float]
ratings = pd.read_table('data/movielens.data',
                        names=columns,
                        usecols=[0, 1, 2],
                        dtype=dict(zip(columns, dtypes)))
ratings["user_id"] -= 1
ratings["movie_id"] -= 1
```

下面将评分次数少于 10 的用户和电影的评分删除，这有助于推荐算法将运算集中在有足够数据可以分析的用户和电影之上：

```
u, v, r = ratings.user_id.values, ratings.movie_id.values, ratings.rating.values

#删除评分数少于 10 的用户和电影
u_count = pd.value_counts(u)
v_count = pd.value_counts(v)
mask = (u_count >= 10)[u].values & (v_count >= 10)[v].values
u, v, r = u[mask], v[mask], r[mask]
```

为了评价推荐算法的性能，需要将评分数据分为训练用数据和测试用数据两部分。这样才能防止推荐算法对训练用数据过度学习造成实际的性能下降。下面的 train_test_split()完成这个任务，其 test_size 参数为测试用数据占全部数据的比例。这里通过产生一个 0 到 1 之间的随机数数组对数据进行分组，得到 6 个一维数组：u_train、v_train、r_train、u_test、v_test、r_test，它们分别为训练用的用户 ID、训练用的电影 ID、训练用的电影评分、测试用的用户 ID、测试用的电影 ID 和测试用的电影评分。

```
def train_test_split(arrays, test_size=0.1):
    np.random.seed(0)
    mask_test = np.random.rand(len(arrays[0])) < test_size
    mask_train = ~mask_test
```

```
        arrays_train = [arr[mask_train] for arr in arrays]
        arrays_test = [arr[mask_test] for arr in arrays]


        return arrays_train + arrays_test


u_train, v_train, r_train, u_test, v_test, r_test = train_test_split([u, v, r])
nu = np.max(u) + 1
nv = np.max(v) + 1
nr = len(u_train)
```

下面检测学习用的数据包含所有的电影和用户，如果下面的程序抛出异常，则建议修改 seed()的系数：

```
assert np.all(np.unique(u_train) == np.unique(u))
assert np.all(np.unique(v_train) == np.unique(v))
```

11.3.2 推荐性能评价标准

在讨论具体的推荐算法之前，还需要明确如何评价推荐性能。下面是两个常用的性能评价公式：

$$RMSE = \sqrt{\frac{\sum(y_t - y_p)^2}{N}}$$

$$r^2 = 1 - \frac{\sum(y_t - y_p)^2}{\sum(y_t - \mu(y_t))^2}$$

其中 RMSE 的值越接近 0 性能越好，而r^2的值通常在 0 到 1 之间，越接近 1 越好。

```
def rmse_score(y_true, y_pred):
    d = y_true - y_pred
    return np.mean(d**2)**0.5


def r2_score(y_true, y_pred):
    d = y_true - y_pred
    return 1 - (d**2).sum() / ((y_true - y_true.mean())**2).sum()
```

下面用这两个评价标准对每个电影的平均评分值的预测性能进行评价。通过 Pandas 的 groupby 对评分值按照电影 ID 进行分组，并计算每组的评分值。测试用数据中每部电影的预测评分值为 r_pred，将之与测试数据中的实际评分值进行比较，计算 RMSE 和r^2：

```
movies_mean = pd.Series(r_train).groupby(v_train).mean()
r_pred = movies_mean[v_test]


rmse_avg, r2_avg = rmse_score(r_test, r_pred), r2_score(r_test, r_pred)
```

```
   rmse_avg              r2_avg
------------------    -------------------
1.0122857327818662   0.17722524926979077
```

通过计算每个电影的平均评分值，可以为所有用户推荐整体最受欢迎的电影，但是无法根据每位用户的喜好推荐他最可能喜欢的电影。为了实现为不同的用户推荐不同的电影，需要对电影评分进行矩阵分解。

11.3.3　矩阵分解

准备好测试数据以及评价标准之后，下面正式开始实现推荐算法。该算法应该能从训练数据中找到更多的规律，使得其对于测试数据的推荐性能超过上面以均值为预测值的性能。

可以把用户 i 对电影 j 的评分 r_{ij} 按照下面的公式分解成 4 部分的和：

$$r_{ij} = \mu + u_i + v_j + \sum_{k=1}^{K} U_{ik}V_{jk}$$

其中 μ 是一个标量，它是所有评分的平均值。u 是一个矢量，其长度为 N_u，u_i 为用户 i 的评分系数。v 是一个矢量，其长度为 N_v，v_j 为电影 j 的评分系数。这里 N_u 表示用户数，N_v 表示电影数。

U 是一个与用户对应的矩阵，其大小为 $N_u \times K$。V 是一个与电影对应的矩阵，其大小为 $N_v \times K$。这里 K 的长度可任意指定。计算 U 的第 i 行与 V 的第 j 行上对应元素的乘积和，就得到了用户 i 对电影 j 的评分系数。可以这样理解 U 和 V：每个电影都用 K 个属性进行描述(V)，而每个用户都对这 K 个属性有不同的喜好权值(U)。这两组值的乘积和就是某个用户对某部电影的喜好程度。

下面先计算 u_i 和 v_j，我们希望找到一组解最符合如下方程组：

$$r_{ij} = \mu + u_i + v_j$$

可以看出这是一个最小二乘法的问题：u 和 v 中有 $N_u + N_v$ 个未知数，它们需要满足 N_r 个方程，这里用 N_r 表示评分数。最小二乘法中的矩阵 A 的大小为 $N_r \times (N_u + N_v)$，这是一个非常大的矩阵，而其中绝大部分的元素都为 0，实际上 A 的每行中只有两个不为零的元素，它们的值都为 1。因此需要使用稀疏矩阵表示矩阵 A：

```python
from scipy import sparse
from scipy.sparse import linalg

r_avg = r_train.mean()

row_idx = np.r_[np.arange(nr), np.arange(nr)]
col_idx = np.r_[u_train, v_train + nu]
values = np.ones_like(row_idx)

A = sparse.coo_matrix((values, (row_idx, col_idx)), shape=(nr, nu+nv))
```

矩阵**A**中每行有两个 1，其余的值都为 0。我们采用 coo_matrix()创建该稀疏矩阵，row_idx 为每个非零元素所在的行，col_idx 为非零元素所在的列，values 是这些非零元素的值。它们都是长度为$2N_r$的一维数组。

下面使用 scipy.sparse.linalg 中的 lsqr()进行最小二乘法求解。得到一组解 x，其中前N_u个元素为**u**，后N_v个元素为**v**。

```
x = linalg.lsqr(A, r_train - r_avg)[0]

ub = x[:nu]
vb = x[nu:]
```

下面按照公式$r_{ij} = \mu + u_i + v_j$计算测试数据的预测评分，并与实际评分进行比较：

```
r_pred = r_avg + ub[u_test] + vb[v_test]

rmse, r2 = rmse_score(r_test, r_pred), r2_score(r_test, r_pred)
      rmse                 r2
------------------   ------------------
0.93056259728693425  0.30471011860212072
```

接下来我们将注意力集中到计算**U**和**V**的矩阵分解算法上。矩阵分解的目标是尽量接近下面的 r_train2：

```
r_train2 = r_train - (r_avg + ub[u_train] + vb[v_train])
r_test2  = r_test  - r_pred
#以下程序从该 array 元组获取数据
arrays = u_train, v_train, r_train2, u_test, v_test, r_test2
```

11.3.4　使用最小二乘法实现矩阵分解

将 r_train2 分解为两个矩阵**U**和**V**的乘积也是一个最小化的问题。矩阵**U**和**V**中共有$N_u \cdot K + N_v \cdot K$个未知数，而最小化的目标方程有$N_r$个。下面是与第 i 个用户对第 j 个电影的评分值对应的方程：

$$U_{i0} \cdot V_{j0} + U_{i1} \cdot V_{j1} + \cdots = r_{ij}$$

由于每个方程都包含**U**和**V**中未知数的乘积，因此它不是一个线性方程组，无法使用前面的最小二乘法函数 lsqr()。对于这种方程组的最优化问题，可以假设其中的一部分未知数已知，从而将其转换成线性方程组。

如果**V**已知，那么**U**为未知数，个数为$N_u \cdot K$。可以使用最小二乘法对这些未知数进行求解。这时最小二乘法中的矩阵**A**的大小为$N_r \times N_u \cdot K$。同样若**U**已知，则**V**为未知数，个数为$N_v \cdot K$，这时最小二乘法的矩阵**A**的大小为$N_r \times N_v \cdot K$。

具体的运算步骤如下：

(1) 通过随机数产生**U**和**V**。

(2) 假设**V**为已知数，使用最小二乘法对**U**进行求解。使用新的解更新**U**。

(3) 假设**U**为已知数，使用最小二乘法对**V**进行求解。使用新的解更新**V**。

(4) 使用**U**和**V**对测试数据进行推荐性能评价。

(5) 转到步骤(2)重复执行，直到推荐性能的评价不再提升。

下面的 uv_decompose()实现上述运算步骤，arrays 参数为包括训练数据和测试数据的 6 个数组。其他参数均用于控制训练的参数。❶通过随机数产生**U**和**V**，为了保证这两个矩阵相乘后得到的结果大小基本一致，需要以 $\frac{1}{\sqrt{K}}$ 为缩放因子。

❷使用 coo_matrix()创建当**U**为未知数、**V**为已知数时的系数矩阵 $\mathbf{A}^{\mathrm{v}}$，并将其转换成 csr_matrix()格式的稀疏矩阵。假设电影评分中的第 r 行对应用户为 i、电影为 j，则 $\mathbf{A}^{\mathrm{v}}$ 中的第 r 行中不为零的元素为从第 j · K 列到第 j · K + K − 1 列：

$$\mathbf{A}^{\mathrm{v}}_{\mathrm{r, j\cdot K...j\cdot K + K - 1}} = \mathbf{V}_{\mathrm{j}}$$

而当 U 为已知数时的系数矩阵 $\mathbf{A}^{\mathrm{u}}$ 的第 r 行中不为零的元素为从第 i · K 列到第 i · K + K − 1 列：

$$\mathbf{A}^{\mathrm{u}}_{\mathrm{r, i\cdot K...i\cdot K + K - 1}} = \mathbf{U}_{\mathrm{i}}$$

❸调用 lsmr()进行最小二乘计算，并将计算结果写入**U**。由于**V**的值只是假设已知，我们并不希望使用它作为系数找到精确的最小二乘解，因此通过系数 maxiter 设置计算最小二乘解时的迭代次数，系数 damp 控制解的大小。当它不为零时被称为正则化最小二乘解。

❹由于 Au 是一个 CSR 格式的稀疏矩阵，其中非零元素的值按照行的顺序保存在 data 属性中。它正好与数组 U 平坦化之后的每个元素相对应，因此通过 Au.data 更新稀疏矩阵 $\mathbf{A}^{\mathrm{u}}$ 中的数据。这里通过参数 mu 控制 Au 中元素变化的快慢。mu 越大则 Au 越接近 U 的值。接下来使用新的 $\mathbf{A}^{\mathrm{u}}$ 计算**V**，并更新 $\mathbf{A}^{\mathrm{v}}$。

❺使用**U**和**V**计算测试数据的预测评分，并计算与实际评分数据的 RMSE 评价值。将最佳的 RMSE 评价值保存在 best_rmse 中，而与之对应的**U**和**V**则保存在 best_U 和 best_V 中。

❻由于对大型稀疏矩阵进行最小二乘运算会消耗大量内存，这里调用 gc.collect()强制进行垃圾回收，释放内存空间。

```python
from scipy import sparse
from scipy.sparse import linalg
import gc

def uv_decompose(arrays, loop_count, k, maxiter, mu, damp):
    u_train, v_train, r_train, u_test, v_test, r_test = arrays

    U = np.random.rand(nu, k) * 0.1 / k**0.5 ❶
    V = np.random.rand(nv, k) * 0.1 / k**0.5
```

```
        idxv_col = (u_train[:, None]*k + np.arange(k)).ravel()
        idx_row = np.repeat(np.arange(nr), k)
        Av = sparse.coo_matrix((V[v_train].ravel(), (idx_row, idxv_col)),
                               shape=(nr, nu*k)).tocsr() ❷


        idxu_col = (v_train[:, None]*k + np.arange(k)).ravel()
        Au = sparse.coo_matrix((U[u_train].ravel(), (idx_row, idxu_col)),
                               shape=(nr, nv*k)).tocsr()


        best_U, best_V = None, None
        best_rmse = 100.0
        rmse_list = []


        for i in range(loop_count):
            U.ravel()[:] = linalg.lsmr(Av, r_train, maxiter=maxiter, damp=damp)[0] ❸
            Au.data[:] = Au.data[:]*(1-mu) + U[u_train].ravel()*mu ❹

            V.ravel()[:] = linalg.lsmr(Au, r_train, maxiter=maxiter, damp=damp)[0]
            Av.data[:] = Av.data[:]*(1-mu) + V[v_train].ravel()*mu

            r_pred = U.dot(V.T)[u_test, v_test] ❺
            rmse = rmse_score(r_test, r_pred)
            rmse_list.append(rmse)
            if rmse < best_rmse:
                best_rmse = rmse
                best_U, best_V = U.copy(), V.copy()
            gc.collect() ❻

    return best_U, best_V, best_rmse, rmse_list
```

程序虽然不复杂,但是 maxiter、k、mu 和 damp 等参数均会对结果有影响,因此找到最佳组合是十分耗时的工作。下面比较了 damp 为 3.5 和 3.0 时的 RMSE 和迭代次数的关系。结果如图 11-13 所示,由于 damp 的目的是防止过度学习,因此 3.5 比 3.0 的收敛速度慢,但 RMSE 能收敛到更小的值。

```
U1, V1, best_rmse1, rmses1 = uv_decompose(arrays,
                         loop_count=20, maxiter=6, k=30, mu=0.4, damp=3.5)
U2, V2, best_rmse2, rmses2 = uv_decompose(arrays,
                         loop_count=20, maxiter=6, k=30, mu=0.4, damp=3.0)
print best_rmse1, best_rmse2
0.901107139807 0.904096209664
```

```
pl.plot(np.arange(1, len(rmses1)+1), rmses1, label="damp=3.5")
pl.plot(np.arange(1, len(rmses2)+1), rmses2, label="damp=3.0")
pl.legend(loc="best")
pl.xlabel(u"迭代次数")
pl.ylabel("RMSE")
```

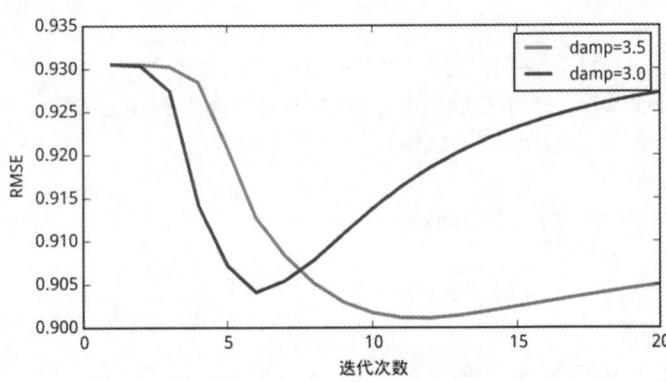

图 11-13 damp 系数对 RMSE 的影响

11.3.5　使用 Cython 迭代实现矩阵分解

还可以使用随机梯度下降法对矩阵进行分解。下面是具体的计算公式。和前面的方法相同，首先用随机数初始化用户矩阵$\mathbf{U}$和电影矩阵$\mathbf{V}$。随机挑选一个评分$\mathbf{r_{ij}}$，它是用户 i 对电影 j 的评分。计算预测评分值$\hat{\mathbf{r}}_{ij}$：

$$\hat{\mathbf{r}}_{ij} = \sum_{k=1}^{K} \mathbf{U}_{ik} \cdot \mathbf{V}_{jk}$$

然后计算评分误差 e：

$$e = \mathbf{r}_{ij} - \hat{\mathbf{r}}_{ij}$$

使用误差 e 通过下面两个公式同时更新$\mathbf{U}_{ik}$和$\mathbf{V}_{jk}$，其中$k = 1 \cdots K$。η为学习系数，β为防止过度学习的系数。值得注意的是这两个公式是同时更新的，因此第一个公式计算的结果$\mathbf{U}_{ik}$并不代入到第二个公式中运算。

$$\mathbf{U}_{ik} = \mathbf{U}_{ik} + \eta \cdot (e \cdot \mathbf{V}_{jk} - \beta \cdot \mathbf{U}_{ik})$$
$$\mathbf{V}_{jk} = \mathbf{V}_{jk} + \eta \cdot (e \cdot \mathbf{U}_{ik} - \beta \cdot \mathbf{V}_{jk})$$

由于需要大量的循环运算，因此我们使用 Cython 编写迭代程序。uv_update()的参数分别为用户编号、电影编号、评分、用户矩阵$\mathbf{U}$、电影矩阵$\mathbf{V}$、学习系数和防止过度学习的系数。

```
%%cython
#cython: boundscheck=False
#cython: wraparound=False
import numpy as np
```

```
cdef double dot(double[:, ::1] x, double[:, ::1] y, int i, int j):
    cdef int k
    cdef double s = 0
    for k in range(x.shape[1]):
        s += x[i, k] * y[j, k]
    return s


def uv_update(int[::1] userid, int[::1] movieid, double[::1] rating,
              double[:, ::1] uservalue, double[:, ::1] movievalue,
              double eta, double beta):
    cdef int j, k
    cdef int ratecount = rating.shape[0]
    cdef int uid, mid
    cdef double rvalue, pvalue, error
    cdef double tmp
    cdef int nk = uservalue.shape[1]

    for j in range(ratecount):
        uid = userid[j]
        mid = movieid[j]
        rvalue = rating[j]
        pvalue = dot(uservalue, movievalue, uid, mid)
        error = rvalue - pvalue
        for k in range(nk):
            tmp = uservalue[uid, k]
            uservalue[uid, k] += eta * (error * movievalue[mid, k]
                                        - beta * uservalue[uid, k])
            movievalue[mid, k]+= eta * (error * tmp - beta * movievalue[mid, k])
```

下面的 uv_decompose2()循环 iter_count 次调用 uv_update()以更新**U**和**V**。在每次调用之前，通过 shuffle()打乱用户编号、电影编号、评分这三个数组的顺序，实现评分的随机选择。

```
def uv_decompose2(arrays, k, eta, beta, iter_count):
    u_train, v_train, r_train, u_test, v_test, r_test = arrays

    U = np.random.rand(nu, k) * 0.1 / k**0.5
    V = np.random.rand(nv, k) * 0.1 / k**0.5

    best_U, best_V = None, None
    best_rmse = 100.0
    rmses = []
    idx = np.arange(nr)
```

```
    for i in range(iter_count):
        np.random.shuffle(idx)
        uv_update(u_train[idx], v_train[idx], r_train2[idx], U, V, eta, beta)
        t = U.dot(V.T)
        r_pred2 = t[u_test, v_test]
        rmse = rmse_score(r_test, r_pred2)
        rmses.append(rmse)
        if best_rmse > rmse:
            best_rmse = rmse
            best_U, best_V = U.copy(), V.copy()

    return best_U, best_V, best_rmse, rmses
```

下面绘制k = 30、η = 0.008、β = 0.08的收敛曲线，结果如图 11-14 所示：

```
np.random.seed(2)
U3, V3, best_rmse3, rmses3 = uv_decompose2(arrays, 30, 0.008, 0.08, 100)
pl.plot(rmses3)
idx = np.argmin(rmses3)
pl.axvline(idx, lw=1, ls="--")
pl.ylabel("RMSE")
pl.xlabel(u"迭代次数")
pl.text(idx, best_rmse3 + 0.002, "%g" % best_rmse3)
```

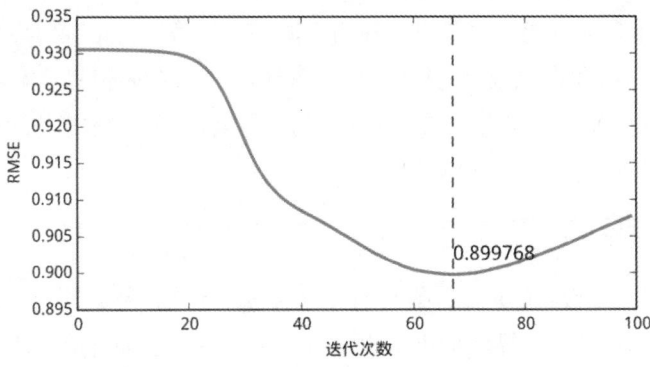

图 11-14 随机梯度下降法的收敛曲线

　　将 UV 分解得到的评分预测加上前面的 r_pred，就得到了最终的评分预测 r_pred3。下面使用 Pandas 的 boxplot()绘制每个评分等级对应的预测评分的箱形图，结果如图 11-15 所示。图中横坐标为实际评分的 5 个等级，每个盒子表示每个等级对应的预测评分的分布情况。

```
r_pred3 = U3.dot(V3.T)[u_test, v_test] + r_pred
s = pd.DataFrame({"r":r_test, "$\hat{r}$":r_pred3})
s.boxplot(column="$\hat{r}$", by="r", figsize=(12, 6))
```

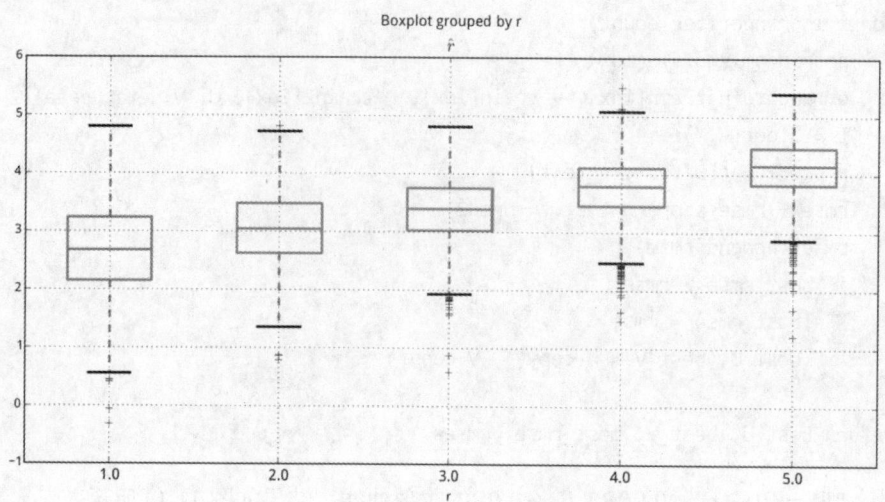

图 11-15 以实际评分对预测评分分组，绘制每组的分布情况

11.4 频域信号处理

与本节内容对应的 Notebook 为： 11-examples/examples-400-fft.ipynb。

FFT(快速傅立叶变换)能将时域信号转换为频域信号。转换为频域信号之后，可以很方便地分析出信号的频率成分，在频域上进行处理，最终还可以将处理完毕的频域信号通过 IFFT(逆变换)转换为时域信号，实现许多在时域无法完成的信号处理算法。本章将通过许多实例，简单地介绍有关频域信号处理的一些基础知识。

11.4.1 FFT 知识复习

FFT 变换是针对一个数组的运算，数组的长度 N 通常是 2 的整数次幂，例如 64、128、256 等。数值可以是实数或复数，通常的时域信号都是实数，因此下面都以实数为例。可以把这一组实数想象成对某个连续信号按照一定取样周期进行取样而得，如果对有 N 个实数的数组进行 FFT 变换，将得到一个有 N 个复数的数组，它的元素有如下规律：

- 下标为 0 和 N/2 的两个复数的虚数部分为 0。
- 下标为 i 和 N-i 的两个复数共轭，也就是其虚数部分数值相同、符号相反。

下面的例子演示了这一规律，先以 rand()随机产生有 8 个元素的数组 x，然后用 fft()对其运算之后，观察其结果为 8 个复数，可以看出结果满足上面两条规律：

```
x = np.random.rand(8)
xf = np.fft.fft(x)
```

```
print x
print xf
```

```
[ 0.361  0.419  0.499  0.558  0.031  0.705  0.419  0.314]
[ 3.307+0.j    -0.044-0.051j -0.526-0.252j  0.706+0.111j -0.686+0.j     0.706-0.111j
-0.526+0.252j -0.044+0.051j]
```

FFT 变换的结果可以通过 IFFT 变换还原为原来的值：

```
np.fft.ifft(xf)
```

```
array([ 0.361 +0.000e+00j, 0.419 -1.032e-17j, 0.499 -1.388e-17j, 0.558 -1.076e-16j,
        0.031 +0.000e+00j,0.705 +1.146e-16j, 0.419 +1.388e-17j, 0.314 +3.379e-18j])
```

注意 ifft() 的运算结果实际上和数组 x 相同，由于浮点数的运算误差，出现了一些非常小的虚数部分，可以调用 np.real() 获取其中的实数部分。

FFT 和 IFFT 变换并没有增加或减少数据的个数：数组 x 中有 8 个实数数值，而数组 xf 中其实也只有 8 个有效的数值。由于复数共轭和虚数部分为 0 等规律，真正有用的信息保存在下标从 0 到 N/2 的 N/2+1 个复数中，又由于下标为 0 和 N/2 的值的虚数部分为 0，因此只有 N 个有效的实数值。

下面看看 FFT 变换所得到的复数的含义：

- 下标为 0 的实数表示时域信号中的直流成分。
- 下标为 i 的复数 a+bj 表示时域信号中周期为 N/i 个取样值的正弦波和余弦波的成分，其中 a 表示余弦波形的成分，b 表示正弦波形的成分。

让我们通过几个例子验证上述规律，下面对一个直流信号进行 FFT 变换：

```
x = np.ones(8)
np.fft.fft(x)/len(x) # 为了计算各个成分的能量，需要将 FFT 的结果除以 FFT 的长度
array([ 1.+0.j,  0.+0.j,  0.+0.j,  0.+0.j,  0.+0.j,  0.+0.j,  0.+0.j,  0.+0.j])
```

所谓直流信号，就是其值不随时间变化，因此我们创建一个值全为 1 的数组 x，它的 FFT 结果除了下标为 0 的数值不为 0 以外，其余的都为 0。这表示时域信号是直流的，并且其能量为 1。

下面我们产生一个周期为 8 个取样的正弦波，然后观察其 FFT 结果：

```
x = np.arange(0, 2*np.pi, 2*np.pi/8)
y = np.sin(x)
tmp = np.fft.fft(y)/len(y)
print np.array_str(tmp, suppress_small=True)
[ 0.+0.j -0.-0.5j  0.-0.j   0.-0.j   0.+0.j   0.-0.j   0.+0.j   0.+0.5j]
```

为了便于观察结果，这里用 array_str() 将数组转换字符串，并设置 suppress_small 参数为 True，将一些很小的数值显示为 0。现在观察正弦波的 FFT 的计算结果：下标为 1 的复数的虚数部分

为-0.5，而我们产生的正弦波的振幅为 1，它们之间的关系是-0.5*(-2)=1。接下来看余弦信号的 FFT 结果：

```
tmp = np.fft.fft(np.cos(x))/len(x)
print np.array_str(tmp, suppress_small=True)
[-0.0+0.j  0.5-0.j  0.0+0.j  0.0+0.j  0.0+0.j -0.0+0.j  0.0+0.j  0.5-0.j]
```

只有下标为 1 的复数的实数部分为 0.5，和余弦波振幅之间的关系是 0.5*2=1。再看两个例子：

```
tmp = np.fft.fft(2*np.sin(2*x))/len(x)
print np.array_str(tmp, suppress_small=True)
tmp = np.fft.fft(0.8*np.cos(2*x))/len(x)
print np.array_str(tmp, suppress_small=True)
[ 0.+0.j  0.+0.j -0.-1.j  0.-0.j  0.+0.j  0.+0.j -0.+1.j  0.-0.j]
[-0.0+0.j -0.0+0.j  0.4-0.j  0.0-0.j  0.0+0.j  0.0-0.j  0.4+0.j -0.0+0.j]
```

上面产生的是周期为 4 个取样点的正弦和余弦信号，其 FFT 的有效成分在下标为 2 的复数中，其中正弦波的振幅为 2，其频域虚数部分的值为-1；余弦波的振幅为 0.8，频域中对应的值为 0.4。

如果将两个同频率的正弦波和余弦波通过不同的系数进行叠加，就可以得到同样频率的各种相位的余弦波。因此我们可以这样来理解频域中的复数：

- 复数的模(绝对值)的两倍为对应频率的余弦波的振幅。
- 复数的辐角表示对应频率的余弦波的相位。

最后再看一个例子：

```
x = np.arange(0, 2*np.pi, 2*np.pi/128)
y = 0.3*np.cos(x) + 0.5*np.cos(2*x+np.pi/4) + 0.8*np.cos(3*x-np.pi/3)
yf = np.fft.fft(y)/len(y)
print np.array_str(yf[:4], suppress_small=True)
print np.abs(yf[1]), np.rad2deg(np.angle(yf[1])) # 周期为 128 取样点的余弦波的振幅和相位
print np.abs(yf[2]), np.rad2deg(np.angle(yf[2])) # 周期为 64 取样点的余弦波的振幅和相位
# 周期为 42.667 取样点的余弦波的振幅和相位
print np.abs(yf[3]), np.rad2deg(np.angle(yf[3]))
[ 0.000+0.j     0.150+0.j     0.177+0.177j  0.200-0.346j]
0.15 2.48480834489e-15
0.25 45.0
0.4 -60.0
```

这里 np.angle() 计算复数的辐角，得到的是弧度，通过 np.rad2deg() 将弧度变换为角度值。在这个例子中产生了三个频率、振幅和相位各不相同的余弦波：

- 周期为 128 个取样点的余弦波的相位为 0，振幅为 0.3。

- 周期为 64 个取样点的余弦波的相位为 45 度(π/4)，振幅为 0.5。

- 周期为 42.66(128/3.0)个取样点的余弦波的相位为-60(-π/3)度，振幅为 0.8。

对照 yf[1]、yf[2]、yf[3]的复数振幅和辐角，读者应该对 FFT 结果中的每个数值都有很清晰的认识。

FFT 的运算效率由 FFT 长度 N 的质因子决定，N 能被分解得越小，运算速度越快。例如当 N 为素数时，FFT 的运算效率达到最低。下面的程序比较 4096 点 FFT 和 4093 点 FFT 运算的时间，由于 4096 是 2 的整数次幂，而 4093 是一个素数，因此它们的运算时间相差非常大：

```
x1 = np.random.random(4096)
x2 = np.random.random(4093)

%timeit np.fft.fft(x1)
%timeit np.fft.fft(x2)
10000 loops, best of 3: 183 μs per loop
10 loops, best of 3: 69.6 ms per loop
```

11.4.2 合成时域信号

在上节的演示中，通过 ifft()可以将频域信号转换回时域信号，这种转换是精确的。下面的程序完成类似的频域信号转时域信号的计算。不过可以由用户选择一部分频域信号转换为时域信号，这样转换的结果和原始的时域信号会有误差，使用的频率信息越多，此误差越小。通过此程序可以直观地观察到多个余弦波的叠加是如何逐步逼近任意时域信号的，图 11-16 显示了使用 FFT 计算的三角波频谱。

```
def triangle_wave(size): ❶
    x = np.arange(0, 1, 1.0/size)
    y = np.where(x<0.5, x, 0)
    y = np.where(x>=0.5, 1-x, y)
    return x, y


# 取 FFT 计算结果 bins 中的前 n 项进行合成，返回合成结果，计算 loops 个周期的波形
def fft_combine(bins, n, loops=1): ❷
    length = len(bins) * loops
    data = np.zeros(length)
    index = loops * np.arange(0, length, 1.0) / length * (2 * np.pi)
    for k, p in enumerate(bins[:n]):
        if k != 0: p *= 2 # 除去直流成分之外，其余的系数都*2
        data += np.real(p) * np.cos(k*index) # 余弦成分的系数为实数部分
        data -= np.imag(p) * np.sin(k*index) # 正弦成分的系数为负的虚数部分
    return index, data


fft_size = 256
```

```
# 计算三角波及其 FFT
x, y = triangle_wave(fft_size)
fy = np.fft.fft(y) / fft_size

# 绘制三角波的 FFT 的前 20 项的振幅，由于不含下标为偶数的值均为 0，因此取
# log 之后无穷小，无法绘图，用 np.clip 函数设置数组值的上下限，保证绘图正确
fig, axes = pl.subplots(2, 1, figsize=(8, 6))
axes[0].plot(np.clip(20*np.log10(np.abs(fy[:20])), -120, 120), "o")
axes[0].set_xlabel(u"频率窗口(frequency bin)")
axes[0].set_ylabel(u"幅值(dB)")

# 绘制原始的三角波和用正弦波逐级合成的结果，使用的取样点为 x 轴坐标
axes[1].plot(y, label=u"原始三角波", linewidth=2)
for i in [0,1,3,5,7,9]:
    index, data = fft_combine(fy, i+1, 2)  # 计算两个周期的合成波形
    axes[1].plot(data, label = "N=%s" % i, alpha=0.6)
axes[1].legend(loc="best")
```

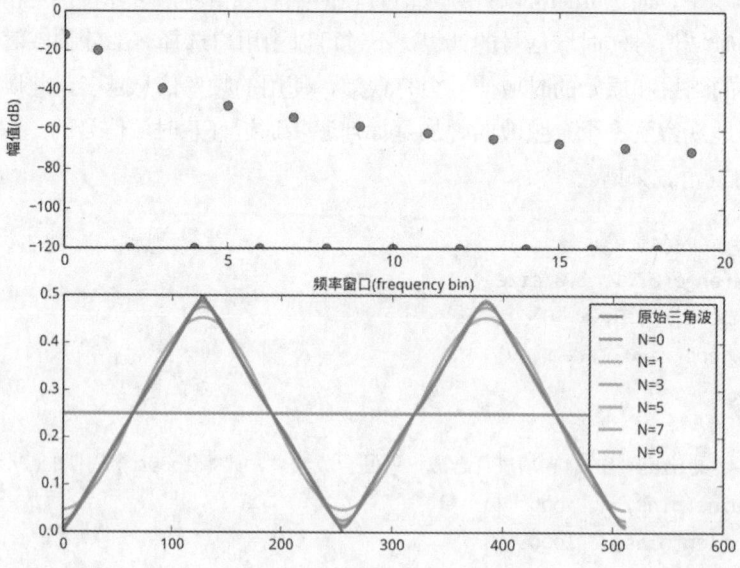

图 11-16 三角波的频谱(上)，使用频谱中的部分频率重建的三角波(下)

❶triangle_wave()产生一个周期的三角波形，这里使用 np.where()计算分段函数。triangle()返回两个数组，分别表示 X 轴和 Y 轴的值。后面的计算和绘图不使用 X 轴坐标，而是直接用取样序号作为 X 轴坐标。❷fft_combine()使用 FFT 结果 bins 中的前 n 个数据重新合成时域信号，loops 参数指定计算的周期数。通过这个例子可知，合成时域信号时，使用的频率越多，波形越接近原始的三角波。

接下来再看看合成方波信号。由于方波的波形中存在跳变，因此用有限个正弦波合成的方波在跳变处出现抖动现象，如图 11-17 所示，用正弦波合成的方波的收敛速度比三角波慢得多。计算方波的波形可以采用下面的 square_wave():

```python
def square_wave(size):
    x = np.arange(0, 1, 1.0/size)
    y = np.where(x<0.5, 1.0, 0)
    return x, y

x, y = square_wave(fft_size)
fy = np.fft.fft(y) / fft_size

fig, axes = pl.subplots(2, 1, figsize=(8, 6))
axes[0].plot(np.clip(20*np.log10(np.abs(fy[:20])), -120, 120), "o")
axes[0].set_xlabel(u"频率窗口(frequency bin)")
axes[0].set_ylabel(u"幅值(dB)")
axes[1].plot(y, label=u"原始方波", linewidth=2)
for i in [0,1,3,5,7,9]:
    index, data = fft_combine(fy, i+1, 2)  # 计算两个周期的合成波形
    axes[1].plot(data, label = "N=%s" % i)
axes[1].legend(loc="best")
```

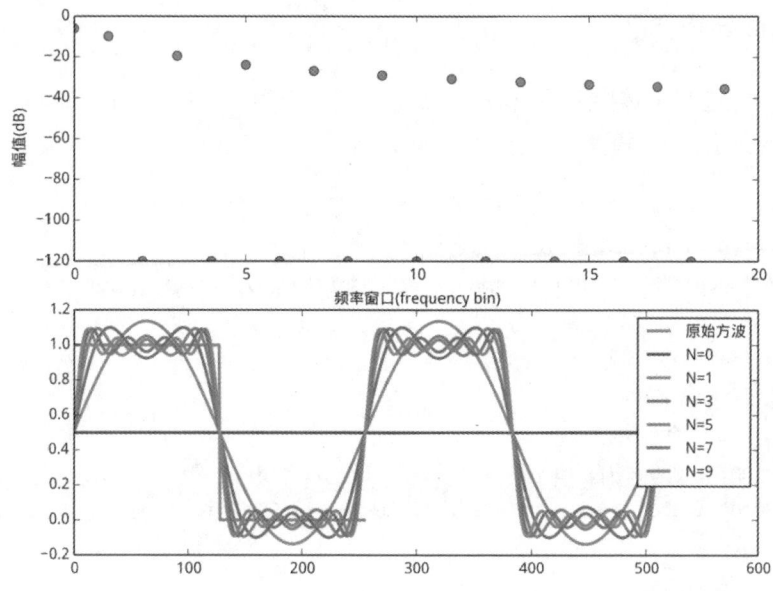

图 11-17 方波的频谱，合成方波在跳变处出现抖动

本书提供了三角波和方波的 FFT 演示程序，使用它们可以交互式地观察各种三角波和方波的频谱及其正弦合成的近似波形。制作界面是一件很费工夫的事情，幸好有 TraitsUI 库的帮忙，200 多行代码就可以制作出如图 11-18 所示的效果。

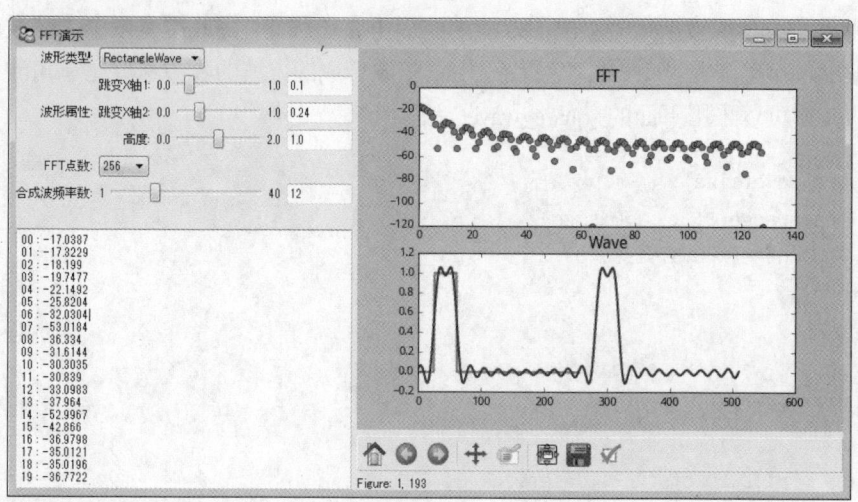

图 11-18 波形频谱观察器界面

 scpy2.examples.fft_demo: 使用该程序可以交互式地观察各种三角波和方波的频谱及其正弦合成的近似波形。

程序中已经给出了详细的注释,相信读者能够读懂并掌握这类程序的写法。

11.4.3 观察信号的频谱

将时域信号通过 FFT 转换为频域信号之后,将其各个频率分量的幅值绘制成图,可以很直观地观察信号的频谱。下面的程序能完成这一任务:

```
sampling_rate, fft_size = 8000, 512         ❶
t = np.arange(0, 1.0, 1.0/sampling_rate) ❷
x = np.sin(2*np.pi*156.25*t)  + 2*np.sin(2*np.pi*234.375*t) ❸

def show_fft(x):
    xs = x[:fft_size]
    xf = np.fft.rfft(xs)/fft_size ❹
    freqs = np.linspace(0, sampling_rate/2, fft_size/2+1) ❺
    xfp = 20*np.log10(np.clip(np.abs(xf), 1e-20, 1e100)) ❻
    pl.figure(figsize=(8,4))
    pl.subplot(211)
    pl.plot(t[:fft_size], xs)
    pl.xlabel(u"时间(秒)")
    pl.subplot(212)
    pl.plot(freqs, xfp)
    pl.xlabel(u"频率(Hz)")
```

```
    pl.subplots_adjust(hspace=0.4)

show_fft(x)
```

图 11-19 为程序的输出，可以看到频谱中除了两个峰值之外，其余的频率成分都接近于 0。
如果放大频谱中的两个峰值，可以看到其值分别为：

```
print xfp[[10, 15]]
[ -6.021e+00  -9.643e-16]
```

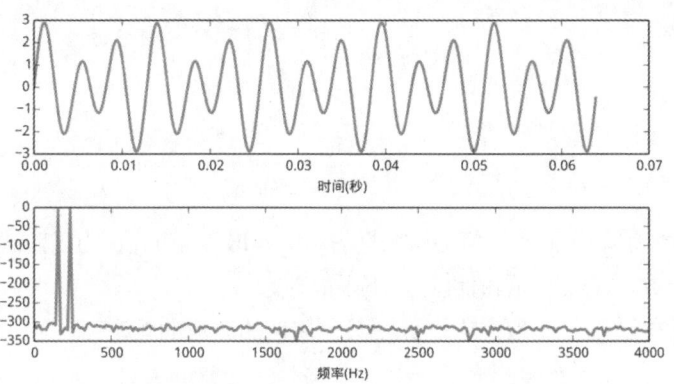

图 11-19　156.25Hz 和 234.375Hz 的波形(上)和频谱(下)

即 156.25Hz 的幅值大小为-6dB，而 234.375Hz 的幅值大小为 0dB。下面详细介绍程序的各
个部分：

❶首先定义了两个常数 sampling_rate 和 fft_size，它们分别表示数字信号的取样频率和 FFT
的长度。❷然后调用 arange()产生 1 秒钟的取样时间，t 中的每个数值直接表示取样点的时间，
因此其间隔为取样周期 1/sampline_rate。

❸用取样时间数组 t 可以很方便地计算出波形数据，这里计算的是两个正弦波的叠加，一
个频率是 156.25Hz，另一个是 234.375Hz。为什么选择这两个奇怪的频率呢？因为这两个频率
的正弦波在 512 个取样点中正好有整数个周期。只有整数个周期的波形的 FFT 结果能精确地反
映其频率。

假设取样频率为 f_s，取波形中的 N 个数据进行 FFT 变换。当这 N 点数据包含整数个周期的
波形时，FFT 所计算的结果是精确的。因此能精确计算的波形的周期是：$n \cdot f_s/N$。对于 8kHz
的取样频率、512 点的 FFT 来说，8000/512.0=15.625Hz，即只能精确表示 15.625Hz 的整数倍频
率。156.25Hz 和 234.375Hz 正好是其 10 倍和 15 倍。

❹这里使用 rfft()对从波形数据 x 中截取 fft_size 个取样点进行 FFT 计算，所得到的结果不包
括共轭部分。根据 FFT 计算公式，为了正确显示波形能量，还需要将结果除以 FFT 的长度 fft_size。

对于长度为 N 的 FFT 运算，rfft()返回N/2 + 1个复数，分别表示从 0 到f_s/2的各点频率的
成分。❺因此可以通过 linspace()计算出 rfft()的返回值中每个数值对应的真正频率。也可以使用
NumPy 提供的 fftfreq()函数，它的第一个参数为 FFT 的长度，第二个参数为信号的取样周期。

它返回与 FFT 结果对应的 **fft_size** 个频率，前半部分频率大于等于 0，后半部分频率为负值。其中频率为负值的部分也可以将其频率理解为该负值加上取样频率。此外，**rfftfreq()** 计算与 **rfft()** 结果对应的频率。

```
freqs = np.fft.fftfreq(fft_size, 1.0/sampling_rate)
for i in [0, 1, fft_size//2-1, fft_size//2, fft_size//2+1, fft_size-2, fft_size-1]:
    print i, "\t", freqs[i]
0    0.0
1    15.625
255      3984.375
256     -4000.0
257     -3984.375
510     -31.25
511      -15.625
```

❻最后计算每个频率分量的幅值，并将其转换为以 dB 度量的值。为了防止 0 幅值造成 log10() 无法计算，调用 np.clip() 对 xf 的幅值进行上下限处理。

下面看看不能在 **fft_size** 个取样中形成整数个周期的波形的频谱：

```
x = np.sin(2*np.pi*200*t)  + 2*np.sin(2*np.pi*300*t)
show_fft(x)
```

得到的结果如图 11-20 所示。这次得到的频谱不再是两个完美的峰值，而是两个峰值频率周围的频率都有能量。这显然和两个正弦波的叠加波形的频谱有区别。本来应该属于 200Hz 和 300Hz 的能量分散到了周围的频率中，这种现象被称为频谱泄漏。出现频谱泄漏的原因在于 **fft_size** 个取样点无法放下整数个 200Hz 和 300Hz 的波形。

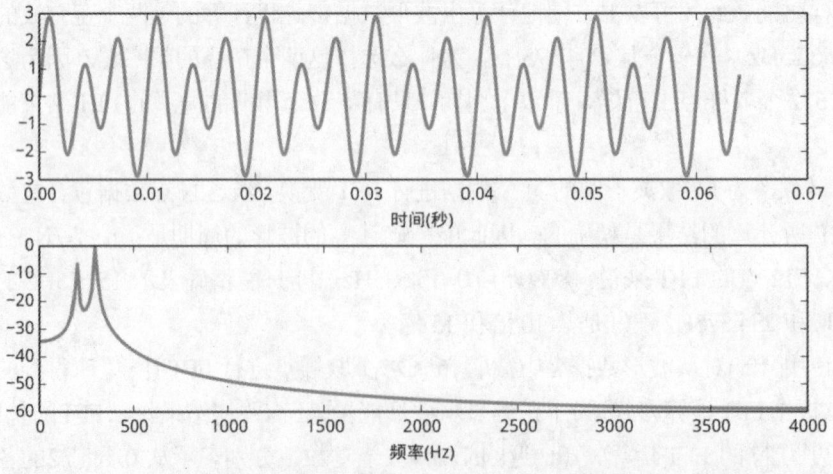

图 11-20 非完整周期(200Hz 和 300Hz)的正弦波经过 FFT 变换之后出现频谱泄漏

我们只能在有限的时间段中对信号进行测量，无法知道测量范围之外的信号。因此只能对测量范围之外的信号进行假设。而傅立叶变换的假设很简单：测量范围之外的信号是所测量到的信号的重复。

现在考虑 512 点 FFT，从信号中取出的 512 个数据就是 FFT 的测量范围，它计算的是这 512 个数据一直重复的波形的频谱。显然，如果 512 个数据包含整数个周期，那么得到的结果就是原始信号的频谱；而如果不是整数周期，得到的频谱就是如图 11-21 所示的波形的频谱。由于波形的前后不是连续的，存在跳变，而跳变处有着非常广泛的频谱，因此 FFT 结果中出现频谱泄漏。

```
pl.figure(figsize=(6, 2))
t = np.arange(0, 1.0, 1.0/8000)
x = np.sin(2*np.pi*50*t)[:512]
pl.plot(np.hstack([x, x, x]))
```

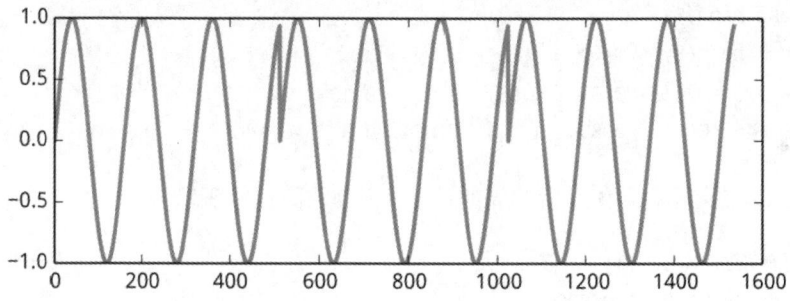

图 11-21 50Hz 正弦波的 512 点 FFT 所计算频谱的实际波形

1. 窗函数

为了减少 FFT 所截取的数据段前后的跳变，可以把数据与一个窗函数相乘，使得其前后数据能平滑过渡。例如，常用的 Hann 窗函数的定义如下：

$$w(n) = 0.5 \left(1 - \cos\left(\frac{2\pi n}{N-1}\right)\right)$$

其中 N 为窗函数的点数，图 11-22 是一个 512 点 Hann 窗的曲线：

```
from scipy import signal
pl.figure(figsize=(6, 2))
pl.plot(signal.hann(512))
```

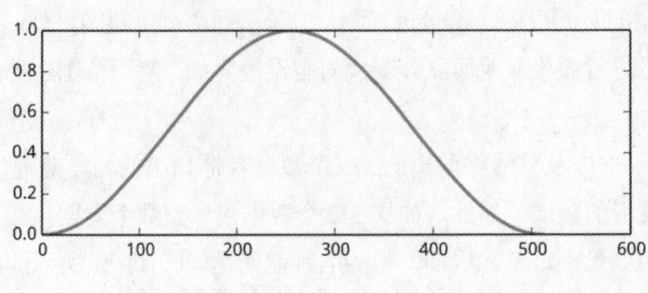

图 11-22 Hann 窗函数

窗函数都在 scipy.signal 库中定义，它们的第一个参数为点数 N。可以看出 Hann 窗函数是完全对称的，也就是说第 0 点和第 511 点的值完全相同，都为 0。如果将这样的窗函数与信号数据相乘，结果中会出现前后两个连续的 0，这样会对 FFT 变换之后的信号频谱有一定的影响。

为了解决连续 0 值的问题，hann 函数提供了 sym 参数，如果其值为 0，则产生一个 N+1 点的 Hann 窗函数，并舍去最末端的数值，这样得到的窗函数就适合于周期信号了：

```
print signal.hann(8)
print signal.hann(8, sym=0)
[ 0.     0.188 0.611 0.95   0.95   0.611 0.188 0.   ]
[ 0.     0.146 0.5   0.854 1.     0.854 0.5   0.146]
```

50Hz 正弦波与窗函数乘积之后的周期重复波形如图 11-23 所示：

```
pl.figure(figsize=(6, 2))
t = np.arange(0, 1.0, 1.0/8000)
x = np.sin(2*np.pi*50*t)[:512] * signal.hann(512, sym=0)
pl.plot(np.hstack([x, x, x]))
```

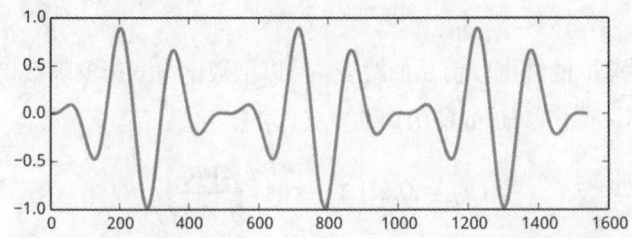

图 11-23 加 Hann 窗的 50Hz 正弦波的 512 点 FFT 所计算的实际波形

回到前面的例子，将 200Hz 和 300Hz 的叠加波形与 Hann 窗相乘之后再计算其频谱，得到如图 11-24 所示的频谱图。

```
t = np.arange(0, 1.0, 1.0/sampling_rate)
x = np.sin(2*np.pi*200*t)  + 2*np.sin(2*np.pi*300*t)

xs = x[:fft_size]
```

```
ys = xs * signal.hann(fft_size, sym=0)

xf = np.fft.rfft(xs)/fft_size
yf = np.fft.rfft(ys)/fft_size
freqs = np.linspace(0, sampling_rate/2, fft_size/2+1)
xfp = 20*np.log10(np.clip(np.abs(xf), 1e-20, 1e100))
yfp = 20*np.log10(np.clip(np.abs(yf), 1e-20, 1e100))
pl.figure(figsize=(8,4))
pl.plot(freqs, xfp, label=u"矩形窗")
pl.plot(freqs, yfp, label=u"hann 窗")
pl.legend()
pl.xlabel(u"频率(Hz)")

a = pl.axes([.4, .2, .4, .4])
a.plot(freqs, xfp, label=u"矩形窗")
a.plot(freqs, yfp, label=u"hann 窗")
a.set_xlim(100, 400)
a.set_ylim(-40, 0)
```

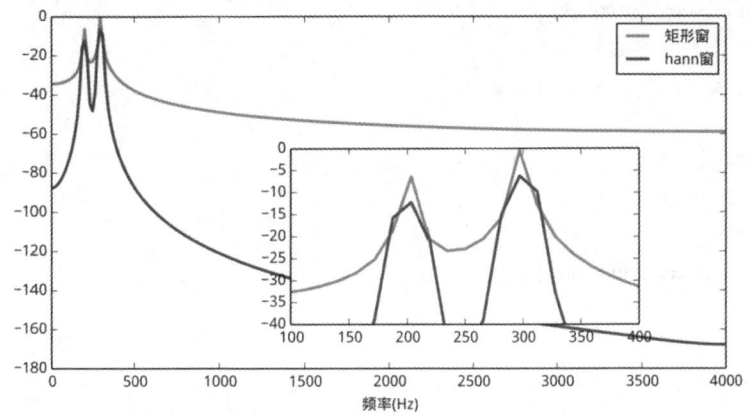

图 11-24 加 Hann 窗前后的频谱，Hann 窗能降低频谱泄漏

可以看到与 Hann 窗乘积之后的信号的频谱能量更加集中于 200Hz 和 300Hz，但是其能量有所降低。这是因为 Hann 窗本身有一定的能量衰减：

```
np.mean(signal.hann(512, sym=0))
```
```
0.5
```

如果需要严格保持信号的能量，还需要在与 Hann 窗相乘之后再把信号扩大一倍。

2. 频谱平均

对于频谱特性不随时间变化的信号，例如引擎、压缩机等机器噪声，可以对其进行长时间的采样，然后分段进行 FFT 计算，最后对每个频率分量的幅值求平均值，就可以准确地测量信号的频谱。下面的程序完成这一计算：

```
def average_fft(x, fft_size):
    n = len(x) // fft_size * fft_size
    tmp = x[:n].reshape(-1, fft_size)        ❶
    tmp *= signal.hann(fft_size, sym=0)      ❷
    xf = np.abs(np.fft.rfft(tmp)/fft_size)   ❸
    avgf = np.mean(xf, axis=0)
    return 20*np.log10(avgf)
```

average_fft(x, fft_size)对数组 x 进行 fft_size 点 FFT 运算，并返回以 dB 为度量的平均幅值。由于 x 的长度可能不是 fft_size 的整数倍，❶因此首先将其缩短为 fft_size 的整数倍，然后用 reshape()将其转换成一个二维数组 tmp。tmp 的第 1 轴的长度为 fft_size。

❷将 tmp 数组的第 1 轴上的数据和 Hann 窗函数相乘。❸调用 rfft()对 tmp 数组中的每行数据进行 FFT 计算，并求其幅值。❹最后，用 mean()对 xf 沿着第 0 轴进行平均，这样就得到了每个频率分量的平均幅值。

图 11-25 是利用 average_fft()计算随机数序列频谱的例子。

```
x = np.random.randn(100000)
xf = average_fft(x, 512)
pl.figure(figsize=(7,3.5))
pl.plot(xf)
pl.xlabel(u"频率窗口(Frequency Bin)")
pl.ylabel(u"幅值(dB)")
pl.xlim([0,257])
pl.subplots_adjust(bottom=0.15)
```

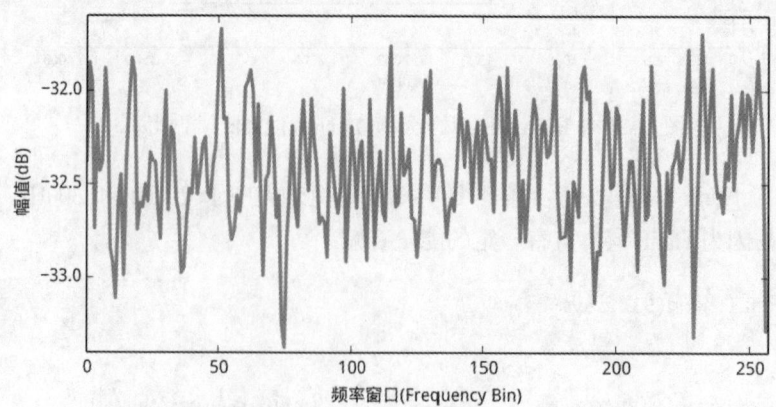

图 11-25 白色噪声的频谱接近水平直线(注意 Y 轴的范围)

可以看到随机噪声的频谱接近一条水平直线，也就是说每个频率窗口的能量都相同，这种噪声被称作白噪声。如果让白噪声通过一个 IIR 低通滤波器，绘制其输出信号的平均频谱，就能够观察到 IIR 滤波器的频率响应特性。下面的程序利用 iirdesign() 设计一个 8kHz 取样的 1kHz 的 Chebyshev I 型低通滤波器，iirdesign() 需要用正规化的频率(取值范围为 0~1)，然后调用 filtfilt() 对白色噪声信号进行低通滤波。如果用 average_fft() 计算滤波器输出信号的平均频谱，将得到如图 11-26 所示的频谱图。

```
b, a = signal.iirdesign(1000/4000.0, 1100/4000.0, 1, 40, 0, "cheby1")
x = np.random.randn(100000)
y = signal.filtfilt(b, a, x)
yf = average_fft(y, 512)
pl.figure(figsize=(7, 3.5))
pl.plot(yf)
pl.xlabel(u"频率窗口(Frequency Bin)")
pl.ylabel(u"幅值(dB)")
pl.xlim(0, 257)
pl.subplots_adjust(bottom=0.15)
```

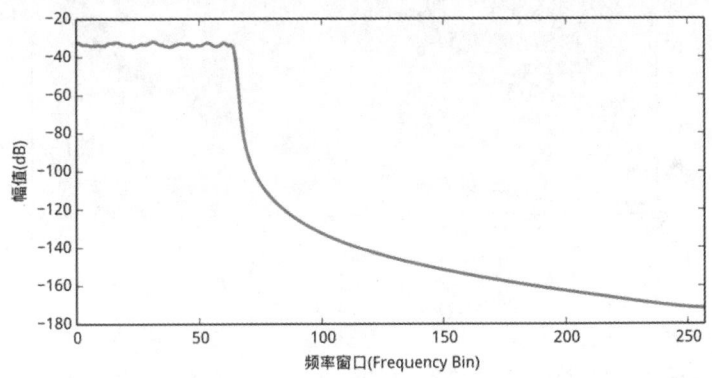

图 11-26 经过低通滤波器的白噪声的频谱

3. 谱图

虽然使用 FFT 能够观察信号的频域特性，但却完全丧失了信号在时间轴上的信息。因此前面所介绍的观察信号频谱的方法只适合于频率特性不随时间变化的情况。当信号频率随时间变化时，为了既能观察信号频率又能观察其随时间的变化，可以使用短时距傅里叶变换(STFT)。

STFT 算法所得到的结果被称为谱图(Spectrogram)。谱图的横轴表示时间而纵轴表示频率，谱图上每点的值表示信号在此点的能量。STFT 算法其实很简单：对信号分段进行 FFT 处理，每一次处理的结果都是谱图中的一列。每段信号的长度越短，时间轴上的精度越高，而频率轴上的精度就越低，反过来也是一样。时间轴和频率轴上的分辨率是一对不可调和的矛盾，根据傅立叶变换的不确定原理，我们不能指望同时获得频率和时间的高分辨率。

下面是绘制频率扫描波的谱图的程序，效果如图 11-27 所示。通过此图可以很直观地观察到信号的频率随着时间而逐渐变高，并且是呈指数增长的。

```
sampling_rate = 8000.0
fft_size = 1024
step = fft_size/16
time = 2

t = np.arange(0, time, 1/sampling_rate)
sweep = signal.chirp(t, f0=100, t1 = time, f1=0.8*sampling_rate/2, method="logarithmic")

pl.specgram(sweep, fft_size, sampling_rate, noverlap = 1024-step)
pl.xlabel(u"时间(秒)")
pl.ylabel(u"频率(Hz)")
```

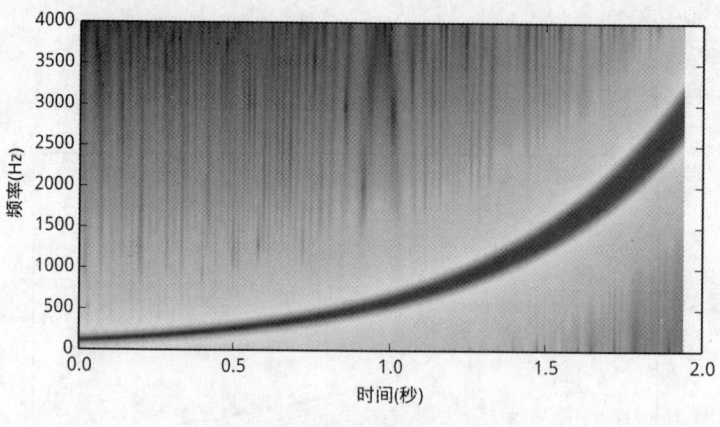

图 11-27 频率扫描波的谱图

　　这里使用 matplotlib 提供的绘制谱图的函数 specgram()，其第一个参数是表示信号的数组，第二个参数是 FFT 的长度，第三个参数是信号的取样频率。noverlap 参数是连续两块数据之间重叠部分的长度，该参数越接近 FFT 的长度，FFT 运算的次数越多，时间轴上的精度也越大。specgram()还有许多其他的关键字参数，请读者阅读其函数文档以了解详细用法。

　　本书提供了一个用 PyAudio、TraitsUI 等制作的谱图观察的程序。它实时地从声卡读入声音数据，并绘制出声音信号的时间波形、频谱以及谱图。由于本程序对计算机的配置要求较高，请读者在较快的机器上运行本程序。另外，为了计算效率，程序中没有使用重叠处理。图 11-28 是程序的界面截图。

scpy2.examples.spectrogram_realtime: 实时观察声音信号谱图的演示程序，使用 TraitsUI、PyAudio 等库来实现。

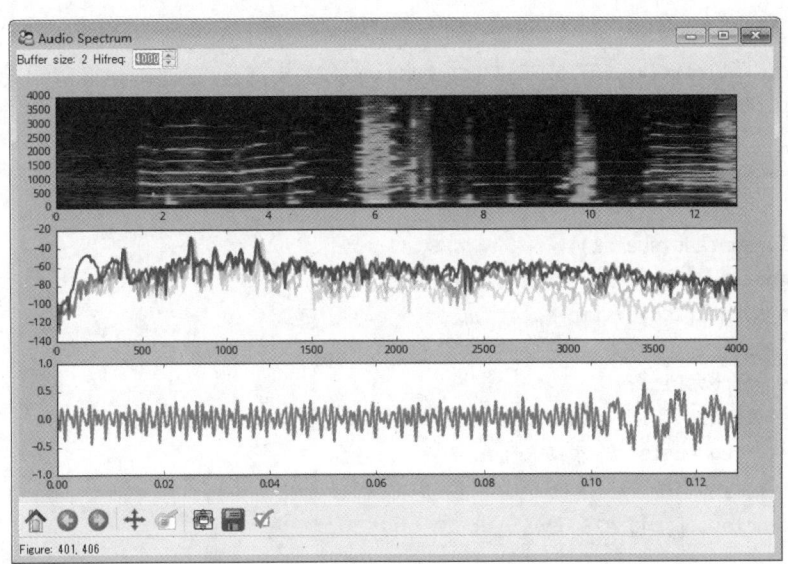

图 11-28 使用 TraitsUI 制作的实时观察声音信号谱图的界面

4. 精确测量信号频率

FFT 的频率分辨率可以通过"取样频率/FFT 长度"计算，若仅根据频谱峰值的位置测量信号频率，则为了精确测量只能提高 FFT 的长度。本小节介绍一种使用 FFT 结果中的相位信息，在不增加 FFT 长度的情况下精确测量频率的方法。

下面首先创建一个包含三个频率 44Hz、150Hz 和 330Hz，以及白色噪声的测试信号 x。其取样频率为 8000Hz，长度为 2400 点。如果使用频谱峰值测量频率，则频率的最高分辨率为 8000/2400=3.33Hz。

```
def make_wave(amp, freq, phase, tend, rate):
    period = 1.0 / rate
    t = np.arange(0, tend, period)
    x = np.zeros_like(t)
    for a, f, p in zip(amp, freq, phase):
        x += a * np.sin(2*np.pi*f*t + p)
    return t, x


RATE = 8000
t, x = make_wave([1, 2, 0.5], [44, 150, 330], [1, 1.4, 1.8], 0.3, RATE)
x += np.random.randn(len(x))
```

下面用 1024 点 FFT 计算频谱峰值对应的频率。峰值需要满足两个条件：❶可以使用 signal.argrelmax() 计算局域最大值。其 order 参数指定比较窗口的大小，3 表示峰值需要比其左右相邻的 3 个值都大。❷峰值需要大于平均值的 3 倍，这样可以剔除由白色噪声产生的微小局域峰值。

```
FFT_SIZE = 1024
spect1 = np.fft.rfft(x[:FFT_SIZE] * np.hanning(FFT_SIZE))
freqs = np.fft.fftfreq(FFT_SIZE, 1.0/RATE)

bin_width = freqs[1] - freqs[0]

amp_spect1 = np.abs(spect1)
loc, = signal.argrelmax(amp_spect1, order=3)    ❶
mask = amp_spect1[loc] > amp_spect1.mean() * 3      ❷
loc = loc[mask]
peak_freqs = freqs[loc]
print "bin width:", bin_width
print "Peak Frequencies:", peak_freqs
```
```
bin width: 7.8125
Peak Frequencies: [  46.875  148.438  328.125]
```

可以看出峰值的频率与实际的频率相比有近 3Hz 的误差。利用相位信息可以减小检测频率的误差。为了利用相位信息，我们延时 256 个取样之后再次计算信号的频谱。256 个取样值相当于延时了 dt = 256 / 8000 = 0.032 秒。计算两次 FFT 结果中频谱峰值对应的相位，并计算相位差值 phase_delta。如果在Δt时间之内，相位变化了Δθ，则频率可以根据如下公式计算：

$$f_n = \frac{\Delta\theta + 2n\pi}{2\pi\Delta t}, n = 0 \ldots \infty$$

由于旋转一圈之后，相位完全相同，因此在Δt时间内，相位变化Δθ的频率有无数个，它是一个等差数列。只需要找出该等差数列中与根据频谱峰值获得的频率最接近的那个频率即可。下面首先计算峰值处前后两次 FFT 的相位差：

```
COUNT = FFT_SIZE//4
dt = COUNT / 8000.0

spect2 = np.fft.rfft(x[COUNT:COUNT+FFT_SIZE] * np.hanning(FFT_SIZE))

phase1 = np.angle(spect1[loc])
phase2 = np.angle(spect2[loc])

phase_delta = phase2 - phase1
print phase_delta
```
```
[ 2.595 -1.29  -2.899]
```

然后利用相位差计算信号中各个峰值的频率。❶为了减少运算次数，首先利用频谱峰值中的最高频率计算 n 的最大可能取值 max_n。❷利用广播运算，计算各个相位差值所对应的可能的频率 possible_freqs。❸找到可能频率中与峰值频率最接近的那个作为信号的频率。

可以看到结果非常接近信号的真实频率，由于存在白噪声，相位差也存在较小的误差，因此最终计算的信号频率也存在误差。

```
max_n = (peak_freqs.max() + 3*bin_width) * dt  ❶
n = np.arange(max_n)

possible_freqs = (phase_delta + 2*np.pi*n[:, None]) / (2 * np.pi * dt)  ❷

idx = np.argmin(np.abs(peak_freqs - possible_freqs), axis=0)     ❸
peak_freqs2 = possible_freqs[idx, np.arange(len(peak_freqs))]
print "Peak Frequencies:", peak_freqs2
```
```
Peak Frequencies: [  44.155  149.833  329.33 ]
```

11.4.4 卷积运算

信号x经过系统h之后的输出y是x和h的卷积，虽然卷积的计算方法很简单，但是当x和h都很长的时候，卷积计算是非常耗费时间的。因此对于响应时间很长的系统h，需要找到比直接计算卷积更快的方法。

信号系统理论中有这样一个规律：时域的卷积等于频域的乘积，因此要计算时域的卷积，可以将时域信号转换为频域信号，进行乘积运算之后再将结果转换为时域信号，实现快速卷积。

1. 快速卷积

由于FFT运算可以高效地将时域信号转换为频域信号，其运算的复杂度为O(NlogN)，因此三次FFT运算加一次乘积运算的总复杂度仍然为O(NlogN)级别，而卷积运算的复杂度为O(N^2)，显然通过FFT计算卷积要比直接计算快得多。这里假设需要卷积的两个信号的长度都为N。

但是有一个问题：FFT运算假设其所计算的信号为周期信号，因此通过上述方法计算出的结果实际上是两个信号的循环卷积，而不是线性卷积。为了用FFT计算线性卷积，需要对信号进行补零扩展，使得其长度长于线性卷积结果的长度。

例如，如果要计算数组a和b的卷积，a和b的长度都为128，那么它们的卷积结果的长度为len(a)+len(b)-1=255。为了让FFT能够计算其线性卷积，需要将a和b的长度都扩展到256。下面的程序演示了这个计算过程。

❶找到大于n的最小的2的整数次幂。❷fft()的第二个参数为FFT的长度，当输入数据的长度不够时，自动对其进行补零。❸最后对两个频域信号的乘积调用ifft()，得到时域信号的卷积。其结果比实际的卷积结果多一个数，这个多出来的数值应该接近于0，请读者自行验证。

```
def fft_convolve(a,b):
    n = len(a) + len(b) - 1
    N = 2**(int(np.log2(n)) + 1)     ❶
    A = np.fft.fft(a, N)             ❷
    B = np.fft.fft(b, N)
    return np.fft.ifft(A * B)[:n]    ❸

a = np.random.rand(128)
b = np.random.rand(128)
c = np.convolve(a,b)
```

```
np.allclose(c, fft_convolve(a, b))
```
```
True
```

由于直接计算卷积和使用 FFT 的快速卷积的复杂度级别不同，因此当卷积数据很长时，可以观察到明显的速度差别。下面的程序比较两种卷积算法的运算时间：

```
a=np.random.rand(10000)
b=np.random.rand(10000)
print np.allclose(np.convolve(a, b), fft_convolve(a, b))

%timeit np.convolve(a, b)
%timeit fft_convolve(a, b)
```
```
True
10 loops, best of 3: 36.5 ms per loop
100 loops, best of 3: 6.43 ms per loop
```

显然计算两个很长的数组的卷积时，FFT 快速卷积要比直接卷积快很多。但是对于较短的数组，直接卷积运算还是更快一些。图 11-29 显示了直接卷积和快速卷积的平均计算时间和长度之间的关系。其中 Y 轴显示的是每个数据的平均计算时间，因此直接卷积对应的曲线是线性的：O(N)。由图可知对于长度大于 1024 的卷积，快速卷积显示出明显的优势。

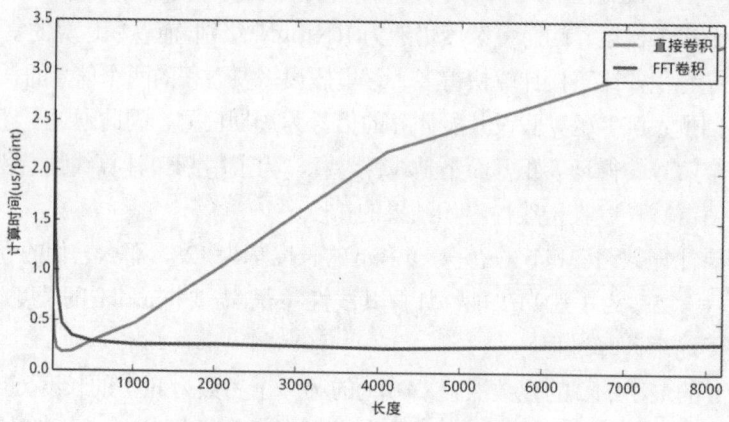

图 11-29 比较直接卷积和 FFT 卷积的运算速度

由于 FFT 卷积很常用，因此 scipy.signal 中提供了 fftconvolve()。此函数采用 FFT 运算，并可计算多维数组的卷积。下面是在 Notebook 中测试直接卷积与快速卷积的速度的程序：

```
results = []
for n in xrange(4, 14):
    N = 2**n
    a = np.random.rand(N)
    b = np.random.rand(N)
    tr1 = %timeit -r 1 -o -q np.convolve(a, b)
    tr2 = %timeit -r 1 -o -q fft_convolve(a, b)
```

```
    t1 = tr1.best * 1e6 / N
    t2 = tr2.best * 1e6 / N
    results.append((N, t1, t2))
results = np.array(results)

pl.figure(figsize=(8,4))
pl.plot(results[:, 0], results[:, 1], label=u"直接卷积")
pl.plot(results[:, 0], results[:, 2], label=u"FFT 卷积")
pl.legend()
pl.ylabel(u"计算时间(us/point)")
pl.xlabel(u"长度")
pl.xlim(min(n_list),max(n_list))
```

2. 卷积的分段运算

现在考虑输入信号x和系统响应h的卷积运算。通常输入信号是非常长的，例如要对某段录音进行滤波处理，假设取样频率为 8kHz，录音长度为 1 分钟，则数据的长度为 480000。而如果需要对麦克风的输入信号进行连续的滤波处理，那么输入信号的长度可以看作无限长的。系统响应h的长度通常都是固定的，例如它可能是某个房间的脉冲响应，或是某种 FIR 滤波器的系数。

根据前面的介绍，为了有效地利用 FFT 计算卷积，我们希望它的两个输入长度相当，于是就需要对输入信号进行分段处理。卷积的分段运算被称作 overlap-add 运算，其计算方法如图 11-30 所示：

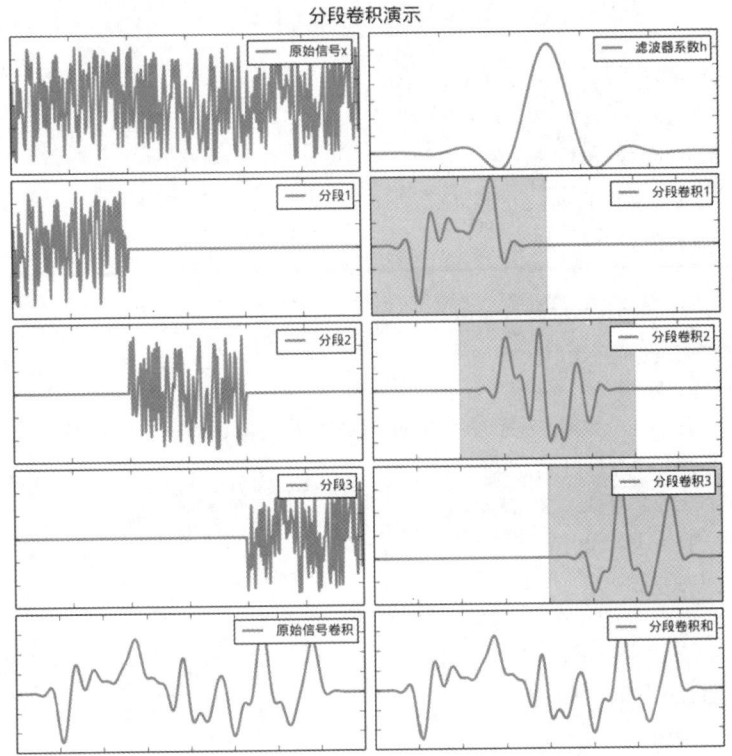

图 11-30 使用 overlap-add 法进行分段卷积的过程演示

图中原始信号 x 的长度为 300，将它分为三段，分别与滤波器系数 h 进行卷积计算。h 的长度为 101，因此每段输出 200 个数据，图中用绿色标出每段输出的 200 个数据。这 3 段数据按照时间顺序求和，得到的结果和直接卷积的结果是相同的。

输入信号 x 和滤波器 h 的分段卷积运算可以按照如下步骤进行，假设 h 的长度为 M：

(1) 建立一个缓存，其大小为 N+M－1，初始值为 0。

(2) 每次从 x 中读取 N 个数据，和 h 进行卷积，得到 N+M－1 个数据。将这些数据与缓存中的数据进行求和，并将结果保存进缓存中，最后输出缓存的前 N 个数据。

(3) 将缓存中的数据向左移动 N 个元素，也就是让缓存中的第 N 个元素成为第 0 个元素，左移完成之后将缓存中后面的 N 个元素全部设置为 0。

(4) 跳转到(2)重复运行。

下面是实现这一算法的演示程序：

```python
x = np.random.rand(1000)
h = np.random.rand(101)
y = np.convolve(x, h)

N = 50 # 分段大小
M = len(h) # 滤波器的长度

output = []

#缓存初始化为 0
buffer = np.zeros(M+N-1,dtype=np.float64)

for i in xrange(len(x)/N):
    #从输入信号中读取 N 个数据
    xslice = x[i*N:(i+1)*N]
    #计算卷积
    yslice = np.convolve(xslice, h)
    #将卷积的结果加入到缓存中
    buffer += yslice
    #输出缓存中的前 N 个数据，注意使用 copy，否则输出的是 buffer 的一个视图
    output.append( buffer[:N].copy() ) ❶
    #缓存中的数据左移 N 个元素
    buffer[0:-N] = buffer[N:]
    #后面的补 0
    buffer[-N:] = 0

#将输出的数据组合为数组
y2 = np.hstack(output)
#计算和直接卷积的结果之间的误差
```

```
print "error:", np.max(np.abs( y2 - y[:len(x)] ) )
error: 7.1054273576e-15
```

❶注意需要输出缓存前 N 个数据的拷贝，否则输出的是数组的视图。当此后缓存 buffer 更新时，视图中的数据会一起更新。程序输出直接卷积和 overlap-add 分段卷积的最大误差。将 FFT 快速卷积和 overlap-add 相结合，可以制作出一些快速的实时数据滤波算法。但是由于 FFT 卷积对于两个长度相当的数组最为有效，因此在分段时也会有所限制。例如，如果滤波器的长度为 2048，那么理想的分段长度也为 2048；如果将分段长度设置得过低，反而会增加运算量。因此在实时性要求很强的系统中，只能采用直接卷积。

11.5　布尔可满足性问题求解器

与本节内容对应的 Notebook 为：11-examples/examples-500-picosat.ipynb。

可满足性用来解决给定的布尔方程式，寻找一组变量赋值，使问题成为可满足。布尔可满足性问题(以下简称 SAT)属于决定性问题，是第一个被证明 NP 完全问题。它是计算机科学中许多领域的重要问题，包括计算机科学基础理论、算法、人工智能、硬件设计等。本章介绍如何用 Cython 包装 C 语言的 SAT 问题求解器 PicoSAT，并使用该扩展模块解决数独游戏和扫雷游戏。

http://fmv.jku.at/picosat/
PicoSAT 的下载地址。

让我们先通过一个例子解释什么是布尔方程式，以及如何将其转换为 SAT 求解器所需的合取范式(CNF)，并调用 cycosat 对其求解。

一道逻辑推理题

有 4 名嫌疑犯，他们做了如下供述：
● 甲：不是我作的案。
● 乙：丁就是罪犯。
● 丙：乙是罪犯。
● 丁：乙有意诬陷我。
已知 4 人当中只有一人说了真话。请推理出罪犯是谁？

我们用 A、B、C 和 D 这 4 个布尔变量分别表示甲、乙、丙、丁 4 位嫌疑人是否是罪犯。表达式 A 表示甲是罪犯，~A 表示甲不是罪犯。由此可以得出表 11-1 所示的 4 个布尔表达式：

表 11-1 布尔表达式

嫌疑犯	供述	布尔表达式
甲	不是我作的案	S1=~A
乙	丁就是罪犯	S2=D
丙	乙是罪犯	S3=B
丁	乙有意诬陷我	S4=~D

由于 4 个人中只有一人说了真话，因此有如下 4 种可能，即列举出只有一个表达式为真的所有组合，其中&表示与运算，|表示或运算。

```
S1 & ~S2 & ~S3 & ~S4 |
~S1 &  S2 & ~S3 & ~S4 |
~S1 & ~S2 &  S3 & ~S4 |
~S1 & ~S2 & ~S3 &  S4
```

在上面的表达式中，每行的表达式是一个与运算，而行之间是或运算。这种逻辑公式被称为析取范式(DNF)。然而 SAT 求解器只能对 CNF 表达式求解。一个满足 CNF 的布尔表达式由多个子表达式的与运算构成，而每个子表达式则由逻辑变量的或运算构成。因此需要使用另外的方法来表示 S1、S2、S3、S4 中只有一个为真：

```
~(S1 & S2) &
~(S1 & S3) &
~(S1 & S4) &
~(S2 & S3) &
~(S2 & S4) &
~(S3 & S4) &
~(~S1 & ~S2 & ~S3 & ~S4)
```

在上面的表达式中，列举 S1、S2、S3、S4 中所有的两两组合，任何一个组合都不可能同时为真，最后一个子句~(~S1 & ~S2 & ~S3 & ~S4)表示 4 个供述不可能都为假。使用布尔公式：~(A & B) = ~A | ~B，可得到下面左侧的 CNF 公式。把 S1、S2、S3、S4 转换成 A、B、C、D 之后得到右侧的表示该逻辑问题的 CNF 公式：

```
~S1, ~S2        A, ~D
~S1, ~S3        A, ~B
~S1,  S4        A,  D
~S2, ~S3       ~D, ~B
~S2, ~S4       ~D,  D
~S3, ~S4       ~B,  D
```

```
S1, S2, S3, S4       ~A, D, B, ~D
```

将 DNF 转换为 CNF 是一件比较麻烦的工作，可以借助 SymPy 的布尔代数模块自动转换。
❶首先定义 A 到 D 共 4 个符号，❷并使用位操作符创建 DNF 表达式。❸然后调用 to_cnf()将 DNF
表达式转换为 CNF 表达式。得到的结果比上面的手工转换结果更加简洁：

```
from sympy import symbols
from sympy.logic.boolalg import to_cnf

A, B, C, D = symbols("A:D")   ❶
S1 = ~A
S2 = D
S3 = B
S4 = ~D
dnf = ((S1 & ~S2 & ~S3 & ~S4) |     ❷
       (~S1 & S2 & ~S3 & ~S4) |
       (~S1 & ~S2 & S3 & ~S4) |
       (~S1 & ~S2 & ~S3 & S4))

cnf = to_cnf(dnf)   ❸
%sympy_latex cnf
```

$A \wedge \neg B \wedge (A \vee D) \wedge (A \vee \neg B) \wedge (A \vee \neg D) \wedge (D \vee \neg B) \wedge (D \vee \neg D) \wedge (\neg B \vee \neg D)$

使用 satisfiable()可以对逻辑表达式进行推导，下面的结果显示逻辑变量 A 为真，即甲是罪犯：

```
from sympy.logic.inference import satisfiable
satisfiable(cnf)
```
```
{B: False, A: True, D: False}
```

下面使用本章将要介绍的 cycosat 扩展库对这个逻辑问题进行求解。CNF 公式可以使用一
个嵌套列表表示，列表中的每个整数与一个布尔变量对应，负数表示逻辑非。例如 1 与 A 对应，
1 表示 A，而-1 表示~A。

CoSAT 类是用 Cython 编写的扩展类，它对 C 语言编写的 PicoSAT 进行包装。❶调用
add_clauses()将嵌套列表表示的 CNF 公式添加进求解器。可以多次调用 add_clauses()逐步添加更
多的表达式。❷调用 solve()进行求解得到一个解列表，列表中的每个元素与一个布尔变量对应，
1 表示该布尔变量为真，-1 表示假。由结果可知甲是罪犯。

```
from scpy2.cycosat import CoSAT

sat = CoSAT()
problem = [[1, -4], [1, -2], [1, 4], [-4, -2],
          [-4, 4], [-2, 4], [-1, 4, 2, -4]]
```

```
sat.add_clauses(problem)    ❶
print sat.solve()    ❷
[1, -1, -1, -1]
```

11.5.1 用 Cython 包装 PicoSAT

PicoSAT 采用 C 语言编写，其源代码只有两个文件：picosat.c 和 picosat.h。我们编写的 Cython 扩展库将对其中的如下函数进行包装：

```
#define PICOSAT_UNKNOWN        0
#define PICOSAT_SATISFIABLE    10
#define PICOSAT_UNSATISFIABLE  20

typedef struct PicoSAT PicoSAT;

PicoSAT * picosat_init (void);
void picosat_reset (PicoSAT *);
int picosat_add (PicoSAT *, int lit);
int picosat_add_lits (PicoSAT *, int * lits);
int picosat_sat (PicoSAT *, int decision_limit);
int picosat_variables (PicoSAT *);
int picosat_deref (PicoSAT *, int lit);
void picosat_assume (PicoSAT *, int lit);
```

PicoSAT 求解器的所有状态都保存在 PicoSAT 结构体中，调用 picosat_init() 将返回一个指向新分配的结构体的指针，而 picosat_res() 则释放该指针所指向的结构体。

调用 picosat_add() 和 picosat_add_lits() 函数往结构体中添加逻辑子句。调用一次 picosat_add() 只能添加一条子句中的一个变量，而 picosat_add_lits() 则可添加整条子句，用 0 表示子句结束。例如添加子句 1、−4，可以如下调用：

```
picosat_add(sat, 1);
picosat_add(sat, -4);
picosat_add(sat, 0);
```

或者：

```
int clause[3] = {1, -4, 0};
picosat_add_lits(sat, clause);
```

调用 picosat_sat() 进行求解，返回 PICOSAT_SATISFIABLE 表示求解成功。调用 picosat_variables() 得到逻辑变量的个数，picosat_deref() 得到第 lit 个逻辑变量的解，它返回 1 表示该逻辑变量取值为 True，−1 表示取值为 False，0 表示不确定。

下面在 Cython 中对 picosat.h 文件中定义的常量宏、结构体以及函数进行声明。由于不需要在 Cython 中存取 PicoSAT 结构体的字段内容，因此无须对其各个字段进行声明。

```
cdef extern from "picosat.h":
    ctypedef enum:
        PICOSAT_UNKNOWN
        PICOSAT_SATISFIABLE
        PICOSAT_UNSATISFIABLE

    ctypedef struct PicoSAT:
        pass

    PicoSAT * picosat_init ()
    void picosat_reset (PicoSAT *)
    int picosat_add (PicoSAT *, int lit)
    int picosat_add_lits(PicoSAT *, int * lits)
    int picosat_sat (PicoSAT *, int decision_limit)
    int picosat_variables (PicoSAT *)
    int picosat_deref (PicoSAT *, int lit)
    void picosat_assume (PicoSAT *, int lit)
```

我们使用下面的扩展类 CoSAT 对 PicoSAT 结构体进行包装。❶为了在 Cython 程序中快速重建 PicoSAT 结构体，这里采用 clauses 属性缓存将被添加进 PicoSAT 结构体中的所有子句。它是 Python 标准库 array 中的数组对象。由于 array 对象同时具有 C 语言数组的连续存储数值元素的功能，以及列表的动态扩容功能，因此很适合作为子句的缓存使用。在 clauses 中，每条子句都以 0 开始，以 0 结束，因此在初始化时为其添加一个元素 0。

❷buf_pos 属性保存 clauses 中已经添加进 PocoSAT 结构体的子句的最终位置，−1 表示需要创建新的 PicoSAT 结构体。

```
from cpython cimport array

cdef class CoSAT:

    cdef PicoSAT * sat
    cdef public array.array clauses   ❶
    cdef int buf_pos          ❷

    def __cinit__(self):
        self.buf_pos = -1
        self.clauses = array.array("i", [0])

    def __dealloc__(self):
        self.close_sat()
```

```
        cdef close_sat(self):
            if self.sat is not NULL:
                picosat_reset(self.sat)
                self.sat = NULL
```

在每次调用 picosat_sat()求解之前,都需要将缓存中位于 buf_pos 之后的子句添加进 PicoSAT 结构体,这个工作由 build_causes()完成。❶在 Cython 中可以通过 array 对象的 array.data.as_ints 属性获得指向数组对象的数据缓存区,从而通过 C 语言的指针对数组中的数据进行快速操作。

❷而当 buf_pos 为−1 时,需要重新创建 PicoSAT 结构体,这个工作由 build_sat()完成。

```
        cdef build_clauses(self):
            cdef int * p
            cdef int i
            cdef int count = len(self.clauses)
            if count - 1 == self.buf_pos:
                return
            p - self.clauses.data.as_ints  ❶
            for i in range(self.buf_pos, count - 1):
                if p[i] == 0:
                    picosat_add_lits(self.sat, p+i+1)
            self.buf_pos = count - 1

        cdef build_sat(self):  ❷
            if self.buf_pos == -1:
                self.close_sat()
                self.sat = picosat_init()
                if self.sat is NULL:
                    raise MemoryError()
                self.buf_pos = 0
            self.build_clauses()
```

接下来是往缓存中添加单个子句的 add_clause()和添加多个子句的 add_clauses(),它们都是通过调用内部方法_add_clause()来实现的。

```
        cdef _add_clause(self, clause):
            self.clauses.extend(clause)
            self.clauses.append(0)

        def add_clause(self, clause):
            self._add_clause(clause)

        def add_clauses(self, clauses):
            for clause in clauses:
                self._add_clause(clause)
```

get_solution()返回保存当前解的列表，❶首先调用 picosat_variables()获得布尔变量的个数，❷然后调用 picosat_deref()获得第 i 个变量的解。注意在 PicoSAT 中，布尔变量的序号从 1 开始，因此返回列表中下标为 0 的元素表示的是序号为 1 的布尔变量的解。

在 solve()中❸首先调用 build_sat()方法更新结构体，❹然后调用 picosat_sat()求解，若返回值为 PICOSAT_SATISFIABLE，则返回 get_solution()得到的解。

```
def get_solution(self):
    cdef list solution = []
    cdef int i, v
    cdef int max_index

    max_index = picosat_variables(self.sat)   ❶
    for i in range(max_index):
        v = picosat_deref(self.sat, i+1)   ❷
        solution.append(v)
    return solution

def solve(self, limit=-1):
    cdef int res
    self.build_sat()   ❸
    res = picosat_sat(self.sat, limit)   ❹
    if res == PICOSAT_SATISFIABLE:
        return self.get_solution()
    elif res == PICOSAT_UNSATISFIABLE:
        return "PICOSAT_UNSATISFIABLE"
    elif res == PICOSAT_UNKNOWN:
        return "PICOSAT_UNKNOWN"
```

上面的 solve()方法只能获得一个解，下面的 iter_solve()返回一个能遍历所有解的迭代器。❶在每次获得解 solution 之后，添加一条否定该解的子句。例如，如果解为[-1, 1, 1, -1]，其含义为~B1 & B2 & B3 & ~B4，其中 Bi 为第 i 个布尔变量。对该子句取反得到 B1|~B2|~B3|B4，转换为 PicoSAT 的子句为：1, -2, -3, 4。❷由于 iter_solve()修改了结构体的内容，无法将其还原到求解之前的状态，因此调用 iter_reset()将 buf_pos 属性设置为-1，这样下次求解时，将重新创建新的 PicoSAT 结构体。

```
def iter_solve(self):
    cdef int res, i
    cdef list solution
    self.build_sat()
    while True:
        res = picosat_sat(self.sat, -1)
        if res == PICOSAT_SATISFIABLE:
```

```
                solution = self.get_solution()
                yield solution
                for i in range(len(solution)):
                    picosat_add(self.sat, -solution[i] * (i+1))   ❶
                picosat_add(self.sat, 0)
            else:
                break
        self.iter_reset()

    def iter_reset(self):  ❷
        self.buf_pos = -1
```


下面让我们看看如何使用 CoSAT 类解决两个较困难的逻辑题。

11.5.2 数独游戏

数独是一种数字填充游戏，玩家需要把从 1 到 9 的数字填进每一格，保证每行、每列和每个宫(3×3 的方块)都有 1 至 9 所有数字。如图 11-31 所示，黑色数字为游戏设计者提供的部分数字，它们使该谜题只有一个答案，灰色数字显示该游戏的解答。

3	6	2	7	9	4	1	8	5
4	1	7	5	3	8	2	6	9
5	9	8	6	2	1	4	3	7
8	7	9	4	1	6	5	2	3
2	4	3	9	7	5	6	1	8
1	5	6	3	8	2	7	9	4
7	2	4	8	6	3	9	5	1
6	8	5	1	4	9	3	7	2
9	3	1	2	5	7	8	4	6

图 11-31 数独游戏示例

由于 SAT 是一个布尔求解器，其中的每个变量只有两个候选值：False 或 True。为了表示数独的表格，我们需要一个三维数组 bools，其第 0 轴对应数独表格的行，第 1 轴对应列，第 2 轴对应每个单元的候选数字。例如，如果在最终的解中，bools[4, 1, 3]对应的布尔变量为真，则表示数独表格中的第 5 行、第 2 列的值为 4。注意这里数独游戏中的行、列以及数字都从 1 开始，而程序中所有的数组下标都从 0 开始。

下面的 bools 数组中保存用于 SAT 求解的布尔变量的序号，注意 SAT 中的布尔变量的序号从 1 开始：

```
bools = np.arange(1, 9 * 9 * 9 + 1).reshape(9, 9, 9)
```

根据数独的约束条件：

1) 每个单元只能填写一个数字，即 bools 中第 2 轴上的每组布尔变量只有一个为真。

2) 每行中不能有重复的数字，第 1 轴上的每组布尔变量只有一个为真。例如，bools[0, :, 2] 为第一行中的每个数字为 3 的布尔变量，由于每行中有且只有一个数字为 3，因此 bools[0, :, 2] 中只有一个为 True。

3) 每列中不能有重复的数字：第 0 轴上的每组布尔变量只有一个为真。

4) 每块中不能有重复的数字：这个条件稍微复杂，需要对 bools 中变量的位置进行一些调整，稍后再做分析。

用一句话说明数独的约束条件就是：对布尔变量进行不同的分组，保证每个分组中只有一个布尔变量为真。下面我们看看如何用 SAT 表示一组布尔变量中只有一个为真这个条件。

SAT 采用合取范式，其中每条表达式中的布尔变量采用或运算连接，而表达式之间采用与运算连接。我们需要使用这种逻辑表达式表示"一组布尔变量中只有一个为真"。例如，对于布尔变量 A、B、C，下面两条表达式的与运算能表示 A、B、C 中只有一个为真：

1) A | B | C：表示 A、B、C 中至少有一个为真。

2) ~(A & B) & ~(A & C) & ~(B & C)：任意两个布尔变量都不同时为真。

第二个条件可以重写为(~A | ~B) & (~A | ~C) & (~B | ~C)，对应三条 SAT 的表达式，因此最终的或与表达式为：

(A | B | C) & (~A | ~B) & (~A | ~C) & (~B | ~C)

根据上面的表达式，我们需要从 9 个元素中取两个元素的所有组合，这种组合运算可以使用 itertools.combinations 来实现。下面的 get_conditions() 返回使得 bools 中最终轴上的所有布尔数组只有一个为真的 SAT 表达式。

❶首先将从 N 个数中选取两个数的所有组合转换成一个二维数组 index，其形状为 (N*(N-1)/2, 2)。❷创建第一个条件对应的逻辑表达式，即最终轴上每组逻辑变量的序号。❸创建第二个条件对应的逻辑表达式，即最终轴上每两个逻辑变量序号的负值。

```python
from itertools import combinations

def get_conditions(bools):
    conditions = []
    n = bools.shape[-1]
    index = np.array(list(combinations(range(n), 2)))   ❶
    # 以最后一轴为组
    # 第一个条件：每组只能有一个为真
    conditions.extend(bools.reshape(-1, n).tolist())   ❷
    # 第二个条件：每组中没有两个同时为真
    conditions.extend((-bools[..., index].reshape(-1, 2)).tolist())   ❸
    return conditions
```

下面是对于 1、2、3 和 4、5、6 这两组逻辑变量的运算结果：

```
print get_conditions(np.array([[1, 2, 3], [4, 5, 6]]))
[[1, 2, 3], [4, 5, 6], [-1, -2], [-1, -3], [-2, -3], [-4, -5], [-4, -6], [-5, -6]]
```

下面使用 get_conditions() 计算数独的前三个约束条件，由于它只针对最终轴进行运算，因此对于"每行的数字不能重复"和"每列的数字不能重复"这两个条件，需要将条件对应的轴调换为最终轴。

```
c1 = get_conditions(bools)  # 每个单元格只能取 1-9 中的一个数字
c2 = get_conditions(np.swapaxes(bools, 1, 2))  # 每行的数字不能重复
c3 = get_conditions(np.swapaxes(bools, 0, 2))  # 每列的数字不能重复
```

对于约束条件 4)，需要将每块的布尔变量调换为最终轴，这需要交替使用 reshape() 和 swapaxes()。最后将 c1、c2、c3、c4 连接成一个列表 conditions，就得到了数独游戏所有约束条件的 SAT 表达式。

```
tmp = np.swapaxes(bools.reshape(3, 3, 3, 3, 9), 1, 2).reshape(9, 9, 9)
c4 = get_conditions(np.swapaxes(tmp, 1, 2))  # 每块的数字不能重复

conditions = c1 + c2 + c3 + c4
```

最后使用 CoSAT 对数独游戏求解。❶solve() 方法返回的是一个列表，首先将其还原成形状为(9, 9, 9)的数组，❷然后找到该数组中最终轴上 1 对应的下标，而实际应该填写的数字为该下标加 1。

请读者仔细观察程序的输出，分析其是否满足数独游戏的约束条件。

```
def format_solution(solution):
    solution = np.array(solution).reshape(9, 9, 9)  ❶
    return (np.where(solution == 1)[2] + 1).reshape(9, 9)  ❷

sat = CoSAT()
sat.add_clauses(conditions)
solution = sat.solve()
format_solution(solution)
array([[9, 8, 7, 6, 5, 4, 3, 2, 1],
       [6, 5, 4, 3, 1, 2, 9, 8, 7],
       [3, 2, 1, 9, 8, 7, 6, 5, 4],
       [8, 9, 6, 7, 4, 5, 2, 1, 3],
       [7, 4, 5, 2, 3, 1, 8, 9, 6],
       [2, 1, 3, 8, 9, 6, 7, 4, 5],
       [5, 7, 9, 4, 6, 8, 1, 3, 2],
       [4, 6, 8, 1, 2, 3, 5, 7, 9],
       [1, 3, 2, 5, 7, 9, 4, 6, 8]])
```

下面用 CoSAT 和 conditions 解决一个实际的数独游戏。游戏的初始状态由 sudoku_str 指定，其中 0 表示需要填写数字的空白格。❶对于初始状态中的每个非 0 数字，都创建一个与其对应的布尔变量为真的布尔表达式，得到 conditions2。❷该游戏的解同时满足 conditions 和 conditions2 条件。

```
sudoku_str = """
000000185
007030000
000021400
800000020
003905600
050000004
004860000
000040300
931000000"""

sudoku = np.array([[int(x) for x in line]
                   for line in sudoku_str.strip().split()])
r, c = np.where(sudoku != 0)
v = sudoku[r, c] - 1


conditions2 = [[x] for x in bools[r, c, v]]      ❶
print "conditions2:"
conditions2
sat = CoSAT()
sat.add_clauses(conditions + conditions2)        ❷
solution = sat.solve()
format_solution(solution)
```

```
conditions2:
[[55],    [71],    [77],    [106],   [120],   [200],
 [208],   [220],   [251],   [308],   [345],   [360],
 [374],   [384],   [419],   [481],   [508],   [521],
 [528],   [607],   [624],   [657],   [660],   [667]]
array([[3, 6, 2, 7, 9, 4, 1, 8, 5],
       [4, 1, 7, 5, 3, 8, 2, 6, 9],
       [5, 9, 8, 6, 2, 1, 4, 3, 7],
       [8, 7, 9, 4, 1, 6, 5, 2, 3],
       [2, 4, 3, 9, 7, 5, 6, 1, 8],
       [1, 5, 6, 3, 8, 2, 7, 9, 4],
       [7, 2, 4, 8, 6, 3, 9, 5, 1],
       [6, 8, 5, 1, 4, 9, 3, 7, 2],
       [9, 3, 1, 2, 5, 7, 8, 4, 6]])
```

我们注意到 conditions2 中的每条或表示式只包含一个布尔变量，对于这种简单的表达式，可以使用 void picosat_assume(PicoSAT *, int lit)添加假设条件。其中 lit 为布尔变量的序号，正数表示假设该布尔变量为真，负数表示假。下面是 CoSAT 类的 assume_solve()方法，它在调用 solve()方法求解之前添加 assumes 指定的所有假设条件。下面是使用 assume_solve()求解的程序：

```python
    def assume_solve(self, assumes):
        self.build_sat()
        for assume in assumes:
            picosat_assume(self.sat, assume)
        return self.solve()


sat = CoSAT()
sat.add_clauses(conditions)
solution = sat.assume_solve(bools[r, c, v].tolist())
format_solution(solution)
array([[3, 6, 2, 7, 9, 4, 1, 8, 5],
       [4, 1, 7, 5, 3, 8, 2, 6, 9],
       [5, 9, 8, 6, 2, 1, 4, 3, 7],
       [8, 7, 9, 4, 1, 6, 5, 2, 3],
       [2, 4, 3, 9, 7, 5, 6, 1, 8],
       [1, 5, 6, 3, 8, 2, 7, 9, 4],
       [7, 2, 4, 8, 6, 3, 9, 5, 1],
       [6, 8, 5, 1, 4, 9, 3, 7, 2],
       [9, 3, 1, 2, 5, 7, 8, 4, 6]])
```

使用 assume_solve()的一个优点是在求解完成之后所有的假设条件将被清空，因此可以重复使用同一个 sat 对象对多个数独游戏求解。

 scpy2.examples.sudoku_solver：采用 matplotlib 制作的数独游戏求解器。

本书提供了一个交互式数独游戏求解器程序，可以使用如下键盘按键来操作：
- 使用方向键改变当前单元格的位置。
- 使用数字键 1-9 填写当前单元格，0 清除当前单元格，用户输入的数字采用黑色显示，空白单元格的解采用浅灰色显示。
- 使用 Ctrl+E 清除所有单元格的内容。

11.5.3 扫雷游戏

扫雷游戏是 Windows 操作系统中最著名的附带游戏，玩家点开方块后如果没有地雷，则会有一个数字显现其上，这个数字为邻近的 8 个方块中的地雷数，玩家运用逻辑推断哪些方块有或没有地雷。

扫雷游戏也可以使用 SAT 进行求解。可以用一个逻辑变量表示每个方块是否有地雷，而每个已经打开的方块中的数字则对其周围地雷的分布提供了约束条件，可以使用 SAT 所需的或与逻辑表达式表示这些约束条件。与前面介绍的逻辑游戏不同的是，自动扫雷的目标不是找到一组可能的解，而是要找到绝对不是雷的方块，从而进一步打开它们。

1. 识别雷区中的数字

下面让我们先使用两幅扫雷游戏的界面截图找出所有数字及其坐标，然后讨论如何使用 SAT 找到所有可以打开的方块的坐标。

mine_init.png 为扫雷初始状态时的界面截图，mine01.png 为打开了一些方格之后的截图，mine_numbers.png 为已打开的方格的所有可能图像。

下面还定义了一些与捕捉的扫雷图像相关的数据：(X0, Y0)为雷区左上角像素的坐标，SIZE 为每个正方形方格的边长，COLS 为雷区中方格的列数，ROWS 为行数。

❶通过 np.s_可以定义一个切片元组以方便提取雷区部分的图像。❷mine_numbers.png 是由 8 幅 12×12 的方格图像在垂直方向上合并而成的，因此其形状为(8*12, 12, 3)。

```
import cv2

X0, Y0, SIZE, COLS, ROWS = 30, 30, 18, 30, 16
SHAPE = ROWS, SIZE, COLS, SIZE, -1

mine_area = np.s_[Y0:Y0 + SIZE * ROWS, X0:X0 + SIZE * COLS, :]  ❶

img_init = cv2.imread("mine_init.png")[mine_area]
img_mine = cv2.imread("mine01.png")[mine_area]
img_numbers = cv2.imread("mine_numbers.png")  ❷
img_numbers.shape
(96, 12, 3)
```

下面找出 img_init 和 img_mine 两幅图像中像素值不同的点，得到一个形状为(H, SIZE, W, SIZE, 3)的数组 mask。该数组中的第 1、第 3、第 4 轴对应原始图像中的某个方块，例如 mask[2, :, 6, :, :]与第 3 行第 7 列的方块对应。对 mask 中这三个轴上的数据求均值，就得到了 img_mine 与 img_init 中每个方块的差异。当差异大于某个阈值时，我们认为 img_mine 中对应的方块被打开了。图 11-32 显示了 block_mask 与原始图像，可以看出 block_mask 中的 True 与已打开方块是一一对应的。

 可以通过 pl.hist()绘制 mask_mean 数组的直方图，找到最佳阈值。

```
mask = (img_init != img_mine).reshape(SHAPE)
mask_mean = np.mean(mask, axis=(1, 3, 4))
block_mask = mask_mean > 0.3

fig, axes = pl.subplots(1, 2, figsize=(12, 4))
axes[0].imshow(block_mask, interpolation="nearest", cmap="gray")
axes[1].imshow(img_mine[:, :, ::-1])
axes[0].set_axis_off()
axes[1].set_axis_off()
fig.subplots_adjust(wspace=0.01)
```

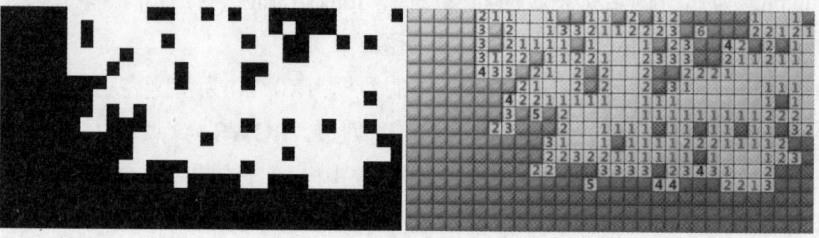

图 11-32 计算已打开方块的位置

下面调用 scipy.spatial.distance()比较每个方块中的图片与 img_numbers 中的差别，并选择差别最小的下标作为方块中的数字 numbers，数字所在的行与列保存在 rows 和 cols 数组中，效果如图 11-33 所示。为了减少干扰，程序中将每个方块的四边都减少 3 个像素。这段程序运用 reshape()和 swapaxes()实现多维数组轴和形状的转换，如果读者对这段程序感到困惑，请参考 NumPy 一章的相关小节。

```
from scipy.spatial import distance

img_mine2 = np.swapaxes(img_mine.reshape(SHAPE), 1, 2)

blocks = img_mine2[block_mask][:, 3:-3, 3:-3, :].copy()
blocks = blocks.reshape(blocks.shape[0], -1)

img_numbers.shape = 8, -1
numbers = np.argmin(distance.cdist(blocks, img_numbers), axis=1)
rows, cols = np.where(block_mask)
```

下面用本书提供的 draw_grid()函数绘制识别出的数字：

```
from scpy2.matplotlib import draw_grid
table = np.full((ROWS, COLS), u" ", dtype="unicode")
table[rows, cols] = numbers.astype(unicode)
draw_grid(table, fontsize=12)
```

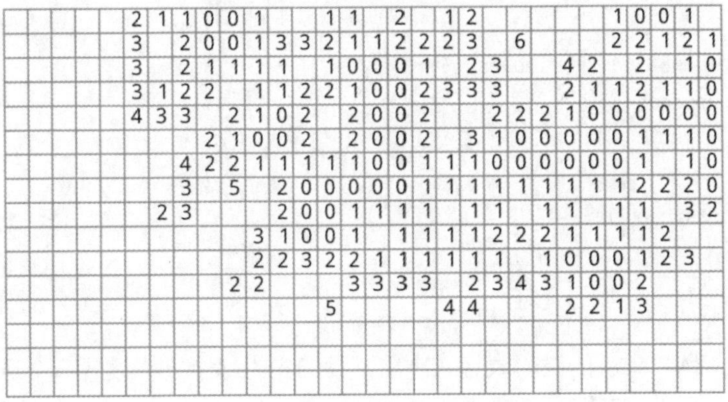

2	1	1	0	0	1		1	1		2		1	2				1	0	0	1	
3		2	0	0	1	3	3	2	1	1	2	2	2	3		6			2	2	1	2	1
3		2	1	1	1	1		1	0	0	0	1		2	3		4	2		2		1	0
3	1	2	2		1	1	2	2	1	0	0	2	3	3	3		2	1	1	2	1	1	0
4	3	3		2	1	0	2		2	0	0	2		2	2	2	1	0	0	0	0	0
	2	1	0	0	2		2	0	0	2		3	1	0	0	0	1	1	1	0
4	2	2	1	1	1	1	1	0	0	1	1	1	0	0	0	0	0	0	1		1	0
3		5		2	0	0	0	0	0	1	1	1	1	1	1	1	1	1	2	2	2	0
	2	3			2	0	0	1	1	1	1		1	1		1	1		1	1		3	2
			3	1	0	0	1		1	1	1	1	2	2	2	1	1	1	1	2
			2	2	3	2	2	1	1	1	1	1	1		1	0	0	0	1	2	3
		2	2			3	3	3	3		2	3	4	3	1	0	0	2
				5			4	4			2	2	1	3

图 11-33 识别扫雷界面中的数字

2. 用 SAT 扫雷

根据方块周围的相邻方块数，可以分为如下三类：

- 角方块：位于 4 个角的方块，它们只有 3 个与之相邻的方块。
- 边方块：位于 4 边上的方块，它们有 5 个相邻的方块。
- 一般方块：其他的方块均有 8 个相邻的方块。

每个方块中的数字对其相邻方块中地雷的可能组合提供了约束条件，如果能用或与表达式表示所有这些约束条件，就可以用 SAT 对扫雷问题进行求解。下面以 8 个相邻方块为例，介绍如何用合取范式表示这 8 个方块中有三个地雷。

我们用序号为 1 到 8 的逻辑变量表示某个方块周围的 8 个方块中是否有雷。可以用下面的逻辑表示 8 个逻辑变量中有 3 个为真：

- 任意取 4 个变量，这 4 个变量不可能同时为真。例如，如果选择 A、B、C、D 这 4 个变量，则~(A＆B＆C＆D)表示它们不全是真，展开之后得到~A|~B|~C|~D。
- 任意取 6 个变量，至少有一个为真。如果用 A、B、C、D、E、F 表示这 6 个变量，则 A|B|C|D|E|F 表示它们中至少有一个为真。

上面所有条件之间都用与运算连接，而每个子句都是用或运算表示，因此整个表达式为合取范式。

下面的程序中用 combinations()穷举所有 4 个变量和 6 个变量的组合，并添加相应的逻辑表达式。可以看到解中包括 3 个 1，表示有三个逻辑变量为真，即有三个地雷。如果调用 sat.iter_solve()，可穷举所有三个地雷的组合。

```python
variables = range(1, 9)
from itertools import combinations

clauses = []
for vs in combinations(variables, 4):
```

```
        clauses.append([-x for x in vs])

    for vs in combinations(variables, 6):
        clauses.append(vs)

    sat = CoSAT()
    sat.add_clauses(clauses)
    sat.solve()
```

```
[-1, -1, -1, -1, -1, 1, 1, 1]
```

在生成用于 SAT 求解的逻辑表达式之前，我们先为每个方格设置一个逻辑变量的编号。编号从左上角的方格为 1 开始，右下角的方格的编号为 COLS * ROWS。根据下面的算式可以将编号转换为方格所在的行和列：

- 行号 = (编号 − 1) // COLS
- 列号 = (编号 − 1) % COLS

二维数组 variables 中保存逻辑变量的编号，而 variable_neighbors 字典保存与每个方格编号相邻的方格的编号。

```
from collections import defaultdict

variable_neighbors = defaultdict(list)

directs = [(-1, -1), (-1,  0), (-1,  1), (0, -1),
           (0,  1), (1, -1), (1,  0), (1,  1)]

variables = np.arange(1, COLS * ROWS + 1).reshape(ROWS, COLS)

for (i, j), v in np.ndenumerate(variables):
    for di, dj in directs:
        i2 = i + di
        j2 = j + dj
        if 0 <= i2 < ROWS and 0 <= j2 < COLS:
            variable_neighbors[v].append(variables[i2, j2])
```

下面查看与编号为 50 的方格相邻的方格的编号：

```
variable_neighbors[50]
```

```
[19, 20, 21, 49, 51, 79, 80, 81]
```

用 variable_neighbors 字典以及前面介绍的生成逻辑表达式的方法，很容易编写如下 get_clauses(var_id, num) 函数。它返回编号为 var_id 的方块中的数字为 num 时的逻辑表达式。

```
def get_clauses(var_id, num):
    clauses = []
    neighbors = variable_neighbors[var_id]
    neg_neighbors = [-x for x in neighbors]
    clauses.extend(combinations(neg_neighbors, num + 1))
    clauses.extend(combinations(neighbors, len(neighbors) - num + 1))
    clauses.append([-var_id])
    return clauses
```

扫雷游戏与前面介绍的逻辑问题不同，它并不是要找到一组可能的解，而是要找到绝对是雷以及绝对不是雷的方块。下面是 CoSAT 中实现这一功能的 get_failed_assumes()方法。它对每个逻辑变量进行循环并调用 picosat_assume()，假设该逻辑变量为假或为真，并分别调用 picosat_sat()计算实施假设之后是否有解。如果无解，则表示该逻辑变量不可能为假或真。使用 picosat_assume()的好处是每次调用 picosat_sat()之后假设将自动被重置。

get_failed_assumes()返回所有失败的假设，因此返回值为负数表示该逻辑变量必须为真，而正数表示必须为假。

```
def get_failed_assumes(self):
    cdef int max_index
    cdef int ret1, ret0
    cdef list assumes = []
    self.build_sat()
    max_index = picosat_variables(self.sat)
    for i in range(1, max_index+1):
        picosat_assume(self.sat, i)
        ret1 = picosat_sat(self.sat, -1)
        picosat_assume(self.sat, -i)
        ret0 = picosat_sat(self.sat, -1)
        if ret0 == PICOSAT_UNSATISFIABLE:
            assumes.append(-i)
        if ret1 == PICOSAT_UNSATISFIABLE:
            assumes.append(i)
    return assumes
```

最后对所有已打开的方格计算逻辑表达式，并添加进 SAT 求解器，然后利用 get_failed_assumes()找到所有失败的假设 failed_assumes。对于其中未打开的方格，正数表示不是雷，用"★"表示；负数表示是雷，用"●"表示。

```
sat = CoSAT()
for var_id, num in zip(variables[rows, cols], numbers):
    sat.add_clauses(get_clauses(var_id, num))
failed_assumes = sat.get_failed_assumes()
```

```
for v in failed_assumes:
    av = abs(v)
    col = (av - 1) % COLS
    row = (av - 1) // COLS
    if table[row, col] == u" ":
        if v > 0:
            table[row, col] = u"★
        else:
            table[row, col] = u"●
draw_grid(table, fontsize=12)
```

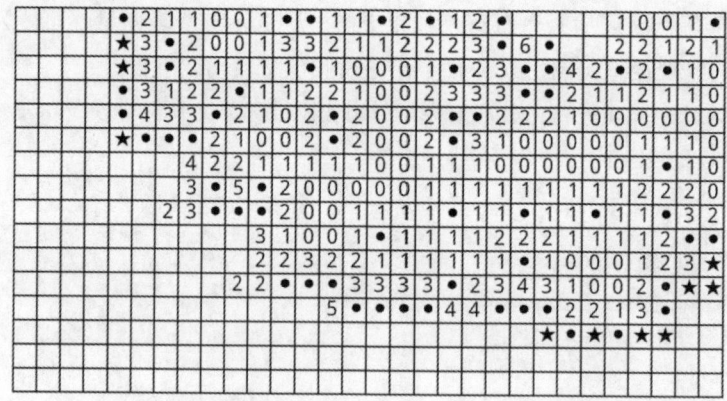

图 11-34 使用 SAT 求解器推断方格中是否有地雷

3. 自动扫雷

本书提供了一个自动扫雷实例程序，它能够自动启动扫雷游戏，并自动操纵鼠标进行扫雷。

 scpy2.examples.automine：在 Windows 7 系统下自动扫雷，需将扫雷游戏的难度设置为高级(99 个雷)，并且关闭"显示动画"、"播放声音"以及"显示提示"等选项。

当程序无法确定可以打开的方块时，将随机点开任意的方块。为了实现更高的成功率，读者可以尝试在剩余非常少的雷时，穷举所有的可能解，并计算每个方块是雷的概率，选择点击概率最小的那个方块。

除了本节介绍的 cycosat 扩展库之外，程序中还使用了如下扩展库：

● scpy2.utils.autoit：使用 ctypes 标准库对 AutoIt 提供的 DLL 进行包装，提供了自动扫雷所需的基本 Windows 自动化功能。

- win32gui：获取游戏界面所在的位置。
- pillow：读取 PNG 图像文件以及捕捉屏幕中的游戏界面。

11.6 分形

 与本节内容对应的 Notebook 为：11-examples/examples-600-fractal.ipynb。

自然界中的很多事物，例如树木、云彩、山脉、闪电、雪花以及海岸线等都呈现出传统几何学难以描述的形状。这些形状都有如下特性：

- 有着十分精细的不规则的结构。
- 整体与局部相似，例如一根树杈的形状和一棵树很像。

分形几何学就是用来研究这样一类几何形状的科学，借助计算机的高速计算和图像显示，我们可以更深入、更直观地研究分形几何。作为本书的最后一节，我们看看如何使用 Python 绘制一些经典的分形图形。

11.6.1 Mandelbrot 集合

Mandelbrot(曼德布洛特)集合是在复平面上构成分形图案的点的集合。它可以用下面的复二次多项式定义：

$$f_c(z) = z^2 + c$$

其中复数函数$f_c(z)$的自变量为z。而c是一个复数参数，对于每一个c，从z = 0开始对函数$f_c(z)$进行迭代。序列$(0, f_c(0), f_c(f_c(0)), \dots)$的值或者延伸到无限大，或者只停留在有限半径的圆盘内。Mandelbrot 集合就是使以上序列不发散的所有参数c的集合。

从数学上来讲，Mandelbrot 集合是一个复数的集合。一个给定的复数c或者属于 Mandelbrot 集合，或者不是。但是用程序绘制 Mandelbrot 集合时不能进行无限次迭代，最简单的方法是使用逃逸时间(迭代次数)进行绘制，具体算法如下：

- 判断每次调用函数$f_c(z)$得到的结果是否在半径 R 之内，即复数的模是否小于 R。
- 记录下迭代结果的模值大于 R 时的迭代次数，也称之为逃逸时间。
- 迭代最多进行 N 次。
- 不同迭代次数的点使用不同的颜色绘制。

1. 纯 Python 实现

下面是完整的绘制 Mandelbrot 集合的程序，它所绘制的图案如图 11-35 所示。

```python
from matplotlib import cm

def iter_point(c):   ❶
    z = c
    for i in xrange(1, 100): # 最多迭代 100 次
        if abs(z) > 2: break # 半径大于 2 则认为逃逸
        z = z * z + c
    return i # 返回迭代次数


def mandelbrot(cx, cy, d, n=200):
    x0, x1, y0, y1 = cx-d, cx+d, cy-d, cy+d
    y, x = np.ogrid[y0:y1:n*1j, x0:x1:n*1j]
    c = x + y*1j   ❸
    return np.frompyfunc(iter_point,1,1)(c).astype(np.float)   ❹


def draw_mandelbrot(cx, cy, d, n=200):   ❷
    """
绘制点(cx, cy)附近正负 d 范围内的 Mandelbrot
    """
    pl.imshow(mandelbrot(cx, cy, d, n), cmap=cm.Blues_r)   ❺
    pl.gca().set_axis_off()


x, y = 0.27322626, 0.595153338

pl.figure(figsize=(9, 6))
pl.subplot(231)
draw_mandelbrot(-0.5, 0, 1.5)
for i in range(2,7):
    pl.subplot(230+i)
    draw_mandelbrot(x, y, 0.2**(i-1))
pl.subplots_adjust(0, 0, 1, 1, 0.0, 0)
```

图 11-35 Mandelbrot 集合，以 5 倍的倍率放大点(0.273, 0.595)附近

❶函数 iter_point()计算点 c 的逃逸时间，逃逸半径 R 为 2.0，最大迭代次数为 100。❷draw_mandelbrot()绘制以点(cx, cy)为中心，边长为 2*d 的正方形区域内的 Mandelbrot 集合的图案。

❸计算指定范围内的参数 c，它是一个二维的复数数组，形状为(200, 200)。这里用 ogrid 对象快速产生实部和虚部网格 x 和 y，然后通过广播运算得到数组 c。

❹接下来通过 frompyfunc()将 iter_point()转换为 ufunc 函数，这样它可以自动对 c 中的每个元素调用 iter_point()进行运算。由于结果数组的元素类型为 object，还需要调用 astype()将其元素类型转换为浮点数类型。❺最后调用 imshow()将结果数组绘制成图，通过关键字参数 cmap 指定颜色映射表。

2. 用 Cython 提速

使用 Python 绘制 Mandelbrot 集合，最大的问题就是运算速度太慢：

```
%timeit mandelbrot(-0.5, 0, 1.5)
1 loops, best of 3: 398 ms per loop
```

而由于 iter_point()函数中存在迭代，无法将其转换成 NumPy 的数组运算。下面我们用 Cython 重新编写 iter_point()。

首先为 Python 的 iter_point()中的各个变量——c、z、i 添加类型声明，然后调用%timeit 查看运行速度，发现速度提高得不是很明显。用%%cython -a 查看编译之后的 C 语言源代码，你会发现 abs(z)调用 Python 的 abs()函数，该函数限制了运行速度。

```
%%cython
def iter_point(complex c):
    cdef complex z = c
    cdef int i
    for i in range(1, 100):
        if z.real*z.real + z.imag*z.imag > 4: break ❶
```

```
    z = z * z + c
return i
```

❶将计算复数绝对值的代码修改为实数部分的平方与虚数部分的平方之和后，运行速度提高了近 40 倍：

```
%timeit mandelbrot(-0.5, 0, 1.5)
100 loops, best of 3: 8.89 ms per loop
```

3. 连续的逃逸时间

修改逃逸半径 R 和最大迭代次数 N，可以绘制出不同效果的 Mandelbrot 集合图案。但是前述方法计算出的逃逸时间是大于逃逸半径时的迭代次数，因此输出图像最多只有 N 种不同的颜色值，有很强的梯度感。为了在不同的梯度之间进行渐变处理，可是使用下面的公式计算逃逸时间：

$$n - \log_2\log_2|z_n|$$

z_n 是迭代 n 次之后的结果，通过在逃逸时间的计算中引入迭代结果的模值，结果将不再是整数，而是平滑渐变的。下面是计算此逃逸时间的程序：

```
%%cython
from libc.math cimport log2

def iter_point(complex c):
    cdef complex z = c
    cdef int i
    cdef double r2, mu
    for i in range(1, 20):
        r2 = z.real*z.real + z.imag*z.imag
        if r2 > 100: break
        z = z * z + c
    if r2 > 4.0:
        mu = i - log2(0.5 * log2(r2))
    else:
        mu = i
    return mu
```

如果逃逸半径设置得很小，例如 2.0，那么有可能结果不够平滑，这时可以在迭代循环之后添加几次迭代，这能保证 z 的模值足够大。例如：

```
z = z * z + c
z = z * z + c
i += 2
```

图 11-36 是逃逸半径为 10、最大迭代次数为 20 的结果。

```
pl.figure(figsize=(8, 8))
draw_mandelbrot(-0.5, 0, 1.5, n=600)
```

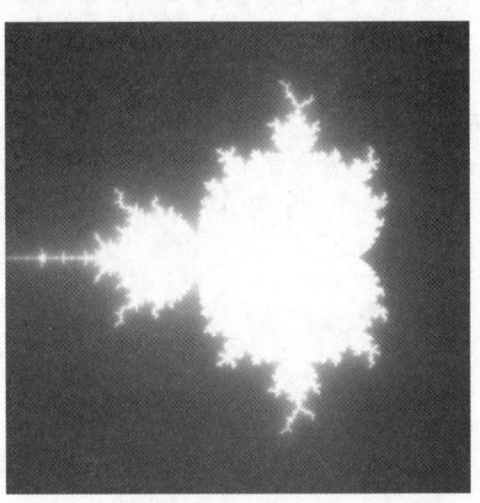

图 11-36 平滑处理后的 Mandelbrot 集合：逃逸半径=10，最大迭代次数=20

4. Mandelbrot 演示程序

为了实时计算 Mandelbrot 集合的图像，我们需要更快的运算速度，可以将所有的循环都使用 Cython 编写。本书提供了用 matplotlib 制作的实时绘制 Mandelbrot 集合的演示程序，界面截图如图 11-37 所示。

图 11-37 实时绘制 Mandelbrot 集合的演示程序

scpy2.examples.fractal.mandelbrot_demo: 使用 TraitsUI 和 matplotlib 实时绘制 Mandelbrot 图像，按住鼠标左键进行平移，使用鼠标滚轴进行缩放。

下面是计算 Mandelbrot 集合图像的 Cython 函数。该函数所在模块的完整路径为 scpy2.examples.fractal.fastfractal。参数 cx 和 cy 是复平面上的计算范围的中心点，参数 d 是中心点到计算边界的实轴上的长度，参数 out 是保存计算结果的二维数组。如果不指定 out，则需通过 h 和 w 参数指定返回数组的大小。参数 n 为最大迭代次数，R 为逃逸半径。

```
from libc.math cimport log2
import numpy as np
import cython

cdef double iter_point(complex c, int n, double R):
    cdef complex z = c
    cdef int i
    cdef double r2, mu
    cdef double R2 = R*R
    for i in range(1, n):
        r2 = z.real*z.real + z.imag*z.imag
        if r2 > R2: break
        z = z * z + c
    if r2 > 4.0:
        mu = i - log2(0.5 * log2(r2))
    else:
        mu = i
    return mu


def mandelbrot(double cx, double cy, double d, int h=0, int w=0,
               double[:, ::1] out=None, int n=20, double R=10.0):
    cdef double x0, x1, y0, y1, dx, dy
    cdef double[:, ::1] r
    cdef int i, j
    cdef complex z
    x0, x1, y0, y1 = cx - d, cx + d, cy - d, cy + d
    if out is not None:
        r = out
    else:
        r = np.zeros((h, w))
```

```
        h, w = r.shape[0], r.shape[1]
        dx = (x1 - x0) / (w - 1)
        dy = (y1 - y0) / (h - 1)
        for i in range(h):
            for j in range(w):
                z.imag = y0 + i * dy
                z.real = x0 + j * dx
                r[i, j] = iter_point(z, n, R)
    return r.base
```

11.6.2 迭代函数系统

迭代函数系统是一种创建分形图案的简单算法，它所创建的分形图永远是绝对自相似的。下面以绘制某种蕨类植物叶子的图案为例，介绍迭代函数系统算法以及如何用 Python 实现。

有下面 4 组线性函数用于对二维平面上的坐标进行线性变换：

1.
```
    x(n+1)= 0
    y(n+1) = 0.16 * y(n)
```
2.
```
    x(n+1) = 0.2 * x(n) – 0.26 * y(n)
    y(n+1) = 0.23 * x(n) + 0.22 * y(n) + 1.6
```
3.
```
    x(n+1) = –0.15 * x(n) + 0.28 * y(n)
    y(n+1) = 0.26 * x(n) + 0.24 * y(n) + 0.44
```
4.
```
    x(n+1) = 0.85 * x(n) + 0.04 * y(n)
    y(n+1) = –0.04 * x(n) + 0.85 * y(n) + 1.6
```

所谓迭代函数系统，是指将函数的输出再次当作输入进行迭代计算，因此上面的公式都是通过坐标 x(n), y(n) 计算变换后的坐标 x(n+1), y(n+1)。问题是有 4 个迭代函数，迭代时选择哪个函数进行计算呢？我们为每个函数指定一个概率值，它们依次为 1%、7%、7% 和 85%。通过每个函数的概率随机选择一个函数进行迭代。在上面的例子中，第 4 个函数被选择进行迭代的概率最高。

最后我们从坐标原点(0,0)开始迭代，绘制每次迭代后得到的坐标点，就得到了迭代函数系统的分形图案。下面的程序演示了这一计算过程：

```
%config InlineBackend.figure_format = 'png'
eq1 = np.array([[0,0,0],[0,0.16,0]])
p1 = 0.01
```

```
eq2 = np.array([[0.2,-0.26,0],[0.23,0.22,1.6]])
p2 = 0.07

eq3 = np.array([[-0.15, 0.28, 0],[0.26,0.24,0.44]])
p3 = 0.07

eq4 = np.array([[0.85, 0.04, 0],[-0.04, 0.85, 1.6]])
p4 = 0.85

def ifs(p, eq, init, n):
    """
进行函数迭代
    p: 每个函数的选择概率列表
    eq: 迭代函数列表
    init: 迭代初始点
    n: 迭代次数

返回值: 每次迭代所得的 X 坐标数组、Y 坐标数组, 计算所用的函数下标
    """

    # 迭代向量的初始化
    pos = np.ones(3, dtype=np.float) ❶
    pos[:2] = init

    # 通过函数概率, 计算函数的选择序列
    p = np.cumsum(p)
    rands = np.random.rand(n)
    select = np.searchsorted(p, rands) ❷

    # 结果的初始化
    result = np.zeros((n,2), dtype=np.float)
    c = np.zeros(n, dtype=np.float)

    for i in xrange(n):
        eqidx = select[i] # 所选的函数下标
        tmp = np.dot(eq[eqidx], pos) # 进行迭代
        pos[:2] = tmp # 更新迭代向量

        # 保存结果
        result[i] = tmp
```

```
        c[i] = eqidx


    return result[:,0], result[:, 1], c

x, y, c = ifs([p1,p2,p3,p4], [eq1,eq2,eq3,eq4], [0,0], 100000)
fig, axes = pl.subplots(1, 2, figsize=(6, 5))
axes[0].scatter(x, y, s=1, c="g", marker="s", linewidths=0) ❸
axes[1].scatter(x, y, s=1, c=c, marker="s", linewidths=0)   ❹
for ax in axes:
    ax.set_aspect("equal")
    ax.set_ylim(0, 10.5)
    ax.axis("off")
pl.subplots_adjust(left=0,right=1,bottom=0,top=1,wspace=0,hspace=0)
```

ifs()是进行函数迭代的主函数，❶我们希望通过矩阵乘法计算迭代方程的输出，因此需要将乘法向量扩充为三维：这样每次和迭代函数系数进行矩阵乘积运算的向量就变成了 x(n), y(n), 1.0。

❷为了减少计算时间，不在迭代循环中计算随机数选择迭代方程，而是事先通过每个函数的概率，计算出函数选择数组 select。注意这里使用 cumsum()先将概率累加，然后产生一组 0 到 1 之间的随机数，通过判断随机数所在的概率区间选择不同的方程下标。

❸最后调用 scatter()将得到的坐标绘制成散列图，其中每个关键字参数的含义如下：

- s：每个散列点的大小，因为要绘制 10 万个点，为了提高绘图速度，我们选择点的大小为 1 个像素。
- c：点的颜色，这里选择绿色。
- marker：点的形状，"s"表示正方形，方形的绘制是最快的。
- linewidths：点的边框宽度，0 表示没有边框。

❹此外，参数 c 还可以传入一个数组，作为每个点的颜色值。我们将迭代用的函数下标传入，这样可以直观地看出哪个点是哪个函数迭代产生的。

图 11-38 是程序的输出，观察右图的 4 种颜色的部分可以发现：概率为 1%的函数 1 所计算的是叶杆部分(深蓝色)，概率为 7%的两个函数计算的是左右两片子叶，而概率为 85%的函数计算的是整片叶子的迭代，即最下面的三种颜色的点通过此函数的迭代产生上面所有的深红色的点。可以看出整片叶子呈现出完美的自相似特性，任意取其中的一片子叶，将其旋转放大之后都和整片叶子相同。

图 11-38 函数迭代系统所绘制的蕨类植物的叶子

1. 2D 仿射变换

上面所介绍的 4 个变换方程的一般形式如下：

x(n+1) = A * x(n) + B * y(n) + C
y(n+1) = D * x(n) + E * y(n) + F

这种变换被称为 2D 仿射变换，它是从 2D 坐标到其他 2D 坐标的线性映射，保留直线性和平行性。即原来是一条直线上的点，变换之后仍然在一条直线上，原来是平行的直线，变换之后仍然是平行的。这种变换可以看作是由一系列平移、缩放、翻转和旋转变换构成的。

可以使用平面上的两个三角形直观地表示仿射变换。因为仿射变换公式中有 6 个未知数——A、B、C、D、E、F，而每两个点之间的变换是两个方程，因此一共需要 3 组点来决定 6 个变换方程，正好是两个三角形，如图 11-39 所示：

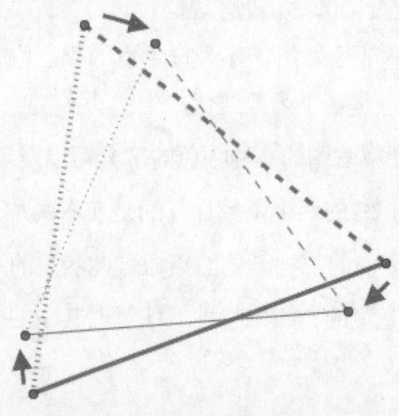

图 11-39 两个三角形决定一个 2D 仿射变换的 6 个参数

从红色三角形的每个顶点变换到绿色三角形的对应顶点，正好能够决定仿射变换中的 6 个参数。这样我们可使用 N+1 个三角形，决定 N 个仿射变换，其中的每个变换的参数都是由第 0 个三角形和其他的三角形决定的。第 0 个三角形被称为基础三角形，其余的三角形被称为变换三角形。

为了绘制迭代函数系统的图像，还需要给每个仿射变换方程指定迭代概率。此参数也可以使用三角形直观地表达出来：迭代概率和变换三角形的面积成正比，即迭代概率为变换三角形的面积除以所有变换三角形的面积之和。

如图 11-40 所示，前面介绍的蕨类植物的分形图案的迭代方程由 5 个三角形决定，可以很直观地看出紫色的小三角形决定了叶子的茎；而两个蓝色的三角形决定了左右两片子叶；绿色的三角形将茎和两片子叶往上复制，形成整片叶子。

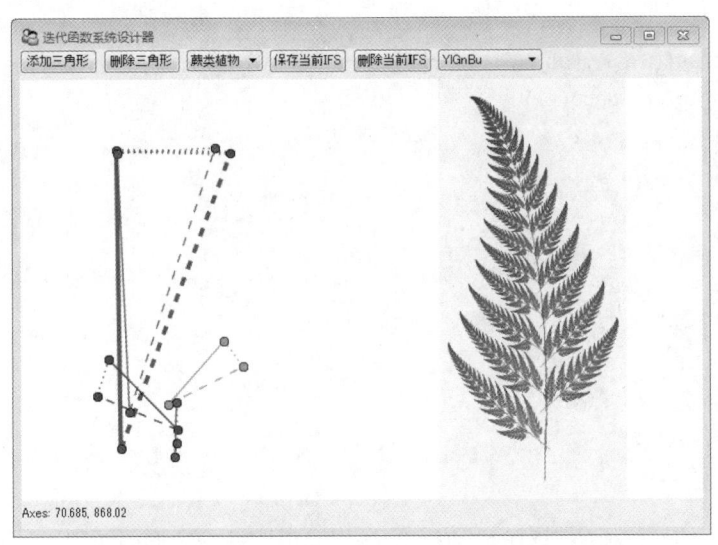

图 11-40 5 个三角形的仿射方程绘制蕨类植物的叶子

2. 迭代函数系统设计器

按照上节所介绍的三角形法，我们可以编写一个迭代函数系统的设计工具。用户通过程序界面绘制或修改一组三角形，程序计算这组三角形所对应的迭代方程组的系数，并实时地绘制迭代图案。图 11-40 是本书提供的设计迭代函数分形系统的程序界面截图。

 scpy2.examples.fractal.ifs_demo：迭代函数分形系统的演示程序，通过修改左侧三角形的顶点实时地计算坐标变换矩阵，并在右侧显示迭代结果。

下面简要地介绍该演示程序中用到的一些函数和类。首先通过两个三角形求解仿射方程的系数，相当于求六元线性方程组的解，这个计算通过 solve_eq() 完成，它先计算出线性方程组的矩阵 a 和 b，然后调用 NumPy 的 linalg.solve() 对线性方程组 a·x=b 求解：

```
def solve_eq(triangle1, triangle2):
    """
解方程，从 triangle1 变换到 triangle2 的变换系数
        triangle1、triangle2 是二维数组：
        x0,y0
        x1,y1
        x2,y2
    """
    x0, y0 = triangle1[0]
    x1, y1 = triangle1[1]
    x2, y2 = triangle1[2]

    a = np.zeros((6, 6), dtype=np.float)
    b = triangle2.reshape(-1)
    a[0, 0:3] = x0, y0, 1
    a[1, 3:6] = x0, y0, 1
    a[2, 0:3] = x1, y1, 1
    a[3, 3:6] = x1, y1, 1
    a[4, 0:3] = x2, y2, 1
    a[5, 3:6] = x2, y2, 1

    x = np.linalg.solve(a, b)
    x.shape = (2, 3)
    return x
```

每个仿射方程的迭代概率与对应三角形的面积成正比，三角形的面积通过 triangle_area() 计算，它使用 NumPy 的 cross() 计算三角形的两个边的矢量的叉积：

```
def triangle_area(triangle):
    """
计算三角形的面积
    """
    A, B, C = triangle
    AB = A - B
    AC = A - C
    return np.abs(np.cross(AB, AC)) / 2.0
```

绘图界面采用 matplotlib 绘图库，由于绘制大量散列点会导致界面刷新速度变慢，因此在本演示程序中对迭代生成的坐标点进行二维直方图统计，并使用 imshow() 绘制统计结果。为了提高程序运行速度，方程迭代以及二维直方图统计均在 Cython 编写的 IFS 扩展类中实现。下面通过一个例子说明这些函数的用法。IFS 扩展类的源代码可以在 fastfractal.pyx 中找到。

❶在下面的 triangles 中保存着 3 个三角形的顶点坐标，其中第一个三角形为基础三角形，

后两个三角形为变换三角形。❷调用 triangle_area()计算每个变换三角形的面积，并用面积和归一化得到每个三角形的迭代概率 p。❸调用 solve_eq()得到从基础三角形到变换三角形的仿射变换矩阵，并将所有反射变换矩阵按照第 0 轴连接成一个形状为(4, 3)的数组 eqs。数组中的每两行表示一个迭代方程的系数。

❹创建 IFS()对象，其前两个参数分别为三角形的迭代概率和迭代系数，第 3 个参数为每次调用 update()方法的迭代次数，size 参数为二维直方图统计结果数组的长轴的长度。❺每次调用update()方法都迭代指定的次数，并返回更新后的直方图统计结果。counts 是一个形状为(600, 477)的整数数组。❻为了更清晰地显示统计结果，这里使用对数正规化对象 LogNorm 对 counts 中的值进行正规化。由于 0 的对数值为负无穷，因此 counts 中保存的值实际上是直方图统计值加 1。程序的输出如图 11-41 所示。

```python
from scpy2.examples.fractal.ifs_demo import solve_eq, triangle_area
from scpy2.examples.fractal.fastfractal import IFS

triangles = np.array([                  ❶
    [-1.945392491467576, -5.331010452961673],
    [6.109215017064848, -0.8710801393728236],
    [-1.1945392491467572, 5.400696864111497],
    [-2.5597269624573373, -4.21602787456446],
    [5.426621160409557, -2.125435540069687],
    [0.5119453924914676, 4.912891986062718],
    [3.58836177474402735, 8.397212543554005],
    [4.0614334470989775, 5.121951219512194],
    [8.56655290102389, 4.7038327526132395]])

base_triangle = triangles[:3]
triangle1 = triangles[3:6]
triangle2 = triangles[6:]

area1 = triangle_area(triangle1) ❷
area2 = triangle_area(triangle2)
total_area = area1 + area2
p = [area1 / total_area, area2 / total_area]

eq1 = solve_eq(base_triangle, triangle1) ❸
eq2 = solve_eq(base_triangle, triangle2)
eqs = np.vstack([eq1, eq2])

ifs = IFS(p, eqs, 2000000, size=600) ❹
counts = ifs.update()                 ❺
```

```
print "shape of counts:", counts.shape
from matplotlib.colors import LogNorm
fig, ax = pl.subplots(figsize=(5, 8))
pl.imshow(counts, cmap="Blues", norm=LogNorm(), origin="lower") ❻
ax.axis("off")
```
```
shape of counts: (600, 477)
```

图 11-41 使用 IFS 类绘制迭代函数系统

11.6.3 L-System 分形

前面所绘制的分形图案都是使用数学函数的迭代产生的,而 L-System 分形则采用符号的递归迭代产生。首先定义如下几个有含义的符号:

- **F**:向前走固定单位
- **+**:正方向旋转固定角度
- **-**:负方向旋转固定角度

使用这三个符号很容易描述图 11-42 中左上方由 4 条线段构成的图案:

```
F+F--F+F
```

如果将此符号串中的所有 F 都替换为 F+F--F+F,就能得到如下新字符串:

```
F+F--F+F+F+F--F+F--F+F--F+F+F+F--F+F
```

如此替换迭代下去,并根据字串进行绘图(符号+和-分别正负旋转 60 度),可得到如图 11-42 右下方的分形图案:

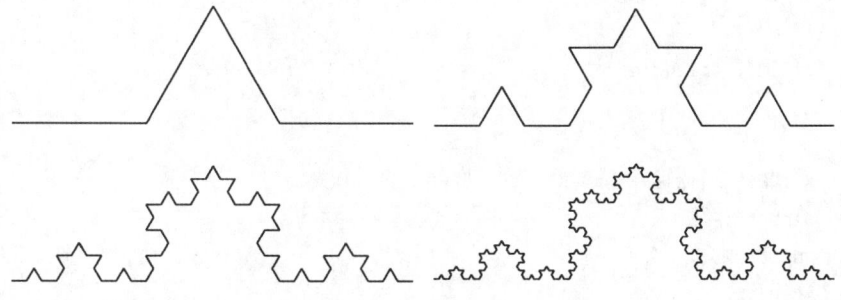

图 11-42 使用 F+F–F+F 迭代的分形图案

除了 F、+、–之外我们再定义如下几个符号：

- **f**：与 F 的含义相同，向前走固定单位，为了定义不同的迭代公式
- **[**：将当前的位置入堆栈
- **]**：从堆栈中读取坐标，修改当前位置
- **S**：初始迭代符号

所有的符号(包括上面未定义的)都可以用来定义迭代，通过引入两个方括号符号，可以描述分岔的图案。例如下面的符号迭代能够绘制出一棵植物：

```
S -> X
X -> F-[[X]+X]+F[+FX]-X
F -> FF
```

下面用一个字典定义所有的迭代公式和其他的一些绘图信息：

```
rules = [
    {
        "F":"F+F--F+F", "S":"F",
        "direct":180,
        "angle":60,
        "iter":5,
        "title":"Koch"
    },
    {
        "X":"X+YF+", "Y":"-FX-Y", "S":"FX",
        "direct":0,
        "angle":90,
        "iter":13,
        "title":"Dragon"
    },
    {
        "f":"F-f-F", "F":"f+F+f", "S":"f",
        "direct":0,
```

```
        "angle":60,
        "iter":7,
        "title":"Triangle"
    },
    {
        "X":"F-[[X]+X]+F[+FX]-X", "F":"FF", "S":"X",
        "direct":-45,
        "angle":25,
        "iter":6,
        "title":"Plant"
    }
    ,
    {
        "S":"X", "X":"-YF+XFX+FY-", "Y":"+XF-YFY-FX+",
        "direct":0,
        "angle":90,
        "iter":6,
        "title":"Hilbert"
    },
    {
        "S":"L--F--L--F", "L":"+R-F-R+", "R":"-L+F+L-",
        "direct":0,
        "angle":45,
        "iter":10,
        "title":"Sierpinski"
    },
]
```

其中:

- direct: 绘图的初始角度, 通过指定不同的值可以旋转整个图案
- angle: 定义符号+和-旋转时的角度, 不同的值能产生完全不同的图案
- iter: 迭代次数

下面的程序将上述字典转换为需要绘制的线段坐标:

```
class L_System(object):
    def __init__(self, rule):
        info = rule['S']
        for i in range(rule['iter']):
            ninfo = []
            for c in info:
                if c in rule:
                    ninfo.append(rule[c])
                else:
```

```
                ninfo.append(c)
          info = "".join(ninfo)
      self.rule = rule
      self.info = info

  def get_lines(self):
      from math import sin, cos, pi
      d = self.rule['direct']
      a = self.rule['angle']
      p = (0.0, 0.0)
      l = 1.0
      lines = []
      stack = []
      for c in self.info:
          if c in "Ff":
              r = d * pi / 180
              t = p[0] + l*cos(r), p[1] + l*sin(r)
              lines.append(((p[0], p[1]), (t[0], t[1])))
              p = t
          elif c == "+":
              d += a
          elif c == "-":
              d -= a
          elif c == "[":
              stack.append((p,d))
          elif c == "]":
              p, d = stack[-1]
              del stack[-1]
      return lines
```

下面的 draw()完成迭代计算和绘图工作：

```
def draw(ax, rule, iter=None):
    from matplotlib import collections
    if iter!=None:
        rule["iter"] = iter
    lines = L_System(rule).get_lines() ❶
    linecollections = collections.LineCollection(lines, lw=0.7, color="black") ❷
    ax.add_collection(linecollections, autolim=True) ❸
    ax.axis("equal")
    ax.set_axis_off()
    ax.set_xlim(ax.dataLim.xmin, ax.dataLim.xmax)
    ax.invert_yaxis()
```

❶用 L_System 的 get_lines() 计算出每个线段的坐标之后，❷创建一个表示所有线段集合的 LineCollection 对象，❸并调用 Axes 对象的 add_collection()将此线段集合添加进 ax.collections 列表中。这样能一次添加多条线段，提高显示速度。图 11-43 是程序所绘制的几种 L-System 的分形图案。

```
%config InlineBackend.figure_format = 'png'
fig = pl.figure(figsize=(10, 6))
fig.patch.set_facecolor("w")

for i in xrange(6):
    ax = fig.add_subplot(231+i)
    draw(ax, rules[i])

fig.subplots_adjust(left=0,right=1,bottom=0,top=1,wspace=0,hspace=0)
```

图 11-43 几种 L-System 的迭代图案

11.6.4 分形山脉

前面介绍的分形图案都是严格按照指定的规则迭代生成的，然而自然界中的山川、云彩、树木等都不是精确的自相似图形，而是在统计意义上的自相似图形。本节将介绍几种经典的山脉地形的生成算法，以及如何用 Python 快速实现这些算法。

1. 一维中点移位法

让我们从绘制一条分形曲线开始。使用中点位移算法(Midpoint Displacement)，能够有效地模拟山脉或海岸线的分形形状，算法如下：

(1) 首先在 X 轴上取两个初始点 A 和 B。

(2) 找到 A、B 两点的中点，并在 Y 轴方向上进行随机移位，移位后的点为 C。

(3) 对于线段 AC 和 BC 重复步骤(2)。

每次迭代时，随机移位的最大幅度都成比例地衰减。迭代足够多次之后，将所得到的点连接起来，就得到了一条随机的分形曲线。

下面是实现此算法的源程序，程序所绘制的山脉曲线如图 11-44 所示。

```python
def hill1d(n, d):
    """
绘制山脉曲线，2**n+1 为曲线在 X 轴上的长度，d 为衰减系数
    """
    a = np.zeros(2**n+1) ❶
    scale = 1.0
    for i in xrange(n, 0, -1): ❷
        s = 2**(i-1) ❸
        s2 = 2*s
        tmp = a[::s2]
        a[s::s2] += (tmp[:-1] + tmp[1:]) * 0.5 ❹
        a[s::s2] += np.random.normal(size=len(tmp)-1, scale=scale) ❺
        scale *= d ❻
    return a


pl.figure(figsize=(8,4))
for i, d in enumerate([0.4, 0.5, 0.6]):
    np.random.seed(8) ❼
    a = hill1d(9, d)
    pl.plot(a, label="d=%s" % d, linewidth=3-i)
pl.xlim(0, len(a))
pl.legend()
```

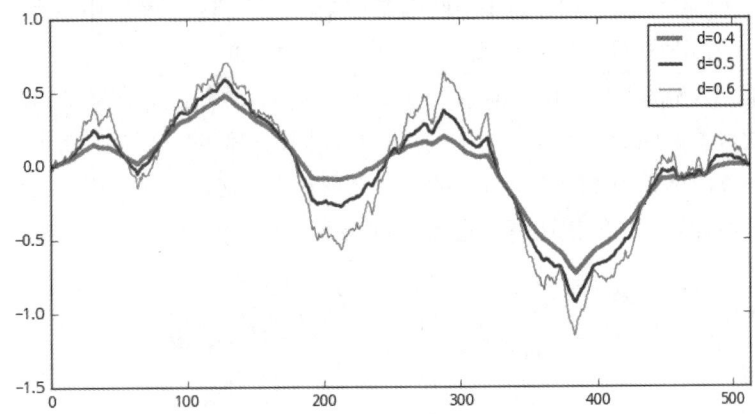

图 11-44 一维分形山脉曲线，衰减值越小，最大幅度的衰减越快，曲线越平滑

程序中，hill1d()计算一维分形山脉曲线。❶为了运算方便，我们用一维数组 a 保存曲线上每点的高度，而曲线上每点的 X 轴坐标则由数组的下标决定。这要求每次计算中点时所得到的

X轴坐标必须是整数。显然当数组长度为 2^n+1 时满足这个要求。

❷由于数组 a 的长度为 2^n+1，因此需要循环 n 次才能够计算到数组上所有的点。每次循环时，都要对数组中的某些点计算中值。例如对于 n=8，即数组长度为 257 时，循环变量 i 和数组中需要计算中点的下标如表 11-2 所示：

表 11-2 循环变量 i 与对应的数组的下标

i	需要计算中点的数组下标
8	128
7	64、192
6	32、96、160、224
5	16、48、80、112、144、176、208、240

❸数组中每次要计算的中点的下标是一个等差数列，起始下标为 $s=2^{i-1}$，间隔为 $s=2^i$。❹而每个中点都由其左右下标相差 s 的两个数值计算。❺给每个中点一定的随机位移。这里使用 normal() 产生一个正态分布的随机数组，其期望值为 0，标准偏差为 scale。这样产生的山脉曲线才能既有山峰也有山谷。❻最后将下一次迭代的标准偏差乘上系数 d，因此 d 越小，标准偏差的衰减越快。

接下来绘制 d 为 0.4、0.5、0.6 时的山脉曲线。❼这里为了对不同的衰减系数所产生的曲线进行比较，需要保证每次都使用相同的随机数计算曲线，因此使用 seed() 指定生成随机数的种子。在需要真正随机产生曲线时，请将此句注释掉。

2. 二维中点移位法

中点移位法很容易扩展到二维，可以用它计算山脉曲面，算法如图 11-45 所示。左图中，从白色圆点的值(值为 0、2、4 和 8 的 4 个点)计算 5 个用灰色圆点表示的中值点。边上 4 个中值点的计算和一维的情况相同，而正中间的中值则是 4 个角上的值的平均值。

右图以计算 5×5 的方格为例，演示了每步迭代时所计算的点。方格中的数字表示计算此点的值的迭代次数。初期情况下 4 个角上的点已知，标记它们的迭代次数为 0。根据左图的中值计算方式，计算出标记为 1 的 5 个方格的值。然后对于由迭代 0 和迭代 1 的点组成的 4 个方块，再次进行中值计算，计算出所有标记为 2 的 16 个方格的值。

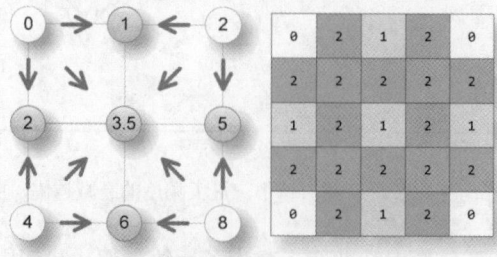

图 11-45 二维中点移位法示意图

完整的计算程序如下，程序的显示效果如图 11-46 所示。

```python
def hill2d(n, d):
    """
绘制山脉曲面，曲面是一个(2**n + 1)*(2**n + 1)的图像，d 为衰减系数
    """
    from numpy.random import normal
    size = 2**n + 1
    scale = 1.0
    a = np.zeros((size, size))

    for i in xrange(n, 0, -1):
        s = 2**(i-1)
        s2 = s*2
        tmp = a[::s2,::s2]
        tmp1 = (tmp[1:,:] + tmp[-1,:])*0.5
        tmp2 = (tmp[:,1:] + tmp[:,-1])*0.5
        tmp3 = (tmp1[:,1:] + tmp1[:,:-1])*0.5
        a[s::s2, ::s2] = tmp1 + normal(0, scale, tmp1.shape)
        a[::s2, s::s2] = tmp2 + normal(0, scale, tmp2.shape)
        a[s::s2,s::s2] = tmp3 + normal(0, scale, tmp3.shape)
        scale *= d

    return a

from scpy2 import vtk_scene_to_array
from mayavi import mlab
from scipy.ndimage.filters import convolve

np.random.seed(42)
a = hill2d(8, 0.5)
a/= np.ptp(a) / (0.5*2**8)            ❶
a = convolve(a, np.ones((3,3))/9)     ❷

mlab.options.offscreen = True
scene = mlab.figure(size=(800, 600))
scene.scene.background = 1, 1, 1
mlab.surf(a)
img = vtk_scene_to_array(scene.scene)
%array_image img
```

图 11-46 二维中点移位法计算山脉曲面

hill2d()程序的算法和一维的情况类似，这里就不多解释了。❶在计算出表示山脉曲面的二维数组 a 之后，调用 np.ptp()得到数组 a 中的最大值和最小值之间的差，并将其值放大到数组形状的 0.5 倍，以便调用 mlab.surf()绘制曲面。❷使用 SciPy 的多维数组卷积函数 convolve()对二维数组 a 进行平滑处理。

3. 菱形方形算法

每次迭代都是通过正方形四个角上的点的值，计算其边上 4 点和中心点的值。这种计算方法有很多种，上节介绍的是最简单的一种方法。但是如果读者放大它所生成的曲面，就会发现它上面有一些大大小小的正方形的痕迹。菱形方形算法(Diamond-square algorithm)通过两种中值计算方法的交替使用，能够有效地消除这种正方形痕迹，算法如图 11-47 所示。

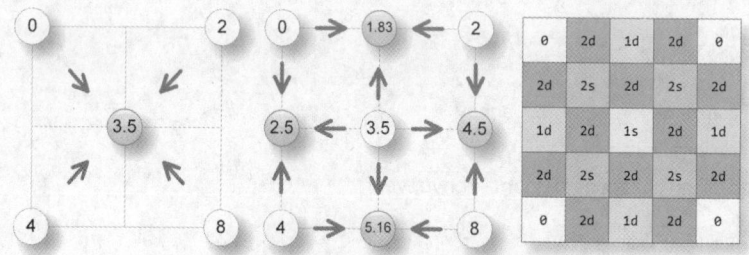

图 11-47 菱形方形算法

首先如左图所示，通过正方形的四个角点计算位于其中心的点的平均值。然后如中图所示，通过菱形的四个角点计算位于其中心的点的平均值。图中没有一个完整的菱形，而是 4 个半边菱形。也可以把正方形平均看作左上、右上、左下和右下四个方向上的点的平均值，而菱形平均看作上下左右四个方向上的点的平均值。右图显示了采用菱形正方形计算 5×5 的数组时的运算顺序。从标记为 0 的方格开始，以方形平均计算标记为 1s 的方格值，然后以菱形平均计算标记为 1d 的 4 个方格的值。接下来重复上面的步骤，方形平均计算 2s 方格，最后菱形平均计算 2d 方格。

使用菱形方形算法绘制山脉曲面的程序如下。观察图 11-47(右)中的标记为 2d 方格，可以发现菱形平均所对应的方格无法用一个数组表示，因此程序中将它们分为水平和垂直方向上的两个数组分别计算。程序中大量使用数组切片，从而提高程序的运算速度。如果读者觉得较难理解，可以如下修改程序：

(1) 注释掉随机数部分，并在迭代之前为数组的 4 个角上的元素赋值为不为零的数值。

(2) 使用较小的数组，并且输出每次赋值之后的数组 a 的值。通过观察数组 a 的变化可以帮助理解程序和菱形方形算法。

```
def hill2d_ds(n, d):
    from numpy.random import normal
    size = 2**n + 1
    scale = 1.0
    a = np.zeros((size, size))

    for i in xrange(n, 0, -1):
        s = 2**(i-1)
        s2 = 2*s

        # 方形平均
        t = a[::s2,::s2]
        t2 = (t[:-1,:-1] + t[1:,1:] + t[1:,:-1] + t[:-1,1:])/4
        tmp = a[s::s2,s::s2]
        tmp[...] = t2 + normal(0, scale, tmp.shape)

        buf = a[::s2, ::s2]

        # 菱形平均分两步，分别计算水平和垂直方向上的点
        t = a[::s2,s::s2]
        t[...] = buf[:,:-1] + buf[:,1:]
        t[:-1] += tmp
        t[1:]  += tmp
        t[[0,-1],:] /= 3 # 边上是 3 个值的平均
        t[1:-1,:] /= 4 # 中间的是 4 个值的平均
        t[...] += np.random.normal(0, scale, t.shape)

        t = a[s::s2,::s2]
        t[...] = buf[:-1,:] + buf[1:,:]
        t[:,:-1] += tmp
        t[:,1:] += tmp
        t[:,[0,-1]] /= 3
        t[:,1:-1] /= 4
        t[...] += np.random.normal(0, scale, t.shape)

        scale *= d

    return a
```

```
np.random.seed(42)
a = hill2d_ds(8, 0.5)
a/= np.ptp(a) / (0.5*2**8)
a = convolve(a, np.ones((3,3))/9)

mlab.options.offscreen = True
scene = mlab.figure(size=(800, 600))
scene.scene.background = 1, 1, 1
mlab.surf(a)
img = vtk_scene_to_array(scene.scene)
%array_image img
```

图 11-48 使用菱形方形算法计算山脉曲面